云机房供配电系统

规划 设计与运维

王其英 编著

中国电力出版社
CHINA ELECTRIC POWER PRESS

内 容 提 要

本书在讲解UPS基本知识、基本原理、基本电路的基础上，重点对机房供电系统的认识误区进行了逐一讨论，并给出了对于规划、设计和选型的正确认识和理解。书中明确了高频机和模块化UPS供电系统是今后数据中心电源的主流设备，它不但符合我国的国策，而且也克服了工频机UPS无法解决的所有缺陷。在此基础之上，在本书的最后，对机房供电系统的运维、故障分析和处理进行了系统的阐述，并列举了相当数量的实例加以说明。

本书通过编者通俗易懂、深入浅出的分析，使读者不但知道怎么做，还能知道这么做的原因。本书适合从事机房供电系统规划、设计、选型及运维的技术人员学习、阅读。

图书在版编目（CIP）数据

云机房供配电系统规划、设计与运维/王其英编著. —北京：中国电力出版社，2016.5（2018.5重印）

ISBN 978-7-5123-9043-0

Ⅰ. ①云… Ⅱ. ①王… Ⅲ. ①机房-供电系统②机房-配电系统 Ⅳ. ①TP308

中国版本图书馆CIP数据核字（2016）第046211号

中国电力出版社出版、发行

（北京市东城区北京站西街19号 100005 http://www.cepp.sgcc.com.cn）

三河市航远印刷有限公司印刷

各地新华书店经售

*

2016年5月第一版 2018年5月北京第三次印刷

710毫米×1000毫米 16开本 29.75印张 598千字

印数3501—5500册 定价 **59.00** 元

本书编委会

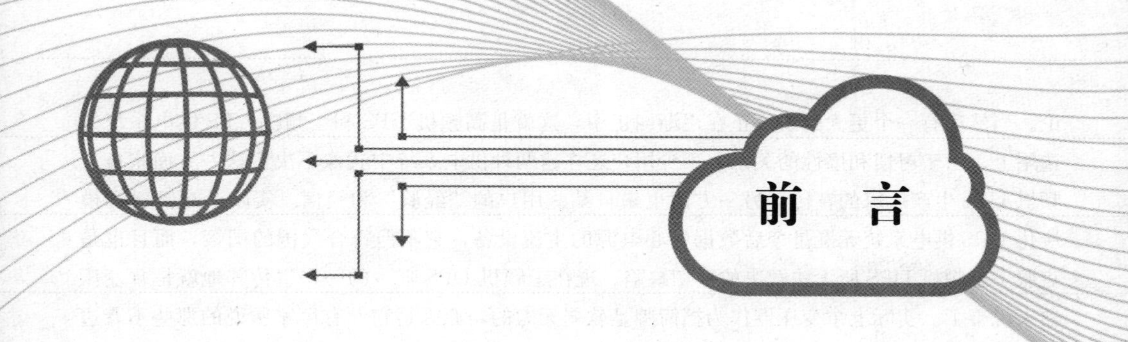

前 言

在云计算和大数据时代，IT技术得到了迅猛的发展，作为站在前沿阵地的供电系统也要与时俱进。但在这些基础设施的规划与设计中有不少地方总是不如人意，纰漏百出，造成的损失不在少数。究其原因还是一个基本概念不清的问题。大概归纳了一下，对供电系统的认识有以下十大误区。

(1) 认为UPS有两个功率因数——一个输入功率因数和一个“输出功率因数”。

(2) 当“输出功率因数”＜1时认为UPS输出能力还是永恒的。即不论是任何性质的负载，“输出功率因数”＝0.8时，100kVA容量的UPS在任何性质的负载下都能为负载提供80kW的有功功率。

(3) 认为UPS的输入功率因数为1时就可以配1：1的前置后备发电机。

(4) 认为UPS的输出变压器能抗干扰，有隔离干扰作用。所以在几十年没有使用变压器的列头柜中现在竟装入了变压器，甚至还放入了第三级防雷器。

(5) 认为UPS的输出电压在正常供电情况下是稳频的，以致用户和供销商之间争论不休，甚至用户提出要输出电压稳频的UPS产品。

(6) 认为UPS输出的无功功率无用，使得不少地方UPS装机后过载现象频出，甚至无法正常运行，不得不重新购买。

(7) 认为UPS是带容性负载的，带感性负载是它的特点。这一颠倒黑白的认识误导不少人，直到现在好多人还蒙在鼓里而不敢带空调机之类的感性负载。

(8) 认为以往的计算机是容性负载，认为容性负载是非线性的。这种认识导致了配置负载时的错误，造成损失，更有甚者，有的“标准”也有这样的认识。

(9) 认为谐波失真可以代表功率因数，以至于在有的专门“标准”中将这一重要指标删掉，造成用户选型时的困难。

(10) 认为UPS输出端的零地电压干扰负载。这又是误导了一大批人的错误概念，在供电系统规划、设计和运行中造成了不少损失。甚至有的“标准”制定者还将其作为一个重要指标。现在又有了新的说法：说什么零地电压小于1V的指标是为了鉴别接地好不好而制定的。这又是一个误区，因为根据我国的供电制度，零线和地线在变电站就同时同一点接地，在这一点零地电压当然小于1V，难道在几十米甚至百米之外的机房零地电压大于1V就是接地不好吗？关键是有些人不明白零地电压是什么，这可能是由于不懂电路所致，对这个问题本书做了重点讨论，实际上就是一层窗户纸，将其捅破就迎刃而解了。

本书对以上这些误区将逐一进行讨论，并给出正确的认识和理解，同时以实例进行详细讨论。当然还有一个更大的误区正在逐渐纠正中，这就是高频机 UPS 和工频机 UPS 供电系统的选用上。由于习惯和惰性的关系，不少用户还在这两种供电系统中犹豫不决，这一方面来自工频机 UPS 生产厂家的宣传，另一方面也来自某些用户的“经验”和轻信。实际上高频机和模块化 UPS 供电系统无疑是今后数据中心电源的主流设备，它不但符合我国的国策，而且也是克服了工频机 UPS 所无法解决的一切缺陷。现在工频机 UPS 唯一的一个宣传阵地就是拿变压器来说事了。实际上拿变压器作为挡箭牌是软弱无力的，原因是它没有厂家所说的那些不着边际的功能，这在本书中已有详细讨论。

作为供电系统负载的制冷系统和照明系统本书也有涉猎。从制冷系统的基本概念到系统结构、风路类型，从风冷到水冷，从自然冷却到冷热电三联供，本书都有实例和说明。

在供电系统运行中，运维才是长期的。但在规划、设计和选型中如果概念不清就会给后来的运维工作带来很多麻烦。根据有关方面的统计，当机器出厂后有 70%以上的故障是人为地，本书对人为故障的类型进行了说明。

为了使运维人员对故障分析有一个清楚的了解和分析，在本书中尽可能详尽地将过程说得详细一些，以便开阔读者的思路。

在编撰过程中尽管本书编委会以李民英、肖斌和陈锋等为首的专家们集思广益付出了巨大努力，尽量做到图文并茂、深入浅出，但也只能是抛砖引玉。由于水平有限，书中谬误之处仍在所难免，万望读者不吝施教，给予批评指正。

编者

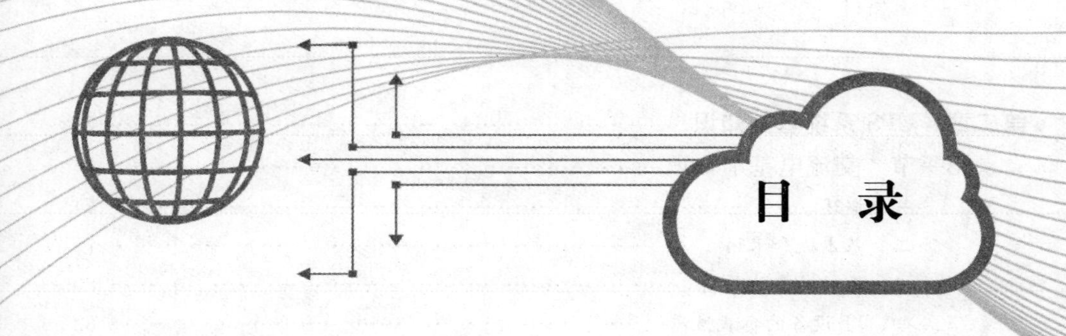
目 录

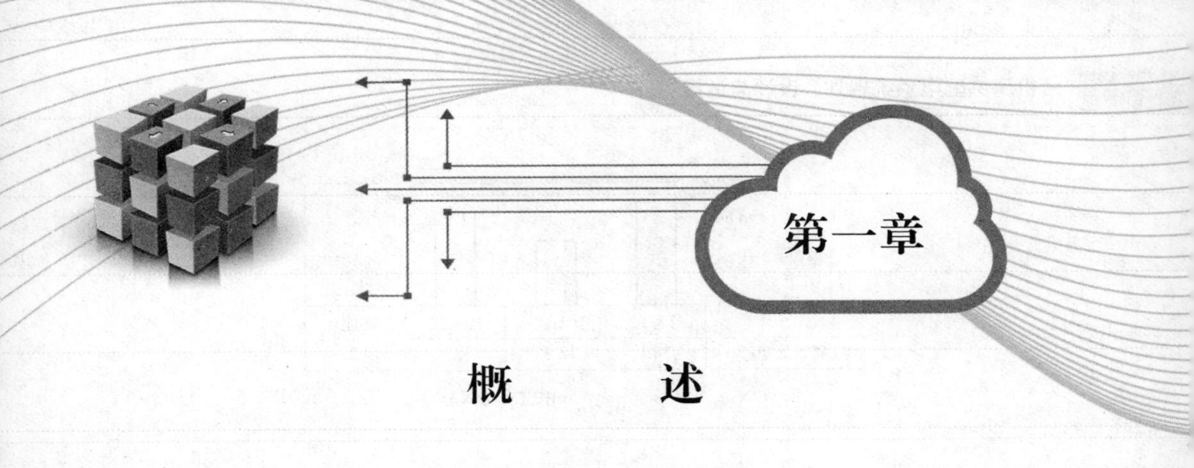

概　　述

云中心机房基础设施的重中之重就是电力和空调，所以对于这种数据中心建设的第一步就是先要规划这两项，先要了解这方面的现实状况、存在问题和发展趋势，做到心中有数才有发言权。

第一节　UPS市场状况和一般分类

一、UPS的市场状况

1. UPS市场回顾

UPS自问世以来，一直伴随着计算机的发展而发展。由于数据中心的广泛建立，局域网、广域网和英特网的紧密连接，信息技术已成为国民经济的重要支柱，容不得任何一个环节出现纰漏。当今云计算、大数据和智慧城市等领域首先要求供电要绝对可靠，而UPS作为直接与IT设备连接的供电系统又首当其冲。

另外，我国IT业的发展已远高于供电设施的增加速度，尤其是季节性的停电屡见不鲜。作为不间断电源的UPS必须承担起市电停电期间的供电重任。

鉴于以上的原因，UPS的销售量连年上涨。赛迪顾问的UPS产品消费行为调查显示，被调查的消费者中，接近五成的消费者购买意向集中在3～10kVA功率段，3kVA以下的UPS也有35%左右的需求意愿。按工作方式（后备式、在线式和互动式）和售价分别统计的销售情况如图1-1所示。

从图1-1可以看出，销量最大的还是500～1000VA功率段，这一方面说明台式机的普及，另一方面也说明大数据中心的集中供电还有待进一步增加。当然，大数据中心是枢纽，是大动脉，用电量在1MVA以上者正在紧锣密鼓的建设和已经在运行，但毕竟中小型的计算机房还是多数。据不完全统计，目前数据中心机房已超过54万个，而200m^2 以下者占70%以上。尤其是中小学远程教育和农村党员远程教育工程的启动，无疑对小功率UPS的市场起到了促进作用。

2. UPS市场展望

从某种意义上讲，由于UPS已进入同质化时期，价格已成了一个重要因素。调查结果显示，消费者购买UPS时受商家影响最大的促销活动为降价，比例达45.7%，其次的是打折销售，比例达25.1%，送应用软件和有奖销售各约占20.7%和8.6%。而消费者希望的购买渠道

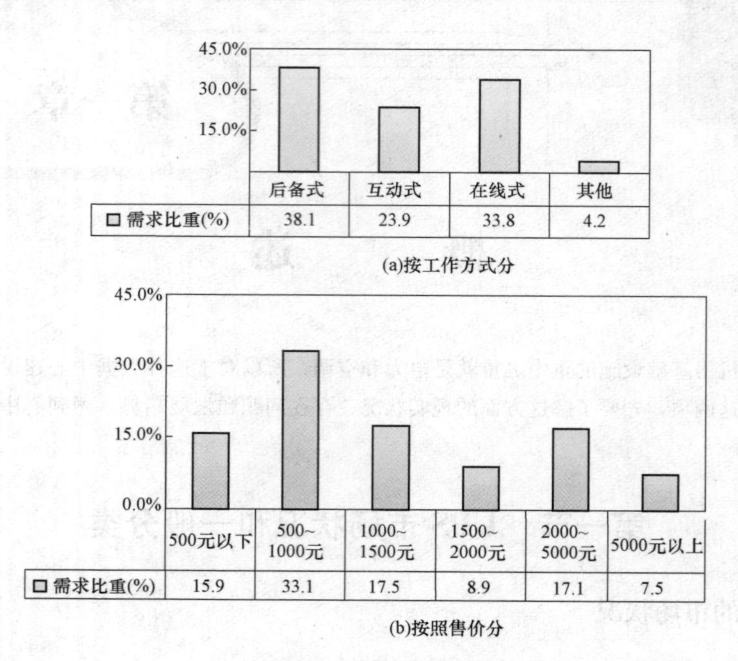

图 1-1　2004 年 UPS 市场情况调查表

依次集中于厂商、分销商和系统集成商，其中厂商的比重较大，超过了 35%。

平行市场结构显示，金融、电信、政府和制造业等仍然是 UPS 应用最多的机构，但随着家用 PC 机及相应外设保有量的不断上升，家庭用户对 PC 机用电要求的提高将是一个不可忽视的市场，该细分市场的 UPS 需求释放值得期待。然而由于家庭用户应用水平明显受制于用户对产品功能认识不足，对于 UPS 作用的认知仍然只停留在后备供电上，对于电流不稳、浪涌等对 PC 和外设造成的危害认识甚少，甚至存在相当数量的家庭用户不知道 UPS 的后备供电功能。再者，由于近年来，UPS 市场中、小功率产品价格战持续不断，致使低端市场的利润空间被快速挤压，从而很大程度上削弱了厂商在中、小功率产品研发和技术创新方面的资金投入，而厂商在争夺行业市场的过程需要大量的资金投入作为支撑，利润空间的削减导致资金瓶颈，将在很大程度上限制厂商的未来发展，并且价格战直接导致一部分 UPS 产品的质量下降，返修率上升，降低了用户的满意程度和对品牌的信心。这些因素都不利于 UPS 市场乃至整个产业的可持续发展。

近些年来，UPS 用户的要求有了很大的转变，重点行业用户对 UPS 的要求朝着全套电源供应与管理解决方案迈进。UPS 厂商也在调整产品策略，推出“整体方案式”的 UPS 产品。另外，节能减排的需求也使得高频机型 UPS 由于拥有诸多优点而得到了长足的发展。2006 年，国内 UPS 销量为 26.1 亿元人民币，工频机 UPS 占去了 14.1 亿，而高频机 UPS 只占 12 亿元；但到了 2008 年国内销量达到 30.4 亿元，工频机 UPS 销量为 14.2 亿元；高频机 UPS 已经上升到 16.2 亿元，超过了工频机 UPS；到 2011 年，高频机 UPS 的销量几乎占了国内整个销量的三分之二。

图 1 - 2 示出了近几年的销售图标。从图中可以看出，高频机 UPS 的销量几乎是直线上升，2014 年已达到 48 亿元，而工频机 UPS 的销量一直稳定在 14 亿元左右。

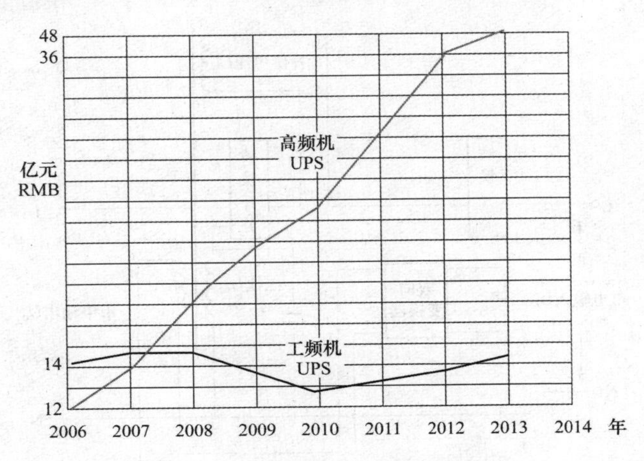

图 1 - 2　UPS 市场近几年的销售情况

二、UPS 的一般分类

目前只要一提及 UPS，人们就很自然地想到在线式和后备式，很少有人想到还有旋转发电机式 UPS。旋转发电机式 UPS 的单机容量和静止变换式一样，也已做到了 1000kVA 以上。这里只讨论静止变换式的产品。

1. 在线式和后备式 UPS 的区分

究竟在线式和后备式如何区分，众说纷纭，一时也无定论，实际上也不难分别。图 1 - 3 示出了 UPS 的基本原理方框图，从图中可以看出，任何一个 UPS 电路都存在两个变换器环节：①将交流变成直流的环节；②将直流变成交流的环节。由此就可以从两个方面来区分在线式和后备式 UPS 的概念。

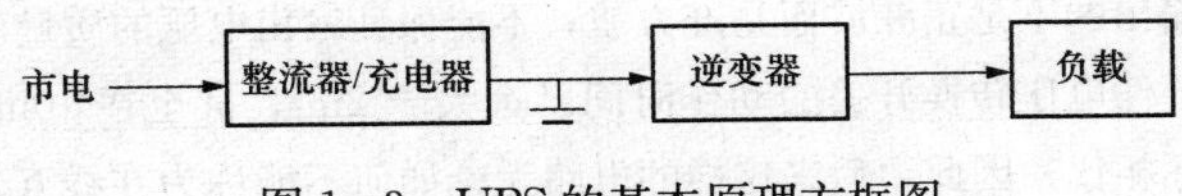

图 1 - 3　UPS 的基本原理方框图

（1）电路结构。具有整流器和逆变器环节的电路就是在线式 UPS，在线式 UPS 具有和额定输出功率相当的整流器和逆变器，具有充电器和逆变器环节的电路就是后备式 UPS，后备式 UPS 的充电器比额定输出功率小得多。

（2）工作原理。在市电正常供电时，两个变换器同时工作的电路就是在线式 UPS，只有一个变换器工作的电路就是后备式 UPS。

2. 在线互动式 UPS

在一些标准上多称互动式（Interactive）UPS，是介于在线式和后备式之间的一种产品，其电路原理图如图 1 - 4 所示。这种电路的原形只有一个既能充电又能逆变的双向变换器。在市电供电时，双向变换器一方面向电池充电，一方面产生一个稳定的补偿电压来对输入电压的变化进行补偿，以使输出电压稳定在一定的范围。

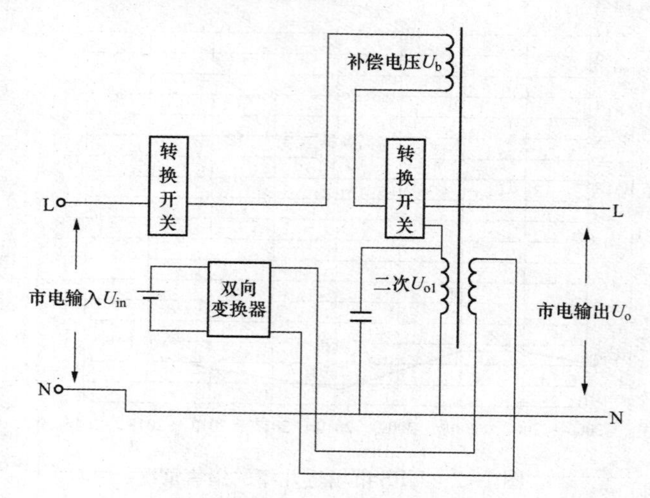

图 1-4　在线互动 UPS 电路原理图

那么互动的含义又何在呢？所谓互动是两个电压以上的互动，Interactive 是交互的意思，一个电压无法交互，在这里就是通过两个原始电源的加减或交叉输出使输出电压达到一定稳定度的电源，所以在这里是市电输入电压 U_{in} 和补偿电压 U_b 的互动。它们的互动关系是

$$U_o = U_{in} \pm U_b \tag{1-1}$$

在线互动的初始含义是除上述电路由双向变换器产生出稳定的补偿电压外，这个电压还必须是正弦波，而且转换开关的动作时间非常短，一般为 2ms。所以初期这种电路虽然是后备工作的方式，但具有在线的效果，所以称为在线互动式。

然而后来的在线互动式 UPS 却改变了原来的初衷。首先它的补偿电压不是来自双向变换器，而是来自市电电压，这就无法保证补偿电压的稳定性和输出电压指标。当市电故障改由电池供电时，逆变器输出的不是正弦波而是准方波，不能保证输出电压的质量。

再有就是它的补偿电压转换开关的动作时间已远大于 2ms，甚至在 10ms 以上，更无法和原形的在线互动指标相比。因此，后来这样的电路无论如何不能称为在线互动式，因为它没有在线的效果，而只有后备的工作方式和指标，这样的电路是实实在在的后备式 UPS，不同的仅是加了一个补偿绕组，和具有部分稳压功能的后备式 UPS 没有什么两样。

还有一种较为复杂的在线互动式电路，如 Matrix 系列，这是一个多抽头式的结构，调节更细腻一些，如图 1-5 所示。它的工作原理有些特别，比如当输入电压高于额定值时，为了保证输出电压的稳定，就必须要倒换抽头，由于当时的静态开关在感性负载时的不可靠性，改用接触器，这样一来，当继电器的触点离开上一个抽头，还没接触到下一个抽头之前的这一瞬间，输出是断电状态。为了弥补这个空间，在继电器的触点离开上一个抽头的同时，双向变换器就已起动，接替市电向负载供电，待继电器触点接触到下一个抽头之后，双向变换器停止工作，这就是互动的第二种含义。对负载而言这几乎是一个零切换时间的效果。市电和逆变器的

交互（互动）作用就更加贴切。

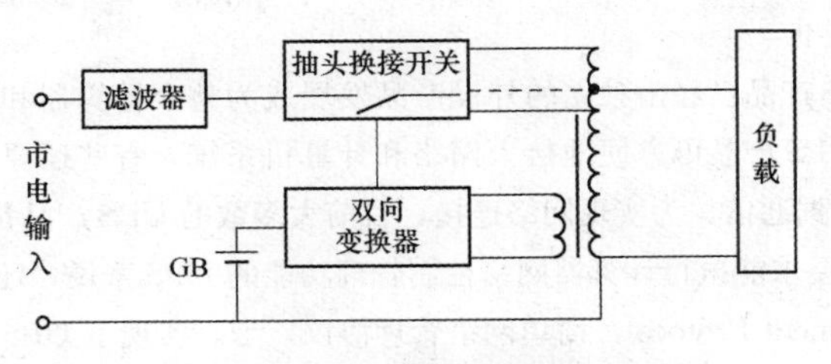

图 1-5 抽头换接式在线互动 UPS

第二节 UPS 产品的发展

一、UPS 的发展趋势

未来 UPS 发展的方向是高频数字化、小型化、智能化、自动化、网络化和环保化。

1. 高频数字化、小型化和环保化

高频化的目的是为了数字化和小型化，高频化是数字化和小型化的基础，也是节能减排的基础。图 1-6（a）示出了第一代手机——“大哥大”，当时这种大手机只有一个功能——通话。而收发短信还得靠 BB 机，如图 1-6（b）所示。而今天如图 1-6（c）所示的一个手表式的 GPS 定位电话就有十八个功能，而体积比 BB 机还小很多，这就是高频化的功劳。节能是明显的，同时还节约了大量的贵重材料。

图 1-6 从手机的发展看高频技术的优势

对 UPS 而言，为了小型化就必须首先取消影响小型化的电磁变压器，而改用电子变压器，这样就可以将体积至少缩小三分之二。

体积缩小了，材料就节约了，来获得这些材料进行各种冶炼的排放就少了，也就减排了、低碳了，显然更利于环保了。环保化主要有两个内容：①电气的，比如电磁兼容的内容，及对外不干扰其他设备的正常工作，对内隔离外来干扰；②物理的，比如要降低可闻噪声和铅汞之类对环境的污染等。为此国际上对电气的和声音的污染都早已提出了限制标准，比如专门对 UPS 提出的关于电磁兼容的标准 EN50091-2；对于铅汞之类重金属的污染，2003 年 2 月，欧盟通过了《关于报废电气电子设备指令》（WEEE）和《关于在电气电子设备中限制使用某些有害物质指令》（ROHS）。按照 ROHS（Restrictions Of Hazardous Substances）指令，到 2006 年 7 月 1 日，投放欧盟市场的电器不得含有铅、汞、镉、六价铬、多溴联苯和多溴联苯醚等 6 种有害物质。我国政府也于近期正式出台了《电子信息产品污染控制管理办法》，明确规定在制造过程中应当减少、甚至避免使用对铅、汞等有毒物质的使用。

2. 网络化和智能化

网络时代的UPS产品已经由独立的外设产品发展成为整个计算器和网络系统不可分割的一部分，除了要求UPS产品可方便地接入网络和计算机系统，有些还要求其能够实现与网络和计算器间的双向数据通信。为实现网络连接，目前大多数的UPS产品都提供了RS-232、RS-485通信接口，对于要求能执行计算器网络控制管理功能的UPS来说，还配置了SNMP（Simple Network Management Protocol，简单网络管理协议）卡，实现了UPS设备接入网络和计算器系统中。

由于微处理器技术的应用，UPS产品实现了智能化。智能化UPS一方面实现了设备运行过程中自我状态的监控，对一些故障现象进行预处理，使UPS始终平稳可靠地运行；同时也实现了计算机和网络与UPS之间的双向数据通信，用户可以在计算机和网络中的各个结点上实时监视和控制UPS电源的运行状态。利用这种监控功能，用户可以实时监视UPS电源的运行参数（例如：输入/输出的电压、电流和频率，UPS的电池组的充电/放电和电压值，UPS的输出功率及有关的故障/报警信息），实现计算机系统和电源系统的互动。然而，为了安全的需要，一般都把控制功能的通道封闭。

智能化的另一个作用是自动化，意思是说UPS电源可以自动完成一些自我检测、开关机控制、故障保护后的自动恢复，无需过多的人工干预。UPS的自动化是实现网络化和保证系统高可用的重要因素。

3. 监控软件多平台与监控远程化

由于未来网络的广泛化和全球化，必然带来网络的复杂化。作为网络系统的一部分，要求UPS电源能够实现在各种网络平台上的监控。因此目前像山特、APC、中达—斯米克等公司的UPS监控软件都提供了多平台支持。实现远程化监控是UPS产品发展的另一趋势，由于因特网的普及，所有网络最终将接入因特网。因此目前许多厂商的产品尤其是中大功率产品除了能够实现网络化的本地监控外，还可实现Web远程监控。

4. DSP技术和高频技术

随着数字化技术的发展，DSP（Digital Singal Process，数字信号处理）技术开始被Chroma等一些UPS厂商在产品中使用。DSP技术的使用提高了UPS产品输出电压的稳定性和纯净程度，同时也提高了UPS产品自身的可靠性。而IGBT技术和高频技术的应用，大大提高了电源效率，降低了系统噪声和电源自身的功率损耗，也提高了系统的可靠性。

5. 电压串并联调整技术

使用电压串并联调整技术（也称Delta变换技术）在保持了传统双变换在线式UPS全部高性能输出指标的同时，在对电网适应能力和输出能力两个方面有了重大改进和突破，真正实现了零转换时间和高输入端功率因数，有效降低了前配发电机的容量和大大降低了对电网形成污染的程度。

6. 并机运行和冗余技术

以往的UPS多为单机运行，随着包括计算机在内的电子设备应用数量的增加和应用场合的重要，几百千伏安的容量已不能支持众多的设备用电，一次性购置昂贵的大功率产品显然不是最经济的方案。因此模块化功率产品的出现被认为是UPS系统发展的一个重要方向，多个小功率模块采用并联技术连接后实现并机运行，可以方便、灵活地配置整个电源系统容量。但并联不一定是冗余的，有时是为了增容，而冗余是为了提高可靠性，为保证系统的高稳定和高可用，通过多台UPS设备并机运行实现电源容量的冗余也是UPS系统配置的一种趋势。

7. 国内外产品的差异

国内外UPS产品的差异更多地体现在小功率产品中，国内小功率产品更多地注重电气性能指标的设计，一些先进的数字化技术并没有在小功率产品中得到应用。和国外一样，面向PC的小功率产品已经真正实现了桌面化设计，与桌面PC融为一体，如SANTAK的Array和Champion产品系列等。而在其他外设产品中得到广泛使用的USB接口在UPS产品中也得到了普遍地使用。

8. 环保化的进展

如前所述，对于UPS来说，电磁兼容就是一个环保问题。UPS对环境的污染包括两个方面：①电气方面的，如各种频率的干扰噪声等，这种噪声由于频率比较高，大于20kHz，所以人的耳朵听不见，但可干扰其他机器的正常工作；②物理方面的，如可闻噪声，由于这种噪声的频率比较低，在人的听觉范围之内，但同样会影响人的情绪，久而久之终归对人有害。

UPS制造商在两个方面做了工作，并取得了可喜的成绩。

（1）环保化的设计。对于电气干扰而言，必须在设计阶段就开始考虑。比如现在的UPS逆变器都采用了高频脉宽调制，使得滤波环节更小巧，抑制干扰效果更理想；在输入整流器方面，小功率UPS的输入功率因数才有0.6～0.7，输入谐波电流达50%以上，严重干扰了同一电网上的其他设备。在后面加了一级高频PWM Boost电路后，就将输入功率因数提高到了0.99以上，大幅降低了干扰；大功率三相UPS 6脉冲可控整流时的输入功率因数只有0.8，输入谐波电流达30%，也严重干扰了同一电网上的其他设备，将6脉冲可控整流改为12脉冲可控整流后，输入功率因数提高到了0.95以上，输入谐波电流下降到10%，当然同时也提高了造价。通过以上措施使UPS都满足了EN50091-2的UPS电磁兼容标准。又比如变压器的可闻噪声有时严重干扰着值班人员的工作，采用高频机（尤其是20kHz以上）后，将声音移到了人的听觉以外，达到了安静环境的目的。

UPS的冷却气流噪声，在目前还没得到彻底解决，因为冷却需要一定速度的气流，气流经过被冷却体所产生的阻塞噪声不易消除，在目前也只能采用所谓的“智能冷却法”，在负载最大时才使风机全速旋转，负载不大时则慢速旋转甚至停转，降低一些噪声，当然同时也节约了能量和延长了风机的寿命。

（2）环保化的生产。UPS作为电子产品不但有着和其他电子产品共同的地方，而且还有其独特的地方。相同的地方是在生产中的工序大同小异，比如表面焊接的流程一样，以前的组件引脚都镀以铅锡，铅是一种有毒的元素，如果一个机房中摆满了这种电子产品，由于铅在高温下也有蒸发，对人体形成了危害，再加之电池有酸雾逸出，对值班人员就更加不利，而且一般人是感觉不出来的。正如某城市对上百家大型商场的气体检测发现，有80%的商场空气中有害气体超过规定值上万倍，这都是各类含有甲醛的商品释放出来的气体，但没有人感觉出来，实际上人们在商场中感到精神不振就是一个征兆。而数据机房中的工作人员也有类似的感觉，机器中有害元素气体的逸出就是原因之一。因此消除电子元器件中的有害元素而代之以无害元素就是环保化的一个内容。

蓄电池在UPS中作为不可缺少的组成部分，也是释放有害气体最多的装置，在机房设计中就应更加注意这个问题。胶体电池可以显著地减少硫酸气体的排放量，燃料电池的出现更可以使工作人员的健康得到保障。

二、UPS的电路构成

UPS的基本含义是不间断电源（Uninterruptable Power Supply），意思是说在用该设备供电的情况下，一旦市电供电中断时UPS设备仍然会不间断地将供电功能继续下去，使后面的用电设备不受任何影响地继续正常运行。那么它的基本结构如图1-7（a）所示。从图中可以看出，其主电路分4个主要环节。

（1）第一变换器，一般为整流器。其基本功能是将输入的交流电整流成直流电。当然也有个别情况，比如有的第一变换器就是双向变换的，既可将交流整流成直流又可将直流逆变成交流，Delta变换UPS就属于这一种。但无论如何第一变换器必须具备交流变直流的功能。

（2）第二变换器，一般为逆变器。其功能是将第一变换器或电池组送来的直流电逆变成交流。当然也有个别情况，比如Delta变换UPS的第二变换器就是双向变换的，即可将交流整流成直流又可将直流逆变成交流。但无论如何第二变换器必须具备直流变交流的功能。因此，UPS的电路结构主要就是双变换。有不少UPS的说明书上都写明采用了“双变换技术”就是这个意思。

第一变换器和第二变换器就构成了双变换功能的UPS。所以任何UPS都必须具备双变换的能力，否则就不是UPS。其原因很简单，在市电停电时就失去了交流输入，为了不间断供电就必须从另外的储能设备中汲取能量，而能长期储存的能量就是直流电能，比如电池组提供的直流电能。此时逆变器就会不失时机地将电池组送来的直流电能转化成与市电相同的交流电提供给用电设备，以使其不间断地连续运行下去。但电池组中储存的电能是由化学能转化而来，其容量是有限的，当其中的化学物质完全反应完毕后，其供电能力也就终结了。为了电池内的能量可以反复使用，根据能量守恒定律就必须给电池重新充电，以使其化学反应还原，再等待下一次的使用。这种充电是直流进行的，所以必须有一个将市电交流变换成直流的装置（整流器），这就是第一变换器。从此可以看出，任何UPS都不会是单变换的装置。一般在线式UPS整流器的功能除给电池充电外还直接供给逆变器，当然有些小容量的UPS整流器和充电器是分开的，但无论如何这个功能是不可少的。**所以有些UPS说明书上将双变换功能说成是该设备的特点就不对了，根本就没有单变换的UPS，也没有所谓真正双变换和假双变换之分。**

为了使UPS供电具有更高的可靠性，外加旁路（Bypass）就使其输出具有了冗余性。于是第一变换器、第二变换器、电池组和旁路就构成了UPS独家具有的四大基本部分。换言之，只要具备了这四大部分就必定是UPS。

另一方面也可以看出，以上的四个基本环节少了任何一个，那就不是UPS。比如图1-7（b）少了第一变换器（整流器），就构成了市场上出售的逆变器；图1-7（c）少了第二变换器就是整流器或充电器，比如直流屏。图1-7（d）少了外加旁路（Bypass）就是变频器，比如从国外购买的 60Hz 设备，再用 50Hz 的市电就不行了，这时逆变器就必须输出 60Hz 的供电电压，再如航空港为飞机提供的 400Hz 电源也不能用 50Hz 的电源代替；图 1-7（e）少了电池组，失去了不间断供电的功能，就成了交流稳压器（CVCF），也叫做稳压稳频源。

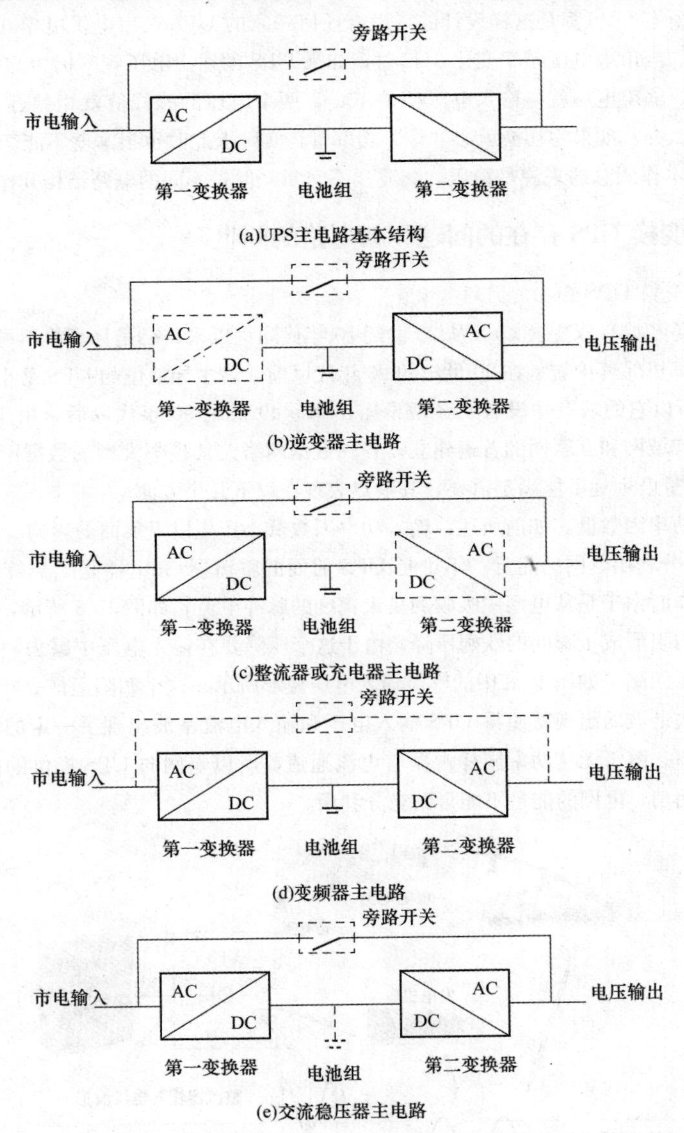

图 1-7　UPS 基本构成环节及与其他电路的区别

从以上电路结构就可以看出 UPS 结构的唯一性。由此也可以看出 UPS 的三大基本功能——稳压、滤波、不间断。在市电供电时，UPS 是稳压器和滤波器，市电断电时就是不间断供电电源。

有的人认为 UPS 的基本功能除以上三条外还具有稳频的功能，实际上这个功能只有在电池供电模式下才有。平时市电供电情况下 UPS 输出电压的频率和相位必须时刻跟踪旁路，也就是输入电源电压。一旦跟踪不好，万一此时需要将负载切换到旁路就不能切换或导致故障。为了切换成功，所有 UPS 都是这样设计的，没有任何一家的 UPS 在市电供电模式下其输出电压是稳频的。比如当市电电压频率变化 3Hz 时，如果 UPS 的输出电压频率仍为 50Hz，那么大约每隔 8 个周期，输出电压就与输入电压相差 180°，两个电压的峰峰值就相差近 620V，这时如果需要切换怎么办？如果零切换就必“炸”功率管，实际上此时也根本就不能切换。

UPS 的基本作用总的来说是稳压、滤波、不间断，但是不同的电路结构其作用也不同。

三、传统双变换 UPS 存在的问题和新电路的问世

1. 传统双变换 UPS 存在的问题

传统（也是经典）双变换 UPS 从 20 世纪 70 年代问世以来，已是计算机不可分离的最佳搭档，一直为计算机保驾护航。在 20 世纪的 90 年代以前，占主导地位的 UPS 是小容量，大都在 5kVA 以下，所以它的缺点并没有明显地暴露出来。20 世纪 90 年代以后，由于 IT 技术的发展，局域网、广域网和互联网的普遍建立，各种数据网络尤其是中大型的数据网络中心，几千伏安的 UPS 容量已远远不能满足需要，其缺点表现在以下几个方面。

（1）输入功率因数低。如前所述，输入功率因数低会产生以下负面的影响。

1）不能充分利用电网的能量。不论是 UPS 前面的整流器/充电器是二极管还是晶体闸流管，它们在工作时由于是从电网中吸收的是大幅度的脉冲电流，如图 1-8 所示，于是就和线路电阻或发电机内阻形成了瞬间的欧姆压降，由于这个压降要在输入电压中减去，使电压正弦波的这部分出现了凹陷，如图 1-8 中的整流输入电压波形所示。这个凹陷经傅立叶级数展开就是高次谐波，高次谐波的出现就使得 UPS 输入电压和输入电流基波出现了一定的相位差，也就出现了无功功率。由于无功功率同样占据着电流通道，所以电网向 UPS 提供的能量就不能使负载全部做有用功，电网的能量不能得到充分利用。

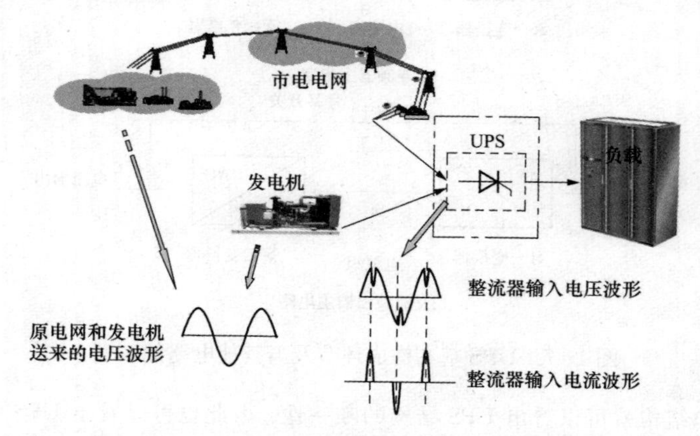

图 1-8　UPS 整流器对输入波形的破坏情况

2）使发电机的额定功率数倍于UPS功率。由于发电机的电枢绕组内阻不可调整，在数倍于其额定有效值电流的脉冲作用下必定产生很大的压降，从而破坏了正弦波的完整性，为此只好增大发电机的功率容量以弥补动态性能的不足。这不但增大了设备投资，同时也浪费了能量。

3）增大了输入线路的负担。由于谐波的存在，虽然谐波不做功，但它在线路中的流动同样使线路发热，比如电缆、熔丝和断路器等，其结果导致了它们寿命的缩短。比如一台输入功率因数为0.8的UPS，其配电线路的电缆、熔丝和断路器等至少要在原来实际的基础上再乘上1.3～1.5的倍率。

（2）效率低。效率低就意味着系统功耗大，其结果就是使机器的发热量大、温升高。一般半导体器件在额定温度（比如25℃）的基础上每升高10℃，器件的寿命就减半，也就是说当温度按10℃的梯度升高时，器件的寿命则按$1/2^n$的倍率缩短。在从前小容量UPS的情况下效率的问题并不突出，一台1kVA的UPS即使效率为75%，机器也是消耗200W左右；但在大容量情况下就不同了，如一台效率为90%，输出功率为100kVA的UPS，在带满载时，机柜内相当于放了10个1kW的电炉子，那么1000kVA的UPS呢？那就是100个1kW的电炉子。为了驱除这些热量就得安装和UPS同等量级的空调机进行制冷，空调机的安装又会带来了其他一些问题，比如送风管道、新风系统、回风系统、机房密闭等。尤其是UPS内部的冷却至关重要，因为故障多发生在高温环境下。UPS中造成效率低的主要器件是工频整流器、逆变器和输出工频隔离变压器。因此如何降低UPS本身的功耗和提高效率成为急切解决的问题。

（3）带载和过载能力差。带载和过载能力差的负面作用就是增多了电池的放电次数，从而缩短了电池的服务寿命、提高了运行费用。

2. 新电路方案的问世

针对以上存在的问题，UPS制造商做了大量的研究工作并取得了显著的效果。

（1）输入功率因数校正措施。

1）6脉冲整流滤波情况。尤其在大容量的情况下，UPS输入电路多采用三相全桥可控整流电路。图1-9示出了它的电路和整流波形图。图1-9（a）是它的整流滤波主电路，图1-9（b）示出了线性负载时的三相全桥整流波形和三相相控（也有的称6脉冲整流）未加滤波时的整流波形。可以看出，在线性负载未加滤波时的市电输入电压依然保持正弦波的形状（略去来自电网的干扰），但当整流面有滤波器时，由于正弦波电流变成了脉冲电流，使市电输入电压波形出现了失真，谐波也由此而产生，无功功率就占据了一定的比例。一般此种情况下的输入功率因数只有0.8左右，于是就带来了上述的诸多缺点。

2）12脉冲整流滤波情况。为了减小电压波形的失真就必须减小脉冲电流的幅度。可以这样设想，如果将一个周期中的6个脉冲电流变成多个脉冲电流，即可减小脉冲电流的幅度。如果将三相桥式整流变成六相桥式整流，脉冲电流可增加一倍，就可将原来脉冲电流的幅度减半，在进一步说如果是九相桥式整流或十二相桥式整流，就可将原脉冲电流进一步减小。整流的相数越多，脉冲电流的幅度就越小，对输入电压波形的影响就越小，输入功率因数就越接近于1。但整流相数的增多必然导致造价的提高，因此采用六相桥式整流的场合较多。一般的做法是在原来三项整流器的基础上再增加一个同容量的三相整流器，另外增加一个“△-Y”移相

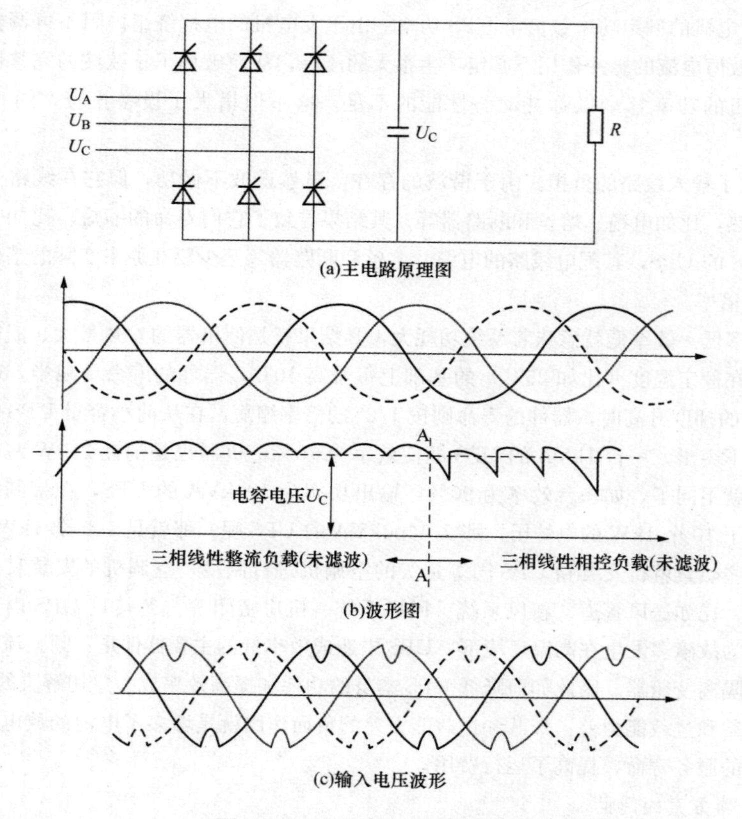

图 1-9　三相全桥整流的情况

变压器，如图 1-10 所示，目的是将两个整流器的输入电压错开 30°，然后将两个整流器的电流经平衡电抗器后相加。于是就将原来的脉动电流周期由 60°缩短到 30°。采取这个措施后可将输入功率因数提高到 0.95。这部分电路有的是标准配置，有的是选件。也有的将这个可控整流部分做成独立的产品，称做谐波滤波器或谐波抑制器。但不论称做什么名字，和前面的六相整流一样，最后的结果都是增大了体积、增大了功耗和提高了造价。

目前这种电路在大功率 UPS 中应用较多，有少数的 UPS 在 100kVA 以上时，就把“12 脉冲整流”作为标配，当然价格也就随之增加了。

3）高频整流器。上面的措施还只限于工频范围，因此才有上述一些副作用。而且也不适合于小功率范围，更不能符合小型化的发展要求。在小功率设备中比较多的是利用 Boost 升压电路。图 1-11 示出了小功率高频整流器的原理方框图。从这个原理方框图上很自然地要提出这样一些问题。

为什么还有二极管整流滤波器呢？这是因为在目前来说，一切高频变换大都是在直流电源输入的情况下进行的，而且这样的结构方案对小功率而言非常经济。不过目前在一些中大功率 UPS 中输入级的功率因数校正（PFC）仍以图 1-11 结构为多。

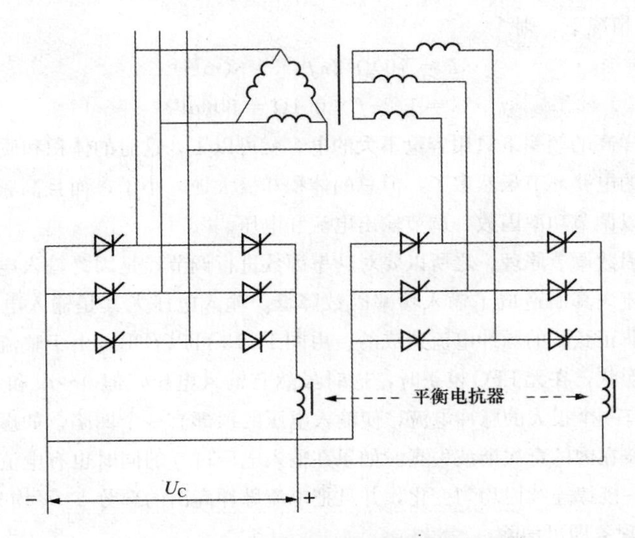

图 1-10 六相全桥整流电路结构图

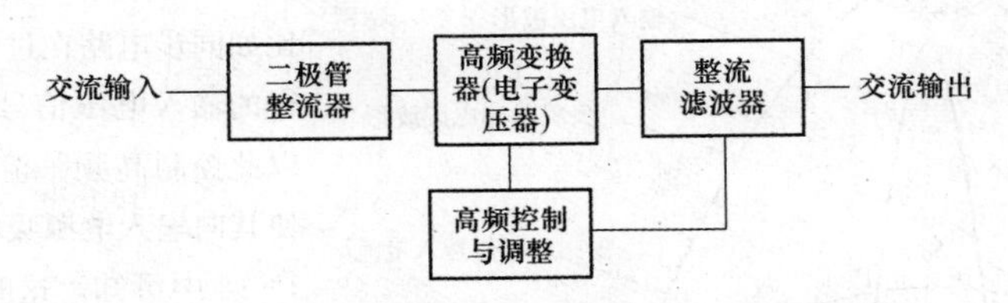

图 1-11 小功率高频整流器原理方框图

从图 1-11 中可以看出，高频整流器电路比原来复杂多了，这样是不是比原来更笨重了吗？实际上并非如此。因为原来 50Hz 的整流滤波器中，滤波器占了很大的比重，尤其是功率稍大了以后，滤波器就更加笨重。比如相同参数的变压器或扼流圈，在 400Hz 时的体积只有 50Hz 时的 1/3，更何况这里大都工作在 20kHz 或以上呢。无源滤波器不外乎电感（扼流圈）和电容，电感因串联在主回路中，为了阻止高频干扰波的通过，故要求高频电抗要大；电容是并联在主回路中，为了滤除高频干扰波，就要求高频电抗越小越好，现用下面一个例子予以说明。

例 1-1 要求图 1-12 滤波器中的扼流圈 L 和电容器 C 的电抗对 50Hz 的三次谐波 150Hz 分别为：

$$X_L = \omega L = 2\pi fL = 100(\Omega) \qquad (1-2)$$

$$X_C = 1/\omega C = 1/2\pi fC = 0.1(\Omega) \qquad (1-3)$$

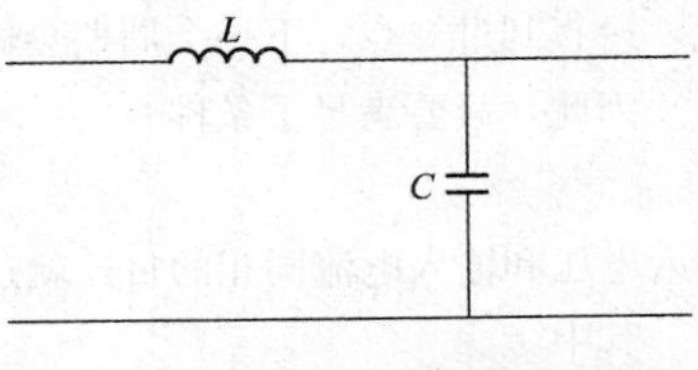

那么应选多大的电感和电容量呢？

解：$L=100\Omega/2\pi f=100/2\times3.14\times150$

$=0.106(\mathrm{H})=106(\mathrm{mH})$

$C=1/2\pi f\times0.1\Omega=0.0106(\mathrm{F})=10\ 615(\mu\mathrm{F})$

图 1-12 LC 滤波器电原理图

在将市电直接整流时，即使电流只有 10A，其 L、C 也已很庞大了。

若在 20kHz 情况下，则

$$L = 100\Omega/2\pi f = 0.8(\text{mH})$$
$$C = 1/2\pi f \times 0.1\Omega = 80(\mu\text{F})$$

显然，在这样高的频率下只用容量不大的电容就可以了，这时的体积和质量都很小。

因此，这时的电路环节虽然多了，但总的体积却极大地减小了；而且高频整流器还新生出一些功能来，可以调节功率因数、调节输出电流和电压。

①输入功率因数调节原理。之所以要对功率因数进行调节，是因为输入电流和电压不同相或输入电压和电流失真而造成了输入功率因数降低。输入电压尤其是输入电流所以会出现失真，主要是由于非正弦波的脉冲电流造成的。由图 1 - 13 可以看出，由于整流滤波的原因，使负载电流呈脉冲形状，在无 PFC 校正时，这时虽然有输入电压，但 0～t_1 和 0～t_2 都无电流，仅在 t_1～t_2 之间有一个很大的脉冲电流，使输入电压的顶部有一个凹陷，如虚线所示，从而造成了包括三次谐波在内的奇次谐波失真。如果在输入电压过 0 的同时也有电流送出，并且该电流随同电压按同一规律连续而均匀变化，并且把电流脉冲高出的部分 S_0 平均分配在面积 S_1 和 S_2 上，那么失真现象即可消除。

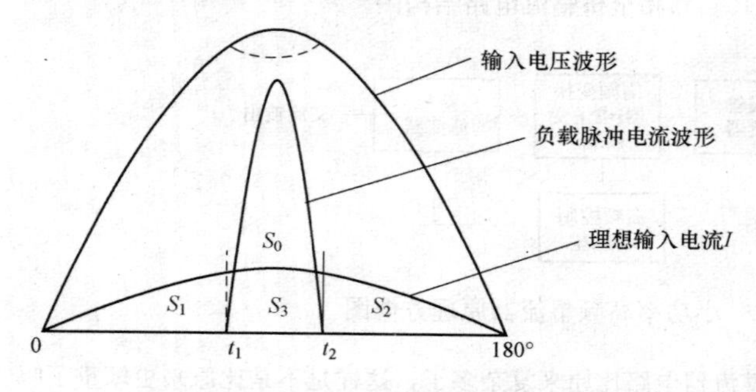

图 1 - 13　电流调节和相位调节原理图

高频整流器就是这样工作的。比如同步电路在过 0 点开始就把测得的输入电压信号送入基准电路，以此控制高频整流器的通导情况，使其向输入电源吸取电流。但从图 1 - 13 中可知，这时负载并不需要电流，即从输入到负载无电流通路。若想在 0～t_1 和 0～t_2 之间也从输入电源中吸收电流，就必须建立一个储能源，目的是在负载不需要电流期间，该储能源仍能保证与电压同步的输入电流源源不断地提供过来，一旦负载需要时又能瞬间释放出去。一般都用电容器充当这个储能源。原因是负载突然吸收一个前沿很陡的、幅度很大的脉冲电流时，储能源应仍按电压的变化规律向负载提供电流 S_3，而多余的部分 S_0 应由电容中的储能提供。因为电容器的动态阻抗比其他储能源（比如蓄电池）小得多，所以 S_0 面积的电流主要由它来提供。电流脉冲过去后，高频整流器仍按电压的变化规律向电容补充充电，一直到过 0 点，下一个周期会做同样的重复。

因此，只要满足了条件

$$S_1 + S_2 = S_0 \tag{1-4}$$

输入电压和输入电流同相的目的就达到了。

其中

$$S_1 = \int I_M \text{sine}\omega t\,\text{d}(\omega t)\text{（积分限：}0 \sim t_1\text{）} \tag{1-5}$$

$$S_2 = \int I_M \text{sine}\omega t\,\text{d}(\omega t)\text{（积分限：}t_2 \sim 180°\text{）} \tag{1-6}$$

式中：I_M是输入电流I的幅值。

需要指出的是：电容器C的实际容量要大得多，电容器容量的选择要保证该电容在吸收和放出$S_1+S_2=S_0$的电流时，电容器上的电压电平无明显变化。

②具有功率因数调节功能的一种高频整流器。这里讨论的是具有功率因数调节功能的高频整流器，实际上具有这种功能的电路方案很多，大都是升压（Boost）式的。其实，升压式输出并不是功率因数调节的必须条件，其主要的考虑是当电网电压低于正常值时，就不能保证输出电压稳定了，因此升压式输出电路得到了普遍应用，图1-14所示就是这种电路的一种方案。实际上这是一个并联调节式电源。功率调节器件是K_1，升压与整流器件是L和VD，储能换能器件是C。功率开关调节器件K_1可以高频导通与截止。当K_1导通时，电流I流入K_1，电感L进行储能。当K_1截止时，此通路被断开，由于L在前一阶段的储能在K_1突然断开时激励起一个反电动势E，其大小为

$$E=-L\mathrm{d}i/\mathrm{d}t \tag{1-7}$$

式中：L为电感量；$\mathrm{d}i/\mathrm{d}t$是电流I的变化率，在频率很高的情况下，这个值是很大的。

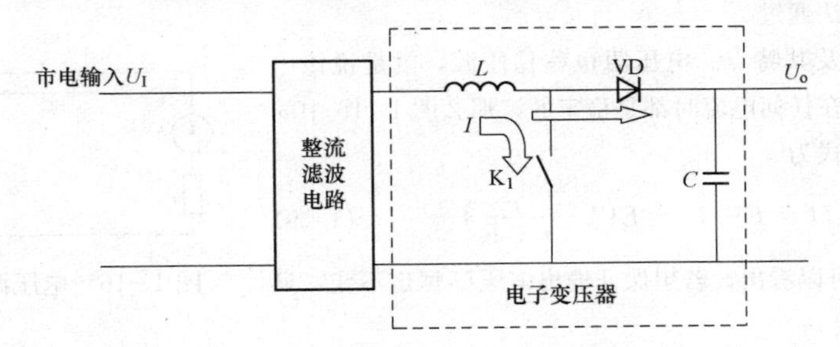

图1-14　升压式高频整流器（电子变压器）原理图

由式（1-7）可以看出，反电动势E的幅值大小和输入电压无关，仅是电感量和电流变化率的函数。在此反电动势的作用下，电流改为流向VD并给电容充电；而且，电流I并未间断，接着K_1又一次导通，使I改流到这一边，这样周而复始地循环下去，在后面有负载的情况下，电流I一直是连续的，电容的储能和释放的能量达到平衡时，该电路对输入电源来说就是一个线性负载，功率因数当然是1，这样补偿的目的就达到了。

4）三相UPS的输入功率因数校正。前面讨论的只是最简单的一种，而且功率也不容易做得太大。现在已有几十千伏安的IGBT高频整流器代替原来的晶闸管工频整流器。这种电路是直接把交流通过高频PWM的方式整流成符合要求的直流，供逆变器使用，可将输入功率因数调整到近于1。其中以Delta变换电路方案最为典型，因为这种电路可将输出功率做到480kVA，而且综合指标在目前还没有一家可与其媲美，下面就简单介绍一下这种电路的大致结构和调整原理。

①电流源和电压源。电源分电压源和电流源两种。电流源的概念并不新，但对UPS来说却是一个新概念，因为在以往所有UPS的输入电路（整流器/充电器）都是电压源。那么电流源对输入功率因数的调整又有何用处呢？

②电流源及其特点。电流源，也称稳流源。图1-15所示就是电流源原理图，则

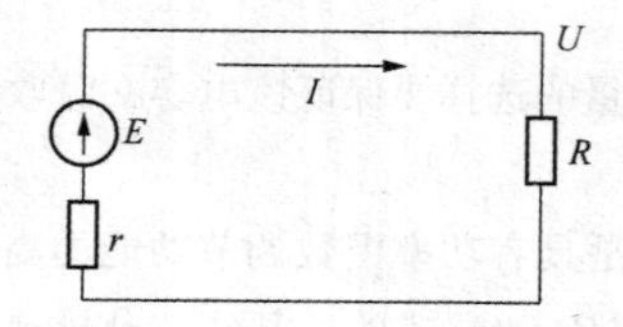

图 1-15　电流源原理图

E—电源电压；U—负载端电压；
r—电源内阻；R—负载电阻；
I—负载电流

$$I=\frac{E}{r+R} \tag{1-8}$$

由式（1-8）可以看出，电流 I 的大小，在电压 E 给定了以后就取决于电源的内阻 r 和负载电阻 R。既然是电流源就要保证输出电流 I 在任何负载下都不变，达到这个目标的唯一条件就是要求：$r \gg R$。但 R 的值是不确定的，它可以为任何值，因此只有当 r 对负载电阻 R 而言趋近于无穷大（∞）时才可能满足上述条件。所以从理论上讲，电流源的内阻对负载电阻 R 而言是∞。就是说，无论负载如何变化，负载电流（在一定的时间内）是不变的，只有线性负载的电流才是不变的。因此，对市电电压而言，电流源就是一个线性负载，线性负载的输入功率因数当然是 1。

电流源的电流 I 可以是直流，也可以是交流。当为 50Hz 的正弦波交流时，如果把这个电流源串联在某一电路中，由于它高内阻的隔离作用，就可以将其前后的干扰有效地拦截在电路两边，使其无法通过。

③电压源及其特点。电压源也称稳压源，就是说该电源的输出电压在任何电流时都是稳定的，那么图 1-16 中的输出电压表达式为

$$U=E-Ir=E\left(1-\frac{r}{r+R}\right) \tag{1-9}$$

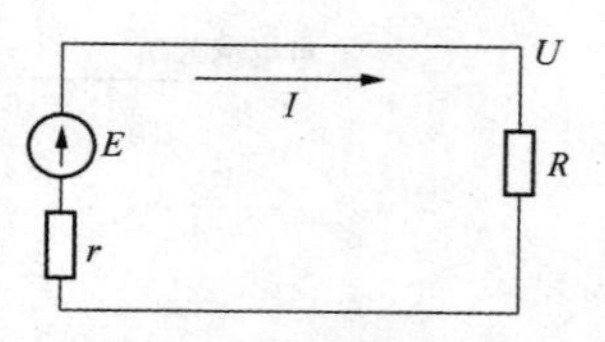

图 1-16　电压源原理图

由式（1-9）可以看出，若想保证输出电压 U 恒定不变，只要使

$$1-\frac{r}{r+R}=1 \tag{1-10}$$

即可。而式（1-10）等于 1 的条件是

$$\frac{r}{r+R}=0 \tag{1-11}$$

由式（1-11）算得的结果是 $r=0$。从物理概念上讲就是，在电源内阻 $r=0$ 的情况下，不论负载电流为何值，都不会在电源内部形成任何压降，从而就保证了

$$U=E \tag{1-12}$$

于是就达到了稳压的目的。传统双变换 UPS 的整流器就是这样一个电压源，整流器保证其输出直流总线上的电压稳定，但电流却是随着负载的变化而变化，由于整流器和负载是串联关系，如图 1-17 所示，所以负载 I 的变化必然导致输入电流的同时变化。变化的电流与市电输入电缆内阻的联合作用必然会对送到整流器输入端的电压产生影响，使其失真。

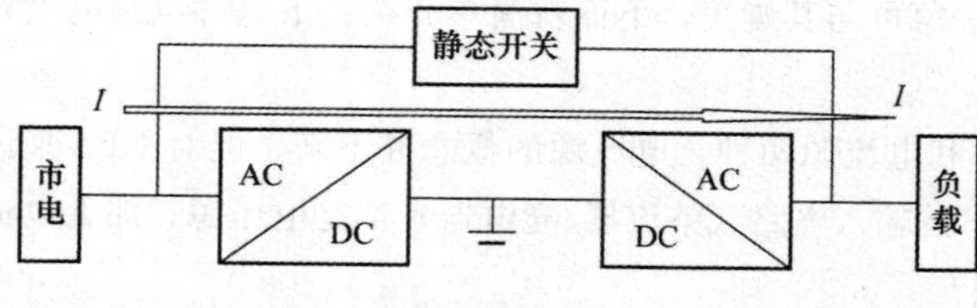

图 1-17　传统双变换 UPS 是一个串联调整系统

所以这种电压源电路必须加功率因数校正（PFC），而电流源本身就具备功率因数校正功能。

5）Delta 变换电路输入功率因数的调整原理。由于这种电路与以往大家熟悉的一个整流器和一个变换器的电路差别很大，为了区别，暂称以前的电路为“传统双变换”。传统双变换的两个变换器都是电压源，而 Delta 变换 UPS 的两个变换器则不同，前一个是电流源，后一个是电压源，如图 1-16 所示。

①Delta 变换 UPS 的结构原理。由于这种电路问世较晚和电路结构与原理的特殊性，如果再用原来分析传统双变换的方法去对待这种技术就会误入歧途。因此也会出现一些误解，但如果将基本概念搞清楚了，误解就会少一些。

误解 1：Delta 变换 UPS 不是双变换（Double conversion）。

其根据是对某些标准的定义得来。UPS 中双变换的含义是：它具有将交流变换成直流和将直流变换成交流的功能，这就是双变换的全部内容。如果这个电源设备具备这两个功能那就是双变换，否则就不是。一个不容置疑的事实是：任何 UPS 都是由电子电路和蓄电池两大部分构成。没有电池的设备就不能为 UPS，原因是它不具备不间断功能。既然有电池就需要内置充电器，充电器必须将交流变成直流才能给电池充电，而当电池放电时又可将直流变换成交流，这就是双变换。任何 UPS（包括后备式）都具备这两个功能，换言之，只要是 UPS 就必须是双变换，如图 1-18 所示。

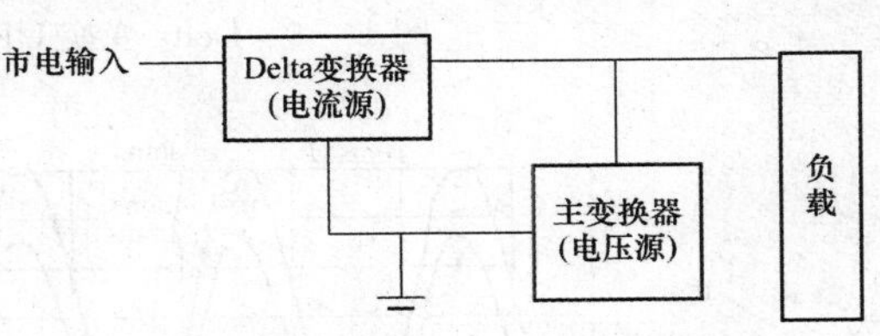

图 1-18 Delta 变换 UPS 结构方框图

Delta 变换 UPS 的简单工作原理为：在正常情况下，与负载串联的 Delta 变换器向负载提供有功电流，与负载并联的主变换器向负载提供无功电流和调整负载的快变化电流。它的一个特点就是利用 20%的调整功率去控制负载 100%的全部功率。当市电异常时，主变换器就承担起全部的供电任务。

②Delta 变换 UPS 对输入功率因数的调整原理。由前面的讨论可以看出，只要作为电流源的 Delta 变换器输出电流保持恒定，就可以使输入功率因数为 1，但包括计算机在内的绝大多数电子设备在工作时的功率都在变化，所以 UPS 的负载电流是随机变化的，而 Delta 变换 UPS 又是如何处理这个问题的呢？图 1-19 示出了 Delta 变换 UPS 工作时各点的电流波形。从图 1-18中可以看出，输入电流的波形是正弦波。但负载电流的波形是一个脉冲波，按照串联的道理输入也不应该是正弦波，但由于主变换器的补偿作用，负载电流的突变部分完全由主变换器给填补了，于是就形成了 B 图加 C 图等于 A 图的情况。最终结果使输入电流保持了恒定，也就使输入功率因数保持了接近于 1 的高值。图 1-20 示出了这种电路的实测波形，输入电压和输入电流即使在负载电流是很严重的脉冲波时仍然是同相的正弦波，所以功率因数近于 1。图 1-20 中的输出电压波形有些失真，原因是测量点设在了负载端，电缆的压降使负载输入端的电压波形出现了失真。

误解 2：Delta 变换 UPS 不抗干扰。

从图 1-19 的电路结构可以看出，从输入到输出的通道是畅通的，这就给人一种错觉，由于中间没有经过像传统双变换那样的整流和逆变过程，就认为没有抗干扰功能。实际上，电流源的阻抗是无穷大，即使有干扰，一方面被输入滤波器抑制，一方面由于电流源的内阻和负载

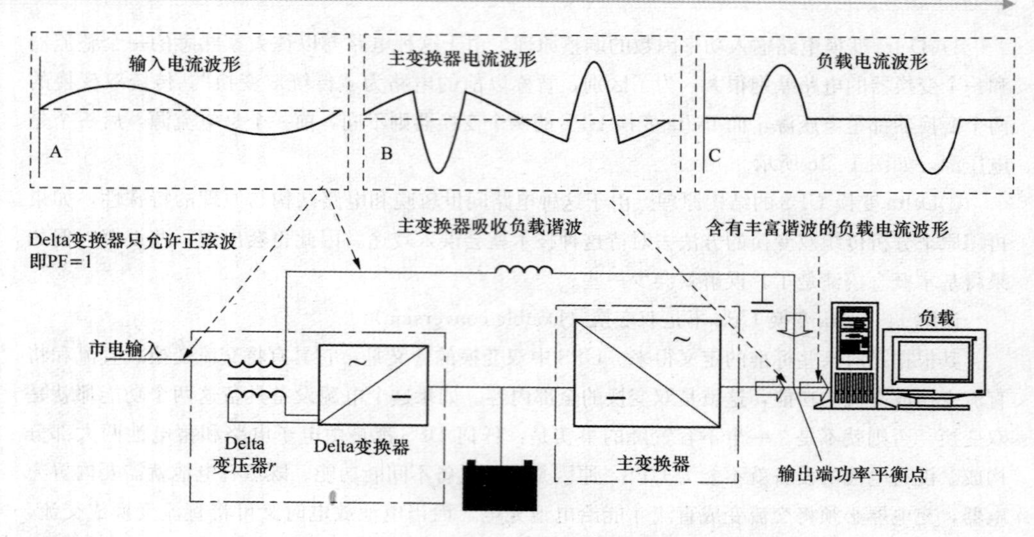

图 1 - 19　Delta 变换 UPS 各点电流波形图

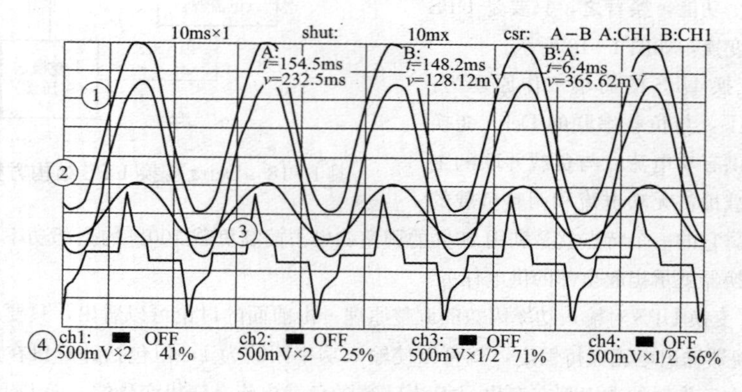

图 1 - 20　实测输入和输出波形

①—输入电压；②—输出（负载端）电压；③—输入电流；④—负载电流

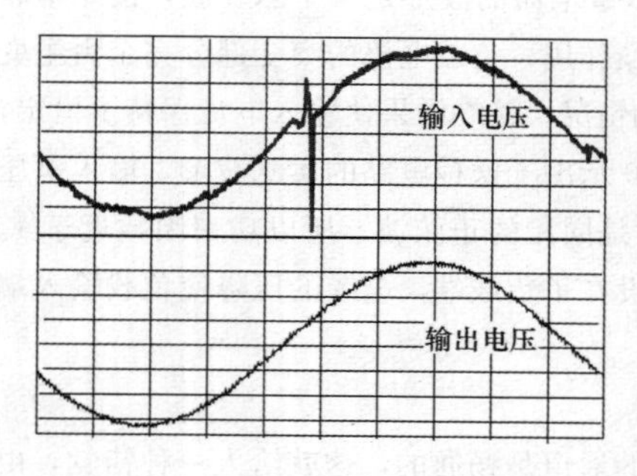

图 1 - 21　Delta 变换器对干扰的抑制情况

相比是无穷大，即使漏过来一点干扰也被电流源无穷大的内阻分压去了，负载无缘得到。图 1 - 21 示出了实测的干扰抑制情况，图中上面的曲线是给输入电压施加的脉冲干扰，可以看出，经过 UPS 后的输出波形完全没有了干扰的痕迹。

误解 3：Delta 变换 UPS 仅对负载进行 20％的调整，其他 80％直接来自市电。

从图 1 - 19 的电路结构看出，从输入到负载，中间没有任何调整环节，就好像后备式 UPS 一样，直接将市电引到了负载上，就好像是电未经过任何加工一样。由前面的分析可以看出，市电经过了很好的加工后才被送往负载的。其中20%有两个含义：①UPS用20%的功率去调整100%的负载功率，原因是Delta变压器的一、二次绕组匝数比是5∶1，那么电流比就是1∶5，就好像是一个$\beta=5$的晶体三极管，其集电极电流$I_c=\beta I_b$，若$\beta=5$mA，那么$I_c=25$mA。这时的20mA由于受5mA的控制，如图1-22所示，它的变化规律应是和I_b一样的，没有什么20%和80%之分；②绝大多数计算机之类的电子电路都有一个不工作时的静态损耗，据测试显示大约有额定功率的80%。静态损失有功的，由作为电流源的Delta变换器提供，当负载电路工作时，大约有±20%的变动范围，所以当正常工作时，主变换器也就是承担20%的负载变化功率。所以有的就误以为Delta变换UPS只能对负载进行20%的调整。

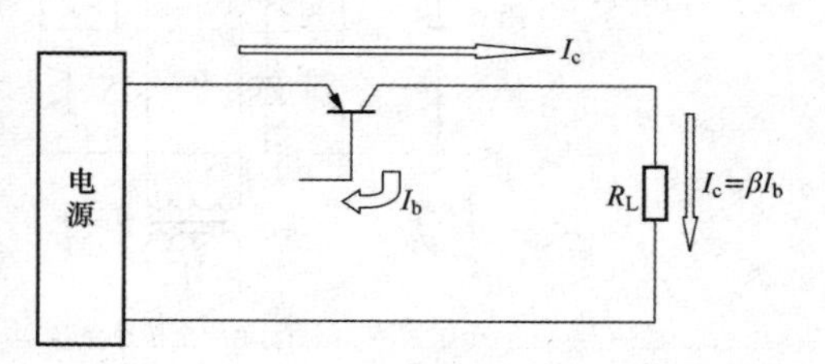

图1-22 Delta变压器的比拟图

（2）提高效率的措施。

1）提高频率和取消隔离变压器。在工频下工作时，变压器和滤波器的体积都非常大，不但耗费材料、增加成本和占地面积，而且功耗也很大，变压器和滤波器所占的功耗超过整个系统功耗的50%，比如有不少UPS厂家号称系统效率可达94%，那么变压器和滤波器所占的功耗超过3%，100kVA UPS的这部分功耗就近与3kW。变压器的计算公式为

$$N_1=\frac{U_1\times 10^8}{4BS_0 f} \tag{1-13}$$

式中：N_1为变压器一次绕组匝数；U_1为加在一次绕组上的电压有效值，V；B为铁芯中的磁通密度，GS；S_0为铁芯有效截面积，cm^2；f为工作频率，Hz。

由式（1-13）可以看出，变压器绕组匝数与工作频率成反比。定性地看，假如在$f=50$Hz时算出的是200匝，那么在$f=10\,000$Hz时的匝数就是原来的1/200，就是1匝。当然还有其他的改变，比如要用高频磁心等。但可以看出由于电流路径（匝数）的缩短，功耗也按一定比例减小，所以现在的高频UPS都取消了这个变压器。

2）半桥逆变器和变换器。按原来的全桥逆变器结构是无法取消变压器的，因此在电路上推出了半桥逆变器，如图1-23所示。图1-23（a）为单相全桥逆变器，可以看出，逆变器输出的是一个对称电压，所以两条线都是相线，如不加变压器隔离将无法正常使用。图1-23（b）为单相半桥逆变器，它是将图1-23（a）中的一个电池组分成对称串联的两组，这两组电池占据了原来两个功率管的位置，再由两组电池组的连接处引出中线（也称为零线）。可以看出，半桥的电路器件减少了。有人也许会产生这样的疑问：半桥输出多了个滤波电感，岂不也增大了体积和功耗吗？实际上这个滤波电感在全桥电路中也有，由于电感量较小，一般就都含在变压器里了，即利用变压器的漏感充当滤波电感即可。在高频情况下这个电感就更小，即使不小，最多也是原来变压器的漏感，也已经非常小了。在三相的情况下也基本相同，图1-24示出了单相全桥逆变器和半桥逆变器电路原理图，从图1-24中可以看出，单相和三相的情况差不多，只是在单项中半桥电路比全桥电路节省了一半功率管；而三相半桥的功率管数未变，

只是拿掉了输出变压器，这样一来使系统效率提高了约三个百分点，在大功率时是一件了不起的事情。

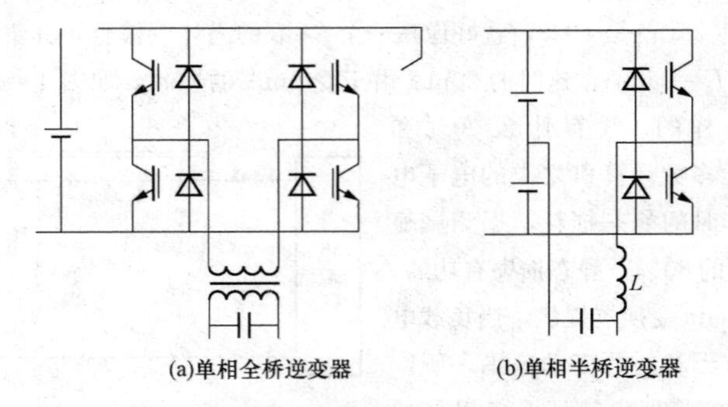

(a)单相全桥逆变器　　(b)单相半桥逆变器

图 1-23　单相全桥逆变器和半桥逆变器电路原理图

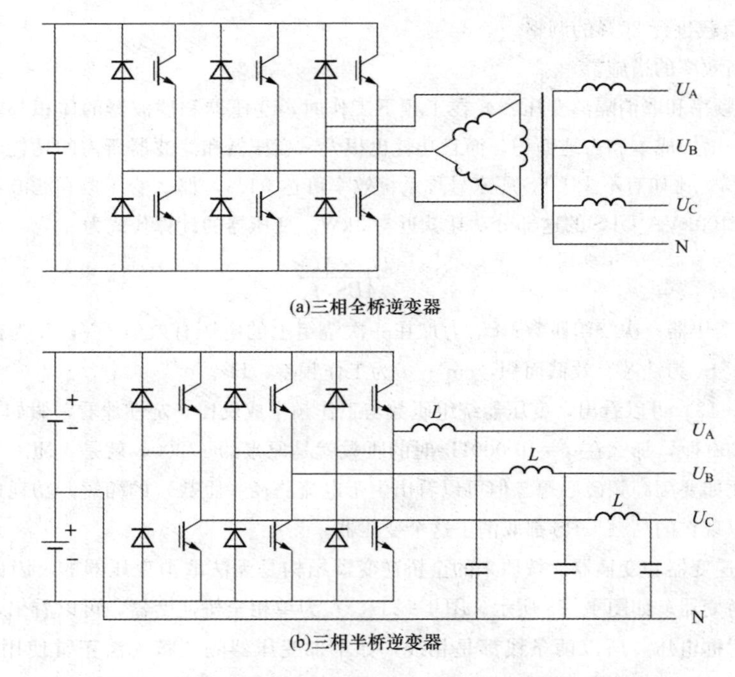

(a)三相全桥逆变器

(b)三相半桥逆变器

图 1-24　三相全桥逆变器和半桥逆变器电路原理图

Delta 变换电路的情况要更好，不但取消了输出变压器，而且将原来整流器部分的功耗降低了约 80%。原因是原来 100%负载功率都要经过整流器，而现在仅用 20%的功率就可实现对 100%负载功率的调整。这样又可将效率提高两个百分点，使整个系统效率可达到 97%以上。图 1-25 示出了 Delta 变换电路一相的电路原理图。在这个电路中，它的两个变换器都是工作在“高频”状态下 IGBT 器件组成的功率环节，而且两个变换器都是双向工作的，是典型的双变换电路。

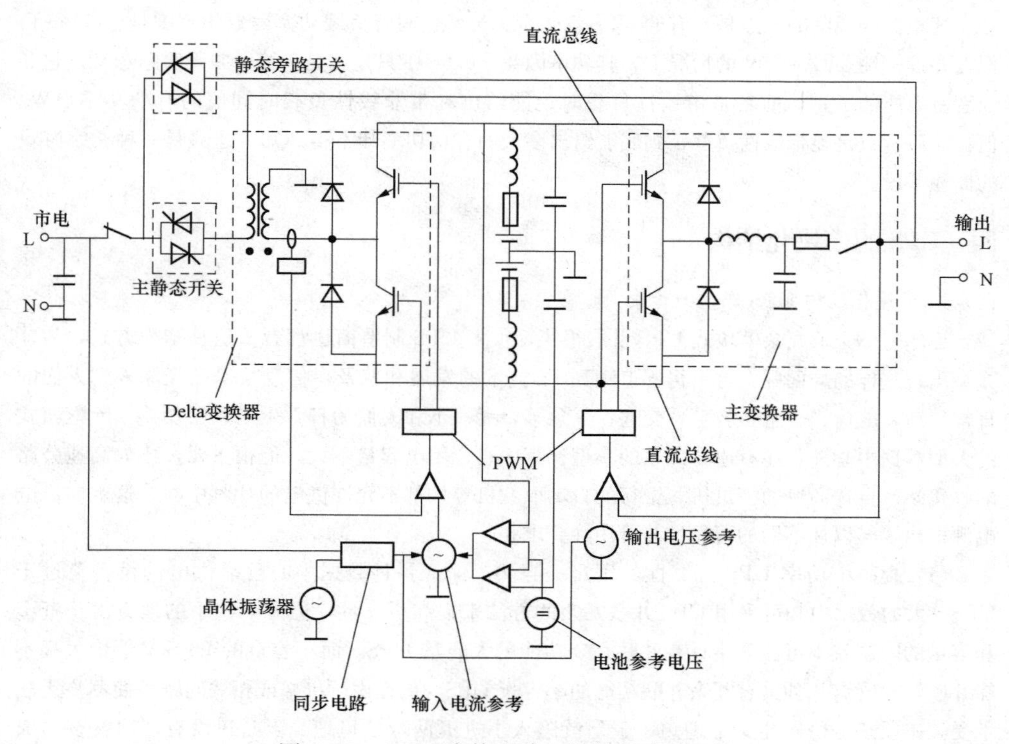

图 1-25　Delta 变换电路一相的电路原理图

应说明的是：这里所指的“高频”实际上应该称为“中频”，中频的意思是介于工频和高频之间的频率，一般习惯上称 20kHz 以上的频率为高频，因为从这个频率开始人就听不见了，因此这是以人的听觉为标准的划分。而 Delta 变换电路在目前仅工作在 8～15kHz，所以不能称为高频，有的人习惯上称之为高频，也就习惯了。“中频”在电源中不是指的哪一个频率，所有在 50Hz～20kHz 之间的频率都称为中频，比如 400Hz 和 1000Hz 等。

当然，这种电路也有它的不足之处，比如不能做出三进单出的产品、输出端三相负载不平衡会导致输入端同样不平衡，Delta 变压器的磁通密度取得太大，造成温升过高和可闻噪声太大。

(3) 提高带载和过载能力的措施。这个问题在以前并不突出，因为那时几乎 100％电子电路负载的输入功率因数都很低，一般都在 0.6～0.8。但随着电子技术的发展和新标准的出台，对电子设备的输入功率因数值范围提出了严格要求，应接近于 1。换言之，电子设备的输入功率因数要做成线性的。这就提出了一个问题，目前带非线性负载的 UPS 改带线性负载时，带载能力就差了，比如一台负载功率因数为 0.8 的 UPS，再带线性负载时，其带载能力不足额定值的 60％。

因此，有的 UPS 制造商就推出了负载功率因数为－0.6～1 且 kVA＝kW 的 UPS，就是说，目前带的非线性负载时是多少伏安（VA），带线性负载时也能给出同值的有功功率瓦特（W）值。

这里需要说明的一点是：有的UPS宣传页上虽然也写着负载功率因数的范围是－0.6～1，但在并没标注kVA＝kW的情况下，其功率因数－0.6～1只是虚晃一枪，并无实际意义。它和前者有着质的区别，前者是带线性负载时也能给出和带非线性负载时同值的有功功率（W）值；而后者只是能带线性负载，到底能给出多大的有功功率却不得而知，这只是一种文字游戏的商业手段。

四、UPS的模块化结构

1. 模块化结构UPS产生的背景

近年来N＋X冗余模块式UPS发展很快，很多UPS制造商也都看重这种结构方式，为什么会出现这样的局面呢？这不得不追溯到IT技术的发展和普及，信息技术已经深入到人们的日常生活，电信、金融、教育、交通、气象等，无一不和人们的日常生活紧密相连。除枢纽式的大型数据中心外，还有遍布城乡的小型计算中心，用电容量不大，但很重要，比如高速公路的收费站、自选商场的柜员机、银行的自动取款机等，都不允许供电的片刻中断，这就向供电电源提出了与以往不同的可靠性与可用性要求。

（1）提高小功率UPS可靠性的困难。当然，保证各种数据中心可靠供电的设备莫过于UPS。大的数据中心可采用UPS并联冗余的方法来提高可靠性，但像一些小的地方由于资金和容量的限制就不可能采用具有并联冗余功能的大容量UPS，而小容量的UPS又恰恰大都不能并联，尽管有几种具有冗余并联功能的小容量UPS，仍是由于价格或相关问题，使用户无法承受。串联热备份性能又不理想，于是就陷入了进退两难的境地。当时还没有"边投资边成长"的概念，因为一般计算机房的供电大都是"大马拉小车"，容量有足够的富裕。而像地铁、金融等大工程一般都是一次到位，"边投资边成长"的解决方案在这里一般就不适用。

（2）可靠性与可用性的需要。由于小容量UPS单机无后备系统，一旦出现故障，就失去了供电的保障，所以要求供电的可用性比较高。为了说明问题，现将可用性公式表示如下

$$A=\frac{MTBF}{MTBF+MTTR} \tag{1-14}$$

式中：A是系统的可用性，是一个小于或等于1的数值；$MTBF$是系统在指定时间段的平均无故障时间，h；$MTTR$是系统在指定时间段内故障的平均修复时间，h。

从式（1-14）可看出，当系统故障后，修复时间非常重要。如果使用单机UPS供电，一旦出现故障，修复时间就无法保证，少则几个小时，多则数日，如果市电还存在，只好由市电直接供电，使设备长时间处于不安全的环境下。因此，设备必须在指定运行时间段内保证一定的正常供电时间比例，是保证90%的时间还是99.9%的时间能正常供电，这就是可用性的含义。而可靠性则是指供电的硬件设备在多长时间间隔内不出故障，一旦出了故障，多长时间后又回复正常供电，已不属于它负责的范畴。因此，可用性是一个更能全面表示有效供电的概念。

2. 模块化结构的两种方案

由于上述这些原因，在20世纪90年代后期有些UPS制造商就推出了小功率N＋X模块冗余式UPS。比如PK（单体模块为1kVA）、Iemal（单体模块为3kVA）、Symmetry（单体模块

为 4kVA)、9170（单体模块为 3kVA）等产品就开始陆续上市。随着“边投资边成长”概念的推出，单元容量开始升级。比如“英飞”单模块容量就由 2、3、4kVA 升至 10kVA 甚至更高，Newave 由 10kVA 升至 100kVA，PK 由 1kVA 升至 12kVA，ARRAY 由 4kVA 升至 15kVA 和 30kVA，伽玛创力是单一的 10kVA 模块等。图 1 - 26 示出了部分 N＋X 模块式冗余 UPS 的外貌。

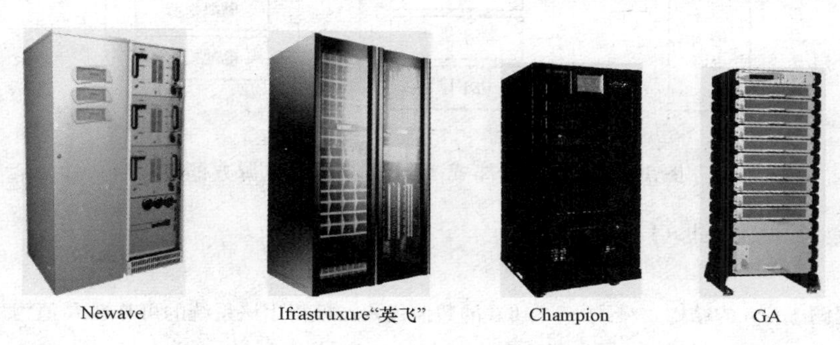

图 1 - 26　部分 N＋X 模块式冗余 UPS 的外貌

N＋X 模块式冗余 UPS 的推出给用户又赋予了很多新的概念，比如模块化 N＋X 组合概念、冗余概念、可扩展性概念、可维护性概念、安全与环保概念，并给数据中心带来了美的享受，给工作人员以舒适的环境，所以这种产品一问世就赢得了用户的重视。

从电路结构上说有两种解决方案——功率模块并联法和 UPS 单体并联法。这两种解决方案可有千秋，下面进行简单介绍。

(1) 功率模块并联法。

1) 可靠性。这种结构的优点在于能使各功率模块的输出电流平均分配，再不用外加任何并联电路环节，所以控制电路设计起来比较简单，降低了造价和避免了由并联电电路带来的监测和控制调整上的麻烦。另外由于功能分离，既减小了质量，搬动比较容易，又提高了备份利用率，比如备份构成单机的一个功率模块和一个电池模块就可以分别更换，为用户节约了投资。

其不足是：①各功率模块不能独立逆变工作；②在任何时候都不允许控制电路模块发生故障，即使在 1＋4 的情况下，尽管可以允许 4 个功率或电池模块同时发生故障，尽管控制电路模块只有两个，也不允许它们有任何闪失，在一定意义上，这也是一种“瓶颈”效应。

图 1 - 27 示出了这种结构方案的电源方框图。这种结构的可靠性和可用性到底有多高呢？为了有一个数量的关系，不妨根据以往的该类产品可靠性指标进行一些计算。

一般 UPS 单机的平均无故障时间（*MTBF*）为 100 000～200 000h，在这里将“功率模块＋电池模块”在 3 年内的平均无故障时间取最大值 500 000h，为了计算的方便，将控制电路的 *MTBF* 也取最大值 500 000h，那么个单元模块的可靠性 r 可根据式（1 - 15）算出

$$r = e^{-\alpha t} = e^{-\frac{t}{MTBF}} \tag{1-15}$$

式中：r 为单元模块的可靠性；α 为单元模块的故障率，是平均无故障时间的倒数；t 是机器运行的时间段，这里是 3 年，即 3×8760h＝26 280h。

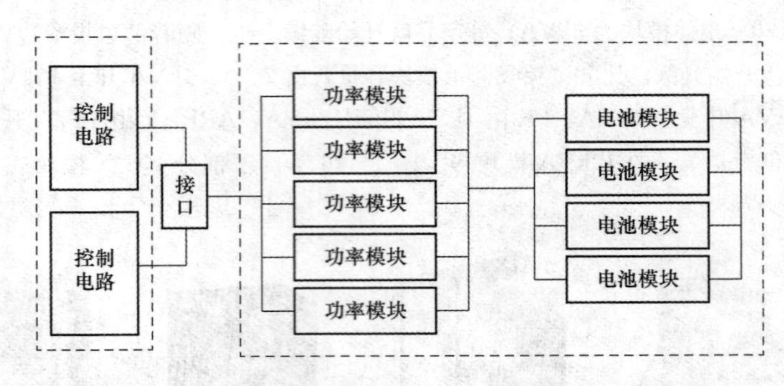

图 1-27　功能分离式 4+1 冗余结构电源方框图

将这些数据代入式（1-16），得

$$r = e^{-\frac{26\,280}{500\,000}} = e^{-0.052\,56} = 0.9488 \tag{1-16}$$

根据图 1-28 的结构，将式（1-16）的数值代入，就得出该系统的可靠性 R 值为

$$\begin{aligned} R &= [1-(1-r)^2]r[1-(1-r)(1-r^4)] \\ &= [1-(1-0.9488)^2]\times 0.99\times[1-(1-0.9488)\times(1-0.9488^4)] \\ &= 0.9778 \end{aligned} \tag{1-17}$$

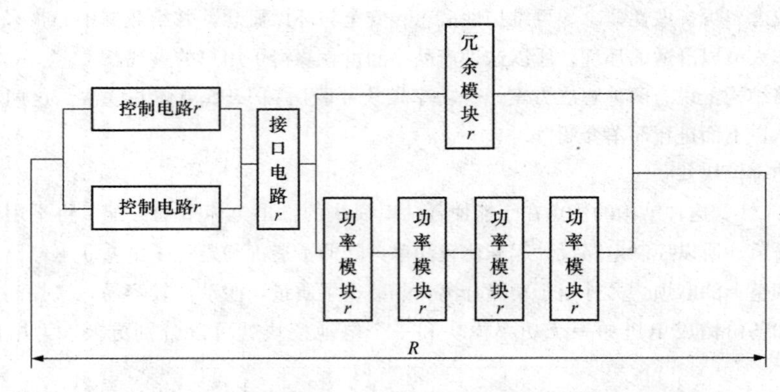

图 1-28　功能分离式 4+1 冗余结构可靠性模型图

以上计算尚未计入机柜、布线和接插件带来的不利影响。这种结构 UPS 的可靠性会随着负载的减小而增大，因此，再来算一下 2+3 冗余时的可靠性。仍利用上述的数据代入图 1-29，即可列出下面的表示式，再代入上述数据，得

$$\begin{aligned} R &= [1-(1-r)^2]r[1-(1-r)^3(1-r^2)] \\ &= [1-(1-0.9488)^2]\times 0.99\times[1-(1-0.9488)^3(1-0.9488^2)] \\ &= 0.9873 \end{aligned} \tag{1-18}$$

从上述的计算比较可以看出，这种结构 UPS 的可靠性一般在两个“9”以下。在上述 2+3 冗余结构可靠性为 0.9873 的情况下，整机的平均无故障时间 $MTTR$ 可由式（1-15）反推求得。将式（1-15）重新整理并代入该数值得

$$MTBF_{2+3}=-\frac{t}{\ln r}=-\frac{3\times 8760\text{h}}{\ln 0.9873}$$
$$=-\frac{26\ 280\text{h}}{-0.012\ 78}$$
$$=2\ 056\ 338\text{h} \qquad (1-19)$$

在4+1情况下的平均无故障时间同样可以算出

$$MTBF_{4+1}=-\frac{3\times 8760\text{h}}{\ln 0.9778}$$
$$=1\ 170\ 594\text{h} \qquad (1-20)$$

从计算值可以看出，这种结构的 *MTTR* 确实比原来提高了很多。

2）可用性。从上面的分析可以看出，即使功率模块和控制模块的平均无故障时间为50万h，其整机的可靠性也难于达到99.9%，所以必须依靠可用性中的 *MTTR*。当然，模块式结构的特点就是修复时间快，有的说 *MTTR*=5min，并以此为根据来说明可用性是如何高。在实际情况下这个指标是难以实现的，5min是在特定条件下得到的，一般都是将备用模块放在手边，一计时就马上操作，但实际中哪有如此好的条件，尤其是一般用户很少购买备用模块，所以有的拖几个小时甚至几天的事情并非少见。因此将 *MTTR* 定位2h已是很先进了。就以2h为例，根据可用性公式（1）计算，此时的2+3和4+1配置的可用性分别为

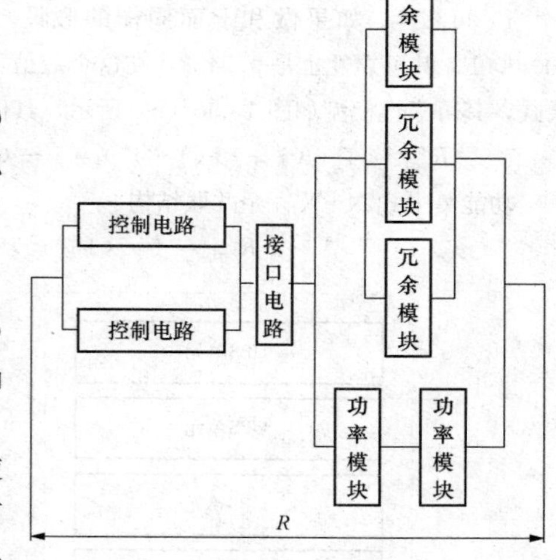

图1-29　功能分离式2+3冗余结构可靠性模型图

$$A_{2+3}=\frac{9\ 733\ 333}{9\ 733\ 333+4}=0.999\ 999\ 6$$
$$A_{4+1}=\frac{2\ 119\ 355}{2\ 119\ 360}=0.999\ 997\ 6 \qquad (1-21)$$

从所得的结果来看，这种结构方式的可用性均可达到5个"9"，既99.999%。没有必要将更换时间卡得那么严格，当然这是指一般应用而言。

在这4h的 *MTTR* 时间里，该系统的可靠性可根据式（1-15）求出4+1配置为

$$r_{4+1}=e^{-\frac{4}{2\ 119\ 355}}=0.999\ 998\ 1$$

仅从最低配置也可看出，这种N+X模块冗余式UPS确实为用户解决了很多困难。

（2）UPS单体并联法。除了上述控制电路与功率模块分离式结构以外，UPS厂家又推出了一种功能集中式N+X冗余并联结构UPS。这种结构的特点是每一个模块就是一个功能完整的UPS，如Newave、ARRAY、伽玛创立等。这种结构的优点就在于每一个模块就是一台独立的UPS单机，即使不放置在原来的机柜内也可单独使用，换言之，备用模块在备用期间也可拿来单独作为UPS使用，提高了备用器材的利用率，由于控制电路和功率模块在一个机壳内，降低了因连接不牢而导致故障的概率，在冗余模块配置允许的范围内没有最低故障模块类型的限制。其不足之处是相对于上述功能分离式备份无法分开，即必须备份整机单元，也不可以拆

分更换。

1）可靠性。如果做和上面同样的假设，模块单元在三年内的平均无故障时间也是500 000h，其可靠性也是0.9488，在这个数值下为了比较的方便，其配置也采用4＋1模块冗余式，其可靠性模型如图1-30（b）所示，具体为

$$R_{4+1}=1-(1-r)(1-r^4)=1-(1-0.9488)(1-0.9488^4)=0.9903$$

功能集中式N＋X冗余并联结构

$$R_{2+3}=1-(1-r^2)(1-r)^3=0.999\,987$$

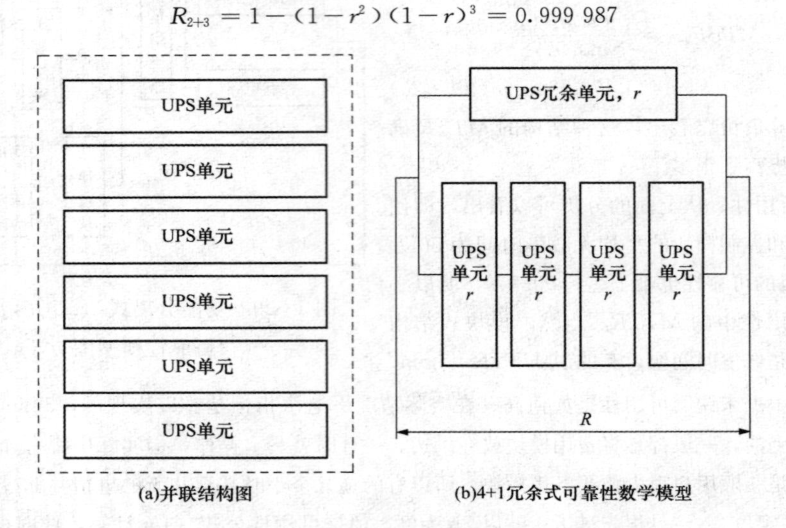

图1-30 功能集中式N＋X冗余并联结构UPS

2）可用性。同样可根据式（1-15）和上述假设，也可求出两种情况下的平均无故障时间和可用性

$$MTBF_{4+1}=-\frac{3\times 8760\text{h}}{\ln 0.9903}=-\frac{26\,280\text{h}}{0.009\,75}=2\,695\,385\text{h}$$

$$MTBF_{2+3}=-\frac{t}{\ln r}=-\frac{3\times 8760\text{h}}{\ln 0.999\,987}=20\,215\,526\,321\text{h}$$

其可用性分别为

$$A_{2+3}=\frac{2\,021\,525\,321}{2\,021\,525\,325}=0.999\,999\,998$$

$$A_{4+1}=\frac{2\,695\,385}{2\,695\,389}=0.999\,998\,5$$

从上述的比较可以看出，功能集中式N＋X模块冗余式结构，在可靠性和可用性上优于功能分离式结构很多。尽管在讨论中有些条件没有加进去，但从方向上也应该是这样的。

为什么同样的电路在不同结构时会出现可靠性不同的情况呢？图1-31给出了两种模块化结构的不同安排示意图。就好比有一批货物（负载）需要由甲地运往乙地，图1-31（a）表示的是功率模块并联法，就好比用拖拉机（控制电路）拖动5个拖斗（功率模块），其中一个拖斗是备用的，即4＋1的配置。可以看出，在运输过程中任何一个拖斗故障，都不会影响这次

任务的完成。然而，如果所有拖斗都完好无损，而拖拉机出了毛病，那么这次任务就受到影响了。即在运输过程中，任何一辆拖斗都可出问题，就是拖拉机不能出问题，这就是一个瓶颈效应。

如果把同样的货物用与拖斗同等数量的货车运输，即也是 4＋1 的配置，其中一辆货车也是备用的，如图 1 - 31（b）所示，那么就可以明显地看出，在运输过程中任何一辆货车出现故障的时候，都不会影响任务的完成。在这里就没有任何瓶颈效应，所以它的可靠性和可用性都高于前者。

图 1 - 31（b）的可靠性虽然提高了，但由于每一个单元都有自己的控制电路，因此造价也提高了。

(a)功率模块并联法的比喻

(b)UPS单体并联法的比喻

图 1 - 31　两种模块化结构的不同安排示意图

第三节　UPS 解决方案的发展概况

一、UPS 发展趋势

1. 从单机向冗余结构变化

由于数据网络中心的重要性越来越显著，供电电压的任何中断都会造成重大损失。任何单机供电都存在着断电的危险，为了实现供电的高可靠性，多机冗余连接已经成了数据中心用电的必要手段。

2. 从注重系统的可靠性向注重系统的可用性变化

任何系统的可靠性都不是绝对的，数据中心设备所关心的不仅是供电会不会中断，更需要知道断电时间有多长。换言之需要知道在指定时间内能有效工作的时间比例，这就是前面所提到的可用性概念。

从可用性公式中可以看出，提高可用性的途径有两条：①提高设备的可靠性，即延长

MTBF，但是这样做的效果不太显著，并且提高了造价；②缩短 *MTTR*，这一条容易做到，UPS 的冗余连接就可达到缩短平均修复时间的目的。比如两台 UPS 冗余连接，其中一台出现故障时另一台可继续供电。待这一台故障机器修复后再行接入，从供电未曾中断的角度看 *MTTR*=0 最好，所以冗余连接是实现高可用性的必要手段。图 1-32 示出了降低单机故障率与采用冗余措施的可用性比较情况。

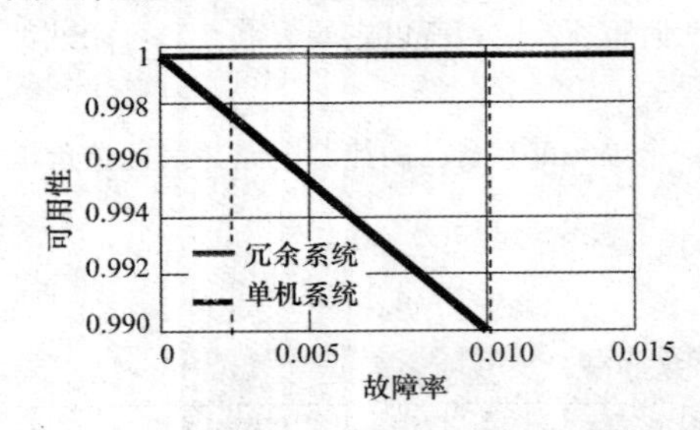

图 1-32　降低单机故障率与采用冗余措施的可用性比较

从图 1-32 中可以看出，尽管将单机系统的故障率提高到 0.0025，但是其可用性值仅为 0.998；在双机冗余连接的情况下，即使单机的故障率为 0.010（是前者的 4 倍），但其可用性值却几乎为 1。

但是不要产生另一个误会，即为了提高可用性，只要降低 *MTTR* 就行，可不去考虑 *MTBF* 值的大小，这当然也是一种误解。为了提高可用性，只要求降低 *MTTR* 而可不去考虑机器的质量（即 *MTBF*）无异于拔苗助长，可用下面的例子说明。

例 1-2 当要求可用性 $A=0.999\,99$ 时，每年允许停机的时间 t 为

$$t=365\times24\text{h}\times(1-0.999\,99)=8760\text{h}\times0.000\,01=0.0876\text{h}=5.256\text{min}$$

在 N+1 冗余的系统中，假如 *MTTR*=10min，根据式可用性公式可算出硬件应具有的 *MTBF* 为

$$MTBF=\frac{MTTR}{1-A}=\frac{\frac{1}{6}}{1-0.999\,99}=\frac{0.166\,67}{0.000\,01}=16\,667(\text{h})$$

当 *MTTR*=20min 时，硬件系统的可靠性 *R* 就要求 *MTBF*=33 333h，见表 1-1。

表 1-1　A=0.99999 时的 *MTTR* 和 *MTBF* 的对应关系（N+1）

修复时间 *MTTR*	所要求的 *MTBF*	修复时间 *MTTR*	所要求的 *MTBF*
10min	16 667h	3h	300 000h
20min	33 333h	4h	400 000h
30min	50 000h	5h	500 000h
1h	100 000h	10h	1 000 000h
2h	200 000h	20h	2 000 000h

从表 1-1 可以看出，*MTTR* 越长，就要求 *MTBF* 越长，对设备质量要求就越高。其原因有两个：①一台 UPS 因故障进行修理时，尽管另一台在继续正常供电，万一在这个修理期间内它也出现故障，就会造成停电事故，故障 UPS 的修理时间越长，出现停电事故的概率就越高；②UPS 的质量越差，出现停电事故的概率也越高。

第二个原因可用下面的例子来说明。

假如两台并联的UPS有着同一个量级的可靠性（但绝不会是一模一样），比如它们各自的*MTBF*分别为50h和51h，那么两台UPS同时出现故障的时间就是它们的最小公倍数50×51=2550（h），即每隔2550h就出现一次两台UPS同时出故障的现象。这时两台UPS同时需要维修，由于整个供电系统已经瘫痪，从不间断的意义上讲，尽管维修时间再短也不行了。另外，在2550h（8个月）之内，由于UPS的质量低劣，也可能会故障频发，带来了许多麻烦，也造成很多损失。但如果将两台UPS的质量提高一步，即将*MTBF*提高到500h和510h，那么它们的最小公倍数就是25 500h（3年），于是两台UPS同时出故障的时间由8个月延后到3年；如果再将两台UPS的质量提高一步，即分别为5000h和5100h，他们的最小公倍数就是255 000h（29年），这时就将两台UPS同时出故障的时间推迟到29年以后。这时，两台UPS互为备用的条件才能被满足，所以减小*MTTR*也才真正有了实际意义。

因此只有在保证了UPS质量（*MTBF*）的前提下减小*MTTR*才具有真正的意义。

3. 从单纯供电系统向保证整个IT运行环境变化

当前网络数据中心所关心的是整体运行效果。如图1-33所示就是一个木桶结构式的机房结构原理图，数据中心机房的各设备就像组成木桶的木板。木桶盛水的容量取决于两个因素：①取决于构成木桶所有木板中最矮的那一个；②取决于木板之间连接的密封情况。木桶的寿命则取决于所有木板中质量最差的那一个。所以在这个要求综合效果的木桶中，作为UPS的这一块木板，长度再高也不能增加木桶的容量，质量再好也不能延长木桶的寿命。比如空调机故障，高温情况可导致系统停机；在机房中，由于机架布线太密而堵塞了风路，形成的热点也可导致停机；监控系统失效，可使盲目运行的机器故障等。因此只一味地提高电源的指标和质量已不能保证整个系统的质量，必须要提高整个运行环境的指标。美国有关机构为这个运行环境命名为网络关键物理基础设施，用NCPI（Network Critical Physical Infrastructure）表示。

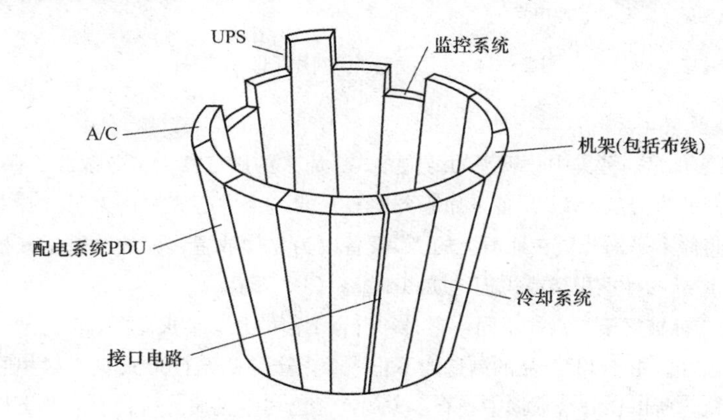

图1-33　木桶结构式的机房结构原理

4. 提高UPS供电系统的适应性

数据中心的建立遍地开花，其发展很不平衡，中心规模和用电容量差距也很大，要求UPS具有应变的功能，这就是“适应性”。

二、从 IT 系统面临的几个问题看对供电的要求

1. IT 设备集中化

管理的集中化是目前中大型网络数据中心纷纷建立的趋势，比如我国各大区金融结算中心的用电容量都在几兆瓦以上。为了工作的可靠性和连续性，又都需要建立同容量的设备中心，而且还不止一个，通信枢纽数据中心的用电容量在 1500kW 以上者也有许多，数字图书馆数据中心、校校通数据中心也都具有相当的规模等。集中管理不但效率高、容易控制，而且也对设备的优化、节约资金的投入和提高可用性都提供了可靠的保障。当然所谓集中管理是相对而言，是相对意义上的集中。也就是说有多个节点，大节点集中节点的信息，中节点集中小节点的信息，小节点还有工作站和终端之分等。图 1-34 表示出了 IT 设备集中化管理示意图。即使是一个小的节点，由于处理的信息量很大，也会集中了相当容量的 IT 设备。

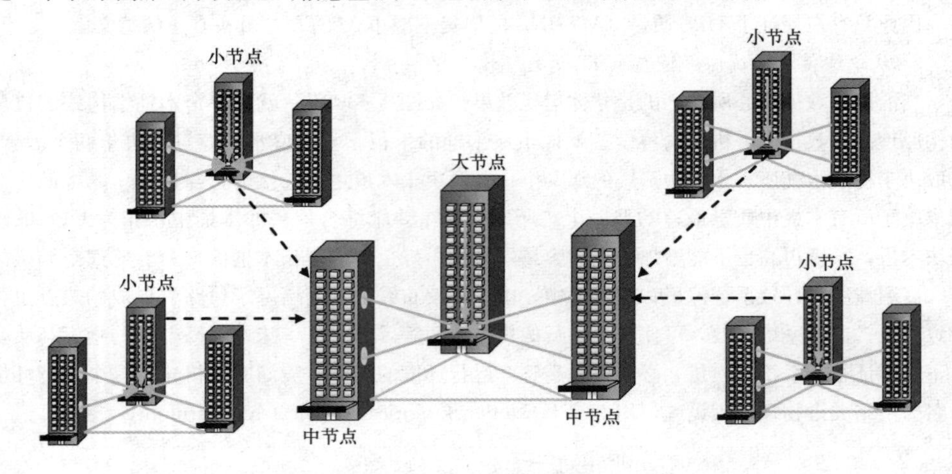

图 1-34　IT 设备集中化管理示意图

2. IT 设备机架化

IT 设备机架化是一种集中化管理的结构方式。原来的服务器大都分散放置在一个平面上，为了集中，就开始将分散的 IT 设备（如服务器等）向一个中心集中。为了节省占地面积和便于管理，必须将原来平铺放置在地面上的 IT 设备改为立体放置，即放入机架（柜）内。普通的做法是做成 19in 的标准机架或机柜，如图 1-35（a）所示。

这种 19in 的标准机架与以往不同，它必须符合下面的几个要求。

（1）兼容性好。由于 IT 产品的制造商不止一个，产品的结构形式也不尽相同，又由于在性能上各有千秋，所以在一个数据中心有多家的产品已司空见惯。这就要求此类标准机柜具有良好的兼容性，即可将不同厂家的产品都能够放置在这种机柜内。

（2）通风良好。以往的机柜结构大都为前面是玻璃门，冷却方式是气流由下向上吹。由于制冷系统的风压很低，所以气流只能到达机柜中部，致使上部形成热区而导致故障。为了减小风路的长度，将机柜内的冷却气流改为前后方向，这就将原来的玻璃前门和后门改为多孔状，

如图 1-35（a）所示。为了使电路的散热效果良好，就要求气流的风道前后畅通。这就向 IT 设备提出了改善制冷效果的要求。

（3）线缆易于管理。由于多个 IT 设备机柜的集中放置，就使得线缆增加很多。这种布线方式不但堵塞了风道，而且这种连电源线和数据线都无法分清的杂乱局面使线缆难于管理，这就要求有一个易于管理的结构。为了提高可靠性和可用性，很多设备采用了双电源供电，就要求机柜的底部和顶部都要设置适当的电缆进出口，如图 1-35（b）、（c）所示。

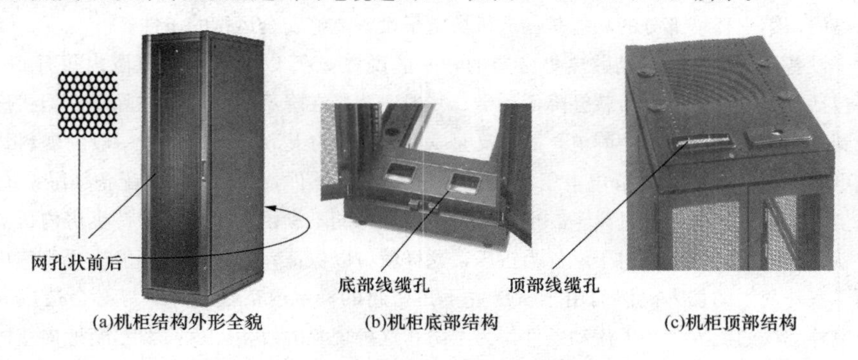

图 1-35　19in IT 标准机柜外形图

3. 热负荷密度越来越高，IT 设备微环境的冷却问题必须解决

以往数据中心的机房冷却有一个认识上的误区，即认为只要将机房的温度降下来了，IT 设备当然也就得到了冷却。实际上机房大环境的冷却效果并不能代表机柜内微环境的制冷功率效果。图 1-36 示出了某机房的冷却情况。从图 1-36 中可以看出，尽管空调机就在旁边，由于仍无法解决 IT 设备内部的散热问题，不得不在外部另加风扇帮助。

另外，在有高架地板的机房内，由于线缆的大量增多而堵塞风道的情况频频发生，使散热也变得非常困难，这也是导致故障的因素。

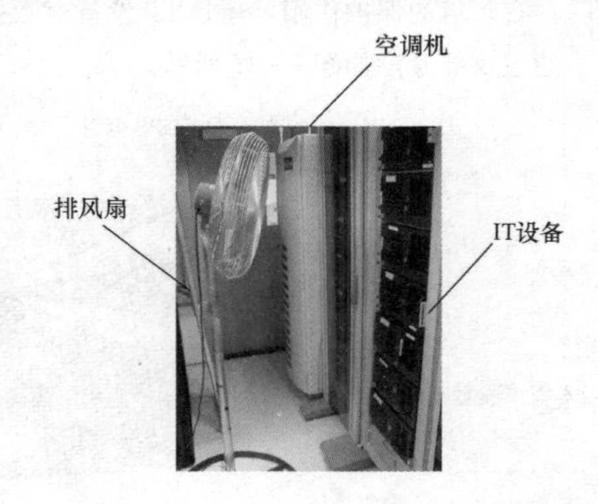

图 1-36　机房冷却不良的情况

4. 要求 IT 设备更新和扩容迅速，供电的 UPS 及其相关设备也应能随之变化

由上述的几点可以看出一个问题，即现代的数据中心配置越来越复杂，带给用户的困难也越来越多。数据中心 IT 设备的迅速扩容不但要求 UPS 电源也要做相应的变化，而且其他相关条件和环境也要随之跟上。比如空调机、发电机、机房面积、消防系统、安保系统、新风系统等。用户不但面对各种供应商产品，而且还应当具备各方面的知识。换言之，它们必须有一个由各方面“专家”组成的机构来应付这种局面。数据中心的这些设备也来自四面八方，即使是同样的设备也性能各异。单个设备的可靠性和相互之间连接的可靠性都没有保障，这样由各独立单元构成系统的可靠性到底有多高？只能单凭各供应商提供的数据进行综合，可是供应商提

供的数据可信度究竟有多大？用这些数据计算出的可靠性又有多高？有多大的参考价值？一旦系统故障又去找哪一个供货商理论？是否有充足的理由使他们承认？都是一些不确定因素。

三、数据中心功能范围的一般划分

1. 概述

（1）第一环境部分。一个比较完备的数据中心不仅是IT设备和供电系统，环境因素也是不可忽略的。第一环境部分的功能是创造机房电子设备能够安全运行的条件。

为了设备运行可靠，通风散热是必要的，一般说在25℃以上的一定范围内每升高10℃，设备（包括各类电池）的寿命就会降低一半。一般空调机在降温的同时也在除湿，但机房相对湿度低到一定值时就容易产生静电，静电又是MOS器件的天敌。比如一个一般的塑料袋摩擦一下就可产生3000V以上的静电电压，可一举击穿MOS器件，为此就需要配备加湿系统。

灰尘中含有可导电的带电离子，也是导致机器故障的不利因素。为了保持机房内机器的清洁度，就要求机房的气压相对于室外为正压，这样就可以保证室外的空气不能流入机房内，从而隔断了室外灰尘的侵入。然而由于机房并不是密封的，室内空气的外泄势必会造成气压下降，为室外空气的流入创造了流动条件。为了防止这种现象的发生，就需要不断地向室内补充新风。这种新风是经过几次过滤的室外空气，尘埃颗粒小于一定尺寸、尘埃含量小于一定数值、新风需要具有一定温度和湿度。

防雷（浪涌）系统是必不可少的，每年遭雷击的电子设备时有发生，遭雷击的机房系统也非绝无仅有。保证防雷系统有效工作的关键是接地，而接地是一个工程也是一个系统。接地系统除具有防雷的保护作用，还是IT设备对数据正确运算和传输的保障，所以它也是构成数据中心的主要部分，如图1-37所示。

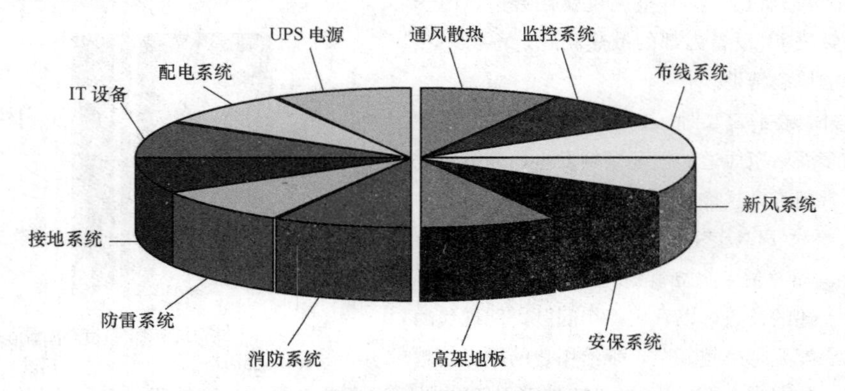

图1-37　数据中心的主要构成部分示意图

从图1-37中还可以看出，消防系统也被引入机房。数据中心失火事件时有发生，起火原因多来自供配电系统和人为行动。

以往高架地板在许多数据中心得到了普遍的采用。它不但为IT设备的冷却提供了方便，也为电缆的铺设提供了路径。另外还对噪声大的设备采取屏蔽措施创造了有利条件。

（2）第二环境部分。这部分的功能是在第一环境下直接保证 IT 设备正确运行。它主要由一些职能环节构成，比如供电系统、配电系统、布线系统、通风散热系统、智能监控系统等。

（3）安保部分。这部分属于“软件”，分属于规章制度、技术培训、维护修理和参观交流等。

（4）主体部分。这就是 IT 设备，是数据中心的大脑。这部分执行着对数据的产生、加工和传输的任务。

以上任何一个环节出问题都有可能导致这一部分的故障。

（5）影响系统可靠性的因素。数据中心由上述诸多独立因素构成。所谓独立是指在以往的建设中几乎是每一个分系统就对应一个供货商，即使是有工程承包商，也只是将多家别人的产品在机房中做一些拼凑工作，从表面看起来是一个整体，如图 1-37 所示。实际上一般数据中心机房的设备由于是来自不同地域和不同厂家，它们在性能上的一致性和连接紧密性都会存在着一定的“缝隙”。整个系统的可靠性又取决于系统中最薄弱的环节，而且各环节都有可能成为最薄弱的那一个。环节越多这种可能性就越大，换言之，可靠性也就越低。再加之各系统的质量问题，尽管从主观上或设计意图上想把可靠性做高，但由于种种的客观原因，也难做到十全十美。为了有一个定性的概念，用下面的简单例子进行说明。

例 1-3 图 1-37 中的 12 个分系统可靠性值 r_1 都可做到 0.999 999 9，12 个分系统的 11 个界面（缝隙）可靠性值 r_2 也是 0.999 999 9，那么构成整个系统后的总可靠性值 R 就变为

$$R = r_1^{12} r_2^{11} = 0.999\,99^{23} = 0.999\,77 \qquad (1-22)$$

系统硬件的可靠性由单个系统的 5 个“9”变成组成整个系统后的 3 个“9”。即数据机房系统的硬件可靠性比分系统时降低了两个数量级。

2. 数据中心功能范围的第一次划分——整体机房概念

从上面的分析可以看出，影响可靠性的主要因素就在于分散而独立的分系统质量和它们之间的界面结合质量。如果能解决这个问题，就可使数据中心的系统可靠性提高一大步。这样，在 2000 年有人提出了整体机房概念。这个概念的主要内容是把除 IT 设备以外的所有项目都有统管起来，数据中心除 IT 以外的配套设备和接口机制都由一家公司负责统一采购，在外购材料的质量上有所保证。其划分情况如图 1-38 所示。这样做的好处是明显减轻了用户负担，使用户不需要去面对众多的供应商和基建部门，以后的服务也不需要分别签约，这在一定意义上起了积极的作用。

但是整体机房的概念仍未脱出分别采购的束缚。以往整体机房承包者的主要工作是基建、装修和相关设备采购和安装。由于一般的整体机房承包者既不做空调机又不做 UPS，相关设备也需外购，即使是生产空调机和 UPS 的厂家来做整体机房，除了配电和连接设备等部分是“量身定做外”，其他设备实质上还是外购。其主要原因还是各设备仍然为分散独立的个体，再加之有些整体机房承包商的二次外包，在质量上也打了折扣，所以设备质量和接口质量并没有质的变化，整个数据中心系统的可靠性也没有实质性的改观。因此图 1-37 和图 1-38 只是大同小异。当然对于那些既做空调机又做 UPS 的承包商来说仍然起到了“捆绑销售”的积极作用。

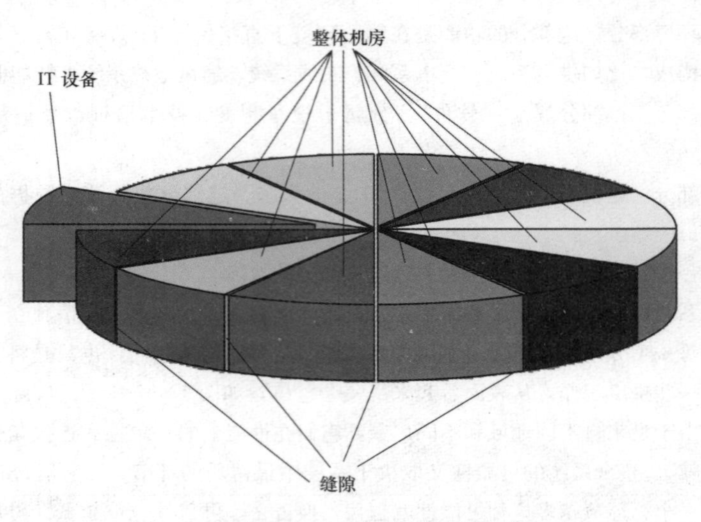

图 1-38　数据中心功能范围的第一次划分

3. 数据中心功能范围的第二次划分——NCPI 概念

为了提高数据中心的系统可靠性，2002 年美国可用性研究中心提出了 NCPI 的概念。此次划分和以往有了很大的区别。它将构成数据中心的第二环境部分纳入 NCPI 范畴，并以 InfrastruXure（英飞）的结构形式将这些分系统有机地结合起来，成为一个整体（见图 1-39）。从图 1-39 中可以看出，由于这几部分做到了一体化结构，相互之间的结合部位没有了“缝隙”。在英飞结构中还专门预留了插入 IT 设备的基座，使 IT 设备就位后和英飞融为一体。

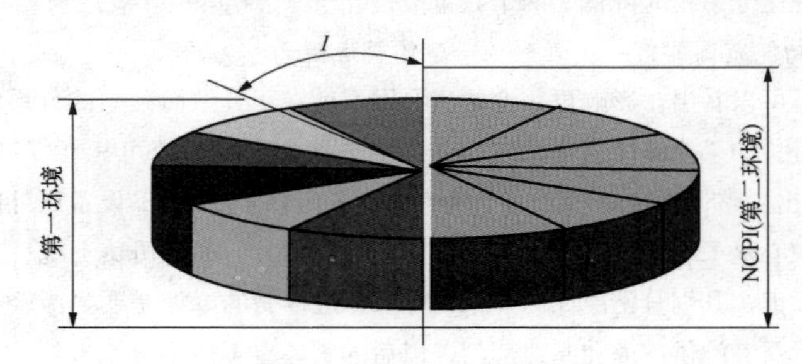

图 1-39　数据中心功能范围的第二次划分

由于构成数据中心的第一环境部分专业性、工程性和独立性太强，不能与英飞结合为一体，仍另外划出。比如接地系统、新风系统、空调机和防浪涌系统等。NCPI 概念和模块结构系统的引入，使数据中心的系统可靠性有了明显改善。如果假设所有 IT 设备和构成数据中心第一环境部分的系统可靠性值不变，模块化结构系统的可靠性值为 0.999 99。由于此时的分析单元由 12 个减少到 7 个，界面也由原来的 11 个减少到 6 个，这使得整个系统可靠性就变为

$$R = r_1^7 r_2^6 = 0.99999^{13} = 0.99995 \tag{1-23}$$

这个值与式（1-22）的结果（0.999 88）相比较，就可以看出可靠性提高了一个数量级。

4. NCPI 与整体机房的关系

（1）NCPI 的含义。是网络关键物理基础设施。

1）网络。网络设施和 IT 系统等，如服务器、路由器和计算机等。

2）关键。对网络运行的可用性影响最为严重的那因素，如供电、配电、高温、浪涌和噪声等。

3）物理基础设施。指支撑 IT 运行的物理环境，如机柜、监控、温度、湿度、通风散热和服务等。

也有的把 NCPI 比作是一个互相关联的四面体（见图 1-40），在系统上相互支撑，缺一不可。IT 微环境处于这个四面体的中心，任何一个环节失去作用或作用不力，都会使微环境失去平衡而导致 IT 设备故障。

（2）NCPI 与整体机房的关系。尽管 NCPI 的提出和实施解决了整体机房尚未解决的一些问题，但它仍不能代替整体机房。整体机房又可称为第一环境，首先它要有一个建筑物式的遮蔽空间，这个空间要创造适宜物理环境（包括温度、湿度、承重地板、送风和回风通道、新风补充量、保温墙壁和天花板以及美观的专修）等。NCPI 在一般情况下则必须是处于整体机房之内的第二系统，它必须得到整体机房各种外界条件的保护（见图 1-41）。

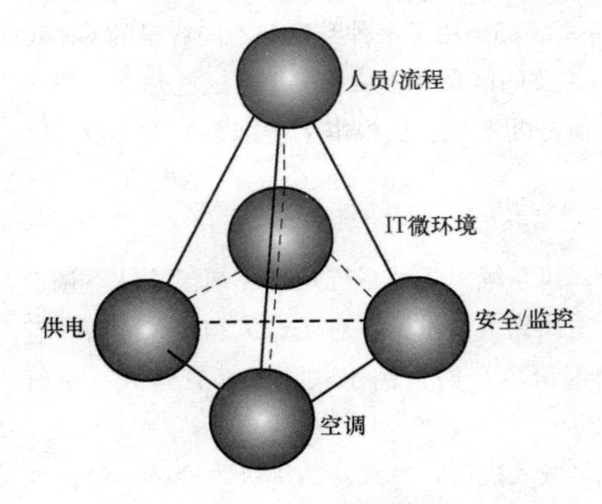

图 1-40　NCPI 四面体

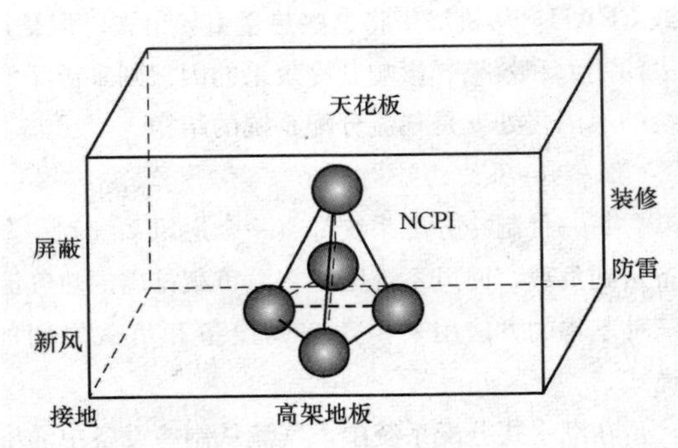

图 1-41　NCPI 与整体机房的关系示意图

从图 1-40 中可看出，NCPI 是置于整体机房之内的第二环境，IT 是核心。图 1-41 是用一个球形分层包裹图更形象地说明了它们之间的关系。由此也可以看出，整体机房和 NCPI 不是一回事，一来是它们的结构不同，二来是它们的作用也不同。整体机房是一个营造大环境的机构，而 NCPI 则是在大环境保护下的小环境机构，它们是不可分割的依附关系，而且共同服务的最终目标是建立 IT 微环境（见图 1-42）。所谓微环境就是指 IT 设备内元器件所处的环境，这个环境直接决定它们的可靠性。可见人们为了

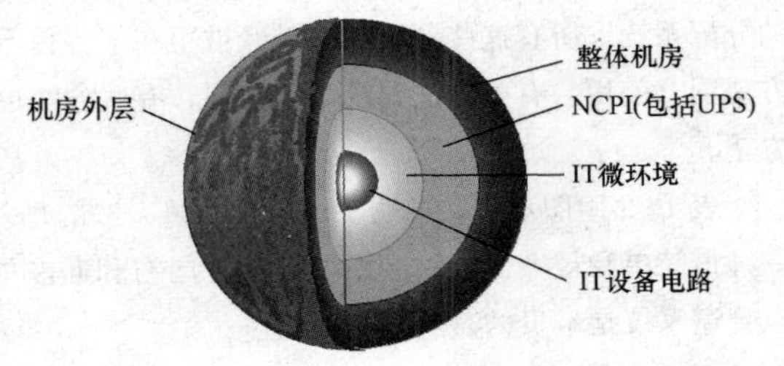

图 1-42　以 IT 为核心的环境球形分层剖面图

实现数据中心的高可靠性和高可用性所付出的辛勤劳动和物质代价是巨大的。

由此也说明了 NCPI 应用的局限性，它并不是一个包罗万象的全能系统。

四、机房制冷系统概述

1. 概述

作为数据中心和网络机房第一环境的重要组成部分，除去电源就要首推制冷系统。UPS 和机房制冷有着密切的关系，是使 UPS 安全运行的重要依托。尤其是现在随着计算设备功率密度的增加，对制冷提出了更高的要求。服务器的集中配置连同服务器和存储器系统物理尺寸的缩小，已经导致了功率密度和热量密度的快速增长。即使数据中心每个机柜的功耗仍然在 1kW 左右，但另外还可以配置功耗在 15kW 左右的其他设备。这就改变了那些设计只能对每个机柜的冷却能力在 2～3kW 的普通数据中心容量。而且高功率密度的机柜会导致数据中心产生潜在的“热点”，由于传统设计都是一种假定数据中心空间为均匀制冷的模式，所以机房内的制冷系统对这种“热点”是无能为力的。

用于数据网络中心的制冷系统由机房空调设备 CRAC（Computer Room Air Conditioning）和气流分配系统构成。在大型数据中心网络机房的情况下，气流输送设备 CRAH（Computer Room Air Handling）可用来代替 CRAC。所有制冷系统都是用了某种类型和不同容量的 CRAC 或 CRAH，从机房中将这些热量引导出去。但是，主要的区别在于从机房中将这些热量引导出去的能力和效果，影响制冷效果的因素则来源于气流分配系统。从根本上辨别数据中心制冷系统的不同之处就是气流分配系统的结构。

2. 制冷系统的结构

每一种制冷分配系统都有一个送风系统和一个回风系统。送风系统是把冷却气流从空调设备送到负载，回风系统则是将由负载排出的热气流返回到空调设备。对于送风和回风而言，有三种基本的方法用来传送空调设备和负载之间的气流。它们是潮水式、局部管道式、全管道式。

在潮水式分配系统中，气流从制冷设备中涌出，进入机房，负载从四周吸收冷风，经机内热交换后放出热气，与机房内冷气混合，部分回到制冷设备。这种制冷设备和负载之间气流的送出和吸收是不通过任何管道的。在局部管道系统中，气流的提供或返回是通过在靠近负载处有风口的管道进行的。在全管道系统中，气流的提供或返回是直接通过管道进入或送出负载的。这三种方法中的任何一种都可作为气流的送出或返回通道，因此送风和回风就有 9 种可能的分配系统。所有这些分配系统已经被用在了各种不同的环境中，也有时候在数据中心将几种方法混合使用。有些方法要求高架地板，有些方法也可以不用高架地板，表 1-2 示出了这几种方案。

表 1-2 用图示方法说明了送风和回风方法的每一种组合。一般来说，在表左上角的方案是一种最简单和最廉价的制冷系统。随着向右和向左的排列，系统的复杂性和花费也随之增加，全管道系统是最贵的。

表 1-2 几种常用的送风和回风方案

	潮水式回风	局部管道式回风	全管道式回风
潮水式送风	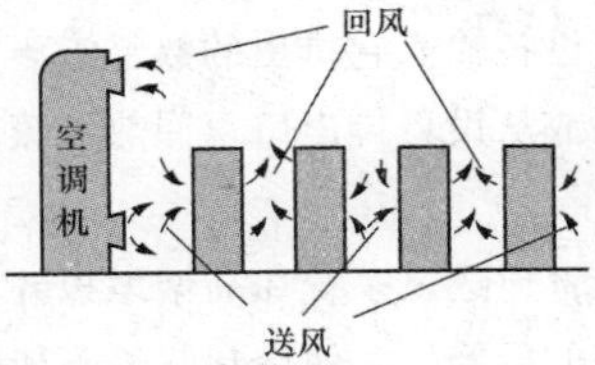 小于 40kW 的局域网机房设备简单、低损耗，每个机架可散热 3kW 无高架地板	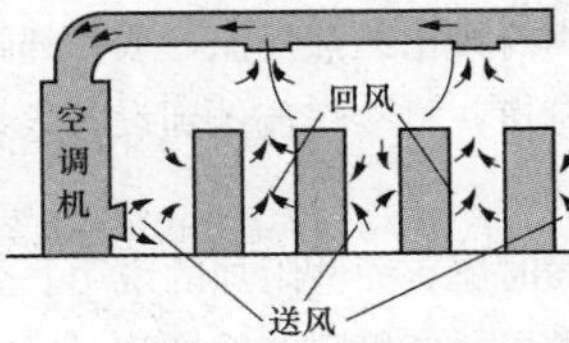 普通用途每个机架可散热 3kW，低损耗、安装容易无高架地板	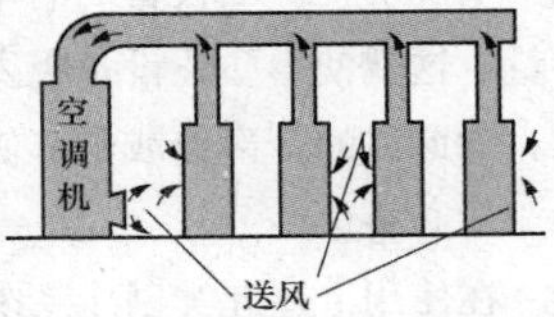 高功率密度场合，无高架地板，每个机架可散热 8kW，不需高架地板，可翻新样式，提高了制冷效率
局部管道式送风	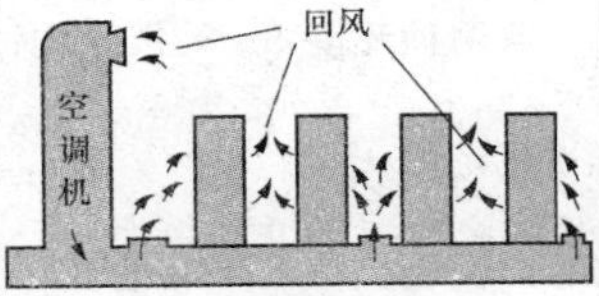 高架地板环境	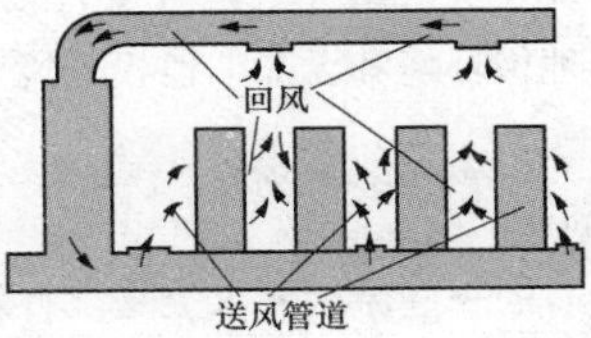 高架地板环境	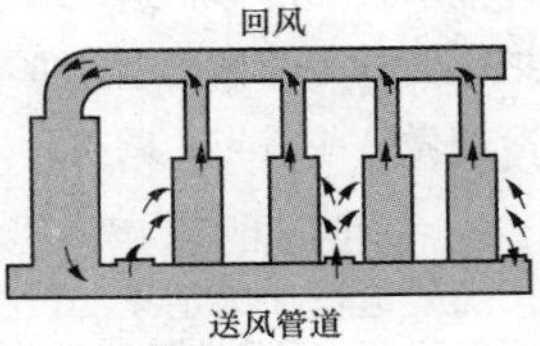 高架地板环境
	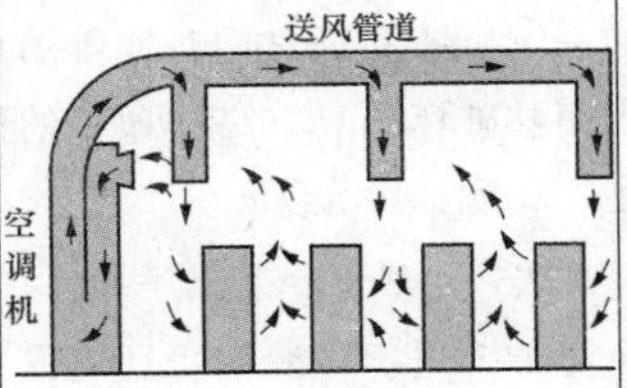 平面地板 一般用途 管道送风 潮水式回风	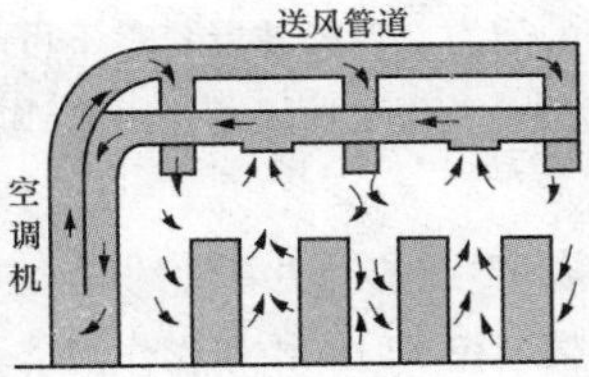 平面地板 一般用途 上管道送风 下管道回风	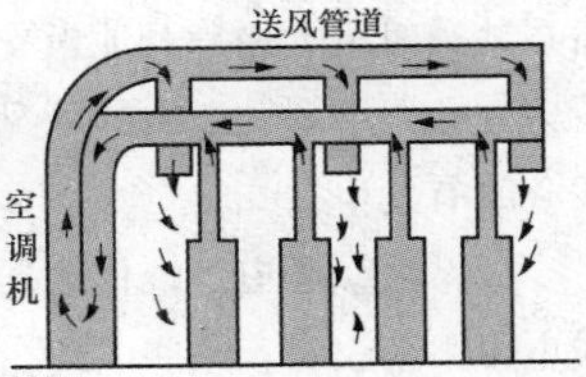 平面地板 高功率密度场合 上管道送风 下管道回风
全管道式送风	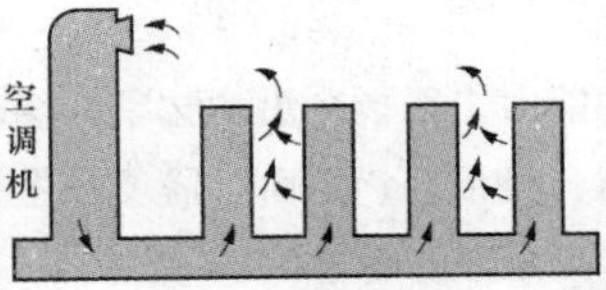 具有垂直气流冷却的主机机柜。 气流静压不足的高架地板环境	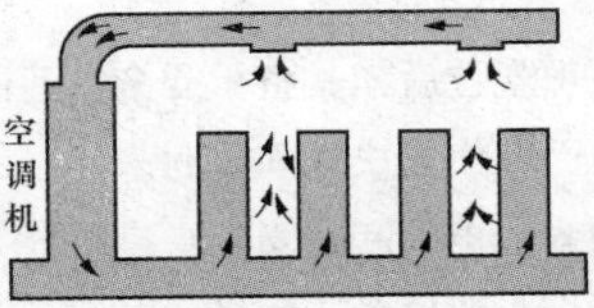 一般用于大型机，具有垂直气流冷却的主机机柜，气流静压不足的高架地板环境	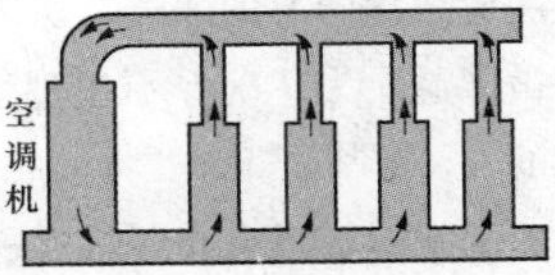 高架地板环境 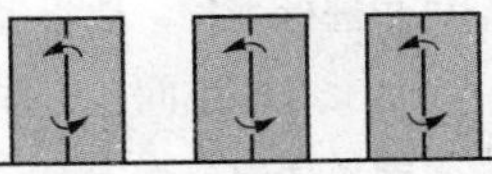 平面地板 环境 垂直或水平气流冷却，夏送风上回风。采取特殊方法后可使每个机架制冷 15kW

评价一个数据中心制冷系统的最终目的就是要看为了防止设备过热，如何将设备吸入的冷气流和排出的热气流有效分离。这种将二者的有效分离，可以明显提高制冷系统效率和能力，减少电源功耗。当设备的功率密度增加时，也相应增加了设备对冷气流的吸入量和热气流的排出量，这就使得防止设备吸入它本身排出的热气流，或使邻近设备输入它排出的热气流更加困难。为此目的，部分或全部使用管道，将冷气流送到设备入口或从设备排出口返回热气流就变得非常必要。

在使用上述九类制冷系统方案时还有一些附加的说明。全管道送风系统在高架地板环境下应用很多，但地板下面的电缆和翻板插座等阻塞物导致了风室的低静压，使冷却气流不能顺利到达设备机柜的正面（在前后气流方向的情况下）。在大型计算机中，全管道送风系统也被用来与专门的装置联合，以直接向 IT 设备机内送风。全管道回风系统主要用来与其他系统组合以适应混合高密度的环境。

潮水式和部分管道式气流分配系统的四种组合构成了实用中气流分配系统的绝大部分。可以把它们分为两种类型，即高架地板环境和无高架地板环境。在这两种环境下，UPS 应对本身的冷却做一些适当的调整。

3. 关于使用高架地板的分析

高架地板在满足早期数据中心的一些原始要求上是很有效的，但现代数据中心的要求已经发生了很大变化，这使高架地板在使用中遇到了好多棘手的问题。

（1）地震。高架地板大大增加了数据中心对地震震级适应程度的困难。高架地板上面的设备在地震时极大地危及地板支架的能力。各种装置几乎不可能去测试或验证它们对地震的承受能力，在指定耐震能力的情况下是一个严重的问题。由于地震而被破坏的具有高架地板的数据中心时有发生。

（2）电缆通道。现代数据中心 IT 设备的更新大约是两年一次，这就导致数据和电源的布线也要跟着改变。这些电缆在高架地板下时，由于操作困难而使施工进度缓慢，而且随着主机的需要会使花费一次次增加。

（3）将整个质量压在了四个支点上，会导致部分严重超负荷。另外，在设备移动和就位时还需要数据中心的通道，所以对地板加固是必要的。在某些情况下，这种能力会因通道的条件而被限制。为了确保不超过地板的承重，必须加大花费和预先计划，往往这种计划是不易预知的。

高架地板只有当所有的板块都就位后才具备承受全负荷的能力。地板边沿的扣紧程度取决于是否所有的板块都已铺满。然而即使板块之间看起来已经结合得很好，但由于需要频繁地改变布线和进行维护，地板也就频繁地被拆卸和安装，有可能导致意外的坍塌。

（4）上方的空间。有些数据中心的位置，如果安装了高架地板就没有足够的上方空间了。这也限制了选择数据中心的地点，对于由顶部排风又无回风管道的 UPS 来说也是一个不利条件，会导致热气流排放不畅。因此。取消高架地板将是一个趋势，比如在日本没有高架地板的机房非常普遍，我国有不少大型的数据中心也采用了这种方案。

（5）管道。当电缆在高架地板下走线时，要遵守特殊的防火规则。高架地板可以被认为是一个高压通风系统。由于气流的移动与分配，防火问题需要考虑。因此，高架地板下的电缆布线需要有防火外套，一般用金属或特殊的阻燃聚合材料来充当。其结果是显著增加了费用和铺设管道的复杂性。特别困难的是正在运行的数据中心需要改变这些穿了电缆的管道时。

(6) 方便与保险性。高架地板是一个可以隐藏破坏电缆的动物或装置的空间，在数据中心的情况下，高架地板被很多支架隔离支撑来协同定位，它有很多出入这种笼状区域的路径，是小动物隐藏的好场所，老鼠咬坏电缆的事情经常发生；而且铺设电缆管道非常困难，这也是为什么很多协同定位设备不采用高架地板系统的一个原因。

(7) 电源分配。在现代数据中心，每平方英尺就有很多电源支路，它的数目比刚采用高架地板时多很多。在大型机时，一条大电流硬线电缆支路可以给一个占地 6 块地板（或 $24ft^2$）的机柜供电。在今天，同样的面积可以放置两个机架，每一个机架可能需要 12kW 的双路供电，总共 12 个支路。随着这些支路导管的增加就对地板下的气流产生了严重的障碍。为此就要求将高架地板提高到 4ft，以满足气流的需要，其结果将导致对高架地板结构整体性危害、综合费用增加、地板承重降低和耐地震能力减弱等问题。

(8) 清洁问题。高架地板下是一个不便于清扫的地方，灰尘、沙土和各种杂物都堆积在那里而无人顾及，形成了事故隐患区。在移动地板时可能在气流的作用下将这些灰砂吹进设备或人的眼睛。

(9) 安全。一块移开的地板可能使正在走动的操作员或参观者遇到严重的危险，4ft 或更高一些的高架地板可能使踏入者产生生命危险。而在今天的数据中心，这种地板的移开行动是频繁进行的，因此就会出现这样的危险，一旦地板超重还可能引起塌陷等。

(10) 费用。高架地板的费用是相当高的。其典型的费用一般包括工程费、材料费、制作费、安装费和检查费等，一般每平方英尺在 20 美元左右，一个大型机房就是一笔可观的额外费用。

4. 平面地板情况下的制冷

(1) 概述。以前认为数据中心都要有高架地板，实际上由于上面的理由，不论什么规模的数据中心都可以不采用高架地板。大多数 LAN 和网络机房就没有采用高架地板，很多现代兆瓦级的数据中心也没有采用高架地板。原建筑地板（硬地板）就成了首选的新结构方案。在一些较小的数据中心和网络机房，一般总是首选硬地板结构。表 1-3 就示出了在硬地板环境下的制冷系统解决方案。

在硬地板环境下，局部管道的送风情况取决于上方的管道系统和排放能力，见表 1-3 第 2 行的图示。在局部管道送风回风联合使用时，就显得像表 1-3 那样有些复杂了，但最为通用的方法是整个大楼采用中央空调，将送风管道安装在天花板上向下送风，而回风则是潮水式散流方式。

(2) 选择正确的方法以适应硬地板环境。了解各种类型的制冷系统是合理使用它们的基础。有的系统在规模上很大，功率密度非常高，它们的冷却就需要非常复杂的设计，而这种设计主要是通风管道的设计。

表 1-3　　在无高架地板时的几种送风和回风方案

	潮水式回风	局部管道式回风	全管道式回风
潮水式送风	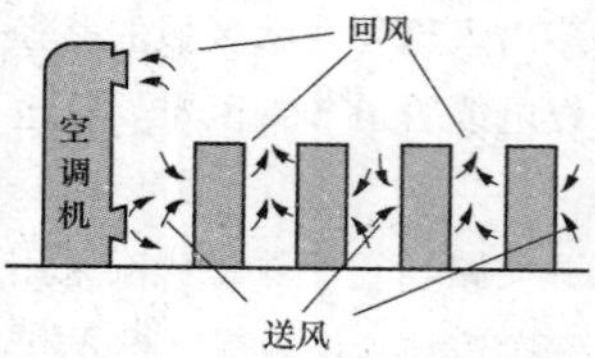 小于 40kW 的局域网机房，设备简单，低损耗，每个机架可散热 3kW	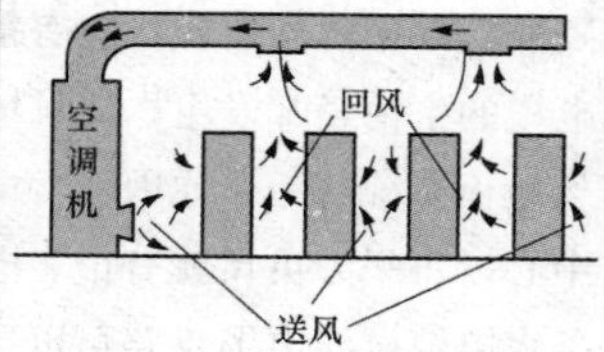 普通用途 每个机架可散热 3kW 低损耗，安装容易	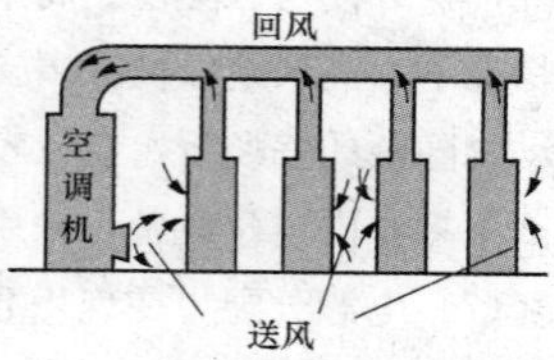 高功率密度场合无高架地板 每个机架可散热 8kW 提高了制冷效率 可翻新样式
局部管道式送风	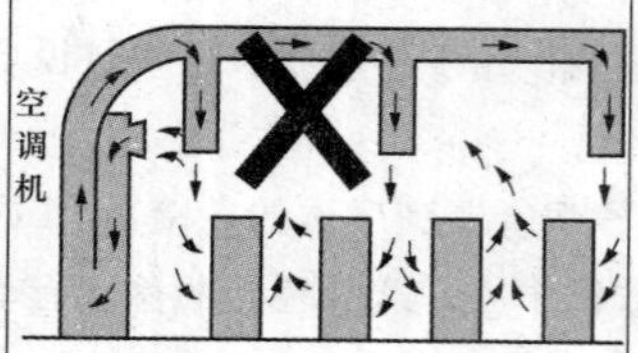 难于分离冷热气流 不推荐使用	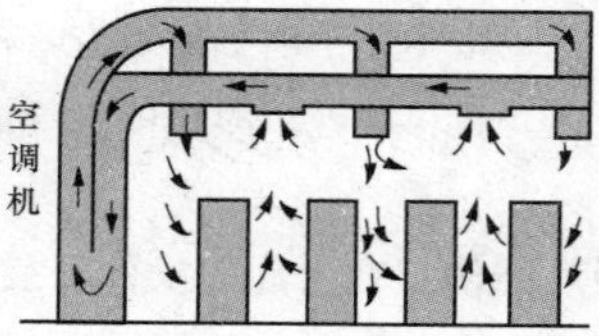 一般用途 每个机架可散热 5kW 高性能/高效率 上管道送风　下管道回风	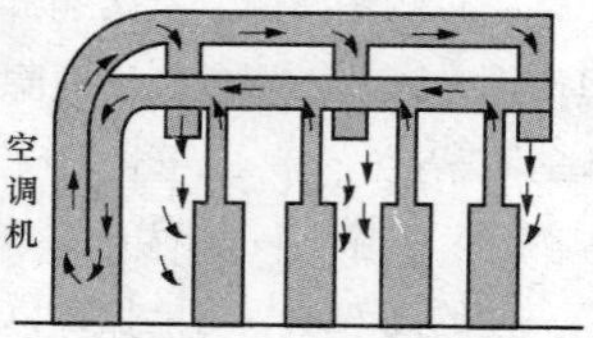 平面地板　高功率密度场合 每个机架可散热 8kW 上管道送风　下管道回风
全管道式送风	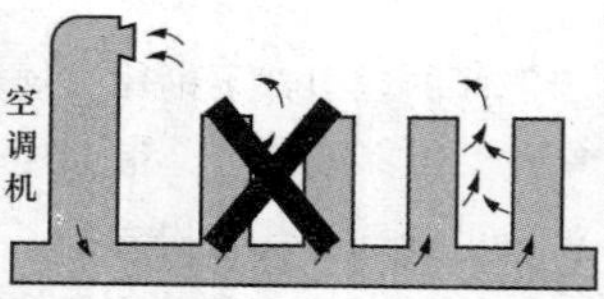 不推荐使用	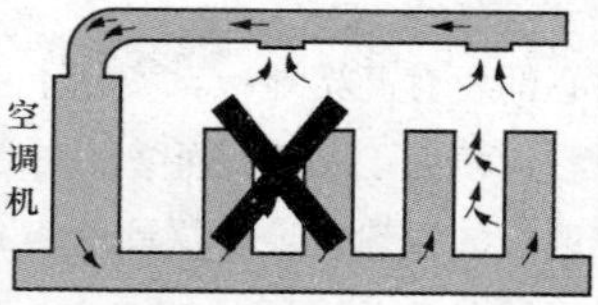 不推荐使用	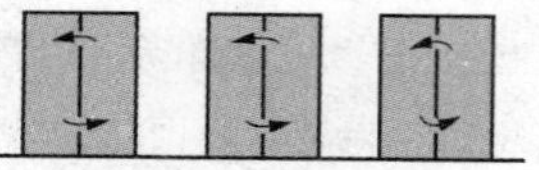 垂直或水平气流冷却，下送风上回风。专门的机架和 CRAC 时每个机架制冷 15kW 可翻新样式

为了使上述设计有效地接近要求条件，应该这样做：根据所要求的平均功率密度来设计一个制冷系统，但这个系统也必须可以满足高功率密度机柜所要求的冷却能力。高密度机柜的典型表现为仅是整个负载的一小部分，但它们在数据中心的确切位置是不可预知的。在这种情况下，在数据中心使用普通的高架地板设计恐怕对这种潜在的热点不能进行充分地冷却，而且会导致使用太大的制冷设备和气流分配系统，但仍然没有达到所希望的结果。管道输送冷却气流就可以将冷却气流定点送到高热密度区，既实现了所要求的冷却愿望，又避免了过大的冷却系统花费。

需要注意的是：电源走线和数据布线不是安装高架地板的理由。在任何情况下，都不应该在高架地板下敷设电源线和数据线，而采用上走线的方式是高密度数据中心最好的方法。这是由于电源电缆和数据电缆在地板下阻断了预先设计的气流模式，由于挡住了气流的通路而强迫其改道。另外，由于在地板下需要电缆通路，所以需要经常性地由操作人员掀开地板块去增加或除去电缆，这就进一步中断了送入 IT 设备的气流。

表 1-4 示出了在硬地板环境下制冷系统的选择。在更大规模和更高功率密度的情况下，就需要采取更为复杂的风道解决方案。对于每一种类型的系统而言都会提供一种方法，来应付那些超过平均机架功率密度的高功率密度机架。

表 1-4　　硬地板情况下制冷系统的选择

如果系统具有下述特性	使用下列基本制冷方法	下列方案适用于高功率密度机柜
少于 10 个机架或 40kW	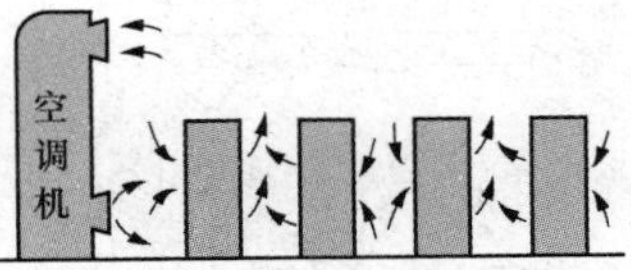 空调机	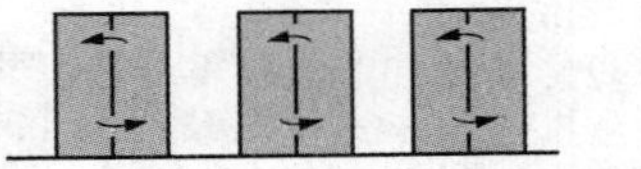
少于 100 个机架或 150kW 情况下偶尔出现高功率密度机架	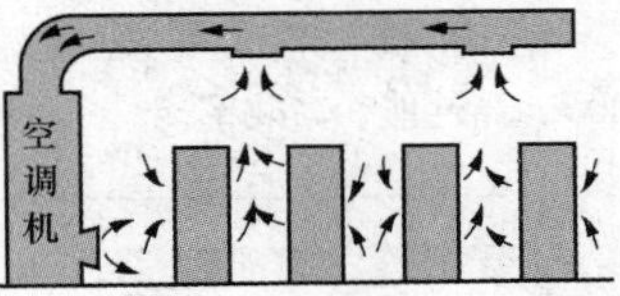 空调机	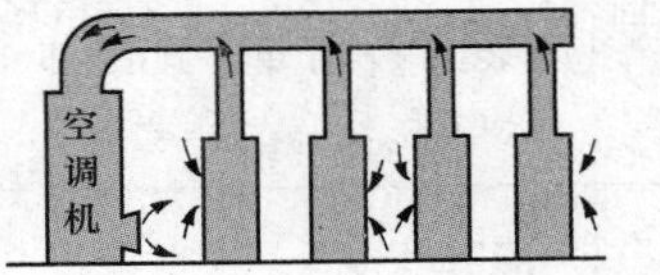 空调机
部分多区较大型机房或有高功率密度机架	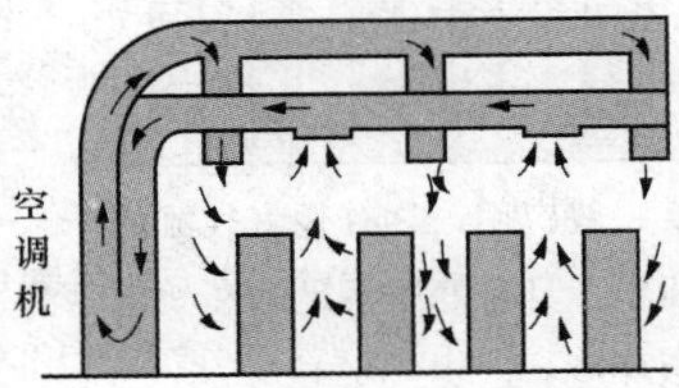 空调机	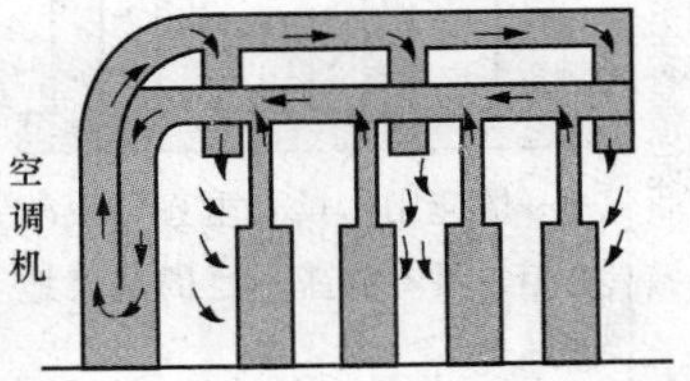 空调机

由表 1-4 中可以看出，随着数据中心功率密度的增加，其制冷气流分配系统的复杂程度也越来越高，相应的投资也会增加。

5. 高架地板情况下的制冷

(1) 概述。虽然硬地板设计方法是新机房结构的首选方案，但在高架地板情况下有些解决方案还是可以应用的，如机房在作为数据中心前就已经安装了高架地板、机房地板下已经安装了通风口、有很多水管贯穿数据中心。

上部回风管道的使用，加强了对靠近设备热风出口回风的吸力。全管道回风考虑了如何消除冷热气流混合的问题，因此也考虑了在机架（特别是在靠近机柜的顶部）处均匀一致的入口温度和对 CRAC 制冷效率的提高。此外，回风管在靠近数据中心热点处可以被调整到最大回风吸力。可以把回风管格栅作为活动天花板的组成部分，于是就可以知道哪些是需要的地方。

(2) 在高架地板环境下选择正确的制冷方案。关键是要有一个有效的设计方法，在这一点上和硬地板情况相同。高架地板环境下的 9 种制冷系统见表 1-5。

表 1-5　　高架地板环境下的 9 种制冷系统

	潮水式返回	部分管道返回	全管道返回
潮水式返回	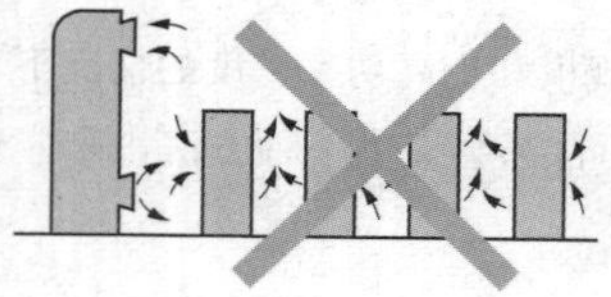 不推荐 高架地板情况下无优点	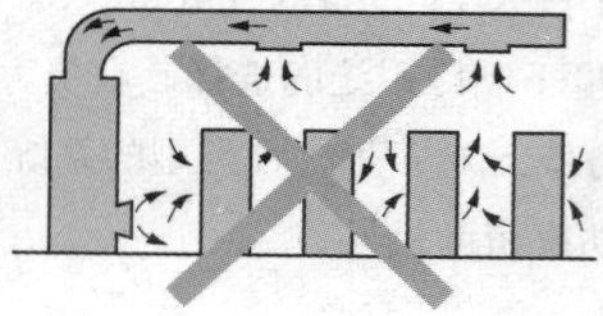 不推荐 高架地板情况下无优点	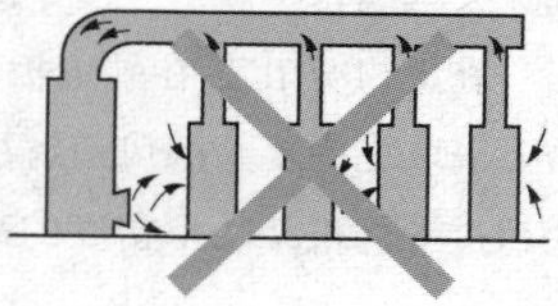 不推荐 高架地板情况下无优点
部分管道返回	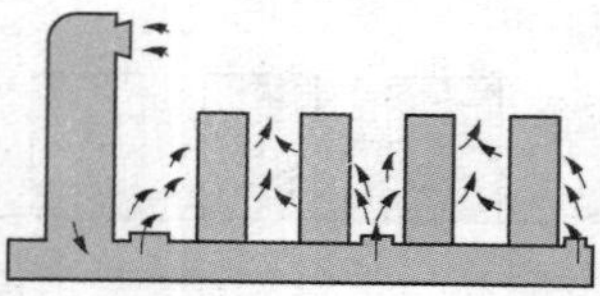 LAN 机房，低功率密度，安装比较简单，架冷却能力 3kW	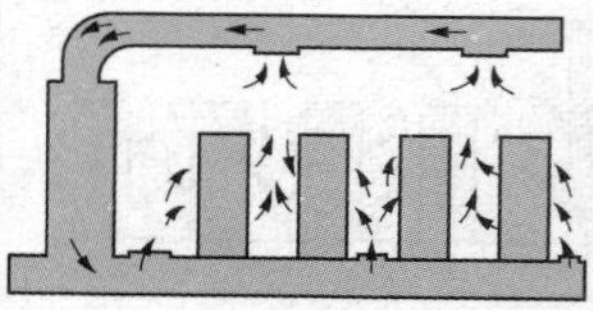 一般应用，架冷却能力 5kW，高性能、高效率	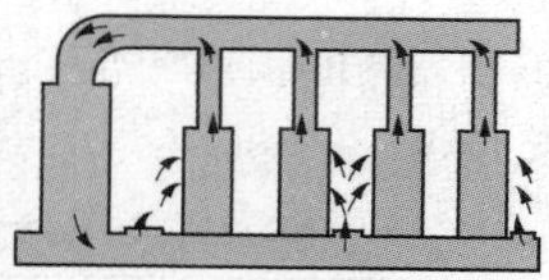 热架问题解决装置，架冷却能力 8kW，可翻新
全管道返回	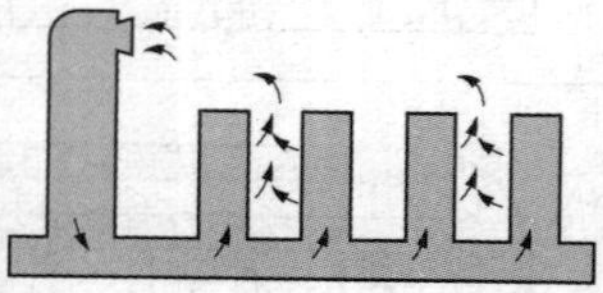 一般应用，具有垂直气流的机柜，具有静压不足的高架地板环境	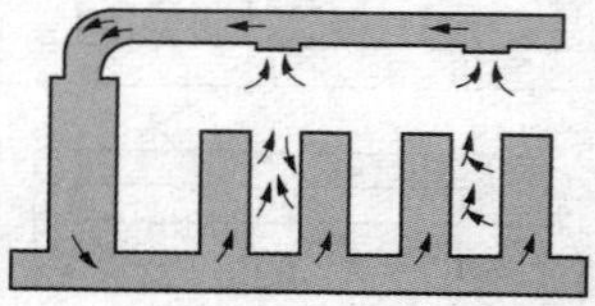 一般应用，具有垂直气流的机柜，具有静压不足的高架地板环境	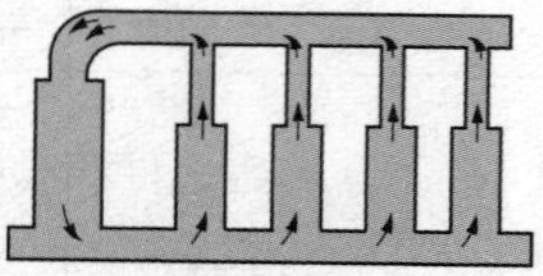 热架问题解决装置，架冷却能力 15kW，特殊的机架和 CRAC

表 1-6 为高架地板环境制冷系统的正确选择。对于更大规模和更高密度情况而言就会导致更为复杂的管道解决方案。就每一个类型的系统来说意味着要为几个高密度机架进行冷却，而这几个高密度机架的功耗明显超过了每个机架的平均值。

表 1-6　　高架地板环境制冷方式的正确选择

系统特性	基本制冷方式	适用于高密度机柜的解决方案
平均每个机架功率低于 3kW，有很高的天花板或机房总功率小于 100kW	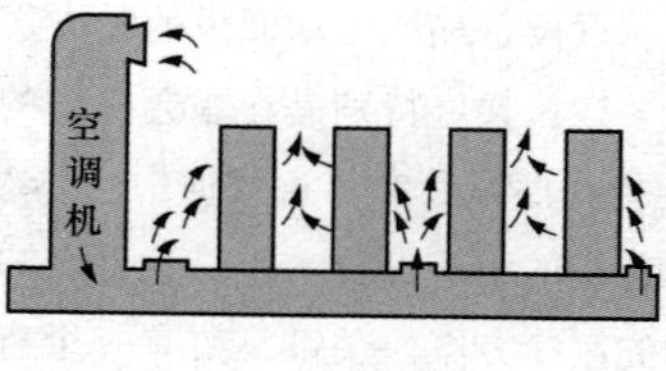 空调机	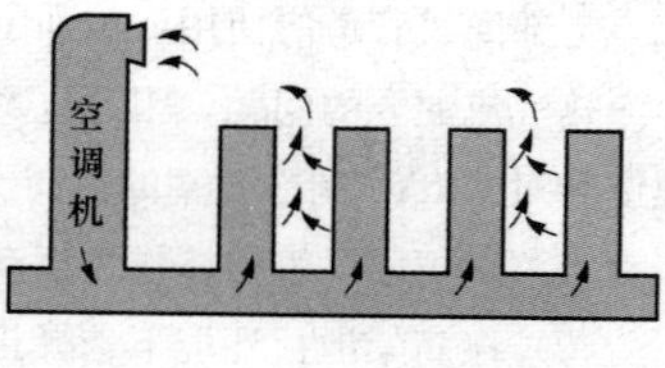 空调机

续表

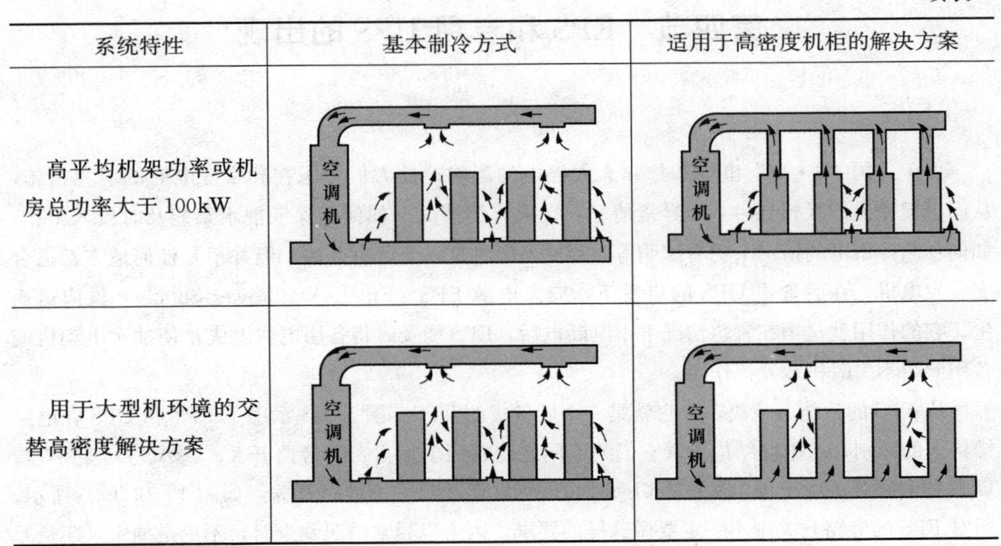

系统特性	基本制冷方式	适用于高密度机柜的解决方案
高平均机架功率或机房总功率大于100kW		
用于大型机环境的交替高密度解决方案		

以上讨论了在各种情况下的制冷方案选择，并了解到在全管道通风的条件下如果再加上特殊措施就可将对每个机柜的制冷量提高到15kW。那么近期数据中心的功耗情况是一个什么水平呢？表1-7给出了某研究中心对300家数据中心用电情况的调查表。

表1-7　　300家数据中心用电情况调查表

特　　性	总数据中心平均值	90%的数据中心小于	发现的最大值的例子
设计功率密度（W/ft^2）	35	60	200
实际运行功率密度（W/ft^2）	25	40	150
每机柜设计功率密度（kW）	1.1/机柜	1.8/机柜	6/机柜
实际每机柜总功率密度（kW）	1.3/机柜	2/机柜	4/机柜
在数据中心达到了最大行密度时的实际平均每机柜功率密度（kW）	2/机柜	3/机柜	5/机柜
数据中心内单机柜的实际最高功率（kW）	3	6	7

注　机柜包括机架式机柜和诸如DASD和大型机这样的设备机柜。比机架式机柜体积更大的设备也按照同样数量的机架式机柜占地面积来计算。

第四节 EPS和专用UPS的出现

一、EPS

由于美国“9·11”事件和加拿大大停电的影响迫使人们考虑在异常停电时的应急措施，从而也促使人们联想到另一个异常情况：在火警的情况下如何能保证抽水泵能及时投入工作，如何在断掉市电的情况下仍有照明等。当然发电机是一个解决办法，但并不是任何地方都适合安装发电机。在后备式UPS的启发下，应急电源EPS（Emergency Power Supply）就应运而生。它的作用就是当在紧急情况下市电断电后，EPS能及时将备用电供上去，使抽水电动机或备用照明不失时机地发挥作用。

从EPS的功能上就决定了它就是一个后备式的UPS。图1-43示出了EPS和UPS在电路结构上的区别，从电路结构上看它们的不同之处有两个地方：①旁路开关；②AC-DC变换器。UPS的旁路开关由于需要保证零切换时间，所以通常都采用静态开关，如图1-42（a）所示；而对EPS的旁路开关则不一定要做这样的要求，因为当异常情况发生时，不论是抽水泵还是照明并不苛求这零点几秒的时间。因此就省去了一套测量和控制电路而代之以简单的控制电路，至于AC-DC变换器对UPS来说是一个非常重要的环节，它负担着将交流变成直流的任务，中大容量的UPS利用整流器一方面为电池充电，同时还向逆变器提供足量的能量，因此该整流器的容量甚至比逆变器还要大。而EPS则不然，平常它只需给电池充电就可以了，而且一般对给电池充电的电流大小也无要求，它不像UPS那样必须要求电池在几个小时内充到90%，以便停电事故在几个小时后接踵而来时又能及时顶上去。EPS的充电是长时间的，短者几天，长者几个月甚至几年，而且放电后也无几个小时将电池充到90%的要求，原因是：不可设想发生火灾几个小时后再发生火灾。因此EPS的AC-DC变换器容量很小，一般只是同容量UPS整流器的几分之一，甚至更小，如果UPS的整流器采用闸流管的话，这又省去了一大套电路。因此，EPS的电路结构要比UPS简单得多。

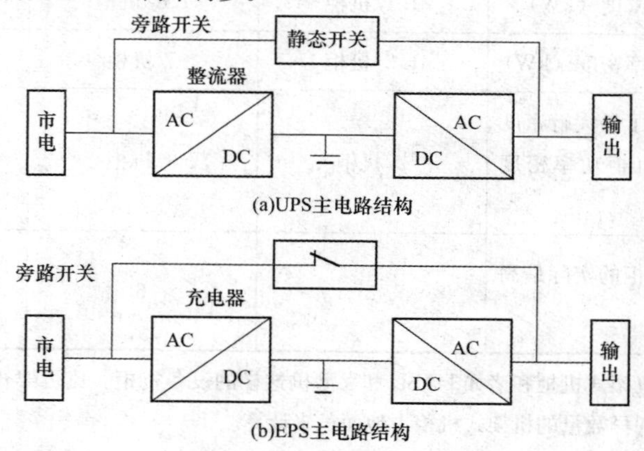

图1-43 EPS和UPS主电路结构的比较

从电路结构配置上的不同也就决定了它们功能的不同。图 1-43 给出了 EPS 和 UPS 功能的比较。从图 1-44（a）中可以看出，UPS 在任何市电输入电压的情况下，其输出端总是很规范的稳定电压，而 EPS 则不然［见图 1-44（b）］，由于它是一个典型的后备式电源，只有在市电断电时它才输出规范的稳定电压，因此它一般不适合为数据机房供电。

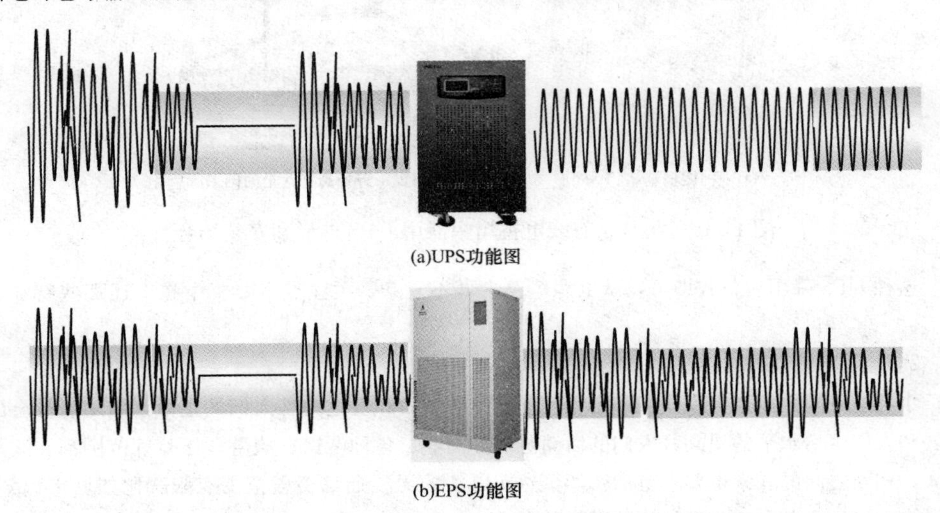

(a)UPS功能图

(b)EPS功能图

图 1-44　EPS 和 UPS 功能的比较

但 EPS 在机械结构上有其特殊性，由于该设备一般不是安放在温度和湿度都适宜的机房内和在失火时能抗一定的高温、振动、烟灰和避免水流的喷射，所以在某些重要元器件和机壳结构要做适当的考虑。为了简化设计和进一步降低 EPS 的造价，一般都将为抽水泵供电和为紧急照明供电的 EPS 分开来设计。抽水泵供电的逆变器改为变频器，既易于起动又节能，一举两得；为紧急照明供电的 EPS 可以设计得更简单，只要将灯点亮而保持电压稳定就可以了。但在平时由于这些灯具通过 EPS 的旁路开关由市电供电，所以对灯具无任何保护作用。由于 EPS 的功率余量远大于在线式 UPS，所以看起来它的带载能力很强。

二、专用 UPS

1. 微型基站用 UPS

通信事业的发展缩短了人们之间的距离，密切了人和人之间的关系。但是移动电话和漫游的费用也是必须的，一些微型基站在有限距离通信模式的问世打开了这个僵局，也给这些人带来了希望。这种通信设备使用的功率不大，都在 100W 左右，其外形如图 1-45（a）所示。功率虽小，但对这种 UPS 的要求却很高。因为这种 UPS 一般都放在露天和野外环境，需要常年经受风吹、日晒、雨淋和高低温的变化，而且是无人值守，还要防盗，还要将用户的接收与发射电路、长延时电池一并放置于 UPS 机壳内等，如图 1-45（b）所示的例子。这就向机壳提出了相当高的要求。这种机壳不但防雨、防尘、防盗、防高温等，而且在低温时为了电池能及时提供能量和通信电路正常工作，尚需加热升温措施。

(a)一种微型基站UPS外形　(b)小UPS置于野外高杆之上的例子

图 1-45　小基站有线电视增幅器用 UPS 外形和安装场合

这种 UPS 采用后备式即可，从电源电路上并不复杂，关注点主要集中在上述那些特殊要求上。

2. 边际网用 UPS

小灵通有限距离通信模式在一定程度上丰富了城市和发达地区人们的生活，但随着社会的发展和人们生活水平的提高，人们的活动范围如商业、各种考察、旅游、探险等范围都在逐渐扩大，相互之间的联系也要求更加密切，然而以往的无线通信覆盖范围有限。比如城市远郊、山区、农村、海岛和新开发的旅游区等地往往就没有无线电信号，形成了通信盲区，在很大程度上限制了人们的及时交往和联系，也在一定程度上迟滞了农村和不发达地区的经济发展。边际网就是为了解决这些问题应运而生的，它的目的就是要将这些大通信网的边界连接起来，形成一个无所不在的覆盖全国的通信网。当然，为边际网配电的 UPS 是不能缺少的。由上述的要求可以看出，边际网的 UPS 电源也面临着比小灵通电源更恶劣的外界环境条件，因为它的放置地点是在远离城市的高山、海岛及人烟稀少的地区，无人值守的条件更严重，要求电源的可靠性和可用性更高，因为一旦发生故障就不能期望很快修复，所以自动的告警和备用措施很重要。所不同的是边际网所需的电源功率比较大，一般小于 3kVA，而且要求备用时间更长，和小灵通电源一样，也是机电合一，即都放置在同一个机壳内，如图 1-46（a）所示。边际网 UPS 的机壳内除了电源本身的全部结构外，在余留 2U 的空间内也是放置通信电路装置的。还可以看出，边际网 UPS 的电路结构比小灵通复杂多了，体积也大多了，一般都放在地上，如图 1-46（b）所示，这样一来对这个机箱的要求就更高了。尤其是安装在山头上时，运输和安装都相当困难。在众多类似于图 1-46（b）所示环境中的 UPS，即使巡视一周也很费时间，莫说其他管理了。所以在这种无人值守的场合，电源的可靠性和可用性要非常高才行。

3. 有线电视用 UPS

一般说有线电视只有城市或人口聚居稠密地方的人们才可享受到这种待遇。有线电视的中心机房用 UPS 和其他数据中心并无区别，但分散到各个分区和用户的传输放大设备就用不到大功率的供电设备了。有线电视信号的传输一般都用光缆，但无论什么信号传输沿途都是有衰减的，所以信号传输一定的距离后都需要中继放大，因此信号从有线电视台送出后并不是直接送到最终用户，而是划分成一个个的小区，称为“光节点”，信号到达一个“小区”后必须经

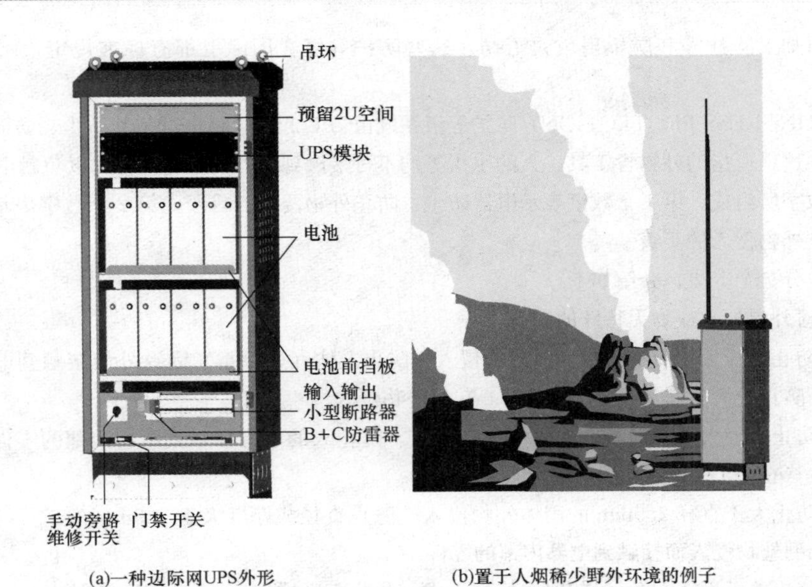

(a)一种边际网UPS外形　(b)置于人烟稀少野外环境的例子

图 1-46　边际网 UPS 外形和安装场合

过放大才可以有效地送到千家万户。每一个光节点配置一台 UPS，为到达信号的接收放大提供电源。一种有线电视 UPS 的外观如图 1-47 所示。这种 UPS 的放置环境和小灵通电源差不多，被安放在一些建筑物上，和小灵通 UPS 以及边际网 UPS 有着相似的要求。

根据上面的介绍，就可能产生这样的疑问：是不是就可以借用微型机基站 UPS 或边际网 UPS 来代替呢？回答是否定的，因为它和微型基站 UPS 有着较大的区别。

1）它的容量在微型基站与“边际网”之间，即大于 100VA 而小于 900VA。

2）电压。UPS 微型基站和边际网 UPS 都输出交流 220V，而在这里却输出的是交流 60V。

3）三者相同之处是在有条件的地方都要求集中监控，但微型基站 UPS 和边际网 UPS 的被监控信号没有其他通路，而必须和电视信号同用一条光缆。

图 1-47　有线电视 UPS 外形

4. 远程教育用 UPS

远程教育主要的对象是供电情况恶劣的农村和山区，那里的电网电压波动大且质量差，这就要求 UPS 具有更宽的输入电压适应范围和耐受恶劣气候环境的能力。这些地方的 UPS 容量一般在 5kVA 以下。

5. 工业和军用 UPS

工业和军用 UPS 的要求更高一些，一般容量也不小。它们的工作环境比较恶劣，大都放置在没有其他防护的地方，一般要求三防和五防。三防是防震动、防高温和防霉烂；在三防的基础上再加上防盐雾和防辐射就是五防。这些防护等级在国际上都有标准规定，用 IP××表示。

IP（INGRESS PROTECTION）防护等级系统由 IEC 起草，将电器依其防尘、防湿特性加以分级。这里所指的外物含工具、人的手指等均不可接触到电器内带电部分，以免触电。IP 是由两个数字所组成，第 1 个数字表示电器防尘、防止外物侵入的等级，第 2 个数字表示电器防水、防止外物侵入的等级。

防尘分 7 个等级，介绍如下。

0：对外界的人或物无特殊的防护。

1：防止直径大于 50mm 的固体外物侵入。防止人体（如手掌）因意外而接触到电器内部的零件，防止较大尺寸（直径大于 50mm）的外物侵入。

2：防止直径大于 12.5mm 的固体外物侵入。防止人的手指接触到电器内部的零件，防止中等尺寸（直径 12.5mm）的外物侵入。

3：防止大于直径 2.5mm 的固体外物侵入。防止直径或厚度大于 2.5mm 的工具、电线及类似的小型外物侵入而接触到电器内部的零件。

4：防止大于直径 1.0mm 的固体外物侵入。防止直径或厚度大于 1.0mm 的工具、电线及类似的小型外物侵入而接触到电器内部的零件。

5：防止外物及灰尘，完全防止外物侵入。虽不能完全防止灰尘侵入，但灰尘的侵入量不会影响电器的正常运作。

6：完全防止外物及灰尘侵入。

防水分 9 个等级，就是：

0：对水或湿气无特殊的防护。

1：防止水滴侵入。垂直落下的水滴（如凝结水）不会对电器造成损坏。

2：倾斜 15°时，仍可防止水滴侵入。当电器由垂直倾斜至 15°时，滴水不会对电器造成损坏。

3：防止喷洒的水侵入。防雨或防止与垂直的夹角小于 60°的方向所喷洒的水侵入电器而造成损坏。

4：防止飞溅的水侵入。防止各个方向飞溅而来的水侵入电器而造成损坏。

5：防止喷射的水侵入。防止来自各个方向由喷嘴射出的水侵入电器而造成损坏。

6：防止大浪侵入。装设于甲板上的电器，可防止因大浪的侵袭而造成的损坏。

7：防止浸水时水的侵入。电器浸在水中一定时间或水压在一定的标准以下，可确保不因浸水而造成损坏。

8：防止沉没时水的侵入。电器无限期沉没在指定的水压下，可确保不因浸水而造成损坏。

一般商用 UPS 的防护等级为 IP20，而边际网用 UPS 的防护等级就要求 IP55。因此，从产品的防护等级上就可以判断出它的用途。

三、磁悬浮飞轮储能及制能系统

1. 概述

一般只要提到UPS，就会想到静止变换式电路，实际上旋转发电机式UPS也在发展。由于各国的超级工业厂房及遍布世界的领先科技数据中心都非常重视电力的质量（例如不允许发生电路故障等问题），这是保证其公司正常运作的重要因素。继静止变换式UPS出现和发展之后，美国Active power公司也推出了一种叫做飞轮悬浮储能智能系统。这个系统输出的能量是直流不间断电压，它的原理是通过磁力轴承悬浮飞轮在真空无摩擦损耗环境下不停地高速旋转而产生的动能转化为电能，而且无噪声。其中之一的应用方式就是供应能源给不间断电源。

当不间断电源系统储备的电池电能耗尽或其发生故障时，由飞轮高速旋转而产生的储备电能便极快地替代原来系统所需的电力能源，使其不会断电，避免了电路事故的发生。较之其他的蓄电池，不间断电源系统的可靠性与安全性更高，从而减少维修费用及运行过程中的费用。图1-48所示就是“双飞轮”磁悬浮储能直流电源外形图。

图1-48 “双飞轮”磁悬浮储能直流电源外形图

这个系统的优点是：高度储能、占用空间小、工作效率高达99%、成本低、没有环境条件限制、数子调控、智能化自我检测、LCD液晶显示、150s快速充电、高压输入保护程式、电压程序设置、输出/输入/配电程序设置、无噪声运行、使用寿命长达20年、安装简单、不需任何特别配电单元、可与不同种类的不间断电源组合。

2. 系统的配置与解决方案

前方布线、允许输出功率达到2000kW、有监控软件、远程通信（Email和寻呼台、网络/电话解码器、电话/调解器）、以太网远程监控、SNMP和MODBUS、协调程序语言、底部或顶部接线、N+1的余热插拔系统、尼克特制防震安装和防震设备装置。图1-49～图1-51示出了几种不同于UPS综合的配置。

图1-49表示的是充分增加供电电源可靠性及延长电池寿命的配置。从图1-49中可以看出，这种配置可以延长蓄电池寿命，因为它连接在电池和UPS之间，一方面可以为电池充电，在电池能量耗尽时又可以代替电池向逆变器提供能量。蓄电池的服务寿命是和放电次数相关的，由于磁悬浮飞轮制能和储能系统的引入，形成了直流系统的冗余供电，充分强化了供电系统的可靠性，又由于该系统具有强大的制能和储能作用，使得整个UPS系统具有了应付强电压设备、电网短路和雷击电流的作用。从原理图中也可以看出，该系统的接入不需用特定的连接点、安装容易。

图1-50所示为避免瞬时电压及电流的干扰配置原理图。从该图中可以看出，UPS系统可以不安装电池而用磁悬浮飞轮制能和储能系统代替。这个系统在储能状态下相当于一个容量很

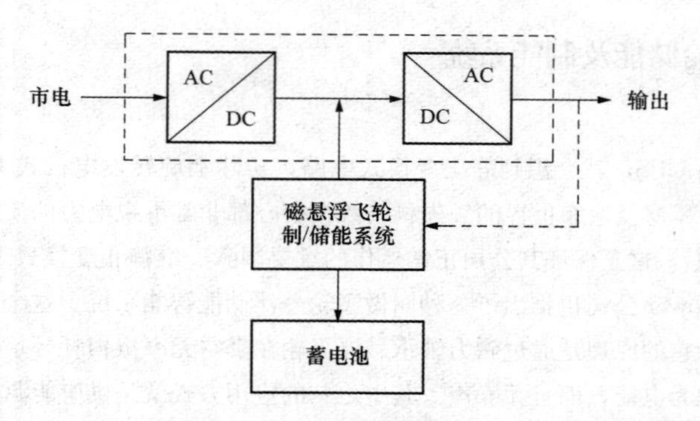

图 1-49　充分增加供电电源可靠性及延长电池寿命的配置原理图

大的电容器，无论是电压还是电流的干扰都可以在这里被吸收。而且也避免了在电池电路中容易发生的一些事故。由于该系统取消了与环境条件敏感的电池，所以使用的温度范围有所提高，比如运行温度为－20～40℃，而电池在－20℃时一般就不能提供能量了，而在40℃又导致寿命的缩短。因此该系统也适用于户外及室内，由于其体积小，所以占地非常小。

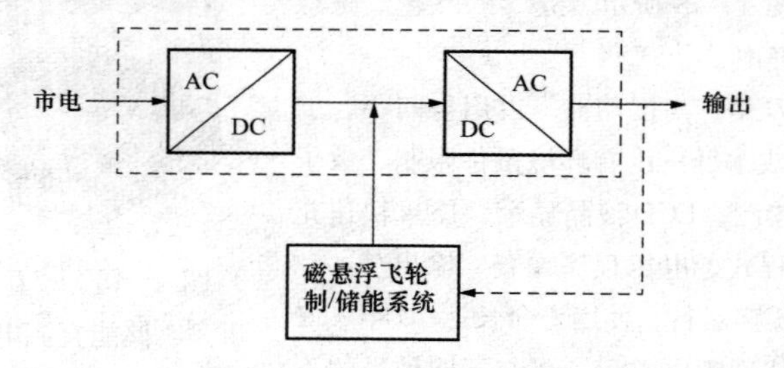

图 1-50　避免瞬时电压及电流的干扰配置原理图

图 1-51 是一个双路供电的 UPS 解决方案。单一系统为 3600kW，是蓄电池的 800～900 倍。其他的功能在前面已经提及，不再累述。表 1-8 和表 1-9 给出了这种系统的两类解决方案。

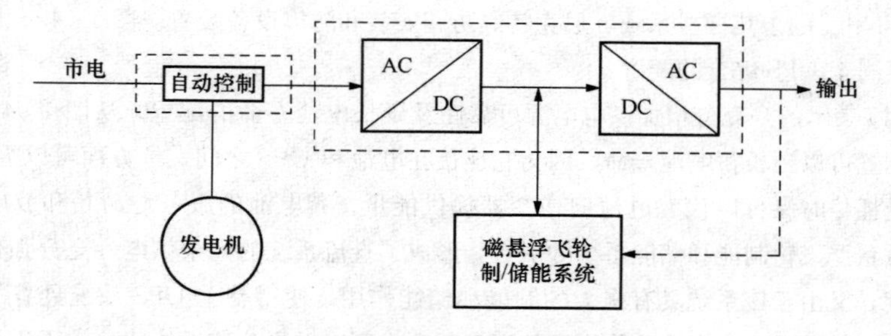

图 1-51　不间断电源双路供电配置图

表 1-8　　　　单个电源系统解决方案

Model（kW）	40	60	80	100	120	140	160	180	200	250	300	350	400	425	500
CSDC-100	85.0	56.6	42.5	34.0											
CSDC-140	85.0	56.6	42.5	34.0	28.3	24.2									
CSDC-200	85.0	56.6	42.5	34.0	28.3	24.2	21.2	18.8	17.0						
CSDC-250	85.0	56.6	42.5	34.0	28.3	24.2	21.2	18.8	17.0	13.6					
CSDC-425	120.0	113.3	85.0	68.0	56.6	48.5	42.5	37.7	34.0	27.2	22.6	19.4	17.0	16.0	
CSDC-500	120.0	113.3	85.0	68.0	56.6	48.5	42.5	37.7	34.0	27.2	22.6	19.4	17.0	16.0	13.6

以秒为计算单位

表 1-9　　　　组合电源系统解决方案

Model（kW）	500	525	550	600	650	700	750	800	1000	1250	1500	1750	2000
CSDC-750	20.4	19.4	18.5	17	15.6	14.5	13.6						
CSDC-1000	27.2	25.9	24.7	22.6	20.9	19.4	18.1	17	13.6				
CSDC-1250	34	32.3	30.9	28.3	26.1	24.2	22.6	21.2	17	13.6			
CSDC-1500	40.8	38.8	37	34	31.3	29.1	27.2	25.5	20.4	16.3	13.6		
CSDC-1750	47.6	45.3	43.2	39.6	36.6	34	31.7	29.7	23.8	19	15.8	13.6	
CSDC-2000	54.4	51.8	49.4	45.3	41.8	38.8	36.2	34	27.2	21.7	18.1	15.5	13.6

以秒为计算单位

3. 磁悬浮飞轮系统的运行特征参数

磁悬浮飞轮系统定名为 CSDC。CSDC 特有的使用性能是由以下四项可执行程序介定它的应用功能。用户可根据自己的要求来决定采用哪一种应用功能，也可随意定制任何的直流电压从 300～600V 直流电压（一般不间断电源的直流母线从 360～600V 直流电压）。

（1）UPS 的浮充电压。请参考 UPS 的充电器参数，比如对于 32 节 12V 电池的系统，电池组的额定电压是 384V，浮充电压为 438V；33 节 12V 电池的系统，电池组的额定电压是 396V，浮充电压为 450V 等。一般来说，每一个 2V 电池单元的浮充电压按 2.25～2.35V 来计算。如图 1-52 所示曲线的 ab 段。

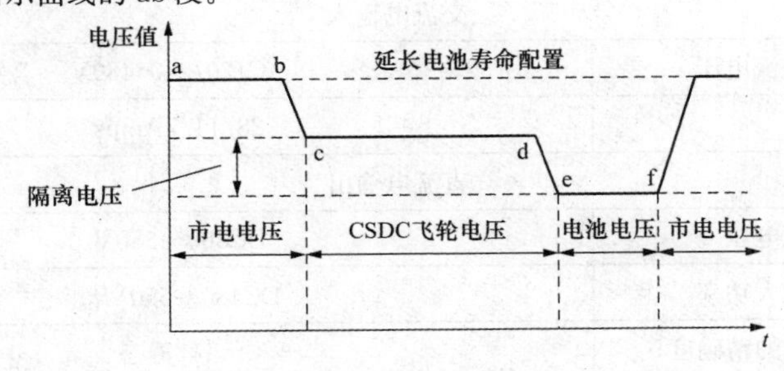

图 1-52　可控电压设置变化图

（2）后备供电电压。一般是当市电停电那一时刻（b 点）的直流供电电压进入过渡状态，如果时间很短，CSDC 很快就进入供电状态（c 点开始），直接支持逆变器要求载入的直流电压与电流水平，此时 CSDC 送出平均及稳定的电压。如果 CSDC 此时退出供电，就又转为电池供电（ef 段）。

（3）当市电电压回复到后备供电电压以上时，CSDC 重新投入，使磁悬浮飞轮的工作状态回复到随时供电的状态。

图 1-51 中所示隔离电压指的是磁悬浮飞轮系统电压和电池额定电压之间的差值，在此二者之间不存在中间电压值。

除此之外，以前也曾有过所谓 UBS 的类型，此种 UPS 是不间断电源与发电机的一体组合，功率只做到 5kVA。在市电正常供电时，UPS 输出洁净的为定电压，当市电异常时，UPS 切断输入而改为电池供电。当电池的能量开始耗尽时，起动直流发电机，该发电机的输出电压正好与电池组的浮充电压吻合，于是发电机既向 UPS 逆变器供电又给电池供电，使 UPS 达到不间断长时间供电的目的。那种 UBS 的缺点，一是噪声太大，二是容量太小，三是需要电动机与 UPS 的特殊配合而成为一体，受到了条件的限制。

磁悬浮飞轮系统正好弥补了上述的不足，不但容量大、电压高、无噪声、连接方便，而且还有寿命长的优点。

表 1-10 和表 1-11 给出了飞轮悬浮储能直流电源系统摘要规格。

表 1-10　　飞轮悬浮储能直流电源系统摘要规格——单一系统

型号	CSDC-100	CSDC-140	CSDC-200	CSDC-250	CSDC-425	CSDC-500
功率	100kW	140kW	200kW	250kW	425kW	500kW
直流电输入						
浮充电压	DC400～600V					
充电电流	15～100A 每个飞轮					
充电时间、刚放电作为供电使用	＜2.5min 每个飞轮在最大再充电电流时					
充电时间、静止况态	＜7.5min 每个飞轮在最大再充电电流时					
平均充电电流	DC2～3A				DC4～6A	
交流电输入						
可采用的交流电压	AC120/240/480V					
电流	28/14/7Amps					
直流电输出						
用户直流电压	DC360～550V					
输出电源最大功率	DC480～550V(1)					
输出直流电压的精确度	±1%静态					
直流三角波调整的输出的精确度	＜2%					

续表

环境运行条件		
系统工作温度	0～40℃	
系统存放温度	0～70℃	
工作湿度	＜95%不结露	
工作高度	4000ft 不降额	
工作时的噪声	72dB 在 1m 的距离	
自发热单位	3.5kW/11 950BTU	5.3kW/181 000BTU
尺寸		
深度	34.0in（864mm）	
宽度	42in（1067mm） （add 17inches for bottom cable entry）	59.0in（1499mm）
高度	78in（1981mm）	
重量	3800lbs（1724kg）	5800lbs（2631kg）
电缆安装规格	Top standard，bottom with optional sidecar	Top or Bottom

表 1-11　飞轮悬浮储能直流电源系统摘要规格——并机系统

型号	CSDC-750	CSDC-1000	CSDC-1250	CSDC-1500	CSDC-1750	CSDC-2000
功率（kW）	750	1000	1250	1500	1750	2000
直流电输入						
浮充电压	DC400～600V					
充电电流	15～100Amps per Flywheel					
充电时间、刚放电就作为供电使用	＜2.5min 每个飞轮在最大再充电电流时					
充电时间、从静止状态	＜7.5min 每个飞轮在最大再充电电流时					
平均充电电流（A）	DC6～9	DC8～12	DC10～15	DC12～18	DC14～21	DC16～24
交流电输入						
可采用的交流电压	AC120/240/480V					
电流	56/34/14Amps		84/51/21Amps		112/68/28Amps	
直流电输出						
用户直流电压（V）	DC360～550					
输出电源最大功率（V）	DC480～550					
直流电压输出的精确度	±1%静态					
直流三角波调整的输出的精确度	＜2%					

续表

环境运行条件						
系统工作温度	0～40℃					
系统存放温度	0～70℃					
工作湿度	<95%不结露					
工作高度	4000ft 不降额					
工作时的噪声	72dB at 1m					
自发热单位（kW）	8.8 30 050BTU	10.6 36 200BTU	14.1 48 150BTU	15.9 54 300BTU	19.4 66 250BTU	21.2 72 400BTU
尺寸						
深度（in）	34.0（864mm）					
宽度（in）	101 (2566mm)	118 (2998mm)	160 (4065mm)	177 (4497mm)	219 (5564mm)	236 (5996mm)
高度（in）	78（1981mm）					
质量	9600lbs (4355kg)	11 600lbs (5262kg)	15 400lbs (6986kg)	17 400lbs (7893kg)	21 200lbs (9617kg)	23 200lbs (10 524kg)

第五节　数据中心供电设备的类型及特点

一、数据中心供电系统的演变

现代数据中心供电系统在设备的选型、容量的计算、设备的布局和搭配中往往会出现一些不合理的现象。主要的原因就是不了解历史。一切先进的东西都是由初级一步一步发展而来，用户迷恋于老设备和老观念，对新技术敬而远之，这影响了数据中心的建设。比如选设备，由于老观念作祟，将已被淘汰的设备当成好东西购进，数据中心刚刚建成就已经是落后的系统了。因此如果不用发展的眼光看问题，到头来吃亏上当，后悔不已。

图 1-53 所示是最早期的计算机机房，这是世界上第一个半导体计算机机房，计算速度十万次/秒。图中的控制台、存储器、运算控制器和 AD⇔DA 转换器都是一个庞大的机柜，它们各有自己的电源柜，这时的计算机和电源是不可分离的。由于计算速度慢，万一在机器运算过程中市电故障，计算机内一片空白。等市电恢复后再重新输入数据。于是计算机就向供电提出了一个要求：当市电断电时向计算机发出一个信号，如果此时供电能再坚持 5s，计算机就可将计算的现场保留到存储器内，待市电恢复后计算机即可接着上次的结果继续运算了。第一代

UPS就是在这种要求下诞生的，所以UPS是为了保护数据而问世的，因此称UPS是计算机的“孪生兄弟”。图1-54示出了一台20kVA的UPS。实际上就是一台20kVA的电动发电机，同轴上带着一个5t重的大飞轮，这就是早期的飞轮储能式UPS。

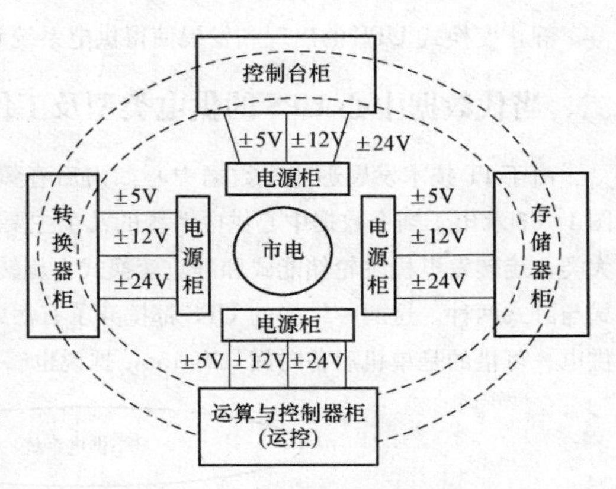

图1-53 早期的计算机机房

以上的飞轮储能式UPS虽然解决了燃眉之急，但毕竟太笨重，而且后备时间太短，无法向大容量发展，于是第二代UPS就出现了（见图1-55）。20世纪60年代晶闸管问世，设计者就用这种器件将市电交流电压整流成直流电压为蓄电池组充电，带动后面的直流电动机，也带动了同轴上的交流发电机。这样一来，后备时间可以延长了。随着晶闸管的成熟，设计者又用晶闸管做成了交流逆变器，代替了笨重而扰民的直流电动机和交流发电机。但由于逆变器是全桥变换模式，输出电压是三根相线，但用户需要的是带有中线的220V/380V三相四线制电压，因此就必须加一个“D-Y”变换的隔离输出变压器，于是第一代静止变换式UPS正式问世了。到1980年美国IPM（国际动力公司）又将晶闸管逆变器发展成PWM逆变器，体积和质量进一步缩小，这就是现在的工频机型UPS。

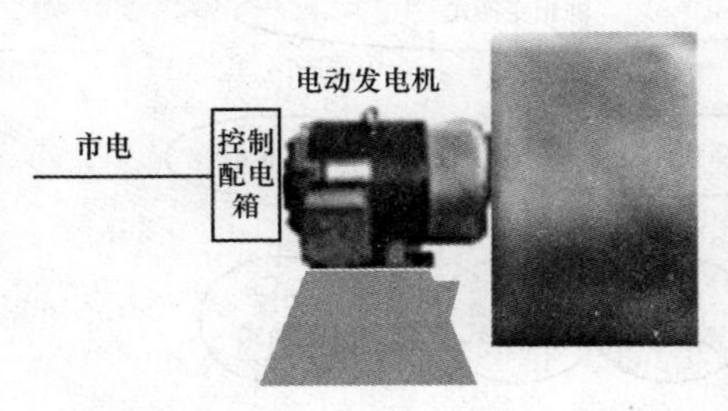

图1-54 第一代UPS外形结构原理

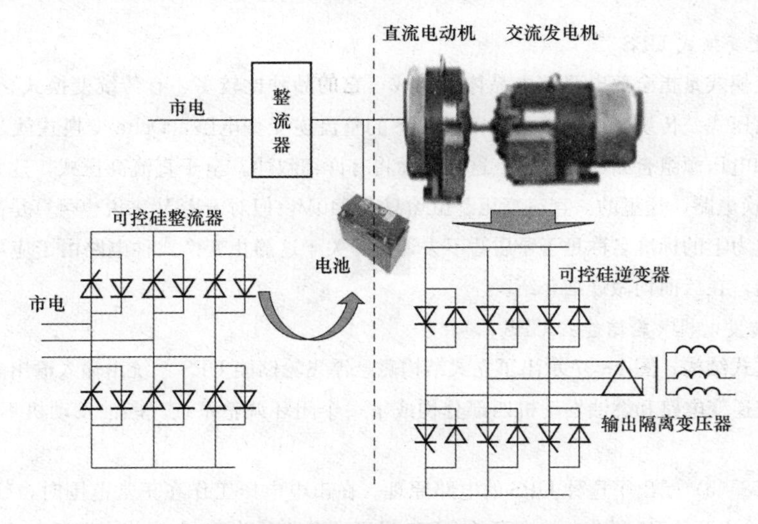

图1-55 从旋转发电机式到静止变换式电路的过渡

静止变换式 UPS 的出现和发展使得供电系统和计算机房分别放置有了可能。

二、当代数据中心 UPS 的供电类型及工作原理

由于 IT 技术发展迅速，数据中心如雨后春笋遍地建设，供电系统也如影随形紧紧跟上。图 1-56 示出了当今数据中心供电系统的几个主要类型。直接与 IT 设备供电的系统可以分成两大类，旋转发电机飞轮储能式和静止变换式。旋转发电机飞轮储能式从结构、外形上又分为立式与卧式两种。这两种结构的 UPS 都摈弃了有污染的电池组，利用飞轮的储能给 IT 系统后备供电。可惜的是单机后备时间只有 15s，据说也够了。

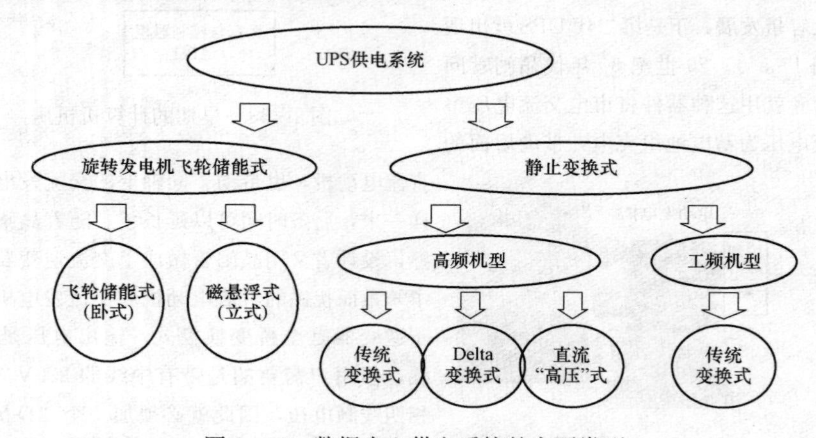

图 1-56　数据中心供电系统的主要类型

1. 静止变换式 UPS

静止变换式是指全部电路都由晶体管构成，它的品种比较多，有传统变换式、Delta 变换式和直流高压式。传统变换式就是大家所熟悉的整流逆变型电路，Delta 变换式就是前面介绍的电流源和电压源组合而成的电路，这在后面将有详细叙述。至于直流高压式，这是一个 DC-DC 高频变换电路，这里的“直流高压”虽然只有 240V，但对于 48V 来说也可算是高压，这样的称呼和电力上的标准名称是否矛盾暂不去讨论。关于这静止变换式种电路由于应用较广，影响也较普遍，在后面均做详细介绍。

2. 旋转发电机飞轮储能式 UPS

（1）立式结构。图 1-57 示出了立式结构磁悬浮飞轮储能 UPS 系统由输入输出配电、储能机构、整流逆变电路和燃油发动机四部分构成了一个闭环调整系统。燃油发动机不在机柜内，另外放置。

图 1-58（a）示出了这种 UPS 的电路原理。在市电电压工作在正常范围时，UPS 的输入开关 S1 和输出开关 S2 闭合，静态开关 STS1 导通，旁路开关 S3 和维修旁路开关 S4 处于断开状态。市电输入电压经滤波后输送到负载，同时驱动储能发电飞轮高速旋转，进行储能。当电压在规定范围内上下波动时，这个差值就由储能发电—整流器—逆变器支路补偿，使得输出电压一直稳定在一个定值［见图 1-58（a）输入输出波形］。一旦市电输入电压超出规定范围或

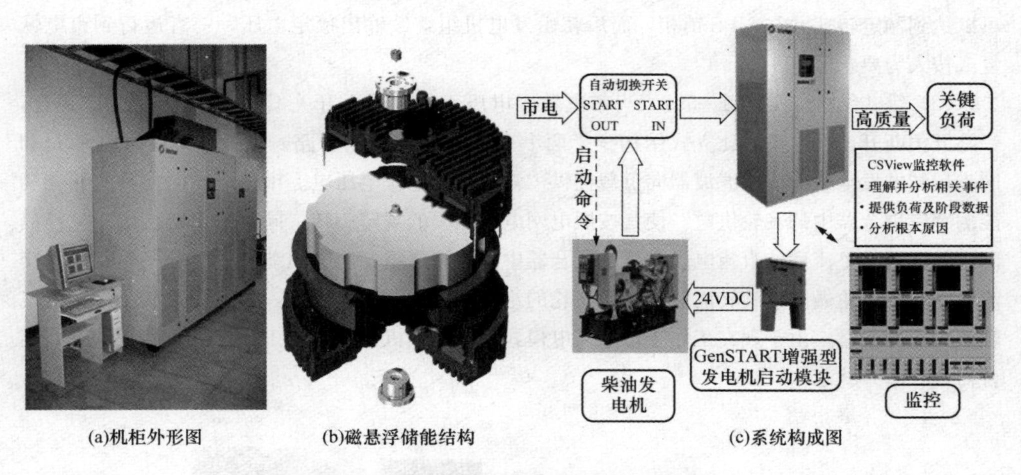

(a)机柜外形图　(b)磁悬浮储能结构　(c)系统构成图

图 1-57　立式结构磁悬浮飞轮储能 UPS

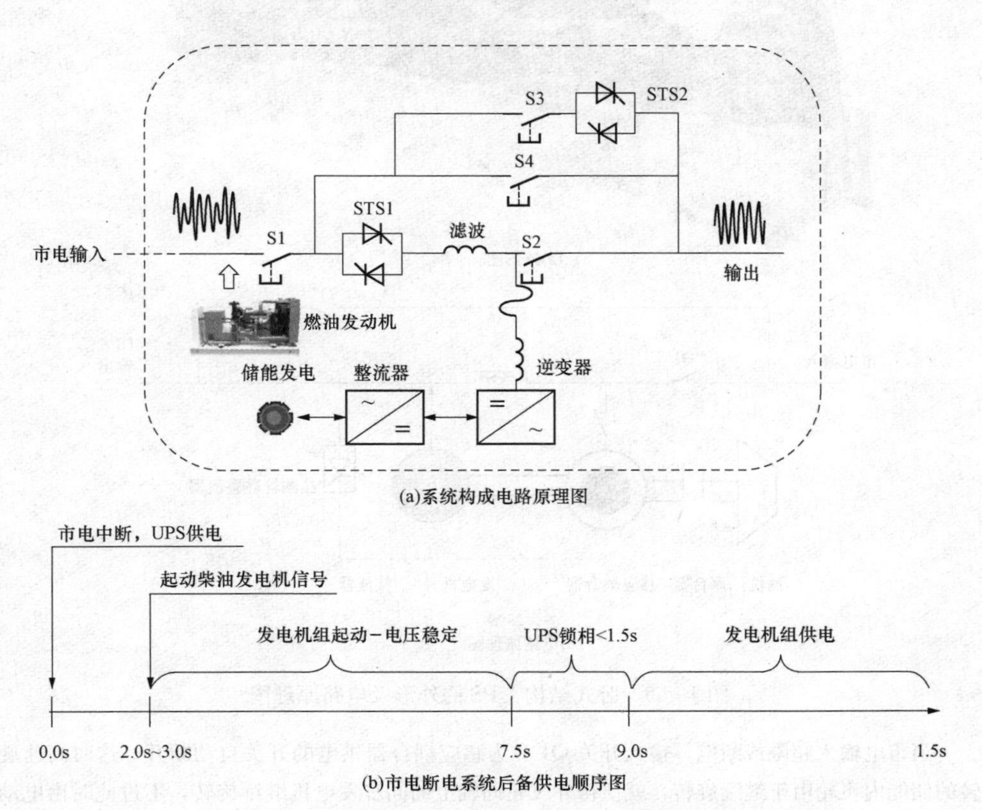

(a)系统构成电路原理图

(b)市电断电系统后备供电顺序图

图 1-58　立式结构磁悬浮飞轮储能 UPS 电路原理及备用原理

断电，输入开关 S1 断开，储能发电部分的飞轮继续惯性旋转并且发电，使负载不间断地继续运转，大约在 2s 内起动燃油发动机带动的发电机组［见图 1-58（b）］。燃油发动机大约 5s 就可以达到额定转速并与 UPS 锁相，而后就由发电机组继续输出额定电压，一直运行到市电恢复或按人为要求停电。

(2) 卧式结构（见图 1-59）。当市电输入电压正常时输入开关 Q1 和输出开关 Q2 闭合，旁路开关断开。在这里就比立式结构少了两个 STS 和一路自动旁路。此时市电通过电感 L 和同步运转的发电机构成的滤波器向负载提供“清洁”的工作电压电。市电还同时向具有储能功能的感应耦合器中的飞轮供电，使其按照电网电压频率的规定旋转，同时输出交流电压又经晶闸管整流器将整流后的直流电送入感应耦合器中的直流绕组，使其驱动另一个内飞轮相对于交流电驱动的飞轮做高速旋转而储能，该飞轮的绝对转速达七千转以上，这就大大减小了储能飞轮的体积和质量。由于现在工作于市电供电模式，所以油机发动机不工作，处于静止状态，离合器也在断开状态。

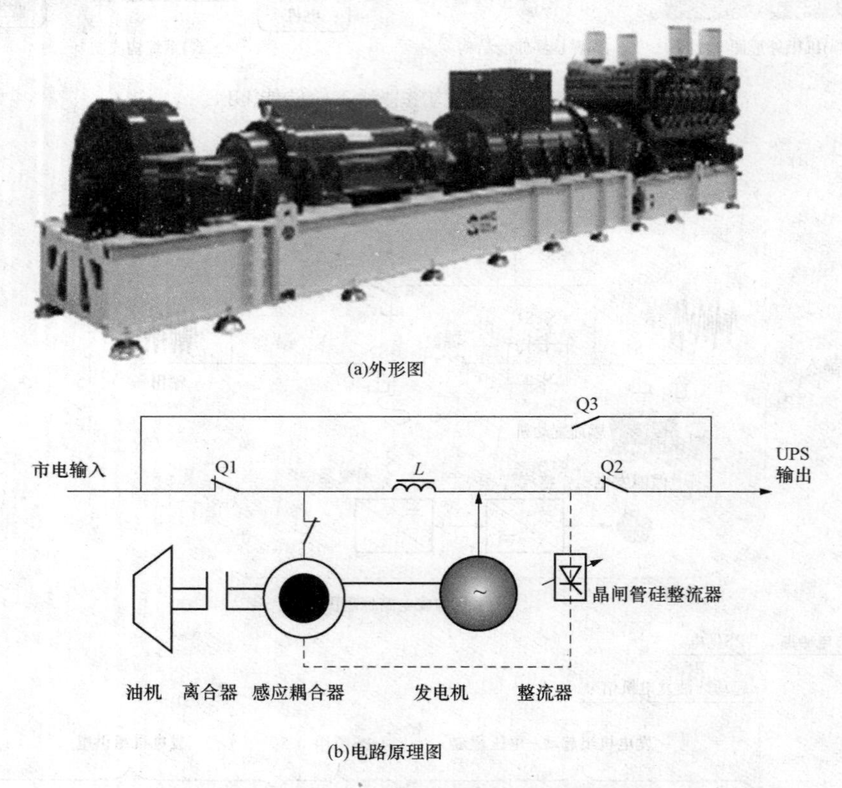

图 1-59　卧式结构 UPS 的外形及电路原理图

当市电输入超限或断电，输入开关 Q1 和为感应耦合器供电的开关自动断开，这时高速旋转的储能内飞轮由于继续旋转，就使得外飞轮同轴上的同步发电机继续旋转，不过此时由电动机状态已转为发电状态［见图 1-60（a）］。在此期间已命令燃油发动机起动，当发动机的转数与发电机同步时，离合器啮合，此时就由燃油发动机直接带动发电机旋转了，此时就是燃油发动机工作模式，如图 1-60（b）所示。待市电恢复正常后，UPS 又返回到市电供电模式。

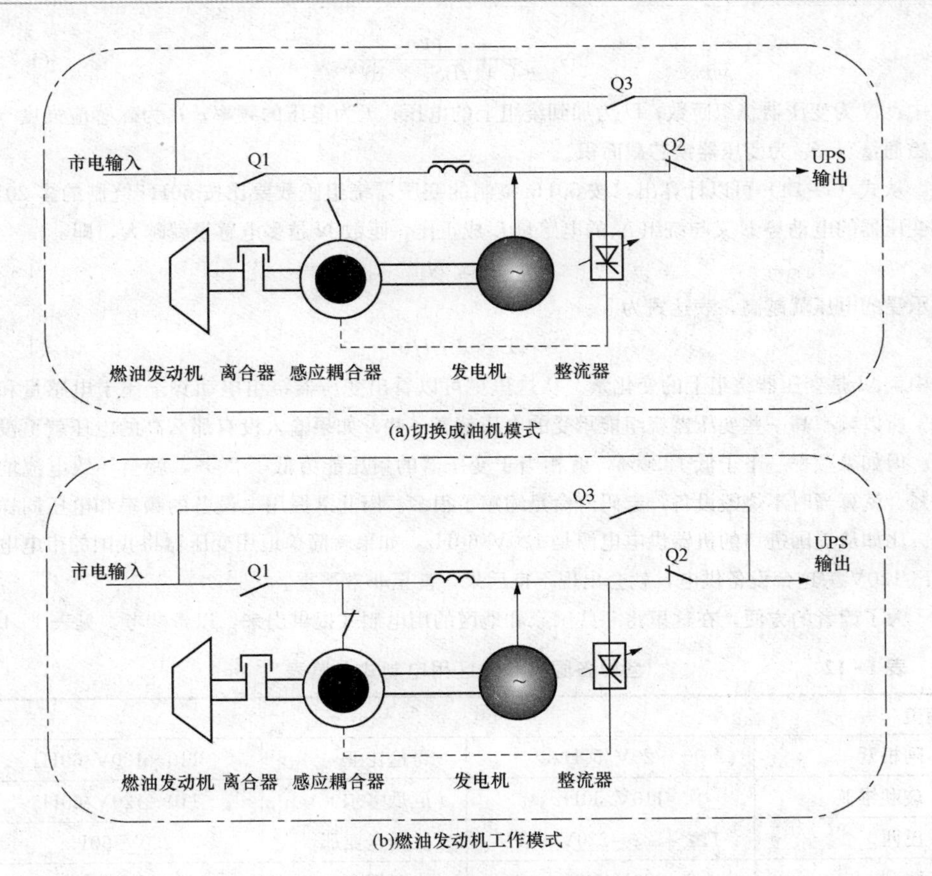

图 1-60 卧式 UPS 的几种工作模式

目前这种飞轮储能式 UPS 在数据中心我国刚刚接触，用户还不算多。这首先是因为用户习惯了使用式产品，二来是在全国五十多万信息中心机房中 70%以上是 200m² 以下的规模，而目前这两种结构的 UPS 单机功率都较大，立式一个单机为 250kVA，卧式一个单机 160kVA，其三，后备时间只有 15s，一般用户还不习惯。

三、国际上市电交流电的类型

各国根据情况制定的电压制式各不相同，比如 110、115、127、220、240V 等，不过频率只有 50Hz 和 60Hz 两种。比如美国、加拿大都用 120V/60Hz，而欧洲多采用 240V/50Hz 制式，中国采用的是 220V/50Hz 这个制式。

这里有一个问题需要注意。输入电压的不同一般都可以注意到，一般都懂得 110V 的机器电源插头插到 220V 的电源上要烧毁机器，220V 的机器电源插头插到 110V 的电源上就不能工作；但频率的不同一般人就不太注意，尤其是在使用变压器的情况下，按 50Hz 绕制的变压器用在同电压 60Hz 的情况下不会出现大的纰漏，而若将按 60Hz 绕制的变压器用在同电压 50Hz 的情况下就要烧变压器了，因为变压器的绕组匝数与电源频率成反比，即

$$N = \frac{U}{4.44 f B S_C \times 10^{-8}} \tag{1-24}$$

式中：N 为变压器绕组匝数；U 为加到绕组上的电压；f 为电压的频率；B 为磁感应强度（对应磁通量）；S_C 为变压器铁芯截面积。

从式（1-24）可以计算出，按 50Hz 绕制的变压器绕组匝数要比按 60Hz 绕制的多 20%，而变压器的电动势 E 又与绕组 N 的电感量 L 成正比，匝数 N 越多电感量就越大，即

$$L \propto N \tag{1-25}$$

能承受的电压就越高，表达式为

$$E = L\Delta I f \tag{1-26}$$

式中：ΔI 是变压器绕组上的变化量。从这里更可以看出变压器绕组电动势正比于电感量和频率。所以频率高一些变压器绕组能承受的电压就高一些，如果输入没有那么高的电压就更没关系。但如果频率一下子低了 20%，就相当于变压器的耐压能力低了 20%，就会导致电流增大 20%，就算当时不烧毁设备，起码寿命是缩短了很多。因此掌握用电设备的频率和电压同样重要。比如从美国进口的机器供电电源是 120V/60Hz，如果就简单地用变压器将我国的市电电压变出 120V 为这台设备供电，就会出现不良后果，甚至非常严重。

为了读者的方便，在这里将一些国家和地区的用电制式提供出来，以备参考，见表 1-12。

表 1-12　　世界各国家和地区用电制式一览表

南美			
阿根廷	220V/50Hz	哥伦比亚	110～120V/60Hz
玻利维亚	110V/50Hz	厄瓜多尔	110～120V/60Hz
巴西	110～127～220V/60Hz	法属圭亚那	220V/50Hz
智利	220V/50Hz	圭亚那	110V/60Hz&240V/50Hz
秘鲁	220V/60Hz	苏里南	110～127V/60Hz
乌拉圭	220V/50Hz	委内瑞拉	120V/60Hz
巴拉圭	220V/50Hz		
欧洲			
直布罗陀	240V/50Hz	马特拉	240V/50Hz
英联邦	240V/50Hz	所有其他国家	220V/50Hz
非洲			
加纳	240V/50Hz	肯尼亚	240V/50Hz
利比里亚	120V/60Hz	利比亚	110～115V/50Hz
摩洛哥	120V/50Hz	塞内加尔	110V/50Hz
塞舍尔	240V/50Hz	苏丹	240V/50Hz
乌干达	240V/50Hz	所有其他国家	220V/50Hz

续表

中东			
阿布扎比	240V/50Hz	加那利群岛	127～220V/50Hz
塞浦路斯	240V/50Hz	科威特	240V/50Hz
黎巴嫩	110～220V/50Hz	马斯科特	240V/50Hz
阿曼	240V/50Hz	卡塔尔	240V/50Hz
沙特阿拉伯	127～220V/50Hz 或 60Hz	所有其他国家	220V/50Hz
亚洲及太平洋地区			
澳大利亚	240～250V/50Hz	斐济群岛	240V/50Hz
巴布亚新几内亚	240V/50Hz	所罗门群岛	240V/50Hz
泰黑特	127V/60Hz	文莱	240V/50Hz
中国	220V/50Hz	日本	100～200V/50Hz 或 60Hz
朝鲜	220V/60Hz	韩国	110～220V/60Hz
马来西亚	240V/50Hz	菲律宾	110～220V/60Hz
塞班	240V/50Hz	中国台湾	110V/60Hz
越南	120V/50Hz	所有其他地方	220V/50Hz
北美			
美国	120V/60Hz	加拿大	120V/60Hz
中美			
安圭拉	220V/50Hz	安提瓜	220V/50Hz
巴哈马	115V/60Hz	牙买加	110V/50Hz
巴巴多斯	115V/60Hz	马提尼克	220V/50Hz
伯利兹	110V/60Hz	墨西哥	120V/60Hz
百慕大	115V/60Hz	蒙特塞拉特	220V/60Hz
科斯达黎加	120V/60Hz	安的列斯	120V/50Hz
古巴	120V/60Hz	尼加拉瓜	120V/60Hz
多米尼加	110V/60Hz	巴拿马	120V/60Hz
多米尼加共和国	110V/60Hz	波多黎各	120V/60Hz
圣萨尔瓦多	115V/60Hz	圣基茨和尼维斯	220V/50Hz
格林纳达	220V/50Hz	圣鲁西亚	240V/50Hz
圭亚得鲁普	220V/50Hz	圣文森特	220V/50Hz
圭亚特马拉	115V/60Hz	特立尼达	120V/60Hz
海地	110V/60Hz	佛古群岛	120V/60Hz
洪都拉斯	110V/60Hz		

第六节　UPS　新　技　术

一、ECO 工作模式的新结构

以往为了节能就提出了 ECO（Economy）工作方式，如图 1-61（a）所示，即在市电稳定在某一范围时，可以将负载切换到旁路供电。但这有很大的风险，以前的旁路供电被视为应急状态，一旦市电突然扰动而负载来不及切回逆变器供电时，就可能造成损失。如某化工研究所因负载过载而切换到旁路供电时，正好此时供电局在维修线路，不慎一金属线瞬间掉落搭接到高压线 10kV 和低压 380V 之间，造成机房内 8 台磁带机和主机烧毁；另一例就是某医科大学机房正当 UPS 旁路供电时，外面附近有一个雷电发生，结果烧毁了服务器。当然是两个极端的例子，但电网电压瞬时变化是经常发生的，所以 ECO 工作方式也确实存在隐患。

BSS 也有的称作 ALWAYS-ON 技术的实现就有效解决了 ECO 工作方式问题。它的原理就是在负载接到旁路供电时，UPS 的整流器和逆变器并不停止工作，而是继续运行，不过这时不向负载输送功率，而是处于等待状态，起到一个有源滤波器的作用，如图 1-61（b）所示。在外来干扰侵入时，逆变器能及时地将干扰"吃掉"，这项技术的问世为节能打下了坚实基础。

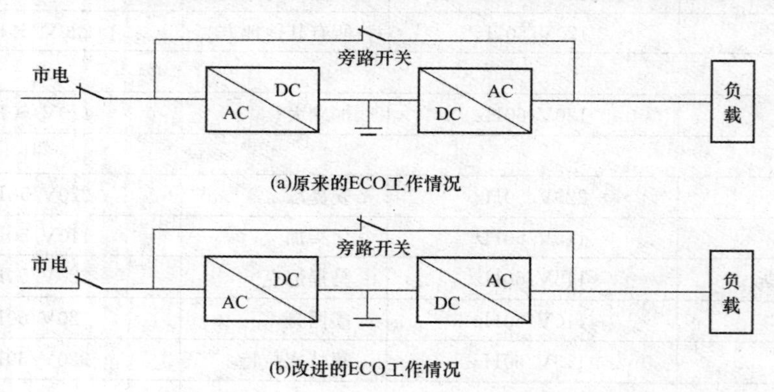

图 1-61　ECO 工作方式的改变

这项技术的难点就在于，原来设计中不允许旁路开关和逆变器同时工作，一旦同时工作逆变器将会爆炸。这种爆炸故障已有发生，为什么会这样呢？原因是在旁路开关闭合时，如果正好是逆变器电压高于市电电压，这时就和 UPS 的旁路结构有关了。如图 1-62 示出了两种结构，第三种结构在前面已经给出，那就是图 1-61 所示的电路。当逆变器输出电压高于市电电压时，在图 1-62（a）的情况下，逆变器就会通过旁路开关向外电网供电，此时逆变器的负载是无穷大的，加之旁路上没有任何限流机制，导致逆变器功率管爆炸。那么图 1-62（a）为什么设计旁路开关与 STS 并联呢？这是因为在负载由旁路供电时 STS 的晶闸管正向压降较大，导致期间发热而缩短寿命，如果用一旁路开关与其并联，晶闸管只作为切换瞬间使用，比如 STS 闭合后接着旁路开关闭合，负载电流被开关旁路，而旁路开关的触点电压几乎为零，减小了功耗，从而延长了晶闸管的寿命。图 1-62（b）的旁路开关与 STS 串联的目的就是防止 STS 的故障穿通而导致逆变器损坏。两种配置各有千秋，也各有不足之处。不过这种结构在逆变器输出电压高出市电电压时，逆变器不会损坏，这是因为旁路 STS1 反偏压不能导通之故。图 1-61的结构在上述情况下也不会烧毁逆变器，但它和图 1-62（b）旁路时的功耗就无法避免了，这就是一个问题的两个方面。

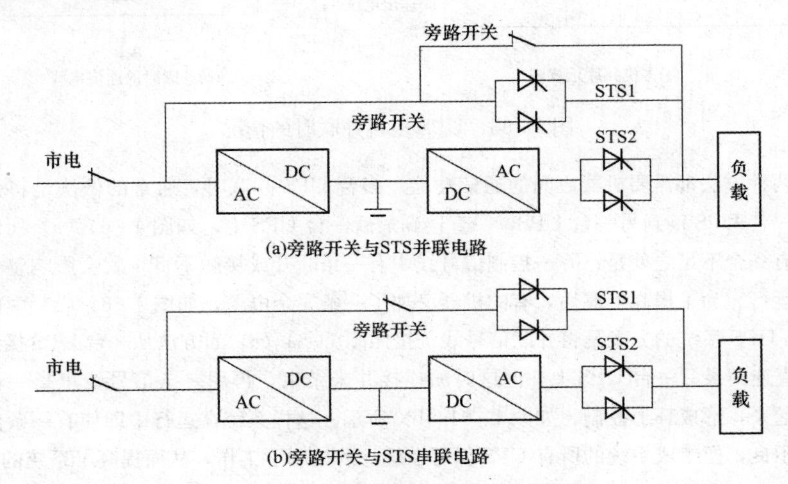

图 1-62　两种旁路结构的电路配置

二、多级 UPS 并机控制技术

并机的控制技术在不同的制造厂家也有着不同的设计方案，这就造成了不同厂家 UPS 不能并联的现实。有的厂家推出不同规格 UPS 也可并联的方案，这种方法只能用于扩容，不适于冗余并联。因为在冗余并联应用场合要求负载一定要不大于并联系统中容量最小的那台 UPS。目前的并联技术有以下几种不同方案。

1. 有线并机控制技术回顾

为了保证供电的可靠性，需要采用多机冗余并联，当单机容量不够时需要多机增容并联，其主机并联就是将所有 UPS 的输出并联在一起，如图 1-63（a）所示。但仅将输出端并接在一起将不能保证各 UPS 之间的电流均分，由于负荷不均，有可能导致其中一台或几台因过载而关机。为此，就提出了并联 UPS 之间的通信问题，于是在各 UPS 中安装了并联板，UPS 之间又接入了通信线，如图 1-63（b）所示。这是一种成熟的技术，这种技术有以下两种方法。

（1）利用数字电压信号通信并机。在并机系统的各 UPS 之间利用高速数据线连接，每台 UPS 都对其负载电流进行实时测量，然后将其本身的输出电流调整到总负载的 $1/N$（对 N 台 UPS 并联系统而言）。目前这种方法最为普遍，但也发现由于并联数据线插接处松动而造成并机失败的情况。

（2）光纤通信信号并机。为了提高传输信号的抗干扰能力和延长传输距离，采用光纤通信是一种行之有效的方法，而这种方法在近期已不多见了。

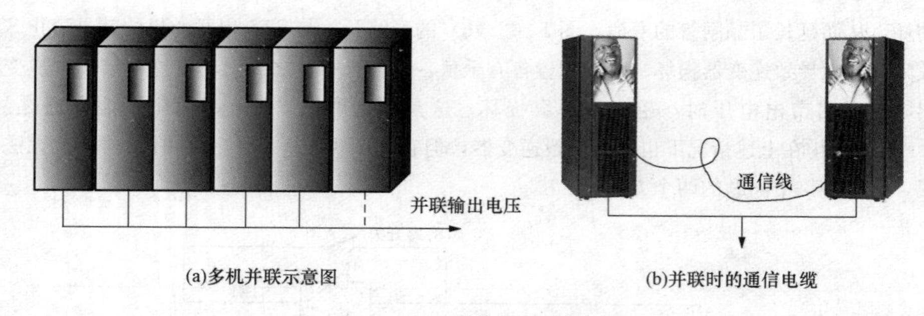

图 1-63　UPS 多机并联时的情况

以上两种方法都需要机器之间的通信功能。多台 UPS 并联时，通常的做法是将并联控制信号线从一台 UPS 接到另一台 UPS，一直连到最后一台 UPS 上，如图 1-64（a）所示。这种连接方式有一个不足之处是：万一控制信号线中有一条断开或接触不良，就会影响整个并联系统的正常运行。为了提高可靠性，有的机器又加了一条冗余电缆，如图 1-64（a）中的点线所示。Silcon UPS 系统的方案是将并联信号线仍按照图 1-64（a）的方法从一台 UPS 接到另一台 UPS，一直连到最后一台 UPS 上，但这时的连接并未结束，再用一条信号线将第一台与最后一台连接起来，形成环形控制，如图 1-64（b）所示。这样系统在运行中即使有一条信号线断开或接触不良，但组成系统的所有 UPS 仍可在统一的控制下工作，从而提高了系统的可靠性。

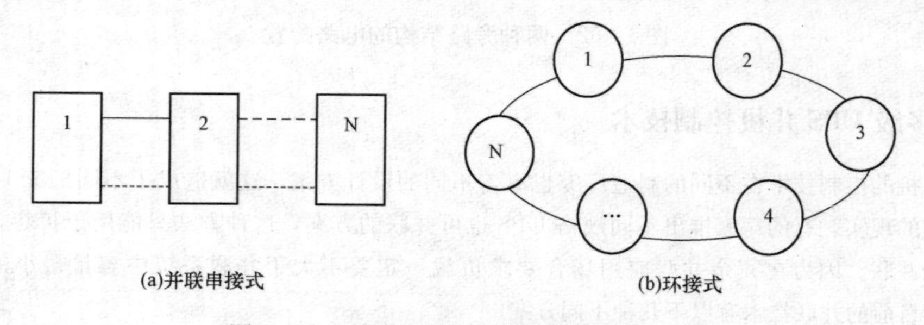

图 1-64　并联 UPS 的控制信号连接方式

2. 目前无线并机控制技术的主要类型

多变量参数控制基于上述原因总是有些不方便，为此近年就推出了无线并机的控制技术。无线并机，是指除了并机时必须的输出功率线互相并联连接外，再也没有其他信号线。属于这种方式的目前主要有两种方案，其原理介绍如下。

（1）“T”形连接结构并机。无线并机的“T”形连接结构是利用基尔霍夫原理并机，如图 1-65 所示就是“T”形连接并机法的原理图。普通 UPS 并联运行的连接方法是在系统中将所有并联的 UPS 输出端连接到公共输出母线上，而输入电缆则是各自独立与电网连接的。“T”形连接并机法则不同，它们不但将所有并联的 UPS 输出端连接到公共输出母线上，而且将输入电缆也连接到该母线上，即 UPS 的输入和输出在内部是相连的，UPS 的输出端是连接到这两个输入、输出端子之间的连线上，从而构成了所谓的“T”形连接。

在并联运行时，前一台 UPS 的输出端子连接到后一台 UPS 的输入端子上，每台 UPS 的输

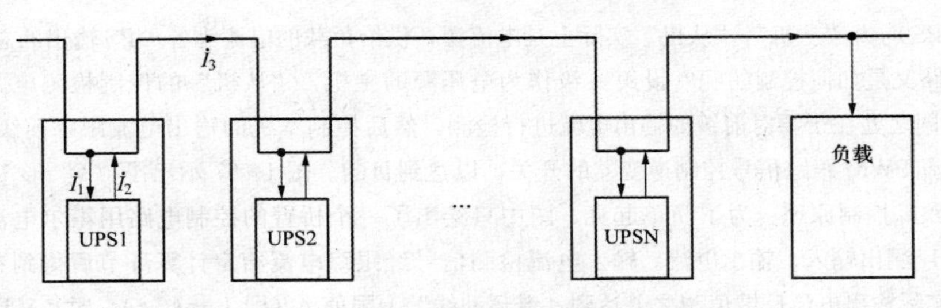

图 1-65 "T"形并联结构的 UPS 系统

入电流在内部与自身的输出电流汇合至输出端子上。因为此方案很新颖，所以在这里做一般性的介绍。

并联运行的原理可用基尔霍夫第一定律来表达，在一台"T"形连接 UPS 中应满足的电流关系是

$$\dot{I}_1 + \dot{I}_2 = \dot{I}_3 \tag{1-27}$$

式中：$\dot{I}_1$ 为输入电流；$\dot{I}_2$ 为 UPS 输出电流；$\dot{I}_3$ 为总输出电流。

若要求 $\dot{I}_1$ 和 $\dot{I}_2$ 同相，其矢量图就如图 1-66（a）所示，这时的 $\dot{I}_3$ 就是 $\dot{I}_1$ 和 $\dot{I}_2$ 的算术和；若 $\dot{I}_1$ 和 $\dot{I}_2$ 有相位差，若要求和前者输出相同的电流 $\dot{I}_3$，则在前后连接的 UPS 间就会产生环流 $\dot{I}_C$，如图 1-66（b）所示。这种环流在实际并联中是不可避免的，故应通过精确设计将其控制到最小。

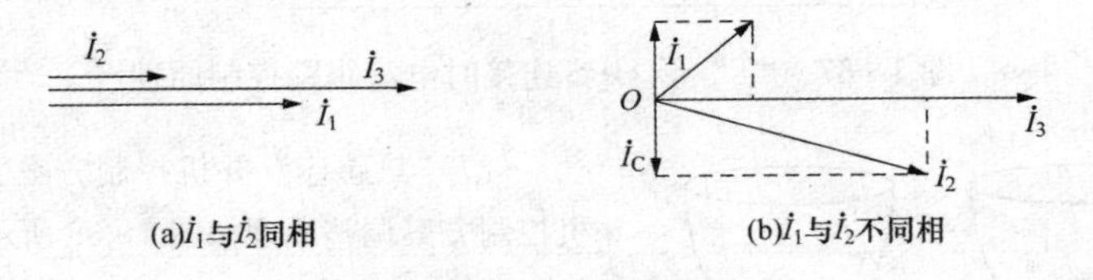

图 1-66 "T"形 UPS 的连接电流矢量图

在"T"形 UPS 的并联连接中，把其中某一级 UPS 作为控制对象，使它的输出电流直接跟踪其输入电流（即前一级的输出电流），使该 UPS 自身的输出电流与输入电流达到同相位和要求的幅度。输出电流幅度由该级 UPS 容量 S 与其前面各级 UPS 容量总合 $\sum S$ 根据式（1-28）来计算

$$\dot{I}_r = S\dot{I}_1 / \sum S \tag{1-28}$$

式中：$\dot{I}_1$ 为被控制级的输入电流；$\dot{I}_r$ 为跟踪电流的给定值。

这样就可以达到均流的目的，然后这两个基本相同的电流汇合后经输出端送往下一级 UPS。

一般大都将第一级 UPS 定为主机，其任务是产生符合供电要求的正弦电压波形，其作用就是一个作为基准的电压源。其输出电压经后面各级 UPS 的"T"形连接的横臂汇流排加到负载上。由于汇流排的阻抗非常小，因而可以认为加到负载上的电压与第一级的输出一样。后面

各级 UPS 均为“从机”,“从机”实际上是电流源，供给负载的电流为各 UPS 输出的总合。

电路又是如何控制的呢？设第一级作为电压源的主机，“从机”的控制检测电路与普通 UPS 不同之处在于要对前级的输出电流进行检测，然后控制本机的输出电流跟踪前级的变化，产生电流 PWM 跟踪信号控制逆变器的开关，以达到目的。图 1-67 示出了“T”形 UPS 连接时电流跟踪控制原理。为了简单起见，图中只给出了一个桥臂的控制电路用霍尔电流传感器 H_1 和 H_2 测出输入、输出电流。输入电流检测信号经跟踪电流给定计算环节后得到参考电流 I_r，当实际输出电流反馈值与之差达到“滞环回线”上限值 Δ（即 $I_f-I_r\geqslant\Delta$）时，VT_2 导通而 VT_1 截止，输出电流 I_2 将下降；反之，当实际输出电流反馈值与之差达到“滞环回线”下限值 Δ（$I_f-I_r\leqslant\Delta$）时，VT_1 导通而 VT_2 截止，输出电流 I_2 将上升。就这样通过 VT_1 和 VT_2 交替开关来实现 I_1 对 I_r 的自动跟踪。

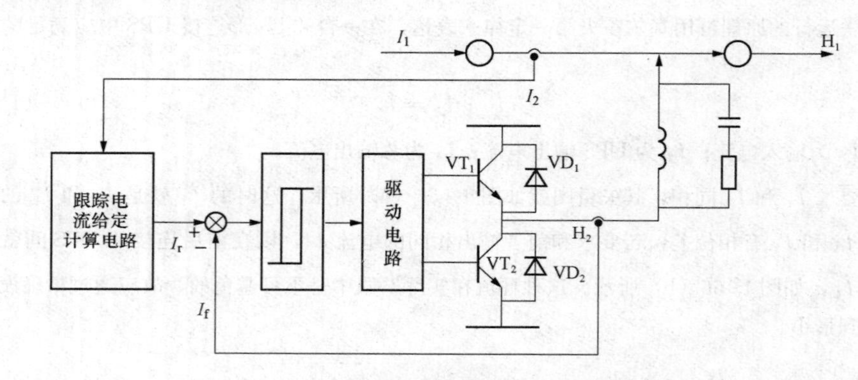

图 1-67 “T”形 UPS 连接时电流跟踪控制原理

(2)“热感应”并机控制方案。“热感应”并机控制方案调整原理如图 1-68 所示。这里是根据任何物体都有寻找本身稳定位置的功能，这就是能量稳定的原理。一个物体的重心越低其稳定性就越好。图 1-68 中的两个圆底杯子中各放一个同样的圆球，于是两个圆球都寻找杯底作为其稳定的位置。若是两台 UPS，在不使用通信线的情况下，就可调整到二者都输出最低能量，以达到能量均分的目的，这种方法在目前已做到 8 台并联。

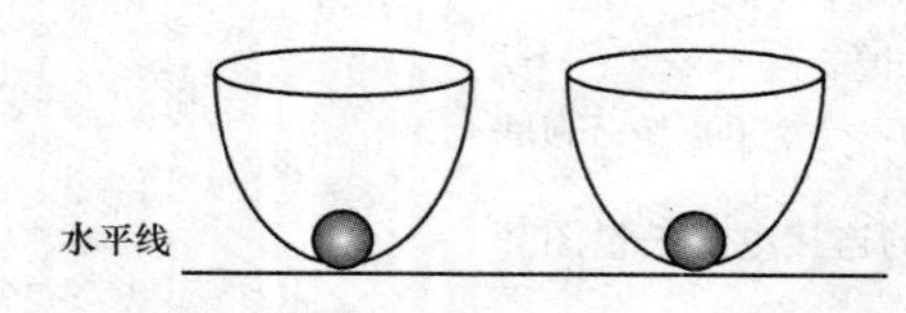

图 1-68 热感应无线并机控制方案调整原理

“热感应”就是物理上的“下垂法”，这种方法的内部调整原理如图 1-69 所示。两台并联的 UPS 各自测量自己的输出，在 t_1 有一个电流增量 ΔI，就必然有一个电压的降低量（尽管很微小）$-\Delta U$，在 t_2 有一个电流负增量 $-\Delta I$，就必然有一个电压的提高量（尽管很

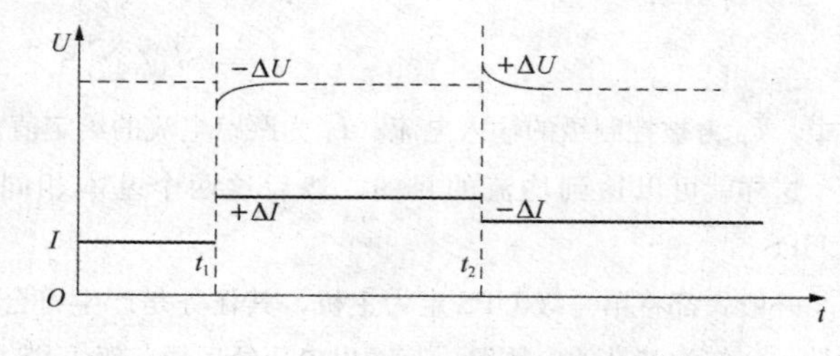

图 1-69 均流控制原理特性

微小）$+\Delta U$，即可看出，输出电压和电流的增量符号相反，这时它们的内阻抗就是

$$Z_i=-\frac{\Delta U}{\Delta I}<0 \tag{1-29}$$

在此情况下，说明机器在正常运行，随着负阻的变化情况 UPS 开始调整输出电压，使其升高至适于上述变化后的电流值。反之，当电压和电流的增量做同符号变换时，就会导致一个正阻效应，即

$$Z_i=\frac{\Delta U}{\Delta I}>0 \tag{1-30}$$

UPS 测出这种情况时，就认为输出有故障，于是就控制该 UPS 退出并联系统。

三、满载和过载情况下的验机技术

1. 带载验机的必要性

在机房供电系统验收中发现了如下问题，造成了很多隐患。

（1）市场竞争的原因。

1）产品偷梁换柱或偷工减料。市场竞争是正常的，但由于用户和推销商有时都不遵守游戏规则，为了高利润，造成有的制造商和销售商对机器质量不负责任，往往在用户那里的实验机器是满足要求的，交货时是另一种低档的产品；而在加载验机时，标准功率只是当时的负载量是 50%，但在机器自身的屏幕上却显示为 80%，这显然不能满足用户的要求。

2）承包者工程外包给无资质人员。如为某税务信息中心检验 UPS 电池放电时，发现电池不放电，检查发现该组电池与 UPS 连接处用很好的绝缘套管将连接处双双封死，形成非常好的绝缘连接。如果是内行就不会出现此种低级错误。

（2）施工不规范。

1）断路器整定电流不规范，造成越级跳闸。某网上游戏信息中心和某银行信息中心在带载运行时远没达到额定负载电流值时远方的输入主断路器跳闸，检查发现断路器整定电流没按要求整定。

2）UPS 输入配电柜接线错误，造成电量模块烧毁。某银行信息中心在加载运行时发现 UPS 输入配电柜内有烟冒出，检查发现近 200A 的电缆出入 50∶5 的电流互感器中，致使电流过大而烧毁了电能表。

3）电池线缆虚接。某政府机关数据中心交钥匙工程完毕，由于交机时未做负载实验，结果加载后 UPS 输出变成了 110V。检查发现 UPS 为双电源的高频机型设备，其中一组电池开关在施工中线缆虚接。

在某机房做带载电池放电实验时，电池输出端子的温度有一半比室温高出 30℃以上，有几个竟高出室温 70℃以上，还有个别的电池冒烟了。因为电池的连接一般都是将卡子套在电池铅柱上拧紧就可以了，无人去注意卡子的氧化和污垢，结果拧上后由于接触不良而导致放电时的隐患。

4）UPS 输出错接。某银行信息机房为 IT 机架加假负载时，本来只给 UPS1 加负载，但发现 UPS1 的电流并不增加，反而与其并联的 UPS2 负载增加了。

5）线缆截面积过小和连接处接触不良。比如在某核电站做带载验机时，在仅 1.5m 的一段线路上竟有 0.8V 的压降，检查发现电缆过细和连接处的插头座连接电阻大造成。

2. 带载验机的困难

1）以往小功率 UPS 的带负载验机比较容易，假负载也容易寻找，比如到市场上买几个电炉子也就可以了。几十、几百千伏安甚至几千千伏安的假负载从哪里来？是租？是买？

2）假负载由谁来出？有没有这么大的假负载？

3）这么庞大的假负载一般都是固定的，如何运到现场？运来以后放在哪？有没有这么大的空间？

4）假如有这么庞大的假负载，从租用到运输、到安装、到实验完毕，最快也得几天的时间，尤其是几百千伏安以上的机器。

在 UPS 尚未正式投入运行前，一般用户都不敢贸然接入 IT 设备做验机实验，一般都用其他的替代品。目前市场上多见的几种可作为假负载的替代品如图 1-70（a）所示。常见的电子负载商品以 1kW 最多，其他的如电热风机、电炉子和电暖器等。但这些负载都太小，目前的电热风机和电炉子也就是 2kW，电暖器最大是 3kW。作较大负载时就需要很多个，也有更大一些的，但不是市场上马上就可买得到的。图 1-70（b）所示就是一个 60kW 的电阻负载箱只有用汽车拖。但又有几个能有这样的条件呢？图 1-70（c）所示是某空管局雷达站 60kVA UPS 机房用盐水作为假负载的例子。这种假负载好处是集中、占地面积小，水缸、盐和水等可以分别运输。只是这台设备制造比较费时、费事，实验做完后无其他用处。

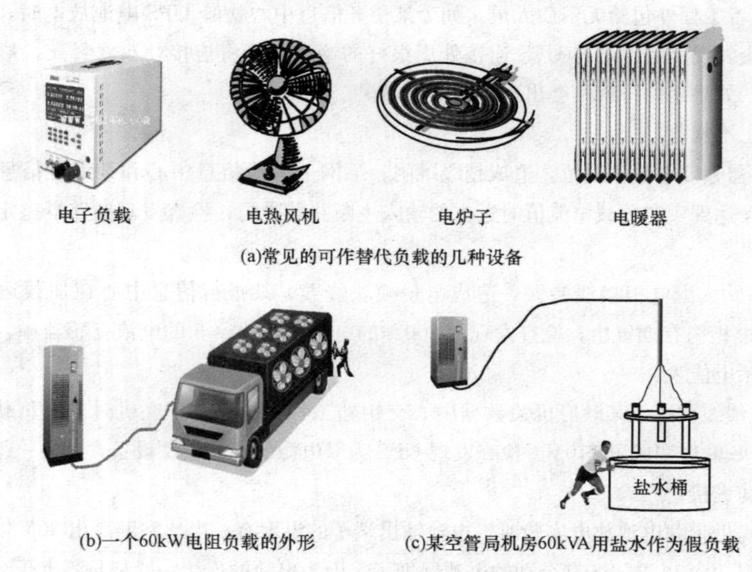

图 1-70　可作为 UPS 假负载的几种设备

图 1-71（a）所示为某金融公司 100kVA UPS 机房用热风机作为假负载的情况，类似的假负载实验在另一处 400kVA×6 的 UPS 机房也采用过，由于容量太大，只好逐台测试，费时费力，而且发现一般市场上的 2kW 热风机功率都偏小，由于体积太小，可靠性难以保证。

图 1-71（b）所示为某 160kVA UPS 商业机房用电炉子作为假负载的例子，由于电炉子是见明火的装置，一来不安全，二来在实验做完后再无其他用处，这也是一笔浪费。

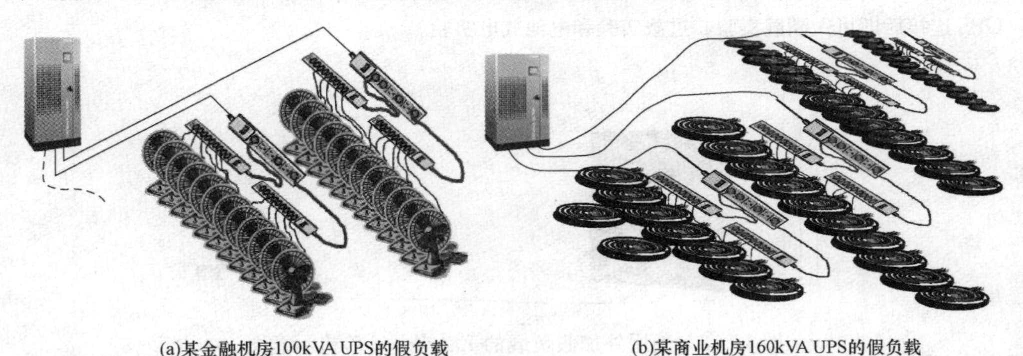

(a)某金融机房100kVA UPS的假负载　　(b)某商业机房160kVA UPS的假负载

图 1-71　用上百千伏安假负载做实验的案例

图 1-72 所示为某 400kVA×7 的机房 UPS 用电暖器做实验的例子。电暖器塞满了机房。也是由于容量太大只好分台来做，实验用了 160 台 2～3kW 功率可调节的电暖器，可想而知其实验的工作量之大。不仅如此，由于电暖器有一个特性：当达到一定温度时就开始恒温了，换言之，电暖器到了一定温度就切断电源，其结果是造成负载难以稳定下来，这也给实验带来很多麻烦。如此多的电暖器实验后如何处理也是个问题。

图 1-72　某 400kVA×7 的 UPS 金融机房用电暖器做实验的例子

上述的几个例子说的是有条件的地方，而买不起这样假负载的地方或不想买的地方就无法验机。另一方面比如单机为 1200kVA 时如何验机？总不能买 500 台 2kW 的家用电器吧。

3. Easy Load 无假负载验机技术

上述的带假负载验机造成的烦恼还不仅如此，更可惜的是验机用的大量功率都被白白浪费了，这也是与节能减排的基本国策相违背的。图 1 - 73 给出了利用 Easy Load 负载验机方案进行 600kVA 验机的示意图。它的神奇之处在于不用外加任何假负载，仅使用一台手提电脑与 UPS 连接后即可做满载实验、过载实验和电池放电实验。

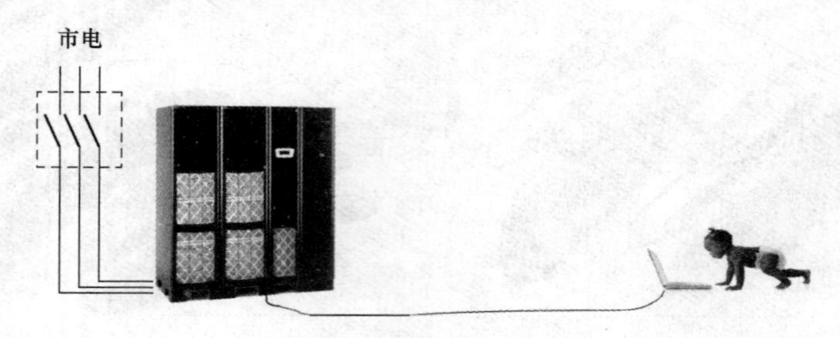

图 1 - 73　不用外加假负载的 Easy Load 验机示意图

图 1 - 74 给出了 Easy Load 方案的工作原理，其特点就是利用市电电网作为验机假负载。众所周知，市电电网不但认为是无穷的能源，而且它的内阻也被认为是零，换言之也是无穷大的负载，这就为 UPS 的带载验机奠定了基础。如何使 UPS 逆变器的输出电流流入市电电网呢？电流是从电压高的地方流入电压低的地方，这就像水往低处流一样。只要 UPS 逆变器的输出电压高于市电电压就可实现上述愿望。图 1 - 74（b）就给出了这种设计思想，根据这种思想仍设置 UPS 逆变器输出相电压为 220V，但在相位上超前市电 10°，这样一来虽然在电压有效值上和市电一样，但在任一瞬间的瞬时值 UPS 逆变器输出相电压高于市电，比如在市电电压正弦波过零时，市电电压为零，则 UPS 逆变器输出相电压为

$$U_{\text{inverter}} = 310\text{V}\sin 10^\circ = 53.8\text{V}$$

当然会有这样一个问题：当市电正弦波为 90°时电压最高，为 310V；而 UPS 逆变器输出相电压此时是 100°，电压幅值才 305V，已经低于市电电压，这不就是反流了吗？是的，就是反流。因为这是交流电，有正有负，有流出也有流进。

这个方案的另一个可贵之处就是节能。接入其他假负载的方法都是把 100%的功率白白浪费了，而这里仅为微量的 UPS 本身工作损耗。

图 1 - 74（c）示出了 Easy Load 方案实现带载验机的实施原理。UPS 输入端合闸使 UPS 输入与市电接通，打开 UPS 旁路 Bypass（接通），接着启动逆变器，电流方向是：电池组 GB→逆变器→Bypass→输入断路器→配电柜断路器及电缆（图中未画出）→市电电网；接着起动 IGBT 输入整流器，电网电流流入，经以上路径又进入电网。由于在输入断路器上又从市电电网来的输入电流也有输出到市电电网的电流，所以在这些开关上测得的电流很小，大概只有额定值 5%的样子，这是 UPS 电路工作时的本身损耗。最后形成的测量结果如图 1 - 74（a）所示，就好像电流在整流器→逆变器→Bypass→整流器之间环流一样。而实际上电流的流向如图 1 - 75（b）中虚线所示。从这里可以看出，这种测试的电流是来自电网，流经 UPS 输入开关→整流器→逆变器→旁路开关后又流回市电电网，仅消耗了 UPS 设备中不到 5%的功率，达到了节约的目的。

图 1 - 76 所示为 Easy Load 实施的电池放电方案，电流的方向如图 1 - 76 中箭头所示。因为

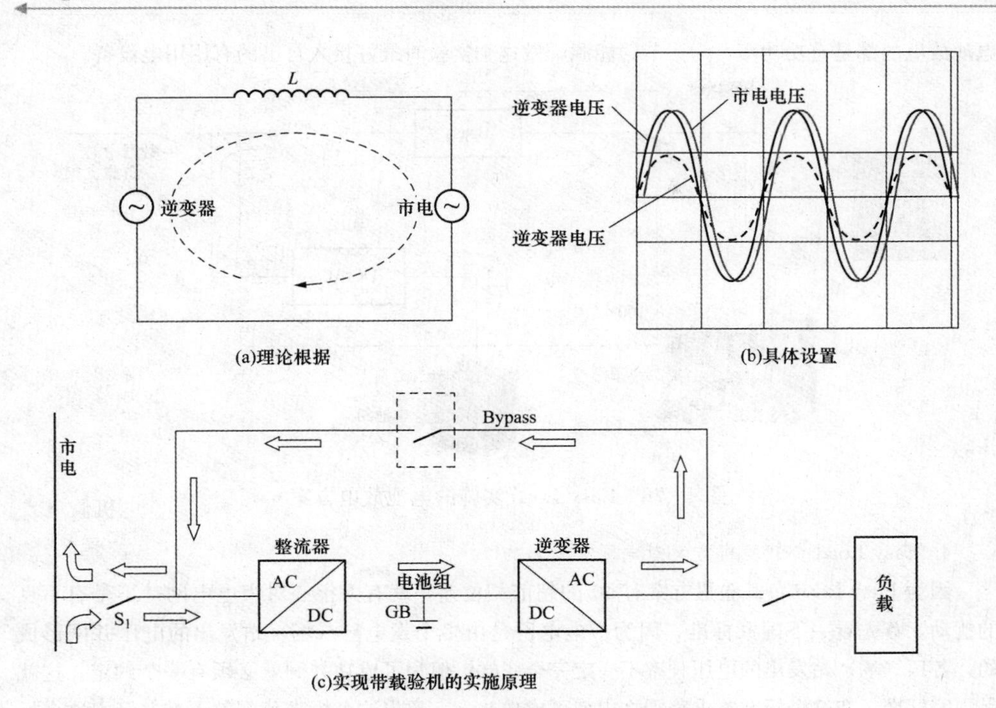

图 1 - 74　Easy Load 方案的工作原理

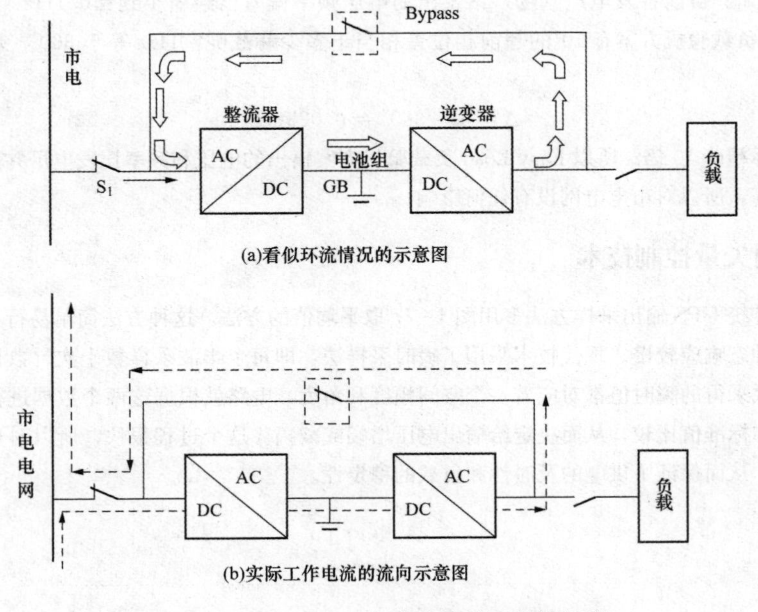

图 1 - 75　Easy Load 方案形成的测量效果图

电池放电的都是有功功率，为了节约能源，做这个实验时最好接入自己的有用用电设备。

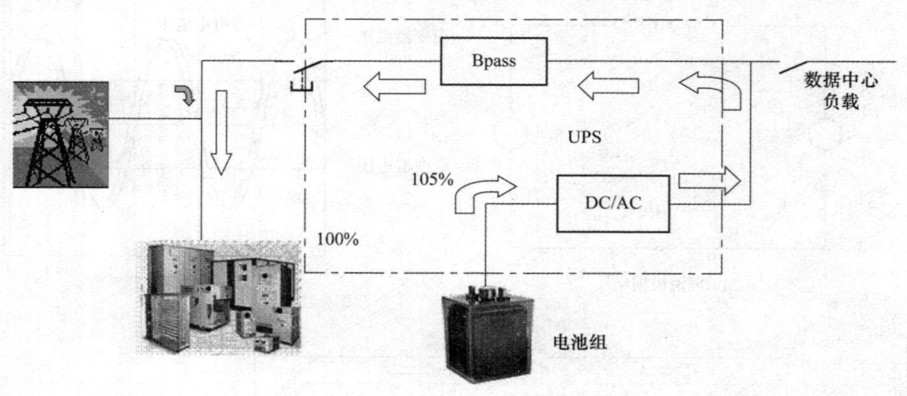

图 1-76　Easy Load 实施的电池放电方案

4. Easy Load 负载验机方案对电网有无影响

因为 Easy Load 负载验机方案有 10°的超前相位差，就有人担心对市电电网是不是有不良的扰动。首先看一下国家标准，因为市电电网是由多个发电厂（场）站发出的电压并网形成的，各厂（场）站发出的电压频率不一定完全一样，但为了成功并网就必须有一个约定，这就是国家标准。在这个标准要求范围之内就可成功并入，超出这个标准范围就不准并网。这个标准是（50±0.2）Hz，换言之，允许各发电厂（场）站发出的电压频率有±0.2Hz 的偏差，即允许偏差 72°。目前各发电厂（场）站发出的电压频率偏差已经缩小到±0.1Hz（36°），那么 Easy Load 负载验机方案有 10°的超前相位差相当于多少赫兹呢？1Hz 等于 360°，那么反过来 10°就是

$$\Delta = 10^\circ/360^\circ = 0.028(\text{Hz})$$

几乎比国标精确 10 倍。所以 Easy Load 负载验机方案输出的电压和频率比发电厂并网电压的频率精度还高，所以对市电电网没有任何影响。

四、空间矢量控制技术

以往传统 UPS 输出采样方法多用图 1-77 取平均值的方法，这种方法简单易行，缺点是输出电压的动态响应较慢。现代技术采用了瞬时采样法，即每个半波采样数十次、数百次甚至更高，每一次采得的瞬时值都对应着一个空间幅度和角度，电路就根据这两个数据进行一定的数学计算后和标准值比较，从而决定给输出电压增幅或减幅。这个过程很快，所以对负载的动态响应也快，从而保证了供电的及时性和负载的稳定性。

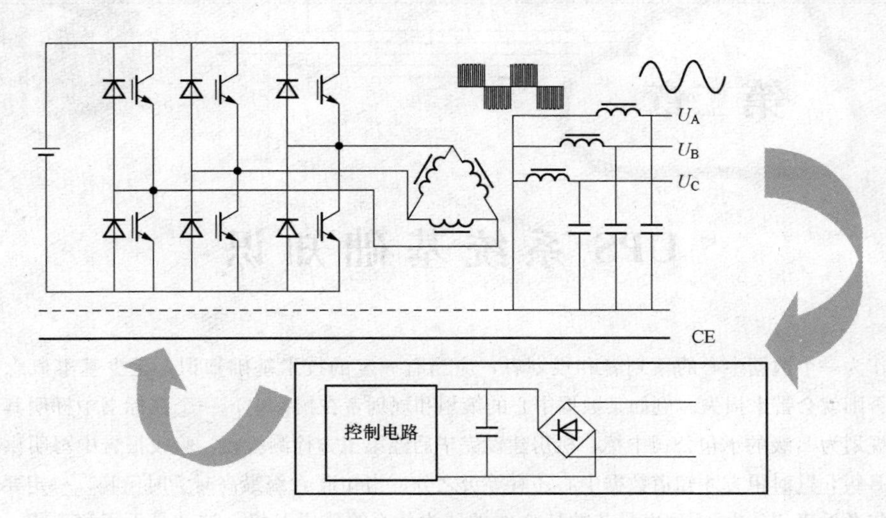

图 1-77　传统的输出采样方法

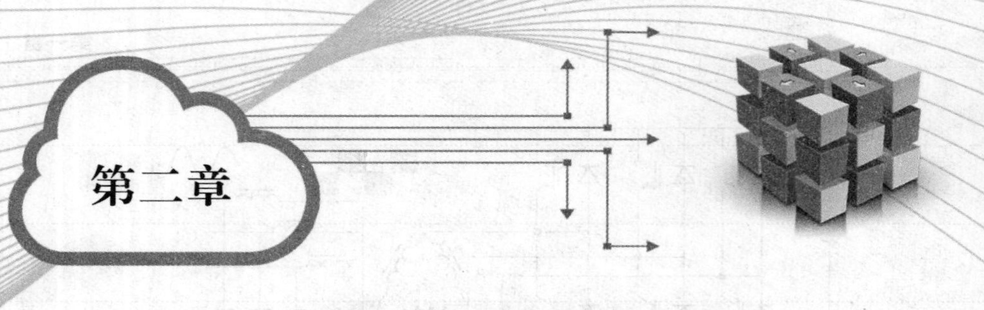

UPS 系统基础知识

作为一个数据中心的策划者和规划者，应当有一定的技术基础知识，至少基本概念要清楚，否则就会带来损失。例如某数据中心的策划和规划者在招标中，一个在标书中标明其供电系统规划为B级的承包公司中标，机房建设完毕后经第三方检测验收，验收报告中写明供电系统为B级，这时甲方才知道数据中心还有等级之分，当知道A级最高时为时已晚，一定要和建设承包者诉诸“公堂”，理由是花的是A级的钱为什么给建成B级。这就是不了解现状，没有数据中心建设的基本知识和基本概念带来的损失。

第一节　交流电基本知识

一、概述

关于交流电或UPS指标的基本概念非常重要，不论是制定标准还是选择产品、推销产品、使用产品等都要搞清楚有关的基本知识和基本概念，否则就会带来不应有的损失。

1. 基本概念不清的危害

(1) 买不该买的东西。认为UPS就是UPS，电源就是电源，大家都一样。既然如此，就捡便宜的买，结果导致质量没有保障。

(2) 发不该发的脾气。认为电池的容量在寿命期内是永恒的、不变的。工作几年后发现后备时间缩短了就向供应商大发雷霆，说人家电池有问题，造成供需双方的矛盾。

(3) 提不该提的要求。不了解防雷器的工作原理和使用场合，就要求几千伏安的电源也应具有3级的防雷功能。如果小功率UPS真的加了三级防雷器，该电源必烧无疑。

(4) 砍不该砍的价格。在低价观念的驱使下，对产品猛砍价，导致产品质量没有保障。

(5) 不更换不该保留的机器。任何电子产品都是有寿命的，好产品在寿命期内不出故障或少出故障是应该的，但并不是永远不出故障。因此，产品寿命到期后就应更换。香港某银行就是因没有理睬厂家的忠告更换掉过期产品而导致故障停电2h，损失很大。

(6) 接受不该接受的方案。有的个别供应商借免费帮助作方案为诱饵，把自己生产的所有产品都堆积到方案中，用户接受不该接受的方案。

(7) 不执行该执行的动作。认为免维护电池一切免维护，某用户就因此误解放弃了电池维护，导致电池起火。

(8) 做不该做的不正确试验。认为UPS乘上功率因数后的输出有功功率是永恒的，不论带任何性质的负载都可以给出这个数值的有功功率。北京、内蒙古和黑龙江都有因此烧毁设备的例子。

(9) 写不该写的标书条件。有的用户写标书不是写指标，而是连机器用什么器件、什么电力结构，设备内每一级所达到的指标统统写进去。结果导致产品是最落后的，因此事上当者不在少数。

2. 基本概念寻迹

在这里做一个测试游戏，下面是一段夸赞UPS性能优越的短文，看是否能找出哪些不适之处，能找出多少？

一台输入功率因素为1的UPS可以配1∶1的发电机，其输出功率因素为80%，采用了真正双变换技术，输出稳压、稳频的正弦波电压，具有带感性负载的特点，100kVA在任何性质的负载下都可以输出80%的有功功率80kW，20%的无功功率20kW，输出变压器就像接在逆变器和负载之间的一个50Hz滤波器，所以是一台非常先进的产品。

上面一百多字的介绍看似不错，但里面出现了很多错误和不实之处。

(1) 功率因素。应该是功率因数，因数是个数值，而因素是名词，是不可数的。

(2) 输入功率因数为1的UPS如果配1比1的发电机肯定不够，就会出问题。

(3) 输出功率因数。这个概念是错的，电路中没有这个参数。

(4) UPS的核心电路就是双变换，没有什么真正和不真正。

(5) UPS的输出电压在正常工作时是不能稳频的，它的频率和相位要跟踪输入。

(6) 一般UPS就是为感性负载设计的，能带容性负载才是它的特点。

(7) 功率因数为0.8的100kVA在带线性负载时只能给出53kW。

(8) 功率因数不是百分数，无功功率的单位也不是W，所以20W是错的。

(9) UPS的输出变压器是不抗干扰的，没有滤波作用。

以上这些基本概念将在本书中一一介绍。

二、基本概念术语

若了解UPS这样的交流电源，必须知道这种电源使用的一些名称、概念和含义，否则就无法明白地接触它。

1. 有功功率

可以使装置做功，做功后变成热量散发到周围环境中，这样的功率就是有功功率。比如可以使灯具发出光亮，可以使电动机旋转，可以使电烤箱烘烤食物，可以使电炉子、电暖器产生高温，可以使计算机、空调器和其他电子设备运行。有功功率的符号一般用P表示，计量单位是瓦特，用W表示。

2. 无功功率

储存于储能装置中的功率是无功功率。电子元件有三种类型：电阻器、电感器和电容器，其中可以储能的有两种——电容器和电感器，电阻只是消耗能量的器件。比如电池中储存的就是无功功率，电池是一种特殊的电容器。无功功率的符号一般用Q表示，计量单位是乏，用

var 表示。

3. 视在功率

视在功率一般是既含有功功率成分又含无功功率成分的功率，称为视在功率。视在功率的符号一般用 S 表示，UPS 的计量单位一般都不用瓦特和乏来表示。这是因为以往的 UPS 都是为电感性负载设计的，额定功率中既含有功功率又含无功功率，其数学表达式为

$$S = UI \tag{2-1}$$

式中：U 是电源的输出电压，V；I 是电源的输出电流，A。所以视在功率的计量单位就直呼其名，称为伏安，用 VA 表示。其输出视在功率电原理图如图 2-1 所示。

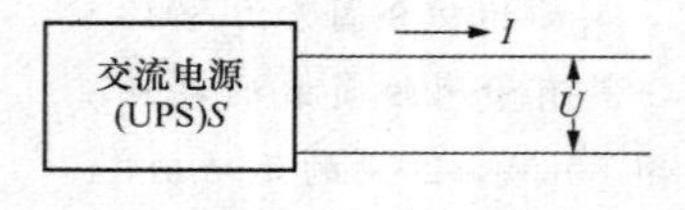

图 2-1　交流电源（UPS）输出端电原理图

4. 功率因数

像市电这样的交流电源在带电阻性负载时，负载上电流和电压是同相的，如图 2-2（a）所示，图中浅色线是电流波形，深色线是电压波形；由于在同一方向上的电流和电压曲线所包围的面积是重合的，所以二者形成了有功功率，如前所述有功功率用 P 表示。图 2-2（b）表示的是电感性负载的情形，此时电压超前电流一个相位 θ，可以看出在同方向上电流和电压的波形只有一部分重合而做功，不重合的那一部分不做功，不做功的部分就是无功功率，而同相重合的部分就是有功功率。那么这个负载上的有功功率与无功功率合在一起就是视在功率 S，这样一来三者的关系就是

$$S = \sqrt{P^2 + Q^2} \tag{2-2}$$

有功功率数学表达式为

$$P = S\cos\theta = SF \tag{2-3}$$

$$F = \cos\theta \tag{2-4}$$

式中：F 称为功率因数，也有的用 PF 表示。一般称这种情况下的功率因数是“滞后”的，并在 F 数值前加一个“－”号。

图 2-2（c）所示为电容性负载上的电流电压关系，在这里电压落后电流一个相位 θ，所以也出现了有功功率和无功功率，其计算式也和式（2-2）～式（2-4）相同。在这种情况下的功率因数称为是“超前”的，一般不在 F 数值前加一个“＋”号了。

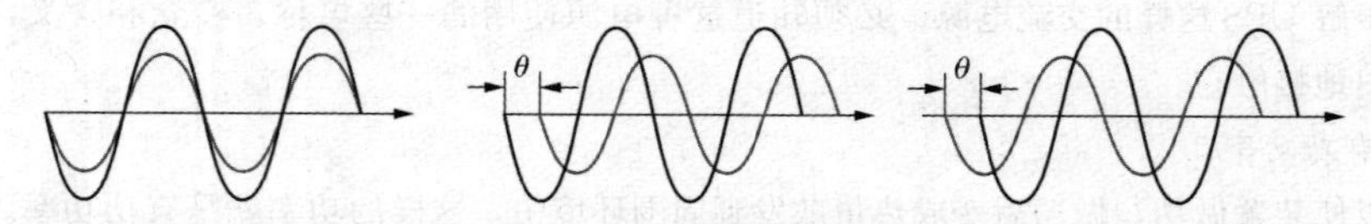

图 2-2　正弦波交流电带不同性质负载时的情况

这里的“超前”与“滞后”是以电压为参考的标准，电流超前电压就是容性负载，反之，电感负载上的电流是滞后于电压的，所以功率因数是表达负载性质的一个参数。

功率因数虽来自电流电压的相位差，但在现代电子设备中更多地表现为正弦波的失真，因此就出现了好多等效的算法。所谓等效的含义就是等效于电流电压之间的相移 θ。当出现电子

非线性负载也就是开关型负载（SMPS）时，比如6脉冲整流器/充电器、变速驱动和变频驱动等，这时除了有功功率还出现了无功功率，如果仍用传统的公式计算功率因数，就不能准确地表达它们之间的关系，这时就需要一个包括这些谐波分量和线性分量的新公式，即

$$PF=\frac{1}{\sqrt{(1+THD_{\mathrm{i}}^{2})}}F \tag{2-5}$$

式中：THD_{i} 是开关型负载谐波分量的次数。

除了功率因数公式外，还有一种脉冲波形的功率因数计算方法，图2-3给出了它的各种参数，其公式为

$$PF=F(a)g(b) \tag{2-6}$$

$$F(a)=(1/f)(0.5T/a)^{1/2}\{1/[(1/a^{2})-0.01]\}[\cos(a\pi/T)/(a\pi/T)] \tag{2-7}$$

$$g(b)=\cos(b\pi/0.5T) \tag{2-8}$$

式中：$F(a)$ 为脉宽因子，它的大小取决于脉冲的宽度；$g(b)$ 为脉冲的位移因子，它的大小取决于脉冲相对于正弦波电压半波中心的位移；a 为脉冲的底部宽度，以ms计；b 为电流脉冲中心相对于正弦波电压半波中心的位移，以ms计；T 为正弦波电压周期，以ms计，对50Hz而言就是20ms；f 为交流电压工作频率，Hz，在这里是50Hz，在50Hz的情况下，上述两个因子又可写成

$$F(a)=(1/50)(10/a)^{1/2}\{1/[(1/a^{2})-0.01]\}[\cos(a\pi/20)/(a\pi/20)]\} \tag{2-9}$$

$$g(b)=\cos(b\pi/10) \tag{2-10}$$

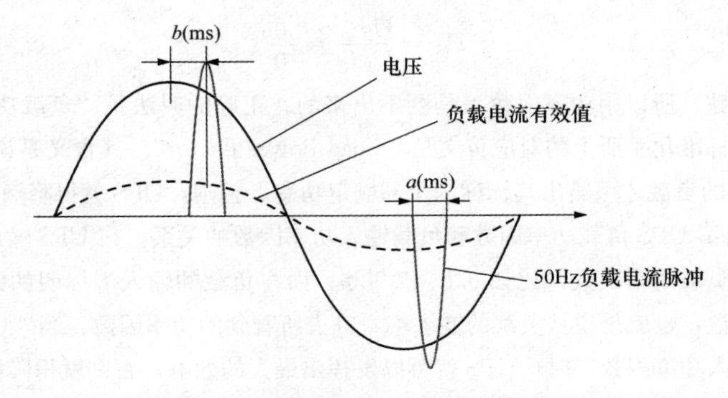

图2-3 整流滤波电压和负载电流波形

为了有一个量的概念，不妨代入具体数字。对于单相整流来说，其电流脉冲的宽度约为3ms，电源工作频率为50Hz，周期是20ms，将这些数字代入式（2-8），得出

$$F(a)=0.69$$

若位移 b=0ms 则 $g(b)=\cos(b\pi/10)=1$，于是输入功率因数为

$$PF=F(a)g(b)=0.69\times1=0.69$$

若位移 b=1ms，则 $g(b)=\cos(b\pi/10)=0.95$，于是输入功率因数为

$$PF=F(a)g(b)=0.69\times0.95=0.65$$

若 a=4ms，则 $F(a)=0.81$，在位移 b=0ms 和 b=1ms 情况下，功率因数分别为0.81和0.77。

从上面的分析可以看出，功率因数不仅表示出了波形失真的一面，也表示出了所带负载性质的一面。所以功率因数一直在UPS产品中是不可缺少的。如果没有了这个值，用户就不知道你这台UPS的适用对象是什么。比如某UPS的功率因数是0.7，就表明可以带单相输入220V输入的设备；而功率因数是0.9，就表明可以带线性负载的设备。当然功率因数是0.7的UPS也可带线性负载，但对UPS的带载能力就要大打折扣了。只有带匹配负载时，UPS才能发挥出它的最大效能。

5. “输出功率因数”之误区

“输出功率因数”之说起码是一个不规范的概念。有的认为有输入功率因数就必然有输出功率因数，其实这就陷入了误区。因为任何电路和设备一旦定型后，性质也就定了，其表达它性质的参数就是输入功率因数。UPS的输入功率因数是属于UPS的，对输入市电来说就表明它是市电的负载。但对交流电源来说就没有输出功率因数这个指标，如果有这个指标，就必然可以测量出来。也就是说，不论UPS后面带任何性质的负载，都应该是UPS指定的“输出功率因数”值，然而恰恰这个“输出功率因数”测不出来，因为UPS后面所带负载性质的不同就有不同的值。比如后面带电阻负载，其功率因数就是1；带计算机，就是0.6～0.7。换言之，在UPS输出端测得的是负载的输入功率因数，而不是什么UPS的“输出功率因数”。只有不带负载时才是UPS本身的“输出功率因数”，如果用一个符号F_M代表这个功率因数，用U_S、I_S代表输出的视在电压和电流，用U_P、I_P代表输出的有功电压和电流，于是在空载情况下就有

$$F_M=\frac{U_S I_S}{U_P I_P}=\frac{0}{0} \tag{2-11}$$

这是个无理数，所以用功率因数表是测不出来的。正确的叫法是“负载功率因数”，在我国原电子工业部标准化手册上的对应英文是“Load Power Factor”，其含义是说这台UPS带指定功率因数为F的负载才可给出其标称的全部额定功率，否则，UPS就得降额使用。

图2-4示出了UPS负载功率因数和负载输入功率因数的关系。在UPS输出端标明了这台机器所希望有的负载功率因数，比如0.8、0.9等；而在负载的输入端标明的则是表明负载性质的输入功率因数，也就是说从负载的输入端看进去所看到的功率因数。当“UPS的负载功率因数=负载的输入功率因数”时，UPS就可以发挥出最大的效益，否则就得降额使用。

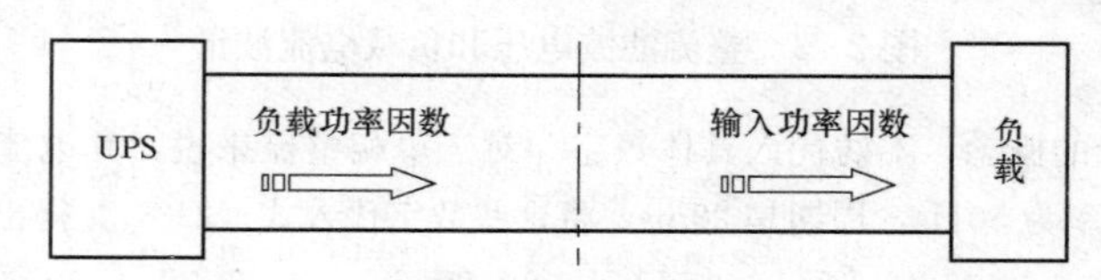

图2-4 负载功率因数和输入功率因数的对应关系

那么UPS为什么要提出这个参数呢？这也和我们的日用品一样，作为商家必须做出一些流行规格的商品让顾客挑选。比如人的鞋子，商家必须事先做出一批不同性别和尺码的商品，比如男鞋、女鞋，这就是功率因数；38、42码等，这就是UPS的10、100kVA等规格。那种订一双做一双的时代早已过去，这就是规模生产的特点。UPS也和其他机器一样，为了规模生

产也不能订一台做一台，更何况当代的电子负载性质并不是按照理想的功率因数 0.8 来做，一点也不差是不可能的，这就是个模糊参数值，也不好去预订。同样人的脚也并不是正好是 38、42 码，所以都有个匹配问题，不要把问题看得那么绝对。

6. 跟踪速率

UPS 的输出电压频率和相位永远跟踪旁路，也就是输入电压。原始设计者开始是把旁路电压与输入到整流器的电压合并成一路电压输入的。这样做是因为 UPS 的设计者考虑负载过载、短路或逆变器故障，在电池无能力再放电的情况下为了使后面的负载继续不间断地运行下去，可将负载暂时切换到市电上去应急。为了使这种切换平稳过渡，就要求 UPS 输出电压的频率、相位与旁路上的电压始终保持一致，但由于市电上的负载千千万，各种性质功率和各种用电设备的都有，尤其是前面配发电机时，其频率有时会有变化，这时 UPS 的输出电压就要跟上这种变化，跟的速度有多快呢？就用“跟踪速率”这个指标来衡量。一般说明书上的“跟踪速率”都是 1Hz/s。图 2-5 示出了 UPS 的输入、输出电压正弦波形，此时输入、输出同步。假如输入电压频率变了 1Hz，那么输出电压的频率和相位 1s 就可以调整到与输入同步。如果“跟踪速率”是 2Hz/s，那么在上述情况下 0.5s 就可以与输入频率同步。只有输入、输出同步后才可以在切换时达到平滑无间断，不过需要注意以下几点。

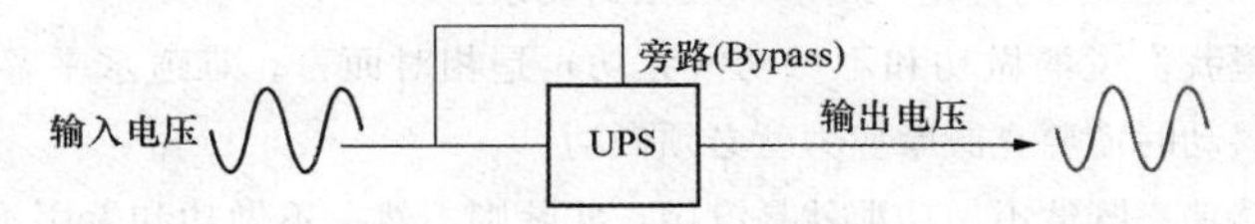

图 2-5　UPS 的输入、输出电压波形示意图

1）当输入和输出电压值不同时，切换时有电压跳动，跳动的幅度与两者的电压有关。

2）有时输入和输出电压相同，但仍然有瞬时的电压跳动，这反映了电源的动态情况，动态性能越不好，这个跳动就越大。

3）当输入、输出电压相位超过 3°时，一般就不能实现切换功能。

4）当逆变器突然损坏时输出电压又没跟踪好的情况下，不能实现切换。但有的为了在给负载继续工作的机会，设计中延迟 5ms 后强迫切换。

7. 峰值系数

在 IT 设备中一般都有本身的内部电源，UPS 就是为这个电源直接供电的。设备电源接收到 UPS 输入的正弦电压后首先将其整流成直流脉动电压，而后再用与其并联的电容器滤波后变成精度很高的直流电压，如图 2-6 中水平虚线所示。这样一来被整流过来的脉动电压只有高于直流电压的部分才会有电流输入，一般它的导通角 θ 很小，但脉冲电流的幅度却很高，原因是这个脉冲电流必须满足整个半周中设备对平均直流电流的要求，换言之，这个脉冲的面积要和原来正弦波电流的面积相等。这里衡量脉冲与直流电流的关系采用的是脉冲电流峰值与其有效值的比，即

$$F_P = I_P / I$$

这是一个重要指标，它反映了 UPS 输出电压在半周中的动态性能，一般满足 3∶1 就可以了，当然 UPS 适应这个比值越高越好，现在有的 UPS 已经做到了 5∶1。

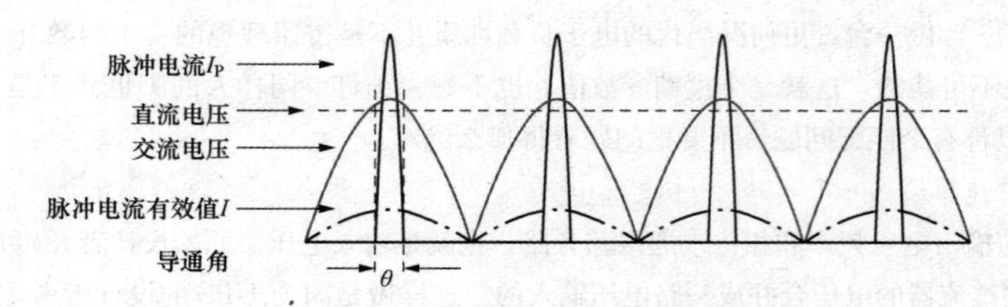

图 2-6　整流脉冲电流与其有效值的关系

三、无功功率的作用

1. 从力学的观点解释

在力学上规定物体的水平移动是不做功的，只有垂直上升才做功，所以一个斜线上升物体的爬坡力 S 可分成一个垂直力分量 P 和一个水平力分量 Q，垂直分量就好比是有功功率，是做功的，水平分量是无功的，如图 2-7 所示。此时的综合力 S 与上升力 P 和水平力 Q 之间的关系就是直角三角形勾股弦所表示的关系。所以在电学上视在功率与有功功率、无功功率之间的关系就是图 2-7（a）所示的直角三角形勾股弦的关系。

实际上在这里我们说的做功和不做功（无功）是相对而言。难道水平移动就真的不做功吗？实际上水平移动时需要克服摩擦力就必须做功。

有人认为无功功率既然不做功那就是没用，实际则不然，不做功和无用不是一个概念。如图 2-7（b）所示是一个跳高运动员在赛场上的情况。跳高是以跳的高度计成绩的，但如果没有一定距离和一定速度的水平助跑就不会跳得很高，虽然这个一定距离和一定速度的水平助跑是不计成绩的，但是有用的。

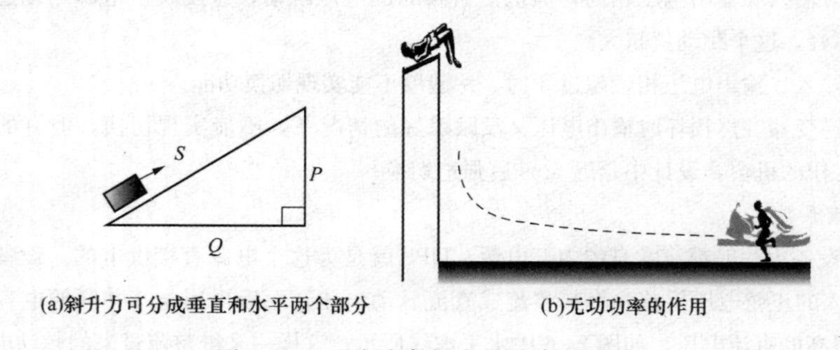

图 2-7　无功功率与有功功率的关系

2. 从实际计算机的应用解释

为什么一般用户都认为 UPS 的负载功率因数值越大越好呢？原因是它们觉得功率因数越大给出的有功功率越大，越能多带点负载。为了进一步搞清这个概念，不妨用下面的例子做具体说明。

图 2-8 表示的是一台 PC 机的例子。图 2-8（a）表示的是 PC 机外形，所有 PC 机和其他计算机、服务器一样都有内置 PWM 直流电源，图 2-8（b）就是这类电源的主电路原理图，

前面是一个二极管整流器，接在整流器后面的是一个电容滤波器 C，电容器 C 是储存无功功率的，PC 机的大部分无功功率都存在此处。如果为了提高输入功率因数而取消这个电容，会出现什么情况呢？图示 2-8（c）示出了整流后的脉动电压波形，脉动电压波的值是一直在变的，一会是最大值，一会是零。在不为零的某一个电压段 PC 机是工作的，监视器有显示；在电压为零和零的附近时，PC 机因电压不正常或无电压而不能工作，在监视器上可以明显地看出这一点，在电压为零或近于零时就出现黑屏。就这样随着整流脉动电压的周期性变化，监视器也同步闪烁，此时的计算机等负载根本无法正常工作，若要它们能正常工作，就必须为其提供直流电压。电容器 C 就是为这个目的而加入的。图 2-8（d）表示出了这种情况。图中 U_C 表示的是脉动整流电压经电容滤波后的直流电压波形，整流电压波形内的脉冲为整流后的电流波形。

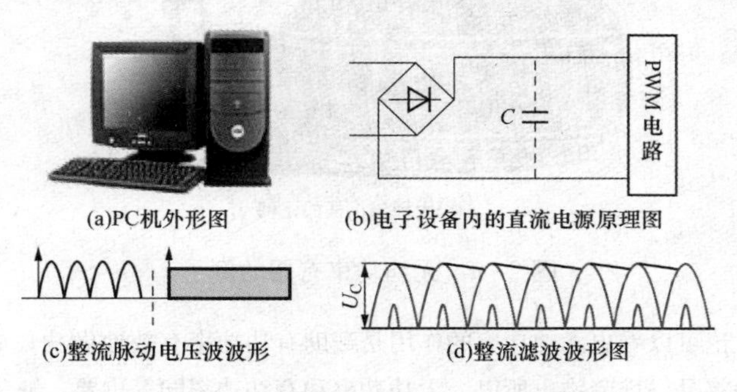

(a)PC机外形图　(b)电子设备内的直流电源原理图

(c)整流脉动电压波波形　(d)整流滤波波形图

图 2-8　无功功率在电子设备中的作用

包括各种计算机在内的绝大多数电子设备都采用内置 PWM 电源电路。PWM 电路的作用就是将整流滤波后的直流电压进行斩波，将原来得到的直流电压波切割成一段一段的脉冲波，其目的就是将电压进行高频变换，将很高的输入电压（一般为 300V）变换成数字电路所需要的电压，如±5、±12、±24V 等。在以前由于受器件水平的影响，大都采用线性电路进行降压，精度倒是达到了要求，但效率太低，比如±5V 的效率一般不足 50%，而电路中又是用这个电压用得最多，因此造成了机器的体积大、自重重、价格高和内部发热严重，使系统的可靠性大打折扣。由于近代器件水平的发展，高频、大功率的功率管改变了原来的状况，脉宽调制（PWM）技术使电源的工作进入到数字时代。所以 PWM 电路向整流滤波电路索取的是高频脉冲电流，如图 2-9（a）所示。这样一来使原来的效率提高了、体积缩小了、自重减轻了、价格降低了、可靠性提高了。不过此时对电容滤波环节的要求提高了：要求滤波电压的动态性能要好、容量要大，即取电流脉冲 I_C 期间，电容器 C 上的电压 U_C 变化要非常小或要小于规定值。但在上面的介绍中曾经提到，PWM 电路的输入电压范围可以很大，为什么这里又提出要求波动很小呢？前面所说的范围很大是指对中心值（一般为 300V）而言，如果输入电压降到最下限，其变化范围就要求很严格了，否则，就会影响后面用电电路的正常工作。可以满足上述要求的唯一方法就是增加电容器的容量，即多储存无功功率。如图 2-9（b）所示的例子，一个脉冲电流就相当于一桶水，当从大木桶中取出一小桶水时，大桶内的水面应不出现明显变化，这就要求大桶内的水要数倍于小桶的容量。大桶内的水就相当于电容器内的无功功率。一般 PC 机的输入功率因数是 0.6～0.7，即若功率因数为 0.6 的 PC 机需要 1kVA 的视在功率，其中需要有功功率 600W，无功功率 800var；若功率因数为 0.7 的 PC 机需要 1kVA 的视在功率，其中需要有功功率 700W，无功功率 714var，无功功率都比有功功率大。

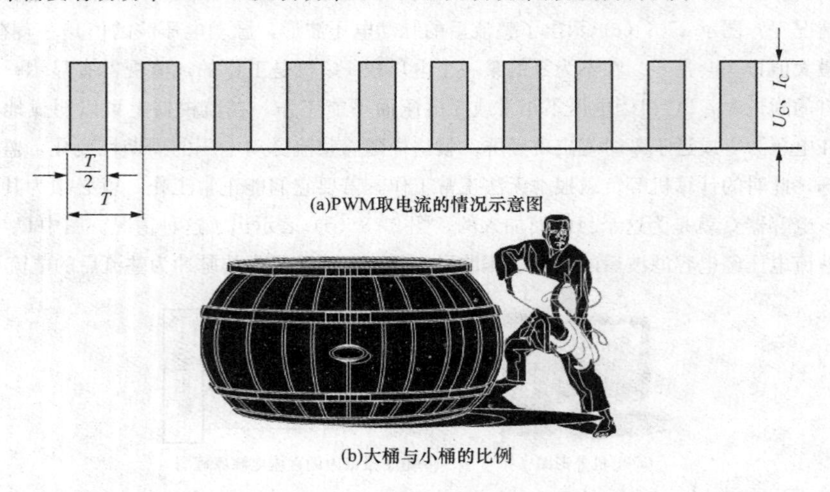

(a)PWM取电流的情况示意图

(b)大桶与小桶的比例

图 2-9 无功功率有用的例子

通过上面的讨论可以看出无功功率的作用是帮助有功功率有效地做功。如果没有无功功率的帮助，用电设备将是一堆废物。所以，无功功率和有功功率同等重要，缺一不可。

四、IT 设备的负载性质

1. 整流滤波负载不是容性负载

包括计算机在内的电子设备内部都有一个二次电源，这个电源的作用是将输入的交流电压变换成电路中所需要的各种直流电压。这个交流电压变成直流的过程首先要经过二极管整流和电容器滤波。也许有人认为既然有电容，那么一定是容性负载。其误区就在于没有弄明白电容器在不同情况下的作用，图 2-10 示出了电容器由于位置的不同而起的作用不同。在图 2-10（a）中电容器位于交流电路中，电容 C 上的电压 U_C 是和输入完全一样的正弦波；而在图 2-10（b）中的电容器 C 和市电输入之间隔了一个二极管整流器，上面的电压 U_C 再也不是和输入完全一样的正弦波了，而是一个直流电压，并且由于脉冲电流充电的缘故使得输入电压顶部出现了凹陷失真。这种凹陷不是电容器本身造成的，而是包括整流器在内的电路造成的，电容器只是电路的一部分，至于电路是什么性质，不是由哪一个器件决定的，而是由综合效果决定的。在线性负载情况下，输入交流正弦电压经过一个整流器后，其输出波形都变成了脉动正半波[见图 2-11（a）中粗实线]，其电流也是正弦脉动波[见图2-11（a）中细实线]，因此输入电压波形不会失真。若该滤波电容器 C 的前面无整流器，它上面的电压就是正弦波，尽管电流有位移，但由于也是正弦的，所以也不会使电压波形失真。就是说这两部分单独作用时，都不会使输入电压波形出现失真。但当把这两个不会破坏输入电压波形的部分组合在一起时，就出现了另一种效果：电容器上的电压波形由前面的正弦波变成了脉动很小的锯齿波[见图 2-11（b）中点虚线]，通过它的电流由前面的正弦波变成了宽度很窄、幅度很高的脉冲波，就是这个脉冲波导致了输入电压的顶部凹陷失真。所以这时就不能认为电容器 C 和在交流电路里一样了，也不能想当然地认为整流滤波电路就是容性的了。从前面的分析可知，容性负载是不破坏输入正弦电压波形的。

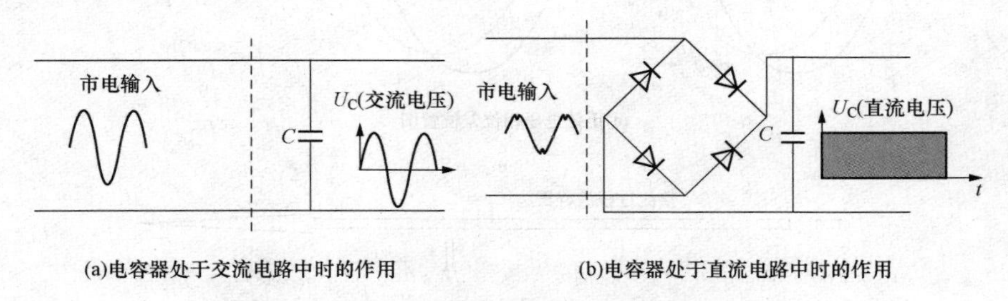

图 2-10　电容器在电路中位置不同而导致的区别

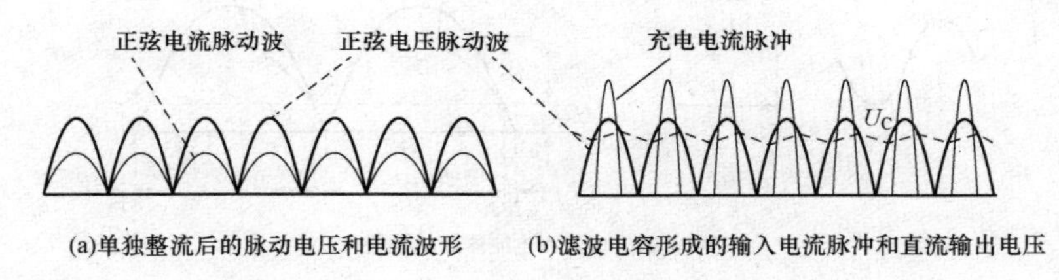

图 2-11　有无电容器时的波形

2. 整流滤波电路的负载性质

UPS输出的交流电压进入用电设备后首先碰到的就是整流器和电容器构成的输入环节，所以从用电设备输入端看进去的负载感抗部分应是和 UPS 的输出容抗抵消才对，如果这个假设成立，那么用电设备的输入阻抗就是感性的。由前面的介绍已知，感性负载的电流落后于电压，那么就从这点入手进行分析。

如果电压 U_2 落后于 U_1 一个相位角 θ，那么在 U_2 中任何相位上出现的电流都会至少落后于 U_1 一个相位角 θ，如图 2-12（a）所示。最极端的情况是电流与电压重合，如图 2-12（a）中灰线所示。

这种情况可以用于整流器中，图 2-12（b）示出了整流器的流程。当交流正弦电压加到整流器的输入端后，由于整流器并不能马上导通，这是因为整流二极管必须克服 PN 结的势垒（即压降 U_{ac}）后才能允许电流通过。又由于正弦波电压的瞬时值是按正弦规律变化的，比如在电压过零时间电压加在整流器输入端，电压从零上升到 U_{ac} 需要一段时间 t，如图 2-12（b）所示。即从输入电压加到整流器的输入端算起，经过时间 t 后才有电流通过。换言之，输入电流落后于输入电压一个时间 t，为了便于比较，在图 2-12（c）中将整流前的输入电压 U_{in} 半波和整流后的电压 U_d 半波放在同一个水平面上，即可看出整流电压 U_d 落后于输入电压 U_{in} 一个相位角 $\theta=\omega t$。那么在波形内出现的电流也必然落后于输入电压 U_{in} 一个相位角 $\theta=\omega t$。这是其一，又由于电容器的滤波作用，又将电流的出现时间（也就是输入电流的提供时间）向后推迟得更远，如图 2-12（c）所示。像电流落后于电压如此远的负载性质当然是电感性的。

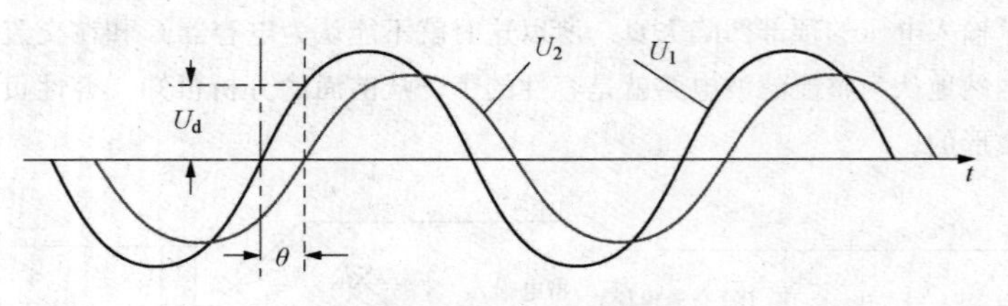

(a)正弦电压相位差位置图

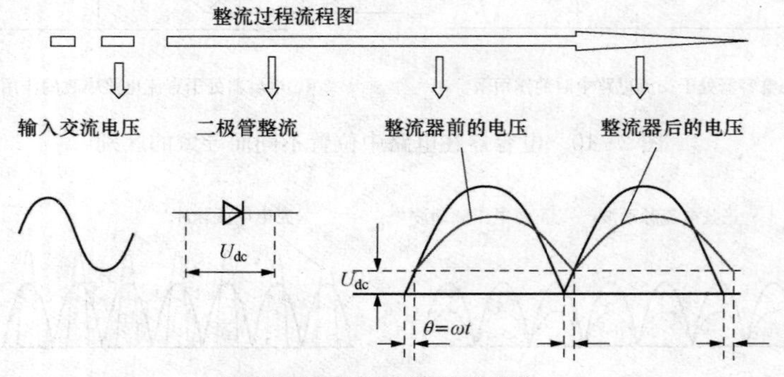

(b)整流器造成输入电流滞后的机理

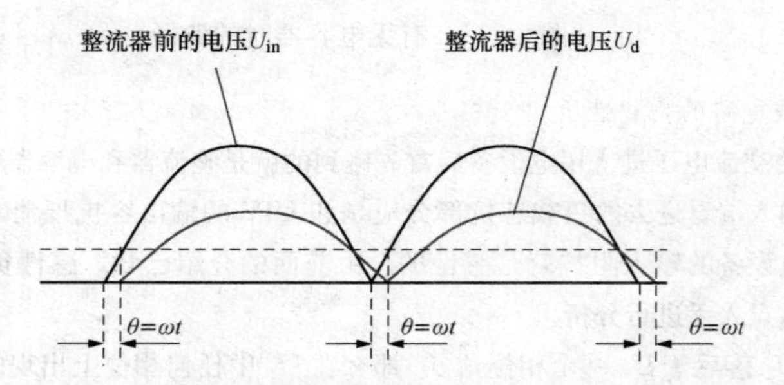

(c)将输入电压半波和整流后的半波放在同一个水准上的比较

图 2-12　整流电路使输入电流落后于电压的机理

为了有一个量的概念，计算一下全波整流器的电流之后程度。为了方便计算，设一个二极管整流器的导通压降 $U_{ac}=1V$，电流要经过两个二极管，应该是 2V，所以根据计算式就有

$$2U_{ac}=\sqrt{2}\ 220V\sin\theta \tag{2-12}$$

$$\theta=\sin^{-1}\frac{2U_{ac}}{\sqrt{2}\times 220V}=\sin^{-1}\frac{2V}{311V}=0.37^{\circ} \tag{2-13}$$

一般说这样小的滞后可以忽略不计，实际上也真的忽略不计，但在确定它的负载性质时就不能不计。因为如果电流滞后电压 0°那就是线性；如果不是 0°，那么再小也是感性。原因是整流器的存在已使连续正弦变化的电流波在每个半波中“掐头去尾”，出现了失真。整流器带纯线性负载时，输入交流电压和电流波形是同向的；而带感性负载时，从图 2-13 中可以看出，电流

波出现了间断，这就是失真，失真时就有谐波出现，这就出现了有功功率和无功功率分量，就说明整流负载是非线性的。为了得到平滑的直流电压，一般整流器后面都接入电容器。

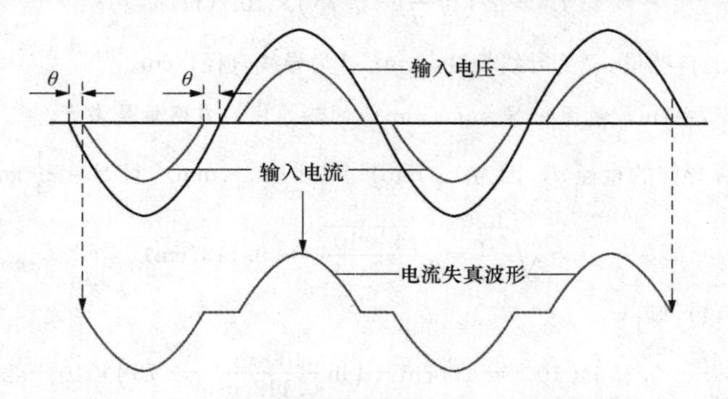

图 2-13 整流器输入电流和输入电压的关系

由于整流器后面电容器的滤波作用，使电容器上的直流电压 U_C 接近于输入有效值电压的峰值，这样一来就出现了一种现象：只有当整流半波正弦电压瞬时值高于电容器上电压 U_C 时，整流器才有电流流入，如前面图 2-11（b）所示。由于整流半波正弦电压瞬时值高于电容器上电压 U_C 时间很短，故允许整流器导通的时间很短，这就造成了很高的电流脉冲。比如允许整流器的导通时间只占半波的 1/6（30°），后面负载要求的平均电流为 10A，由于半波中有 5/6 的时间无电流输入，所以就要求整流器在这 1/6 的时间内也把另外 5/6 的电流补过来，即此时的输入电流必须是 60A。而这个电流都是出现在电压的峰值附近，这样大的电流作用于输入线路，就会在输入线路上产生很大的压降，这个压降就使输入电压的顶部出现了凹陷，如图 2-14（a）所示。为了有个量的概念，如图 2-14 所示。假设在电流脉冲时的线路综合阻抗 $Z=0.2\Omega$，脉冲电流 $I_P=60A$，此时输入到整流器输入端的电压峰值就是

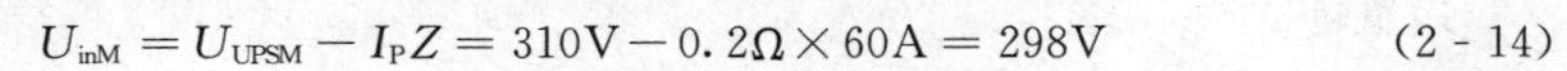

$$U_{inM}=U_{UPSM}-I_PZ=310V-0.2\Omega\times60A=298V \tag{2-14}$$

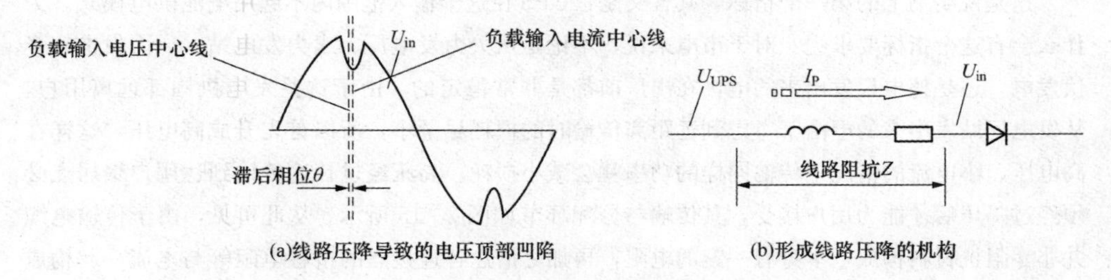

(a)线路压降导致的电压顶部凹陷　　(b)形成线路压降的机构

图 2-14 输入电压波形失真和导致失真的机构

由此看来，接入电容器后不但使电流出现失真，同样也使电压波形出现了失真，这就是典型的非线性负载，而且是电感性的。

3. 非磁性圆截面铜铝导线的自感量

由于整流滤波电路的电流脉冲包含有很高频率的谐波电流，在此高频下，线路的分布电感和集肤效应也会出现，尤其是导线自身电感的作用就显露出来了。那么如何计算导线自身的分

布电感量呢？下面就是计算它的表达式

$$L_0 = 2l\left(\ln\frac{4l}{d} - 0.75\right)\times 10^{-9}(\mathrm{H}) \tag{2-15}$$

式中：L_0 为导线的自感量；l 为导线长度，cm；d 为导线直径，cm。

例 2-1 长 l=1m，截面积 S 为 1 (mm)^2 的铜导线，自感量是多大？

解：首先计算导线的直径 d，因为 1 (mm)^2=1×10$^{(2}$ (mm)^2 且 $S=\frac{1}{4}\pi d^2$ 则

$$d=\sqrt{\frac{4S}{\pi}}=\sqrt{\frac{4\times 10^{-2}}{3.14}}\approx 0.113(\mathrm{cm}) \tag{2-16}$$

代入式（4-44）得

$$L_0 = 2l\left(\ln\frac{4l}{d} - 0.75\right)\times 10^{-9} = 200\mathrm{cm}\times\left(\ln\frac{400\mathrm{cm}}{0.113\mathrm{cm}} - 0.75\right)\times 10^{-9} = 1.51(\mu\mathrm{H})$$

不要认为 1.5μH 是一个微不足道的值，在很多情况下就可显示出它举足轻重。比如在 UPS 输入为晶闸管整流器时，晶闸管的开启前沿时间小于 1μs，其对应的谐波频率可达 1MHz 以上，即使在 1MHz 时，上述长 l=1m，截面积 S 为 1 (mm)^2 铜导线的感抗 X_L 就是

$$X_L = 2\pi fL = 2\times 3.14\times 10^6(\mathrm{Hz})\times 1.51\times 10^{-6}(\mathrm{H})\approx 9.5(\Omega) \tag{2-17}$$

这就是为什么在用晶闸管作电源的输入整流器时，输入电压波形破坏严重的道理。当然，晶闸管整流器更是一个严重的电感性负载。

第二节 UPS 技术指标

一、输入电压范围

1. 概述

这是说明书上的第一个指标，其含义是：UPS 在这个输入范围内不起用电池供电模式。为什么会有这个指标要求呢？对于市电来说，不论是从火力发电厂、水力发电站、风力发电、光伏发电，还是核电厂发出来的电，在出厂前都是非常稳定的。由于这些发电机构都远离用户，从发电厂站发出来的电由于考虑到远距离传输时的损耗尽量小，所以首先升成高电压，这样在高电压、小电流的情况下传输同样的功率就会减小损耗。高压经过长途传输到达用户聚居点必须经过降压后才能为用户接受，其传输与分配环节如图 2-15 所示。从此可见，由于传输电缆并非零阻抗材料构成，本身有一定的电阻，再加之沿途各连接点的接触电阻等与电流一起构成了沿途压降，送到用户的电压是起点电压减去沿途压降的差值。另外，市电在输送过程中，沿路不断有分支负载，这些负载的投入和断开会使市电电流起伏变化，因而也就使沿途压降出现不断变化的局面，从而造成用户端电压的不稳定。另外，昼夜的用电高峰和低谷，季节性的用电量变化也会使电网电压起伏波动。因此，UPS 应当允许有一定变化范围的输入电压范围，所允许的电压变化范围越大就越好。按照以往的传统要求，一般电器和电子设备均应允许输入电压的范围为额定值的+10%～−15%。换言之，输入电压在额定值的+10%～−15%变化时设备仍能正常工作。

图 2-15 市电的传输与分配环节构成示意图

关于输入电压范围的问题一直是用户很关心的事情。用户总是希望 UPS 允许的输入电压范围越宽越好，这在使用小功率时已形成了习惯，尤其是后备式 UPS。在小功率情况下实现较大范围的输入电压调整是比较容易的，如图 2-16 所示。因为功率小就可以用一个多抽头的变压器通过继电器触点进行调节，有不少后备式 UPS 可允许输入电压变化±30%，甚至更宽。

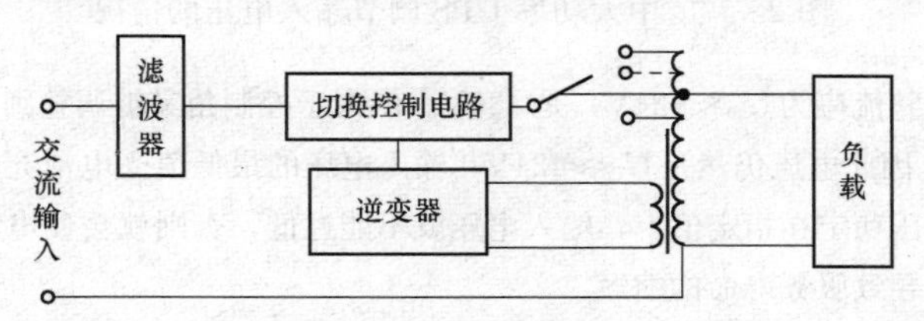

图 2-16 后备式 UPS 在市电工作时的稳压情况

这种用抽头变压器与继电器调节输入电压的办法只适合于很小的功率，一般最大也应该不超 5kVA，否则，在大功率设备中就必须采用接触器。在和大功率变压器结合使用时就会使 UPS 变得非常庞大，价格也会大幅增加，这样就会失去市场竞争力，因此，一般不采用这种方案。

但往往在一些 UPS 厂家的说明书中将输入电压的变化范围说得很大，比如为额定值的±25%、±35%等。在输入工频可控整流器或高频整流器正常工作时是可以允许如此大的范围，可是一旦整流器失控就可造成严重损失。

2. 输入整流器采用晶闸管情况

在大功率 UPS 中，普遍采用的是 3×380V 三相三线制晶闸管全桥整流器，它利用相控的方法来稳定市电的输入电压，如图 2-17（a）所示。该图标出了整流输出电压的稳定过程。从图 2-17（b）可以看出，当输入电压为额定值 380V 时，在控制角 α_1 的作用下，整流器的输出电压为

$$U_O \approx 424V$$

当输入电压升高 20%到 380V×1.2=456V 时，其输出电压按全波整流应是 645V。但由于控制角由 α_1 已被调整到 α_2，导通角减小了，结果使整流器输出滤波后的电压面积 S_2 和 380V 时的 S_1 相等，即输出电压仍然是 U_O=424V。同理，当输入电压降低 20%到 380V×0.8=304V 时，

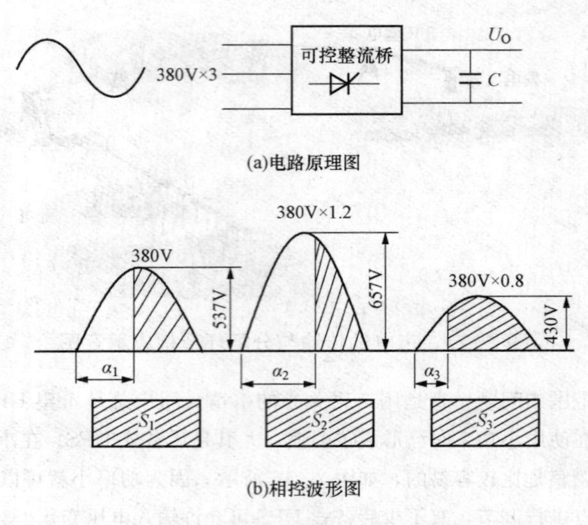

图 2-17　中大功率 UPS 调节输入电压的情况

其输出电压按全波整流应为U_O≈424V，是 430V。但由于控制角又被调整到 α_3，使整流器输出电压面积 $S_3=S_1$，因此电压仍然是U_O≈424V，输入电压的最低值受电池充电电压限制。为了保证电池的浮充电压稳定在指定值上，输入电压就不能过低，否则就会使电池长期处于“吃不饱”的状态，从而导致服务寿命的缩短。

输入电压的上限值取决于整流器滤波电容 C 的耐压程度，目前在这个位置上的大部分电容都是耐压 450V 的产品。在 32 节 12V 电池的情况下，根据上述的调节原理，浮充电压都可以稳定在 438V 左右。所以 450V 再加上 20%的余量（450V×1.2=540V）已足够了。但遇到异常情况（如晶闸管失控）时，仍然会造成严重的后果。比如温度高到一定值时就可因晶闸管的漏电流增加而将其打开，电压瞬变时的位移电流也可触发晶闸管，使其变成二极管整流器。如果此时的市电电压峰值超过了电容 C 的耐压，就可将电容击穿。从图 2-17（b）可以看出，当输入电压升高 20%到 380V×1.2=456V 时，其输出电压按全波整流就是 645V，已远高于 540V。所以那种声称可允许输入电压变化±30%或以上的产品，一般都是基于闸流管的相控原理而没有考虑异常情况提出的，这虽然适合了用户的愿望，但却埋下了隐患，因此电容被击穿的事件屡屡发生。

因此要求输入电压范围宽的用户不可盲目地听信他人如何说，一定要弄清楚电容的耐压而后行，因为随着电容耐压的提高也抬高了机器的造价，换言之售价也会相应地抬高。

3. 输入整流器采用 IGBT 情况

（1）IGBT 构成高频整流器的整流波形。用 IGBT 构成的高频整流器和用晶闸管一样是对输入电压波形实行切割，所不同的是，晶闸管是对输入电压波形实现集中切割，需要多少切割多少；而 IGBT 是对输入电压波形实行均匀地高频切割，如图 2-18 所示。有的是频率固定而切割宽度可调，有的是宽度固定而频率可调，这样做的目的是为了使输入电流和电压同相，达到输入功率因数为 1 的目的。既然如此，就和用晶闸管时不一样了，是不是就可将输入电压的变化范围变得很大呢？事情也并非如此简单。为了说明这个问题，不得不从 IGBT 的性质说起，而且 IGBT 是目前 UPS 中的主导器件。

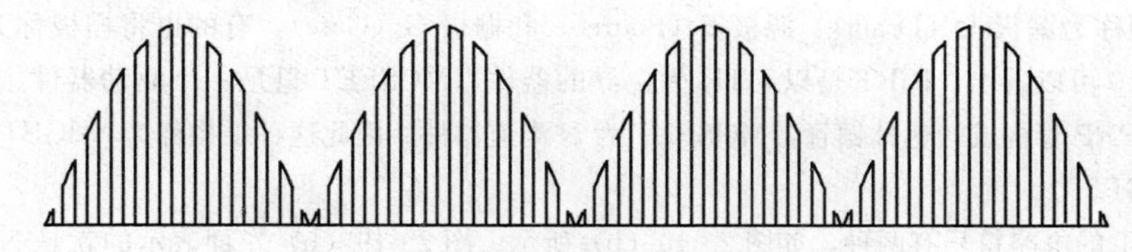

图 2-18 用 IGBT 作高频整流器的切割波形情况

（2）IGBT 的性能。IGBT 称作绝缘门极双极晶体管（Insulated Gate Bipolar Transistor），它是综合了功率场效应管 MOSFET 和达林顿晶体管 GTR 二者的优点的一种器件。由表 2-1 就可以看出他们之间的关系。

从表 2-1 中可以看出，IGBT 的性能处于 MOSFET 和 GTR 之间，并且集中了二者的优点。比如，GTR 是电流驱动，因此驱动效率低和驱动电路复杂；而 MOSFET 是电压驱动，因此驱动效率特别高，驱动电路也简单，于是，IGBT 就采用了电压驱动方式。器件打开后，MOSFET 的饱和压降大，造成功耗大和效率低，而 GTR 的饱和压降非常低，其功耗小和效率高，因此，IGBT 一问世就得到了广泛的使用。据东芝公司以前的报道，1200V/100A 等级 IGBT 的导通电阻是同一耐压规格功率 MOSFET 的 1/10，开关时间是同规格 GTR 的 1/10。一般 GTR 的工作频率在 5kHz 以下，MOSFET 在 30kHz 以上，一般 IGBT 的工作频率在 10～30kHz 之间，所以现代的高频机 UPS 几乎都采用该器件。

表 2-1　　GTR、MOSFET 与 IGBT 的特性比较（1200V 级）

特性 \ 器件名称	达林顿 GTR	功率 MOSFET	IGBT
开关速度（μs）	10	0.3	1～2
安全工作区	小	大	大
额定电流密度（A/cm^2）	20～30	5～10	50～100
驱动功率	大	小	小
驱动方式	电流	电压	电压
高压化	容易	难	容易
大电流化	容易	难	容易
高速化	难	极容易	容易
饱和压降	极低	高	低
并联使用	较易	容易	容易
其他	有二次击穿限制了 SOA	无二次击穿现象	有掣住现象限制了 SOA

注　SOA（Safe Operating Area）安全工作区。

(3) IGBT的简单工作原理。IGBT的简化等效电路如图2-19（a）所示。IGBT相当于一个由MOSFET驱动的厚基区GTR，图中电阻R_{dr}是厚基区GTR基区内的调制电阻。它有三个极，分别称为漏极D（Drain）、源极S（Source）和栅极G（Gate），有的也将栅极称为门极。由图2-19可以看出，IGBT是以GTR为主导的器件，MOSFET只是一个驱动器件。图中的GTR是PNP管构成的达林顿管，MOSFET为N沟道器件。因此这种结构称为N-IGBT或称N沟道IGBT。

IGBT的电路符号有两种，如图2-19（b）所示。图2-19（b）左面表示的就是N-IGBT，它和MOSFET的图形符号相似，不同的是在漏极增加了一个向内的箭头，其含义就是注入孔穴。至于P-IGBT的图形符号也类同，只要把原来的箭头方向反转180°就可以了。图2-19（b）右面表示的就是N-IGBT的另一种图形符号，在这里漏极和源极的名称被集电极C（Collector）和发射极E（Emitter）所代替。

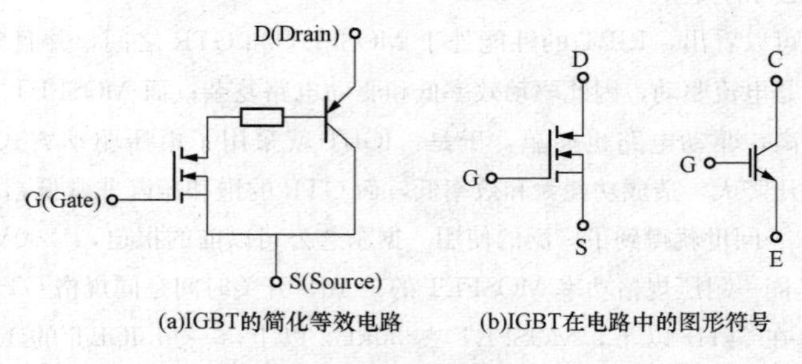

图2-19　IGBT的等效电路与图形符号

IGBT的开通与关断是由门极电压来控制的。门极加上正向电压时，MOSFET内形成沟道，并为PNP晶体管提供基极电流通路，从而打开IGBT，使其进入导通状态。此时，从P区注入N区的空穴（少数载流子）对N区进行电导调制，以减小N区的电阻R_{dr}，使R_{dr}耐压的IGBT也具有通态电压特性。在门极上施加反向电压后，MOSFET的沟道消失，PNP晶体管的基极电流通道被切断，从而IGBT被关断。由此可见，IGBT的驱动原理与MOSFET基本相同。

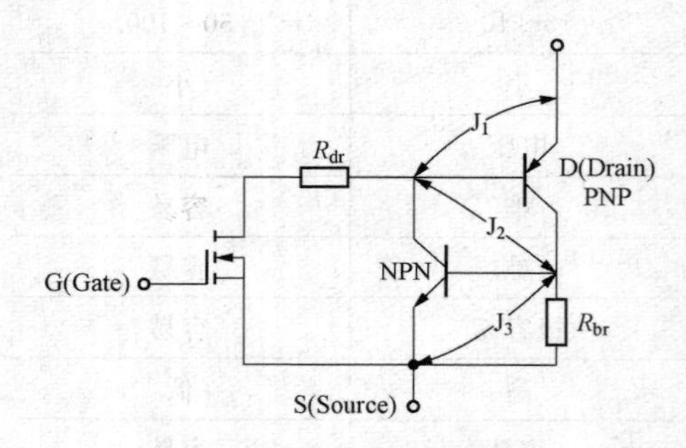

图2-20　IGBT的等效电路

(4) IGBT的IGBT掣住效应与安全工作区。

1) IGBT的掣住效应。IGBT在UPS中应用颇广，尤其在高频机中，整流器和逆变器已应用多时，成为UPS的主导器件。虽然已被广泛应用于功率电子设备中，IGBT也不是十全十美的，也有一定的局限性。掣住效应与安全工作区的限制就规定了它的使用范围和存在问题。IGBT更复杂的现象需用图2-20的等效电路来解释。从这个等效电路中可以看出，IGBT复合器件内有一个寄生晶闸管存在，它由PNP和NPN两个晶体管构成，这也正是晶闸管的等效电路。NPN晶体管的基极与发射极之间由于器件PN结的原因形成了一个并联的体区电阻R_{br}，在该电阻上P型体区的横向空穴流会产生一个压降。对于J_3结来说，相当于加上了一个正向偏置电压。在规定的漏极电流范围内，这个正向偏压值并不大，对NPN晶体管不起作用。当漏极电流增大，到一定程度时，该正偏置电压就足以使NPN晶体管开通。由于NPN晶体管的开通，为PNP晶体管的基极电流提供了通路，进而使这个管子也达到开启的程度，PNP晶体管的开通又为NPN提供了足够的基极电流，这样一个死循环雪崩式的正回馈过程使寄生晶闸管完全开通，这时即使在门极上施加负偏压也不能控制其关断，这就是所谓的掣住效应。IGBT出现掣住效应后，漏极电流因已不受控而进一步增大，最后导致器件损坏。由此可知，漏极电流有一个临界值I_{DM}，大于此值的电流就会导致掣住效应。为此，器件制造厂必须规定漏极的电流最大值I_{DM}，以及与此相应的门源电压最大值。漏极通态电流的连续值超过I_{DM}时产生的掣住效应称为静态掣住现象。

值得指出的是：IGBT在关断的动态过程中也会产生掣住效应。动态掣住效应所允许的漏极电流比静态时小，因此，制造厂家所规定的I_{DM}值一般是按动态掣住效应所允许的最大漏极电流确定的。IGBT关断时，MOSFET的关断十分迅速，IGBT的总电流也很快减小为零。与此相应，J_2结上的反向电压也在迅速建立，此电压建立的快慢与IGBT所能承受的重加电压变化率du_{DS}/dt有关。du_{DS}/dt越大，J_2结上的反向电压就建立得越快；但同时du_{DS}/dt在J_2结上引起的位移电流$C_{J_2}\frac{du_{DS}}{dt}$越大。此位移电流为空穴电流也称为$du_{DS}/dt$电流。当$du_{DS}/dt$电流流过体区扩展电阻$R_{br}$时，就会产生足以使NPN晶体管开通的正向偏置电压，从而满足寄生晶闸管开通掣住的条件。由此可知，动态过程中掣住现象的产生主要由du_{DS}/dt来决定。除此之外，当温度过高时PNP和NPN晶体管的泄漏电流也会使寄生晶闸管产生导通掣住的现象。

从上述的讨论可以看出，当采用IGBT进行高频整流时，也会出现与晶闸管同样的情况。因此，它的输入电压范围也不会是比晶闸管宽，一旦掣住现象发生也将面临和晶闸管同样的命运，在设计时要充分考虑到这一点。

为了避免IGBT出现掣住现象，在设计电路时应保证IGBT中的电流不要超过I_{DM}；或用加大门极电阻R_G的办法延长IGBT的关断时间，或减小重加du_{DS}/dt值。

2）IGBT的安全工作区SOA（Safe Operating Area）。任何元器件都存在一个安全工作区，IGBT也不例外，他在开通与关断时也有安全区。在上例N型IGBT中，开通时为正向偏置，其安全区称为正向偏置安全工作区，简写为FBSOA，如图2-20（a）所示。FBSOA与其导通时间t密切相关，导通时间很短时FBSOA为矩形区域，随着导通时间的加长，安全区的范围也逐渐缩小，直流（DC）工作时的范围最小，这是因为导通时间越长，发热越严重，这种情况与MOSFET的情况相似。

IGBT关断时的门极电压为反向偏置，其安全区称为反向偏置安全工作区，简写为RBSOA，如图2-21（b）所示。RBSOA和FBSOA还稍有不同，RBSOA随着IGBT关断时的重加du_{DS}/dt而改变。电压du_{DS}/dt上升率越大，安全工作区越小，它与晶闸管和GTO等器件一样，过高的重加du_{DS}/dt会使IGBT导通，产生掣住效应。一般通过适当选择门源电压和门极驱动电阻即可减缓重加du_{DS}/dt的速率，以防止掣住效应得发生。

最大漏极电流I_{DM}是根据避免动态掣住效应而确定的，与此相应还确定了最大的门源电压

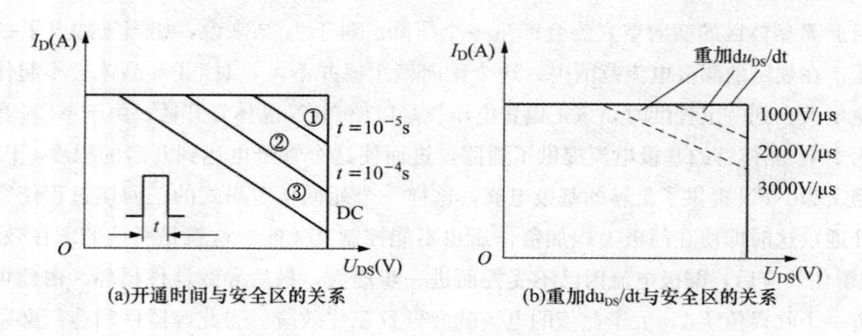

图 2-21　IGBT 的安全工作区

U_{GSM}。只要不超过这个值，外电路发生故障时，IGBT 从饱和导通状态进入放大状态，漏极电流与漏源电压无关，基本保持为恒定值。这种特性有利于通过控制门极电压使漏极电流不再增加，进而避免擎住效应的发生。在这种状态下应尽快关断 IGBT，以避免因过度发热而导致器件损坏。比如当门源电压U_{GS}为 10～15V 时，漏极电流可在 5～10μs 内超过额定电流 4～10 倍。在这种情况下仍能用反向偏置的U_{GS}进行关断。若超过这个界限，IGBT 就有损坏的危险。

IGBT 所允许的最大漏源电压U_{DSM}是由该器件中 PNP 晶体管的击穿电压确定的，目前已有耐压 1200V 以上的器件。IGBT 的最高允许结温一般商用器件为 150℃。功率 MOSFET 的通态压降随着结温的升高而显著增加，而 IGBT 的通态压降$U_{DS(on)}$则在室温和最高结温之间变化甚小，其原因是 IGBT 中 MOSFET 部分的压降为正温度系数，而 PNP 晶体管部分的压降是负温度系数，两者相结合是器件获得了良好的温度特性。现以东芝公司 MG25N2S1 型 25A/1000V 的 IGBT 模块为例说明它的具体特性和参数。表 2-2 给出了该模块的最大额定值，表 2-3 给出了各种电器特性。在这里 IGBT 各电极的参数采用图 2-19（b）右图所示的符号，即漏极改为集电极，源极改为发射极。

在表 2-2、表 2-3 中的源漏电压（即集电极—发射极电压）U_{CES}可以是 600、1000V 和 1200V 等，但其门极—发射极电压U_{GES}是不可以超过的，同样结温和紧固力矩也是不可以超过的。

表 2-2　　东芝 MG25N2S1 的最大额定值（T_C＝25℃）

项目		符号	额定值	单位
集电极—发射极电压		U_{CES}	1000	V
门极—发射极电压		U_{GES}	±20	V
集电极电流	DC	I_C	258	A
	1ms	I_{CP}	50	A
集电极损耗		P_C	200	W
结温		T_J	125	℃
储存温度		T_{STG}	140～125	℃
绝缘耐压		U_{ISOL}	2500（AC，1min）	V
紧固力矩			20/30	kg/cm

表 2-3 东芝 MG25N2S1 的电气特性（$T_C=25℃$）

项目		符号	测试条件	最小	标准	最大	单位
门极漏电流		I_{GEI}	$U_{GE}=\pm20V$，$U_{CE}=0$	—	—	±500	nA
集电极漏电流		I_{CEI}	$U_{CE}=1000V$，$U_{GE}=0$	—	—	1	mA
集电极—发射极电压		U_{CE}	$I_C=10mA$，$U_{GE}=0$	1000	—	—	V
门极—发射极电压		$U_{GES(off)}$	$U_{CE}=5V$，$I_C=25mA$	3		6	V
集电极—发射极饱和电压		U_{CES}	$I_C=25A$，$U_{GE}=15V$	—	3	5	V
输入电容		C_{ies}	$U_{CE}=10V$，$U_{GE}=15V$ $f=1MHz$	—	3000	—	pF
开关时间	上升时间	t_r	$U_{CE}=\pm15V$ $R_G=51\Omega$ $U_{CC}=600V$ 负载电阻 24Ω	—	0.3	1	μs
	开通时间	t_{on}		—	0.4	1	μs
	下降时间	t_f		—	0.6	1	μs
	关断时间	t_{rff}		—	1	2	μs
反向恢复时间		t_{rr}	$I_F=25A$，$U_{CE}=-10V$ $di/dt=100A/\mu s$	—	0.2	0.5	μs
热阻	晶体管部分	$R_{th(J-C)}$		—	—	0.625	℃/W
	二级管部分	$R_{th(J-C)}$		—	—	1	℃/W

4. 输入电压缺相

在三相供电时，输入断相的情况也不是绝无仅有的，因此有的 UPS 制造商就提出他的产品具有这种特点：当输入电压缺一相时还有 50%的负载能力，缺两相时还具有 25%的负载能力等。使一些用户听了感到他这个产品不错，但如果再认真地想一想是否有道理，就不难发现有的是误导。实际上，这不是特点，凡是三相输入的 UPS 都有这种功能，所差的是有的把缺相作为故障对待：一旦缺相就认为输入异常而命令电池供电，有的就不把这种情况作为异常，仍不让电池供电。这就像到医院里看病一样，有的医院把 38℃以上的病人定为高烧，可以输液，而 38℃以下的病人就不给输液。这里边不存在什么技术问题，只是一个简单的（规定）信号而已，并不说明不给 38℃以下病人输液的医院医术就高超。到底是让电池放电好还是不让电池放电好呢？有两种情况需要考虑：

(1) 如果是三进单出的 UPS，如图 2-22（a）所示。假定负载正好在 70%或以上，这时如果缺一相，UPS 就可能过载，制造商所给的“优点”就享受不了，而且还会有副作用。因为负载超过允许范围就将负载切换到旁路，用市电直接供电。但如果此时断相的那一路（比如是 L_1）正是需要旁路供电的那一相，可想而知这时的结果是整个用电系统崩溃，这是其一。其二是当输入市电断一相或两相时，退一万步说即使此时是轻负载可以继续运行，难道此种情况就这样继续下去而不修理吗？此时可能蕴藏着更大的危机。因为一般在三进单出 UPS 中，一般输入整流器是按线电压工作的，所以断开一条输入线后，不是剩两相而是只剩一个线电压，所以只能提供三分之一的能量。当然也有三进单出的 UPS 输入是按相电压工作的，这一般是模块化结构。

另外，从图 2-22（b）可以看出，任何一台三相输入的整流滤波都是按三相整流设计的（为了方便理解，这里暂不以晶闸管为例），所以即使不用滤波电容，直流脉动也很小，即这里取得滤波电容的容量很小，就会造成逆变器输入电压的波动幅度加大和动态性能的降低，即跟不上动态负载的变化。

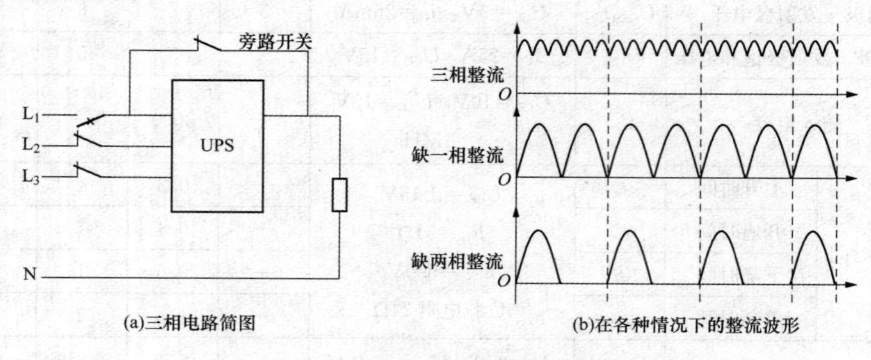

图 2-22　三进单出 UPS 断相的情况

（2）如果是三进三出的 UPS，如图 2-23 所示。一般在这种情况下输出是分相供电，即每一相带一个或一批负载，如果输入市电断一相或两相，也存在上述切换到旁路的问题。此时就意味着有一批或两批负载因无电而崩溃，同时也存在一个是否要及时修理的问题。也可能供应商做这样的解释：当重要程序正在进行时输入电断了一相，这时可等程序运行完毕后再停机修理，为用户争取了时间。由上面的讨论可以看出，在三进三出 UPS 的情况下争取时间是毫无意义的，有两批负载都宕机了，第三批负载继续运行到底有多大意义，值得讨论。在三进单出 UPS 的情况下，可以断一相或断两相输入电压，对负载是有要求的，那就是负载必须小于某一个值，比如小于 UPS 容量的 50%，否则这种 UPS 的优点就发挥不出来。是不是可以得出这样的结论：用户必须购买两倍或三倍于负载功率的 UPS 才可以体现出这种 UPS 的优点。哪一个用户愿意这样做呢？

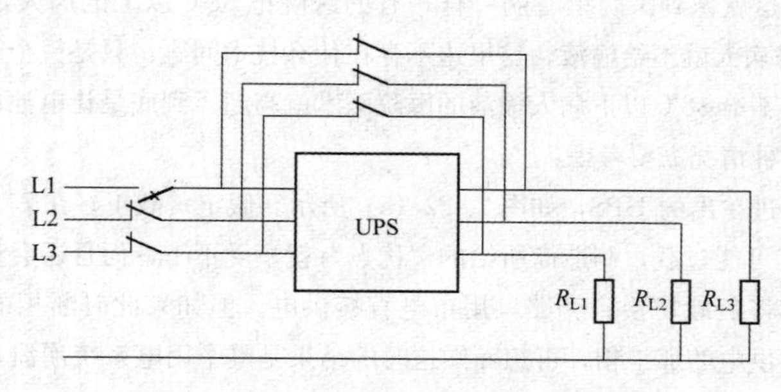

图 2-23　三进三出 UPS 断一相的情况

这里的问题是：当输入电压断相时，本来可以全载继续正常运行，但由于此时只能提供

50%～25%的能量，作为负载的机器只好停机，尤其是三进单出的UPS就更危险，这无疑为负载制造了故障，优点又在何处呢？

所以，这种把输入缺相不认为是故障的做法实在是弊大于利。

二、UPS输入电压的频率范围

在正常工作的情况下，UPS的输出电压频率总是跟踪输入电压频率的，因此输入电压频率变化范围太宽了对负载是没有好处的，尤其是频率下移时的影响就更大。比如有的UPS声称它的允许输入频率范围是±10Hz，这就引起了一些用户的极大兴趣，也有的其他制造商照猫画虎重复这种说法，把用户都搞糊涂了，因此有必要进行仔细地讨论。实际上这种提法是否真有道理，在这里UPS制造商有一个误区，它们所讲的±10Hz是指他的UPS输入可以允许频率做如此大的变化，但它们没考虑到：当将负载切换到旁路供电时，负载是不是能接受这个±10Hz的频率变化？现在就来讨论下面的几种情况。

1. 国家的市电频率标准

国家标准GB/T 15545—1995《电力系统频率允许偏差》规定：电力系统正常运行频率允许偏差值为50Hz±0.2Hz，在系统容量较小的独立发电厂情况下，其偏差可以放宽到50Hz±0.5Hz。实际上，我国一些大区系统已有能力保持正常频率偏差值为50Hz±0.1Hz。这就是说，利用外电网时，输入频率范围的变化绝不会有50Hz±10Hz的变化。

一般柴油发电机在频率发生这样大的变化时，其输出电压就已经非常不正常了，UPS已转为电池供电。

输入频率范围越宽，对输出特性影响越大。有很多负载是非线性的，即不是感性就是容性。当频率变化较大时，不是看对UPS有何影响，而是看对负载有何影响。

2. 频率对不同性质负载的影响

(1) 感性负载情况。比如有的负载有输入变压器，而一般用途的变压器都是按照额定频率(50Hz)时设计的，当频率偏离中心值不太远时，副作用不明显，否则就有较大的影响。比如频率太高时，由于铁芯内涡流的增大会使变压器的铁损增加、温度升高、绝缘下降，加速变压器的老化。感抗X_L与频率f成正比，而电感多用于滤波环节，所以频率高一点对滤波有好处。但不能太大，因为太大了会使电感上的有用压降增大（见图2-24）。如频率增大20%(10Hz)，因

$$X_L = 2\pi fL$$

电感X_L上的压降也会增大20%，影响了输入电压。若是变压器由于频率高得不太多，倒影响不大，就怕频率低。低得不多尚可，比如一般小于6%。若低得太多了，从式(2-18)可以看出

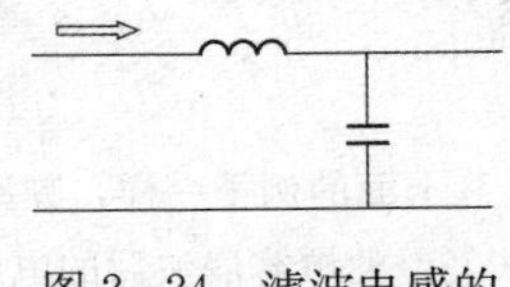

图2-24 滤波电感的感抗和频率成正比

$$N_1 = \frac{U_1 \times 10^8}{4BSf} \tag{2-18}$$

式中：N_1是变压器的一次绕组匝数；U_1是加到一次的电压；B是磁通密度；S是变压器铁芯截面积；f是电压的工作频率。假如在其他一切相同的情况下只看频率，变压器一次绕组匝数

和频率成反比，即

$$N_1 \propto k\frac{1}{f} \tag{2-19}$$

其中

$$k = \frac{U_1 \times 10^8}{4BS}$$

由此可见，若 f 降低20%，N_1 就等效减少了20%，所以必须再增加20%才行，否则就会带来隐患。这可用式（2-20）的磁场强度 H 来说明。变压器是靠磁场工作的，一定的功率对应着一定的磁场强度，功率定了，H 也就是定值了，即

$$H = N_1 I_1 \tag{2-20}$$

但由于频率降低了20%，为了保持原来的磁场强度 H 不变，要么将匝数增加20%，要么将电流增大20%，但匝数已经不可变了，只有将电流增大20%才可保证 H 不变。这可利用图2-25运输图进行说明。

图2-25　定额运输示意图

例2-2　假如一批载质量为10t的汽车，运输的定额是1000t·km/天，正常的规定是每辆车满载10t，每天跑100km就满足了1000t·km/天的要求，就可拿到定额工资。但突然今天要求汽车的运输距离是80km，汽车司机为了拿到定额工资也必须满足1000t·km/天的要求，为此必须装载12.5t的货物才行。这样一来就超载25%，埋下了半路抛锚的隐患。上述变压器例子中一次绕组的电流为了满足 H 定额的要求，而将电流增大20%，增加了变压器的负担，同样埋下了因功耗过大而导致故障的隐患。

（2）整流滤波负载的情况。在众多包括计算机在内的电子设备中都有自备内置电源，电源的输入首先是整流滤波，滤波电容容量的选择在我国也是按照额定频率50Hz设计的。容抗 X_C 反比于频率 f，为

$$X_C = \frac{1}{2\pi fC} \tag{2-21}$$

和上面的例子一样，频率降低20%时，容抗就相应增大20%，就等效于电容的容量降低了20%，使电容滤波后的电压纹波增大，影响后面负载的使用质量。就好比一个具有50t容量的水塔，在电源频率为50Hz时，每小时水泵可向其供水50t，保证了用户的正常用水，当电源频率下降到40Hz时，水泵每小时只能供水40t，相当于水塔的容量减小了20%，使用户的正常用水得不到保障。另外当频率升高20%时，由于容抗也会下降20%，会导致无功电流增大，从而使负载功率因数下降。同样，当频率升高20%时，水泵会每小时向水塔供水60t，但由于

水塔的容量只有 50t，如果没有相应措施的话，就会有 20%的水溢出，白白浪费了。

(3) 当输入频率变化±10Hz 时，UPS 作如何反映。当输入频率变化±10Hz 时，UPS 的反应不外乎两个，一个是跟踪，一个是频率超出 [50± (2.5～3) Hz] 时改为电池供电。如果是跟踪 50Hz±10Hz，就会有上面的弊病；如果在这种情况下改为电池供电，那么说明书上的这一项提法就形同虚设，没有意义。

所以，以前的 UPS 输入频率范围一般设为 [50± (2.5～3) Hz] 是合适的。

三、输入功率因数

1. 对功率因数的称谓

输入功率因数也有的人称为功率因素，这种叫法不恰当。因为功率因数是一个数值，是一个量的概念；而功率因素中的“因素”一般说它不是一个量，而是一个不可用数值衡量的带有原因性质的概念。比如说电池是导致 UPS 故障的重要因素，在这里的概念就是原因，原因是没有数量概念的，只有轻重缓急之分。而功率因数是和交流电电压电流之间相位差有关的一个函数，也是一个直接影响价格的指针，它标志着 UPS 对电网的有效利用能力、对电网和周围空间的干扰能力以及对前面发电机的要求等。为了保证供电环境清洁，就要求 UPS 必须具有高输入功率因数，否则就会导致对输入市电电压的严重破坏，并且会向外辐射干扰信号。比如对 10kVA 以下的 UPS 而言，在无输入功率因数补偿时，单相整流时的输入功率因数一般为 0.6～0.7，谐波电流约有 50%。这意味着应将输入电路的电缆、开关和熔丝等的规格加大一倍，前面配发电机时应将发电机的容量加大 4 倍以上。10kVA 以上的中大功率 UPS，一般用三相 6 脉冲整流时，UPS 的输入功率因数约为 0.8，谐波电流成分在 30%左右。这意味着应将输入电路的电缆、开关和熔丝等的规格加大约 30%，前面配发电机时应将发电机的容量加大两倍，即 3：1。三相 12 脉冲整流时 UPS 的输入功率因数虽然可以做到 0.95，但仍有 10%左右的谐波电流成分。带有功率因数补偿的整流器可以将输入功率因数提高到 0.98 以上；Delta 变换技术、高频整流器和 IPM（职能功率模块）整流技术更是可以将输入功率因子提高到接近于 1，谐波电流成分可小于 3%，这就意味着与发电机的配比从理论上可以是 1：1，几乎免除了对电网的污染和对环境的辐射干扰以及最大限度地利用输入功率。因此，尽量选择输入功率因数高的 UPS 是有益的。

2. UPS 输入功率因数为 1 时对发电机容量的选择原则

需要说明的是：即使 UPS 有着近于 1 的输入功率因数，有的厂家声称前面的发电机容量可与 UPS 的容量相当，即 1：1 配置。这是一种误解，因为 UPS 的输入功率中包括以下几个部分：①输出功率 P_{in}；②效率 η，现以 95%为例；③充电功率 P_C，一般为额定输出功率的 10%～25%，设此处为 10%；④过载数额 ΔP_1，现以过载 25% 10min 为例；⑤输入电压变化范围 ΔU，现以±15%为例，对应的功率设为 $\Delta P_2=15\%P$。

输入功率应该是在市电输入−15%的情况下，输出全功率过载、充电，具体为

$$P_{in}=P(100\%+10\%+25\%+15\%)/95\%=158\%P$$

一般 UPS 的输入功率因数不是固定不变的，它随着负载的变化而变化，负载越接近 100%，功率因数越高；反之，负载越小功率因数越低，空载时更低，这是由于空载时的电流

主要是供控制电路，有些 UPS 的控制电路电源由另外的单相整流器供给，而这个电路使输入电压波形失真很大，又是和设备的输入端接在一起，所以空载时所测得的输入功率因数就是控制电路电源的输入功率因数值，此属正常现象。随着负载的加大，功率因数也逐渐加大。

上述是假设发电机的负载功率因数也为 1 的情况，如果负载功率因数仍是 0.8，那么发电机与 UPS 的配比就远不止这些了。

第三节　UPS 整流器和充电器的基本电路

在传统双变换 UPS 中，输入电路的第一个环节就是整流器/充电器。小功率的整流器和充电器是分开的，中大功率时，由于用了晶闸管，整流器和充电器则大都合在了一起。作为现代 UPS 维护和使用的工程技术人员了解一些这方面的电路知识是很有必要的。

一、单相整流器的基本电路形式

由于绝大部分 IT 设备电路的工作电压都要求是平滑的直流电压，所以要把交流市电经整流器变换成直流输出，再由 PWM 电路或其他电路变换成需要的直流电压。所以掌握整流器中电流的流向和一般知识，知道几种整流方式的区别及特点，对于正确使用 UPS 和判断故障是很有帮助的。

1. 单相半波整流滤波器

图 2-26 所示是单相半波整流滤波电路原理图。由于整流器具有单向通导的特性，所以输入电压 U_1 经整流器 VD 整流后就变成了单向脉动波 U_O，而输入的负半周被隔离掉。一般整流器后面都有电容滤波器，如图 2-26（a）中的 C，将脉动波变成直流波 U_C，如图 2-26（b）所示。

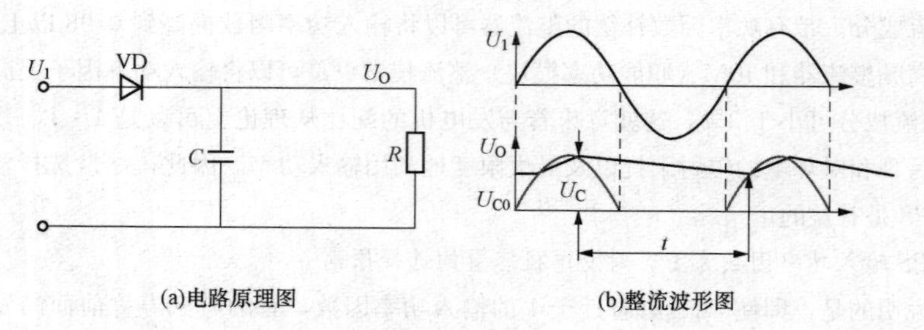

图 2-26　单相半波整流滤波电路原理图

在有些情况下，由于某种原因将电容损坏，而电容上的标称值又看不清楚，就无法进行更换。在此情况下如何选择 C 的电容量就成了首要问题。这里可以用一个简单的方法计算，即一般要求在放电结束时的那一点上，电容上电压下降不超过 5%，根据电容放电公式

$$U_C = U_{C0}\,e^{-t/\tau} \tag{2-22}$$

式中：U_C 为在放电时间结束时那一点的瞬时电压；U_{C0} 为放电开始时的电压；t 为放电时间，在半波整流时为小于 10ms 的值；τ 为放电时间常数，$\tau = C(\mathrm{F})R\ (\Omega)$，单位是“s”。

将式（2-22）改写成

$$-t/\tau = \mathrm{Ln}(U_C/U_{C0}) \tag{2-23}$$

按照上面的要求，为了便于计算，设放电到10ms时，应当$U_C=0.95U_{C0}$，代入这些数据后，式（2-23）就变为

$$\tau = -t/\mathrm{Ln}(U_C/U_{C0}) = -10\times10^{-3}/\mathrm{Ln}0.95 = 19.5\times10^{-3}(\mathrm{s})$$

即$CR=19.5\times10^{-3}$（s），整流滤波电源的容量定了，那么负载电阻R也就定了，设$R=10$（Ω），于是电容量就是

$$C = 19.5\times10^{-3}/10 = 1950(\mu\mathrm{F})$$

可取标称值2000（μF）或2200（μF）的电容替换。

2. 单相全波整流滤波器

单相半波整流一般都用于小功率的情况。当功率稍微增大时就必须用全波整流。图2-27（a）所示为单相全波整流电路原理图，图2-27（b）是它的整流波形图。从图2-27中可以看出，这是两个单相半波整流器的组合。需要指出的是：有时这种整流器前面加了变压器，目的是使二次电压可以根据设计的要求随意变化。

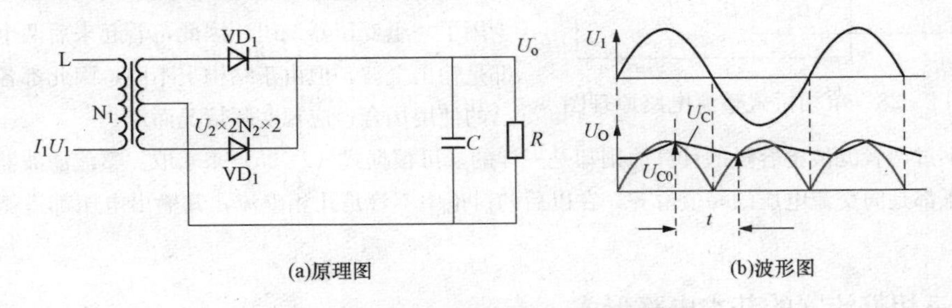

图2-27　单相全波整流电路原理图

有的情况下将小功率变压器烧坏了，而一般机器内的变压器由于是非标准件，并不给出它的绕制参数，因而使用户无从下手。遇有这种情况就可以自己动手另外绕制一个变压器来代替。下面就给出一个简单决定匝数的方法，当然具体绕制时还有很多技术问题，在此就不一一讨论了。

首先看一下变压器一次和二次之间的关系。U_1、I_1是一次电压、电流，N_1是变压器一次匝数；而U_2I_2是二次电压电流，N_2是变压器二次侧一半匝数。

在一个变压器磁路中，一、二次绕组通过同一个安匝数的磁通，即

$$I_1\mathrm{N}_1 = I_2\mathrm{N}_2$$

或写成

$$I_1/I_2 = \mathrm{N}_2/\mathrm{N}_1 \tag{2-24}$$

由式（2-24）可以看出：变压器一、二次侧间的电流比等于其匝数的反比，又根据能量守恒定律

$$I_1U_1 = I_2U_2 \tag{2-25}$$

得出

$$I_1/I_2 = U_2/U_1 \tag{2-26}$$

所以

$$U_1/U_2 = N_1/N_2 \tag{2-27}$$

因此，变压器一、二次间的电流比等于其电压的反比，而变压器一、二次侧间的电压比等于其匝数比。这样一来，只要知道变压器二次电压 U_2 就可算出这个变压器的匝数比了。因为二次电压和整流滤波后的直流电压值是一个$\sqrt{2}$的关系，而直流电压值从随机的 UPS 电路图上就可查出。至于电流的大小可不用考虑，就用原来的铁芯，按照算出的匝数，选择适当粗细的漆包线将铁芯窗口占满即可。

3. 单相桥式整流滤波器

图 2-28 所示是单相桥式整流电路原理图。这个整流器的工作和前两者不同，前两者的电流在每个半波时只流过一只整流二极管，而这里每半波的电流却要流过两只整流二极管。全波整流器虽然只用了两只二极管，而却多用了一组变压器绕组。单相桥式整流电路虽然多用了两只二极管，却少用了一组变压器绕组。因此，看起来后两个电路都是输出全波，但由于结构上不同，因此都各有自己的使用场合，应视实际情况而定。

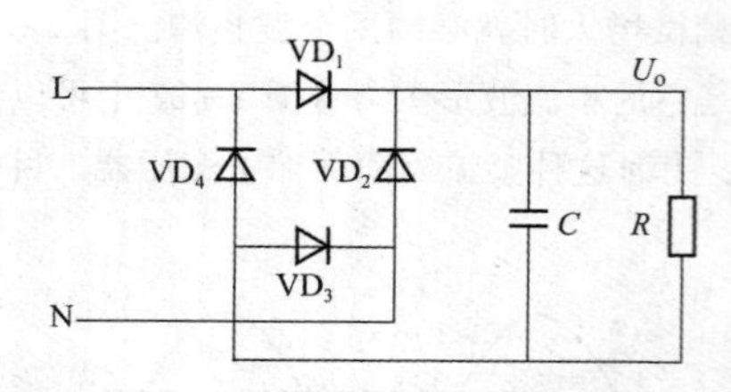

图 2-28　单相桥式整流电路原理图

不过两者滤波电容量的计算原则却是一样的，可根据式（2-23）来求取。整流滤波器的输出电压都是向交流电压的峰值看齐，在以后的讨论中不管是几相整流，其输出电压都遵循这个原则。

二、三相整流器的基本电路形式

1. 三相半波整流

当功率进一步增加或由于其他原因要求多相整流时，三相整流电路就被提了出来。图 2-29所示就是三相半波整流电路原理图。三相中的每一相都和中线单独形成了半波整流电路，即相当于 3 个图 2-26 电路的组合，其整流出的 3 个半波电压在时间上依次相差 120°叠加，并且整流波形不过 0 点，其最低点电压是

$$U_{\min} = U_P \sin\left[\frac{1}{2}(180° - 120°)\right] = \frac{1}{2}U_P$$

式中：U_P 是交流输入电压幅值，并且在一个周期中有三个宽度为 120°的整流半波。因此滤波电容器的容量可比单相半波整流和单相全波整流时都小。

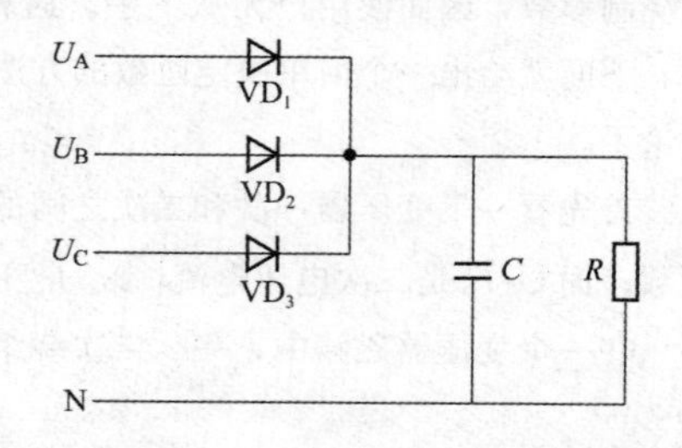

图 2-29　三相半波整流电路原理图

2. 三相桥式（全波）整流

图 2-30 所示是三相桥式整流电路原理图。图 2-31 是三相全波整流波形图。在输出波形图中，MN 粗平直虚线是整流滤波后的平均输出电压值，虚线以下和各正弦波的交点以上（细

虚线以上）的小脉动波是整流后未经滤波的输出电压波形。

从图 2-29 和图 2-30 可以看出，三相半波整流电路和三相全波整流电路的结构是有区别的。

1）三相半波整流电路只有三个整流二极管，而三相全波整流电路中却有 6 只整流二极管。

2）三相半波整流电路需要输入电源的中线，而三相全波整流电路则不需要输入电源的中线。

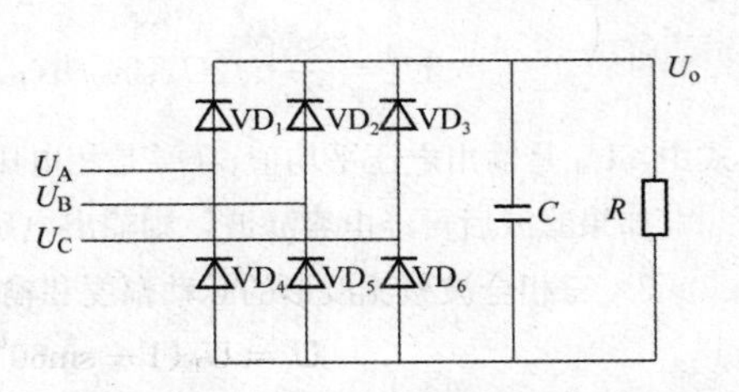

图 2-30 三相桥式整流电路原理图

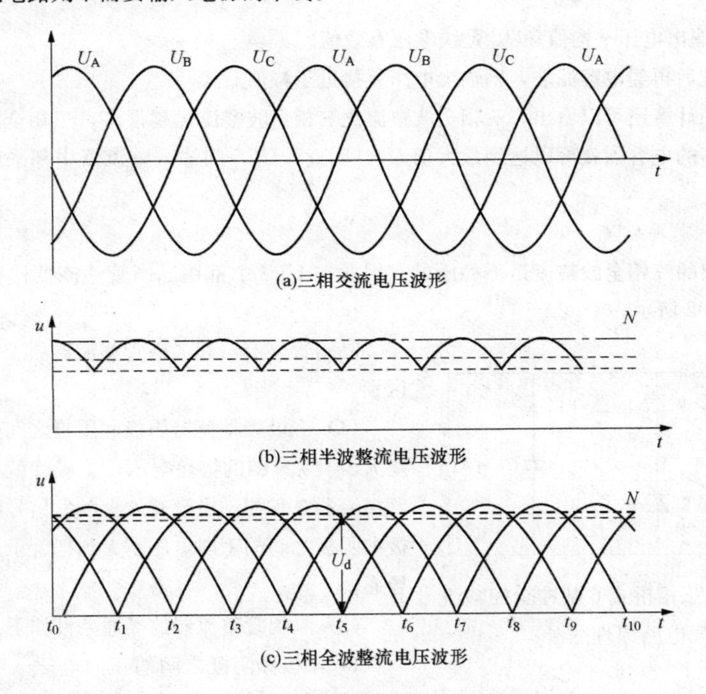

图 2-31 三相全波整流波形图

从图 2-31 中可以看出，三相半波整流波形和三相全波整流波形的区别如下。

1）三相半波整流波形的脉动周期 120°，而三相全波整流波形的脉动周期是 60°。

2）三相半波整流波形的脉动幅度和输出电压平均值。三相半波整流波形的脉动幅度是

$$U = U_P(1 - \sin 30°) \tag{2-28}$$

式中：U 是脉动幅度电压；U_P 是正弦半波幅值电压，如有效值为 380V 的线电压，其半波幅值电压为

$$U_P = 380\text{V} \times \sqrt{2} \approx 532\text{V} \tag{2-29}$$

那么其脉动幅度电压就是

$$U = 532\text{V}(1 - \sin 30°) \approx 266\text{V}$$

输出电压平均值 U_d 是从 30°～150°积分得到为

$$U_{\mathrm{d}} = \frac{3}{2\pi}\int \sqrt{2}U_{\mathrm{A}}\sin\omega t\,\mathrm{d}(\omega t) = 1.7U_{\mathrm{d}} = 220\mathrm{V}\times 1.7 = 374\mathrm{V} \tag{2-30}$$

式中：U_{d} 是输出电压平均值；U_{A} 是相电压有效值。

如果滤波后再经电容滤波，则输出电压就接近于幅值 U_{P}。

3）三相全波整流波形的脉动幅度和输出电压平均值。三相全波整流波形的脉动幅度是

$$U = U_{\mathrm{P}}(1-\sin 60^{\circ}) = 532\mathrm{V}\times 0.134 = 71.3\mathrm{V}$$

输出电压平均值 U_{d} 是从 60°～120°积分得

$$U_{\mathrm{d}} = \frac{3}{\pi}\int \sqrt{2}U_{\mathrm{AB}}\sin\omega t\,\mathrm{d}(\omega t) = 1.35U_{\mathrm{AB}} = 2.34U_{\mathrm{d}} = 514\mathrm{V} \tag{2-31}$$

式中：U_{d} 是输出电压平均值；U_{AB}是线电压有效值。

如果滤波后再经电容滤波，则输出电压就接近于幅值 U_{P}。

从上面的计算还可以看出，三相全波整流比三相半波整流优越得多，三相全波整流用比半波整流小得多的电容器就可以达到最大值 U_{P}。因此，UPS 的输入整流器中都采用了三相全波整流电路。

3. 三相六脉冲整流

上面介绍的三相全波整流是不稳压的，因此在 UPS 中都用晶闸管整流器代替二极管整流器，如图 2-32 所示。

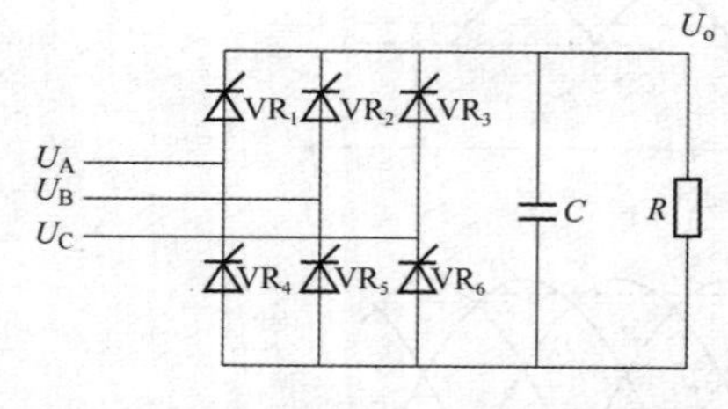

图 2-32　三相桥式 6 脉冲全控整流电路原理图

晶闸管整流器和二极管整流器的工作方式有很大区别。

（1）二极管整流器阳极和阴极之间的正向电压只要大于其 PN 结的势垒电压，二极管就导通。而晶闸管整流器在其控制极没有加上触发信号时，只要其阳极和阴极之间的正向电压不大到把管子击穿，它就不导通。

（2）晶闸管整流器的导通条件如下。

1）阳极和阴极之间的正向电压。对于二极管整流器来说，这个电压只要在 0.7V 左右时就开始导通了，但晶闸管整流器则需要在 6V 以上。

2）控制极触发信号电压。晶闸管一般都用脉冲触发，要求这个电压脉冲要有一定的幅度和宽度。没有一定的幅度就不能抵消 PN 结的势垒电压，没有一定的宽度就没有足够的时间使导通由一点扩散到整个 PN 结。一般要求幅度为 3～5V，宽度为 4～10μs，触发电流 5～300mA。

3）维持电流。是指可以维持晶闸管整流器导通的最小电流，一般规定小于 20mA。

4）掣住电流。是指晶闸管被打开而控制极触发信号电压消失后，可以维持继续导通的最小电流，这个电流一般是维持电流的若干倍。

5）控制角 α 与导通角 θ。为了表征晶闸管对交流电压的控制行为而引出的这两个参量。图 2-33 所示是控制角 α 与导通角 θ 的关系，下面就对它们的含义进行讨论。

①控制角 α。当交流正半波加到晶闸管上时，就具有了使晶闸管导通的基础条件，那么什

么时候给晶闸管控制极加触发信号使其开通呢？从交流正弦波过0开始，一直到晶闸管被触发导通（时间b）的这段晶闸管不导通的时间$0\sim b$，称为控制角，用α表示。由于晶闸管开启很快，一般小于$1\mu s$，故认为加触发信号的时间就是晶闸管被打开的时间，即一般都把开启时间都忽略不计。

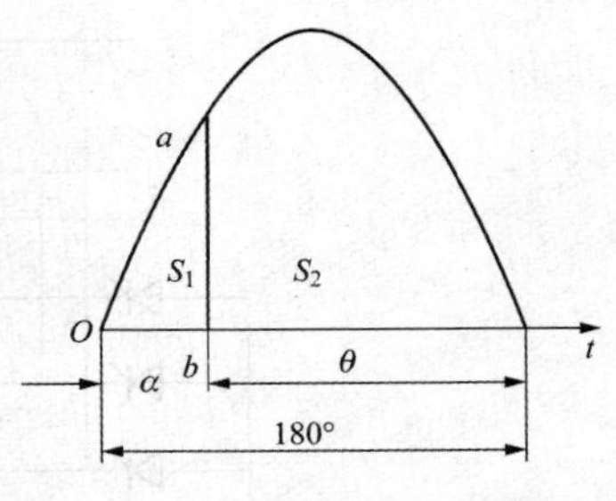

图2-33 控制角α与导通角θ的关系

②导通角θ。由于晶闸管开启是一个正反馈过程，故打开后就不能自动关断，这个导通过程要一直延续到电压过0。从开启到截止这段时间称为导通角，用θ表示。

UPS中的输入整流器就是利用对上述这两个参量的控制来实现稳压的，一般称这种控制为“相控”。很明显，在这里$\alpha+\theta=180^\circ$，就是说只要知道这两个参数中的一个，另一个也就知道了。

4. 六相全波整流及12脉冲整流

在一些UPS中为了提高输入功率因数或提高功率容量，就采用了六相全波整流及12脉冲整流。实际上，在UPS中都是采用的6相全波相控整流，也就是通常所说的12脉冲整流。既然是12脉冲，就说明了两个问题：一个是采用了12只晶闸管，一个是有六相输入电源。

图2-34所示是12脉冲整流电路。不难看出，两个整流器的结构一模一样，都是三相6脉冲整流，不同的是两个整流器输入的结构不同，实际上是外加了一个移相变压器，这样连接的结果就使二者的电压相位差为30°，即整流脉动的最大宽度是30°。由此得出多相整流时的最大脉动宽度（即晶闸管导通时间θ）表达式为

$$\theta_{\max} = 2\pi/P$$

式中：P为控制脉冲数，如6脉冲时是60°，12脉冲时是30°，18脉冲时是20°，24脉冲时是15°等，脉动周期越小，其整流输出电压越高，越接近交流电压峰值，其表达式为在区间的积分

$$U_{\mathrm{d}} = \frac{P}{2\pi}\int \sqrt{2}U_{\mathrm{A}}\cos\omega t\,\mathrm{d}(\omega t) = \sqrt{2}U_{\mathrm{A}}(P/\pi)\sin(\pi/P)\cos\alpha \tag{2-32}$$

对于12脉冲半波整流，当$\alpha=0$时，

$$U_{\mathrm{d}} = 1.414\times 220\times(P/\pi)\sin 15^\circ\times\cos 0^\circ = 309(\mathrm{V}) \tag{2-33}$$

这已是220V相电压的峰值，若是12脉冲全波整流，其值为

$$U_{\mathrm{d}} = 2\sqrt{2}U_{\mathrm{A}}(P/\pi)\sin(\pi/P)\cos\alpha$$

当$\alpha=0$时其整流电压$U_{\mathrm{d}}=618\mathrm{V}$。

图2-34中两个一样的整流器输出是通过各自的扼流圈后进行并联的，目的是使二者的输出电流均衡。因为两个整流器虽然一样，但它们的内阻绝不会一样，这样就会造成输出电流不均衡。因此，扼流圈的阻抗取值要远大于整流器的内阻，即整流器内阻和扼流圈阻抗相比可以忽略不计。

从上面可知，整流相数越多，其整流输出电压的脉动频率就越高，脉动幅度就越小，脉动系数就越小。而且输出纹波就越低，纹波系数也就越小。

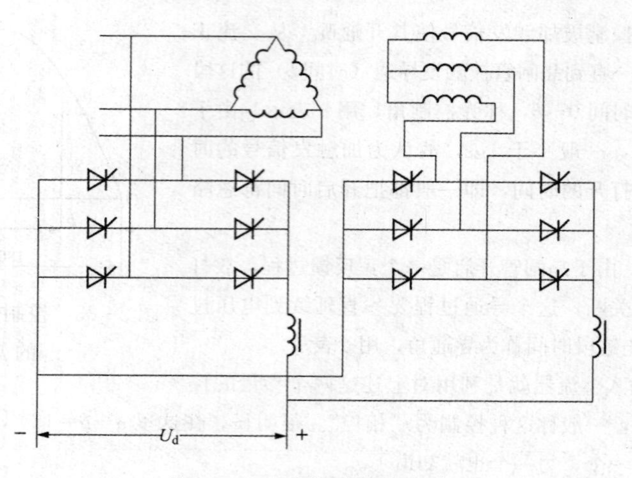

图 2-34　12 脉冲整流电路

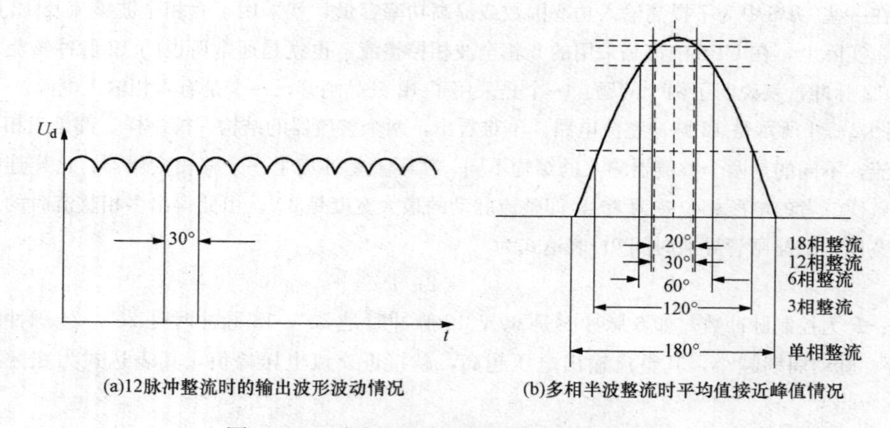

(a)12脉冲整流时的输出波形波动情况　　(b)多相半波整流时平均值接近峰值情况

图 2-35　多相整流时的波形图和导通角图

下面也给出脉动系数和纹波系数的表达式。

脉动系数为

$$\gamma = 2/(p^2 - 1) \tag{2-34}$$

纹波系数

$$\gamma = 2^{1/2}/(p^2 - 1) \tag{2-35}$$

为了有一个量的概念，表 2-4 给出了脉动系数 γ、纹波系数 γ 和整流相数 P 的关系。从表中可以看出：三相全波（半波 6 相）整流比单相全波（半波 2 相）整流时的脉动系数 γ 和纹波系数 γ 要小得多，比后者的 1/10 还小，当然加在后面的滤波电容也就小得多，这也就是为什么当 UPS 的容量达到一定值时，都尽量采用三相全波整流；为了提高效率，都不采用 6 相半波整流，虽然都是 6 只整流管，但由于三相全波整流的输出电压比 6 相半波整流的输出电压高，因此在同样的功率下三相全波整流的电流小，所以功耗也小，自然效率也就高了。

表 2-4　半波整流输出电压的脉动系数、纹波系数和整流相数的关系

整流相数 P	2	3	4	6	8	9	12	18	24
脉动系数 γ	0.667	0.25	0.133	0.057	0.032	0.025	0.014	0.006	0.0035
纹波系数 γ	0.471	0.064	0.064	0.042	0.0266	0.0177	0.0099	0.0042	0.0024

三、高频开关整流器

1. 问题的提出

上面介绍了工频整流器，但工频整流器有以下两个缺点。

(1) 笨重且损耗大。一般情况下整流和滤波是连在一起的。由于频率低，滤波器必然就庞大，当有电流通过时，就在它们的内阻上形成压降和损耗。

(2) 输入功率因数低。在整流滤波时，由于整流的脉动正弦波电压必须高于滤波电容上的电压时整流管才导通，因此电流的波形不是正弦波，而是脉冲波，如图 2-36 所示。图中的负载电流脉冲就导致了输入功率因数的降低。其功率因数在前面已有所讨论。

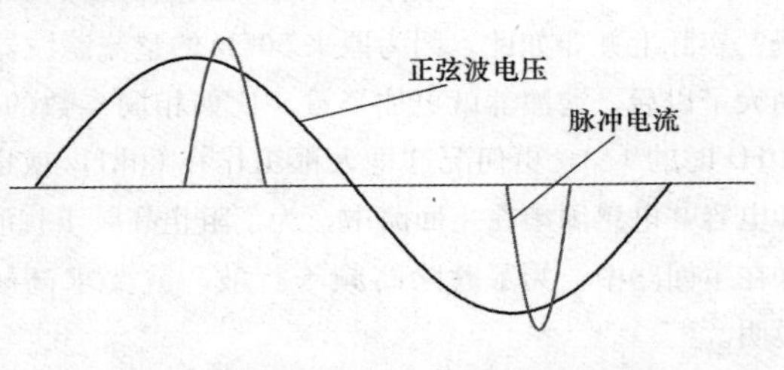

图 2-36　整流滤波是民压和负载电流波形

在实际应用中，两种位移情况都会出现，在电网电压正弦波传输过程中，不可避免地出现失真，这种失真也很可能导致位移，如图 2-37 所示。图中 U_C 代表整流后滤波电容上的直流电压。可以看出，只有正弦波电压的瞬时值大于 U_C 时，整流管才导通。在理想情况下假设是一条平直线，而且电压正弦波也很对称，如波形 A，那么电压和电流的中心线重合，就是说 b=0ms。若由于某种原因使电压正弦波失真，如波形 B，在这种情况下，功率因数会进一步降低。

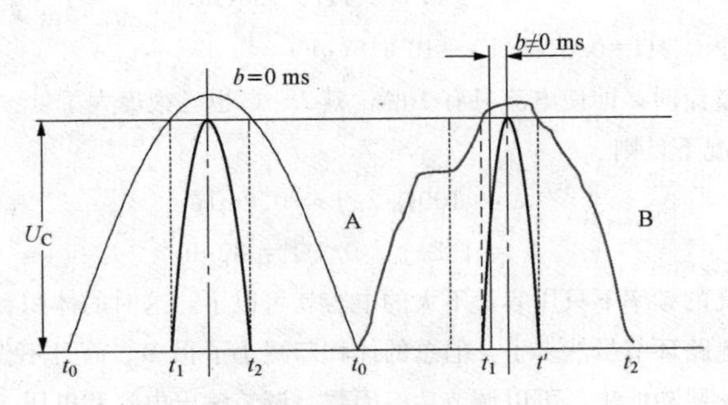

图 2-37　脉冲电流位移情况

2. 高频整流器电路的构成

整流的一般定义就是将交流电变成直流电的过程，而实现这个过程的装置就是整流器。最简单、最原始的整流器就是利用单向导通器件构成的电路，如前面介绍的二极管整流电路。由于包括晶闸管在内的此类电路存在着上述不足且无法克服，所以高频整流器也就应运而生了。

图 2-38 示出了高频整流器原理框图，从图中很自然会提出以下问题。

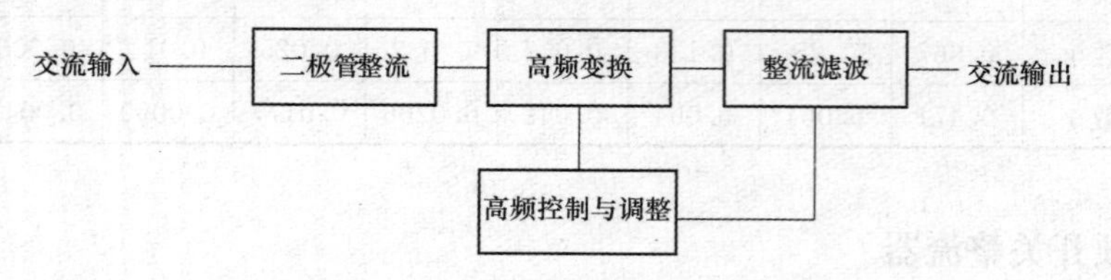

图 2-38　高频整流器原理框图

（1）为什么还有二极管整流滤波器呢？这是因为在目前来说，一切高频变换大都是在直流电源输入的情况下进行的。

（2）从图 2-38 中可看出，高频整流器电路比原来复杂多了，这样是不是比原来更笨重了吗？实际上并非如此。因为原来 50Hz 的整流滤波器中，滤波器占了很大的比重，尤其是功率稍大了以后，滤波器就更加笨重。比如相同参数的变压器或扼流圈，在 400Hz 时的体积只有 50Hz 时的 1/3，更何况这里大都工作在 20kHz 或以上呢。无源滤波器不外乎电感（扼流圈）和电容，电感因串在主回路中，为了阻止高频干扰波的通过，故要求高频电抗要大；电容是并联在主回路中，为了滤除高频干扰波，就要求高频电抗越小越好。现用下面一个例子予以说明。

例 2-3　要求图 2-39 滤波器中的扼流圈 L 和电容器 C 的电抗对 50Hz 的三次谐波 150Hz 分别为

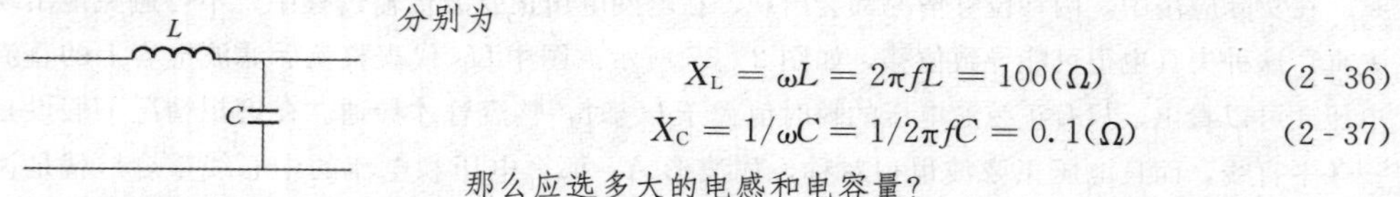

$$X_L = \omega L = 2\pi f L = 100(\Omega) \tag{2-36}$$

$$X_C = 1/\omega C = 1/2\pi f C = 0.1(\Omega) \tag{2-37}$$

图 2-39　LC 滤波器电原理图

那么应选多大的电感和电容量？

解： $L = 100\Omega/2\pi f = 100/2\times 3.14\times 150$

$= 0.106(\text{H}) = 106(\text{mH})$

$C = 1/2\pi f\times 0.1\Omega = 0.0106(\text{F}) = 10\ 615(\mu\text{F})$

在将市电直接整流时，即使电流只有 10A，其 L、C 也已很庞大了！

若在 20kHz 情况下，则

$$L = 100\Omega/2\pi f = 0.8\text{mH}$$

$$C = 1/2\pi f\times 0.1\Omega = 80\mu\text{F}$$

显然，在这样高的频率下只用容量不大的电容就可以了，这时的体积和自重都很小。

因此，这时的电路环节虽然多了，但总的体积却减小了很多。而且不仅如此，不同的是高频整流器又新生出一些功能来，可以调节功率因数、调节输出电流和电压。

3. 高频整流器对输入功率因数的调节

（1）输入功率因数调节原理。之所以要对功率因数进行调节，是因为输入电流和电压不同相或输入电压和电流失真而造成了输入功率因数降低。由于整流滤波的原因，使负载电流呈脉冲形状，在无 PFC 校正时，这时虽然有输入电压，但 $0\sim t_1$ 和 $0\sim t_2$ 都无电流，仅在 $t_1\sim t_2$ 之间有一个很大的脉冲电流，使输入电压的顶部有一个凹陷（见图 2 - 40），从而造成了包括三次谐波在内的奇次谐波失真。如果在输入电压过 0 的同时也有电流送出，并且该电流随同电压按同一规律连续而均匀变化且把电流脉冲高出的部分 S_0 平均分配在面积 S_1 和 S_2 上，那么失真现象即可消除。

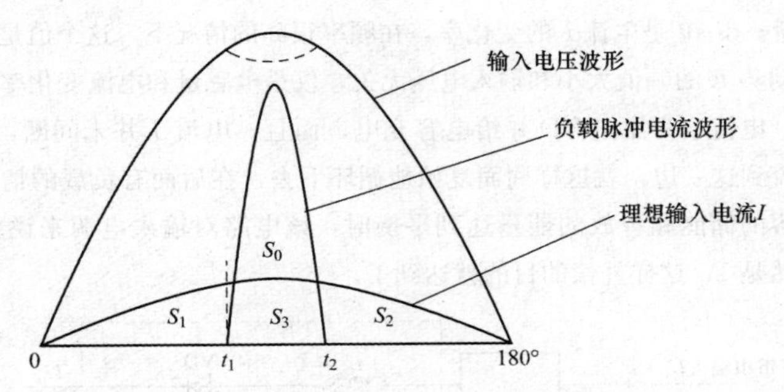

图 2 - 40　电流调节和相位调节原理图

高频整流器同步电路在过 0 点开始就把测得的输入电压信号送入基准电路，以此控制高频整流器的通导情况，使其向输入电源吸取电流。但从图 2 - 40 中可知，这时负载并不需要电流，即从输入到负载无电流通路。若想在 $0\sim t_1$ 和 $0\sim t_2$ 也从输入电源中吸收电流，就必须建立一个储能源，目的是在负载不需要电流期间，该储能源仍能保证提供与电压同步的输入电流，一旦负载需要时又能瞬间释放出去。一般都用电容器充当这个储能源，原因是负载突然吸收一个前沿很陡且幅度很大的脉冲电流时，储能源应仍按电压的变化规律向负载提供电流 S_3，而多余的部分 S_0 应由电容中的储能提供。因为电容器的动态阻抗比其他储能源（比如蓄电池）小得多，所以 S_0 面积的电流主要由它来提供。电流脉冲过去后，高频整流器仍按电压的变化规律向电容补充充电，一直到过 0 点，下一个周期会做同样的重复。

因此，只要满足了条件

$$S_1+S_2=S_0 \tag{2-38}$$

输入电压和输入电流同相的目的就达到了。

其中

$$S_1=\int I_{\mathrm{M}}\mathrm{sine}\omega t\,\mathrm{d}(\omega t)\text{（积分限：}0\sim t_1\text{）} \tag{2-39}$$

$$S_2=\int I_{\mathrm{M}}\mathrm{sine}\omega t\,\mathrm{d}(\omega t)\text{（积分限：}t_2\sim 180°\text{）} \tag{2-40}$$

式中：I_{M} 是输入电流 I 的幅值。

需要指出的是：电容器 C 的实际容量要大得多，电容器容量的选择要保证该电容在吸收和放出 $S_1+S_2=S_0$ 的电流时，电容器上的电压电平无明显变化。

（2）具有功率因数调节功能的一种高频整流器。这种高频整流器大都是升压（BOOST）式的（电路原理见图 2 - 41）。其实，升压式输出并不是功率因数调节的必须条件。主要是当电网电压低于正常值时，就不能保证输出电压稳定了，因此升压式输出电路得到了普遍应用。实际上这是一个并联调节式电源，功率调节器件是 K_1，升压与整流器件是 L 和 VD，储能换能器

件是 C。功率开关调节器件 K_1 以高频导通与截止，当 K_1 导通时，电流 I 流入 K_1，电感 L 进行储能，当 K_1 截止时，此通路被断开，由于 L 在前一阶段的储能在 K_1 突然断开时激励起一个反电动势 E，其大小为

$$E=-L\mathrm{d}i/\mathrm{d}t \tag{2-41}$$

式中：L 是电感量；$\mathrm{d}i/\mathrm{d}t$ 是电流 I 的变化率，在频率很高的情况下，这个值是很大的。由此式可以看出，反电动势 E 的幅值大小和输入电压无关，仅是电感量和电流变化率的函数。在此反电动势的作用下，电流改为流向 VD 并给电容充电，而且，电流 I 并未间断，接着 K_1 下一次导通，又使 I 改流到这一边，就这样周而复始地循环下去，在后面有负载的情况下，电流 I 一直是连续的，电容的储能和释放的能量达到平衡时，该电路对输入电源来说就是一个线性负载，功率因数当然是 1，这样补偿的目的就达到了。

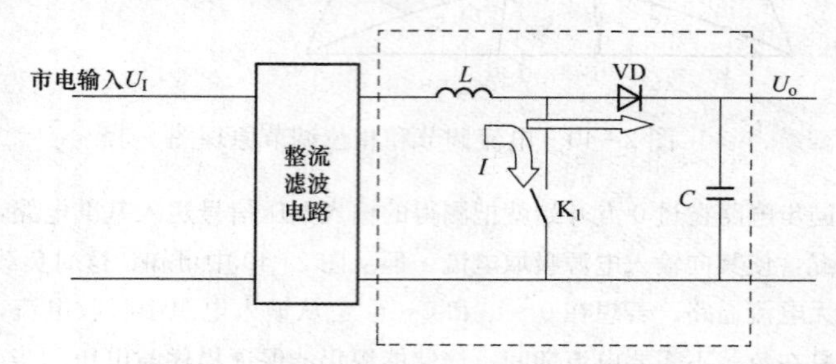

图 2-41　升压式高频整流器原理图

前面讨论的只是最简单的一种，而且功率也不容易做大。如果和高频变压器结合起来，则电路的范围就大了，如功率开关全桥 IGBT 高频整流器等。

四、IGBT 整流器与二极管、晶闸管整流器的区别

1. 对市电电压正弦波形的影响

当今 UPS 技术的发展已经到了数字时代和高频时代，UPS 的输入电路也已进入 IGBT 高频整流时代，但由于技术在各制造商之间发展的不平衡和一些用户的习惯所致，总是不敢采用这种 IGBT 整流新技术，再加之守旧制造商的宣传，一时间争论不下。在此不妨讨论一下它们的区别，以辨真伪。图 2-42 示出了 6 脉冲晶闸管整流的主电路原理图。市电输入电压 U_{in} 的波形一般为比较好的正弦波，当后面的负载是线性（如电炉子、电暖器、热风机等）时，就可以在负载端测出此时电压 U_r 的输入功率因数是 1，电压波形是完好的正弦波。但如果接入 6 脉冲晶闸管整流的 UPS 时，其输入功率因数马上降到 0.8 以下，波形也会出现失真，即 6 脉冲晶闸管整流器是破坏输入电压波形的，会造成了 UPS 输入功率因数下降，这个结果并不是电网带来的。原因何在呢？众所周知，市电电缆不是超导体，是有阻抗的，电流经过电缆时要在电缆阻抗上产生一个电压 U_L（见图 2-42）。

2. IGBT 高频整流和晶闸管工频整流的比较

6 脉冲晶闸管整流器会在输电线上产生电压 U_L，则 UPS 输入端的电压 U_r 为

$$U_r=U_{in}-U_L \tag{2-42}$$

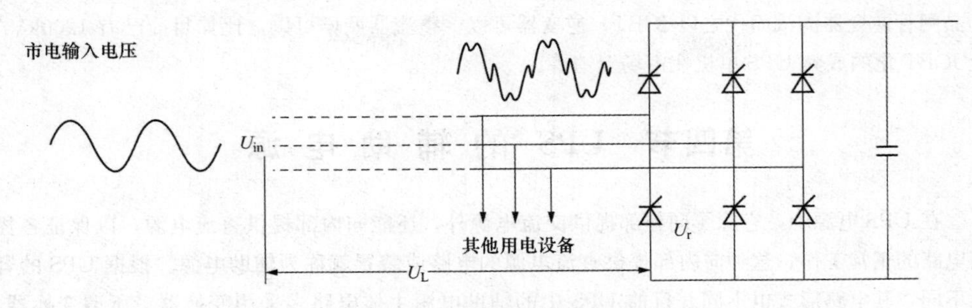

图 2-42　6 脉冲晶闸管整流的主电路原理图

波形如图 2-43 所示，这种波形的被破坏还伴随着干扰噪声，如果此时在这一点上有其他设备用电就会受到干扰。从图 2-43 中可以看出，12 脉冲整流可减轻对输入电压波形的破坏，使功率因数提高到 0.9。但将 6 脉冲整流增加到 12 脉冲整流除了增加一套 6 脉冲整流器外还得增加一个移相变压器，比如某国外品牌 300kVA 工频机 UPS 产品原自重 1.6t，增加到 12 脉冲整流后变成了 2.2t，而且实际效果与理论值相差甚远，据对出厂产品十几台的测量，其输入功率因数都低于 0.85。

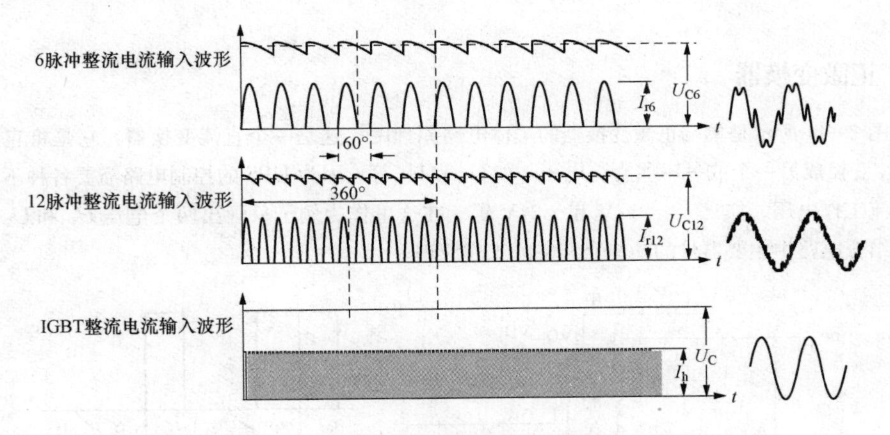

图 2-43　输入电压失真情况和几种整流方式的关系

最可悲的是晶闸管整流器只能工作在市电频率，增加整流脉冲只能按照 6 的倍数增加晶闸管器件和增加移相变压器，即采用晶闸管整流器来提高输入功率因数的做法代价太大。而 IGBT 整流器则不然，它可以工作在几十千赫兹，可将输入的工频正弦波进行高频切割，把工频波形变成高频波形来处理，这样做的结果是把在半周内的一个幅度很大且宽度很窄的脉冲电流变成数量很多的小脉冲电流分布在整个半周中，就好像电阻负载上的电流和电压那样是同相位的，如图 2-18 中最下面的波形所示。就这一项改变，不但极大地改善了整流器的性能，而且还节约了器材和功率。比如前面 300kVA 工频机 UPS 的例子，在这里首先就减少了 600kg 的自重和 2%～3%的功耗。况且 IGBT 已有十几年的历史，不论从容量上还是耐压上都有成熟产品，比如耐压在 1700V 以上和 3600A 的器件早就推到市场。目前大功率 UPS 中早已将开始时的晶闸管逆变器淘汰而代之以IGBT，逆变器可以，整流器照样可以，比如目前已有1200kVA全IGBT化的成熟UPS单机在市场上销售。

第四节　UPS 的 辅 助 电 源

在UPS电源中，它除了向外部提供交流电源外，还能向内部提供直流电源，以保证各控制电路的正常工作。这种向内部提供直流电源的电路或装置就称为辅助电源。根据UPS的容量不同，其电路形式也不同。目前UPS中的辅助电源主体电路多采用变换器。所谓变换器，广义地讲就是将直流变成交流、交流变成直流，或进行幅度转换及频率转换的电路。这里主要介绍直流变换器，它是某一个值的直流电压变换成另一个值的直流电压。这种变换器在IT设备上也有应用，介绍这一部分对了解IT设备有好处，尤其是了解双电源和三电源输入的设备，对双总线或三总线供电很有好处。变换器就其控制来说又分自激和它激两种，下面就将常用的它激电路做一简单讨论。

单端变换器是UPS辅助电源的常用电路，也是PWM电源最基本的电路，所谓单端就是单向的意思，它分为正激和反激两种结构，根据其不同的要求和用途不同而采用不同的结构方案。

一、正激变换器

图2-44所示是单端正激变换器的主体电路原理图。这是一个直流变换器，它是将直流电压U_{DC}变换成另一个或另一些直流电压，如U_1和U_2等。因为UPS的控制电路需要各种不同值的直流工作电压，如±5、±12V和±24V等。在这里作为例子只画出两个电压U_1和U_2。下面就结合电路中主要器件的功能介绍它的工作原理。

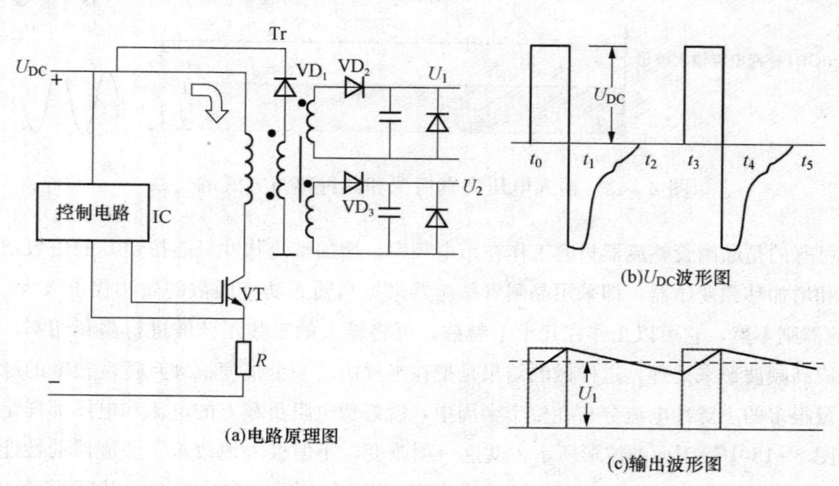

图2-44　单端正激变换器原理图

由图2-44（a）可以看出，电路主要由控制电路IC、功率管VT、高频变压器T_r、回授二

极管 VD_1、高频整流管 VD_2、VD_3 和滤波电容等组成。电路的工作原理是：当功率管 VT 在控制电路 IC 的控制下，在 $t=t_0$ 开启时，电流 I 由直流电源 U_{DC} 的正极流出，经变压器 T_r 的一次流入功率管 VT，再经电阻流回直流电源 U_{DC} 的负极。在电流 I 流经变压器 T_r 的一次侧时，就在一次绕组上产生幅度与 U_{DC} 相等的电压，如图 2-44（b）所示。由于图中一、二次绕组的同名端相同，所以二极管 VD_2 和 VD_3 导通，整流电压如图 2-44（c）所示。在 $t=t_1$ 时功率管 VT 截止，由于功率管开启时在变压器绕组中储存的能量这时会形成反电动势，如图 2-44（b）所示，如不及时释放掉就会影响下一次的功率管工作，因此一般都绕有第三个绕组，其同名端与其他几个绕组正好相反，在 $t=t_1$ 由于 VT 的截止而出现反电动势时，该第三绕组的电动势正端正好是二极管 VD_1 的导通方向，通过 VD_1 将变压器中储存的能量回授给输入电源 U_{DC}，因此将 VD_1 称做回授二极管。这不是普通的高频二极管，它应具有开启快、关断快和耐冲击的能力，故通常多采用阻尼二极管。有的电路为了更保险起见，给整流器 VD_2、VD_3 后面的滤波电容再并上一只反向二极管，目的是将由于 VD_1 未泄放完的变压器储能所产生的反电动势在二次提供泄放通路，如图 2-44（a）所示。一般称这只反向二极管为续流二极管。续流二极管的加入也改善了输出整流滤波波形，这是因为当整流正压脉冲结束后，反电动势脉冲又通过续流二极管继续向负载和电容提供电流，从而提高了电流的连续性，减小了脉动。这只二极管也应具有回授二极管的功能。图 2-44 中 R 的作用是向电路提供一个电流负反馈信号，这样一方面在需要时可保持电流稳定，另一方面也可在一定程度上保护功率管不至于因电流过大而烧毁。

单端正激变换器可以给出较大的功率，甚至 100kVA 以上的 UPS 还大都采用这个电路。其不足之处是，当输出整流器导通时若正好有高频脉冲干扰叠加在输入直流电压上袭来，这个干扰就很可能通过整流器而直接去干扰控制电路。尽管整流后有很大的电容滤波，但由于它在频率很高及前沿很陡的干扰信号面前已不是纯容性，因此不能将它们完全吸收。

二、反激变换器

单端正激变换器可以给出较大的功率，但由于其在一些方面的不足，对于灵敏度很高的用电电路来说，供电电源的微小变化，尤其是干扰的影响可能会导致机器的数据错误、丢失和其他控制故障。因此对这些灵敏度很高的电路来说，隔离干扰就成了首要任务，于是反激变换器的优点就显露出来了。图 2-45 所示就是反激变换器主体结构原理图。

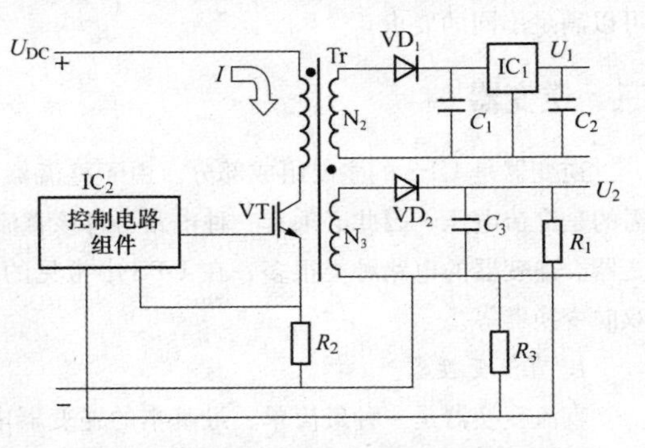

图 2-45　反激变换器主体结构原理图

从图 2-45 所示的反激变换器主体结构原理图可以看出，它和正激变换器有两点不同：①变压器二次绕组的同名端被移到了另一端；②回授二极管支路被省掉了。通过下面对电路工作原理的讨论来说明这两点不同的原因。

在 IC_2 组件正脉冲信号的控制下，功率管 VT 导通，电流 I 从输入电压 U_{DC} 的正极流出，经变压器 T_r 的一次绕组 N_1→功率管 VT→R_2 后回到 U_{DC} 的负极。绕组 N_1 上的电压极性是上“+”下“-”，而二次绕组上的电压极性由于同名端的关系则是下“+”上“-”，正好是使二极管 VD_1 和 VD_2 截止的情况，也就是说当功率管 VT 导通时二极管 VD_1 和 VD_2 截止。当 IC_2 组件正脉冲信号结束，而给功率管门极施加 0 或负信号时，功率管截止，此时由于变压器的储能而产生反电动势，二次绕组 N_2 和 N_3 的电压极性换向，即变成了上“+”下“-”，满足了二极管的导通条件，于是就将反电动势电压整流后提供给负载。由此就可以看出，二次绕组 N_2 和 N_3 上二极管 VD_1 和 VD_2 的工作状态正好与功率管相反。因此就导致了这样一种工作情况：当功率管 VT 送来电压时，二极管 VD_1 和 VD_2 不让其送到负载，而是将该电压能量连同干扰信号一起，被以无功功率的形式储存在变压器中。当功率管 VT 截止，即隔断输入电压时，二极管 VD_1 和 VD_2 被打开而将储存在变压器内的能量送往负载，不过这时的电压已是无任何干扰的平滑波形。这样一来，反激变换器就有效地隔断了输入和输出之间的影响。

由于反激变换器是利用变压器的储能向负载提供电源，换句话说是利用反电动势进行正常工作的，所以就不能采用以泄放变压器储能为目的的回授电路了。因此，图 2-42 中的 VD_1 泄放电路也就不能加入了。

尽管反激变换器隔离干扰良好，但由于其功率做不大，限制了它的应用范围，一般也就是做到几百瓦。

由图 2-45 中还可看到，二次电路和图 2-44 有些不同。实际上整流管后面的部分是可以共用的，在这里给出的目的是为了介绍一下变换器输出电压的稳压措施。这种措施适用于所有的变换器系列，因为几乎所有的电源都要求具有稳压功能。在 UPS 中，大多数的变换器电源不止输出一个稳定电压，而实际上变换器只能保证其中一个电压是稳定的，如图 2-45 所示的 N_3 电路。在这个电路中，其输出电压有一个反馈信号，该信号由 R_2 和 R_3 电阻分压网络取出，送往控制电路组件 IC_2 的测量端，于是控制功率管 VT 工作状况的触发脉冲就是 U_2 的函数，换言之，功率管 VT 的全部工作状态都是以稳定 U_2 为目的的。其他输出电压如 U_1 就得不到这种保证。通常的做法是在整流器后面接一只三端稳压组件，如图 2-45 中 VD_1 后面的三端稳压组件 IC_1 所示。有的变换器可以输出多路电压，而三端电源组件的品种和规格也有很多，完全可以满足不同的要求。

三、逆变器

逆变器是 UPS 的主要组成部分。由于整流器已将交流输入电压变成直流电压，而负载所需的是交流电压，因此必须有一种电路再将该直流电压变回交流，执行这个任务的装置就叫逆变器。逆变器的电路种类很多，在 UPS 中常见的有直流变换器、半桥逆变器、全桥逆变器和双向变换器等。

1. 直流变换器

直流变换器是一种最简单、最基本的逆变器电路，主要应用于后备式 UPS 中，它分为自激式和它激式两种。

(1) 自激式直流变换器。图 2-46 (a) 所示是自激式直流变换器电路。所谓自激就是不用外来的触发信号，UPS就可以利用自激振荡的方式输出交流电压，其交流电压的波形为方波[见图 2-46（b）的波形 U_N]。U_N 是当电源电压 E 为额定值时的输出情况（其中阴影部分除外）。自激直流变换器电路主要用于对电压稳定度要求不高但不能断电的地方，如电冰箱、应急照明用的白炽灯、高压钠灯和金属卤素灯等，供电条件差的农村居民也有不少采用了这种电路作为不间断电源。由于它的电路简单、价格便宜、可靠性高，也很受欢迎，该电路的工作原理如下。

$$U_{b1} = U_{b2} = 0 \tag{2-43}$$

$t=t_0$ 时加直流电压 E，这时由于晶体管 VT_1 和 VT_2 的基极电压，所以二者不具备开启条件，但在它们的集电极和发射极之间却都有漏电流，如图 2-46（a）中的 I_1 和 I_2 所示且二电流在变压器绕组中的流动方向相反，由于器件的分散性，使得

$$I_1 - I_2 = \Delta I \neq 0, \tag{2-44}$$

这个差值电流 ΔI 就在绕组中产生一个磁通量，于是就在基极绕组中感应出电压 U_{b1} 和 U_{b2}。由同名端的标志可以看出，这两个电压的极性是相反的，即一个 U_b 给晶体管基极加正电压，使其开通，另一个 U_b 给另一个晶体管基极加负压，使其进一步截止。电路的设计正好是使漏电流大的那一个晶体管基极所感应出的 U_b 给自己基极加正压，而漏电流小的那一个晶体管基极所加的是负压。基极加正压管子的集电极电流进一步增加，又进一步使它的基极电压增大，这样一个雪崩式的过程很快使该管（设为 VT_1）电流达到饱和值，即 VT_1 集电极—发射极之间的压降 $U_{CE11}=0$，绕组 N_1 和 N_2 上的电压也达到了最大值

$$U_{N1} = U_{N2} = E$$

此后由于电流不变而磁通也不再不变化，如图 2-46（b）所示的 $t_0 \sim t_1$ 区间。磁通的不变就导致了 U_{1b} 开始减小→VT_1 的基极电流减小→集电极电流减小→I_1 减小→磁通进一步减小，这样一个反变化过程使得 VT_1 雪崩式地截止而 VT_2 达到饱和，如图 2-46（b）t_1 所示。而后就再重复上面的过程，于是就形成了如图 2-46（b）所示的方波波形。

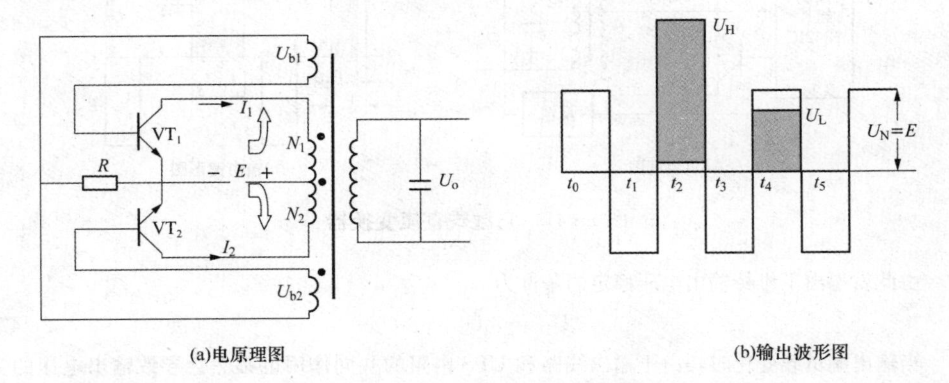

图 2-46 自激式直流变换器

该电路方案的不足之处就在于它的不稳压。它的输出电压随着电源电压 E 的高低起伏，如图 2-46（b）U_H 阴影部分所示的情形，如果电源电压 E 一直这样高，其输出电压也就一直高。

若电源电压 E 降到 U_L 这样低的水平，如图 2-46（b）U_L 阴影部分所示，则输出电压也会跟着低下去。因此，这种电路方案在以后的后备式 UPS 中就仍有被采用的。

（2）它激式直流变换器。由于自激式直流变换器不能满足输出电压稳定的要求，因而它激式直流变换器就得到了广泛的应用。所谓“它激”就是电路的振荡是由外加控制信号的激发而实现的。图 2-47（a）所示的就是它励式直流变换器电路原理图。前面自励式直流变换器的基极反馈绕组被取消了，代替它的功能环节是电源控制组件 IC。在早期用的是 TDA1060，后来多采用 LM3842 或 LM3845 等。采用电源控制组件 IC 就可使 UPS 的输出电压具有稳压的功能。电路的设计原则是：电源控制组件 IC 发出方波控制脉冲使 UPS 工作，在变压器输出端有一个与输出电压成正比的反馈信号回送给 IC，使其根据输入端电压的变化和输出端负载的变化来调整控制脉冲的宽度，以保证输出电压稳定在设计范围内。

下面介绍一下该电路的工作原理。

当接通电源波控制脉冲时，电源控制组件 IC 开始工作并发出方波控制脉冲，使直流变换器的两个功率管按照控制脉冲的同样宽度输出方波电压，设在 E 为额定值时，UPS 的输出电压也为额定值，如图 2-47（b）输出波形图中粗线所示的波形 U_N，设此时的输出脉冲宽度为 δ_2，如果由于某种原因使电源电压升至 U_H，这时的测量与控制电路就会自动将控制信号的脉冲宽度由 δ_2 减小至 δ_1，如图 2-47（b）U_H 阴影所示，以保证输出脉冲电压的面积不变，即

$$\delta_1 U_H = \delta_2 U_N \tag{2-45}$$

时，输出电压不变。同样，当由于某种原因使电源电压降低到 U_L 时，这时的测量与控制电路就会自动将控制信号的脉冲宽度由 δ_2 增大到 δ_3，如图 2-47（b）U_L 阴影所示，以保证输出脉冲电压的面积不变，即

$$\delta_3 U_L = \delta_2 U_N \tag{2-46}$$

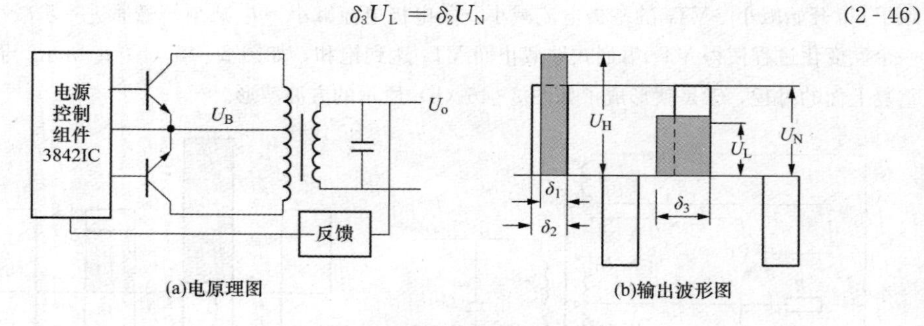

图 2-47　它激式直流变换器

由此就得出了维持输出电压稳定的条件为

$$\delta_1 U_H = \delta_3 U_L = \delta_2 U_N \tag{2-47}$$

当输出端负载变化时，由于输出线路和 UPS 内阻的共同作用也必然会导致输出电压的变动。这种瞬间的变动通过电压信号反馈电路送入电源控制组件 IC 的相应输入端，经电源控制组件 IC 比较和转换后，调整控制脉冲的宽度，以保证输出脉冲电压的稳定。

由这种它激式直流变换器输出的具有稳压功能的脉冲电压波形称为准方波，以区别于不具稳压功能的自激式直流变换器的输出波形。有的将准方波称为阶梯波，这是一种误解，所谓阶

梯，就是指台阶数在两个以上（但不包括一个台阶）时的情况。在这里看起来虽然好像有两个台阶（见图2-48）。该图是将图2-47一种电源电压（U_N 或 U_H 或 U_L）的情况单画出来的波形。因为输出电压分正半波和负半波，OO是0线，0线以上是正半波，0线以下是负半波，并且每个半波仅有一个台阶。若把该波形当成阶梯波来看，就必须将基线移到最上端或最下端，不论移到哪一端，电压就会变成单极性的值：正半波或负半波。这和正负半波交替的事实完全不符，因此阶梯波之说是一种误解。

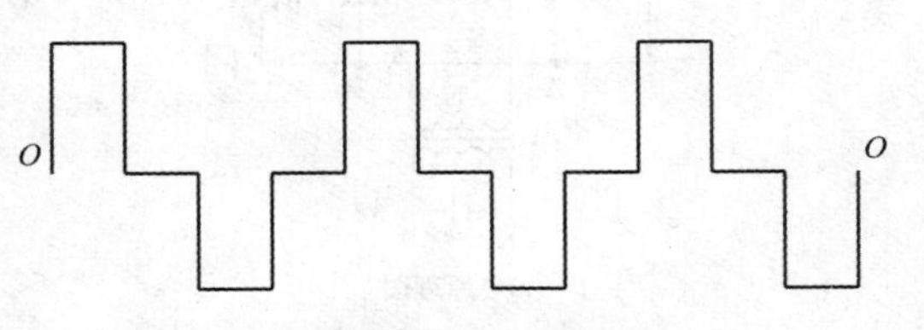

图2-48　准方波输出电压波形

准方波输出电压波形的采用有时会引出另一个误解，有不少工程师和用户在对输出电压的测量中发现，原来应该220V的电压变成了难以相信的值，或是170V，或是190V等，于是就怀疑UPS的正确性，甚至认为UPS出了故障。实际上问题就出在测量仪表上，普通的电压表大都是在正弦波失真很小（比如<5%）的情况下给测量值定义的，而且这些仪表也不是测量的有效值。准方波是失真非常大的正弦波，普通表根本无法用，只有用可以测有效值的仪表，比如用FLUKE-87或相应的示波器、计算机等才能反映出它的实际值。

桥式逆变器名称的来源是它的电路结构形式很像"惠斯登"电桥。由于对输出电压要求稳定的原因，故桥式逆变器的触发方式几乎都是它激。在线式UPS多采用桥式逆变器，因为它有着比直流变换器更大的优点。比如直流变换器功率管上的电压为电源电压的两倍，再加上状态转换时的上冲尖峰，要求该器件的耐压更高，这样一来不但增加了器件的成本，而且也由于功率管工作电压的提高而降低了它的输出能力，因此用在后备式UPS变器就克服了这些缺点，并且根据要求的不同又分成半桥逆变器和全桥逆变器，下面将分别予以介绍。

2. 半桥逆变器

实际上电路的结构形式也是桥式的，区别是两个桥臂上的器件不同。图2-49所示是半桥逆变器结构及电原理图。电桥的左边由电容器构成，右边由功率管构成，输出端就设在两电容器连接点和两功率管连接点之间。

假设电路已处于工作的准备状态，即电容 C_1 和 C_2 已充满电。在时间 $t=0$ 时功率管 VT_1 被打开，电流 I_1 由电容器 C_1 的正极出发，如空心箭头所示，流经功率管 VT_1 变压器 T_r 一次绕组 N_1 的BA两端回到 C_1 的负极，一直到 $t=t_1$ 时，形成正半波，如图2-49（b）所示。在 $t=t_1$ 时，VT_1 由于正触发信号的消失而截止，此时正触发信号加到了 VT_2 的控制极，使其开通，电流 I_2 由电容器 C_2 的正极出发流经变压器 T_r 一次绕组 N_1 的AB，如图2-49中的实心箭头所示，可以看出这时的电流方向是相反的，电流 I_2 通过变压器后流经功率管 VT_2 的集电极—发射极回到电容器 C_2 的负极，一直到 $t=t_2$ 由于触发信号消失而截止，这一过程形成了负半波，如图2-49（b）所示。以后就再重复上面的过程，于是就形成了一系列连续不断的正弦波。

上面只简单地介绍交流输出电压形成的过程。但从这里看不出是如何产生正弦波的。为了使读者有一个整体的概念，下面对形成正弦波的简单原理做一介绍。

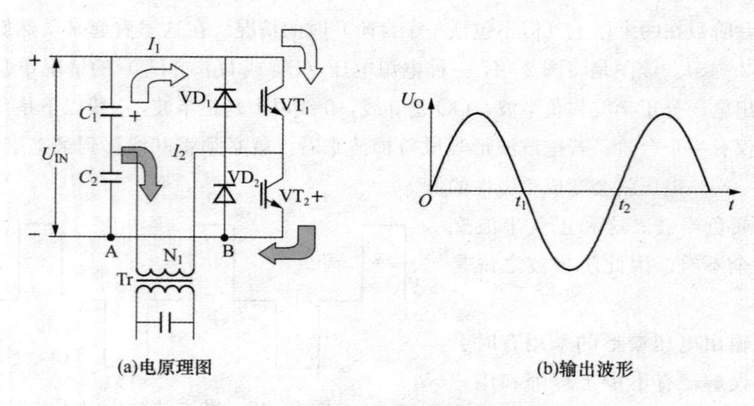

(a)电原理图　　(b)输出波形

图 2-49　半桥逆变器结构及电原理图

早期的UPS逆变器功率器件和技术所限，只能产生方波或准方波，而后再利用庞大的滤波器将它们滤成正弦波。为了减小滤波器的体积和自重，从电路上采取了多个方波叠加成阶梯波的方法，这样虽然减小了滤波器的体积或自重，但却增加了逆变器的数量，UPS的体积和自重仍很大，同时也造成噪声大、效率低等。高频大功率器件的出现使UPS发生了根本性的变化，脉宽调制（PWM）技术就是在这样的条件下产生的。图2-50所示的就是脉宽调制波（PWM）产生的机理，在这里正弦波输出电压的产生要经过几个阶段。

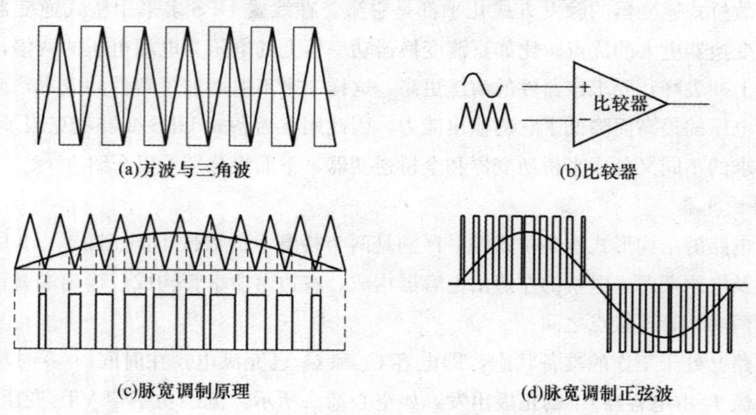

(a)方波与三角波　　(b)比较器

(c)脉宽调制原理　　(d)脉宽调制正弦波

图 2-50　脉宽调制波（PWM）产生的机理

（1）产生方波。UPS本身要有一个本地振荡器，目的是使UPS的电路工作节奏有一个统一的标准。一般的原始振荡器多是张弛振荡器，它们所产生的波形都是方波。

（2）产生三角波。该波形是脉宽调制技术所需要的，它是利用积分电路将方波转换成三角波，如图2-50（a）所示。

（3）产生正弦波。UPS的输出电压波形除有特殊说明外一般都是正弦波，在以往的UPS中，正弦波的产生有几种方法，有的采用复合电路，后来又出现了专门的集成电路，这样就省去了组成电路的麻烦，还有的利用软件的方法产生。

(4) 产生脉宽调制波。在 UPS 中影响其价格的主要是效率和体积。转换效率低就必须采用复杂的散热措施，工作频率低就必须采用大滤波系数的滤波器，滤波器用的扼流圈和电容器就非常笨重且造价高。脉宽调制技术的高频工作能有效解决上述问题。在这里利用三角波和正弦波的共同作用而产生出脉宽调制波。如图 2-50 (b) 所示是将三角波和正弦波进行比较的比较器，正弦波信号加在比较器的同相输入端（+），三角波加在比较器的反相输入端（−）。图 2-50 (c) 表示脉宽调制原理，当正弦波的包络高于三角波时，比较器就输出正脉冲，反之就输出 0。负半波的原理与正半波完全相同，故不再重复。这样一来就把复杂的正弦波输出电压生成过程变成了简单的高频等幅脉宽调制波。同时也使逆变器的工作得到了简单化，从此就使 UPS 进入了一个崭新阶段。

(5) 输出正弦波的形成。图 2-50 (a)～(c) 是逆变器控制信号的形成过程，逆变器功率管就按照控制信号的规律进行工作，使逆变器的输出波形呈现图 2-50 (d) 所示的脉宽调制波形状。该脉宽调制波的解调也很简单，只需在输出端接一适量的滤波电容就可以了，其滤波后的波形如图中的正弦波所示。

(6) 输出电压的稳定。一般要求 UPS 是一个电压源，即要求它的输出电压是稳定的。在脉宽调制波中是如何实现输出电压稳定的呢？从图 2-50 (c) 可以看出，既然脉宽调制波的产生是由于三角波和正弦波比较后的共同作用结果，那么二者中任何一个的幅度变化都可导致输出脉宽调制波宽度的变化。但在比较器中为了保证比较波形的质量，一般不主张变化波形，而是采用改变比较波形基准电压的方法来实现稳定电压的调整。图 2-51 所示就是稳定输出电压原理图。这里采用的是变化三角波基准电压的方法，下面就进行简单的讨论。

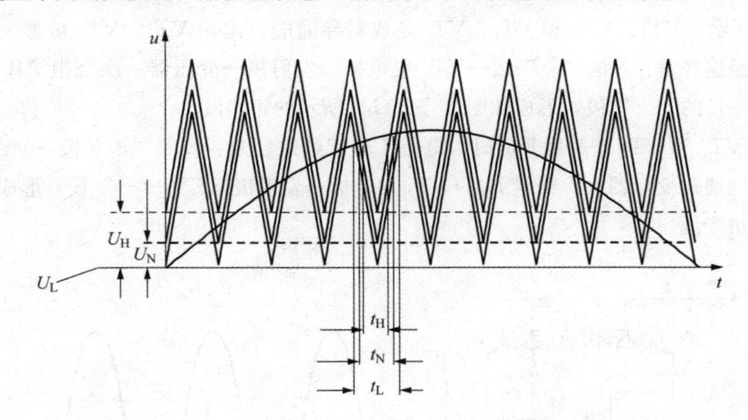

图 2-51 稳定输出电压原理图

为了讨论方便，只看一个脉宽调制波的情况。设在额定输出电压时，三角波的基准电压是 U_N，换言之是三角波形叠加在一个直流电压 U_N 上。因为稳定调节需要反馈信号，于是就把这个电压 U_N 作为 UPS 输出额定电压时的反馈信号，这时作为例子的一个脉宽调制波宽度为 t_N。当输出电压升高时，设负反馈信号电压 U_N 升高到 U_H，使三角波电压有一个上升量

$$\Delta U = U_H - U_N \tag{2-48}$$

即在比较器的输入端正弦波保持不变的情况下三角波向上平移了 ΔU，这就必然导致在这一点

上正弦波高出三角波的区域减小，使脉宽调制波的宽度由 t_N 减小到 t_H，经过几个过程后使已升高的电压返回正常值；当输出电压降低时，三角波的基准电压降低，使正弦波高出三角波的区域变大，使脉宽调制波的宽度由 t_N 增大到 t_L，同样经过几个过程后使已降低的电压返回到正常值。

3. 单相全桥逆变器

上述的半桥逆变器具有比直流变换器工作电压低的优点，但由于一个桥臂由电容构成，这就决定了它的输出功率不会很大。因此在要求输出功率较大的场合，比如 500VA 以上时，一般都采用全桥式逆变器电路结构。全桥式逆变器电路结构又分为单相桥和多相桥。单相桥多用于小功率的单进单出 UPS 中，一般在 10kVA 左右。在特殊情况下，比如三进单出 UPS 中也可有大功率，比如 30kVA 或以上。不过在大功率时多用三进三出全桥式逆变器电路结构。

图 2-52 所示就是单相全桥逆变器电路结构图，目前的工频机小功率 UPS 采用的就是这种电路，它和半桥电路的不同之处仅在于其桥臂都是由具有开关功能功率管构成，如图 2-52 (a) 中的 VT_1～VT_4，这样一来就赋予了电路以更大的输出功率能力。在半桥电路中无论哪一只功率管开通，流过它的电流还要通过一只电容器，随着电容器电荷量的增加，电容器上的电压也在逐渐升高，这时的电流也会随着电容器电压的增高而减小，同样也就导致了输出功率的减小。为了使输出功率不随时间而变化，就必须增加电容器的容量或减小功率管的开通时间。电容量的增加会造成设备体积的增大和寄生参量的增大。频率的提高又会提高对功率管的要求。因此限制了它的功率的提高。

在全桥电路中，就顺利地解决了上述这些问题。因为在全桥时功率管开通是成对的，如图 2-52 (a) 所示，VT_1、VT_4 和 VT_2、VT_3 是成对导通的。比如 VT_1、VT_4 被触发而导通时，电流 I 的流经途径是：E 的"+"极→VT_1 集电极—发射极→变压器一次绕组 AB→VT_4 集电极—发射极→E 的"−"极，形成如图 2-52 (b) 所示的正半波。

同样当 VT_2 和 VT_3 被触发开通时，电流 I 的流经途径是：E 的"+"极→VT_2 集电极—发射极→反向通过变压器一次绕组 BA→VT_3 集电极—发射极→E 的"−"极，形成如图 2-52 (b) 所示的负半波。

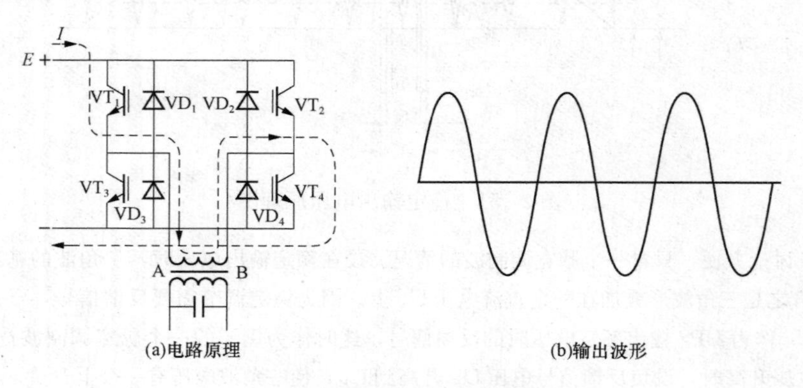

图 2-52　单相全桥逆变器

由这个简单的过程可以看出，不论哪一对管子开通，电流 I 的路径上都没有任何使其变化的因素，只要触发信号足够强，这个电流就可以一直不变地维持下去。换言之，输出功率也就得到了保证。

4. 三相桥式逆变器

在大功率的情况下（比如 10kVA 以上），多采用三相桥式逆变器。三相桥式逆变器又分为三相全桥和三相半桥，这两种结构在 UPS 中都有应用。

图 2-53 所示是三相全桥逆变器电原理图。从图中可见，三相全桥由 6 只功率管构成，这种结构的 UPS 逆变器后面必须有一个隔离变压器 T_r，这是因为用户多采用 380V/220V 三相四线制，而 220V 则是相线与零线之间的相电压。可是三相全桥逆变器的输出 3 条线都是相线，因此必须通过"△-Y"变压器将三相三线制转换成三相四线制。

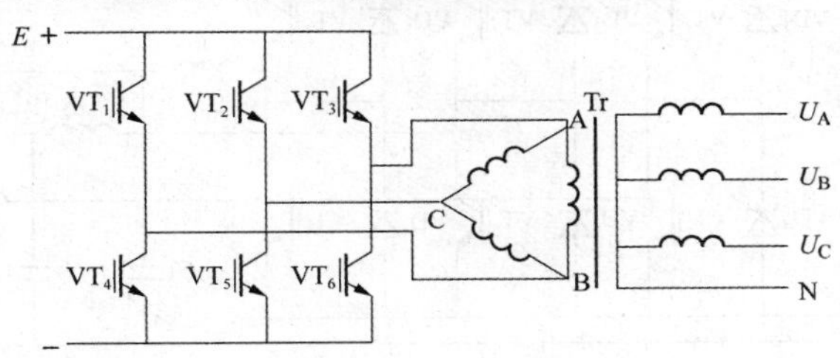

图 2-53 三相全桥逆变器电原理图

这个变压器大都只是一个普通的电源变压器，只起对工作电压隔离和变压的作用，而不能起隔离干扰和其他作用。

三相全桥逆变器的工作和单相全桥一样，也是两只管子同时导通。它们的导通配对情况是：VT_1、VT_5，VT_1、VT_6，VT_2、VT_4，VT_2、VT_6，VT_3、VT_4 和 VT_3、VT_5，其脉宽调制波经滤波后就得到如图 2-54 所示的三相输出波形 U_{OUT}。

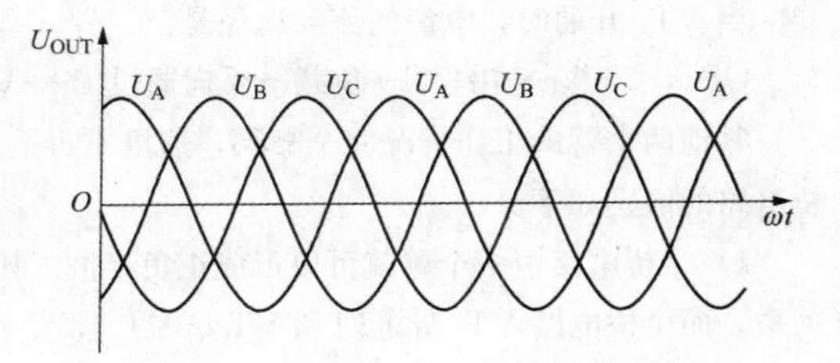

图 2-54 三相全桥逆变器输出波形

三相全桥逆变器的控制方式以前多为三相统一控制，这就造成了对输出端三相不平衡负载的限制，有的就要求三相负载的不平衡度不要超过 50%。但三相负载极度不平衡的情况是经常发生的。比如 UPS 三相输出电压中有一相满载而其他两相空载或轻载，就会造成满载的那一相电压降低，于是逆变器控制电路就要按照负载最重的那一相调整功率管的开关时间，以使降低了的电压恢复到正常值。这样调整的结果，在重载的一相恢复到正常值的同时，也抬高了空载或轻载的其他相电压，这样就造成了所谓的"三相不平衡"。为此，有的 UPS 制造商对控制电路进行了重新设计，将统一控制改成了分别控制，改善了原来的功能。但仍不够理想，因为三相全桥逆变器的输出变压器是"Δ"连接，这种结构又将 3 个桥臂有机地连接起来，就导致了三相电压的相互牵制。换言之，调整任何一相必然会或多或少地影响其他相的电压。不过只要细心地调整就可以将不平衡度减到最小。

5. 三相半桥逆变器

为了减小由于三相负载不平衡而造成的三相输出电压差异，半桥电路是一个很好的解决方案，图 2-55 所示的就是三相半桥逆变器电原理图。目前的高频机结构 UPS 都是采用这种方案。从这个电路中可明显看出，电路的功率管并未增加，只是将电路换了一种接法，但电池却多增加了一组。这种改变就使 UPS 真正具有了适应三相负载 100%不平衡的能力，而且还省去了输出变压器同时具有了输出 3×220V/280V 的能力。原来的 3 个桥臂 VT_1、VT_4，VT_2、VT_5 和 VT_3、VT_6 的输出是各自独立的，各自与中线 N 之间形成了独立的相电压输出。现以 VT_1、VT_4 为例简单地介绍一下工作原理。

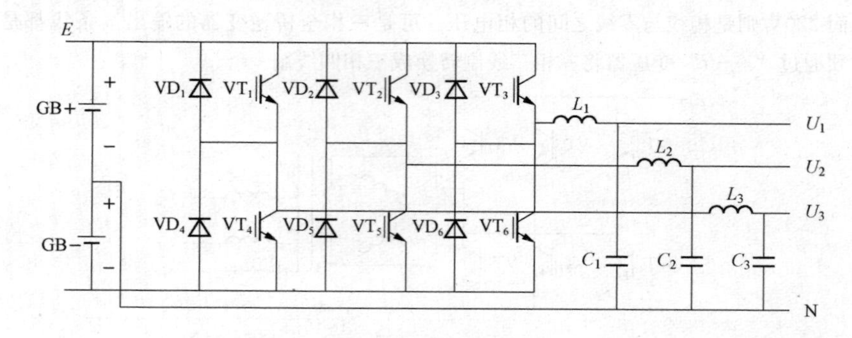

图 2-55　三相半桥逆变器电原理图

当 VT_1 开通时，电流的流经途径是：

GB+ “+”→VT_1→L_3→负载→中线 N→GB+ “−”（GB− “+”），形成正半波。

当 VT_4 开通时，电流的流经途径是：

GB− “+”→中线 N→负载→反向通过 L_3→VT_4→GB− “−”，形成负半波。

其他两个臂的工作情况完全相同，这里不再重复。从上面的介绍可以看出，半桥电路与全桥电路的区别如下。

1）半桥电路由一个臂就可以形成正负半波。比如 VT_1 和其他臂上的功率管就不发生任何关系。而全桥电路 VT_1 导通时和 VT_5、VT_6 都发生关系。

2）半桥电路的输出本身就具有中线的三相四线制结构，可以不加输出变压器。也许有的人会提出这样的问题：半桥电路没有变压器，但却增加了 *LC* 滤波器。实际上为了将逆变器输出的 PWM 调制波中的正弦波解调出来，这个滤波器不论是半桥逆变器还是全桥逆变器都必须具有，在全桥电路中大都将这个不大的电感和输出变压器合在一起了。所以在全桥电路中是“变压器+*LC* 滤波器”，而在半桥逆变器中就只需要 *LC* 滤波器。

3）半桥电路需要两组电池，而全桥电路只需一组电池。

4）半桥电路的每一相输出电压均需经过一个 *LC* 滤波器将脉宽调制波解调成正弦波。在解调过程中，高次谐波经电容器的低阻抗旁路到中线 N。又由于三相输出电压在相位上互差 120°，不能将高次谐波互相抵消，所以其中线 N 上具有不易消除的高次谐波。

三相半桥逆变器和单相半桥逆变器也是有区别的。

1）单相半桥逆变器虽然也可形成正负半波，但它的输出电压是悬空的，即其输出的两条线都是相线，而三相半桥电路的输出电压就已具备了一零一相的要求。

2）单相半桥逆变器每一个功率管的导通电流都通过一只电容，故限制了它的输出能力；而三相半桥电路每一个功率管的导通电流通过的是蓄电池，所以输出功率可以很大。

那么是否单相半桥逆变器也可将电容器换成蓄电池呢？当然可以。不过从经济上讲是不划算的。因为单相半桥逆变器采用两只电容，是为了在小功率输出时拥有最简单电路和最低造价。

当然，为了满足三相负载100%不平衡的要求，还可以采用3个单相全桥电路的组合以及改变变压器结构来实现。

6. 三相三电平半桥逆变器

从图2-55可以看出，半桥逆变器采用了两组直流电源，虽然可以省去了输出变压器，但却带来了使逆变管承受双倍直流电压的困难，对逆变器功率管的要求提高了，尤其是在输入电压很高的情况下，这就给选择高耐压器件增加了困难。所以很多电路设计者不得不另寻途径。1980年日本学者a. nabae等人在IEEE工业应用年会上提出了三电平电路方案。自从出现三电平中点钳位式结构以来，三电平逆变器便成为大容量、中高压逆变器的主要实现方式之一，作为其核心技术的脉宽调制（PWM）方法中，目前最受重视的是电压空间矢量脉宽调制法（SVPWM）。SVPWM优越性表现在：在大范围的调制比内有很好的性能，无需大量角度数据，母线电压利用率高，物理概念清晰，算法简单且适合数字化方案，适合于实时控制。因此这种控制方法是中外大功率变频产品中使用最为广泛的一种，也是三电平逆变器研究的热点问题。

空间矢量的产生是SVPWM的关键环节，目前芯片制造商已经为两电平逆变器开发了专用的DSP芯片，可以方便地实现两电平逆变器的空间矢量产生功能。多电平逆变器由于开关器件和电平数的增加，矢量产生的复杂程度远大于两电平逆变器，当前还没有支持多电平逆变器矢量产生的专用DSP芯片，所以为多电平逆变器寻找一种简便且通用的空间矢量发生方法是研究者关注的问题。参考文献［4］提出了一种SVPWM优化算法，该算法无需开平方和反正切等复杂运算，只需将参考矢量转换到60°坐标系，再经过简单的算术运算即可算出各基本矢量的作用时间。

所谓三电平逆变器是指逆变器交流侧每相输出电压，相对于直流侧电压有三种取值的可能，即正端电压（$+E_d/2$）、负端电压（$-E_d/2$）和中点零电位（0），二极管钳位式三电平逆变器的拓扑结构如图2-56所示。它由2个输入电容，12个开关管，12个续流二极管，6个钳位二极管组成。2个输入电容C_1、C_2均分输入电压E_d，每个电容上的电压为$E_d/2$，由于钳位二极管的作用，每个开关管在关断时所承受的电压为电容电压即$E_d/2$，因此三电平逆变器可以在不增加器件耐压等级的情况下成倍的提高输入电压。另外根据三电平逆变器的定义，逆变器每相桥臂的4个主开关管有3种不同的通断组合，对应3种不同的输出电位，即$+E_d/2$、0和$-E_d/2$，用符号相应地表示为P、O、N三种。以U_A相为例，为了保证每个功率器件在关断状态承受$E_d/2$电压，则在U_A相状态变化时，应该通过中性点电位0的过渡，即每相电位只能向相邻电位过渡，不允许输出电位的跳变。另外对主开关器件控制脉冲是有严格要求的，以防止同一桥臂贯穿短路，即V_1与V_3、V_2与V_4的控制脉冲都要求是反相的，同时每一对主开关器件要遵循先断后通的原则。

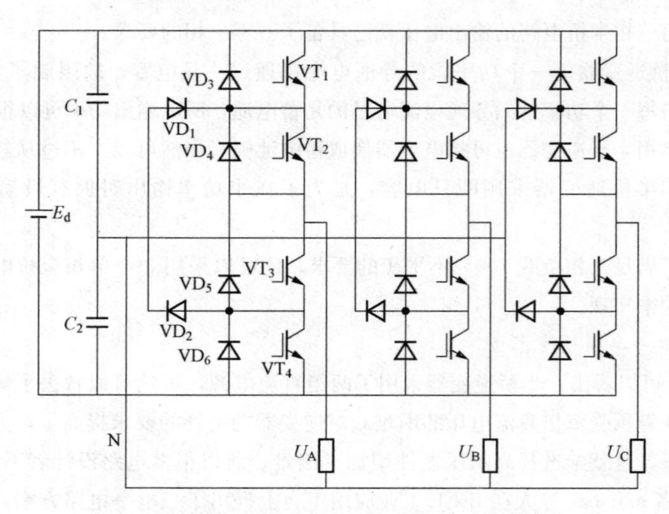

图 2-56　二极管钳位型三电平逆变器

在三电平控制系统中，每相的开关状态均有 p、o、n 三种，对三相对称系统来说共可以组合成 33（27）种开关状态，而每一种开关状态对应一个电压空间矢量，因此三电平逆变器电压空间矢量共有 27 个不同的矢量组成，如图 2-57 所示。

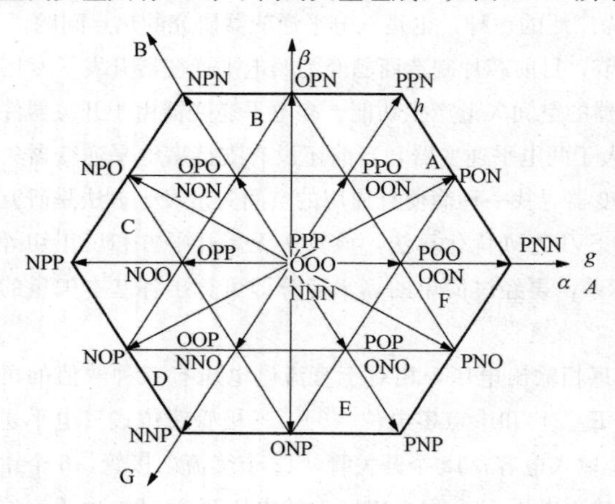

图 2-57　三电平逆变器的空间电压矢量分布图

图 2-57 中所有空间矢量可以分为零矢量、小矢量（内六边形的顶点）、中矢量（外六边形边的中点）和大矢量（外六边形的顶点），6 个大矢量将矢量空间分为 a～f 六个扇区，在每一个扇区中又由其包含的各矢量的顶点组成四个小区域，共得到 24 个小区域。将 27 个空间矢量进行从 abc 坐标系到 $\alpha\beta$ 坐标系解耦分析。

$$\begin{pmatrix} V_\alpha \\ V_\beta \end{pmatrix} = \frac{2}{3}\begin{pmatrix} 1 & -\frac{1}{\sqrt{2}} & -\frac{1}{2} \\ 0 & \frac{\sqrt{3}}{2} & -\frac{\sqrt{3}}{2} \end{pmatrix}\begin{pmatrix} V_a \\ V_b \\ V_c \end{pmatrix} \tag{2-49}$$

通过计算得到这 27 个矢量在 $\alpha\beta$ 坐标平面中的矢量，将重复的矢量合并可以发现在 $\alpha\beta$ 坐标系中只有 19 种不同的矢量，为了简化计算将所有桥臂矢量的模除以 ed/3。再计算可以得出 $\alpha\beta$ 坐标系中每个特定电压矢量的 α、β 坐标都不是整数，这对采用数字控制的实时计算十分不利。

（1）三电平逆变器 SVPWM 优化算法分析。由于 $\alpha\beta$ 坐标系中每个特定电压矢量的 α、β 坐标都不是整数，因此我们对 $\alpha\beta$ 坐标系中的电压矢量再来重新做一次坐标变换，让 g 轴与 α 轴重合，h 轴由 g 轴逆时针旋转 60°后得到 gh 坐标系。

$$\begin{pmatrix} V_g \\ V_h \end{pmatrix} = \begin{bmatrix} 1 & -\frac{1}{\sqrt{3}} \\ 0 & \frac{2}{\sqrt{3}} \end{bmatrix} \begin{pmatrix} V_\alpha \\ V_\beta \end{pmatrix} \tag{2-50}$$

如图2-58所示，在第a扇区中三电平的基本空间矢量就变为（0，0）、（1，0）、（2，0）、（0，1）、（0，2）、（1，1），这样在新的坐标系中原来的空间电压矢量可以用坐标来表示，其中坐标均为整数点，有利于控制器在线计算。

（2）基本空间电压矢量的预处理。图2-59为新坐标系下的V_{ref}投影图，根据参考电压V_{ref}在g轴和h轴上的投影，分别设为V_g和V_h，那么容易得到

$$V_g = \frac{4V_{ref}}{\sqrt{3V_{dc}}} \tag{2-51}$$

（V_{ref}为参考矢量的幅值V_{ref}和其他坐标的关系可以由余弦定理得到）

$$V_{ref}^* = \sqrt{V_g^2 + V_h^2 - 2V_g V_h \cos\frac{2\pi}{3}} \tag{2-52}$$

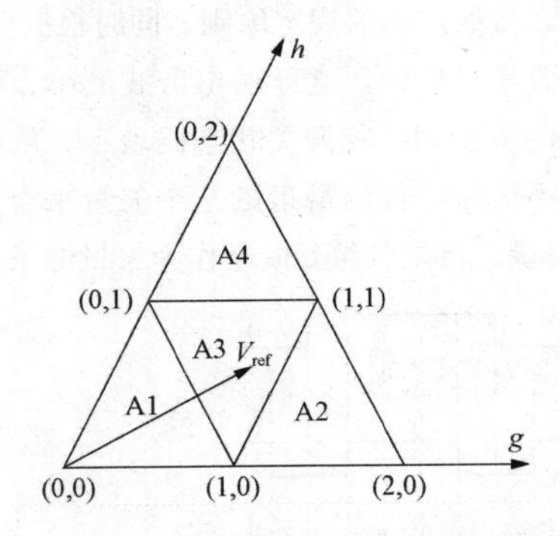

图2-58　新型算法坐标变换图

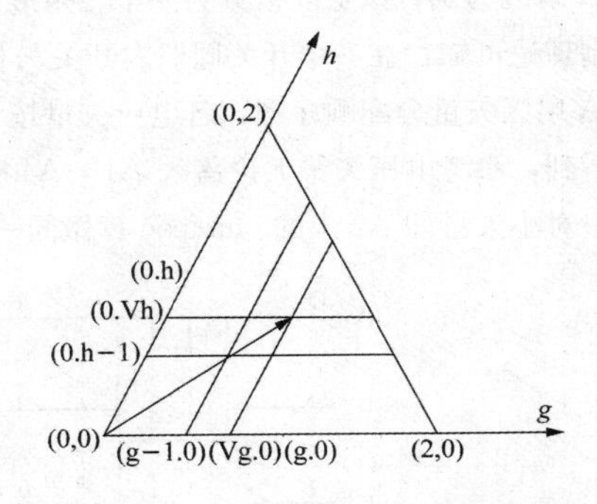

图2-59　新坐标系下V_{ref}投影图

（3）区域判断和最近3个基本电压矢量的确定。在知道参考矢量在gh坐标系下的坐标V_g和V_h后，很容易根据附表的条件判断其三角形区域和最近3个基本电压矢量。

表2-5　　三角形区域判断及最近3个基本矢量确定

判断条件	区域判断	最近三个基本矢量
$0<V_g<1$，$0<V_h<1$，$V_g+V_h<1$	A1	（0，0），（0，1），（1，0）
$0<V_g<2$，$0<V_h<1$，$V_g+V_h<2$	A2	（1，0），（2，0），（1，1）
$0<V_g<1$，$0<V_h<1$，$V_g+V_h>1$	A3	（0，1），（1，0），（1，1）
$0<V_g<1$，$1<V_h<2$，$V_g+V_h<2$	A4	（0，1），（0，2），（1，1）

（4）计算被选择的基本矢量各自的作用时间。设由上一步选择好的3个临近的基本矢量为（g_1，h_1），（g_2，h_2），（g_3，h_3），它们对应的作用时间分别为t_1，t_2，t_3，将选择好的基本矢量用于伏秒平衡方程组，通过计算可以得出如下3个基本电压矢量的作用时间：

$$t_1 = \frac{(h_2 - h_3)V_g - (g_2 - g_3)V_h + T[(h_2 - h_3)g_3 - (g_2 - g_3)h_3]}{(h_2 - h_3)(g_1 - g_3) - (h_1 - h_3)(g_2 - g_3)} \tag{2-53}$$

$$t_1 = \frac{(h_3 - h_1)V_g - (g_3 - g_1)V_h + T[(h_3 - h_1)g_1 - (g_3 - g_1)h_1]}{(h_3 - h_1)(g_2 - g_1) - (h_2 - h_1)(g_3 - g_1)} \tag{2-54}$$

$$t_1 = \frac{(h_1 - h_2)V_g - (g_1 - g_2)V_h + T[(h_1 - h_2)g_2 - (g_1 - g_2)h_2]}{(h_1 - h_2)(g_3 - g_2) - (h_3 - h_2)(g_1 - g_2)} \tag{2-55}$$

由于他们相互之间只相差 0 或者 1，所以相对于 $\alpha\beta$ 坐标系矢量作用时间的计算运算量得到很大的简化。

（5）输出电压矢量的作用顺序。在确定了进行合成的基本电压矢量和各个矢量的作用时间之后，还必须确定 3 个基本电压矢量的作用顺序，在这个环节上遵循以下原则：

1）为了优化开关频率，开关矢量应选择每次开关矢量变化时，只有一个开关函数变动（即只有一相输出发生变化），从而减少开关损耗。

2）为了控制的方便实现，在一个开关周期中，开关矢量的选择是对称的，零矢量或等效零矢量的作用时间是等分分配的。

以 A 扇区为例，该空间被分为 4 个三角形区间，按照前面的规定原则，同时根据电压空间矢量调制理论可知：在一个开关周期内开关矢量应该是对称的，这样输出谐波最小。图 2-60 是一个 A 扇区矢量分配顺序图，各电压矢量按节拍的分配用三相开关状态码表示。从图 2-60 中可以看到，参考电压矢量无论落入 A1～A4 哪个小区域，都由最近的三个矢量来合成替代，其中有一对小矢量如 A2 中的 onn/poo 算做同一个矢量，首尾矢量 ooo 是作为矢量链条的链结。

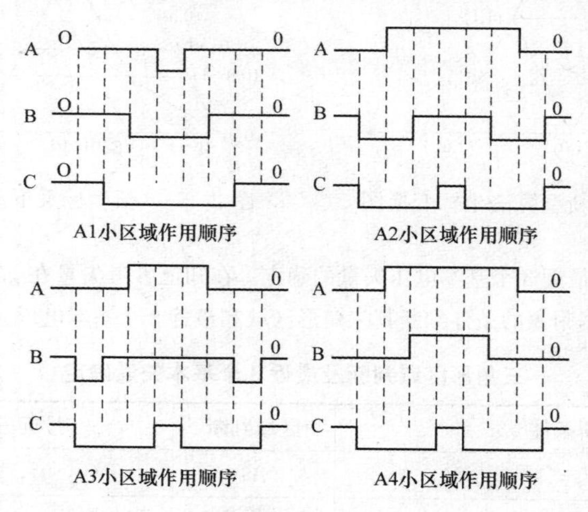

图 2-60　A 区电压矢量顺序

其他五个扇区电压矢量分配顺序的生成与 a 扇区类似，本文限于篇幅不加赘述。具体实现时，可以先将各个区域的电压矢量分配顺序制成表格存于 DSP 内，然后用查表的方法实现信号的发送，DSP 实现脉冲输出功能。

（6）三电平二极管嵌位逆变器的工作路径。和以往的板桥逆变器工作原理一样。在这里仍以 U_A 相为例。当 U_A 相需要正半波输出时，图 2-61（a）给出了电流路径：电流从电容器 C_1

的正端出发，流经 VT1 和 VT2，进入负载，再由负载的下端返回到电容器 C_1 的负端，于是就完成了正半波输出的半个周期。当然实际工作中这个电流不是连续的，是经过 DSP 控制的脉宽调制（PWM）的。

相对应，当 U_A 相需要负半波输出时，图 2-61（b）给出了电流路径：电流从电容器 C_2 的正端出发，首先进入零线 N 到达负载的下端，再折向上行，流经 VT3 和 VT4，回到电容器 C_2 的下端（负极），于是就完成了负半波输出的半个周期。当然实际工作中这个电流也不是连续的，是经过 DSP 控制的脉宽调制（PWM）的。

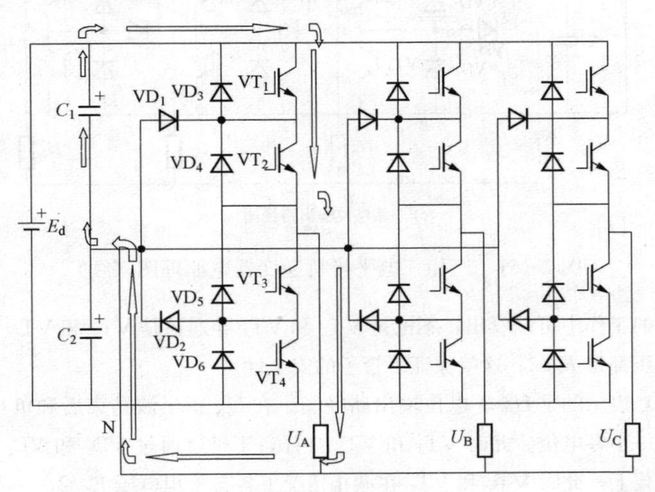

(a)U_A正半波输出电流路径图

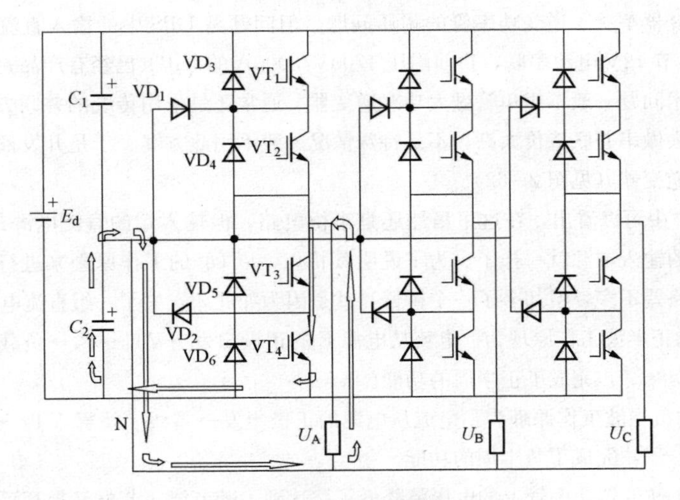

(b)U_B负半波输出电流路径图

图 2-61　三相三电平半桥逆变器电原理图

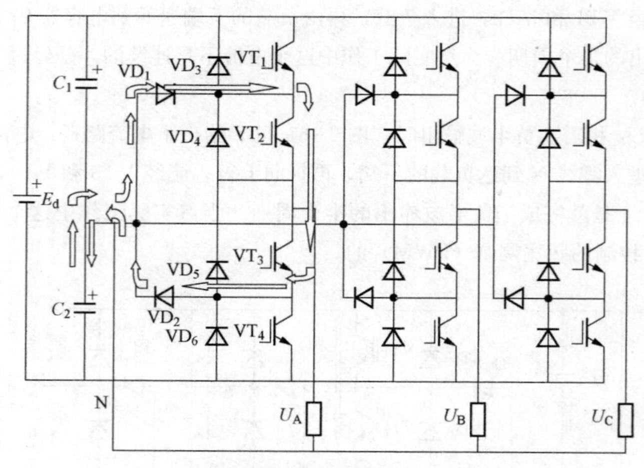

(c)U_C零电位输出路径图

图 2-61　三相三电平半桥逆变器电原理图（续）

从正负半波的工作中可以看出，不论是 VT_1 和 VT_2 导通还是 VT_3 和 VT_4 导通，加在每一支功率管上的电压都是 $E_d/2$。这就保证了管子的安全性。

图 2-61（c）表示的是 U_A 零电位输出路径图。在 U_A 正半波结束后和负半波还没有开始前，电路就输出一个零电位。此时 VT_2 和 VT_3 打开，于是就通过 VD_1 和 VD_2 接通到零线 N。将零电位夹道负载上，此时 VT_1 和 VT_4 在截止情况下各自承担电压 $E_d/2$。

7. 单直流电源的半桥逆变器

三电平逆变器解决了逆变功率管的耐压问题。但问题是 UPS 中的输入直流电压还不算太高，一般是 32 节 12V 电池串联，目前耐压 1700V/3000A 的 IGBT 已经有产品，当然由于驱动和其他一些技术问题一般不用单管做大功率逆变器。通常还是采用传统的并联方法，但若再用双倍的功率管去做串并联造价太高，不是特殊情况一般不用此方案。于是开发商又推出了单输入电源的半桥逆变器（见图 2-62）。

从图 2-62 中可以看出，在这里虽然还是半桥电路，但输入端的直流电源却变成了一个，与全桥逆变器的输入电源就一样了。为了说明其特点，以 U_C 的工作原理来进行叙述。乍一看和一般全桥电路差不多，但却多了一个桥臂，就是因为如此才省去了一组直流电源。

桥臂 U_C 的正半波工作原理为：电流从电源 E 的正极出发→VT_1→L_3→负载→零线下桥臂 VT_8→零线→E“－”，完成了正半周的功能。

桥臂 U_C 的负半波工作原理为：电流从电源的正极出发→零线上桥臂 VT_7→零线→负载→L_3→VT_2→E“－”，完成了负半周的功能。

这样一来，逆变器功率管上的电压就降低了，达到了既节能、节材又提高可靠性和降低器件成本的目的。

8. 双向变换器

逆变器的概念来自三端口和在线互动式 UPS。因为在这些 UPS 的结构中已经取消了单独

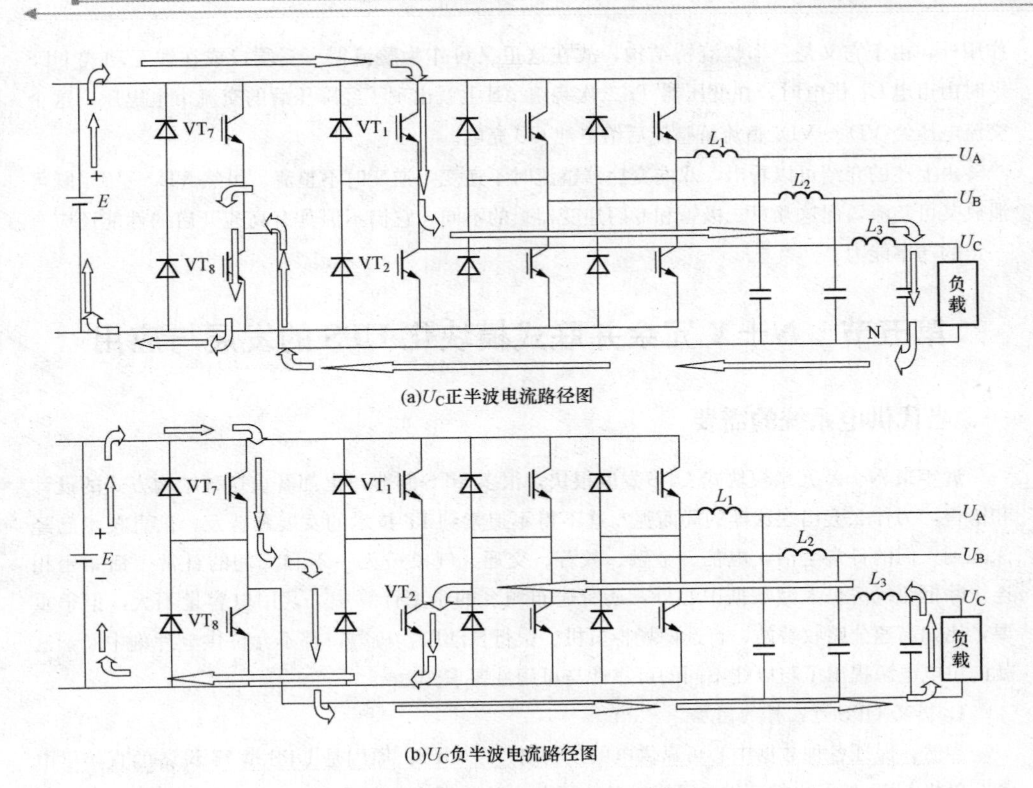

(a)U_C正半波电流路径图

(b)U_C负半波电流路径图

图 2-62 单电源半桥逆变器原理图

的输入整流器/充电器。整流器/充电器和逆变器的全部功能都由双向变换器完成。

图 2-63 所示虚线的方框内就是构成三端口 UPS 的双向变换器电原理图。它就是用于所有 UPS 中的一个普通逆变桥电路结构，但在这里又赋予了新的含义和功能。在市电故障而改由电池放电时，双向变换器的作用就是逆变器，其工作过程和其他 UPS 逆变器完全一样，其中 $VD_1 \sim VD_4$ 的作用是：在功率管由导通而转为截止的瞬间在变压器绕组上将有反电动势出现，它们的作用就是将反电动势泄放回电池。比如 VT_1、VT_4 导通时，变压器 T_r 绕组 AB 的电动势极性为 A 负、B 正，在 VT_1、VT_4 截止的瞬间在该绕组中激起的反电动势极性变为 A 正、B 负，这就影响了 VT_2、VT_3 的顺利开通。但由于 $VD_1 \sim VD_4$ 的存在，这个电动势就可以通过 A"+"→VD_2→GB→VD_3→B"-"形成泄放回路，将绕组中的储能回授给电池，从而保证了下一周期 VT_2、VT_3 的顺利开启。VT_2、VT_3 导通和截止时的过程完全一样，不再重复。$VD_1 \sim VD_4$ 除了具有泄放

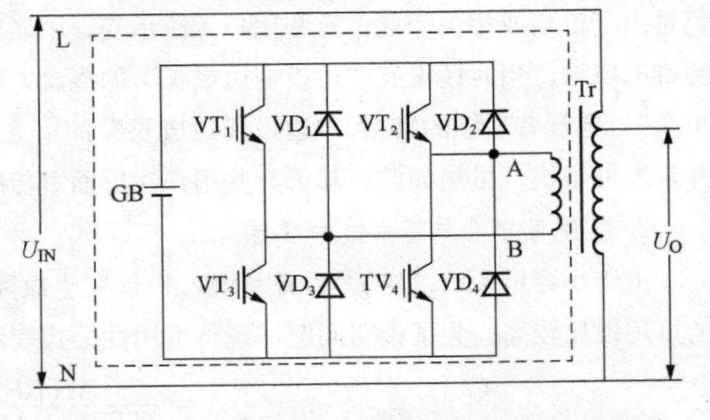

图 2-63 三端口 UPS 的双向变换器电原理图

作用外，由于它又是一个整流桥结构，故在这里又可作为整流器。三端口或在线互动式 UPS 平时由市电 U_{IN} 供电时，在变压器 Tr 二次绕组 AB 上就出现了经降压后的交流市电电压，这个交流电压经 $VD_1 \sim VD_4$ 整流桥整流后给电池 GB 充电。

由上述的介绍可以看出，双向变换器整流时不逆变，逆变时不整流。虽然 $VD_1 \sim VD_4$ 既可泄放又可整流，但这几只二极管和专门逆变器上的不同，它们不但具有高速开启的性能还应有一定的功率能力。

第五节　*N*＋*X* 冗余并联式模块化 UPS 的发展与应用

一、当代供电系统的需要

近年来 $N+X$ 冗余模块式 UPS 发展很快，很多 UPS 制造商也都看重这种结构方式的设计和销售，为什么会出现这样的局面呢？这不得不追索到 IT 技术的发展和普及，信息技术已经深入到人们的日常生活，电信、金融、教育、交通、气象…无一不和人们的日常生活紧密相连。除枢纽机房是大型数据中心外，还有遍布城乡的小型计算中心，用电容量不大，但很重要，比如高速公路收费站、自选商场柜员机、银行自动取款机等，都不允许供电片刻中断，这就向供电电源提出了与以往不同的可靠性与可用性要求。

1. 提高 UPS 可靠性的困难

当然，保证各种数据中心可靠供电的设备莫过于 UPS。原因是 UPS 是 IT 设备的直接供电者。单机 UPS 是无法保证供电可靠性的，因此大的数据中心都采用 UPS 并联冗余的方法来提高可靠性，但像一些小的地方由于资金和容量的限制就不可能采用具有并联冗余功能的大容量 UPS，而小容量的 UPS 又恰恰大都不能并联，尽管有几种具有冗余并联功能的小容量 UPS，仍是由于价格或相关问题，有些用户无法承受，串联热备份性能又不理想，于是就陷入了进退两难的境地。当时还没有“边投资边成长”的概念，因为一般计算机房的供电大都是“大马拉小车”，容量有足够的富裕。“边投资边成长”的概念只是在近年才被某些地方提到日程上来，并且发展很快。虽然如此，却仍有些用户在反面宣传的影响下不敢尝试。

2. 提高可靠性与可用性的需要

由于小容量 UPS 单机无后备系统，一旦发生故障，就失去了供电的保障，所以要求供电的可用性比较高。为了说明问题，现将可用性公式表示如下

$$A = \frac{MTBF}{MTBF + MTTR} \tag{2-56}$$

式中：A 是系统的可用性，是一个不大于 1 的数值；$MTBF$ 是系统在指定时间段的平均无故障时间，h；$MTTR$ 是系统在指定时间段内故障的平均修复时间，h。

从式（2-56）中可以看出，当系统故障后，修复时间非常重要。如果使用单机 UPS 供电，一旦出现故障，修复时间就无法保证，少则几个小时，多则数日，如果市电还存在的话，只好由市电直接供电，使设备长时间处于不安全的环境下。因此，设备必须在指定运行时间段内保证一定的正常供电时间比例，是保证 90%的时间还是 99.9%的时间能正常供电，这就是可用

性的含义。而可靠性则是指供电的硬件设备在多长时间间隔内不出故障，一旦出了故障，多长时间又回复正常供电，已不属于它负责的范畴。因此，可用性是一个更能全面表示有效供电的概念。

例 2-4 假如某一金融单位数据中心机房要求 UPS 在一年中的可靠供电时间 $A=0.99999$，那么允许机器故障与维修时间 t 是多长？

$$t = 365\text{天} \times 24\text{h} \times (1-A) = 0.0876\text{h} \approx 5.3\text{min}$$

3. $N+X$ 模块式冗余 UPS 的发展概况

由于上述这些原因，在 20 世纪的 90 年代后期有些 UPS 制造商就推出了小功率$N+X$模块冗余式 UPS。比如为 PK（单体模块为 1kVA）、Iemal（单体模块为 3kVA）、Symmetry（单体模块为 4kVA）、9170（单体模块为 3kVA）等产品就开始陆续上市。随着“边投资边成长”概念的推出，单元容量开始升级。比如“英飞”单模块容量就由 2～4kVA 升至 10kVA 甚至更高，Eaton 单个模块可做到 300kVA，克劳瑞德可做到 200kVA 模块，至成冠军在 20kVA 模块的基础上也做出了 80kVA 的模块，PK 由 1kVA 升至 20kVA 和以上，ARRAY 单个模块由 4～15kVA，GA 原来是单一的 10kVA 模块，现在也有所扩充。图 2-64 示出了部分 $N+X$ 模块式冗余 UPS 的外貌。而且这些生产单位还在不断推出新产品。

Eaton9395 300kVA×2

MOTU 30kVA×10

Champion 30kVA×10

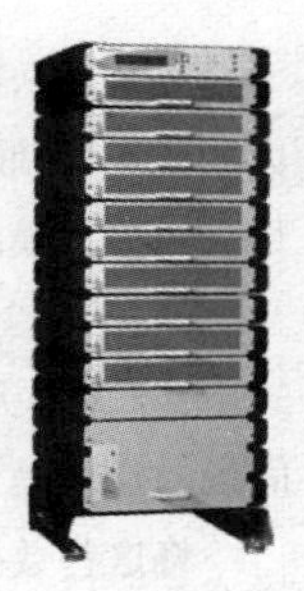
GA10kVA×10

图 2-64 部分 $N+X$ 模块式冗余 UPS 的外貌

$N+X$ 模块式冗余 UPS 的推出给用户又赋予了很多新的概念，比如模块化 $N+X$ 组合概念、冗余概念、可扩展性概念、可维护性概念、安全与环保概念，并给工作人员以舒适的环境和轻松的维护手段，所以这种产品一问世就赢得了用户的青睐。

二、可靠性与可用性

1. 控制电路与功率模块分离式结构 UPS 的可靠性与可用性

（1）各种模块化结构的可靠性。模块化结构首先推出的是第一代产品，它的特点是控制电路与功率模块分离，在统一控制的前提下能使各功率模块的输出电流平均分配，再不用外加任何并联电路环节，所以控制电路设计起来比较简单，降低了造价和避免了由并联电路带来的监测和控制调整上的麻烦。另外由于功能分离，既减轻了自重备份利用率又高，如备份构成单机的一个功率模块和一个电池模块就可以分别更换，为用户节约了投资。

其不足一是任何一个模块都不能独立供电，二是有时在某一特殊情况下，不允许两个控制电路模块同时故障。比如即使在1+4的情况下，尽管可以允许4个功率或电池模块同时故障，但就是不允许两个控制电路模块同时故障，在一定意义上讲这就是一种瓶颈效应。

图2-65示出了这种结构方案的电原理方框图。这种结构的可靠性和可用性到底有多高呢？众说纷纭。为了有一个数量的概念，不妨根据以往的该类产品可靠性指标做一些计算。

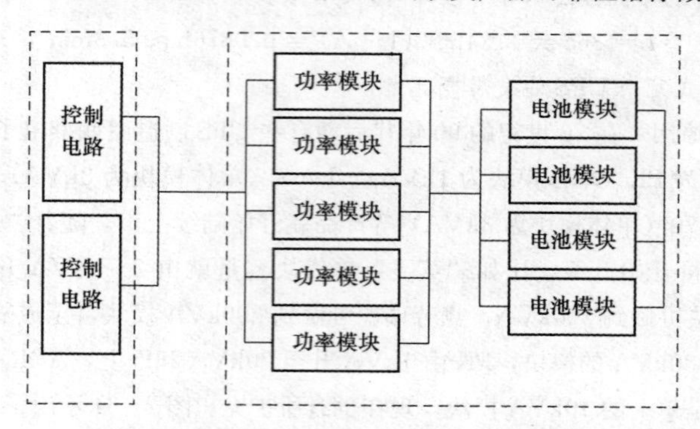

图2-65　功能分离式4+1冗余结构电原理方框图

一般UPS单机的*MTBF*为100 000～200 000h，在这里将“功率模块+电池模块”在3年内的*MTBF*取最大值500 000h，为了计算的方便，将控制电路的*MTBF*也取最大值500 000h，那么个单元模块的可靠性r为

$$r=e^{-\alpha t}=e^{-\frac{t}{MTBF}} \tag{2-57}$$

式中：r为单元模块的可靠性；α为单元模块的故障率，是*MTBF*的倒数；t是机器运行的时间段，这里是3年，即3×8760h=26 280h。

将这些数据代入式（2-57），得

$$r=e^{-\frac{26\,280}{500\,000}}=e^{-0.052\,56}=0.9488 \tag{2-58}$$

根据图2-66的结构，将式（2-58）的数值代入式（2-57），就得出该系统的可靠性R值

$$\begin{aligned}R_{4+1}&=[1-(1-r)^2]\times[1-(1-r)(1-r^4)]\\&=[1-(1-0.9488)^2]\times[1-(1-0.9488)\times(1-0.9488^4)]\\&=0.9877\end{aligned} \tag{2-59}$$

从以上计算可以看出，此类结构的设备在4+1的情况下只能达到一个“9”的可靠性，当然这里还未计入机柜、布线和接插件带来的不利影响。这种结构UPS的特点是它的可靠性会随着负载的减小而增大，在一定定程度上显示出了优点，故此，再来算一下2+3冗余时的可靠性，功能分离式2+3冗余结构可靠性模型图如图2-67所示。仍利用上述的数据代入式（2-57）即可列出下面的表示式，再代入上述数据，就可以得出此时的设备可靠性为

$$\begin{aligned}R_{2+3}&=[1-(1-r)^2]\times[1-(1-r)^3(1-r^2)]\\&=[1-(1-0.9488)^2]\times[1-(1-0.9488)^3(1-0.9488^2)]\\&=0.9973\end{aligned} \tag{2-60}$$

2+3冗余时的情况下，其设备的可靠性也只能达到两个“9”。

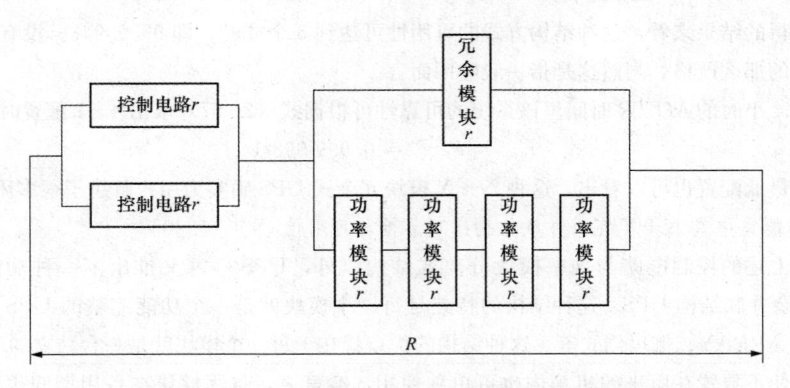

图 2-66 功能分离式 4+1 冗余结构可靠性模型图

从上述的计算比较可以看出，这种结构UPS的可靠性一般在3个“9”以下。在上述2+3冗余结构可靠性为0.9973的情况下，整机的 $MTTR$ 可由式（2-57）反推求得。将式（2-57）重新整理并代入该数值得

$$MTBF_{2+3} = -\frac{t}{\ln r} = -\frac{3\times 8760\text{h}}{\ln 0.9973} = -\frac{26\,280\text{h}}{-0.0027} = 9\,733\,333\text{h} \quad (2-61)$$

在4+1情况下的平均无故障时间同样可以算出

$$MTBF_{4+1} = -\frac{3\times 8760\text{h}}{\ln 0.9877} = 2\,119\,355\text{h} \quad (2-62)$$

从计算值可以看出，这种结构的 $MTTR$ 确实比原来提高了很多。

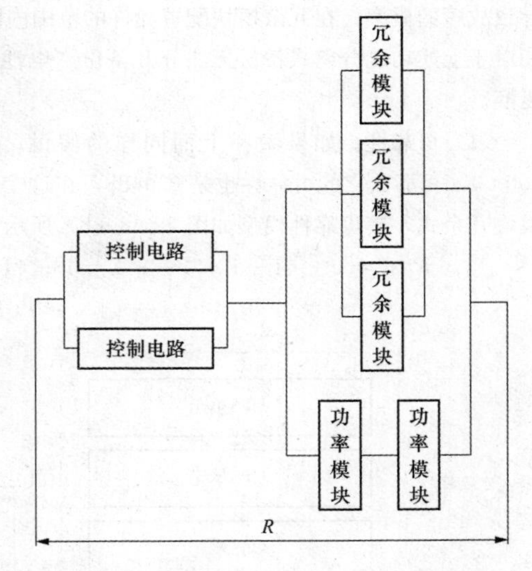

图 2-67 功能分离式 2+3 冗余结构可靠性模型图

（2）可用性。从上面的分析可以看出，即使功率模块和控制模块的平均无故障时间为50万h，其整机的可靠性也难于达到99.9%，所以必须依靠可用性中的 $MTTR$。当然，模块式结构的特点就是修复时间短，有的说可以做到 $MTTR$=5min，并以此为根据来说明可用性是如何高。在实际情况下这个指标是难以实现的，因为5min只能在特定条件下得到的，一般都是将备用模块放在手边，一开始计时就马上操作，但实际中哪有如此好的条件，尤其是一般用户很少购买备用模块，所以有的拖几个小时甚至几天的事情并不少见。因此将 $MTTR$ 定为4h已是很先进了。就以4h为例，式（2-56）计算，此时的2+3和4+1配置的可用性分别为

$$A_{2+3} = \frac{9\,733\,333}{9\,733\,333+4} = 0.999\,999\,6$$

$$A_{4+1} = \frac{2\,119\,355}{2\,119\,360} = 0.999\,997\,6 \quad (2-63)$$

从所得的结果来看，这种结构方式的可用性可达到 5 个“9”，即 99.999%。没有必要将更换时间卡的那么严格，当然这是指一般应用而言。

在这 4 小时的 *MTTR* 时间里该系统的可靠性可根据式（2-57）求出 4+1 配置时

$$r_{4+1} = e^{-\frac{4}{2\,119\,355}} = 0.999\,998\,1$$

仅从最低配置也可以看出，这种 $N+X$ 模块冗余式 UPS 确实为用户解决了很多困难。

2. 功能集中式 $N+X$ 冗余并联结构的可靠性与可用性

除了上述的控制电路与功率模块分离式结构以外，UPS 厂家又推出了一种功能集中式 $N+X$ 冗余并联结构 UPS。这种结构的特点是每一个模块就是一个功能完整的 UPS 电源，如 Newave、ARRAY、伽玛创立等。这种结构的优点就在于每一个模块就是一台独立的 UPS 电源单机，即使不放置在原来的机柜内也可单独使用，换言之，备用模块在备用期间也可拿来使用，提高了备用器材的利用率；由于控制电路和功率模块在一个机壳内，降低了因连接不牢而导致故障的概率；在冗余模块配置允许的范围内没有最低故障模块类型的限制。其不足之处是相对于上述功能分离式备份无法分开备份（电池除外），即必须备份整机单元，也不可以拆分更换。

(1) 可靠性。如果做和上面同样的假设，模块单元在 3 年内的平均无故障时间也是 500 000h，那么它的可靠性也是 0.9488，在这个数值下为了比较的方便，其配置也采用 4+1 模块冗余式，其可靠性模型如图 2-68（b）所示。此时的可靠性为

$$R_{4+1} = 1-(1-r)(1-r^4) = 1-(1-0.9488)(1-0.9488^4) = 0.9903$$

$$R_{2+3} = 1-(1-r^2)(1-r)^3 = 0.999\,987$$

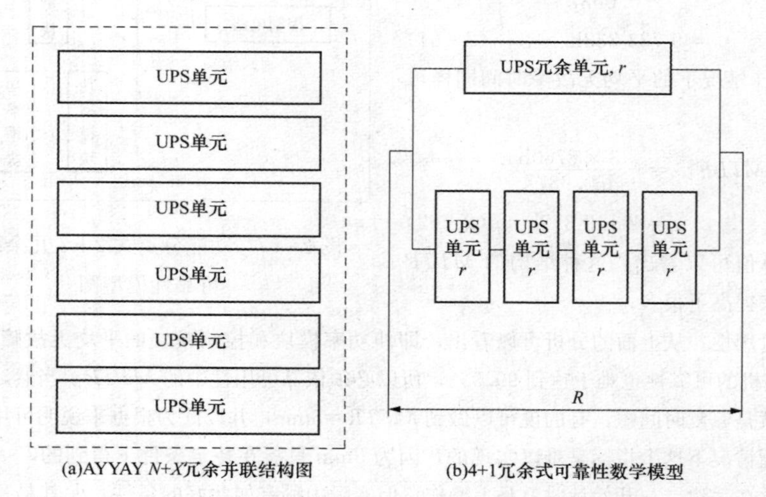

图 2-68 功能集中式 $N+X$ 冗余并联结构 UPS

从计算结果可以看出，功能集中式 $N+X$ 冗余并联结构的 UPS 设备可靠性比功能分离式结构的 UPS 在同样两种情况下都高出一个“9”。

(2) 可用性。同样可根据式（2）和上述同样的假设，求出两种情况下的 *MTBF* 和可用性。其 *MTBF* 分别为

$$MTBF_{4+1} = -\frac{3\times 8760\text{h}}{\ln 0.9903} = -\frac{26\ 280\text{h}}{0.009\ 75} = 2\ 695\ 385\text{h}$$

$$MTBF_{2+3} = -\frac{t}{\ln r} = -\frac{3\times 8760\text{h}}{\ln 0.999\ 987} = 20\ 215\ 526\ 321\text{h}$$

其可用性分别为

$$A_{2+3} = \frac{2\ 021\ 525\ 321}{2\ 021\ 525\ 325} = 0.999\ 999\ 998$$

$$A_{4+1} = \frac{2\ 695\ 385}{2\ 695\ 389} = 0.999\ 998\ 5$$

从上述的比较可以看出，功能集中式 $N+X$ 模块冗余式结构，在可靠性和可用性上都优于功能分离式结构。尽管在讨论中有些条件没有加进去，但从定性的观点看应该是这样的。

3. $N+X$ 模块冗余式和双单机 1+1 冗余式 UPS 可靠性比较

这是已讨论很久的问题，应该说这两种配置的可比性较差，因为各有其长处。为了讨论的方便，首先做一个规定：N 为设计的使用模块数，X 为冗余模块数。

1）在可靠性指标上，当 $N>X$ 时，它的可靠性赶不上双单机 1+1 冗余配置的高；但在 $N<X$ 时，它的可靠性又比单机 1+1 冗余配置的高。

2）在过载能力上。单机 1+1 冗余配置的系统可以过载到 200%以上，而 $N+X$ 配置的模块化结构在一般情况下却不容易达到。

3）在可靠性的灵活性上。$N+X$ 配置的模块化结构可靠性随着负载的减小而增大，这由前面的计算就可看出，而双单机 1+1 冗余配置的系统可靠性值是固定不变的。

4）在 $MTTR$ 和增容方面。$N+X$ 配置的模块化结构明显优于双单机 1+1 冗余配置。因为模块化结构具有很强的灵活性等。

总之，这两种结构各有不同的应用场合，但又不会互相排斥。应用哪一种结构更好，这要以当时当地的具体情况如何而定，不能笼统地说哪个好那个不好。

4. 功能集中式 $N+X$ 模块冗余 UPS——第二代模块化 UPS

功能集中模块化冗余式 UPS 的出现是近几年的事，但整机冗余式并联的应用已有很长时间了。整机冗余式并联是各个机器分开后各自独立，但由于第一代模块化冗余式 UPS 是功率模块并联，而控制电路是另外的，因此有瓶颈效应，可靠性受到了限制，所以才有了此第二代模块化冗余式 UPS，这就是在一个机柜中放入了多个单元 UPS，因此就引出了一些疑问。

模块化 UPS 是今后发展的一个方向，它解决了“边投资边增长”的问题，小功率 UPS 冗余并联的问题、维修方便的问题和提高可用性的问题等。但也有的担心：原来一台 UPS 只用一套电路，现在一个模块就用一套电路，多个模块就是多套电路。根据多一个环节就多一个故障点的原理，岂不是模块化 UPS 的可靠性降低了？当然，这种怀疑不无道理，但却忽略了另一个问题，即这种小功率模块 UPS 是技术最成熟的、元器件可靠性也是最高的。

有人说，模块越并联可靠性越低，这也只是说对了一部分。因为开发模块化的目的在于冗余，如果不是采用冗余并联就失去了意义，“多一个环节就多一个故障点”是模块串联的情况。既然是用于冗余就具有了另外的意义，如果是采用 $n+1$ 并联冗余（其中 1 为冗余模块数）结构，那就是并联的模块越多其可靠性（但不是可用性）越低，低到什么程度呢？再低也不会低于一个模块的可靠性。如果采用1+n（其中n为冗余模块数）结构，那么并联的模块越多，其可靠性越高。为了有一个量的概念，现举例如下。

例2-5 一个具有5个模块的模块化UPS，如果假设所有5个模块的可靠性相等，即均为0.99（$r_1=r_2=r_3=r_4=r$），那么在上述两种情况下的可靠性各是多少？

这里需要说明的是作为可靠性，严格地说是一种属性，是不可数的，规范的说法应该是“可靠度”才对，但由于长期以来人们已习惯这种叫法，在这里也不更改，只要将“可靠性”这个词理解成“可靠度”就可以了。

1）n+1冗余并联模式下的可靠性。为了计算出这种情况下的可靠性数据，首先要做出各种情况下的数学模型，图2-69就给出了四种冗余并联时的数学模型图，根据这些数学模型计算出的数据为

$$R_{1+1}=1-(1-r)(1-r)=1-(1-0.99)(1-0.99)=0.9999 \tag{2-64}$$

$$R_{2+1}=1-(1-r^2)(1-r)=1-(1-0.99^2)(1-0.99)=0.999\,801 \tag{2-65}$$

$$R_{3+1}=1-(1-r^3)(1-r)=1-(1-0.99^3)(1-0.99)=0.999\,703 \tag{2-66}$$

$$R_{4+1}=1-(1-r^4)(1-r)=1-(1-0.99^4)(1-0.99)=0.999\,606 \tag{2-67}$$

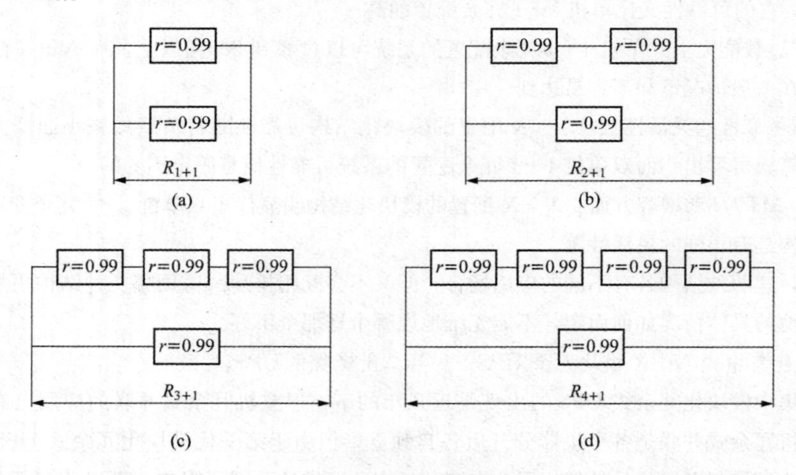

图2-69 n+1冗余并联时的可靠性数学模型

从上面的计算中可以明显地看出，1+1冗余并联时的系统可靠性最高，但也可以看出即使在4+1情况下的可靠性也比单个模块的可靠性高一个数量级，见表2-6。从计算的规律看，n每增加一个模块，其并联可靠性仅降低0.0001，就是说，即使到了8+1（这时目前单机柜中冗余最多的模块数），其可靠性数值也才是$R_{8+1}=0.9991$，仍然保持在3个“9”以上，比单个模块的可靠性还高得多，并不像有人估计的那么悲观。

另外，从可用性上讲，模块化比机柜并联模式更有优越性。因为模块化的习惯概念为：可以热插拔。即机柜中要有两个及以上的相同模块电路，即可冗余又可更换。而有的厂家为单个200kVA的单机机柜也起了个“模块”的名字，这和以往的单机机柜没有区别［见图2-70(b)］。而图2-70（c）就是300kVA×2模块冗余且可热插拔的模块柜，图中工程师正利用杠

杆将一个300kVA模块从槽中拔出，右面是装上面板时的外貌。图2-70（a）所示就是一个$n+1$结构模块化UPS机柜，工程师也在进行热插拔动作。所以$N+X$模块化应该是在同一个机柜中具有可以冗余的模块，可以热插拔。

(a)灵活热插拔的模块

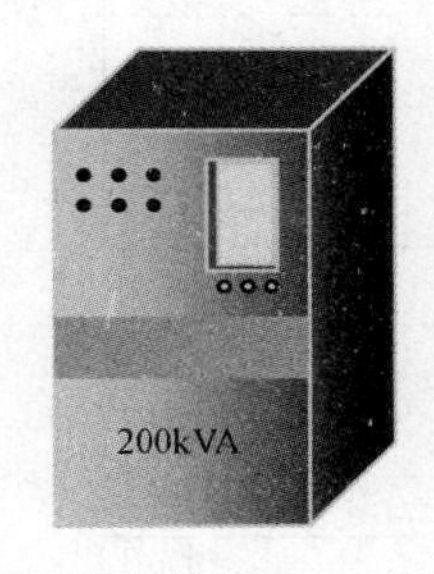

(b)无法热插拔的300kVA机柜

(c)300kVA×2热插拔的模块柜

图2-70 热插拔的模块概念

更值得一提的是：$n+1$结构模块化UPS的可靠性不是一成不变的，它随着负载的减小是可变的，见表2-6。比如5模块结构的系统，每个模块的功率为4kVA，假如负载为18kVA，这时的组合模式为4+1，由于许多电子负载不是固定的，一直处于变化之中，如果负载在某一段时间变成了16kVA，这时的冗余组合就自动升级为3+2，而且这种情况在实际运行中是经常出现的，这就赋予了模块化冗余结构以特殊的功能，是其他单机UPS组合所无法比拟的。

表2-6　　$n+1$冗余并联时的可靠性比较表

并联结构	R_{1+1}	R_{2+1}	R_{3+1}	R_{4+1}
可靠性	0.9999	0.9998	0.9997	0.9996

2）$1+n$冗余并联模式下的可靠性。有的将$n+x$冗余并联片面地看成是模块越并联多了可靠性就越低，实际上那是对上述的$n+1$而言。从上面的计算可以看出，即使是$n+1$也不是像某些人估计的那样，更何况在$1+n$并联模式下模块并联的越多可靠性越高。图2-71示出了在此模式下2～5模块系统构成的各种并联模式可靠性模型图。式（2-68）～式（2-71）就是根据这些可靠性模型计算出来的结果。从这些结果可以明显地看出这种冗余组合优越性，可以将系统的可靠性做得很高

$$R_{1+1}=1-(1-r)(1-r)=1-(1-0.99)(1-0.99)=0.9999 \tag{2-68}$$

$$R_{1+2}=1-(1-r)(1-r)^2=1-(1-0.99)(1-0.99)^2=0.999\,999 \tag{2-69}$$

$$R_{1+3}=1-(1-r)(1-r)^3=1-(1-0.99)(1-0.99)^3=0.999\,999\,99 \tag{2-70}$$

$$R_{1+4}=1-(1-r)(1-r)^4=1-(1-0.99)(1-0.99)^4=0.999\,999\,999\,9 \tag{2-71}$$

模块化结构的更可贵之处在于它可以快速地热插拔，这样一来就可以将维修时间缩短很多，无疑提高了可用性。巨型模块化结构（比如200kVA以上的“模块”）由于其质量和体积的非常庞大，几百千克的质量单靠人力是难以应付的。但数据中心的发展与双电源IT设备的应用，大功率模块化产品也随之出现，可利用特殊的手段来实现热插拔。

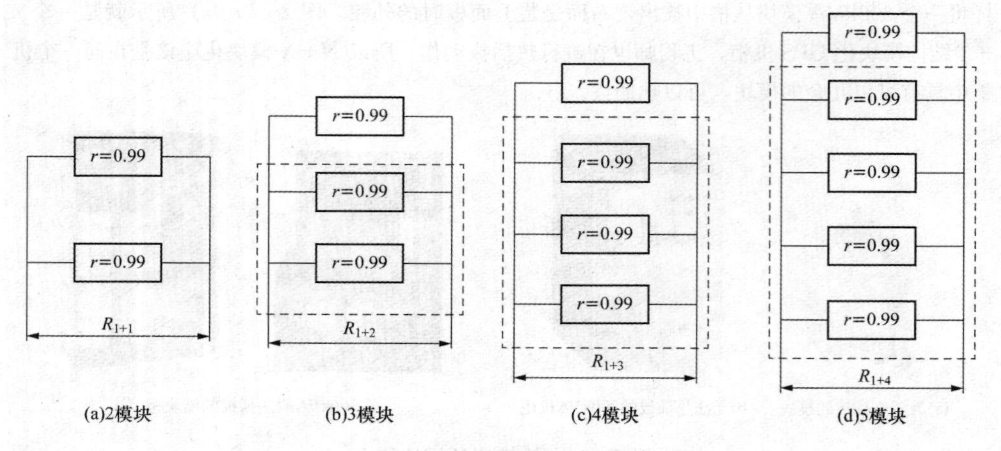

图 2-71　1+n 冗余并联时的可靠性数学模型

有的用户提出了这样的问题“并联中的一个模块因故障退出时，电流分配到其他模块上，其他模块会不会因为电流的突然增加而损坏？”

这是一个关于 UPS 输出电压的动态问题。输出电压具有好的动态特性是任何电压源的基本功能指标。所谓电压源，就是说在负载电流做任何电与阿安能力以内的变动时，输出电压的变动应在规定范围之内。比如对一般 UPS 而言，在输出电流 100%阶跃变化时，输出电压的变化应在 3%以内，并在 1～2 个周期内恢复到额定值［见图 2-72（a）］。

目前一般正规产品都完全可以满足这个要求，而模块化 UPS 采用的是已经成熟的技术，更能满足这个要求。既然是基本功能，那么在 100%负载变动的情况下属于正常工作范围，谈不上损坏问题。更何况在实际应用中，一个模块因故障退出时，将其负载均摊到其他模块上，这是一个在原有负载上部分增减加负载的问题，如图 2-72（b）所示。这是一个最普通不过的正常工作过程。就像一般 UPS 带非线性负载工作时一样，非线性负载的电流一直处于变化状态，而 UPS 就是为这些负载设计的，所以上述问题是一个不应成为问题的问题，无须怀疑。

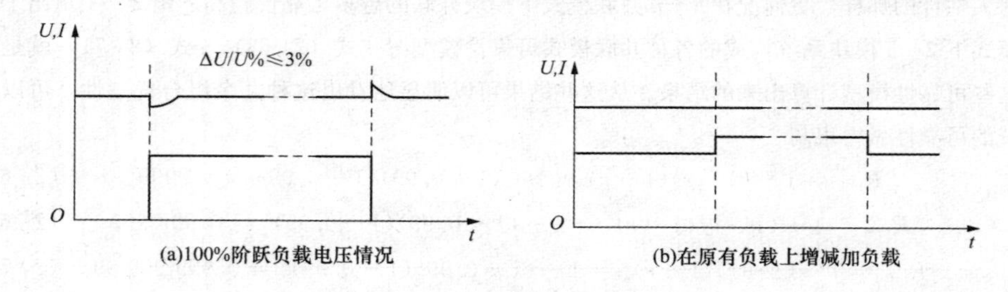

图 2-72　UPS 输出电压的动态特性

不少供应商有这种夸大模块的说法：5min 或 3min 就可更换模块，甚至可以当场演示给用户看，而且也确实如此。但这是特殊条件下的理想情况，而实际上相差甚远。因为在实际应用中几乎没有一个用户将备用模块放在机器旁边，一般都有库房，而且库房有专人管理。再加之有时几个月甚至几年模块不出故障，此时已被人们遗忘。万一此时模块故障，首先确定这个故障能不能被值班员及时发现？值班员是不是正在机器旁边？仓库里的备用模块能不能被及时取出？取出的模块是不是好的？所以即使模块再小，经过这些手续后 30min 能更换上已属不易了。

（3）多用途小功率模块化 UPS 的功能。为了提高供电的可靠性和可用性，UPS 冗余供电配置已被广泛采用，而且多是中大功率系统。因为在小功率用电设备中不是不需要冗余供电配置，尤其是冗余并联，而是因为一般小功率 UPS 没有并联的功能。当然小功率 UPS 一定要做到冗余并联也不是不可能，所以一般不这样做的原因是：并联必须要“并联电路板”，而以前“并联电路板”的价格比 UPS 主机还贵，因此就没有人愿意这样做了。

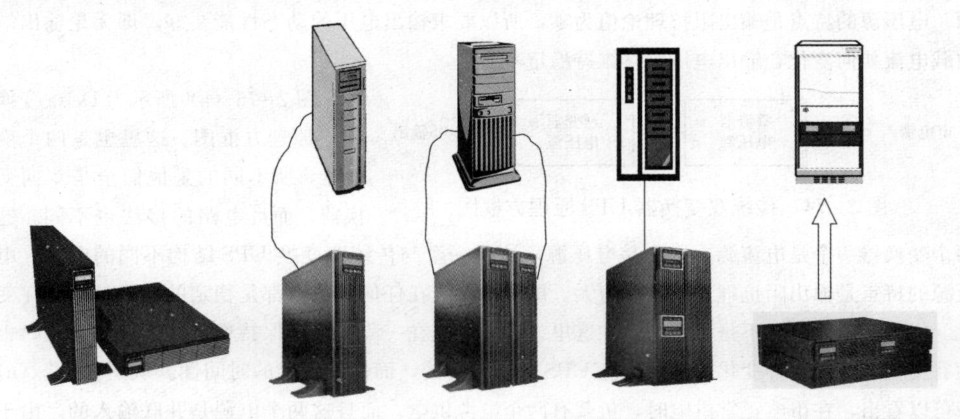

图 2-73　1～3kVA UPS 模块及其应用组合

从图 2-73（a）可以看出它的基本单机外形，既可立放，又可卧放。图 2-73（b）是一台 UPS 供一台服务器，如果服务器具有双电源输入口，就可以用两台单个 UPS 组成双电源系统。图 2-73（c）是将两个独立 UPS 构成的双电源系统，如果服务器只有一个电源输入口，但要求冗余供电电源，图 2-73（d）就给出了这种结构，在这里是将两个独立 UPS 的电路模块装入同一机壳，两套电池装入另一机壳即可。图 2-73（e）表示的是在 19″标准机架内放置的情况，这时模块就可以平放。这几种组合几乎将全部使用情况都包括了。

这个结构组合的优点还在于使用容易和组合方便，其方便之处在于：

1）两个机壳是对称的，电路模块和电池模块可任意放置。

2）在需要做长延时的情况下，放电池的那个外壳可以放两个充电器，这就给了很大的自由度。

从目前整个供电的方案来看，UPS 从电路上看，近期还不会有太大的变化，主要的工作是利用结构方案的区别来实现功能的差异。

第六节　Delta 变换式 UPS 产品技术

1. 传统 UPS 与 Delta 变换式 UPS 在电路结构上的区别

目前精致变换式 UPS 又分传统双变换和 Delta 变换两种，图 2-74 所示为传统双变换器 UPS 原理方框图。传统双变换器 UPS 由一个整流器和一个逆变器构成。在市电正常供电时，整流器将市电输入的交流变换成直流提供给电池和逆变器，逆变器再将直流变换成交流提供给负载使用。这个工作在市电正常供电期间是连续不断的，所以具有在线式的工作性质。是电故障时电池放电模式。值得提出的是整流器和逆变器都是电压源，而且是两个串联连接的电压源。电压源的特点是输出阻抗理论值为零，所以要求输出电压的动态性能要好，即无论输出端负载电流如何变化，输出电压始终维持稳定不变。

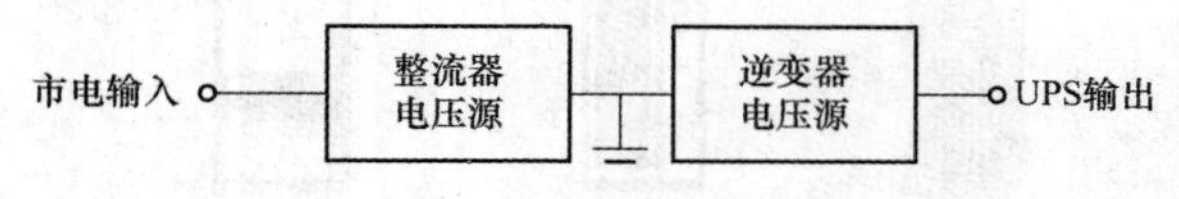

图 2-74　传统双变换器 UPS 原理方框图

图 2-75（a）所示为 Delta 变换 UPS 原理方框图。这里也是两个变换器，所不同的是他们全是双向变换器，而且电路的接法也不同。这两个变换器一个是电流源，一个是电压源，这是一个与传统双变换 UPS 结构不同的电路。电流源的特点是输出阻抗理论上是无穷大，即输出电流在任何负载下都是稳定的，只是电压在变化。但由于后面负载不是稳定的，在这里设计成电流在一段时间内保持稳定，当负载变化时也随着变化，不过这种变化不是像传统 UPS 那样瞬时的，而是有一定的时间性。从图 2-75（a）中可以看出，在市电正常供电时，负载有两个电源供电，而且这两个电源是并联输入的。由于电流源的输出阻抗是无穷大，所以其阻抗值在任何情况下都是不变的，只有电阻性负载的阻值是永远不变的，因此输出的电流都是有功成分。在市电供电模式下，电流源提供得这部分电流约占负载 80％以上的功率，这也是 IT 负载基本不变的静态基础功率，一般这样的负载变化部分也不过是±20％，其余±20％变化的动态功率由电压源提供。在市电断电转为电池供电模式时，此时 100％的负载功率完全由电压源提供，所以 Delta 变换 UPS 的过载能力较强。

2. 传统 UPS 与 Delta 变换式 UPS 在工作原理上的区别

在工作原理上 Delta 变换 UPS 也和传统 UPS 有很大不同，原因是两个变换器都采用的是双向变换方式，都可以将直流变换为交流和把交流变换为直流。比如作为电压源的双向变换器，在向负载供电时将直流变换为交流，但同时又将交流变换为直流为电池组供电。而供电的控制却由电流源来完成。传统结构 UPS 历来就是逆变器专门管逆变，冲电视输入端电路的事情。而这里电流源双向变换器的作用是调整 Delta 变压器上的交流电压幅度和极性，当是电升高时，Delta 变压器产生负压来抵消是电高出设定值得部分，此时 Delta 变换器就将交流变换成直流存入电池中。当市电低于设定值时，Delta 变压器产生正压进行叠加。从图 2-75（b）的电路原理图可以看出，电流源对 Delta 变压器电压的调整是连续的。由于 Delta 变换 UPS 功率电路是全 IGBT 结构，半桥双向变换器，没有输出隔离变压器，也属于高频机 UPS 范畴，凡是高频机 UPS 具有的特点在这里也完全具备。由于三相 Delta 变换 UPS 是分相调节的，所以图 2-75（b）给出的只是其中一项的情况，其他两相也完全一样。

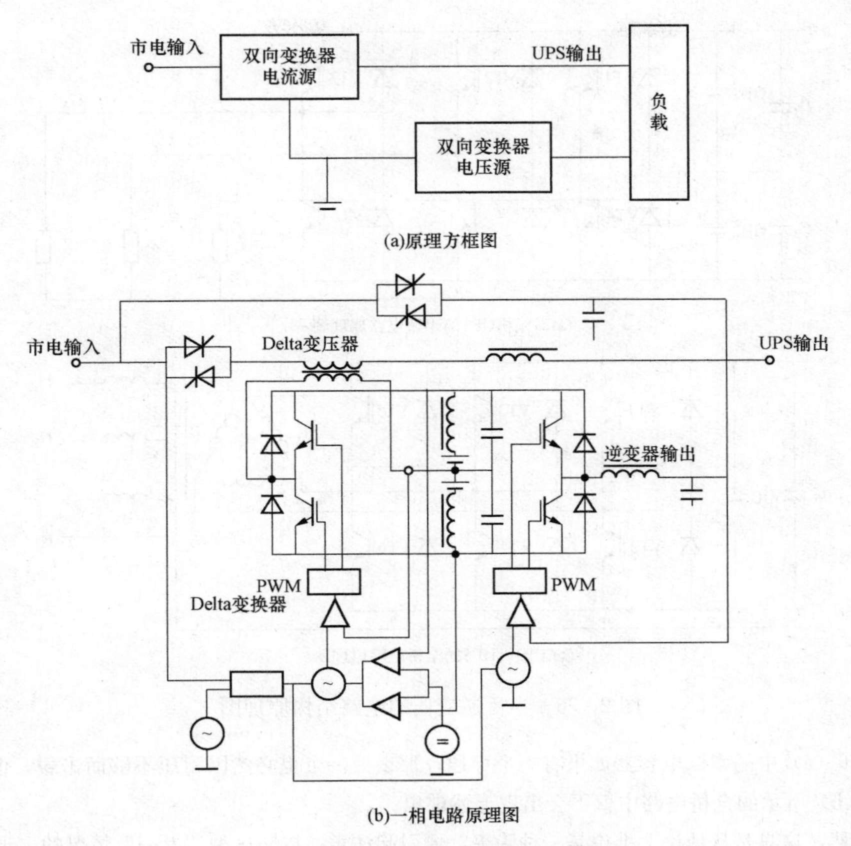

(a)原理方框图

(b)一相电路原理图

图 2-75　Delta 变换 UPS 工作原理

第七节　高频大功率 UPS 逆变电路的重大突破

一、双电源输入带来的问题

1. 双电压串联的高压导致功率管必须用高压器件

图 2-76（a）表示的就是半桥逆变器的电路结构原理图。从图中明显地看出，功率管式跨接在直流电压 GBI+GB2 的两端，一般这个电压是 64 节 12V 电池串联构成，浮充电压值大都是 432V×2=864V。图中每个桥臂的两只功率管虽然是串联的，但当其中一只管子导通时另一只管子就必须承受全部的 864V。所以一般都采用耐压 1200V 的 IGBT，这就增加了设备的造价。而工频机 UPS 的逆变器直流工作电压一般为 432V，而且是全桥电路，如图 2-76（b）所示。

2. 串联电容器如有一个击穿可起连锁反应

目前 UPS 机内大容量电解电容器耐压 400～450V，与直流电源的浮充电压相近。因此在

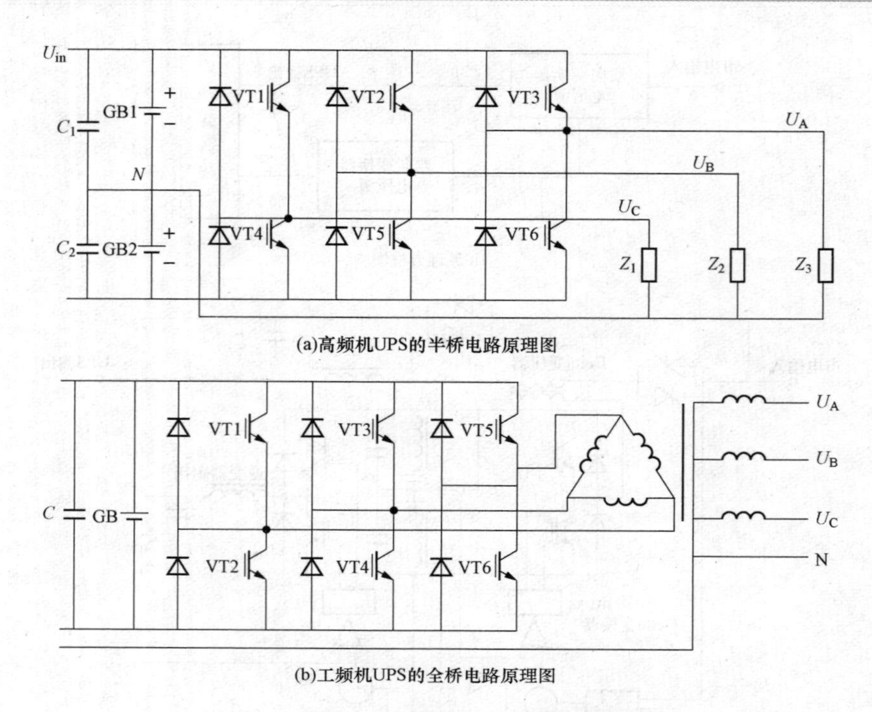

(a)高频机UPS的半桥电路原理图

(b)工频机UPS的全桥电路原理图

图 2-76 半桥逆变器的电路结构原理图

图 2-76（a）中的串联电容器如果有一个穿通，那么另一个也必然因耐压不够而击毁，但在图 2-76（b）所示的全桥电路中就不会出现上述现象。

当然，这只是从理论上推论是一种隐患，要引起注意，以防这种“万一”情况的出现。

二、单电源技术的推出

鉴于以上指出的双电源输入可能出现的一些问题，设计者又推出了单电源输入的高频机 UPS，为了理解方便这里只给出了图 2-77 所示的直流电源和逆变器部分。在这样的单电源情况下，如何用半桥电路产生出三相正负半波的呢？

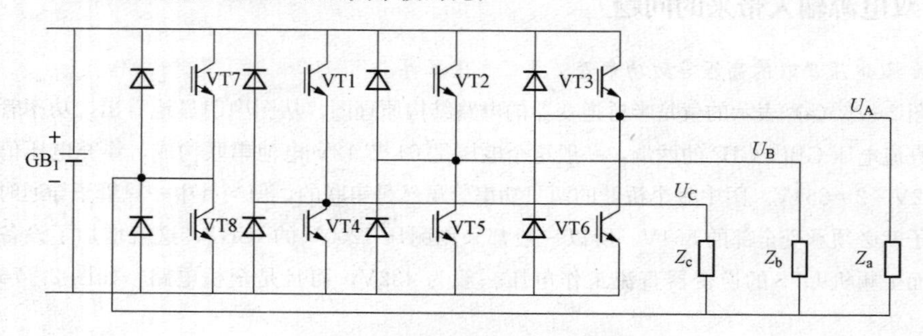

图 2-77 半桥逆变器的新电路结构原理图

U_A 正半波：GB+→VT3→Z_a→VT8→GB－；

U_A 负半波：GB+→VT7→Z_a→VT6→GB－。

U_B 正半波：GB+→VT2→Z_b→VT8→GB－；

U_B 负半波：GB+→VT7→Z_b→VT5→GB－。

U_C 正半波：GB+→VT1→Z_c→VT8→GB－；

U_C 负半波：GB+→VT7→Z_c→VT4→GB－。

到此，三相电压的正负半波就这样产生了。这样一来，高频机 UPS 不但取消了输出变压器，而且也将直流电源由两个减到了和工频机 UPS 一样的一个电源。

第八节 “高压直流”UPS 的应用及其前景

近几年人们将直流 240V 称为高压直流（HVDC），按道理说已经有了国家标准命名的词汇因借用过来，在这里并没这样做，这个叫法是否合适暂不定论。在已有的电力划分中，对于交流输电来说，一般将 220kV 及以下的电压等级称为高压。直流输电则稍有不同，±100kV 以上的统称为高压。可见 240V 和 100kV 都称为直流高压，换言之，在这里却把 100kV/400 以下的值硬叫成“直流高压”，这与国家标准的术语就出现了矛盾。

一、直流 UPS 的概况

1. 直流 UPS 的问世原因

在 20 世纪 70 年代我国工程师师元勋首先推出了 YX3kW/300V 的直流 UPS。其推出该产品的理由是：UPS 是两次变换，计算机本身自带的电源，又是两次变换，首先将交流整流成 300V 的直流电压，这样就浪费能量了。如果直接给计算机输入 300V 直流电压，省去了计算机电源的一次变换，这就节能了。在这个思想的指导之下就推出了如图 2-78 所示的 YX3kW/300V 直流 UPS。生产厂设在南通，也有的单位在做实验。在此同时浙江大学也推出了多电压（±5V，±12V 和±24V）直流 UPS。这两种直流 UPS 的推出在当时也确实触动了一些人，但不久就销声匿迹了。以后的数年中也偶尔有人在杂志上提及此事，但一直没有引起世人的注意。直到 2000 年一次中国电源学会年会上有人在会上作了直流 UPS 的报告，又掀起了一个小高潮，而时过不久又无声无息了。2010 年以后在有人的推动下又掀起第三次高潮，这次给人的印象好像交流 UPS 马上就要被直流 UPS 代替了。

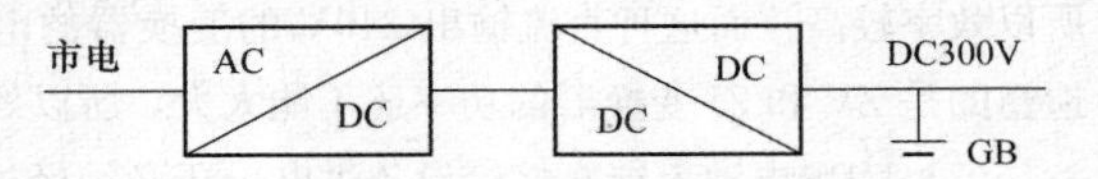

图 2-78 YX3kW/300V 主电路原理图

2. 直流 UPS 问世新“论点”根据的欠缺

为什么近半个世纪的直流 UPS 宣传至今仍未得到大规模推广？直至现在也只是电信系统只有一部分单位正在尝试。首先这些论点还未被认可，其次是国际上的 IT 设备制造商是否都同意这样做，第三是其他方面的困难，现在对以上的问题进行分析。

（1）交流 UPS 并机参数多且多变，并机不稳定，而直流 UPS 可以直接并联。这个问题是不应该提出的，因为“参数多变”是元器件的质量等级问题，质量好的器件参数是几乎不变的。现在有好多参数是用软件来调整的，这个问题应该是前些年软件的利用还不那么普遍的情况。直流 UPS 直接并联是对的，但大功率直流电源在结构上虽然可以容易地做到但输配电环节受到一定的制约。

比如 1 台 400kVA 交流 UPS，分到每一相的电流也就是 600A，用一根 180 或 240 四芯电缆就可以了，用 800A 的交流断路器也可以了；但如果是并联成 400kW 的直流 UPS，用两根电缆传输的电流近 2000A（见图 2-79），一般这么大的电流只能用用铜排，但铜排价格高昂、施工困难。当然也可以分别传输，复杂程度就大了。现在有的只能小电流传输，因为像 2000A 级别的直流断路器很难找且价格更高得惊人。

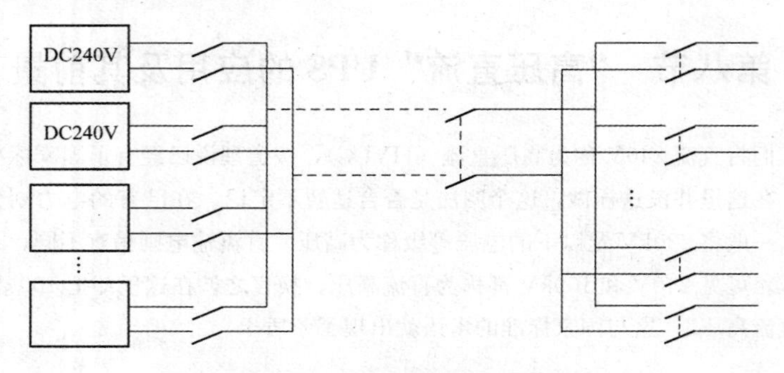

图 2-79　直流传输原理示意图

（2）交流 UPS 效率低，还不到 90%，而直流 UPS 的效率可达到 95%。这是针对工频机 UPS 而言，现在高频机 UPS 的效率有好多已高于 95%，甚至新技术已经达到 98%以上；而由于直流 UPS 也是双变换所以效率已不容易提高，所以其“优点”也就不突出了。如图 2-80 所示，现在的直流电压电路也都是双变换，但交流 UPS 的逆变器是在较高电压情况下变换的，所以效率较高；而这种直流输出 240V 的变换器的电压较低，同样功率情况下效率就低一些。遗憾的是 ZV 和 ZI 变换器的功率还不能太大，所以效率难以提高。

（3）UPS 电池不能直接给设备供电，还必须经过逆变，而直流 UPS 后边的并联电池可以直接给负载供电。这点无可比性。首先交流 UPS 虽然是经过逆变器才能给负载供电，但它的输出电压是稳定的，而直流 UPS 的电池在供电时是不稳压的，随着电池放电时间的延长电压是逐渐下降的，是不稳压的。一个稳压一个不稳压，两者也无可比性。

（4）而直流 UPS 逆变器的可靠性比交流 UPS 逆变器高。这点比较是有条件的。因为交流 UPS 和直流 UPS 用的同是国际上有数几家的功率器件，可靠性已得到保证，比如大亚湾核电站使用了质量好的交流 UPS，十几年过载运行都不出故障就是证明。所以可靠性得看如何比，同样质量的可靠性是一样的；如果拿不同质量等级的器件比较，就无可比性了。

（5）直流 UPS 后边的电池故障是可预测的。这一点就有些牵强。电池用在什么地方只要满足出厂的要求，性能一般是一样的，而且大部分故障是无法预测的。比如有的电池在前一次放电中还是正常的，下一次就放不出电了，原来在上一次放电结束前一瞬间极板的焊接处熔断了，这在浮充情况下不去观察时发现不了的。不管对交流 UPS 还是直流 UPS 都是这样。

以上的比较都缺乏前提，那就是没有把质量等级问题和技术发展现状提到日程上来。一是

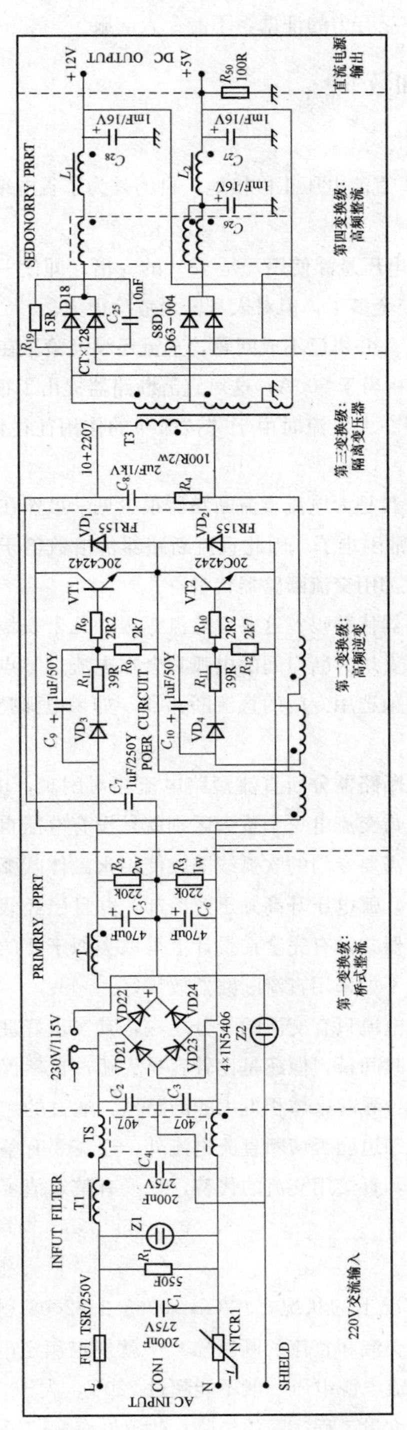

图2-80 一种典型的直流电压电路

缺乏时代感，二是缺乏实践感，更缺乏有力的证据，不能令人信服。

二、直流UPS使用中的“未知数”

1. 使用240V直流应注意的问题

（1）接地问题。原来通信用48V直流电压正极接地，目的是为了省电缆和减少对电池极板的腐蚀，并且该电压也是安全电压。

（2）绝缘检测问题。现在240V电压悬浮使用，是48V的5倍。即使一端与地搭接也无断路危险，看起来比正极接地的48V安全多了，但对人身安全危险很大。

（3）系统容量。目前交流400kVA并机已不成问题，直流还没经验。在48V中常见的大系统电流有3000A，对于240V也就是相当于600A，这对直流断路器提出了很高的要求。直流断路器在小电流时切断还不成问题，但在大电流时由于“拉弧”的作用往往使断路器不能断开，使故障范围扩大。

（4）直流断路器。直流断路器尤其是大电流直流断路器很少见，虽然在48V直流电压时灭弧容易一些，但在240V高压时就非常困难了。因此直流断路器价格数倍于同容量的交流断路器，为了节约开支，故在很多场合大都用交流断路器代替。

（5）直流断路器可以用交流断路器代替吗？这要看电流等级，几个安培到十几个安培的情况下肯定可以通用。当电流达到几百安培时断口间的电弧只会在电流过零点熄灭，而直流电流不存在过零点因而无法熄弧，此时必须选用专门的直流断路器。如果电弧持续时间超过20ms，就可以称为“爆炸”。

（6）直流断路器有何特点？交流断路器分断直流短路电流相对困难。电弧分断的条件是：分断电弧电压大于电源电压。直流电与交流电一个重大区别就是没有电压自然过零点，直流电弧分断就更为困难。因此直流断路器需要专门的吹弧线圈或使用永磁体吹弧技术，强制直流电弧进入熄弧室，使电弧被切割、拉长，弧电压升高并迅速冷却，并且已经假设了直流线路接线时严格注意了极性，实际上交流断路器并没有完全在设计上采取类似于此的技术措施，在许多直流电路上使用，其可靠性、耐久性不如采用直流断路器效果好。

至于厂家给出断路器通过的直流电流只有交流的十分之一，其实也好理解，断路器通过的直流电流小一些，分断时，尽管电弧时间长，但还是比较容易灭弧，自然保证了触头系统寿命和通过交流时一样。所以你看到的是：看起来体积挺大的断路器，通过的“额定直流电流”并不大，原因就在于此。断路器除了要知道能否切断直流电流外，还需要有整定值。如果选直流断路器，它是按直流电流进行整定了，直接用交流的代替，就没有整定值了，只能是保证能否手动切断直流电流而已。

2. 交流断路器用于直流的考虑

鉴于以上交流断路器用于直流情况下的状况，在GB 10963.2—2008《家用及类似场所用过电流保护断路器　第2部分：用于交流和直流的断路器》中就规定额定电压为230V的单极微型交流断路器用于直流系统时，直流电源电压一般不能超过220V，大于220V时应考虑2极串联使用，从安全角度出发，并考虑大量工程实践的经验，建议见表2-7。

表 2-7

交流断路器串联极数	1P	2P～3P	4P
可用直流电压	DC60V	DC125V	DC250V

有鉴于此，在有些情况下继续使用交流断路器就不如选取直流断路器更经济了。

交流断路器直流使用会提高瞬时脱扣值。交流断路器的瞬时脱扣值是按照有效值来整定的，但实际上交流断路器的瞬时脱扣器是靠交流峰值电流动作的，直流电流相当于交流的有效值，故两者相差1.414倍。例如，交流C曲线断路器的瞬时脱扣电流为：$5I_n$～$10I_n$，当其应用于直流系统时，脱扣电流就变为$1.414\times5I_n$～$1.414\times10I_n$，即$7I_n$～$14I_n$。交流断路器在直流系统里应用时，瞬时脱扣电流比在交流系统里高，这也是在直流系统里交流断路器分断短路电流困难的另一个原因。而从相反的角度看待这件事情，就相当于交流断路器的电流规格也不能直接与直流电路中的电流直接对应，而是偏大，这就使得其偏于不够安全、不够精确可靠并留下隐患。

三、直流UPS和IT设备使用不当

1. 利用IT设备原来交流输入口接入直流电源

有的人提出，现在的IT设备交流电压入口就可以直接接入240V直流电源。其根据是原来交流220V输入时，经整流滤波成300V直流电压［见图2-81（a)］，图中负载是DC-DC变换器，现在接入240V直流电源对电路并无损害，因为不论是300V还是240V，都必须经过后面的DC-DC变换器，产成所需电压，这样看来二者的效果是一样的，殊不知二者的效果不会一样。首先看一下交流电压输入情况下的电流路线，在正半波时电流I_+从UPS上端→VD_2→负载→VD_3→UPS下端［见图2-81（a）粗线箭头］；电源负半波时电流I_-从UPS下端→VD_4→负载→VD_1→UPS上端［见图2-81（a）细线箭头］。

在这里看出，交流UPS供电时由4只整流二极管承担全部负载。直流UPS供电的情况就不同了，如图2-81（b）所示。在240V直流电源的情况下，由于只有正向电压而无负压，所以只有VD_2和VD_3导通，VD_1和VD_4一直处于截止状态。也就是说VD_2和VD_3承担了100%的负载，这两个电源提供的能量应该相等，根据能量守恒定律其表达式为

$$300V(I_+ + I_-) = 240VI_{++} \quad (在这里\ I_+ = I_-)$$

$$I_{++} = \frac{300}{240}(I_+ + I_-) = 1.25\times2I_+ = 2.5I_+ \tag{2-72}$$

由此看到，如果直接将240V直流电源输入到原来交流的输入端，就会使通过VD_2和VD_3的电流过载150%，即是2.5倍交流电流时的电流I_+。这就为IT设备的故障埋下了隐患。所以这种直接将240V直流电源输入到原来交流的输入端做法是危险的。

2. 另外设置直流电源输入接口

由于以上各种原因使得高压直流UPS不能很快推广使用，最先采用和用得较多的还是电信领域，其他领域的数据机房和IDC还很少见。即使是电信领域也未敢大力推广，目前仍处于试验阶段。采用交直流两种电源接口就是这个原因，如图2-82所示。这是杭州某移动通信公

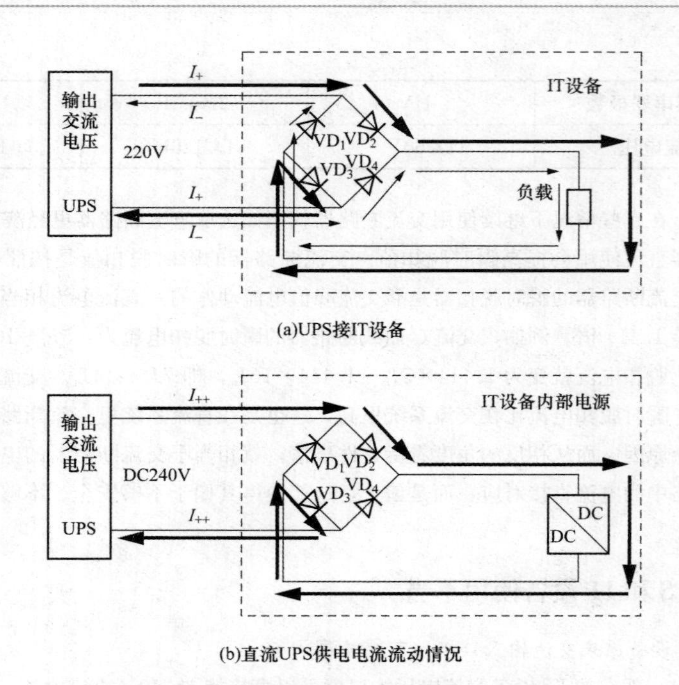

图 2-81 IT 设备内部电源电流流动情况

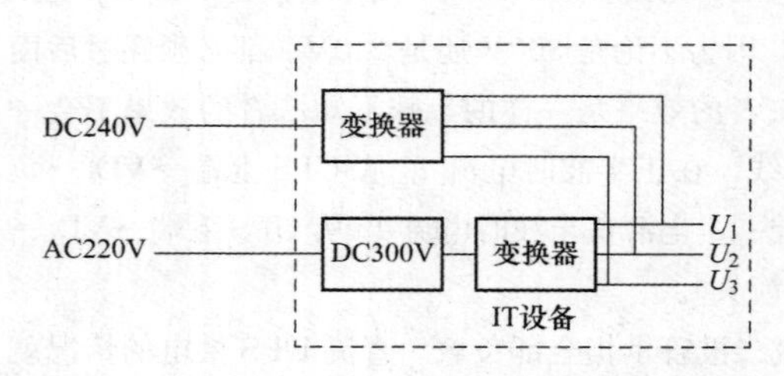

图 2-82 交直流电源混合供电原理方框图

司数据中心机房 300 个机柜的供电方式。它是在原来双路交流供电的基础上，将其中一路交流输入改为直流电源 240V 输入，这就意味着两路输入都采用直流电源 240V 输入还确实没有把握，只有先用这种方式试试看。

再加之国际知名 IT 设备制造商还不是都觉得这样做非常有必要时，高压直流供电的普及也不会那么快。尤其是国内关于直流电压值的认识也不统一，尽管标准规定了 240V，但还有的通信公司不认可而采用了 330V。由此还看出另一个问题：直流供电标准似乎出台早了一点。按照一般的规律，某一个领域的标准一般都滞后于产品 5 年以上。原因是当大部分制造商根据用户的认知程度和使用范围大量或较大量退出类似产品时，为了规范市场就需要有一个法定的标准将各类产品规范一下，这时才是出标准的时候，也只有这时出的标准才有实际意义。而这里的直流电源还在试验阶段，在缺乏大量素材的情况下就出标准，难免带有主观性和缺乏实际指导意义。

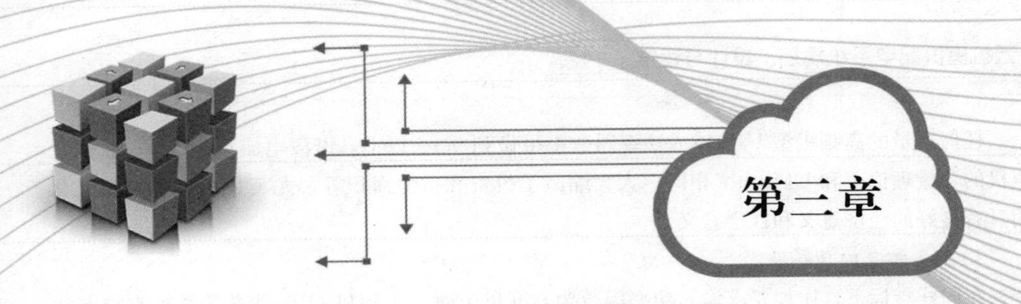

数据中心机房供电系统规划误区和障碍

第一节　工频机和高频机

一、概述

静止变换式工频机结构UPS技术出现在20世纪70年代，毫无疑问在当时属尖端技术，几十年间也为电子电器技术领域做出了不朽的贡献，有口皆碑。任何技术的先进性是相对而言，任何先进的产品也有其一定的适用期。随着IT技术的出现与发展，工频机型UPS逐渐暴露出它的缺点，如体积大、自重大、功耗大和输入功率因数低等不利因素大大影响了数据中心的可靠性。

历史发展总是遵循这样一个规律：每当一种技术阻碍生产力发展时，就会有一种新的技术产生出来将其代替，毫不例外。高频机型UPS技术问世了。把原来那种输入、输出都工作在50Hz并且有输出变压器的老的电路结构，就称作工频机型结构UPS；而这种输入、输出电路都工作在20kHz以上且没有输出变压器的电路，就称之为高频机型UPS。

有人将有无输出变压器作为区分工频机型UPS和高频机型UPS的标准，这是一个误区。所以是误区就是因为它本来以频率划分的概念给误解了。不过这个误区也给一些UPS生产厂家带来了商机。尤其是在有些用户对高频机UPS还心存疑虑今天，有的高频机UPS生产厂家在后面配上一个变压器就说这就是工频机型UPS，对于想购置高频机型结构UPS的用户，就把变压器拿掉，告诉用户这就是高频机型结构UPS。左右逢源，不失为一种销售手段。但这终究是不对的，实际上高频机UPS配上变压器仍是高频机型结构UPS，不过加配的这台变压器真正的作用，是UPS的负载。对用户没有好处，因为多了消耗功率的负载，由于是串联在UPS和负载之间，因此又多了一个故障点，不知内情的用户在花钱买故障。

二、高频机型结构UPS的优越性能

1. 输入功率因数高

工频机型UPS一般在200kVA以下的输入电路都采用了标配6脉冲晶闸管整流器，输入功率因数不超过0.8，谐波电流有30%之大。如果前面配置发电机，发电机的容量至少要3倍于UPS的功率；如果是单相小功率UPS，发电机的容量至少要5倍于UPS功率。

任何容量的高频机型 UPS 输入功率因数都可做到 0.99 以上，谐波电流小于 5%，前置发电机的容量理论上和 UPS 功率相同，大大缩减了投资和占地面积等，尤其是对市电的充分利用具有良好的经济意义和社会意义。

2. 设备本身的功耗低

在同样指标下，比如要求输入功率因数为 0.9 以上时，工频机 UPS 就必须外加有源谐波滤波器或改为 12 脉冲整流加 11 次无源谐波滤波器，再加上输出变压器，就比高频机 UPS 多了两个环节，如图 3-1 所示。受此影响，工频机 UPS 的效率比高频机 UPS 至少低 5%。同样是 100kW 容量时，工频机 UPS 每年要比高频机 UPS 多耗电 5 万 kW·h，这在国家号召节能减排的今天具有深远意义。

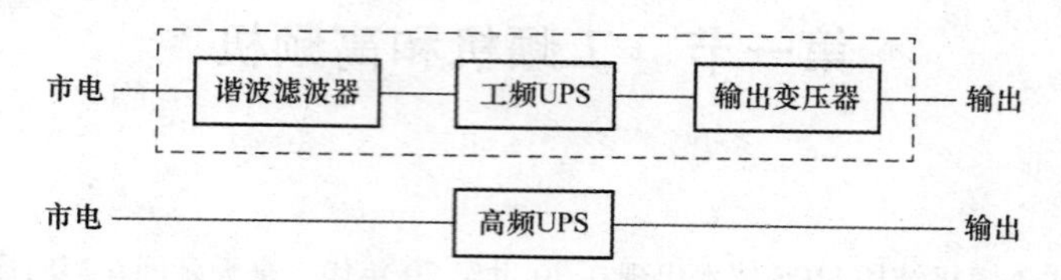

图 3-1　高输入功率因数下的工频机 UPS 和高频机 UPS 结构方框图

3. 允许输入电压的范围宽

对包括 UPS 在内的稳压电源来说，后面的负载需要电压不变的稳定电源输入。这是因为如果市电电压非常不稳定，才在市电和负载之间加了一级稳压电源进行隔离，所以这个中间的稳压电源输入端就面对了不稳定的市电输入电压，因此适应市电电压变化的范围越大越好。但以往的工频机 UPS 由于是降压输入，适应不了这个大的变化，正常的适应范围大都在±10%以内，如图 3-2 内虚线所示，有少数的标为±25%。由于整流器后面的直流滤波电容标称电压才是 450V，在晶闸管异常整流器穿通时，整流后的 380V（1+25%）峰值近 670V 以上的直流电压加在电容器上，使电容器爆炸者时有发生。所以在供电条件不好的地方，通常在 UPS 前面加装稳压器，无疑增加了功耗和投资。而高频机 UPS 对市电±30%以上。

为什么工频机 UPS 输入整流器是降压输入呢？因为晶闸管整流器并不是像二极管整流器那样几乎从电压过零时就开始导通，而是只有在一定电压下经控制脉冲触发才导通，从零点到导通这段时间称为控制角，用 α 表示。晶闸管整流器导通的时间称为导通角，用 θ 表示。为了输出稳定的电压，在输入电压变化时通过控制触发脉冲的前后移动来改变控制角，从而调整了整流器的导通角，使输出电压正弦波所包围的面积保持不变就达到了稳定输出电压的目的。图 3-2（d）表示的就是未经滤波的整流输出波形。从上述机制可以看出，当输入电压升高时，控制角 α 变大，导通角 θ 变小，反之则相反。但如果输入电压变得太低，整流输出波形即使 $\alpha=0$ 也不足以稳定规定电压时，就不符合负载对电源值的要求了，更何况这时为了整流器的导通 α 还要变大呢。因此，工频机 UPS 输入电压不能太低，这就限制了它的输入电压窗口。

高频机 UPS 之所以是升压式输入，来源于它的电子升压变压器［见图 3-3（a）］，其变压器位置和工频机 UPS 完全不一样。工频机 UPS 的变压器在逆变器的后面，而高频机 UPS 的变压器则在逆变器的前面。这个变压器的基本构成是输入整流器、储能电感 L、高频开关 S、隔离二极管和充电电容器 C_1、C_2。

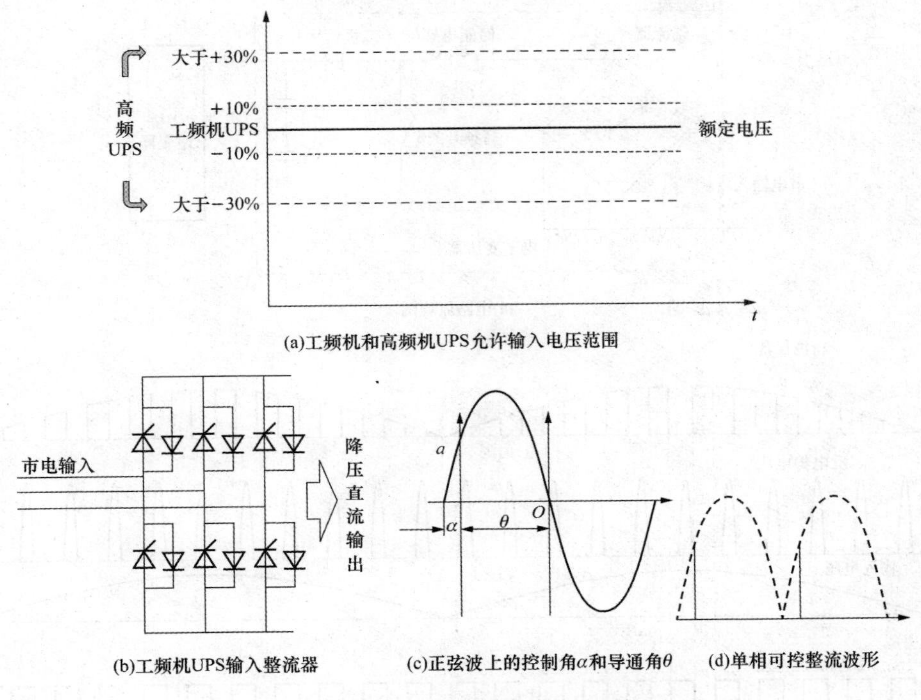

图 3 - 2　工频机 UPS 降压输入的机制

该电路的工作原理是：二极管整流器将输入市电正弦波整流成正弦脉动波［见图 3 - 3（b）第三个波形］。高频开关 S（IGBT 或其他半导体管）按照机内调制频率的节奏开通与闭合，将整流正弦半波斩波成脉冲波［见图 3 - 3（b）第一个波形］。当 S 闭合时输入电压经储能电感 L 和高频开关 S 和整流器形成回路，这时高频开关的两端是短路状态，二极管 VD 是负偏压，C_1 和 C_2 上的电压被隔离过不来，此时电流通过储能电感储能；当高频开关 S 断开时，储能电感 L 的特性就是产生反电动势以反抗电流的突然变化，其反电动势波形如图 3 - 3（b）第二个波形所示。这时的反电动势再与输入波形［见如图 3 - 3（b）第三个波形］叠加成更高幅度的脉冲［见图 3 - 3（b）第四个波形］。这个高脉冲经隔离二极管给 C_1、C_2 充电，所以 C_1、C_2 上是高压，这个高压的幅度是由输出电压正弦波峰值来规定，对单相输出有效值 220V 来说，一般在 350V 左右。反电动势的幅度由储能电感的容量决定，这样一来，不用以前的输出变压器也可以给出额定电压了。

图 3 - 3（c）虚线框内所示为高频机 UPS 大功率电子升压变压器的结构原理图，其升压工作原理和前者相似，也是将输入的 50Hz 正弦波斩波成高频脉冲，通过储能电感的反电动势实现升压。不过在这里的整流器直接就是 IGBT，而且由于电容器储能有限，故充电电容器两端大都并联上电池组。

4. 对输出变压器的处理

从上述电路也可以看出，高频机 UPS 逆变器的输入是两个串联的直流电源，正是由于两

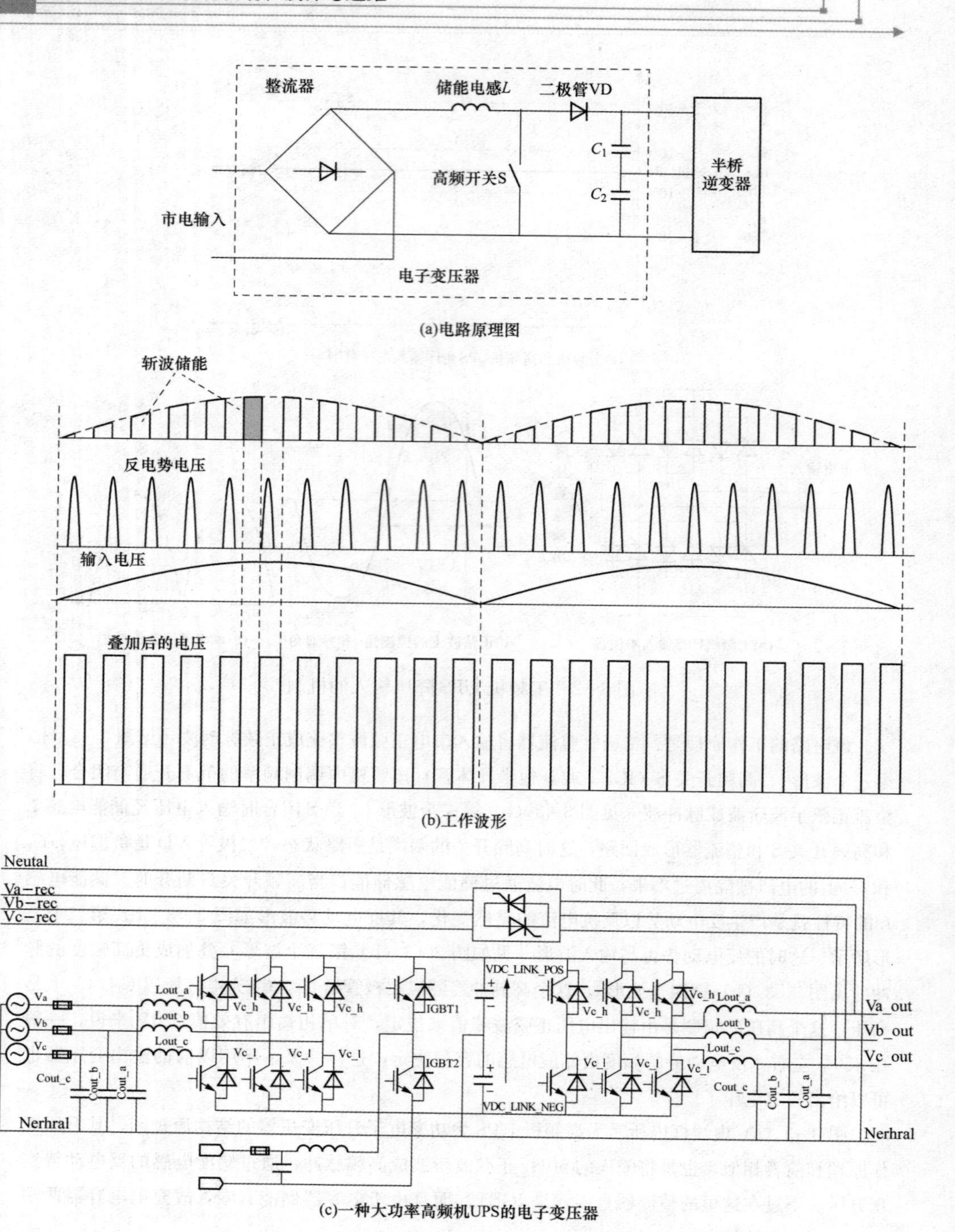

(a)电路原理图

(b)工作波形

(c)一种大功率高频机UPS的电子变压器

图 3-3　高频机 UPS 小功率电子升压变压器的工作原理

个直流电源的应用，才得以取消输出变压器。原来三相工频机 UPS 由于是全桥逆变器，输出三根线都是相线，不符合用户三相四线制 220V/380V 的需要，所以才加入“D-Y”变压器的。而高频机 UPS 则不同，它的逆变器是采用的半桥电路，如图 3-4 所示。在同等输出功率下虽然用的管字数和桥臂数相同，但由于改变了控制方式，因此得到了不同的结果。首先从两个串联连接点 N 引出一根中线（也称为零线）与负载零线相连，再将三相负载 $Z_1 \sim Z_3$ 分别连接到三个桥臂输出上，下面再看一下三个电压的生成情况。

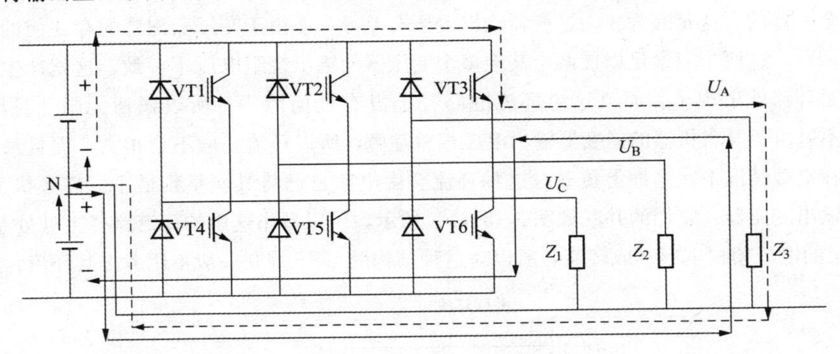

图 3-4 高频机 UPS 逆变器工作原理

1）U_A 正半波。电流从 GB1＋→VT3→Z_3→中点 N（GB1－）。

2）U_A 负半波。电流从中点（GB2＋）→Z_3→VT6→GB2－。

从这里就可以看到一个现象，桥臂上边管子产生正半波，桥臂下面管子产生负半波。其他两个桥臂的原理也一样。即一相电压只由一个桥臂产生，所以三个桥臂就可以输出三相电压。这样带来的好处就是输出的三相电压互不干扰，三相电流也互不相干，这就消除了对三相负载平衡度的要求。这里的不同就是用原来的变压器换了一组电池外壳，即比如原来工频机 UPS 用 32 节 100Ah 电池，在取消了变压器的高频机 UPS 中就得用 64 节 50Ah 电池。用 32 个小电池壳换一台大变压器还是很划算的，再说电池壳又不消耗电能，节省了功率。

5. 综合性能指标高

（1）对外干扰小。前面已经谈到干扰有两种，一种是听得到的机械噪声，一种是听不到的电噪声，这两种噪声工频机型 UPS 都有，形成了对设备和对人的伤害。电噪声影响机器的稳定度，机械噪声影响人的身心健康，降低工作效率。

而高频机型 UPS 由于工作在 20kHz 以上，20kHz 是人的耳朵听不到的频率，使工作环境安静下来。又由于而高频机 UPS 的输入功率因数高达 0.99 以上，几乎是线性，所以对外干扰几乎为零。

（2）体积小、自重轻。工频机 UPS 由于有了输出变压器和适应 50Hz 的电感电容等低频器件使得体积和自重都很大。比如某品牌 300kVA 工频机型 UPS 重 2200kg，而相同功率的高频机 UPS 才 360kg。所以当今的模块化结构 UPS 都用的是高频机技术。

6. 全数字技术

工频机 UPS 开始是模拟技术，现在一般发展为数字与模拟相结合的技术。模拟技术的可靠性要比数字技术低。而高频机 UPS 技术是一种全数字化技术，不言而喻，可靠性是很高的。

7. 对电网的适应能力强

工频机型 UPS 对于适应输入电压±15%的变化已很不易，而高频机 UPS 甚至适应输入电压±30%以上的变化，这又大大延长了电池的寿命。

8. 没有并机环流

工频机 UPS 的并联就是变压器的直接并联，即使是同容量、同型号的变压器输出电压也不是完全一样的，这是因为：①逆变器输出电压有差异；②由于变压器漏感的存在使的输出电压产生相移。这两个因素足以使两个甚至多个变压器的输出绕组电压不一致，这就产生了电压差，于是环流就出现了。而且这个环流的路径上没有任何障碍，所以畅通无阻［见图 3-5 (a)］。不过由于并联机器的逆变器输出电压相差甚微，所以环流一般不会很大，而且最大环流只出现在空载情况下，当加上负载时这种环流会由电路自己将其调整到最小。高频机 UPS 由于没有输出变压器，它们的并联如图 3-5 (b) 所示，可以看出这里的环流路径上处处是障碍，小于 2V 的电压差根本形不成环流，所以对这种结构的 UPS 并联一般不用考虑其环流。

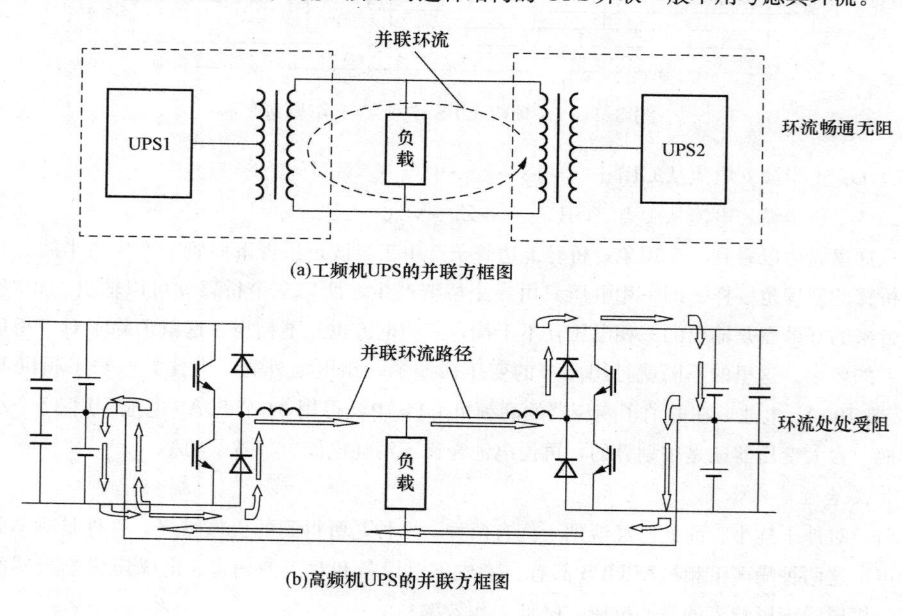

图 3-5　两种 UPS 并联方框图

总之，高频机 UPS 在性能上不但能完全替代工频机型 UPS，而且还多出原来后者没有的特点。

高频机 UPS 是当前信息中心机房节能高效的理想选择，但由于高频机结构 UPS 对制造工艺、生产手段要求较高，一般手工方式很难实现规模化和一致性，因此，也就推迟了工频机 UPS 的“退休”时间。再加之工频机型 UPS 不论对一般生产者还是一些用户而言都有些恋恋不舍。以手工为主要生产方式的厂家一时还很难上规模，再加之有些人也存在一些误解，使工频机 UPS 还不能顺利代之以高频机 UPS。比如对输出隔离变压器的误解就是一个例子。由于高频机结构 UPS 取消了用漆包线绕在矽钢片铁芯上这种方式的隔离变压器，而工频机 UPS 就没取消，有的厂家反而把它说成了工频机结构 UPS 的优点，这就引出了好多不能取消这个变压器的说法，比如①可以隔离干扰；②可以缓冲负载端的短路和电流突然变化；③可以提高 UPS 的可靠性；④可以耐电网电压的大范围变化；⑤当逆变器功率管损坏时可阻止直流电压加到负载上，即具有隔直流作用。

将它的作用说得神乎其神，几十年都没发现的这些变压器“特点”在即将被淘汰时突然被发掘出来了。实际的情况如何呢？下面将这些所谓特点逐条讨论。

三、工频机型 UPS 输出变压器只有变压和产生隔离接地点功能

1. 工频机结构 UPS 输出变压器的功能

在 20 世纪 70 年代，由于半导体器件的水平和品种所限，比如通流能力小和耐压能力差，不得不在输入端加一个降压变压器，经逆变器后再把电压升上去，如图 3-6 所示。所以这种早期的工频机 UPS 输入端是降压变压器，输出端是升压变压器；另一个特点是输入整流器和后面的逆变器都工作在工业频率，即 50Hz（或 60Hz）。在一些中小功率 UPS 中，输入整流器和充电器是分开的，这主要是因为在这些 UPS 中的输入整流器都是采用的没有任何调整能力的整流二极管，而电池电压的电平必须是稳定且严格控制的，所以一般需另设具有稳压功能的充电器电路，如图 3-7 所示。在小功率中，早期的充电器一般用一个稳压块，到后来才采用了 PWM 开关电源，提高了充电速度和充电效率。由于中小功率 UPS 中采用的电池电压很低，所以输出还要加升压变压器，后来由于器件的发展才取消了输入降压变压器。

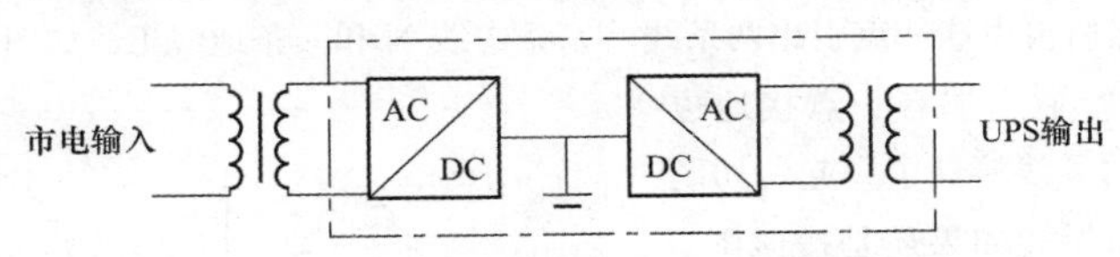

图 3-6　工频机 UPS 电原理方框图

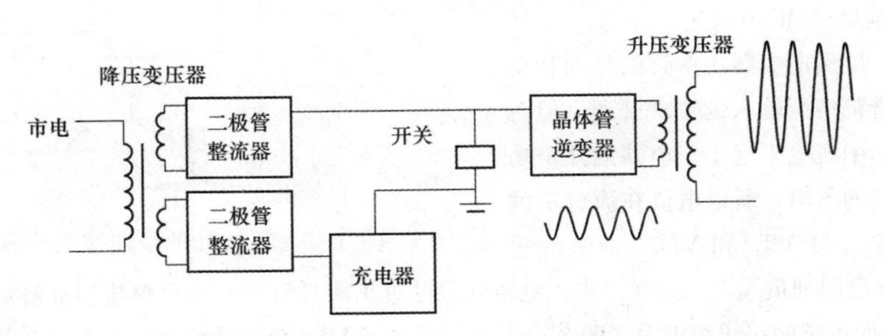

图 3-7　中小功率 UPS 的一般电路原理结构图

到底工频机 UPS 的输出变压器还有多少功能呢？没有它行不行呢？是工频机型产品不可缺少的部分还是专门为了实现上面所宣传的优越功能而加上去的呢？只有搞清楚这个问题才可以谈它是否优越的问题。

（1）产生隔离接地点。图 3-8 给出了一个单相 UPS 的主电路图，它的输出端不接地，输

入电压正半波（L 为正压）的情况。此时的电路中无变压器，逆变器输出与输入端的电压已同步锁相，锁相的含义是：全桥逆变器几个功率管的导通情况是根据输入电压的相位要求而决定的，如图 3-8 所示的浅色二极管和 IGBT 是在电压正半波（L 为正压）的情况下电流的经过路径。这时的电流路径是

$$L+\rightarrow VD_2\rightarrow VT_2\rightarrow R\rightarrow VT_3\rightarrow VD_3\rightarrow N-$$

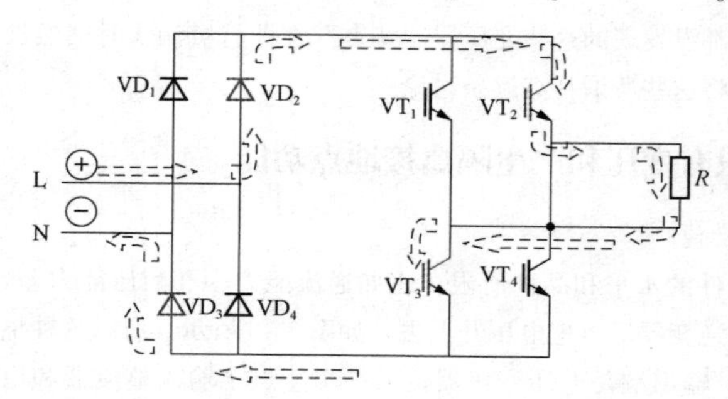

图 3-8　UPS 负载端不接地时 L 为正压情况下电流的流动路径

从路径上可以看出，电流在形成一个回路的流动中经过了两个整流器二极管和两个逆变器 IGBT，此时 UPS 的工作是正常的。

当输入电压为负半波时的情况也一样，不过在负半波时电流流过的是另外两只整流器二极管和逆变器的 IGBT。

在此情况下供电是没有问题的，不过这时输出的是不接地的悬空电压，如果负载机器没有输入接地的要求，一切均无问题。然而偏偏有一些电子设备要求其输入电压（UPS 的输出电压）零点接地，不接地就不给用户开机。这样一来使得原来悬空电压的一端必须接地。要知道，在我国的用电制度中，变电站将 11kV 的高压经△-Y 变压器变成低压（3×389V/220V）后，当即就把二次绕组 Y 的中点接地，然后再由这一点引出两条线：一条中线 N 和一条地线 E，如图 3-9 所示。

因此，在 UPS 输出端有一点接地也就和输入端电压的零线接到了一起，如图 3-10 中粗灰线所示。如果还是按照图 3 假设的条件，即输出电压和输入电压同步锁相，在输入为正半波时，如图 3-10（a）所示，虽然逆变器功率管的导通和整流器二极管都按照输入的要求开通，但由于图中短路中线电阻远小于电路内几个功率管和导线的电阻，所以电流在流过负载以后再也不经过 VT_3 和 VD_3，而是经短路线 BN 直接回到负端 N。这样一来，电流就只经过了两只管子：一只整流二极管和一只逆变管 IGBT，即规定的路线没走完。图 3-10（b）示出了 UPS 负载端接地时 L 为负压情况下电流的流动路径，也同样少经过两只管子。这会出现什么问题呢？假如一个人到正规商店买东西，要分几步走：选货、开票、交款、取货。如果是少了两个步骤，比如只选货和交款肯定不行，不开票就无法交款；如果只进行交款和取货，这不是正规商店的做法，也不行。总之，少一个步骤也买不回东西。UPS 也一样，少一个步骤就使电路失去了原来的功能，使负载得不到洁净和稳定的输入电压，UPS 反而成了累赘。这还是乐观的情况，因为输入、输出同步，不会出大

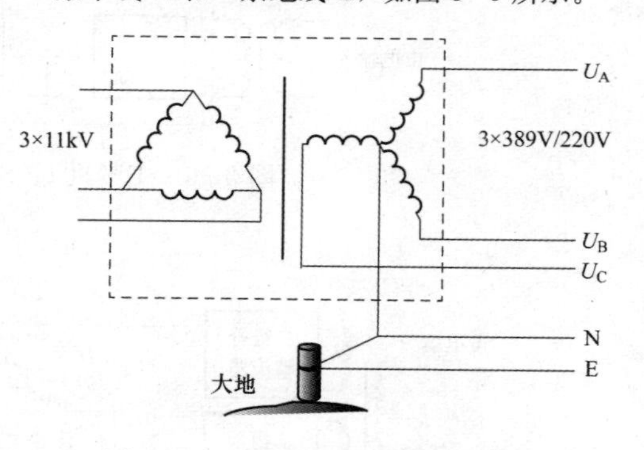

图 3-9　零线和地线连接的情况

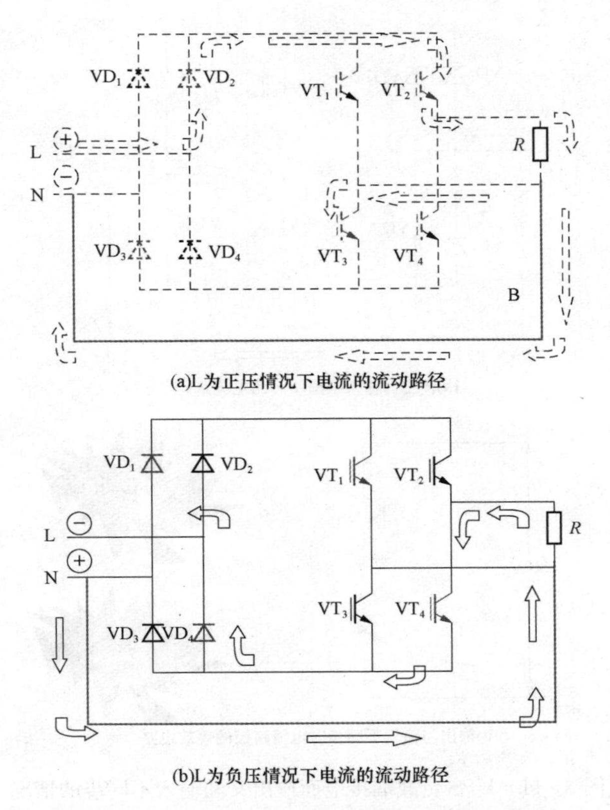

图 3-10　UPS 负载端接地时电流的流动路径

问题。但在实际应用中就不这么幸运了，几乎 100％的 UPS 在起动瞬间都不是同步的，必须要经过一段时间的跟踪才能达到同步的目的。几乎在 100％的场合都是爆炸。为什么会爆炸呢？这是因为在电源起动瞬间，由于辅助电压还没有建立完善，控制电路的工作还不正常，功率管的开通顺序几乎都不是按照设定的顺序工作，这时的开通顺序是随机的，如图 3-11 所示，不但不同步还不同相位，几乎 100％情况下的功率管导通是图 3-11（a）的样子，即当 N 为正 L 为负时电流的路径应该是

$$N \rightarrow VD_1 \rightarrow VT_2 \rightarrow R \rightarrow VT_3 \rightarrow VD_4 \rightarrow L$$

但由于接地线的加入改变了电流的路径：电流由 N 出发就直接到了负载 R 的下端，又由于逆变器功率管 VT_3 的开启，使电流不能经过负载 R，而是直接经过整流管 VD_4 回到 L。这样一来，电流没有经过任何负载，两个管子的导通形成短路状态，如图 3-11（b）的等效电路所示，即使管子的内阻和导线电阻不为零，但已远小于 1Ω，而且管子的功率越大则内阻也越小，加粗后的导线电阻也越小。比如一台 1kVA 的 UPS，逆变器的效率为 90％，即消耗 100W，取五倍的功率管，即 500W/50A，设短路电阻为 0.1Ω（实际上比这个值小得多），这时的短路电流就是 2200A，强大的电流在管子的 PN 结上会产生大量的焦耳热量，一方面会使截面积不相称的引线起火甚至烧断，另外也会使管子像炸弹那样炸裂。在 20 世纪 90 年代由某公司进口品

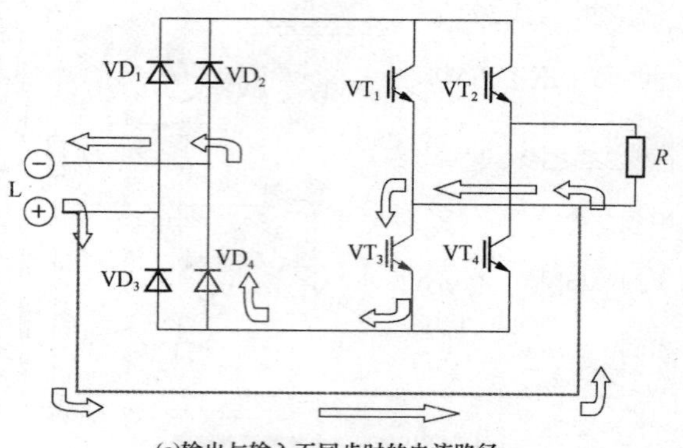

(a)输出与输入不同步时的电流路径

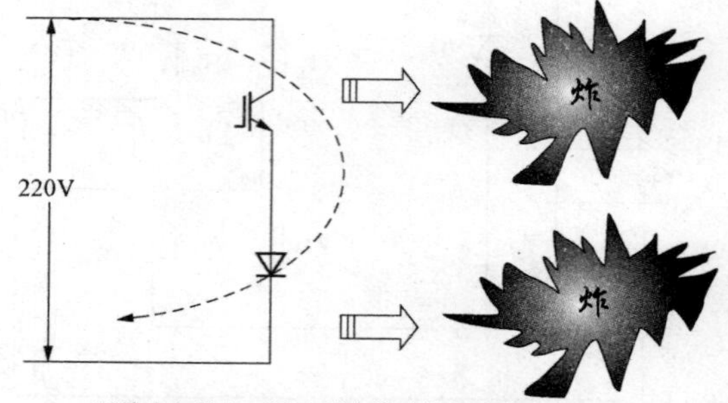

(b)输出与输入不同步时电流路径的等效电路

图 3-11　UPS 负载端接地而输出又和输入不同步的情况

牌为 Vactron 的小功率 UPS，由于没有输出隔离变压器，在用户输入端接地时几乎都形成爆炸，后来不得不外加输出变压器 BT，这才保证了正常使用，如图 3-12 所示，这时的电流路径是

$$L+ \rightarrow VD_2 \rightarrow VT_2 \rightarrow BT\text{一次绕组} \rightarrow VT_3 \rightarrow VD_3 \rightarrow N-$$

恢复了无地线时的状态。原来的负载 R 换成了变压器一次绕组，这时的一次绕组就是负载 R。

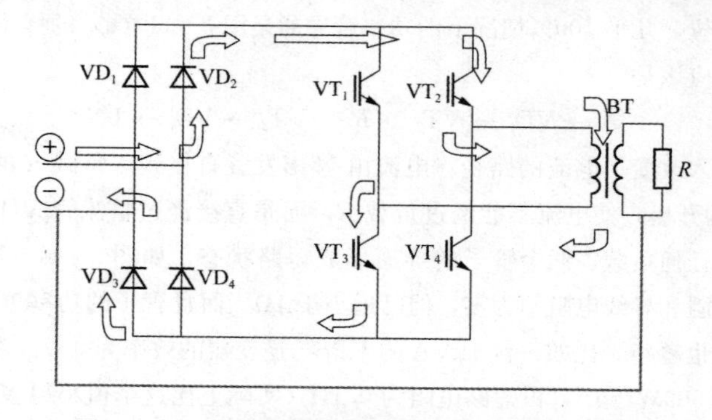

图 3-12　全桥变换器输出加隔离变压器的情况

不过是换了一种吸取功率的方式。换言之，变压器就是一个具有物理隔离性的、不失真传递电功率的中间环节。这样一来，在变压器的二次绕组端就可以连接接地线了，如图 3-12 所示。当然，在有的供电环境下零地线之间的电压过高，使用户感到不安，此时也可将此变压器的二次绕组接地。

(2) 变压。在小功率 UPS 中，为了节省成本，一般用的电池电压不高，图 3-13 就是一个电池电压用 60V 的例子，常用的电池电压有 24、36、48、192、240V 等。对于单相 UPS 来说输出电压有效值多为 220V，分正负半波，半波的峰值是有效值的 1.414 倍，即 220V×1.414＝310V，正负半波的峰峰值就是 620V，如图 3-13 所示。由 60～620V 有 10 倍之差，不用变压器是无法实现的，所以这个输出变压器的第二功能是变压。

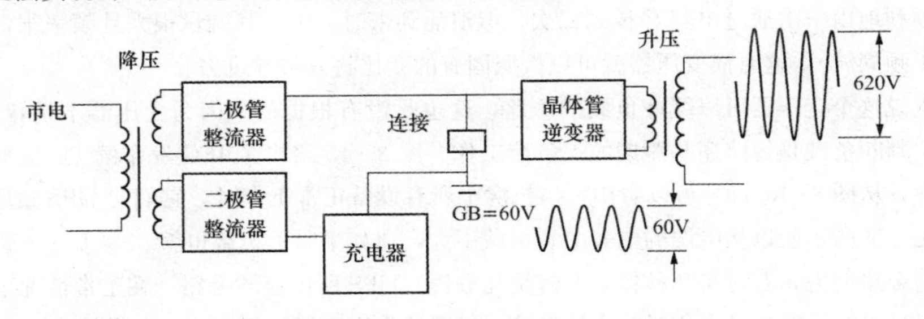

图 3-13　变压器的升压作用原理图

所以 UPS 输出变压器的功能就是产生隔离接地点和变压。

2. UPS 输出变压器不具备抗（抑制）干扰和缓冲短路的功能

那么，上述变压器是否有抗干扰的功能呢？回答是否定的，而且也不允许其抗干扰。如前面所述，要抗干扰就不需要电感，而变压器漏感是造成输出电压相依的主要制造者，相移大了就会加大并机环流，因此变压器的漏感越小越好。那么所谓的变压器抗干扰功能如何理解呢？这里所谓的干扰只能来自负载，UPS 的逆变器是不产生干扰的。负载对电压源的要求是：输出端动态性能一定要好，即动态内阻一定要小，这样电源的输出才能适应负载的变化，不允许有惯性。只有惯性环节才有抗干扰能力，变压器不是电抗器，在正常工作时是线性的，不失真地传递信号，所以不具备抗干扰能力。那么从结构原理上又如何解释呢？图 3-14 示出了这种变压器的结构原理图。从图 3-14（a）的变压器原理图可以看出，普通电源变压器都有一次和二次，而且都是一层层用漆包线绕成的，如图 3-14（b）的变压器结构剖面图所示。就是说，变压器是由绕在铁芯上的一层层铜漆包线构成，一次和二次也是这样，两层漆包线之间都垫有绝缘层，这样一来，每层绕组就构成一个导体平板，两层绕组之间就构成了一个平板电容器，进而在一、二次绕组之间就形成了一个等效电容器 C，如图 3-14（b）所示。在一、二次绕组之间也就形成了一个容抗 X_C，其数值的大小为

$$X_C=\frac{1}{2\pi fC} \tag{3-1}$$

式中：X_C 是等效电容的容抗，Ω；C 是等效电容的容量，F；f 是干扰信号频率，Hz。

从式（3-1）中可以看出，电容的容抗和干扰信号的频率成反比，而一般干扰信号的频率很高，可以从几千赫兹到几十兆赫兹，尤其是各种形式的噪声、尖峰等。但这些干扰到来时就

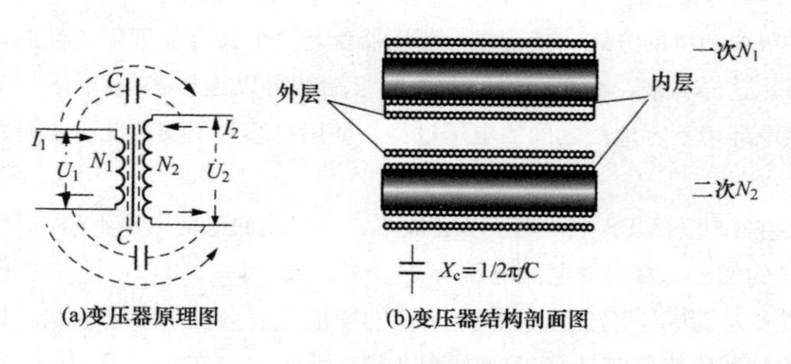

图 3-14　变压器结构原理图

可以很顺利地由一次通过电容 C 传到二次。但浪涌到来时，由于其能量很大且频率很低（可以到数个工频周波），这时候变压器就可以按照固有的变比将其传导过去。

有人说这个变压器可以缓冲负载的短路，这也是没有根据的。因为变压器不是智能环节，根本无法判断负载是短路还是短期的大负荷工作。图 3-15 给出了 IEC 发布的 PC 机典型工作电流波形，从图 3-15（a）可以看出，当机房中所有设备正常工作时，它们向 UPS 索取的最大电流值是分散的，所以从电源的电表上看负载不大，比如平时的负载也就 60%左右，但有时也会切换到旁路上去，有时是几秒钟，有时是几分钟。UPS 所以会转旁路，在正常情况下是因为过载，但过载时间超过设定值时就会转旁路，过载消失后又切换回来。这是什么原因呢？从图 3-15（b）可以看出，但机房中所有或大部分计算机正巧在某一刻都工作在最大电流值时，负载量会变得很大。比如原来每台负载的最大电流峰值是 100A，正常时由于分散，负载变得很平和；一旦同步取最大值时比如 500A，如果时间超过 UPS 允许的界限就会转旁路。假如变压器可以抗干扰和缓冲负载的突然变化，试问此时应当认为是干扰给抗掉呢还是当成短路给缓冲呢？要知道低于单机电流峰值的干扰由于被负载淹没是不需要抑制的，只有抑制那些高于峰值电流的干扰才有意义。现在图 3-15（b）的电流峰值数倍于平时，不论是被变压器缓冲还是抑制都会造成用电系统的停机，这样的电源还有人敢用吗。实际上变压器一不能分辨干扰，也不能分辨短路，更没有所谓“缓冲”和“抑制”的功能。

例 3-1　某电子公司机房采用了 150kVA×5 台带有输出变压器的工频机 UPS，构成了 4+1 冗余系统。一天外电网停电，UPS 工作在电池模式，此时突然有人合上了输出端 300kVA 的变压器，负载变压器瞬间的短路起动电流竟导致了一场灾难：70 多节 100Ah 电池被烧毁，如果 UPS 的输出变压器若能“缓冲”一下，负载变压器的瞬间短路也就顶过去了，正因为变压器没有这种能力，才造成了这场灾难。

认为变压器具有上述功能的误区在于把变压器当成了电感，当成了扼流圈，当成了惯性器件，无疑这是一厢情愿。

3. 没有意义的 UPS 输出变压器隔直流能力

从前面讨论中已经知道在工频机 UPS 全桥逆变器的结构中必须要变压器，不仅是单相机，三相机更是这样。因为三相桥逆变器输出的是三条相线而没有零线，只有通过△-Y 型变换才能有三相四线制的电源。所以变压器是工频 UPS 不可分割的部分，考察变压器的历史就可知道他不具备其他功能，隔直流之说更没根据，下面来进行具体分析。

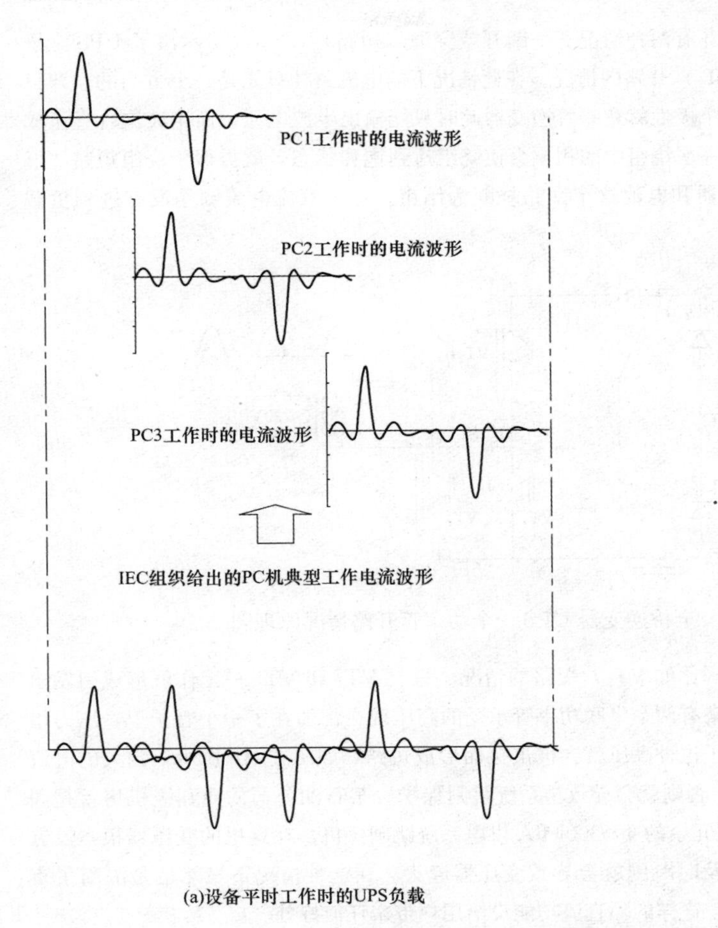

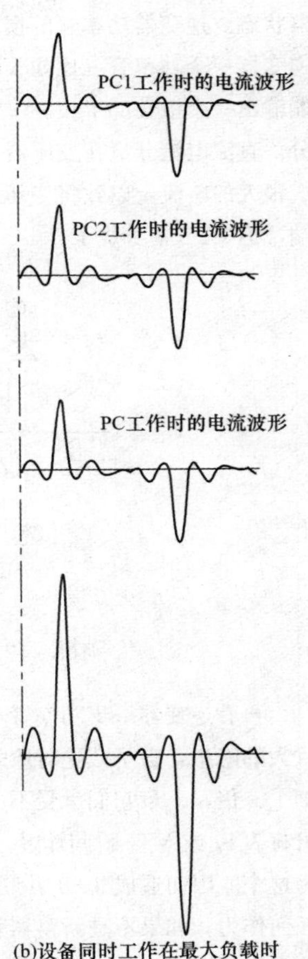

图 3-15　设备系统不同工作状况下的 UPS 的负载情况

隔直流之说的精髓是当逆变器功率管故障后又有可能使直流电压加不到用户机器的输入端，因为输出变压器的一次和二次绕组是分开的，直流电压只能停留在一次绕组上，于是就产生了隔离效果。但这是其一，其二却会带来严重后果。事情完全不是想象中的那样，图 3-16 示出了一般变压器的工作情况。首先承认这种变压器是变换交流电的，如图中正弦波。假如不用来变换交流电而是施加直流，如图 3-16 中将电池组开关 S 闭合，由于变压器绕组内阻相当小（近似于短路）就会在电池组和变压器一次绕组之间形成相当大的短路电流，一直到将电池组、导线或绕组烧断为止。换言之，这种电源变压器根本不能加直流。这是人人皆知的电工常识。

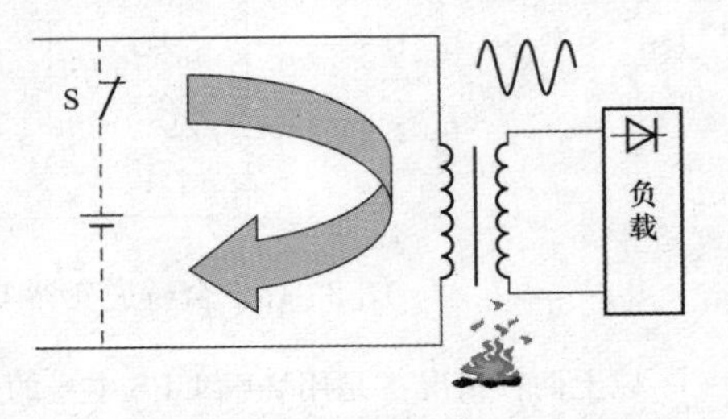

图 3-16　全桥逆变器 UPS 输出变压器原理图

下面再来讨论逆变器功率管损坏情况下的变压

器状态。逆变器功率管的损坏有两种情况——断开或穿通（短路）。图 3-17 示出了 UPS 全桥逆变器一个功率管（比如 VT_2）开路的情况。在此情况下的电流路径只能是一个方向的，即只能输出一个极性的半波。一个极性就意味着逆变器此时只能输出半波电压，而半波饱含直流成分，直流电流分量在变压器一次绕组中的积累会使绕组达到饱和状态，就类似于绕组短路，形成很大的电流，以致将变压器和电池这个回路烧断为结束。这个直流电流倒是没有进到负载端，但 UPS 本身烧了。

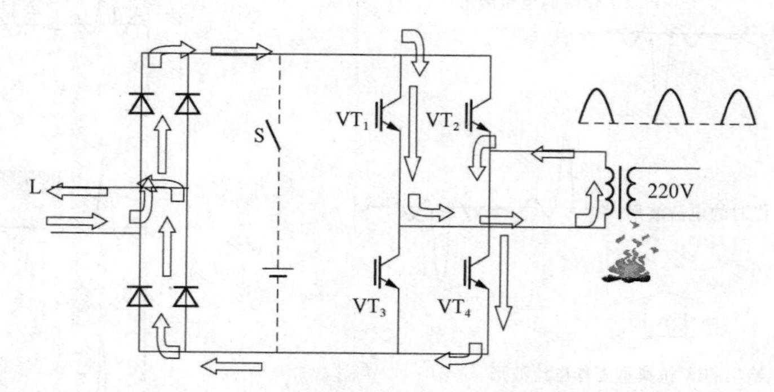

图 3-17　全桥逆变器 UPS 一个功率管开路情况原理图

再看逆变器一支功率管（比如 VT_2）短路的情况。只要 VT_3 和 VT_4 一工作就形成引发出巨大的隐患，管子截止时原来有两个串联功率管承受的高压现在都加在了一个管子上，压力增加了一倍，一旦它们承受不了这种高压就会被击穿而形成短路，如图 3-18 所示。强大的电流可将 VT_3 或 VT_4 瞬间炸毁，否则就会导致全系统跳闸保护。某石油公司的兆瓦级机房就是因为这个原因而造成 3+1 并联冗余的 4×300kVA 供电系统跳闸停机，在这里的变压器根本没有任何作为，如果不是断路器及时跳闸就会导致变压器起火。在这种情况下虽然也是隔断了直流，但同样是把自己烧毁了，这样的隔直流功能没给用户带来任何好处。

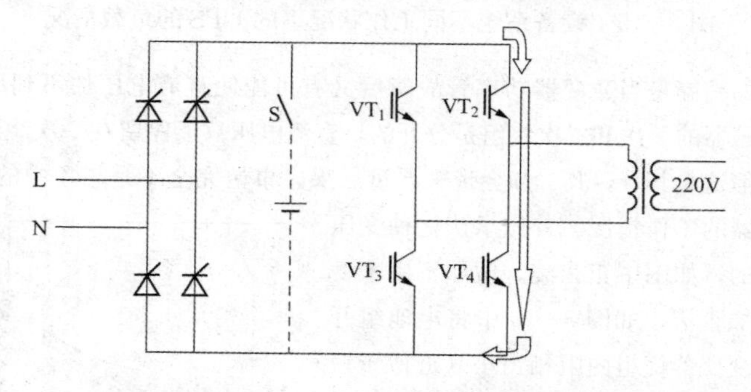

图 3-18　全桥逆变器 UPS 一个功率管穿通情况原理图

以上两种情况都是用烧毁 UPS 本身的代价而保护了 IT 设备，这对 IT 设备用户是不是就算是一种福音呢？当然不是，因为不论是烧毁 UPS 还是 IT 设备都会使系统崩溃而无法继续工作。

如果 UPS 供电设备在逆变器功率管损坏的情况下不但保护了 IT 设备，同时也保证了本身的安然无恙，这样的隔直流功能才有实际意义，这才是用户真正需要的。持此种说法的误区在于没有搞清楚变压器不能加直流电压和电流的道理。

4. UPS 变压器不能提高 UPS 系统的可靠性和稳定性

UPS 变压器能提高 UPS 系统的可靠性和稳定性，这是没有根据的。包括 UPS 在内的电子设备容易出故障的主要因素是高温。在高温下，器件的漏电流增大、耐压降低。据有阿累纽斯定律介绍，当环境温度在 25℃的基础上，每上升 10℃，元器件或设备的寿命就减半。当温度按照 10℃的算术梯度上升时，元器件或设备的寿命就会按照 $1/2^n$（n=1、2、3…）的几何级数规律递减。比如按照 25℃设计的产品寿命为十年，那么在 35℃的环境下其寿命就是五年，那么在 45℃的环境下其寿命就是两年半，在 55℃的环境下其寿命能坚持一年吗？而机内的温升来自机内各个电路环节的功耗，变压器是其中之一，如果没有变压器就可以少去了这部分功耗。所以从这个意义上说，由于变压器的存在，在一定程度上降低了系统的可靠性。更何况变压器和 UPS 逆变器是串联关系，所以它也是一个故障点呢。

这里的误区在于将变压器的机械稳定性和电气性能混为一谈。这里的稳定性指的是电性能的稳定性，既然由于变压器的存在降低了系统的可靠性，当然也相应地降低了稳定性。陷入误区的人们误把电的稳定性当作机械稳定性来理解。变压器质量大，重心稳定，所以也就保证了系统的可靠性和稳定性。再者，变压器只是 UPS 的一个组成部分，它不给整体添麻烦也算提高了设备的可靠性。假如能从这个角度上看问题，任何一个组成部分都可以这么说。

5. UPS 输出变压器不能使系统适应大范围的电网变化

有人说：由于目前的电网供电质量不高，电压波动很大，不得不采用带变压器的工频机 UPS，并说工频机变压器就可以使 UPS 系统适应电网电压的大幅度变化，这也正是用户所关心的问题，难怪可以打动用户的心。事实如何呢？可从图 3-19 看明白。

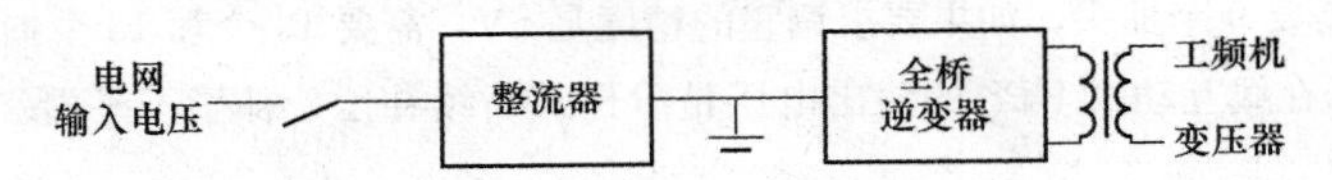

图 3-19　工频机 UPS 输出变压器

这个变压器就是前面所介绍的输出电压变压器。这个变压器是接在逆变器的后面，它所承受的输入电压变化仅是±1%，可说吃的是“小灶”，不论输入电压如何变化都和这个变压器无关。就是说，这个变压器的加入和输入端是否能承受电网的如何变化是风、马、牛毫不相关。所以那种“变压器能使系统适应大范围电网变化”的说法也就没人相信了。

一个附带的问题：在大功率变压器中由于三角形变星形可消除三次谐波，所以这也是抗干扰。是的，在大功率三相 UPS 中这个变压器具有隔断三次谐波的能力，但必须是“D-Y”连接，如图 3-20（a）所示。可惜的是这种连接方法消除的是线电压上的三次谐波，而相电压上的谐波不能消除，如图 3-20（b）所示。再说逆变器本身产生的三次谐波几乎为零，根本不用到输出端去消除。而负载大都用相电压 220V，并且还破坏相电压波形而产生三次谐波。不过这个三次谐波也影响不到 UPS 的输出端，因此在这里谈什么消除三次谐波好像没有实用价值。

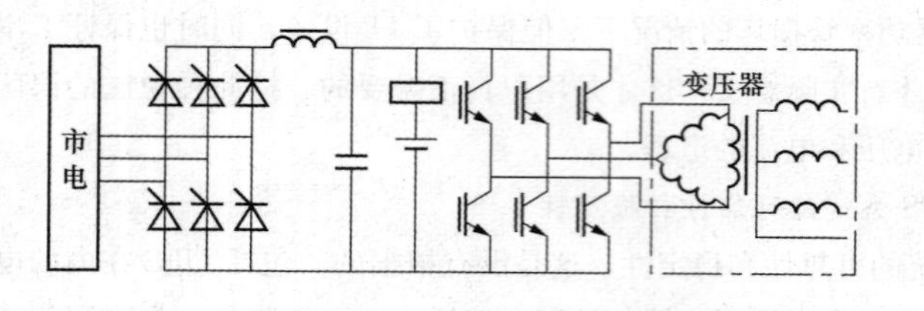

(a)带有"D–Y"输出变压器的电路原理图

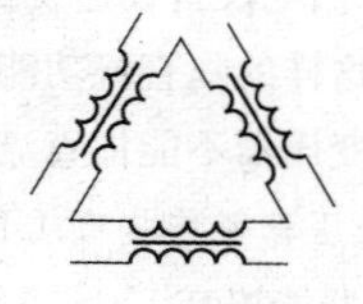

(b)"D–Y"输出变压器的一、二次绕组原理

图 3-20　UPS输出三相变压器的连接

工频机UPS输出变压器的基本功能就是变压和产生隔离接地点，所以说其他各种功能只是一种美好愿望。

第二节　对Delta变换技术的误解

一、认为Delta变换技术是在线互动式

由前面对在线互动式电路结构的介绍可以看出这种电路的几个特点。

1. 在线互动式UPS的特征

(1) 分段补偿式结构。这种结构就决定了它的调整精度不会很高。一段补偿式无论如何都不可能将输出电压的精度提得很高。比如典型的一级补偿式Smart UPS的输出电压精度是±12%。多抽头式结构的输出电压精度取决于抽头的多少，抽头越多精度越高，但随之而来的是电路越复杂、造价越高、可靠性越低。抽头的多少还受允许输入电压变化范围大小的限制，允许输入电压的变化范围越大、精度越高，抽头就越多。比如每个抽头的精度间隔是10V，如果要求适合输入电压的±10%（44V）变化，则需要5个抽头；如果要求适合输入电压的±20%（88V）变化，需要9个抽头，如果要求调整的精度是5V，需要10个和18个抽头。

所以，由于在线互动式UPS的输出电压是阶梯式断续补偿，补偿不平滑和精度难以提得很高。

(2) 后备式的工作方式。从前面的分析可以看出，在线互动式是后备式的工作方式，在市电正常供电时输出电压是由输入电压补偿而来。当市电异常时输出电压由电池的直流电变换而来。所以在分类上介于在线式和合后备式之间，即在线互动式是后备的工作方式在线的效果。

(3) 只有一个功率变换环节。在线互动式UPS既然是后备的工作方式，就是说在市电正常工作时只有充电器在工作，而没有功率变换环节，比如传统双变换的输入功率整流器。

(4) 在市电供电时有两个电压。从前面对在线互动式UPS的工作原理介绍中可以看出，不论是一段补偿式还是多抽头调解式，都是两个电压在互动：一个是正反方向叠加，一个是两个电压交叉作用，交叉即是互动（都是由这一个词Interactive翻译而来）。这是在线互动式和在线式UPS共有的特点，而后备式UPS就没有两个电压。

如果Delta变换UPS符合上述的特征就是在线互动式。

2. Delta 变换 UPS 的特征

（1）连续补偿式。在线式 UPS 的调整特征是连续调整方式，所以调整是平滑的，Delta 变换 UPS 的调整也是连续的，这从图 3-21 可以看得明白。图 3-21（a）中有一个 Delta 变压器，该变压器二次上的电压 ΔU 就类似于一段补偿在线互动式 UPS 的补偿绕组，但因为它们的工作原理完全不同。在线互动式 UPS 一段补偿电压 ΔU 的幅度是固定不变的，两端的极性也是固定不变的；而 Delta 变换 UPS 的补偿电压 ΔU 则不然，它的特点是：电压幅度不但可变而且是连续的，两端的正负极性也是可变的，这可用图 3-21（b）～（e）进行说明。

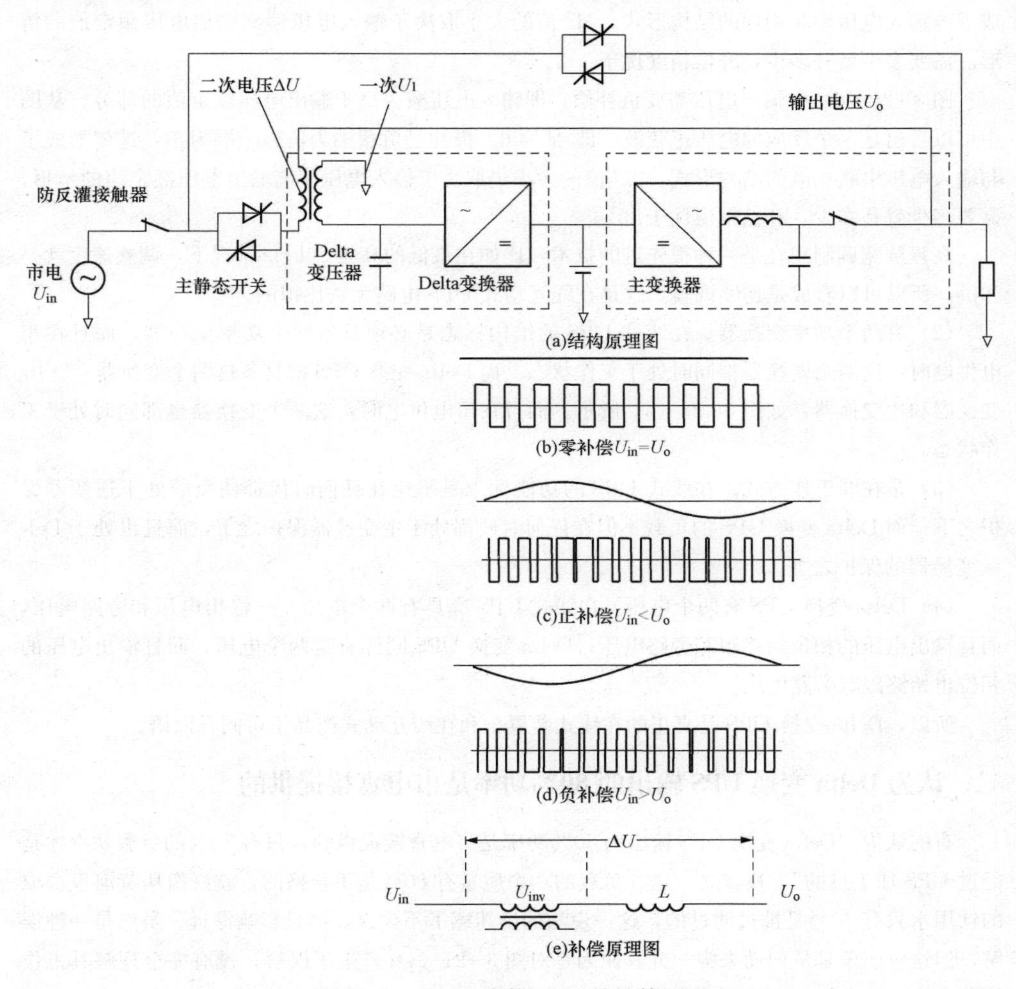

图 3-21　Delta 变换 UPS 的补偿原理

图 3-21（a）Delta 变压器二次上的电压是一个内含市电正弦波电压的脉宽调制（PWM）波，其调整的电压幅度设计为额定电压 220V 的±20%。输出电压、输入电压和补偿电压的关系如图 3-21（e）所示

$$U_o = U_{in} \pm \Delta U \tag{3-2}$$

图中的 L 是滤波电感，在比较小的功率是比如 40kVA 以下，电感 L 就和 Delta 变压器二次绕在一起，功率为 40kVA 以上时电感 L 就和 Delta 变压器二次分开绕制。

图 3-21（b）中输出电压不需要补偿，所以 U_{inv} 的 PWM 波形对零线而言上下对称，每个周期正负波形的算术和等于零，即 $\Delta U=0$。

图 3-21（c）中输出电压需要正补偿，所以 U_{inv} 的 PWM 波形对零线而言上下就不对称了，从图中可以看出是一个正向的电压正弦波，即 $\Delta U>0$。极性是负载端为正另一端为负，这就形成了与输入电压串联相加的结构形式。ΔU 值的大小取决于输入电压偏离输出电压额定值的情形。需要多少就补多少，补偿精度优于 1%。

图 3-21（d）中输出电压需要负补偿，即输入电压减去高于输出电压额定值的部分。从图中可以看出是一个反向的电压正弦波，即 $\Delta U<0$。极性是负载端为负另一端为正，这就形成了与输入电压串联相减的结构形式。ΔU 值的大小仍取决于输入电压偏离输出电压额定值的情形，需要多少就补多少，补偿精度优于 1%。

高频脉宽调制现在是一种很先进的技术，比如在最低的高频 20kHz 情况下，调整速度就是 50μs，所以可以看成是连续调整。这是在线互动式 UPS 电路无法比拟的。

（2）有两个功率变换器。在线式 UPS 的结构标志是必须具备两个功率变换器，而且在市电供电时，这两个变换器都同时处于工作状态。而 Delta 变换 UPS 就具备这两个变换器：Delta 变换器和主变换器，如图 3-21（a）所示。而且在市电供电时，这两个变换器也都同时处于工作状态。

（3）是在线工作方式。在线式 UPS 的功能标志是不论在任何时候都使负载处于逆变器保护之下。而 Delta 变换 UPS 的负载不但在任何时候都处于主变换器保护之下，而且也处于 Delta 变换器的保护之下。

（4）Delta 变换 UPS 有两个电压。在线式 UPS 都具有两个电压——输出电压和旁路电压，而且输出电压的相位始终跟踪旁路电压；Delta 变换 UPS 同样有这两个电压，而且输出电压的相位也始终跟踪旁路电压。

所以，Delta 变换 UPS 是真正的在线式装置，和在线互动式产品不可同日而语。

二、认为 Delta 变换 UPS 输出的 80%功率是市电直接提供的

有的认为“Delta 变换 UPS 输出的 80%功率是市电直接提供的，只有 20%的负载功率才是经过 UPS 加工过的”，换言之，送往负载的功率质量有 80%是不合格的，就好像从黄河里提取的饮用水只有 20%是被过滤过的，这一说法的确迷惑了不少人，而且影响深远。虽然是一种误解，但这一印象是从何而来呢？究其原因是对图 3-21（a）产生了误解，没有完全理解其工作原理。为了彻底把这个问题搞清楚，讨论如下。

1. Delta 变压器的工作原理

在三相 UPS 中的 Delta 变压器实际上是 3 个互相隔离而独立的单相变压器。每个独立 Delta 变压器的匝数比是 5∶1（一次匝数 n_1∶二次匝数 n_2），当然这时电流的变比就是 1∶5，这是了解功率传输和功率调整的基础。如果研究如图 3-22 所示的一个单相双绕组隔离变压器，就

可以确定关于电压和电流的一些基本物理规则。

（1）电压大小。当一个变压器绕制完毕后，其一、二次匝数比就是一个不变的常数了，所以跨接在变压器二次绕组上的电压 E_2 就是匝数比的函数，而且随着一次绕组上电压 E_1 的变化而变化。比如，升高一次绕组电压 E_1 时，二次电压 E_2 也随之升高，于是就得出了第一个规则，即变压器的一次电压调整二次电压。

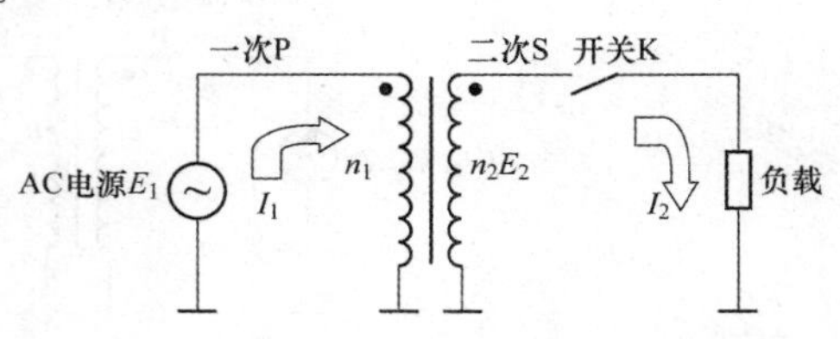

图 3-22　匝数比为 5∶1 的单相隔离变压器

（2）电流大小。变压器二次绕组中的电流大小也是匝数比的函数，不过它要受二次绕组上负载的控制。如图 3-22 中所示，假如将二次绕组上的开关 K 断开，那么流过二次绕组中的电流 I_2 就为零，同时流过一次绕组中的电流 I_1 也为零，仅流过一些可以忽略不计的励磁电流。这是什么原因呢？这是能量守恒定律。当二次开关 K 断开时，二次回路中的电流没有了，即 $I_2=0$，根据欧姆定律，功率等于电流和电压的乘积，即二次功率 $P_2=I_2E_2$，如 $I_2=0$，那么 $P_2=0$。既然二次不需要功率，一次也就没有必要提供功率，否则就不能达到能量平衡。当闭合开关 K 时，假如负载电流是 20A，由于电流比是 1∶5，那么流过一次绕组的电流就是 100A，于是就得出了第二个规则，即二次电流调整一次电流。

（3）电流波形。二次绕组中的电流波形受负载特性的控制。如果负载是一个电阻，那么二次电流的波形就是和一次一样的正弦波；如果二次是非线性负载，而且这个非线性负载导致了二次电压波形的失真，那么二次的电流波形也是非正弦的，于是也就导致了一次电流的失真，于是就得出了第三个规则，即负载决定一次电流波形。

图 3-23 示出一相 Delta 变压器的功率传输电路。这个电路是图 3-21（a）的另一种画法，两变换器之间由直流母线连接，主变换器接负载。下面就利用该图来讨论功率是如何传输的。

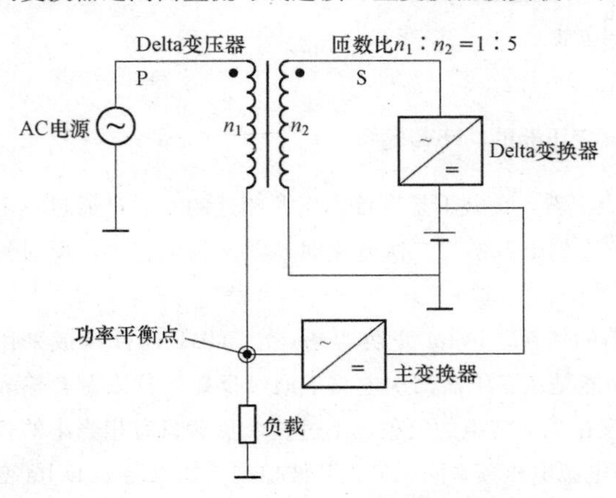

图 3-23　Delta 变压器功率传输的基本电路

图 3-24 示出了接通交流电源 AC 而 Delta 变换器和主变换器都处于关闭状态的情况。假如接通的是 100A 的负载，从图中可以看到，好像负载被直接接到了交流电源上，但负载是不是能从交流电源上得到了功率呢？回答是否定的。为了使讨论更直观一些，将这时的状态情况标注在图 3-25 上。由于 Delta 变换器处于关闭状态，根据上面的讨论就使得 Delta 变压器的一、二次电流都为零，这就是上面讨论的第二条规则：二次电流调整一次电流。既然流过变压器一次的电流为零，主变换器又处于关断状态，那么流过负载的电流也必然为零，于是负载两端的电压当然也为零，因此输入电源电压（400V）就全部降在了变压器的一次绕组上，这完全符合了基尔霍夫关于电压和电流的两个定律。

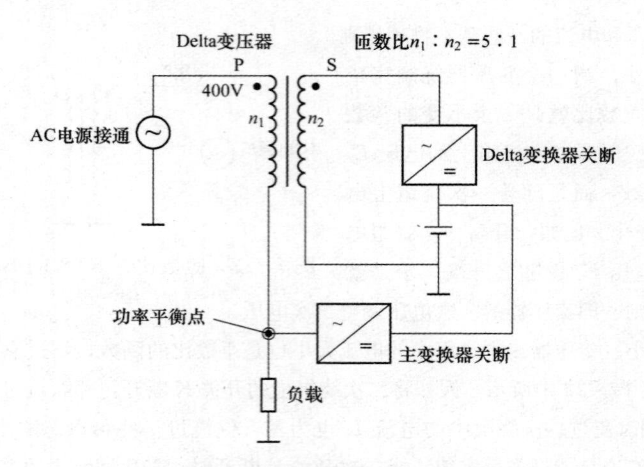

图 3-24　Delta 变压器的功率传输电路（一）

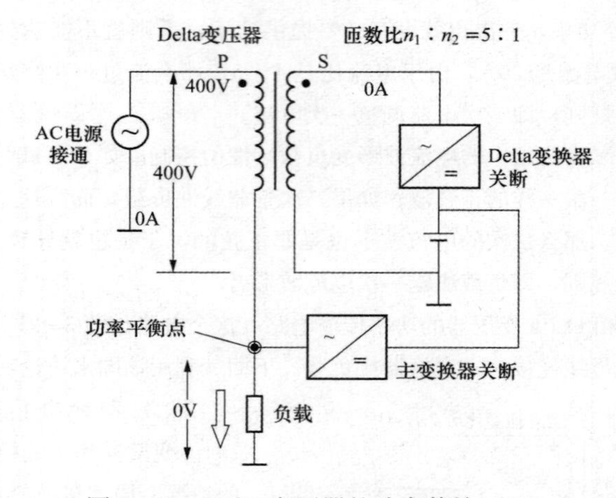

图 3-25　Delta 变压器的功率传输（二）

到此就已经证明了：从功率控制的观点上看，负载不是直接与电源相连的，它是通过一个受 Delta 变换器控制的变压器一次绕组阻抗连到电源的。二次开路时，阻抗是无穷大，反射到一次的阻抗也是无穷大，所以电流为零。

图 3-26 示出了电源向负载传输功率的情况。Delta 变换器是一由 IGBT 器件构成采用 PWM 工作方式的电流逆变器。它的主要功能是在变压器二次电路中通过反射阻抗来调整输入电流和输入功率的装置，而其本身的作用又是二次绕组的负载，不过这个负载只有相当小的开关损耗。Delta 变换器的电流波形受与交流电源电压频率同相的正弦波控制。如果启动 Delta 变换器并设为它的逆变电流为 20A，在一次就可得到 100A 的电流输送到负载端。

二次负载对一次的控制关系可以用变压器的反射阻抗来说明，因为在同一个变压器中一、二次通过的是同一个磁通，即

$$\phi_1 = \phi_2 = \phi \tag{3-3}$$

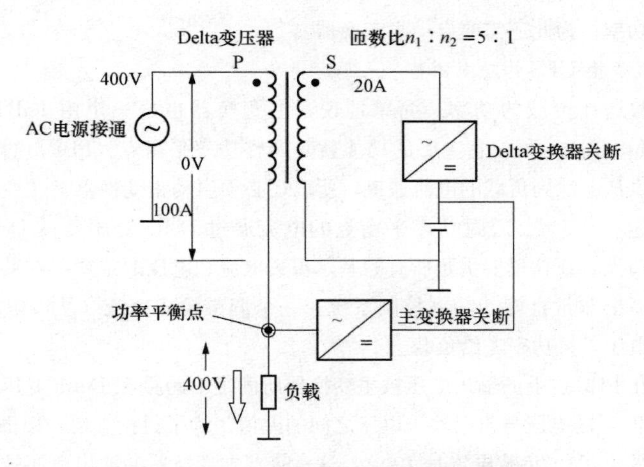

图 3-26　Delta 变压器的功率传输（三）

而且

$$\phi_1 = l_1 n_1,\quad \phi_2 = l_2 n_2 \tag{3-4}$$

式中：ϕ_1 为穿过一次绕组的磁通量；ϕ_2 为穿过二次绕组的磁通量；I_1 为流过一次绕组的电流；I_2 为流过二次绕组的电流；n_1 为一次绕组的匝数；n_2 为二次绕组的匝数。

将式（3-4）带入式（3-3）并整理得

$$I_1 = \frac{n_2}{n_1} I_2 \tag{3-5}$$

由于在一个单变压器中一次与二次的功率应当是相等的（忽略损耗），即

$$P_1 = P \text{ 或 } I_1^2 Z_1 = I_2^2 Z_2 \tag{3-6}$$

式中：Z_1 为二次绕组反映到一次的反射阻抗；Z_2 为二次绕组的负载阻抗。

将式（3-5）和式（3-6）综合后得

$$Z_1 = \frac{I_2^2}{I_1^2} Z_2 \tag{3-7}$$

再整理后得

$$Z_1 = \left(\frac{n_1}{n_2}\right)^2 Z_2 \tag{3-8}$$

根据上面的例子，Delta 变压器匝数比为 $n_1 : n_2 = 5 : 1$，若像图 3-25 那样 Delta 变换器处于关断状态时，$Z_2 = \infty$，带入式（3-8）得

$$Z_1 = \left(\frac{1}{5}\right)^2 \times \infty = \frac{\infty}{25} = \infty$$

Delta 变压器一次电流为 $I_1 = \dfrac{400V}{\infty} = 0$

因此根据上述关系就可以调整从电源送来的电流幅度。在电路的作用下也可以调整输入波形和输入功率因数。但仅存的问题是：跨接在负载两端的电压是不被调整的，也就是说在功率平衡点上的实际电压将受到电源电压的扰动。因此，即使已经调整了输入电流，实际上还没有真正

调整送往负载的功率，为此还需要启动主变换器。

2. Delta 在线变换 UPS 的功率调整

(1) 如何调整送往负载的功率。简单地说，主变换器也是一个由 IGBT 器件构成采用 PWM 控制原理的电压逆变器，它主要的功能就是调整功率平衡点（PBP）的电压。在输入电源故障时它也提供从电池到负载的电流通道，所以还必须启动主变换器。主变换器可以将功率平衡点的电压稳定在±1%。经过功率平衡点的电流通过 Delta 变压器被 Delta 变换器控制。PBP 是一个电路节点，在这里要满足所有的基尔霍夫电流和电压的定律。在共同的工作中，两个变换器构成了一个非常良好的功率控制系统。一个调整输入电流（从市电取得有功功率），另一个调整输出电压，将功率送给负载。

进一步说，在 PBP 点上的输出电压被主变换器所固定。跨接在 Delta 变压器一次绕组上的电压现在就是 PBP 上的电压与市电输入电压之间的差值。为了讨论方便，以图 3-27 为例，假设输入单相电压是 400V，负载电流是 100A，这意味着主变换器的输出电压被设置在 400V（1±1%）。如果这时的输入电压是 400V，而 PBP 点的电压也是 400V，那么跨接在 Delta 变压器一次绕组上的电压就是零伏（0V），这是一个非常特殊的状态。此时 Delta 变压器一次绕组上的阻抗表现出很低的值。事实上也表现出很低的损耗，也就是：0V×100A 等于零电阻和零功率，而且也无相移。这就清楚地看出，Delta 变压器一次绕组的行为不像扼流圈，也意味着 Delta 变压器本身有零功率传输的特点。换言之，Delta 变压器一次绕组和二次绕组之间的功率交换在这种情况下为零。

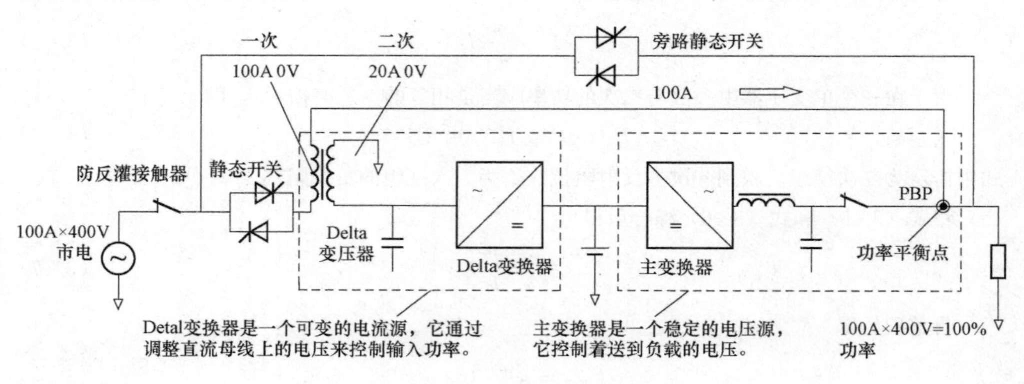

图 3-27　Delta 变换器的功率平衡图

(2) 如何弥补损耗。任何电路都是有损耗的，所以根据上面的例子，Delta 变换器所设置的控制电流应该是 100A 的负载电流加上损耗电流。为了直观起见，假定损耗电流为 5%，那么就需要把 Delta 变换器的逆变电流设置为 20A×(1+5%)＝21A，流过变压器一次绕组的电流就是 105A。也就是说有 105A 的电流流到功率平衡点 PBP，如图 3-27 所示。而负载只需要 100A，为了在这一点满足基尔霍夫第一定律，多余的 5A 就必须流入其他通路，即该多余的 5A 电流要经过主变换器的回授二极管进入直流总线，在这里被自动地分配到所有的损耗电路。Delta 变换纯功率通路赋予了这种双向功率变换的能力。

为了更详细地讨论这个系统，了解一下两个变换器是个什么样的装置，图 3-28 所示为系统中其中一相的 Delta 变换器原理图。因为两个变换器都是具有双向变换功率的能力，也可以分配和调整送往负载的功率。这两个变换器是利用和传统双变换系统同样的方法被连接在一起的，即整流器/充电器和主逆变器是通过公共的直流总线相连的，如图 3-28 所示。这就为两个变换器相互之间以双向的方法交换功率提供了通路，而且这种功率交换并不从电池中吸取。AC-AC 的有功功率通路如图中粗黑线所示。

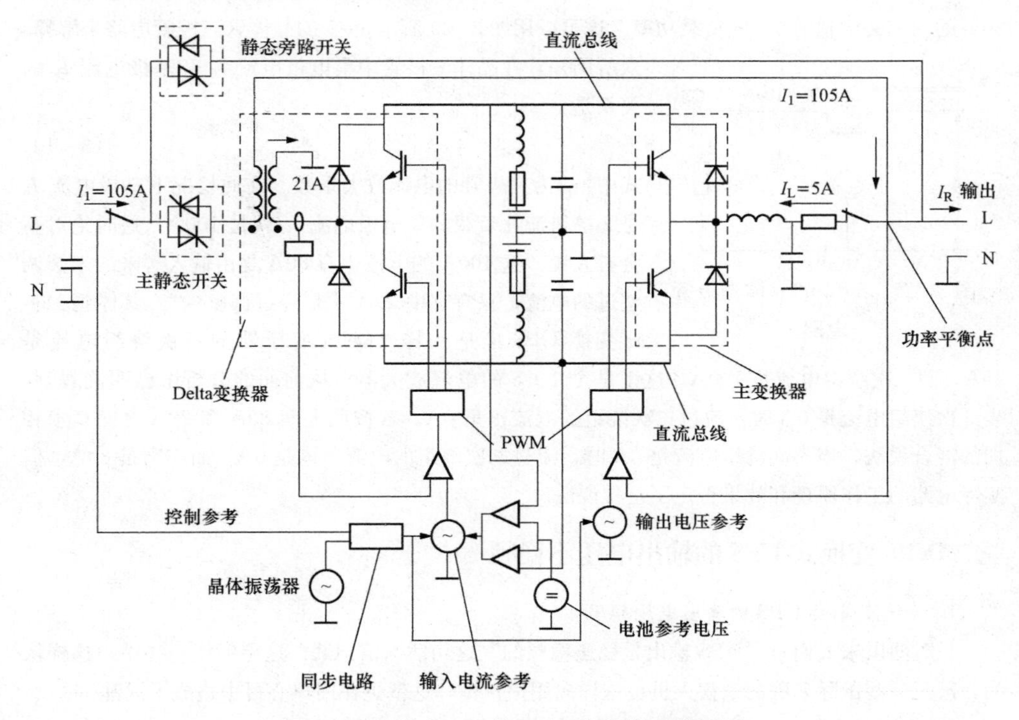

图 3-28　其中一相的 Delta 变换器电路原理

下面讨论的是在正常工作模式下电路表现出的行为，这种 Delta 变换电路系统在正常情况下的损耗一般不会超过 5%，所以仍以 5%为例，设置 Delta 变换器的逆变电流为 21A，这就使得流过 Delta 变压器一次绕组的电流为 105A，即此时送到功率平衡点的电流是 105A，如图 3-28所示。根据基尔霍夫第一定律的要求，此功率平衡点的电流为

$$I_1 + I_L + I_R = 0 \tag{3-9}$$

式中：I_1 为市电输入电流；I_L 为电路损耗电流；I_R 为送往输出端的负载额定电流。

从式（3-9）可以看出这个定律的含义，因为电路的任何节点都是一个无源的简单连接点，没有任何储存电荷的能力，所以仅是一个电流通路上的电流分配点。这个电路中，在 Delta 变换器的控制下，使输入电源送过来的电流是 I_1=105A，到达功率平衡点后，由于负载所需的电流是 I_R=100A，余下的 I_L=5A 就必须流入主变换器方向。由于这是一个交流波形，所以它的正负半波分别通过主变换器的两个回授二极管流到电路的正负总线上。又由于被正负总线连接在一起的两个变换器系统在工作中消耗了 5%（5A）的能量，如果这个损耗不能被及时平衡掉，就再也没有能力逆变出支持100A负载的控制电流。所以这5A的电流就被两条直流总线分配到各个电路中去，以补偿它们在工作中的损耗。须指出的是在两个回授二极管做这些动作的同时，主变换器的电路器件仍在连续不地调整着精度为±1%负载电压。

经过上面一系列的分析可以充分地看出，Delta变换式UPS的负载功率是被电路100%加工过的，并不存在什么20%和80%的比例关系，那是一种误解。这里的20%指的是电路用20%的功率去调整100%的负载功率。这可以用图3-29所示$\beta=5$的晶体管三极管电路来解释。

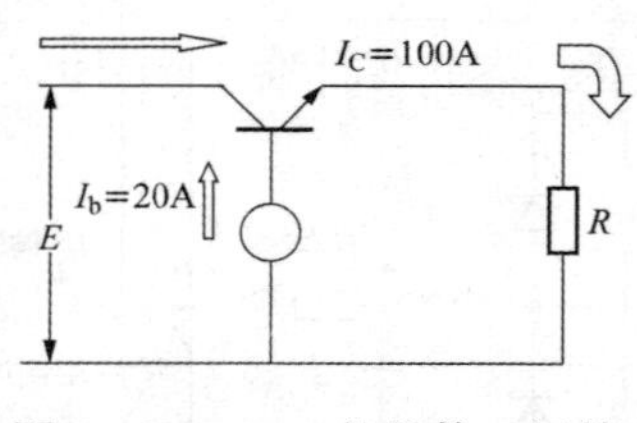

图3-29　$\beta=5$的晶体三极管电路

众所周知，在晶体三极管中集电极电流I_C和基极电流I_b的关系是

$$I_C = \beta I_b \tag{3-10}$$

式中：β为三极管的电流放大系数。在此情况下基极电流I_b是20A，流往负载的集电极电流I_C就是100A。这时绝对不会有人说“这100A的电流中有80A是由输入送来的未被调整过的电流，只有其中20A才是经过调整的”。具体到Delta变换UPS也是一样，Delta变压器的一次绕组电流是20A，而二次绕组电流是100A，这正是个1∶5的电流放大器。从前面的分析中已明确看到，当一次绕组电流是0A时，流过二次绕组的电流也是0A。若按照上面80A和20A之间算术相加的混合说法，当一次绕组电流是0A时，流过二次绕组的电流不该是0A，而应当是80A，但实际电路的工作原理和效果否定了这种说法。

三、Delta变换式UPS的输出电压不稳频

1. 传统双变换UPS的输出电压频率

长时间以来人们对“UPS输出是稳压稳频的”这句话深信不疑。这不但使一些用户这样认为，甚至一些国际名牌的销售人员也这样向用户宣传，这就更在用户心目中造成了混乱。

那么UPS输出电压是不是稳压稳频的呢？如果只是这样问就不能用一句话来简单的回答，因为“UPS输出是稳压稳频的”这句话太笼统，可以从以下两种情况来看。

（1）在市电供电时。在线式UPS的一个重要指标就是零切换时间。切换有三种情况，实际上是两种情况，因为当市电异常改由电池放电时的情况不是切换，而是没有开关的转换。真正的切换是由逆变器到旁路或由旁路到逆变器之间的切换，因为只有这两种情况才动用了旁路开关，零切换时间就是针对这两种情况而言的。从前面的讨论讨论已知保证零切换时间的必要条件是在同频率的情况下输出电压的相位还必须与旁路电压保持一致。如图3-30所示的控制电路必须从旁路电压中取同步信号，控制电路根据这个同步信号再去调整逆变器输出电压的相位，使二者保持一致，一般误差应保持在±3°以内。

以上的介绍说明了一个问题，输出电压不能稳频，其频率和相位必须跟旁路电压保持一致，又由于一般UPS的旁路电压和整流器输入电压就是同一个电压，所以输出电压的频率和相位要和输入电压保持一致。为此在UPS的说明书中都有“跟踪速率”这个指标。

其中一个误解是：既然输出电压的频率和相位要和输入电压保持一致，那么为何在市电供电时测出来的输出电压频率总是稳定的50Hz呢？实际上这不是UPS电路的功劳，而是市电电

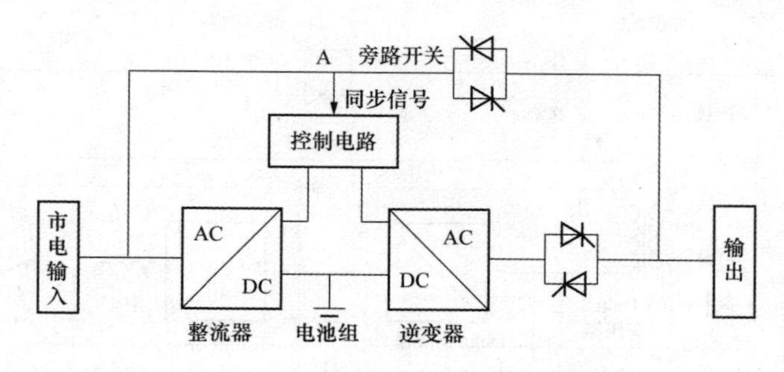

图 3-30　传统 UPS 功能方框图

压的频率有着非常高的稳定度。按照国家标准的规定：联网的市电电压频率稳定度必须是 50Hz±0.2Hz，而实际电网电压的频率稳定度目前已做到 50Hz±0.1Hz，所以才有 UPS 输出电压的频率总是稳定在 50Hz 的现象。既然这样是不是就可以将频率的跟踪缓解从 UPS 电路中去掉呢？去掉是不可以的，这有两个原因：①因为 UPS 不总是用市电电压供电，有时在前面还有燃油发电机，这种小型的发电系统输出来的电压频率精度是无法和市电相比的，所以在 UPS 输入指标中输入电压的频率范围才有 50Hz（1±X%）的规定，一般 X 取 20～30 者居多，即 2.5～3Hz；②尽管从发电厂（发电站）送出来的电压频率有着非常高的稳定度，但在传输到用户的路径上由于各种因素的干扰，短时间内会有频率变化，比如城市的上下班时间、农村的农忙季节和重型设备的投入和离开都可造成短暂和局部的频率变化，这在前面已有讨论，不再累述。

（2）在市电异常时。在市电异常时，比如电压变化超限、输入短路端、输入端开路、输入频率超限等，这时候 UPS 就切断输入而改由电池放电。由于在这些情况下旁路电压为零，输出电压的频率和相位失去参考，为了保持正常的输出电压和频率而启用电路本身的标准频率发生器，一般都是由晶体振荡器分频而来，所以精度很高，在这种情况下的输出确实是稳压稳频的。

所以，UPS 在市电正常供电时的输出是稳压的，但不应该稳频，在 UPS 允许的范围内输出电压的频率和相位是跟踪旁路电压的，只有在输入电压断掉的情况下其输出才是稳压稳频的，不能一概而论。

2. Delta 变换式 UPS 的输出电压频率讨论

在前面的讨论中已经说明在市电断电时，Delta 变换式 UPS 的输出是稳压稳频的，问题是在市电供电时，Delta 变换式 UPS 是不是应该稳频呢？从图 3-31 可以看出，UPS 的输出是经过 Delta 变压器一次后直接送到功率平衡点再到负载。不难看出，输入、输出是同一个频率，不需要再用同步信号去迫使逆变器跟踪。这样一来，就不必担心输出电压频率跟踪输入的精度了。

那么电路中同步信号和同步电路的作用是什么呢？这里同步信号和同步电路的作用是为了同步补偿输出电压而设置的，否则就会由于不是同步补偿而导致输出电压钵形失真。为了看得更清楚一些，图 3-32 给出了 Delta 变换式 UPS 输出电压与输入电压同步的主电路原理图。

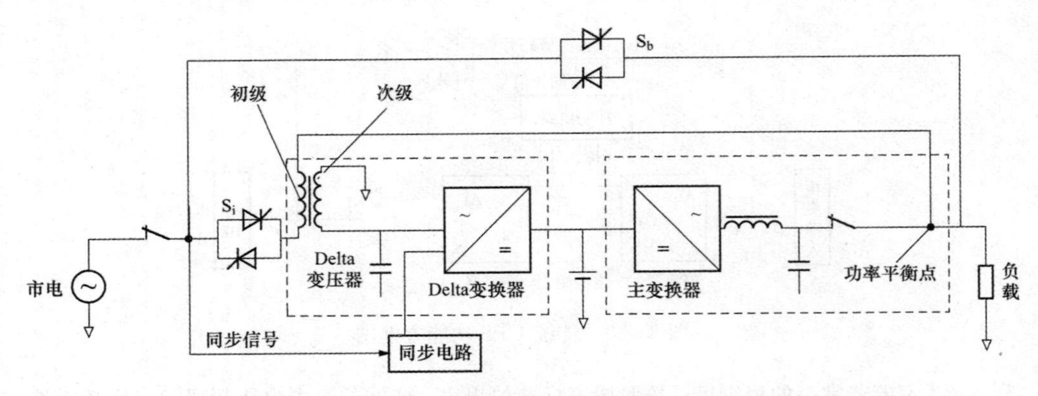

图 3-31　Delta 变换式 UPS 输出电压与输入同步原理方框图

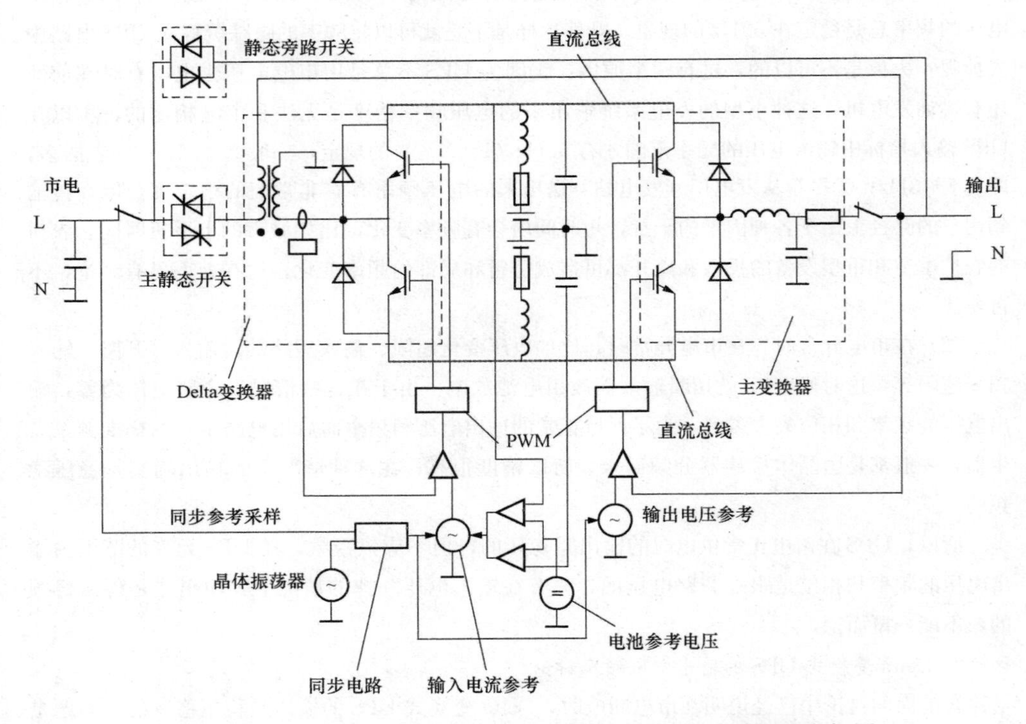

图 3-32　Delta 变换式 UPS 输出电压与输入同步主电路原理方框图

到此为止，就已经澄清了一个重要而容易引起误会的问题：在市电正常供电时，任何通用 UPS 的输出是稳压的而不是稳频的，应该说是跟踪输入的，除非 UPS 作为与输入频率不一致的变频器时才是稳压稳频的；只有在市电断电时，UPS 的输出才真正是稳压的而不是稳频的。

四、关于 Delta 变换式 UPS 对电池动态的影响

“Delta 变换式 UPS 的逆变器进行快变化补偿时，电池频繁放电，缩短了电池的寿命”，这

也是一种误解。在前面的介绍中已知，Delta 变换器向负载提供有功功率和慢变化功率，主变换器向负载提供无功功率和快变化功率。很自然就会提出这样一个问题：既然负载的快变化不能由 Delta 变换器来补偿，其补偿功率就自然来源于与其并联的电池，这样一来必然就会缩短电池的使用寿命。实际情况是不是这样呢？为了说明这个问题，将做如下的讨论。

1. 直流总线（DC Bus）的构成

图 3 - 33 示出了这个系统的电路原理和结构。从图中可以看出，在两个直流总线之间有一个中心抽头，这样一来就有了某些突出的优点。直流总线系统是由滤波电容和带有串联扼流圈的电池组构成，虽然它们都是储能单元，但在行为上却有着很大的区别。而且这里的直流总线和传统双变换 UPS 的直流总线是完全不同的。根据该电路的设计原理，具有本征低内阻抗的电容器在阶跃负载时提供无功功率电流和瞬时有功功率电流等，而带有串联扼流圈阻抗的电池组则只为长持续时间需要的负载提供有功功率。

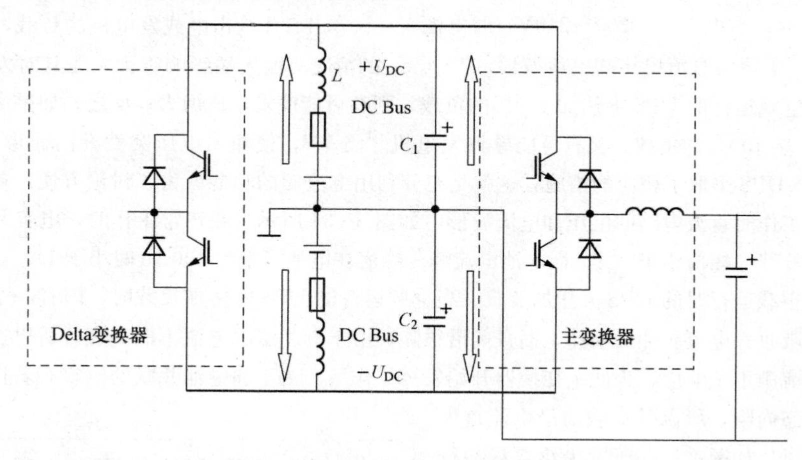

图 3 - 33　Delta 变换式 UPS 直流总线（DC Bus）结构原理图

2. Delta UPS 直流总线的功能

电容滤波器和电池组的联合工作取决于直流总线电压的变化情况。首先对于输入交流 400V 的直流总线情况，这个系列提供的电池组额定电压 $+U_{DC}$ 和 $-U_{DC}$ 比如均为 32 节 12V 电池，集中电压为 2×384V。就是说如图所示的由两组 192 个 2V 电池组串联形成。这就意味着跨接在整个直流总线上的电压为 768V。而实际的工作电压应为电池组的浮充电压值，在每个单元电池浮充电压为 2.25V 的情况下，跨接在整个直流总线上的工作电压 U_{DC} 为

$$U_{DC} = (192 \times 2.27) \times 2 = 872\text{V} \tag{3-11}$$

并且已知电池的开路电压一般为 2×406V=812V（2.12V/单元电池）。

在这里理解的重点就是电池组浮充电压和开路电压之间的设计差值，因为这个差值就是需要电容器 C_1 和 C_2 实际提供的功率。也就是说，在直流总线上的电压下降到 812V 之前，电池不向外提供任何功率，此时的负载功率由电容器 C_1 和 C_2 提供；随着直流母线上的电压下降到 812V 以下时，电池才开始放电，此时电池提供的是 100％的负载功率。

从该设备的说明书上已知功率平衡点 PBP（Power Balance Point）电压的控制精度为 1％。

直流总线电压的控制精度可以很快的响应时间被调整到±0.1V。构成这个系统的诀窍就是设计的直流电容要有很强输出功率的能力，就是说它有60V电压范围的储能能力。作为一个例子来看一下实际的正常运行中突然加100%负载的情况，如图3-34所示。

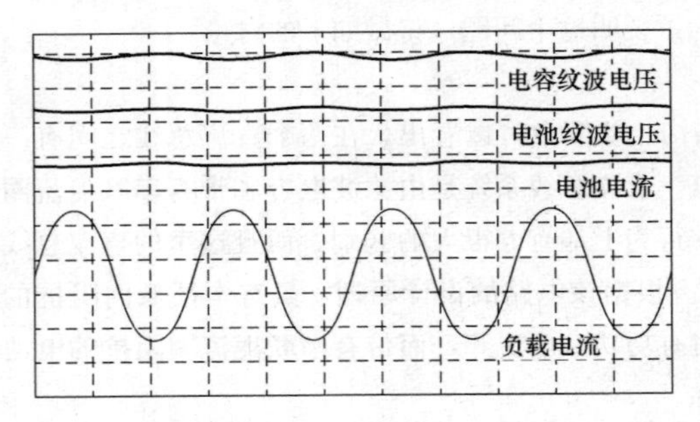

图3-34　市电正常（200～240V）时电池电路的直流电压和电流波形

从图中可以看出，在时间t以前UPS时空在运行，输入电流和输出电流都为零，在t突然加100%负载时，输入电流一时来不及反应，不能给出相应的电流，而由于直流母线电容器的作用使输出电流马上就达到了额定值。

3. Delta UPS在突加负载和突减负载时的反应

UPS作为市电或发电机的负载，其变动的情况对输入端影响很大。尤其对发电机来说，如果空载运行的UPS突然加100%的负载，则有可能使发电机熄火；反之，如果满载运行的UPS突然100%卸负载，又有可能导致发电机“飞车”，使输出电压突然升高而形成浪涌。为此Delta UPS采取了相应的措施，这就是充分利用电流源的功能。为了讨论方便，首先看一下在正常工作时直流电路的电压和电流波形，如图3-34所示。在正常工作时，电容和电池上的电压纹波峰—峰值小于5%，而电池电流峰—峰值在电池容量为100Ah时小于1A。

(1) 空载运行时的UPS突然加负载。当空载运行的UPS突然加负载时，即有一个类似于负载瞬时吸收大电流脉冲的举动，而且前沿很陡。由于电流源的电流不能突变，所以这样的瞬变过程电流源不予响应，为此主变换器开始发挥了作用。由于和电池并联的电容有着比电池小很多的动态内阻，所以其负载前沿电流首先由电容提供。如图3-35所示为给空载运行的20kVA Delta UPS加10A电流的特性情况。图中所示是在时刻0时突加负载，由“电容动波电压”曲线可以看出，由于电流源具有不立即响应的特性且电池的动态内阻比电容大，而且在该支路中串联了一只电感，这就决定了首先是电容通过主变换器提供负载电流。当电容的容量放到一定量后，电池已达到响应的程度，如图3-35中的“电池电压”曲线所示。在电池提供能量的同时，电流源已开始响应，它接替了电池的工作。在电容C_1和C_2放电时电池电流不变，只在电池放电的一段时间内提供电流。

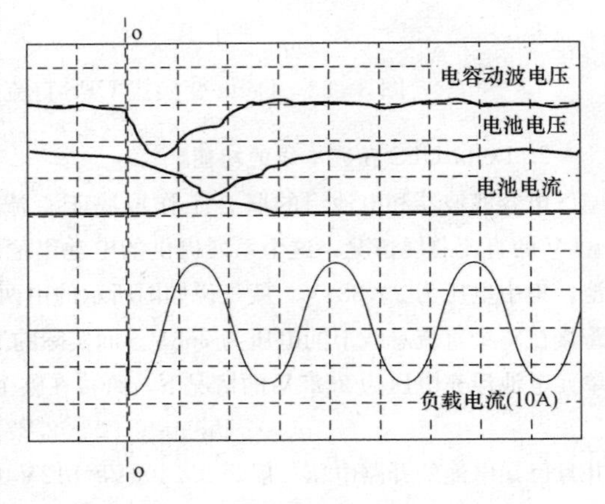

图3-35　负载突然增加（0～10A）时电池电路的电压和电流波形示波图

由于电容、电池和电流源的三级缓冲，就有效地让突变负载在输入端表现为缓变的形式，从而消除了对电网的压力。

（2）带载运行时的 UPS 突然卸载。当满载运行的 UPS 突然卸掉负载时，线路漏感中存储的能量需要立刻泄漏掉，电流源送来的电流也不能突然变小，这样就出现了一个问题：瞬间多出来的这些能量如何处理才能入电流不突变，又不改变负载的状况呢？这种情况仍首先由主变换器和与电池并联的电容 C_1 和 C_2 承担（见图 3-36）。由于突然卸载时有一个很大的剩余电流 ΔI 和电流突变（$-di/dt$）引起的瞬变上冲电压 e 需要及时处理，而根据两个变换器的作用，这两部分突变的前沿能量只有主变换器才能吸收。被吸收后的能量还要立即存入储能单元，虽然电池和电容 C_1 和 C_2 都是储能单元，但由于上面所说的原因，被吸收的能量首先被存入电容器，然后才是电池。由于这两级储能单元的串联缓冲作用，因而为电流源的响应赢得了时间，电流源响应后就会缓缓地将输出电流调整至最小。

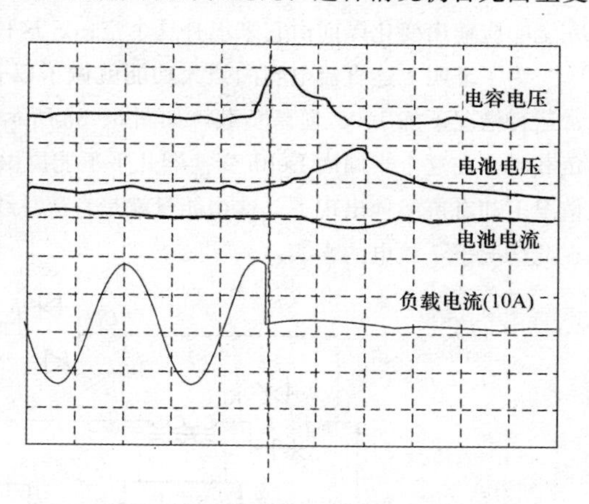

图 3-36　突然卸载（10A～0）时直流电路的电压和电流波动波形

由上面的讨论可以看出，与电池并联的电容器组必须有很大的容量才可以实现上述理想的功能。正因为有了这些电容器，才在这些动态的调整中避免了电池频繁地充放电。图 3-37所示为某 160kVA UPS 在突加 100%负载时的输入输出电流电压波形。

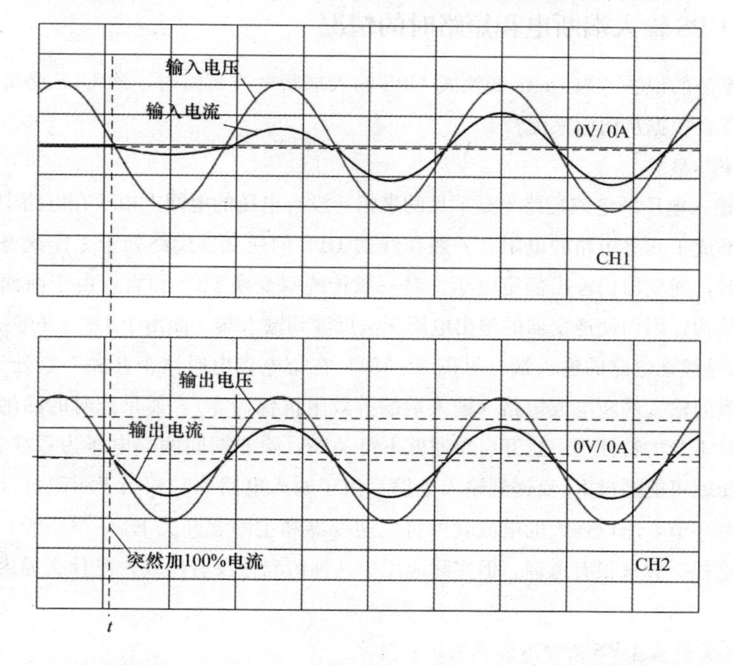

图 3-37　Delta 变换 UPS 在突加 100%负载时的输入、输出电流电压波形（160kW）

由于Delta变换器是一个电流源，电流源的特点就是电流不能突变。所以当负载（输出电流）突变时虽然在第一个半周就已开始调整，但来不及补充全部的变化，一直到第三个半周才完全跟踪上。对直流母线进行特殊设计的目的就是为了建立一个快速反应的环节，在输入电流完全响应输出变化以前由它来填补这个空白。这种调整和传统双变换电路是完全不同的。

为了证明上述直流电容的强大功能就做了以下实验。首先将UPS的电池开关断开，在正常运行情况下加100%阶跃负载，如图3-38所示。从图中可以看出，当在时间t加100%阶跃负载时，在这个半周内Delta变换器几乎不能提供电流，但在输出端的输出电流在没有电池的情况下却奇迹般地出现了。这个能量就是直流总线系统的滤波电容器提供的，这就证明了电池在此情况下不放电的事实。

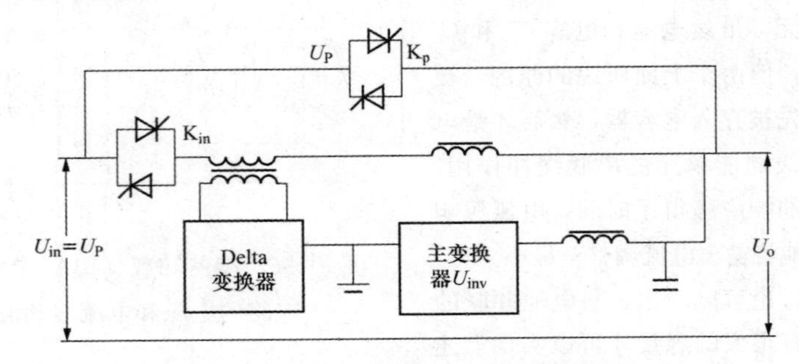

图3-38　Delta变换式UPS的功能原理框图

五、Delta UPS输入端断电和短路时的情况

有一种推测的说法：当Delta变换式UPS输入端断电或短路时，该UPS必烧无疑。结论如此坚定不移，根据从何而来呢？

1. “理论”根据

UPS的输入电压断电或短路不是罕见的事情。没有电压的电网上由于在电路中跨接了许多负载，因而形成了几乎短路的电阻。一般在线式UPS的逆变器始终处于工作状态，即使输入端电压为零时，逆变器仍输出额定电压。对一般传统双变换UPS而言，由于前面的整流器是单向二极管结构，因而使逆变器的输出电压无法反灌到输入端。而由于Delta变换式UPS的主静态开关K_{in}是接在电路的输入端（见图3-38），在市电供电时这个开关一直处于通导状态，假如在某一瞬间输入端断电或短路（输入端的等效阻抗都为零），如果此时的晶闸管刚刚过零开启，由于其本身的特性（一旦开启导通就不可关断，除非期间两端电压为零或方向），逆变器输出的电压就可能通过K_{in}反送到输入电路。由于输入电路此时相当于零阻抗且电路输入端又无电流检测环节，所以强大的电流就可将主逆变器和主静态开关K_{in}一举烧毁。这个“必烧无疑”的理论根据看来很有道理，但实际应用中这种情况并没有出现，是什么原因呢？原因是分析错了。

2. Delta变换式UPS主静态开关的工作特点

变换式UPS的输入和输出之间没有任何整流器的阻隔作用，只有一个交流主静态开关，它是否也具备隔离功能呢？回答是肯定的。Delta UPS 中有两个静态开关：旁路静态开关 KP 和主静态开关 K_{in}。旁路静态开关 KP 的保护方式和触发方式与一般 UPS 一样，在此不做讨论。这里的主静态开关 K_{in} 却具有其特殊性，其保护方式也不一样。图 3-38 所示为这种静态开关的工作情况。在该电路中，主静态开关 K_{in} 的控制信号不是同时加到两只晶闸管上，而是分别触发的，这一点和传统双变换 UPS 的做法不同。后者的触发信号和此处的旁路静态开关一样，其构成环节的两只晶闸管是同时被触发的。正是由于这一点的不同，就使得主静态开关 K_{in} 具有了特殊的功能。当 UPS 输入端的市电掉电或短路时，就能及时切断输入端到主逆变器的通路，这样一方面有效地保护了静态开关，使其免遭烧毁的危险，另一方面也使主变换器的电压与输入端隔离了。

（1）正半波时。当输入电压为正半波时，如图 3-39（a）所示。图 3-39（b）的 VR_2 被打开，这时静态开关 VR_2 输出端 B 的主逆变器也正在输出正半波，如果此时 UPS 输入端 A 短路或掉电，则不管是哪一种情况，此时 A 点的电压 $U_A=0$。由于这时的主逆变器仍在输出正半波，故此时 B 点的电压 $U_B>0$，使得 VR_2 因反向偏置而截止。如果 VR_1 和 VR_2 是统一触发，主逆变器的正半波输出电流必然通过 VR_1 向输入端反灌。又因为输入端不管是否真的短路，并联在电网上的众多设备输入阻抗并联的结果就近似为短路，这样主逆变器因带短路负载就可能出现两种结果：①进行自我保护，关机并把真正的负载转旁路，改由市电供电，但这时市电又无电，至此整个系统将因无电而瘫痪；②主逆变器因自我保护电路的时间常数关系，在来得及保护之前，静态开关或 IGBT 已被强大的电流烧毁。正因为如此，所以 VR_1 和 VR_2 都是分别触发的。在正半波时，VR_1 也正处于截止状态，所以 VR_2 截止时，整个静态开关是完全关断的，这样就可以防止反灌电流现象的发生。

（2）负半波时。当输入电压为负半波时，图 3-39（b）的 VR_1 被打开，这时静态开关输出端 B 的主逆变器也正在输出负半波，如果此时 UPS 输入端 A 短路或掉电，那么不管是哪一种情况，此时 A 点的电压 $U_A=0$。由于这时的主逆变器仍在输出负半波，故此 B 点的电压 $U_B<0$，造成了 VR_1 因反向偏置而截止。由于在负半波时 VR_1 不被触发，此路也不通，于是整个静态开关为完全关断状态，这样就可以防止反灌电流现象的发生。

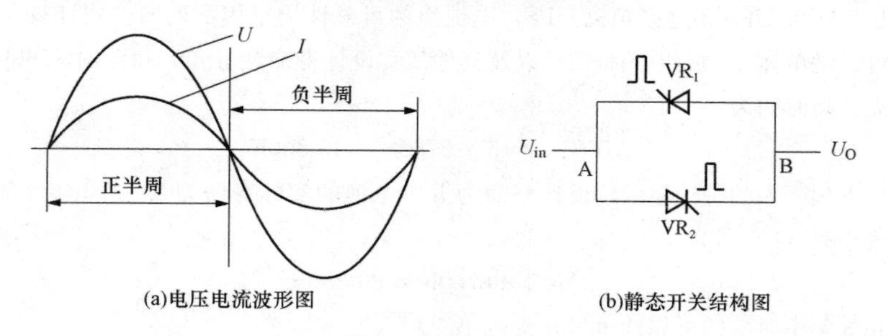

图 3-39　Delta 变换式 UPS 静态开关的工作情况

由对上面电路结构的分析可以看出，不论在什么时间，无论 UPS 输入端掉电还是短路，Delta UPS 都会安全地和不间断地向负载提供能量，不会出现任何“必烧无疑”的现象。

六、逆变器电池组供电电源可靠性的计算

1. 大功率 UPS 直流供电电源的可靠性计算

大功率半桥逆变器首先应用在 Delta UPS 中，小功率逆变器却普遍出现在高频机小功率 UPS 中。小功率 UPS 的半桥逆变器虽然也需要两个直流输入电源，但由于造价的关系一般都不用两组电池，而是利用变换器将一组电池的直流电压变换成两个串联的虚拟电源，如图 3-40所示。很显然，在市电断电后电池的可靠性就至关重要了，但即使市电在正常供电时电池组的可靠性也不可忽视，因为有的 UPS 对电池组的状况也设置了监视环节，一旦电池异常就发出告警信息。但也有的 UPS 忽视了这一点，即使电池组未被接入也不告警，只是在 LCD 上有所表现，而且还不是即时显示，必须要人工选中菜单中的这一项才可被发现，这就为可靠的应用埋下了隐患。

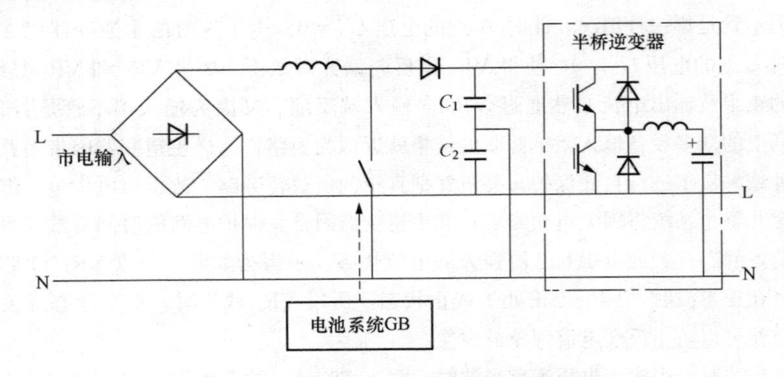

图 3-40　高频小功率 UPS 原理电路图

一般 UPS 除掉后备式小功率产品只用一节 12V 电池外，一般 1kVA 以上的后备电池组都在两节以上。从可靠性的观点看，串联的环节越多可靠性越低。一般串联电池的节数是随着 UPS 功率的增加而增加的，这也就意味着 UPS 的功率越大对电池质量的要求越高。

不论是工频机 UPS 还是高频机 UPS，电池组的可靠性均可用下列的公式计算。假如单个电池的（可以是单体 2V 或组合体 12V 以及其他值）设计寿命是五年，每年时 8760h，再假设它的平均无故障时间为

$$MTBF_1 = 5 \times 8760\text{h} = 43\ 800\text{h}$$

但是根据国际上的统计显示，设计寿命为五年电池的实际寿命为 2～2.5 年，如果设为 3 年，换算成小时（h）即为

$$t = 3 \times 8760\text{h} = 26\ 280\text{h}$$

那么在 3 年中对应的可靠性 p_1 为

$$p_1 = e^{-\frac{t}{MTBF_1}} = e^{-\frac{26\ 280}{43\ 800}} = e^{-0.6} = 0.55 \tag{3-12}$$

假如大容量 UPS 全桥逆变器的电池组串联个数为 $n=32$（节 12V），那么电池组的可靠性是

$$p_n = p_1^n = (e^{-\frac{t}{MTBF_1}})^n = p_1^{32} = 0.000\ 000\ 005\ 2 \tag{3-13}$$

该电池组在 3 年运行中的平均无故障时间为

$$MTBF_n = -\frac{t}{\ln p_n} = -\frac{26\ 280}{\ln 0.000\ 000\ 005\ 2} = 1376(\text{h}) \tag{3-14}$$

式中：$MTBF_1$ 是单只电池的平均无故障时间，h；p_1 是单只电池的可靠性；$MTBF_n$ 是一组电池的平均无故障时间，h；p_n 是一组电池的可靠性。

2. 小功率 UPS 直流供电电源的可靠性计算

以上是全桥逆变器电池组可靠性的计算。但如果是小功率 UPS，情况就有所不同，比如像图 3-40 所示的高频机 UPS，假如采用了 4 节 12V 电池，那么这个电池组的可靠性根据上述在同样条件下的计算为

$$p_n = p_1^n = (e^{-\frac{t}{MTBF}})^n = p_1^4 = 0.073 \tag{3-15}$$

该电池组在 3 年运行中的平均无故障时间为

$$MTBF_n = -\frac{t}{\ln p_n} = -\frac{26\ 280}{\ln 0.073} = 10\ 108(\text{h}) \tag{3-16}$$

上面的计算单是从电池上看，不论是从可靠性或平均无故障时间都会得出串联电池数越多可靠性越低，所以小功率 UPS 的电池组可靠性高于大功率 UPS。但有一个问题需要考虑，对于全桥逆变器来说，市电断电后就是电池组供电，但对于高频小功率 UPS 而言还得考虑其他因素。因为小功率 UPS 逆变器需两组直流供电，如果真采用了两组电池，其可靠性就不一样了。比如在上述例子中采用了两组电池，而且从电路结构上是两组串联，如图 3-41 中的 GB_1 和 GB_2 所示。这种电池串联结构仅用于大功率 UPS 中，因为在小功率 UPS 中由于功率小和价格的问题都不采用这种结构。因为输出电压的峰值很高，比如输出电压为 220V 的正弦交流电压半波峰值额定值为

$$U_P = 220\text{V} \times \sqrt{2} = 311\text{V} \tag{3-17}$$

而为了输出电压正弦波不失真，输入直流电压值要大于这个值，如图 3-42 所示。从图中可以看出，逆变器脉宽调制电压的幅度高出交流输出电压幅值越高，正弦波越不失真；这里有两个原因：

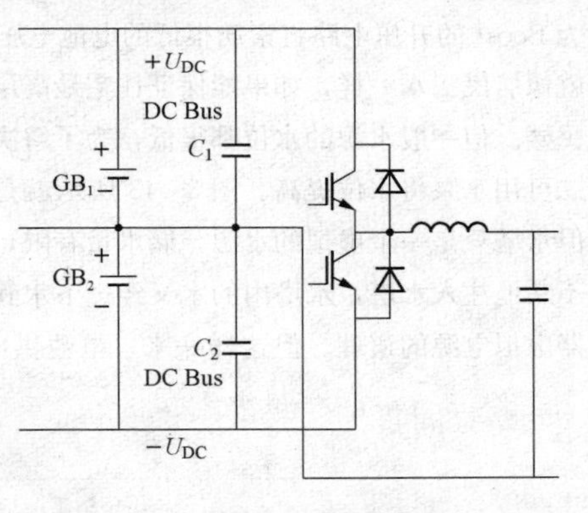

图 3-41　半桥逆变器的输入输出电路结构图

（1）调宽脉冲间隔影响 220V 正常电压的幅度。由于脉宽调制波都是一个个互相分离的脉冲，正弦波的面积和幅度就包含在脉冲之中，即使脉冲的幅度是 311V，由于如图 3-42 所示脉冲之间的空隙，也不能保证 220V 正常电压的幅度。只有脉冲的峰值高出 311V 一定值后，才有维持 220V 正常电压的幅度的可能。

（2）逆变器管子的压降和线路压降影响 220V 正常电压的幅度。因为逆变器工作时有一定值的内阻抗，有电流流过逆变管子时，就会在管子的内阻上产生一定值的压降 ΔU，而逆变器输出脉宽调制脉冲的幅度 U_p 为

$$U_p = U_{DC} - \Delta U \tag{3-18}$$

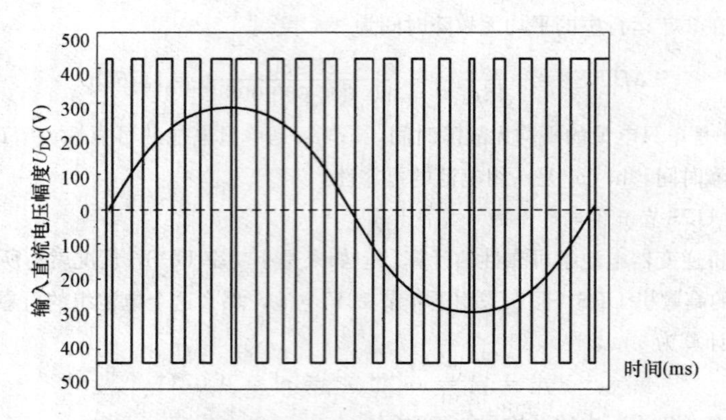

图 3 - 42　脉宽调制逆变器工作方式输出电压和调制电压幅度的关系

从这个表达式中可以看出：输入电池电压应高出交流电压 220V 的幅值（311V）一定值（一般为 10V）才能保证输出电压的精度和保真度，因此一般采用 32 节 12V 电池者居多。但对于小功率而言，如果也选 32 节 12V 电池就不经济了，因此就出现了图 5 - 30 的电路结构形式。它是利用两组（或两个）电容器构成串联的两个虚拟电源，这里所谓的“虚拟”含义是不是两个真正的独立电源呢？因为电容器的容量是有限的，储存能量是有限的，它源源不断的能量来自前面的电池。由于电池的电压没有像前面说的那样高（比如 320V 以上），于是就经过一个称为 Boost 的升压电路将素质很低的电池电压升高到 320V 以上（比如像图 3 - 42 中的 400V）。这就像居民喝水一样，如果能保证住宅最高层的居民也能用到水，水源的水位就必须高于最高居民楼。但一般水源的水位都很低，为了解决这个问题，一可以用在河流建拦水坝将水位提高，二可用水泵将水位提高。图 3 - 43 所示就是将低水位提高到水塔上去，将水塔作为一个水源，但水塔只是一个虚拟的水源，储水量有限，真正的水源在下面，但通过水泵和上水管将水源源不断地注入水塔，水塔内的水又经过下水管源源不断地将水送到用户。这就是小功率半桥逆变器虚拟电源的道理。但这样一来，电池供电的可靠性就不单是电池的问题了，尽管电池是好

图 3 - 43　水塔与居民

的，但如果水泵和水塔的储水器出了毛病也不能正常供水了。因此电池组供电的可靠性必须将电子变压器和电容器的因素考虑进去。所以此时的电池系统可靠性的表达式就是

$$P_{\mathrm{D}}=P_{\mathrm{n}}P_{\mathrm{e}}P_{\mathrm{C}}=(e^{-\frac{t}{MTBF_{1}}})^{n}(e^{-\frac{t}{MTBF_{\mathrm{e}}}})(e^{-\frac{t}{MTBF_{\mathrm{C}}}})^{2} \tag{3-19}$$

式中：P_{D} 是包括电池组在内的直流支路在 t 时间内的可靠性；P_{n} 是电池组在 t 时间内的可靠性；$MTBF_{1}$ 是电池组在 t 时间内的平均无故障时间，h；P_{e} 是电子变压器在 t 时间内的可靠性；$MTBF_{\mathrm{e}}$ 是电池组在 t 时间内的平均无故障时间，h；P_{c} 是虚拟电源的两个同样电容器在 t 时间内的可靠性；$MTBF_{\mathrm{C}}$ 是电池组在 t 时间内的平均无故障时间，h；n 是电池组内串联电池的个数；2 是虚拟电源的两个一样的电容器。

读者可以自己将实际数据代入进行计算，在此不再累述。

七、Delta 变换式 UPS 的输出电压和输入电压相等时就相当于一根短路电缆

这个说法乍听起来似乎很有道理，因为输出电压 U_{o} 和输入电压 U_{in} 相等就意味着该 UPS 从输入到输出的电压差 ΔU 等于零，如图 3-44（a）所示。从欧姆定律的观点出发，一根短路电缆上的电压也认为是零，其表达式为

$$\Delta U=U_{\mathrm{in}}-U_{\mathrm{o}}=IU=I^{2}R \tag{3-20}$$

对于 UPS 而言，在市电供电时由于能量的传输，电流 I 当然不为零，从式中看出，若符合欧姆定律，电阻 R 就必须为零。既然电阻 R 为零，就说明 Delta 变换式 UPS 从输入到输出就相当于短路，换句话说输出电压 U_{o} 就是输入电压 U_{in}，于是 UPS 电路失去了调整作用，就得出“Delta 变换式 UPS 的输出电压和输入电压相等时就是一根短路电缆”的结论。这里的误解就在于电路加电与不加电的区别，有的电路不加电时表现为短路，当加上交流电后就不短路了，比如变压器的绕组在不加电时，用万用表测是短路的效果；当加上市电后，绕组上就有 220V 或 380V 的电压。也有的电路在未加电时表现为开路，加电后就好像短路了，又比如1∶1 的变压器，一次和二次之间在未加电时是绝缘的，有时还必须测二者之间的绝缘强度，当加电后，一、二次由于电压一样，二者之间就表现为“短路”。这两种情况如图 3-44（b）所示。

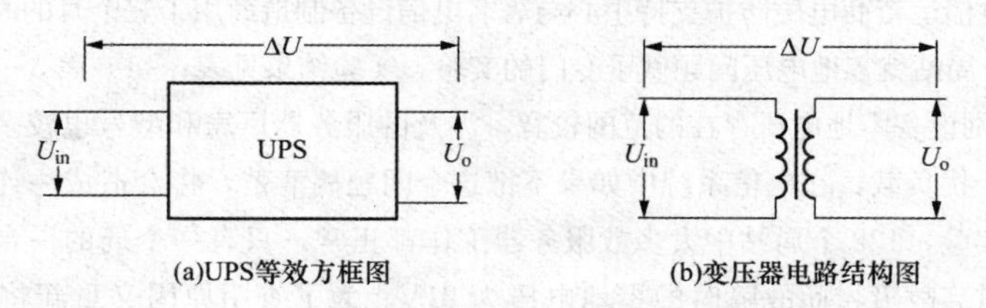

(a)UPS等效方框图　　(b)变压器电路结构图

图 3-44　UPS 和变压器输入、输出电压原理图

像上面的情况不只出现在 Delta 变换式 UPS 中，在好多地方都可遇到。比如交流稳压器和其他 UPS 电源等都有输入电压等于输出电压的时候，在这种情况下的 $\Delta U=0$ 只说明此时的电压调整量为零，即两个变换器没有功率传输，而是处于等待状态，阻抗也只是“相当于”一根短路电缆，而不是真正“等于”零。

第三节 对零地电压的误解

一、有关机房验收标准的规定和负面效应

多少年来一些人坚持认为UPS输出端的零地电压干扰负载，甚至在有的标准中也规定了小于2V的限制，这就更坚定了“零地电压干扰负载”的说法。

这种理念的危害之一就是给装机和运维带来了很多麻烦。有的用户购买机器时首先要提出：你的UPS输出端的零地电压是多少？这个和电源没有任何关系的问题却是一些厂家和用户固执认为的一个“指标”。有时就为这个“指标”争论不休，不仅如此，还为以后的运维带来很多麻烦。

这个误区大多数来源于传言，其主要原因还是电路知识的匮乏，不知道零地电压是什么。加之有的IT设备公司提出了1V零地电压的限制，并且装机后向用户提出：如果零地电压大于1V就不给开机。这样一来，用户就对零地电压产生了恐惧感。再加上有的用户偶然遇上一次系统工作不正常，测量零地电压大于1V，就认为是证实了这个说法。很有意思的一个故事，2013年某科研机构组织去欧洲考察数据中心，在考察中有一段对话很有意思：一位研究员问欧洲一数据中心人员：“你们对零地电压是如何考虑的?”对方诧异地回答：“零地电压！什么意思？你们还有这个问题?”。该回答说明欧洲的数据中心根本就没考虑零地电压这个问题。难道说不考虑零地电压就不存在零地电压‘超限’的问题吗？难道欧洲数据中心的设备就没有IBM、康柏、DELL、SUN等公司的设备吗？为什么在我国零地电压就会“干扰”这些设备，而在欧洲就不“干扰”呢？到底是不是干扰呢？

二、对直流零地电压的实验

电信是对干扰最敏感的单位，因为轻则影响通信质量，重则使通信中断。业务会受到重大影响。为此某电信运营商电磁防护支持中心与著名电信设备制造商用了三个月的时间对湖南省和江西省的122个局站就零地电压问题做了专门的实验。实验结果见表3-1～表3-3。因为在电信系统的IT类在网设备零地电压存在的范围较宽，涉及的服务器厂家和型号也较多（见表3-2），传言零地电压干扰负载，在电信系统中如果不把这个问题搞清楚，将会造成一连串的损失。在历时三个月的实验，122个局站中大多数服务器工作都正常，只有一个局的一台HP服务器在21V时出现了重启故障，而故障时的零地电压为21V。为了查明原因又重新将零地电压加到21V，这台服务器工作仍正常，说明那一次故障不是零地电压所致，而是另有原因。

表3-1　　电位差试验结果

试验方案	试验端口	抗干扰水平
直流电位差试验	壳体	2.7V
交流电位差试验	壳体	2.9V

1. 表格内的电压值，是E1出现误码时，加扰方案中的加扰电压值。

2. 根据NEBS GR1089标准，直流地电位差试验电压为3V。

表 3-2　IT 类在网设备抽检情况

零地电位差	设备厂商	设备数量	影响
0～1V	Dell，SUN，IBM，HP，HUAWEI LENOVO，EMERSON，COMPAQ CISCO，NEWBRIDGE	69	无
1～5V	北电，天融信，HP，DELL，SUN IBM，CISCO，COMPAQ	47	无
5～10V	DELL，SUN，HP	4	无
10V 以上	HP，LENOVO	1	HP 服务器重启，且零地电位差达 21V

表 3-3 为方案 1 试验得出的数据。其中表示中性线上的电流，RCV BLK 表示接收到的数据包，ERR BLK 表示错误的数据包。

表 3-3　方案 1 试验数据

A 相负载	B 相负载	C 相负载	I_N	A 相电压	B 相电压	C 相电压	零地压差	ERR BLK/RCV BLK
5kW	0	0	20.5	213.4V	222.7V	223.5V	3.57V	0/5670
10kW	0	0	48.8	205.5V	222.5V	223.9V	6.6V	0/10025
15kW	0	0	75.6	198.6V	224.2V	226.4V	10.1V	0/9814
20kW	0	0	106.1	187.7V	225.7V	228.2V	14.6V	0/4246
22kW	0	0	114.6	182.3V	232.9V	235.7V	15.9V	0/7409

由表 3-3 可以看出，在采用普遍的 TN-C-S 未出现硬件损坏，重启等现象。

从上面的测试结果来看，又进一步证明了零地电压不干扰负载的事实。因此该电信运营商对零地电压问题的限制就不那么严格了。

三、零地脉冲电压的实验

上面的试验是对直流零地电压干扰的检测，但一般形成干扰的大都是脉冲式的电压，那么如果是脉冲零地电压是否影响呢？编者在某地民航数据中心做了如图 3-45 所示的试验。

图 3-45（a）所示的是在 300kVA 容量 UPS 输出端连接电能质量分析仪 FLUK-435 情况，三只电压测量夹夹在三相输出电压的相线上，三只电流互感器套在三相输出电压的相线上，一只零线夹子和一只接地夹子，共八只测量线。由于该供电系统的三相负载极度不平衡，其零线电流有一百多安培。

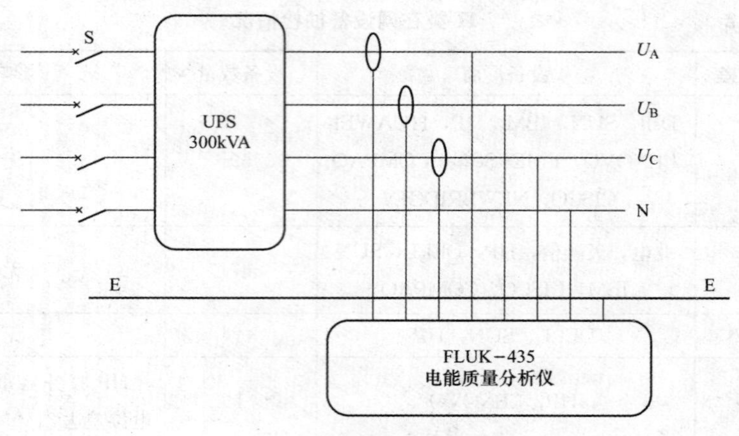

(a)检测仪表与UPS连接图

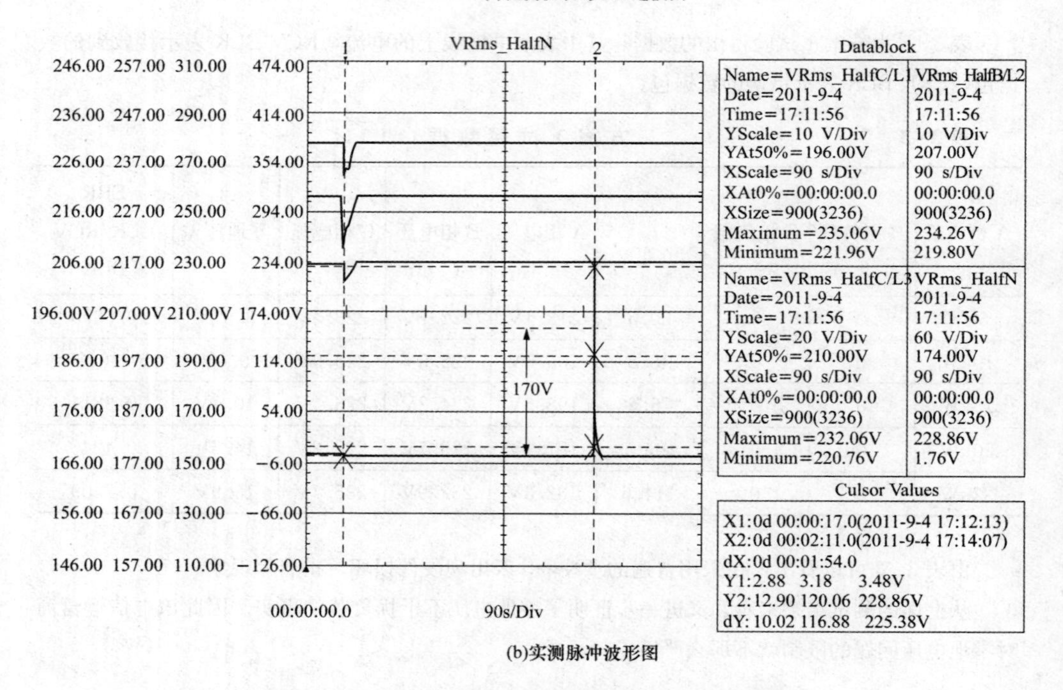

(b)实测脉冲波形图

图 3-45　在民航数据中心零地脉冲电压实验情况

测量仪表连接完毕，开始将 UPS 的输入断路器 S 拉断，此时零地电压脉冲显示在图 3-45（b）上。其脉冲幅度为 240V，可惜此次没有记录下来。为了重新抓拍 240V，将 UPS 的输入断路器 S 连续搬动了 8 次，遗憾的是这 8 次的零地电压脉冲幅度均未达到 240V，图 3-45（b）拍下来的是 170V。重要的是在这 9 次的断路器开合中零地脉冲电压幅度都没有低于 170V，这期间数据中心机房中所有 IT 设备的运行没有收到丝毫影响。

编者也在好多地方见到零地电压高于 10V 的情况，但也已经正常运行多年由于用户不知道也就没有提出这个问题，自从有了零地电压不能大于1V的说法以后才去测量发现。

四、两种实验的结果分析

以上这两种实验的极端值都没有对IT设备的正常运行产生丝毫影响，为什么超出“标准”数倍的零地电压对后面的设备没有任何影响呢?

首先要了解形成干扰的必要条件。

（1）要有干扰源。这是形成干扰的核心。没有了干扰源，一切干扰将是无源之水和无本之木。因此，如果能将干扰源消除，一切干扰随之消除。

（2）要有传递干扰的途径。如果有了干扰源而没有传递干扰的途径，干扰也不会形成。比如一个人在办公室了高谈阔论，干扰得别人无法工作。这是因为作为干扰源的人的声音通过空气传到其他人的耳朵内形成干扰。但如果将这位高谈阔论的人放入透明的真空罩中，这时只能看到它的嘴在动，而听不到声音，干扰消除了。

（3）要有不抗干扰的设备。上面那个人的高谈阔论所以搅得别人无法工作，就是因为办公室的这些人都能听到。如果其中有一位聋哑人，那么无论这个人怎样大声喊叫此人都听不到(抗干扰能力强)，对这位聋哑人来说也没形成干扰。

五、零地电压的构成

那些认为零地电压干扰负载用电设备的说法所以能使一些人信以为真，究其原因是不知道零地电压是什么，只知道零地电压是干扰源。现在用图3-46来进行说明，看一看零地电压是不是干扰源。我国的用电制度是零线和地线短接后在变电站就直接接地了，如图3-46所示的E点为接地点。作为例子现在来看U_A一相的负载，电流I从U_A出发进入用电设备，在用电设备中做完功后从负载出来进入零线返回零点，如图3-46中虚线所示。从这里可以看出几个问题：

1）做完功后的电流I进入零线和零线电阻形成零线电压U_{NO}，为了便于说明在这里实际上OE为一点的零地线结合点分开了。所以

$$U_{NO}=U_{NE} \qquad (3-21)$$

这就是零地电压。所以零地电压就是零线上的电压。

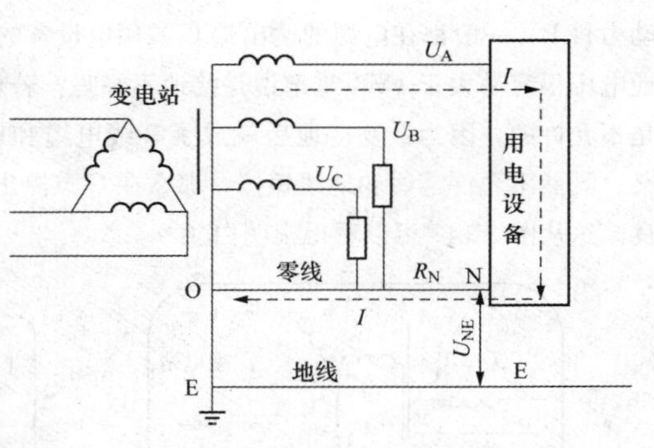

图3-46　零地电压形成的机制电原理图

2）零线上的电压出现在用电设备做功以后，即设备做功在先，零线电压（零地电压）出现在后。即这两个电压不是同时出现的，既然不是同时出现，所以谈不上谁干扰谁。就像一个人下了火车再坐汽车，这个人在火车上睡了一觉（动作已经完成），坐在汽车上时是睡觉还是唱歌都和火车上睡觉行为毫无关系。

有的人说零地电压是对用电设备下一个形成干扰的。这更是一个误区，因为这个人坐的是

这辆车，用电设备的下一个动作是坐的下一辆车，两者之间没有共同点。

3）零线电压（零地电压）和用电设备的工作电压是串联的，二者相加才是电源电压。即使零线电压（零地电压）是5V，在用电设备上还有215V，难道决定用电设备工作状态的是微不足道的5V而不是215V。

从以上的几点就可以看出零地电压根本不是干扰源。

4）从图3-46还可以看出用电设备的输入是两条线：一根相线和一根零线，而零地电压是零线和地线之间的电压，这个电压只靠零线一根线是无法传输的，这又是一个基本概念误区：不知道电压是靠两条线才能传输的，所以传递干扰的途径不存在。

形成干扰的三要素两个不成立，所以根本形不成干扰。

5）错误认识带来的危害。有的人说不出导致系统故障的机制就笼统地说这种干扰来自"统计结果"。殊不知就是这个统计结果害苦了运维人员。当系统运行不正常时运维人员到处去测量各点的零地电压值，即使找到某一点的零地电压大于1V，如果不允许零地线短接，又如何来降低？一般都束手无策。即使允许用零地电缆短接的方法来降低，却带来另一个隐患：重复接地，就是说将零线和地线并联应用了，失去了用地做参考点的初衷；另一方面，零地线短接即使碰巧使故障消除，根据前面的分析也只是"碰巧"，实际上并没有解决问题。

六、对零地电压认识的又一误区

零地电压1V的限制是IBM提出来的，2V的限制是国标GB 50174—2008的规定。从上面的分析和实践已经说明零地电压和负载的工作正常与否无关。

那么为什么会提出这个问题呢？又有一种说法：为了判定接地是否良好。意思是说小于1V就是接地良好，而大于1V就是接地不良。对前一个判断无异议，但对后一个说法就值得商榷了。小于1V和大于1V说法不能一概而论，如图3-47所示，从变电站到机房的零地电缆少则几十米，多则上百米甚至几百米。那么零地电压到哪里去测量？一不会变电站A，二不会去动力科B，一般都在电源的输出端C或用电设备的输入端，在这些远离变电站的地方去测量零地电压很容易大于1V，难道说是接地不好吗？若想小于1V除非在此处零地短接，但重复接地是不允许的，因为重复接地后就成了零线电缆和地线电缆并联，失去了把地作为参考点的意义。既然不允许零线和地线短接，那么在C点测出大于1V的零地电压就不能武断地说接地不良。这从图3-47可以看得很明白。

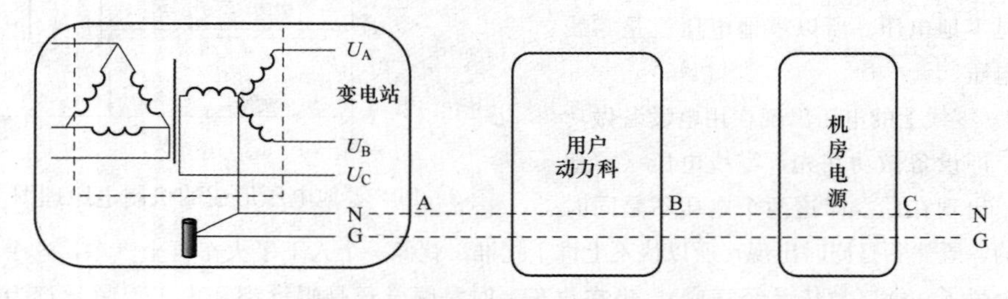

图3-47 零地电压的测量点选取

编者在民航信息中心就看到机房电源输出点零地电压为7V，零地电缆的长度大约100m。

将零线电缆加粗一倍后零地电压降到3.8V，再加粗电缆已无用处，仍是3.8V，但到变电站变压器输出端测量零地电压为0V，实际上目测就已经看出接地良好。

第四节 对功率因数的误解

一、UPS与后备发电机的配比问题

认为输入功率因数为0.999（接近于1）的UPS可以配同容量（即1∶1）的发电机。高频机型UPS的输入功率因数都在0.99以上，可以认为接近于1，于是就说“可以配同容量（即1∶1）的发电机”。这种说法容易把用户带入歧途。因为在用六脉冲整流输入的工频机UPS时，其配套发电机的容量至少为UPS容量的三倍。在用十二脉冲整流输入的工频机UPS时，其配套发电机的容量降到了UPS容量的1.5倍。所以就认为在用高频机时由于输入功率因数的提高，就可以配同容量（即1∶1）的发电机，节省了后备发电机的投资和占地面积。

但事实并非如此，首先要看发电机的负载功率因数，如果发电机的负载功率因数为1，上述UPS与发电机的配比是正确的。可惜的是当代后备发电机的负载功率因数多为0.8，这时发电机的容量就必须加倍；其次是当UPS为单机或1+1冗余结构，甚至双总线供电结构时都有一个过载量的问题。比如大多数UPS都有过载到125% 10min、过载到150% 30s～1min的能力。在电动机供电模式中这个超过UPS额定容量的部分仍应由发电机来提供，因此1∶1的说法太笼统，要视具体情况而定，不能一概而论。但在实际中这种1∶1的说法给用户带来不少损失。苏州某银行由于为高频机UPS配了1∶1的发电机，结果做线性负载试验时发电机带载量70%时跳闸，不得不再增加一台同容量的发电机；西安一个工业园区是多台发电机并联在做电阻性负载试验时发电机带载量70%时告警，在场众人感到奇怪。

二、认为UPS有两个功率因数

众所周知，一个电路、一个设备定型以后，其性质也就定了。功率因数是表征负载性质的一个参数，一个电路、一个设备只有一个功率因数，那就是输入功率因数。这个功率因数决定了电路和设备的性质，任何电源和任何电路无一例外。电路有输入阻抗和输出阻抗，唯独没有输出功率因数。

在学术上定义的任何一个参数都是可以测量的。包括UPS在内的任何电源的输入功率因数也是可以测量的。当今的高频机型UPS输入功率因数可高达0.99以上，它在任何输入电源（市电、发电机和正弦电压发生器等）为正弦波电压的情况下测量都是0.99以上。但是有的人却把负载端的功率因数误称为输出功率因数，无形中就把这个功率因数归属于电源了。这样的叫法给人们带来了很多误解，导致了以下矛盾。

（1）用户和供应商之间的矛盾。既然这个功率因数是UPS的，不论在任何负载下都应该输出按功率因数标定的有功功率，如果给不出就认为UPS容量不够，就认为偷工减料了。

（2）导致制造商与认证单位的矛盾。作认证检测时都是带电阻负载，一旦UPS不能输出标定的有功功率就不能盖章通过，必须增大逆变器功率。再加上 UPS 制造商说不清给不出额定有功功率的道理，只好增加成本将逆变器功率增大到能输出额定有功功率为止。

把负载功率因数称为输出功率因数，这又就出现了两个无法解释的问题。

（1）这个所谓的“输出功率因数”不是唯一的，因为带什么负载就是什么功率因数。比如带线性负载这个功率因数就是 1，带老的 IT 设备这个功率因数就是 0.6～0.7。为什么不是唯一的呢？原因是这个功率因数是负载的输入功率因数。如果非要称之为 UPS 的输出功率因数，那就来测量一下。只有不带负载时（空载）才可测得 UPS 的输出功率因数。设这个输出功率因数为 F_O，所谓不带负载那就是输出电压和电流都为零，当然输出功率也为零。根据功率因数的定义有

$$F_O = \frac{有功功率\ P_O}{视在功率\ S_O} = \frac{0}{0} \tag{3-22}$$

式中：P_O 是有功功率，因是空载所以为零；S_O 是视在功率，因是空载所以也为零。式（3-22）的结果是个无理数，如果用功率因数表去测量，根本测不出来。

（2）UPS 的输出阻抗是容性的，既然是 UPS 的输出功率因数，那么这个功率因数也应该是容性的，即功率因数的符号应该是“+”。同时这些人认为以前服务器也是容性的，这就出现了电源输出和负载输入同性质的情况，就不存在谁补偿谁的问题了。而实际上，电源的容性输出无功功率是补偿负载感性无功功率的。而且以前 UPS 就是按负载为感性而设计的。可惜有的制者能做出这样的电路设计而不知为什么这样做，这就是仿制者的误区所在。

这里又有一个问题，负载功率因数既然不是 UPS 的输出功率因数，那就和 UPS 没有任何关系，但又为什么要出现在 UPS 的参数表里？这是因为没有这个参数 UPS 就没法制造。UPS 既不是空气也不是水，即它不是通用的。这和电磁炉一样，电磁炉的负载只能是导电和导磁的锅具，而微波炉内绝对禁止导电和导磁的器具。UPS 也有着它特有的供电对象，最早期它的供电对象是计算机，而计算机的输入电源都是整流滤波方式，是电感性的输入功率因数，其值在 0.6～0.7，因是感性所以一般都标为“－0.8”而不是 0.6～0.7。这就是为什么早期进入我国的所有 UPS 负载功率因数都是－0.8。其含义就是：这台 UPS 是专为输入功率因数为－0.8 的负载设计的。因为其输出电容的容抗设计值正好抵消负载的感抗值。以往几乎所有电子负载都是感性的。这个负载功率因数值是万万不可缺少的，没有它，用户就无法合理选择 UPS 的容量。有不少用户就因为不了解这一点，所以选购的容量差异很大。比如某航空港购置的 20 台 UPS 都是按有功功率对应视在功率提要求的，结果电源到货后安装在 20 各地方，都统统过载，只好重新购买。

三、当负载功率因数小于 1 时的 UPS 输出能力剖析

如前所述，输出功率因数的叫法带来更大的负面效应就是造成制造商与用户的矛盾，制造商与检测机关的矛盾和制造者与认证机关的矛盾。当制造商设计的负载功率因数与实际负载的输入功率因数不匹配时，UPS 必须降额使用。究竟降多少？这要视负载的性质（输入功率因数）而定。这种输出功率因数的叫法所以带来如此多的矛盾，就是因为双方都不清楚上面介绍的原因。图 3-48 示出了一般 UPS 和负载连接的结构原理。从图 3-48 中可以看出，当电源设

计的负载功率因数与实际负载的输入功率因数相等时就是全匹配，即逆变器的全部额定有功功率都送到了负载的电阻部分，而与逆变器输出并联的电容器 C 中的无功功率都送到了负载的电感 L 部分，达到了全部补偿的目的。这时的电源就发挥了它的全部作用，即负载上得到了电源的全部功率 S

$$S=\sqrt{P^2+Q^2} \tag{3-23}$$

式中：P 是逆变器输出的有功功率；Q 是电容器 C 输出的无功功率。假如 UPS 设计的负载功率因数为－0.8 的 100kVA 容量额定值，就表明该电源在输入功率因数为－0.8的 100kVA 容量的负载时就可以输出 80kW 的有功功率和 60kvar 的无功功率。

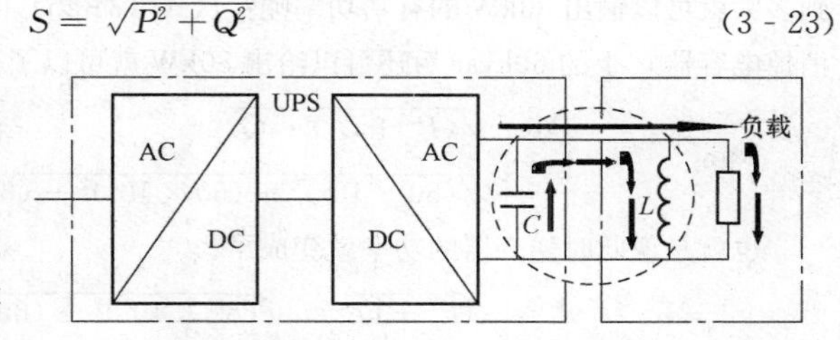

图 3-48　一般 UPS 原理结构图

那么当负载与电源不匹配时的情况又如何呢？比如一般在做电源输出能力验收时，大都以电阻作为假负载。但电阻是线性负载，输入功率因数为 1，和电源的负载功率因数－0.8 不匹配了，按照要求就必须降额使用。降多少？这需要通过计算来确定。图 3-49 示出了 UPS 带电阻性负载时的情况，这时负载不需要无功功率，所以电容失去了补偿对象。如果仍以负载功率因数为－0.8、容量为 100kVA 的 UPS 为例，这时由于电容器 C 没有了负载感性 60kvar 无功功率的补偿对象。它的容性 60kvar 也就成了逆变器的负载，如图 3-49 所示。该电容的容抗 X_C 为

$$X_C=\frac{U^2}{Q}=\frac{(220\text{V})^2}{60\times10^3\text{var}}=0.81\Omega \tag{3-24}$$

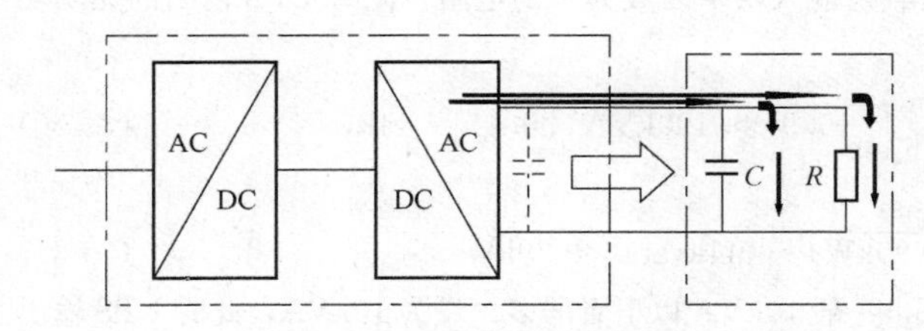

图 3-49　UPS 带现行负载的情况

即逆变器输出首先在 0.81Ω 上建立起 220V 的电压，此时容性电流 I_C 为

$$I_C=\frac{220\text{V}}{0.81\Omega}=272\text{A} \tag{3-25}$$

换言之，逆变器首先拿出 272A 的容性电流去给电容器 C 充入 60kvar 的无功功率 Q。不言而喻这时输送给电阻负载部分 R 的有功功率 P_R 就再也没有 80kW 了，还有多少呢？根据上边的公式计算为

$$P_R=\sqrt{P^2-Q^2}=\sqrt{(80\times10^3)^2-(60\times10^3)^2}\approx53(\text{kW}) \tag{3-26}$$

于是这个 53kW 的值使很多人产生了误会，总结上面所说的矛盾。

（1）制造商与用户的矛盾。就像上面说的当用户按照 0.8 的功率因数配置 80kW 电阻负载时，由于 UPS 给不出这么多的有功功率，用户就认为制造商偷工减料，制造商也由于不明白这个道理，无话可说。

（2）制造商与检测机关的矛盾。当检测机构按照它们的理解也用 0.8 的功率因数配 80kW 电阻负载时，也是由于 UPS 给不出这么多的有功功率，检测机构也就认为制造商偷工减料，

制造商也由于不明白这个道理，无话可说。

（3）制造商与认证机关的矛盾。当认证单位也是按照它们的理解，仍用 0.8 的功率因数配置 80kW 电阻负载时，当然也由于 UPS 给不出这么多的有功功率认证不过关，拿不到认证书就无法销售。于是制造商就用加大逆变器功率的办法使其可以输出 80kW。逆变器的功率加大到多大就可以输出 80kW 的有功功率呢？从式（3-25）的计算可以看出，逆变器的功率只要抵消掉电容器 C 上的 60kvar 后还可以给出 80kW 就可以了。所以此时的逆变器功率 P_O 为

$$\begin{aligned} P_{\rm O} &= \sqrt{(P^2+Q^2)-Q^2} \\ &= \sqrt{(80\times10^3)^2+(60\times10^3)^2-(60\times10^3)^2} \approx 80(\mathrm{kW}) \end{aligned} \tag{3-27}$$

也就是说此时逆变器的功率就变成了

$$P_{\rm O} = \sqrt{P^2+Q^2} = \sqrt{(80\times10^3)^2+(60\times10^3)^2} = 100(\mathrm{kW}) \tag{3-28}$$

只有这时，标称为 100kVA、负载功率因数为 0.8 的 UPS 在电阻线性负载时才可以输出 80kW 的有功功率了。所以就有的宣称我的“功率因数为 0.8 的 100kVA 就可以给出 80kW 的有功功率”，岂不知这又是一个误区。因为这时的输出能力是在匹配负载下可以输出 100kW 和 60kvar。按照功率因数的定义有

$$\text{功率因数 } F = \frac{\text{有功功率}}{\text{视在功率}} = \frac{100\mathrm{kW}}{\sqrt{(100\mathrm{kW})^2+(60\mathrm{kvar})^2}} \approx 0.86 \tag{3-29}$$

可以看出，此时的负载功率因数已不是 0.8 而是 0.86，因此可以这样说：功率因数为 0.8 的 100kVA UPS，在带电阻性负载时绝对给不出 80kW 的有功功率；反之，能给出 80kW 有功功率的 100kVA UPS，其负载功率因数肯定不是 0.8。因此，当实际负载的输入功率因数接近于 1 时，应选负载功率因数为 0.9 以上的电源为好。这时的输出有功功率仍以 100kVA 为例，设 UPS 的负载功率因数为 0.9，而负载是输入功率因数为 1 的电阻，此时 UPS 输出的无功功率 Q 为

$$Q = 100\mathrm{kVA}\times\sqrt{1-0.9^2} \approx 100\mathrm{kVA}\times0.44 = 44\mathrm{kva} \tag{3-30}$$

此时输出有功功率 P 为

$$P = \sqrt{(90\mathrm{kW})-(44\mathrm{kvar})^2} \approx 79\mathrm{kW} \tag{3-31}$$

但若负载功率因数是 0.7 的 UPS，一般 10kVA 以下者居多，设为 10kVA，此时 UPS 输出的无功功率 Q 为

$$Q = 10\mathrm{kVA}\times\sqrt{1-0.7^2} \approx 7.1\mathrm{kvar} \tag{3-32}$$

此时输出有功功率的能力 P 为

$$P = \sqrt{(7\mathrm{kW})^2-(7.1\mathrm{kvar})^2} \approx j1.2(\mathrm{kvar}) \tag{3-33}$$

这是个虚数，即连 1W 也给不出来。上面的计算都是按额定值考虑的，而实际设备中还要考虑过载能力，因此要比额定容量大一些，因此可以多少给出一点的有功功率。一位 UPS 制造公司的售后工程师该编者打电话问：“为什么 5kVA 的 UPS 连 1kW 也给不出来？并且有一个怪现象，在逆变器输出端测量有几十安的电流，到负载端电流就非常小了”，编者问“你的 UPS 负载功率因数是不是 0.7?”答：“是。”证实了式（3-33）的正确性。

这种情况不只适用于 UPS，也适用于包括发电机在内的任何电压源。

第五节　认为 UPS 的输出变压器能抗干扰

一、对变压器功能的无限夸张

在高频机 UPS 没有出现之前，用户购买 UPS 时没有一个供应商专门对用户提出变压器之事。高频机 UPS 没有出现之后，由于它取消了输出变压器，使得系统效率由原来的 90％（一般都在 90％以下）提高到 95％。为了对抗高频机 UPS 的高效率，工频机 UPS 制造商做了两件事：一件事是给出了节能供电模式 ECO，另一件事就是大肆宣扬输出变压器的优点，如可以抗干扰、可以隔离直流电压加到负载端、可以提高 UPS 的可靠性、可以对抗电网的冲击变化、可以缓冲负载的突变等。

这些“优点”的宣传使一些概念不清楚的用户看到了“曙光”，甚至将输出变压器作为一个条件写入标书。其中变压器抗干扰是重中之重，把一些用户搞得晕头转向，于是工频机 UPS 一时间声名大震，工频机 UPS 的“粉丝”开始出现。就是今天这个变压器在这些人的头脑中人占据着重要地位。其表现就是几十年没有变压器的列头柜现在在一些地方也被装了进去，如图 3 - 50 所示。

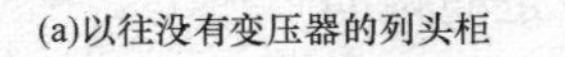

(a)以往没有变压器的列头柜　　(b)当代接入了变压器的列头柜

图 3 - 50　以往有变压器的列头柜和当代接入了变压器的列头柜

二、变压器不合理安装带来的危害

图 3 - 51 示出了两种列头柜的电路原理图。在图 3 - 51 的“现代的列头柜”中加入了变压器，并想当然地就多加了一个输入断路器，一般在这种情况下又都加了一级防雷器。这些环节加入的弊端如下。

1）增加了无谓的设备投资，造成了浪费。

2）增加了 3 个故障点：防雷器、断路器和变压器，降低了设备的可靠性。

3）加重了机柜的自重，为楼层的承重带来了麻烦。如果没有这个变压器，列头柜的质量

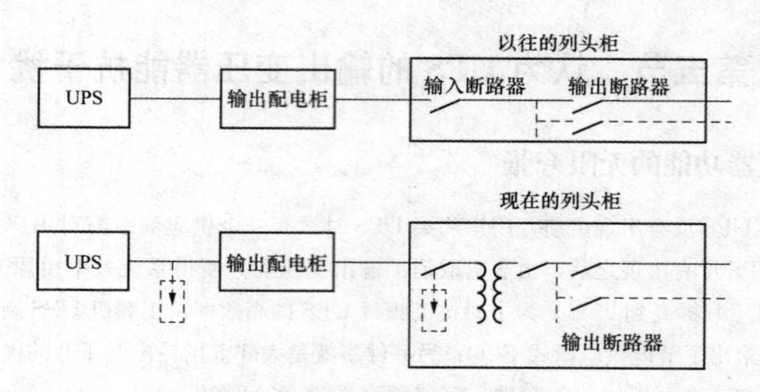

图 3-51　两种列头柜的电路原理图

也就是三百千克左右，一般 700kg 的地板承重就可以了。加了变压器后不少机柜增加到大约 1000kg。如果一个信息中心有几十个列头柜，就是几十吨。就需要加散力架，即需要外加钢梁，这是一个不轻松的工程。增加了投资和延长了工程周期。

4）更有甚者要求在 UPS 的输出端增加一级防雷，又使供电系统多了一个故障点。

这种变压器在正常工作时是线性工作状态，线性的特点是要求变压器输入、输出不失真。因此变压器并不抗干扰，并且防雷器也是无的放矢。

目前，有的大数据中心几十个列头柜中既没有变压器也没有加防雷器，它们的负载都是国际上几家大公司的产品，都已正常工作了数年了。由此可以说明这个变压器根本没必要加入。

例如某省银行做出规定：不论安装哪家的 UPS，在电源后面必须安装隔离变压器，美其名曰隔离干扰和降低零地电压；几年后总行的一位专家分工负责这个省的信息中心，此人上任后的第一件事就是将这些按“规定”安装的隔离变压器统统拿掉，两年过去了，系统工作一切正常。

第六节　UPS 输出电压稳频和无功功率无用

一、认为 UPS 的输出电压在正常情况下是稳频的

1. 误区及其实质

这里所说的 UPS 正常情况是指市电工作模式，即市电正常输入时的情况。在这种情况下 UPS 输出电压的频率和相位不但要和市电频率同步而且还要锁相，目的就是为了零切换。但有的 UPS 供应商却说 UPS 的输出电压是稳频的，并举出例子说，当输入电压频率变化±3Hz 时其输出仍然稳定在 50Hz。这种观点得到了不少用户的认可，是不是这样呢？根据计算，当输入频率变化 3Hz 而输出仍稳定在 50Hz 的情况下，每经过大约八个周期输入、输出相位就相差 180°，即输入电压正半波的峰值+311V正好对应着输出电压的负半波峰值−311V，如图 3-52 所示。如果此时需要切换，应该是一个什么局面？

当输出正半波与输入负半波相对时如果需要切换，肯定要损坏电源。所幸的是 UPS 输出电压和输入相差±3°时就不能切换。

“稳频”说法的相信者忘了在UPS技术指标中有一项“跟踪速率：1Hz/s”的含义。它不知道跟踪什么，所以才出现了这种误区，导致用户向UPS厂家索要输出稳频的产品。

实际上为了UPS在输出过载、短路和本身损坏时能够零切换，设计输出电压的频率和相位必须跟踪输入，而且要锁相。因此在正常工作时UPS输出电压是不稳频的，只有在电池放电时才是稳频的输出，因为此时逆变器已经失去了市电频率的参考频率。

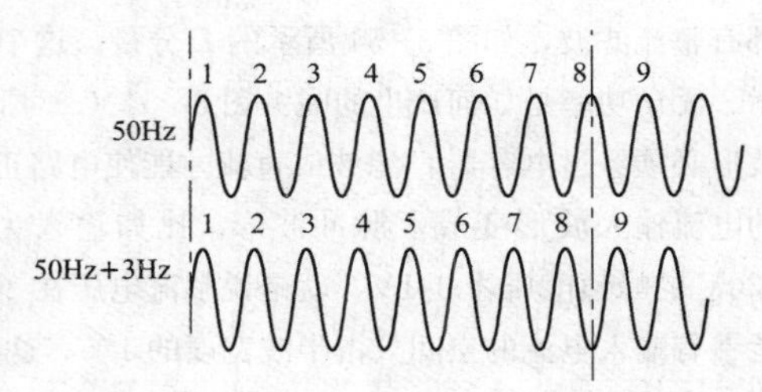

图3-52　当输入为50Hz+3Hz和输出仍为50Hz时的前后对应情况

2. 错误认识对规划造成的危害

如前所述，UPS输出电压的不稳频是为了负载在逆变器和市电之间的零切换，否则就会出问题，轻则使用电设备如服务器重启，重则使用电设备停机。某塑料厂用的两台40kVA并联运行UPS在没有锁相情况下切换时将旁路STS烧毁，香港一银行也是在没有锁相的情况下切换时将旁路STS烧毁，造成停电4h的停机故障。

二、认为UPS输出的无功功率无用

1. 误区及其实质

我们一般都把可以做实事的功率称为有功功率，比如可以使电动机旋转、灯泡发亮的电功率叫有功功率，有功功率只要表现出来就一去不复返，全部变成了热量散发到空气中，这就是数据中心机房需要空调机制冷的原因。把储存在储能装置中功率（以势能的形式储存）俗称为无功功率，比如电池中的化学能、电容器中的电场能、电感中的磁场能，在接入负载前它们只是静静地待在容器里什么活都不干。不只是电有这种情况，在日常生活中也无处不在。比如家庭做饭的煤气，当不打开气阀做饭时，煤气就乖乖地待在罐里什么活也干不了，这时就是无功，做饭时它就以火焰的方式做功了；又比如吃饭用的筷子，真正夹菜（做功）只有头上一小段，而后面的一大段和菜没关系，也不做功。

从上面的例子可以看出有功和无功是共存的，没有无功也就没有有功。电网也是这样，当电网不接入用电设备时，它是不做功的，但没有电网则用电设备就没有电用。这一切都说明无功功率虽然没做功但它有用，没有无功功率的支持也就没有有功功率。

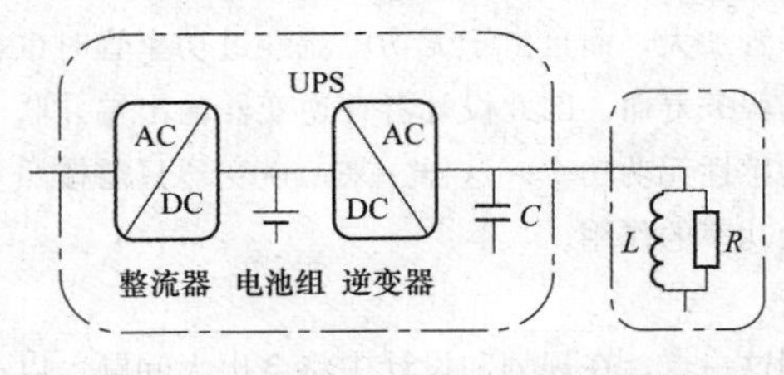

图3-53　一般的UPS与负载的连接原理图

包括UPS在内的电源为了适应那个时代的负载特性，就有意识地产生一些无功功率。比如早期进口的UPS，它的负载功率因数都是“－0.8”，即100kVA可以输出80kW的有功功率和60kvar的无功功率。这个功率因数在现在不少UPS中还在使用。这种情况可以用图3-53来说明。以往的电子负载几乎都是电感的，原因是电子设备内电源输入电路都有整流滤波，如图 3-54 所示的 L 分量。这个分量的存在就产生了无功功率，如图 3-54 所示。无功功率是如何产生的呢？图 3-54（c）所示是图 3-54（b）电路的整流波形，整流后的波形必须经过电容器 C 滤波成直流才能使电路正常工作。但滤波却改变了整流的波形，从正弦的电流输入波形变成了脉冲波形。比如输入为 220V，一般整流电压为 300V，而有效值为 220V 的峰值电压才 311V，就是说整流电压在 300V 以下时是没有输入电流的。经过计算看出，能够有输入电流的空间只占半波宽度的 1/5。这样一来，在这么小的宽度上输入的电流总能量要和半波全额输入时的相等，可见此时的电流要非常大。比如在半波中的直流电流为 10A×10ms=100Ams，换算成这时的电流脉冲就是

$$I_{\text{脉冲}} = \frac{100\text{Ams}}{2\text{ms}} = 50\text{A} \tag{3-34}$$

(a)电子负载设备

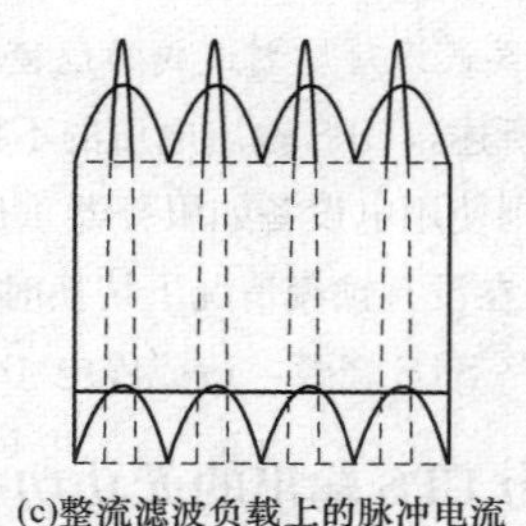

(c)整流滤波负载上的脉冲电流

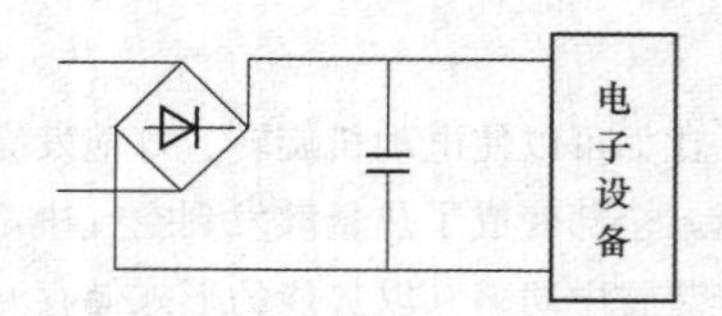

(b)电子负载设备具有整流滤波输入电源

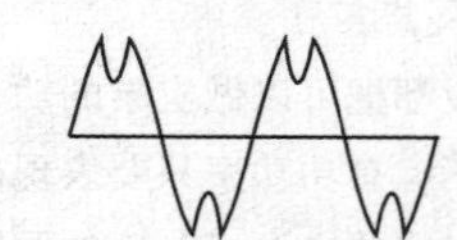

(d)电流脉冲导致电压失真

图 3-54 整流滤波形成的无功功率过程

这在正弦电压峰值处 50A 电流与传输线电阻形成的压降就使该电压峰值波形出现了凹陷，这就是波形失真，经傅里叶函数分析就得出了多个高次谐波。由高次波产生的功率就是无功功率。电子负载的无功功率就是这样形成的。无功功率的出现大大降低了对电源输出的利用率，比如 UPS 逆变器就必须承担负载的有功功率和无功功率。要知道逆变器实际上就是一个电流通道，无论是有功电流还是无功电流都会同样从逆变器功率管中给出，逆变器在这一点上对二者是同等对待的。这样一来不但需要逆变器功率管加大，而且由于无功电流经过功率管时也会产生功耗，从而导致温度上升，缩短了功率管的服务寿命。因此设计者在逆变器输出端并联了一只电容器，用它的容性无功功率去抵消负载的感性无功功率。这样一来，逆变器只需按照负载的有功功率选择功率管就可以了，这就是无功功率的作用。

2. 错误认识对规划的危害

无功功率不做功不等于无用，如果认识不到这一点，在规划和设计中将会出大问题。以往 IT 设备的输入功率因数是 0.6～0.7，即如果用电设备的输入功率因数是 0.6，在 1kVA 的视在功率中就有 600W 有功功率和 800var 的无功功率；如果用电设备的输入功率因数是 0.7，在

1kVA 的视在功率中就有 700W 有功功率和 723var 的无功功率。在这两种情况下的无功功率都比有功功率大，如果考虑不到这一点，装机后将会给用户带来莫大的麻烦。前面介绍过的某机场购买的 20 台 UPS 都是按有功功率直接把瓦特和视在功率伏安值对应起来购进机器，结果装机后无一处不过载。只好重新购买，浪费了时间、精力和资金。

第七节　对以往负载性质的误解

一、认为以往的计算机是容性负载

这种误解来源于对电路基本知识的匮乏。持此观点的人认为既然电容是容性负载，那么计算机电源的输入整流器后面有一个大容量的电容器，当然也是电容性负载。如图 3 - 55 所示就是计算机电源原理框图。又如图 3 - 54 所示，这种电源由于滤波电容器的存在，使得输入电压（也是 UPS 的输出电压）出现了失真现象。换言之，整流滤波电路是使输入电压正弦波产生失真的罪魁祸首。而只有感性负载才会使输入波形产生失真。因为容性负载是不会破坏输入波形的，所以它是线性的。其表现就是电容负载上的正弦波没有失真，就是电压和电流正弦波之间出现了相位差而已。不过尽管如此电容性负载仍然是惯性负载，所以可以利用它惯性的一面进行滤波和抗干扰。

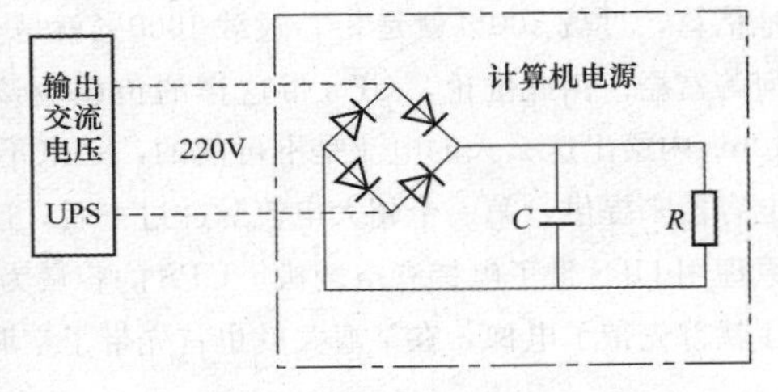

图 3 - 55　计算机电源原理框图

如果图 3 - 55 前面没有整流器那就是名副其实的容性负载，就是因为前面增加了整流器，从而改变了电流波形，也就导致了对电压波形的破坏，那就呈现出电感性负载的特征了。所以以往凡是使用 220V 的电子设备都是典型的电感性负载。

二、认为 UPS 是带容性负载的，不能带感性负载

1. 认识的来源及实质

这种误解来源于认为计算机是容性负载的概念。而 UPS 又是与计算机配套的，于是就认为 UPS 只能带容性负载，不能带电感性负载。而且在好多 UPS 制造商的产品说明书中也都有一条：该 UPS 的特点是也可以带电感性负载。再加之生产厂家的和销售商的上门培训时的误导，使得这种概念进一步扎根在基层。既然厂家都这么说，用户当然也就人云亦云了，进而又使一些不了解 UPS 电路结构的人受到了传染，甚至使一些“专家”也不动脑子地跟着宣传。

实际上，UPS 一般都是为感性负载设计的。在 20 世纪早期的 UPS 几乎都是进口的，其中的功率因数均为－0.8。就是说如果不是故意做出的设备，市场上几乎所有的设备都是感性的。UPS 制造商不可能为市场找不到的设备生产电源产品。既然如此，说明 UPS 设计者是有意识地为电感负载设计的产品。那为什么又说一般可以带感性负载呢？原因是在早期进口 UPS 产品时，其代理商一般是不懂技术的，即使有的工程师来担任技术工作，但也没好好地去研究各

种指标的含义，就根据自己的理解去写中文说明书。各家有各家的理解，结果各种误解就都出来了，甚至几十年下来，时至今日才会有这么多的认识误区。

在这种概念的误导下，好多厂家就不敢用 UPS 去带空调和电梯之类的典型电感性负载。即使去带这些设备，也由于认为起动电流是 7～10 倍额定值，也会把 UPS 的容量加大到数倍负载的功率。用户也因为使用率太低敬而远之。编者曾用 UPS 带了空调和电梯，容量也没有人们所担忧的那么严重。因为任何 UPS 都有过载到 125％10min 和 150％ 30s～1min 的过载能力。而这些空调或电梯 7～10 倍的起动电流一般不会超过 10ms。图 3 - 56 表示的是 100kVA 变压器励磁电流波形的衰减过程，整个励磁过程也就是 100ms，而第一个脉冲峰值最高，但一般也不足 10ms。当然，电梯和空调机不是变压器而是伺服电动机和压缩机，但励磁过程是一样的，只是励磁后的起动电流要大一些，持续期长一些。但比起第一个励磁电流脉冲要小得多，这时已是逆变器可以承受的了。从 UPS 的过载能力上看，即使是过载 50％30s，那么根据简单地估算，过载 500％就是 3s，过载 1000％就是 1. 5s，这 1. 5s 就是 1500ms，对于 100ms 而言是何等富裕。由此推论，UPS 带这样的负载应该没问题。另一方面对一般 UPS 逆变器而言在 10ms 内给出这么大的电流是不可能的，是来不及调整的。这个脉冲只有靠逆变器后面的并联电容器来提供，第一个超大电流脉冲过去后，逆变器就可以来得及调整了。编者就是根据这个原理用 UPS 带了电梯和空调机。UPS 的容量为 1. 5～2. 0 倍负载额定值也就够了。在某省公安厅就首先带了电梯，在某海关就也首先带了空调机。

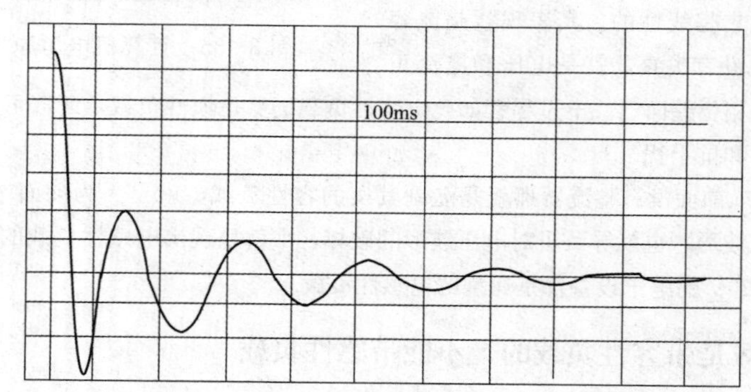

图 3 - 56　100kVA 变压器励磁电流波形的衰减过程

2. 错误认识对规划的影响

因为一般 UPS 几乎都是带感性负载的电源，除非专门做的容性负载之外，如果这一点认识不到，在做规划和购买机器时就会买不到对应的产品。尤其是具有强大财力的大单位，制造厂为了拿下这笔生意可以答应做专机：给做带容性负载的专机，但实际负载又都是电感性的，结果装机后由于 UPS 和负载完全不匹配而导致系统瘫痪。

三、认为容性负载是非线性的

1. 认识的来源及实质

这个误区来自不了解什么是线性负载和什么是非线性负载。图 3 - 57 示出了线性负载的特点。其特点是：①线性负载上的电流电压成正比，这个比值就是电阻 R，式（3-35）表示出了这种情况；②线性负载上的输入、输出波形不失真，如图 3-57（b）所示。

$$R=\frac{\Delta U}{\Delta I}=\frac{\Delta U_1}{\Delta I_1}=\frac{\Delta U_2}{\Delta I_2} \tag{3-35}$$

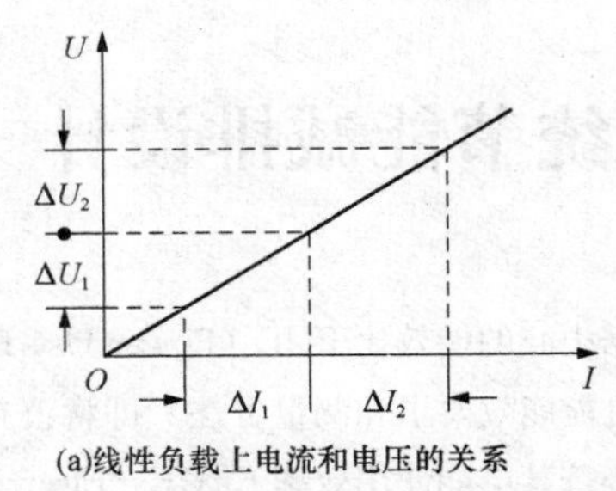

(a)线性负载上电流和电压的关系

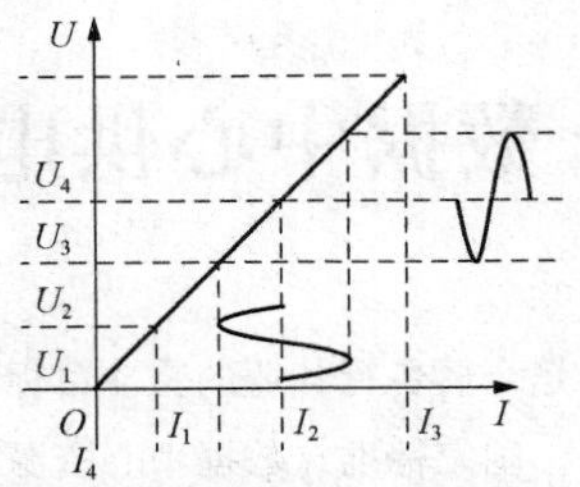

(b)线性负载上输入和输出波形的关系

图 3-57　线性负载的特点

图 3-58 示出了电容性负载及其电容上电流与电压的关系。从图 3-58（b）可以看出，电容的容抗也是一条直线。因为电容的容抗 X_C 也是一个固定不变的值

$$X_C=\frac{1}{2\pi fC} \tag{3-36}$$

式中：π=3.1416；f 是电源频率，50Hz；C 是所选的电容量，F。由于这些参数都是固定不变的值，所以容抗也是一个不变的值，完全符合线性负载的特征。既然纯电容是线性负载，那么电容和电阻组合成的容性负载也是线性负载，但并不排除它仍然是惯性负载。

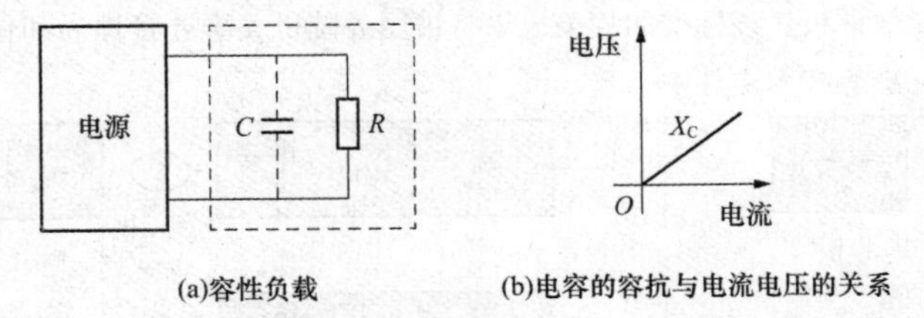

(a)容性负载　　(b)电容的容抗与电流电压的关系

图 3-58　电容性负载及其电容上的电流电压关系

2. 错误认识对规划的影响

在规划供电系统时线性负载和非线性负载对电源的选型是不一样的。线性负载的输入功率因数是 1，如果 UPS 的负载功率因数是 0.8，那么在带线性负载时输出 53%的有功功率就已是满载运行了。在 UPS 的 LCD 面板上的带载量显示 53%，如果用户认为还没达到额定负载而进一步增加负载时就会烧毁逆变器功率管，使负载设备运行因电源故障而停止工作。如果 UPS 的负载功率因数为 0.7，在带线性负载时将会使负载无法投入运行。

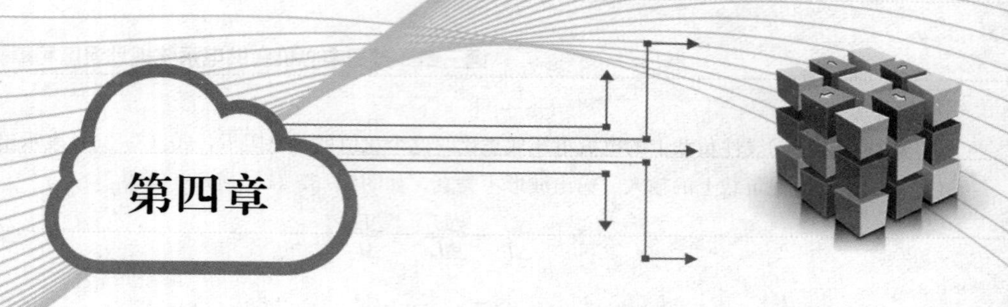

第四章

数据中心供电系统节能减排设计

节能减排是今后各行各业的奋斗目标，数据中心的能效比 PUE（Power Use Efficiency）要降到 1.5 以下。国家标准《数据中心资源利用电能能效要求和测量方法》即将公布。该标准明确提出我国数据中心电能能效要求，将数据中心按其电能使用效率 EEUE（Electric Energy Use Efficiency）值的大小分为节能、较节能、合格、较耗能、高耗能共 5 级。同时，此标准中在充分结合我国国情的基础上，为补偿系统差异考虑数据中心采用制冷技术、使用负荷率、安全等级、所处地域不同产生的差异而制定了 EEUE 调整值。通过该调整值可以实现进行不同数据中心 EEUE 值的比较，从而形成全国范围内数据中心能效的统一考量标准。此次制定的 EEUE 调整值不仅在国内处于领先，在国际上也属于前沿研究课题。

在《数据中心资源利用电能能效要求和测量方法》标准中首次提出如图 4-1 所示的自主测量方法和能耗测量点，突破了目前国际标准和国内相关研究的局限性，对全国范围内，不同安全等级，使用不同制冷方式的数据中心提出统一的电能能效测量方法和等级要求，实现对不同的数据中心进行能效评级。该标准的相关成果将被国务院机关事务管理局和住宅与城乡建设部等单位引用至其标准等技术文件中。

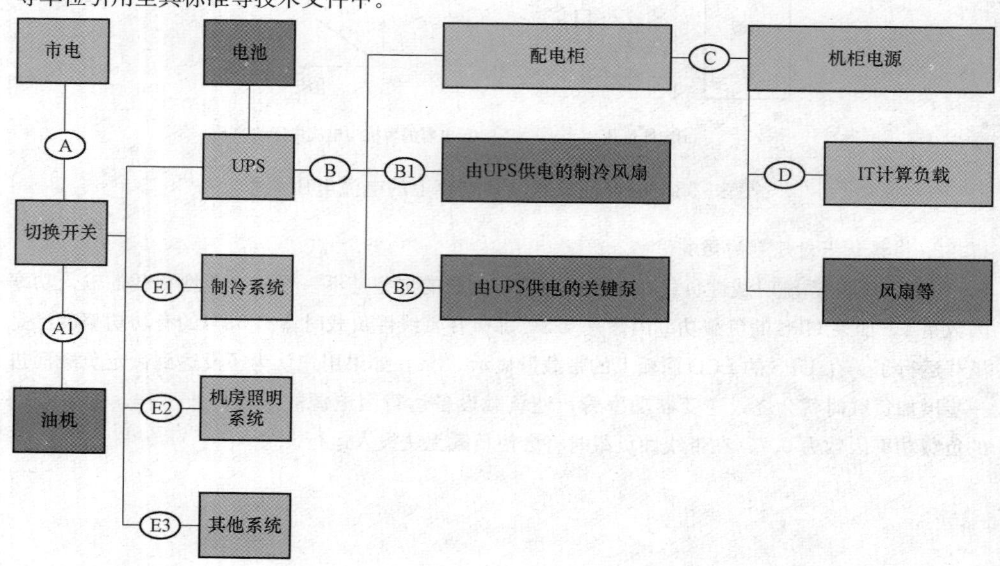

图 4-1　数据中心能耗测量点

因此，节能减排是规划数据中心时必须考虑的问题，这就需要首先选择节能的产品。但即使有了节能的产品而无节能的连接措施，照样无法节能；设备运行是一个漫长的过程，如果在设备运行时也能找到一种节能的运行方法，将是具有重大意义的节约，这里将其称为节能建设三部曲。

第一节　节能设计的第一步——选择节能的供电设备

因为目前直接为IT设备供电的设备大都是交流电的UPS，节能的设备莫过于高频机UPS，高频机UPS有传统双变换型、Delta变换型和在线互动式。但目前尚有一些用户由于惯性的原因对工频机UPS仍情有独钟，原因是对UPS的电路结构还有模糊认识。所以首先从这里入手对其电路结构和各种性能进行较详细地讨论，这对今后的设计、选型、安装和运维都有重要意义。

1. 双变换的基本含义

（1）双变换的含义。对于任何静止变换式UPS而言都存在一个双变换的问题，意思是说都存在一个将交流变换成直流和将直流变换成交流的过程。所以必须具备两个变换器，如图5-1所示。将交流变换成直流的目的有两个，一个是为了给电池充电。因为任何电池的容量是有限的，电池的容量放完以后必须及时补充，否则电池的寿命就会很短。不论是直接用整流器还是经过充电器都必须将直流转换成直流后才能给电池充电，用交流给电池充电会导致电池损坏。UPS的第二变换器的作用是将直流变换成交流。比如在市电断电期间，为了不间断供电，逆变器必须及时将电池所提供的直流电变换成负载可以接受的交流电。所以双变换对任何UPS是必须具备的。

为什么图4-2中的方块内非要写成第一变换器和第二变换器，而不直接写成整流器和逆变器呢？这是因为对一般传统式的UPS而言采用的是单向变换式的整流器和逆变器，这两个变换器的作用都是电压源，而且整流器和逆变器的作用是不可逆的；还有一种称为Delta变换式UPS采用的是两个双向变换器，第一变换器的作用是电流源，第二变换器的作用是电压源。而且这两个变换器的作用过程是可逆的。

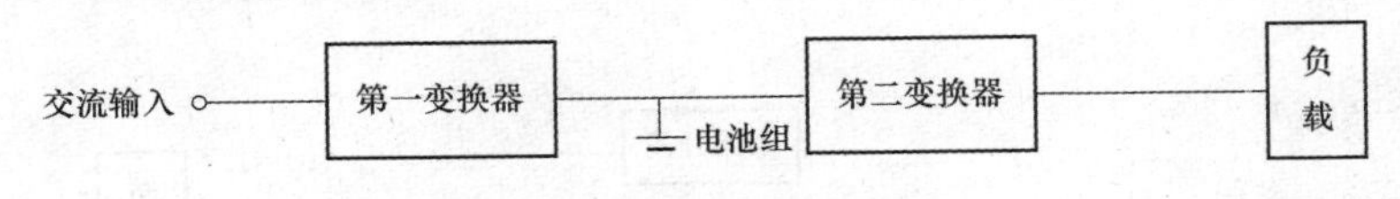

图4-2　双变换UPS的原理图

因此，不具备双变换功能的电路就不是UPS。为了说明这个问题，下面就逐一说明。

（2）关于“双变换”概念的争论。

1）只说双变换而不准说在线式和后备式。有一种说法，以后的UPS只说双变换而不再提在线式和后备式。这基于什么目的暂且不说，起码给选型和使用带来了麻烦。因为UPS原本就分为在线式和后备式，此二者不但在电路结构原理、工作原理和容量范围上有着很大差别，就是在作用和价格上也相差甚远。比如说某单位要订购100台1kVA UPS，如果不注明是在线式还是后备式，只在上写着双变换 UPS 1kVA 100 台。因为 1kVA UPS 既有在线式的也有后备式的，它不像现在的大功率在线式设备称为 UPS，后备式称为 EPS，订单上可以以不同的名称写，而在小功率上就不好写了。话又说回来了，即使使用在线式和后备式这两个概念又对谁有影响呢！尤其是又出现了在线互动式电路概念，它也是双变换结构，又如何保证用户能正确地选准某一种结构的 UPS 呢！

实际上最早提出这个问题的是一位美国的 UPS 组织的主席，由于当时对 UPS 的工作有在线式、准在线式和后备式之说，有时就说不清在线式和准在线式的区别，准在线式和后备式的区别，于是他就建议以后就不这么提了。果然，准在线式的提法已被在线互动式代替了，现在已很少再有准在线式的提法了。产品是为了使用，分档是为了方便使用，不利于使用的任何做法都是得不到用户支持的。现在用户依然采用在线式和后备式的概念，因为他们习惯了这种说法，这种方法用起来既方便又简单。

2）到底 Delta 变换式 UPS 属不属双变换范畴。这个问题本来在很多杂志和专著中已讨论清楚，已是不成问题的问题。这当中还是有一定的糊涂概念。首先是不是承认所谓的双变换就是一个将交流变换成直流和将直流变换成交流的过程，如果不承认那又是什么？当然肯定是承认的。再就是是不是承认 Delta 变换式 UPS 也是 UPS？无疑也是承认的，他们的问题仅仅是“认为” Delta 变换式 UPS 的输出指标不好。但“认为”是不是事实，将在下面讨论。但起码不间断供电是事实，既然承认这一点，这就有了讨论的基础。因为，Delta 变换式 UPS 也是靠电池组的放电来实现不间断供电，既然有电池，那么电池的能量补充从何而来？总不能用 220V 交流直接给电池充电吧！那就必须用直流才能充电，直流从何而来？没有将交流变成直流的整流器能行吗？当然不行。所以第一个整流器必须有，而且也已经有了，电池得到了及时的充电就是例证。市电停电时又是逆变器将电池的直流变成交流，这一点也是不可否认的。这样一来，Delta 变换式 UPS 的双变换功能不是完全具备了么！所以 Delta 变换式 UPS 不但属于双变换范畴，而且是真正的双变换电路。话说回来，又有哪一种静止变换式 UPS 不是双变换功能呢！

2. UPS 的基本电路结构回顾

（1）UPS 的基本电路结构。UPS 的基本电路结构如图 4 - 3 所示，现将电路各环节功能做一说明。

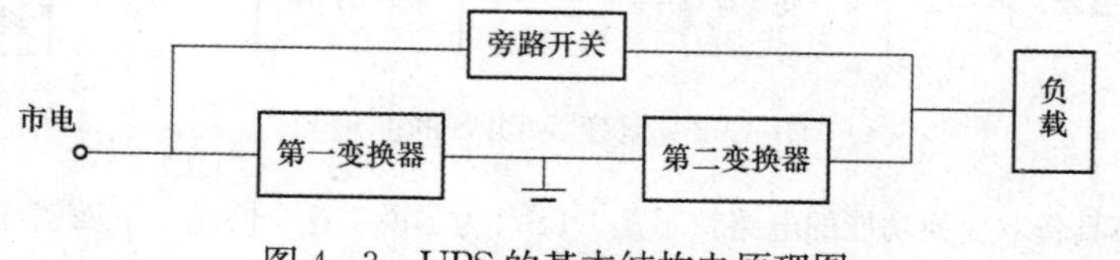

图 4 - 3　UPS 的基本结构电原理图

1）第一变换器。有的是单向整流器，其功能是一个电压源，将交流变换成直流，以向电池和逆变器提供直流能量；有的是一个双向变换器，其功能是一个电流源，是将负载所需的电压和有功功率从市电中取来，经加工后提供给输出，将输入功率因数调整到近于 1，控制电池组充电的时机。

2）第二变换器。有的是单向逆变器，其功能是在市电停电时将电池中的直流能量变换成负载需要的交流能量；有的是双向变换器，功能也不是单一的：首先和前者一样的是在市电停电时将电池中的直流能量变换成负载需要的交流能量，另外是向负载提供第一变换器来不及调整的快变化功率和无功功率，还向电池组提供充电电流。

3）旁路开关。对在线式 UPS 而言这是个由晶闸管构成的静态开关，它的功能是当逆变器故障或带载能力不够时，及时将负载转接到市电上，换言之，通过它将 UPS 和市电构成冗余电源。

4）电池组。在市电断电时为逆变器提供直流电源，以使供电不间断，有时也帮助输入整流滤波电容平滑纹波。

（2）UPS 四个基本构成部分不具备时的情况。

1）无逆变器时的情况。如图 4-4（a）所示的电路，在这个电路中只有一个变换器——整流器，这就只有一个功能，即将交流变换成直流，当然在此情况下旁路开关也不能接入了。有些直流屏也就是这种结构。

2）无整流器的情况。如图 4-4（b）所示的电路，在这个电路中也有一个变换器——逆变器，这也就只有一个功能，即将直流变换成直交流，这就是所谓的逆变器产品。逆变器产品的标准输入电压多为 $12V_{DC}$、$24V_{DC}$、$48V_{DC}$、$110V_{DC}$ 和 $220V_{DC}$。一般逆变器有时也接入一个静态旁路开关，以备逆变器故障时将负载转接到市电，已构成不间断供电。实际上，逆变器的电池前面也有整流器为其充电，只不过是将 UPS 分成了两个部分构成产品，到使用时再合到一起。所以此二者再合到一起前，那一个单独产品都不是 UPS。

3）无静态旁路开关。一般在无静态旁路开关的情况下赋予了电路一些特殊功能，既可作变频器也可作输入输出电压不一样大的变压器，如图 4-4（c）所示。由于缺少了静态旁路开关也就缺少了市电的冗余，换言之也就缺少了一个不间断供电的电源因素，也就不是一个完整的 UPS 了。

4）无电池组的情况。如图 4-4（d）所示，由于缺少了电池组就意味着失去了不间断功能，当然在作稳压器时，当稳压器出现故障时，可通过旁路开关将负载转接到负载上，但当市电断电时就无能为力了；如果作为稳压稳频源（CVCF），即使有旁路开关也必须是有间断的。总之也不是 UPS 了。

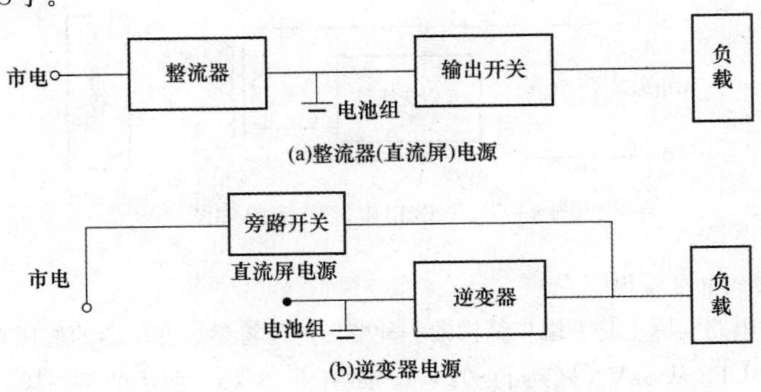

图 4-4　不具备 UPS 四个基本构成部分的电路

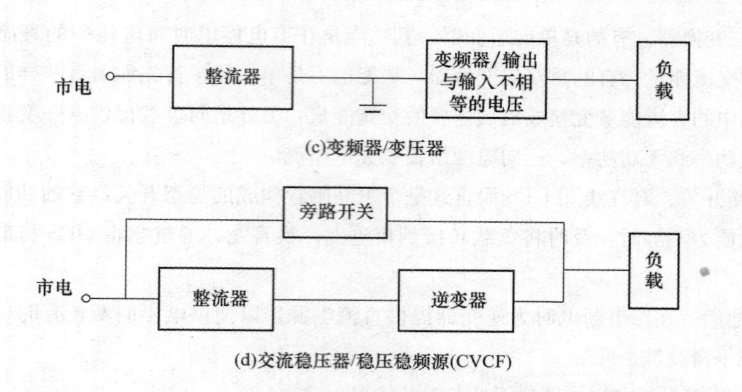

图 4-4　不具备 UPS 四个基本构成部分的电路（续）

从上面的分析可以看出，缺少了任何一个主要环节就都不是一个完整的 UPS。从另一方面也证明了具备双变换功能的电路不一定是 UPS，但不具备双变换功能的电路绝不是 UPS，所以任何 UPS 电路都必须具备双变换功能。

第二节　在线互动电路的特点及与其他电路结构的区别

一、三端口与在线互动的区别

1. 三端口式电路结构

这种电路的典型结构以 Deltec2000 为代表。所以称为三端口，是因为这种 UPS 没有功率整流器的双变换结构，如图 4-5 所示。这种电路是在市电和负载之间加入了一个参数变压器（也称参数稳压器）B_P，B_P 的一端接市电输入，一端接负载，一端接双向变换器，所以称为三端口。Deltec2000 型电路的功能是：利用参数稳压器的功能将输入电压稳定在±5%，再利用双向变换器的功能进一步将这个电压稳定在±2%。由于这种电路尤其在空载时输入功率因数太低且不易做到大功率，所以以后很少采用了。至于在大功率范围，是采用抽头分段调节式，由于静态开关的故障率较高，已被另一种发展了的形式代替。

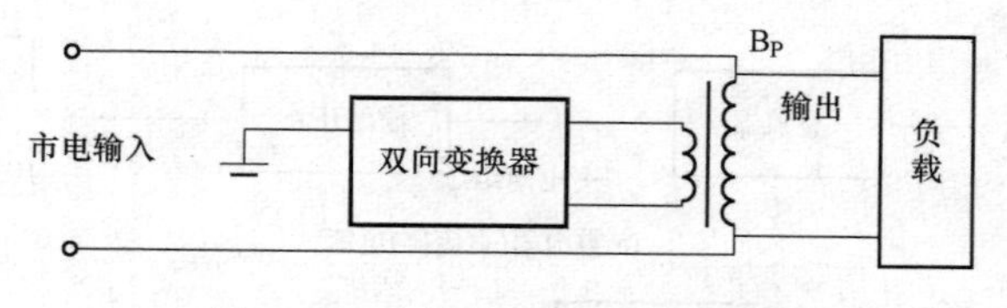

图 4-5　三端口电路结构原理图

2. 在线互动式电路结构

在线互动式电路实际上是三端口结构的一种变形，是将参数变压器的稳压功能改为分段式补偿。这种结构 UPS 从 5kVA 做到了 80kVA。如图 4-6（a）所示的是一段补偿式电路原理图，其补偿原理是利用补偿绕组 ab 上的电压（比如是额定电压 220V 的 12%）与输入电压进行加法或减法，使输出电压稳定在一定范围。为了使绕组ab上的电压稳定，这个电压由双向变换器产生。所以互动的两个电压就是输入市电和这个补偿绕组电压的互动，当然在这里使用“互动”这个词是否恰当不讨论，只要明白它的含义就可以了。其具体的工作原理将通过图4-6（b）说明。所谓初始状态指的是加电前各继电器所处的原始状态。

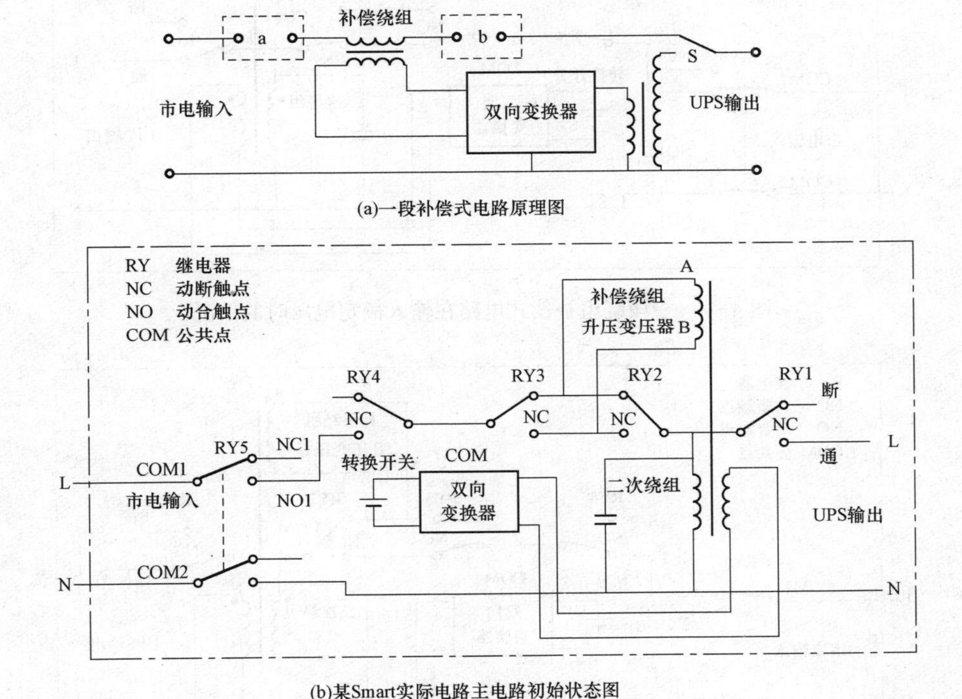

(b)某Smart实际电路主电路初始状态图

图4-6　绕组补偿在线互动式电路结构原理图

图4-6（b）中使用了5个继电器：RY5、RY1发分别是输入和输出开关；RY2、RY3和RY4作为补偿绕组电压的转换开关。RY5还担负着市电异常时及时切断输入的任务。在市电正常供电时RY5和RY1一直处于接通状态。

（1）输入电压为额定值时。如图4-7所示，当市电输入为额定值220V时，继电器RY5接在L、N上的两个公共触点COM1与动合触点NO1接通。转换开关继电器RY4的公共触点COM和动断触点接通，RY3和RY2回到动断触点NC，RY1接通动断触点NC。这样一来，从输入到输出形成一条直接通路，输出电压和输入相等，这时就无调节功能。

（2）输入电压低于额定电压值时。当UPS的输入电压低于额定电压一定值时，如是额定电压220V的12%，也就是$\Delta U=220\text{V}\times12\%=26\text{V}$，即输入电压下降到$U_d=194\text{V}$时，继电器RY2、RY3和RY4的状态为：RY3和RY4的状态和上面一样，只是RY2的触点打向另一边，如图4-8所示。这样就将补偿绕组的电压26V与输入电压194V相加，使输出电压恢复到220V。

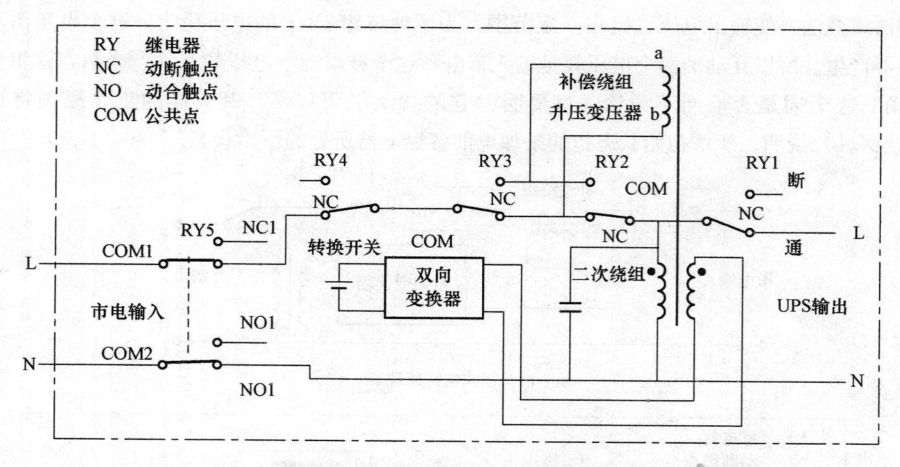

图 4-7　一段绕组补偿式电路在输入额定电压时的情况

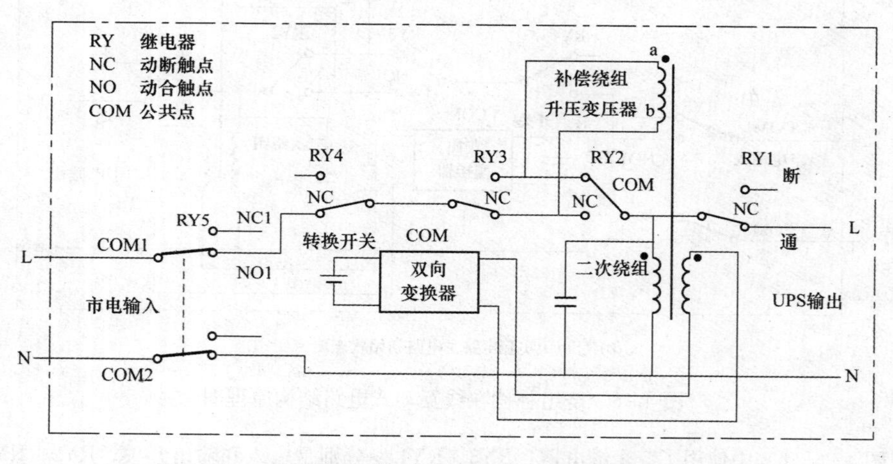

图 4-8　一段绕组补偿式电路在输入电压降低时的情况

如果在上述状态下输入电压继续下降，UPS 的输出电压也随着同步下降，按照一般电子设备允许输入电压的要求，当 UPS 的输出电压降低 15%额定值，即将降到 187V 时，输入继电器应该改变状态，即触点转接到动断触点 NC1 一方，切断输入电压而改为电池放电，这时双向变换器的二次绕组 cd 就输出 220V 额定电压。输入电压恢复到额定值时，输入继电器自动接通输入并重新调整到图 4-7 的状态。

（3）输入电压高于额定电压值时。随着电压在额定值上的升高，图 4-7 的状态不变，一直到输入电压上升到上限规定值 $U_{up}=220V(1+12\%)=246V$ 时，RY3 的触点打向上方，如图 4-9所示，RY2 仍保持图 4-7 状态不变，这样一来就形成了补偿绕组上的电压与输入电压相减的情况，即 246V－26V＝220V，这又回到了额定值。如果在这个基础上输入电压进一步继续上升，UPS 的输出电压也随着同步上升，一旦上升到超过某一规定值时，RY5 就切断输入电压，由电池放电。

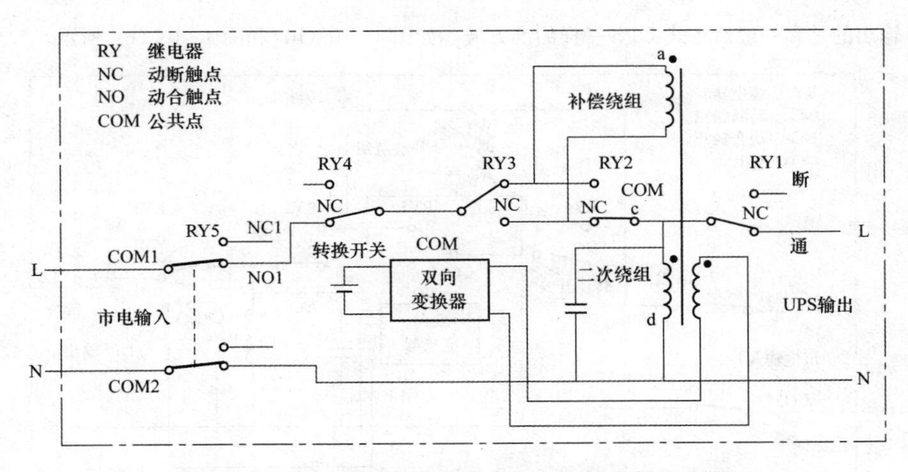

图 4-9　一段绕组补偿式电路在输入电压升高时的情况

二、多抽头调节在线互动式 UPS

1. *互动式和在线互动式的含义*

自从在线互动式（On line interactive）问世以来，人们已习惯了这种叫法。但是这种叫法的含义是：由两个原始电源加减或交替使输出达到一定稳定度的电源。一个电源就是输入电压，另一个是补偿电压，它由双向变换器产生，二者加减使输出电压有一定的稳定度，转换时间不大于 2ms，在任何情况下 UPS 的输出电压波形都为正弦波。因此这种结构的 UPS 才具有了后备式工作方式和在线式的效果。

由于在线互动式的功能比一般后备式 UPS 好，所以有些制造商也开始仿造这种形式，甚至也称之为在线互动式，但功能实际上和一般后备式没有什么区别。

（1）补偿电压不是由双向变换器产生。补偿电压由双向变换器产生的目的是为了保持该电压的稳定度和精度。比如原形的补偿电压是额定值的 12%，在任何时候都能保证这个值，不受外界影响。但后来有些厂的仿造品不是用双向变换器产生补偿电压，而是用一个跨接在市电上的变压器产生［见图 4-10（a）的虚线框］。这样一来，首先从补偿的进度上来说就打了折扣。比如补偿电压也选为额定值的 12%，如果市电电压下降了 12%，这时的补偿电压应为 220V×12%=26.4V，但由于该电压是由市电产生，所以其值也下降了 12%，变为 23.2V，使得输出电压得不到应有的补偿。当然在实际应用中关系不大，但从道理上讲就没有忠实于原产品，不过一般来说这无关紧要。

（2）转换继电器的切换时间远大于 2ms。为了节约成本，转换继电器一般很少用上品。所以在开始时的切换时间就远大于 2ms，所以随着时间的推移，切换时间会越来越长。不过其切换时间在 20ms 以内时是不影响负载性能的，因为一般 PC 实验证明：供电停止后，机器内部的电源可维持满载工作 50ms。

（3）电池供电时输出电压波形不是正弦波。仿制品 UPS 在市电供电时由于是直接用的市电，所以输出电压是正弦波；但当电池供电时，UPS 的输出电压并不像原型机那样输出正弦波，输出的是和一般后备式 UPS 一样的准方波，如图 4-10（b）和图 4-10（c）所示。

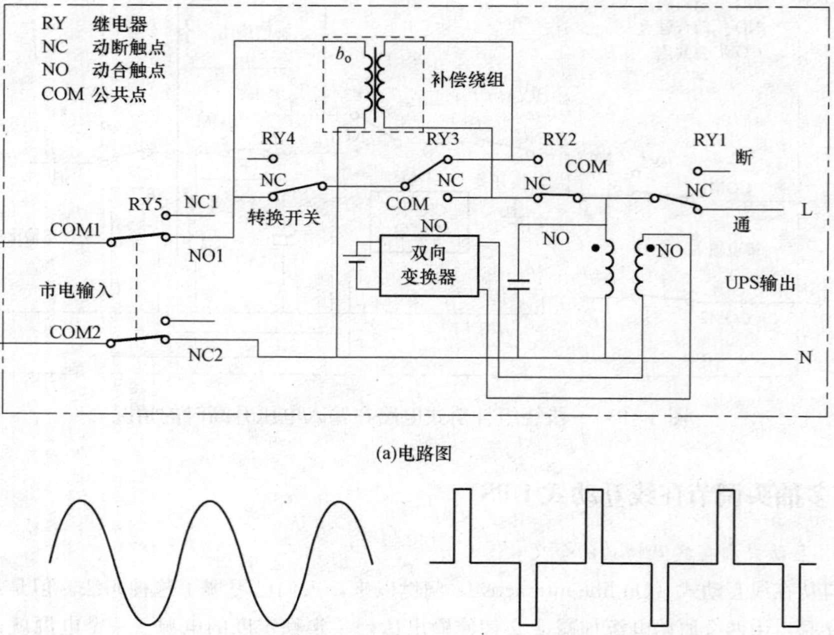

(a)电路图

(b)市电供电时的输出波形

(c)电池供电时的输出波形

图 4-10 “在线互动式”仿制产品的一个例子

从上面的分析可以看出，一般仿制的所谓“在线互动式”有名无实，其性能和一般后备式没有差别，因此只能称为“互动式（Interactive）”，“在线”二字就不贴切了。

2. 多抽头调节在线互动式 UPS 的调节原理

从上面的介绍可以看出，一段补偿式的电力结构无法做到较高精度的输出，尤其是在较大功率时，如果输出电压的波动太大也稍显不足，因此就推出了如图 4-11 所示的多抽头调节结构。这种结构可做到 80kVA，其调节精度是 10V，相当于（10V/220V）%＝4.6%。如果抽头增加，可使输出电压的精度进一步增加。比如某品牌 5kVA 容量的 UPS 输出电压精度可做到 2%，就以此型的产品为例来说明它的工作原理。

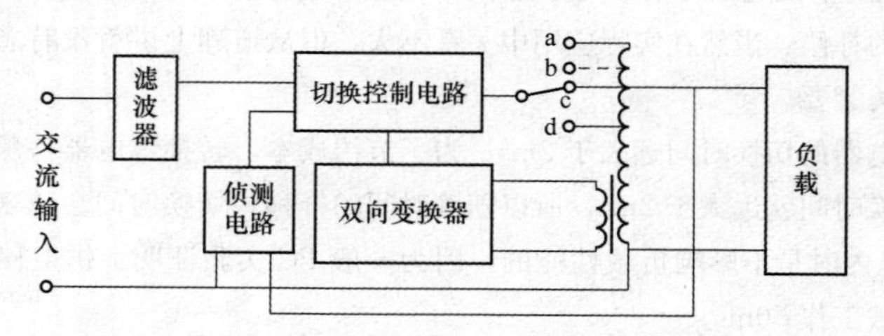

图 4-11 多抽头结构的在线互动式电路原理图

比如当输入市电电压为额定值220V时输出电压不用调整就是额定值，这时调节开关的触点与c抽头相连；比如当输入电压降低2%时，就会导致输出电压的同比例降低，为了保证输出电压的稳定，接在输出端的侦测电路将变化了的误差信号经过加工后输送给切换控制电路，该控制电路就会选择相应的变压器抽头进行调整，比如选定了抽头d。下一步就是控制切换开关的公共臂转接到d，因为公共臂原来是与抽头c相连的，现在开始向d点切换，在公共臂离开抽头c而尚未和抽头d衔接之前有一个断电瞬间，而且随着使用年限的加长，这个间隔时间也就越来越长，如果这个间隔不能及时填补将会导致用电设备的停机。为此，这里的“互动”就起了决定性的作用。其电路是这样工作的：当转换开关需要动作时，控制电路就将一个控制信号同时发送给继电器和双向变换器，由于继电器是机械装置，具有一定的惯性，所以在继电器还没离开原来抽头之前逆变器已经启动，在继电器触点了开离开原来抽头时输出电压已经是电池的放电能量。当继电器触点和下一个抽头接触的一瞬间，逆变器接到关机信号及时关机，这就形成了一个零转换的效果，这比单电压补偿式性能好多了。

需要指出的是：双向变换器并不一定是“互动”电路的必要支柱结构，它的充电器和逆变器可以分开。像这样分开的电路效果会更好一些，某原型在线互动式UPS的第二代电路就已改成了充电器和逆变器分开的结构。

第三节　节能减排设计的第二步——规划节能的连接方式

即使有了节能的设备，如果没有合理的连接和配置也不会得到高可靠性和节能效果。

一、不合理的连接和解决办法

1. 误区1

某广电单位有12台60kVA由UPS及两路市电供电，市电1接到所有UPS输入整流器上，市电2接到所有UPS的Bypass，如图4-12所示。这种连接的想法是一主一备，整流器的市电1为主路，打旁路时Bypass就是备用的一路，这就符合了一主一备的要求，一路供电一路备用。

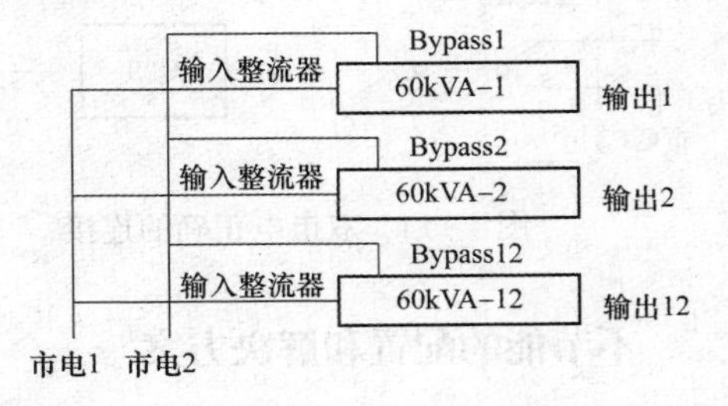

图4-12　两路市电都连接到UPS上

（1）误区所在。不知道这种接法不是一主一备，而是两路市电都同时用上了，失去了一主一备的初衷。原因是UPS输出电压的频率和相位一直在跟踪输入电压，但原设计不是直接跟踪整流器的输入电压，而是跟踪Bypass电压。这是因为原设计Bypass和整流器同时接在同一个电压上而不是分开。

（2）这种接法导致的负面作用。因为UPS输出电压在这里跟踪的是市电2，整流器输入的电压是市电1。原设计是：当Bypass电压故障时就代表整个输入市电故障，UPS马上转电池模式工作。但这种接法也会出现这种情况，Bypass电压故障（市电2）了，但市电1还在正常供电，这时是应该转电池模式还是不转？当然不能转，怎么办？供应商当场修改控制电路。但修改后由于好多问题没有考虑到，结果异常现象频频出现：一会状旁路 Bypass，一会什么信号灯不正常闪动了，一会有告警等。搞得用户精神一直处于紧张之中。

另外，假如市电 1 故障，这时正常转电池模式。但当双路市电供电时，一般电池的后备时间都选在 30min 左右，电池放光了就要转到市电 2 供电。由于市电 1 是一个主路，由电缆和断路器构成，这两种东西不易出故障。一旦故障往往一两天甚至更长的时间不能恢复。这期间负载一直由市电 2 供电，失去了稳压和滤波保护的功能，因此陷负载于不安全用电之中，故障风险大增。

2. 误区 2

当双路供电时，如果由两台并联的 UPS 供电，有的就将两台 UPS 分别接到两路市电上，如图 4-13 所示。

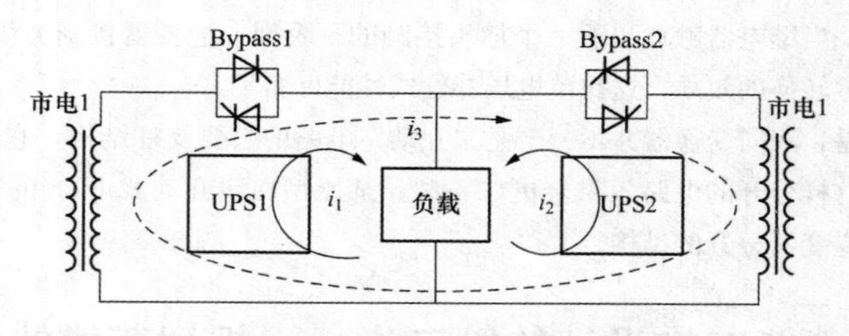

图 4-13　两路市电带两台 UPS 并联情况

误区所在：首先不知道并联连接的 UPS 在转旁路时它们的旁路开关 STS 是同时开通的，再就是两路市电的两个变压器输出电压一般都不是相等。一旦 UPS 转旁路就会形成庞大的环流 i_3，如图 4-13 所示。如果两个变压器之间的压差比较大形成的环流就会将 STS 烧毁或电缆起火，这个隐患不得不考虑。

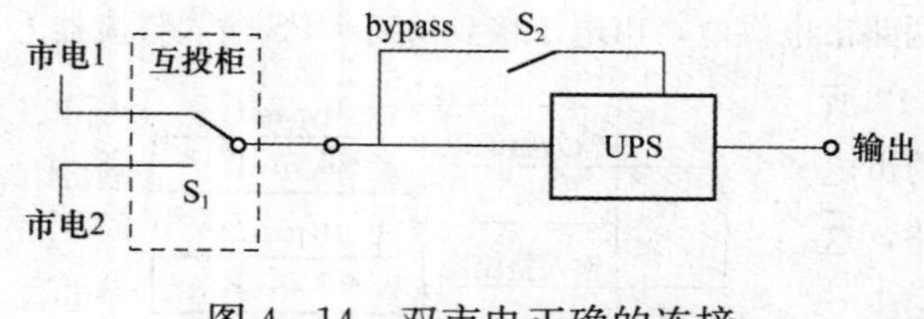

图 4-14　双市电正确的连接

所以上述两种接线法都不可取，还是应当采用图 4-14 的连接方法，使负载设备永远处于 UPS 的保护之下。系统可靠了才可以节能，否则频频故障就会造成人力、物力和财力的损失，也不会节能了。

二、不节能的配置和解决方案

有一种误解认为配置的设备越多系统越可靠。图 4-15 是某国际金融公司数据中心供配电系统的配置连接原理图。UPSI 和 UPS2 都是 100kVA 的高频机模块化 UPS，采用双路供电方式。设计者为了“隔离干扰”在 UPS 输出端配置了两台 100kVA 变压器。负载由双电源输入和单电源 IT 设备构成。为了一路供电故障时另一路仍能正常运行，所以又配置了两台 100kVA 容量的 STS。

如前所述，UPS 所加的两台变压器不但“无的放矢”而且多了三个串联故障点（变压器控制柜输入输出断路器和变压器本身）和耗电负载 STS 也是三个串联故障点（STS 输入输出断

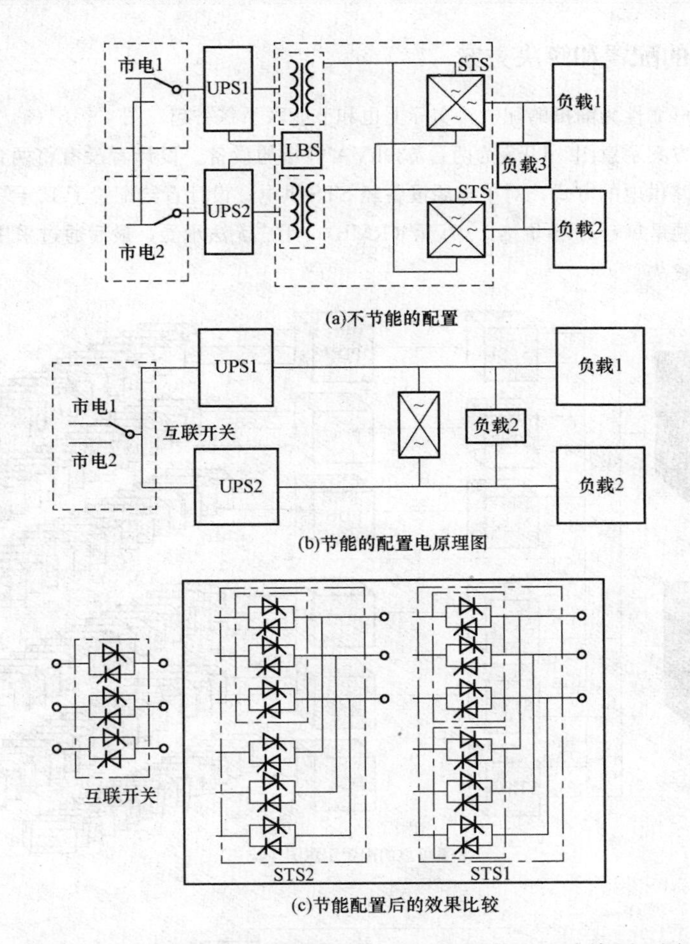

图 4-15　某国际金融公司数据中心供配电系统配置连接原理图

路器和 STS 本身)，这样就多了六个故障点和四台耗电设备，实际上，稍加改变即可以获得更好的效果［见图 4-15（b)］。这里首先取消了两台串联变压器，为了达到上述一路供电故障时另一路仍能正常运行的目的，采用了一个互联开关，这一个改变带来的好处是：

（1）设备量显著减少了，节约了投资。如图 4-15（c）所示，原来 STS1 和 STS2 共用了 24 只晶闸管，而互联开关只用了同容量的 6 只晶闸管，减少了 18 只。

（2）减少了功耗。无论两台 UPS 出于什么状态，STS1 和 STS2 每一路设备都一直有 6 只晶闸管导通，共 12 只晶闸管导通，导通就有功耗。而互联开关在两台 UPS 正常运行时是开路的，不导通，所以没功率损耗。而这种状态是长期的，所以节能也是长期的。互联开关只有在一台 UPS 故障时才导通，将两台 UPS 并联，使得后面所有负载设备不间断运行，达到了和图 4-15（a）同样的效果。

三、不可靠的配置和解决方案

这里是以可靠性为前提的配置，实际上也和节能联系在一起。图 4-16（a）所示为某空管局原来的配置方案示意图。UPS 为两台 630kVA 容量的设备。设计者没有将两台 UPS 并联使用，而是用双路供电的方式，对单电源设备经 STS 供电。设计者给配置了 10 台 STS，图 4-16（a）所示。问题是每台 STS 价格 50 万元（RMB），用户无法承受，最后通过采用图 4-16（b）的方法得到了解决。

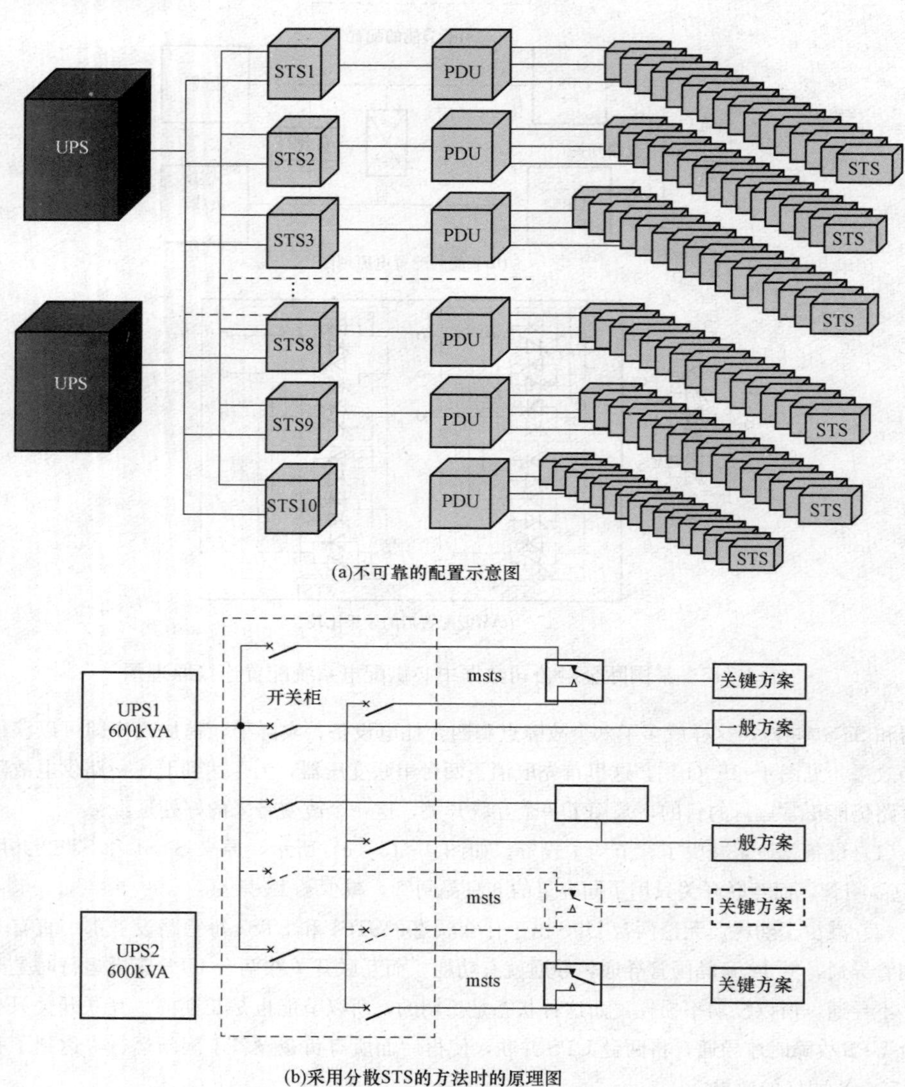

图 4-16　不可靠的配置及解决方案

（1）设备量减少了，节约了投资。原来的方案单电源的数量并不多，但采用的 STS 容量却是 UPS 容量的十分之一，这是非常不合理的；采用图 4-16（b）所示的方案后，将大功率 STS 改用了小功率（5kVA）产品，投资由 500 万元人民币缩减到不足 20 万。

（2）提高了可靠性。原来的方案中每一台 STS 要为一组设备供电，一旦这台 STS 故障，这一组设备全部停机；而图 4-16（b）所示的方案是每一台小 STS 只对应一台 IT 设备，即使这台 STS 故障了，影响的就一台设备，无关大局。

（3）降低了功耗。从原来的方案中可以看出，无论两台 UPS 处于什么状态，都同时有 60 只晶闸管导通，导通就有压降，有压降就有功耗，这种长年累月的功耗将是惊人的。而图 4-16（b）所示方案中的执行器件是继电器，而继电器触点闭合时的压降为零，所以没有功率损耗，将原来的大量功耗减到零，肯定节能了。

（4）减少了占地面积。将原来的 STS 机柜设备改用了高度为 1U 的机架式结构，可以直接插到标准机架上，省去了原来大功率 STS 设备的占地面积。

四、在满足要求的前提下简化系统

在满足供电要求的前提下系统越简单越好，因为设备越多必然伴随着功耗增多、温度升高会降低可靠性。根据阿累纽斯定律，温度每升高 10℃，电子设备（包括电池）的寿命减半。如按照 25℃设计为 10 年寿命的电子设备，在 35℃时寿命缩短为 5 年，在 45℃时寿命缩短为 2.5 年，在 55℃时寿命缩短为 1.25 年。

1. 双总线供电系统的负面影响

任何事物都有它的两面性，双总线供电系统也不例外。为了提高用电的可靠性，厂家大都把服务器等设备配置了双电源输入口。这样一来供电系统也就出现了双总线供电方式，就以此为例看一下能量的利用情况。图 4-17（b）所示是 100kVA 的负载用三台 60kVA 的 UPS 并联成 2+1 的方式供电，每台 UPS 带载率约为 55%（33kVA），设机器本身的功耗为 10%（6kW），粗算，为了有一个大概的印象这里将 kVA 都算成 kW），效率 η_1 就是

$$\eta_1 = \frac{33\text{kW}}{33\text{kW} + 6\text{kW}} = 84.6\% \quad (4-1)$$

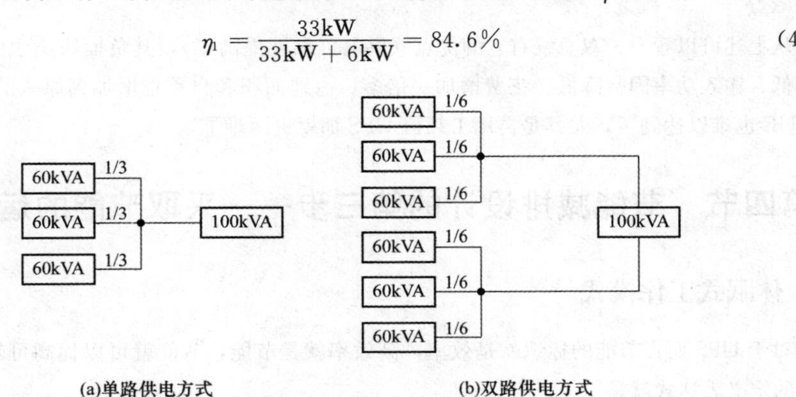

图 4-17 两种供电方式的结构原理图

若双总线供电，如图 4 - 56（b）所示，此时每台 UPS 带载率约为 27.5%（16.5kW），此时的效率是多少呢？60kVA 的 27.5%为 16.5kW，此时机器的总效率 η_2 为

$$\eta_2=\frac{16.5\text{kW}}{6\text{kW}+16.5\text{kW}}=73.3\% \tag{4-2}$$

效率降低了 11%。尽管如此，看来效率还不错。但是由于 UPS 带载率的降低导致 UPS 的输入功率因数也降低了。编者在上海环球金融中心某外国银行验收时，某公司 100kVA 高频机 UPS 的带载率约 20%，但机器的输入功率因数低到了 0.65。

2. 双总线供电的更好场合

当可靠性与容量出现矛盾时，在权衡利弊的情况下可酌情采用双总线（强制性要求除外），举例如下。

例 4 - 1 一用户负载容量为 2500kVA，已选定用某产品 400kVA UPS 并联供电，对供电电源可靠性的要求是 3 个“9”，即 0.999。如果设单机可靠性 $r=0.99$，若最多只能 7+1 冗余并联时，其可靠性 R_8 为

$$\begin{aligned}R_8&=1-(1-r^7)(1-r)=1-(1-0.99^7)(1-0.99)\\&=0.999\,021\end{aligned} \tag{4-3}$$

满足了 0.999 可靠性的要求，但一般电信和金融大都要求可靠性为 5 个“9”，即 0.999 99，显然上述结果就不能满足要求了。

当 6+2 时的可靠性 R_8 为

$$\begin{aligned}R_8&=1-(1-r^6)(1-r)^2=1-(1-0.99^6)(1-0.99)^2\\&=0.999\,994\end{aligned} \tag{4-4}$$

可满足要求，但容量却不够了，只有 2400kVA。如果此时的真实负载小于此值，以后又没有增容计划，这种结构是可以的。但 2400kVA 是强制性要求，就只好用 2 组 7+1 作双总线连接。但此时若要再用大功率 STS 切换，可靠性就又不够了，因又多了一个串联环节，即多了一个故障点。

从上述可以看出，双总线有它的优点（供电可靠性提高了），其负面影响也随之而来（效率降低、输入功率因数降低、花费增加一倍多、占地面积和自重也增加到原来的 2 倍多，1.5 的 PUE 也难以达到了，尤其是再用工频机 UPS 那就更困难了）。

第四节　节能减排设计的第三步——采取节能的运行策略

一、休眠式工作模式

对于 UPS 而言节能的标识就是效率，高效率就是节能，节能就可以提高可靠性。系统效率 η 的定义表达式就是

$$\eta=\frac{\text{输入有功功率 } P_{\text{In}}}{\text{输入有功功率 } P_{\text{o}}} \tag{4-5}$$

假如图 4 - 18 所示为 100kW UPS 系统，其本身功耗是 10kW，那么在满负荷时的效率 η 为

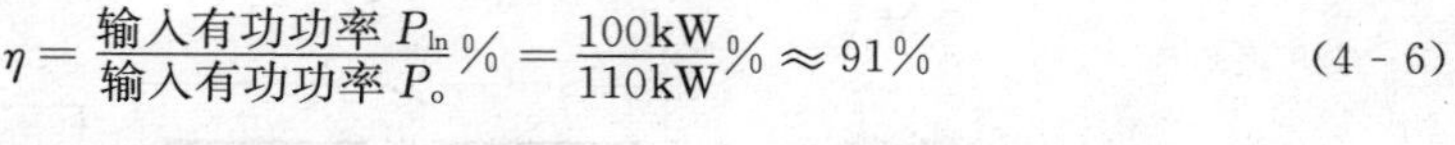

$$\eta = \frac{\text{输入有功功率 } P_{\text{ln}}}{\text{输入有功功率 } P_{\text{o}}}\% = \frac{100\text{kW}}{110\text{kW}}\% \approx 91\% \tag{4-6}$$

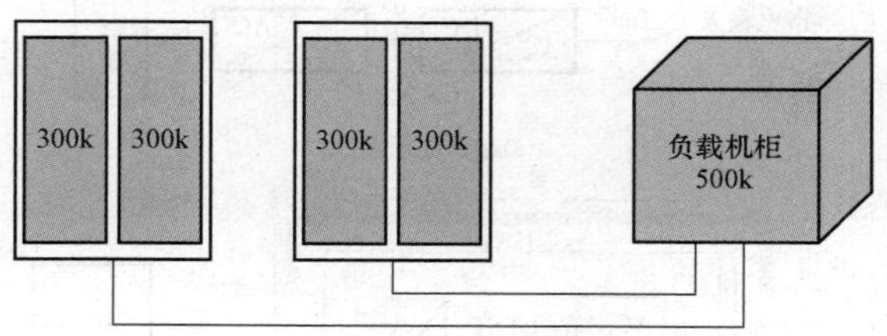

图 4 - 18　休眠式工作模式示意图

如果后面的负载是 40kW，那么此时系统的效率 η 为

$$\eta = \frac{\text{输入有功功率 } P_{\text{ln}}}{\text{输入有功功率 } P_{\text{o}}}\% = \frac{50\text{kW}}{60\text{kW}}\% \approx 83.3\% \tag{4-7}$$

从上面的计算可以看出，UPS 系统的带载量越大，其效率也就越高。图 4 - 18 就是根据这个道理而设计出来的休眠式运行方案。图中的负载是 500kW，双电源输入，每一路为两个 300kW 的模块并联机柜。仍假设在均分负载情况下的 η_1，每个机柜功耗为 10kW，那么在这种情况下每个机柜的效率为

$$\eta_1 = \frac{500\text{kW} \times 25\%}{500\text{kW} \times 25\% + 10\text{kW}} \approx 92.3\%$$

但此时发现在这样的负载下用 300kW×2＋300kW 就够形成 2＋1 的冗余结构了，这时可以令一个 300kW 模块休眠，这样每个模块的输出功率就是 500kW×1/3≈167kW，每一个模块的效率 η_1 就是

$$\eta_1 = \frac{500\text{kW} \times 1/3}{500\text{kW} \times 1/3 + 10\text{kW}} \approx 94.4\%$$

效率又提高了两个百分点。同样，当负载再减小时，比如负载降到了 300kW 时，那就再休眠一个模块，如果负载又回到了 400kW，那就唤醒一个模块……。就是这样根据负载的大小变化来及时调整模块休眠和唤醒模块的数量，以使系统永远处于高效率状态。达到了节能的目的。

二、旁路式工作模式

图 4 - 19 所示的两种旁路式运行方式可得到更好的节能效果。图 4 - 19（a）所示的是前面已经介绍过的节能运行原理图，即是说当交流输入电压稳定在额定值的±10％范围内时，UPS 旁路开关 Bypass 闭合，将负载直接接到输入电源上，但此时 UPS 并不关机而是处于热等待状态，等待对干扰的吸收和对输入电压瞬变超限的补偿。只有当输入电压慢变化超限时才又回到 UPS 供电状态。

上述的这项技术已推广到图 4 - 19（b）的双电源应用中，图中的浅色粗线条就是电流的路径。在这种应用情况下供电系统的效率可以达到 98％以上，这就给优化数据中心的 PUE 提供了很大的空间。

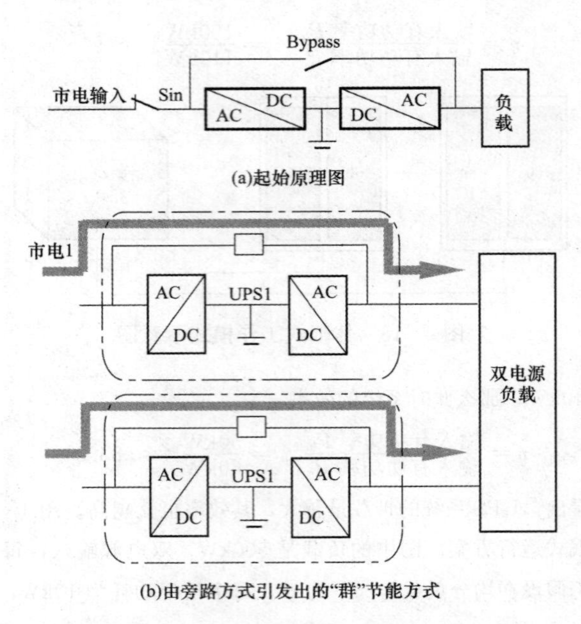

图 4-19　两种旁路式节能运行方式原理图

第五节　节能减排设计的第四步——引入节能的验机技术

一、为什么要验机，为什么要带载验机

UPS安装完毕后，验机和带载验机是一种最常规的检验项目。主要目的是检验供电系统是否有足够的额定带载能力，各连接点和电缆是否连接牢固，电池组是否有足够的额定后备时间，电源的各项技术指标是否达到了预先规定的数值等。

比如在一个单位由于没有带载验机，而只是空载看了一下输出电压是 220V 就算交机了，结果带上机器后 UPS 输出电压突然降到了 110V，所有设备低压锁机。因用户的这些设备都是进口产品，设备锁机后用户不会解锁，还必须从国外请工程师。

又有一金融单位 300kVA 的 UPS 供电系统只用 20A 运行了 2h 就算验机了，结果带上设备电流达到 170A，2h 后电池间起火。

某证券公司和某银行共安装了某 UPS 公司 400kVA12 脉冲“整流”加 11 次谐波滤波器的 UPS，输入功率因数都应在 0.95 以上，结果检测后没有一台的输入功率因数高过 0.83 的。

某金融公司双 UPS 系统加了四台 100kVA STS，其出厂指标标明转换时间4～6ms，结果检测时测得该四台 STS 的转换时间均在 200ms，需要 200ms 转换时间的 EPS 在验机时竟慢到 20s。

这一切都说明了正确验机的必要性。

二、带载验机的困难

1）以往小功率 UPS 的带负载验机比较容易，假负载也容易寻找，比如到市场上买几个电炉子也就可以了。几十千伏安、几百千伏安甚至几千千伏安的假负载从哪里来？是租？是买？

2）假负载由谁来出？有没有这么大的假负载？

3）这么庞大的假负载一般都是固定的，如何运到现场，运来以后朝那里放？有没有这么大的空间？

4）假如有这么庞大的假负载，从租用到运输、到安装、到实验完毕，最快也得几天的时间，尤其是几百千伏安以上的机器。

在 UPS 尚未正式投入运行前，一般用户都不敢贸然接入 IT 设备做验机实验，一般都用其他的假负载作替代品。目前市场上多见的几种可作假负载的替代品如图 4 - 20（a）所示的几个品种。常见的电子负载商品从 1～30kW 模块最多，为了容易放入标准机柜中，大都做成机架式，其他的如电热风机、电炉子和电暖器等也可选用。但这些家用电器的功率都太小，目前的电热风机和电炉子也就是 2kW，电暖器最大是 3kW。作较大负载时就需要很多个并联，也有更大一些的，但不是市场上马上就可买得到的。如图 4 - 20（b）所示就是一个 60kW 的电阻负载箱只有用汽车拖。但又有几个能有这样的条件呢！图 4 - 20（c）所示是某空管局雷达站 60kVA UPS 机房用盐水作假负载的例子。这种假负载好处是集中，占地面积小，水缸、盐和水等可以分别运输。只是这台设备制造比较费时、费事，实验做完后无其他用处。另外这些集中负载不能反映出机房机架内的温度情况。主要是这些功率都白白浪费掉了。

图 4 - 21（a）所示为某金融 100kVA UPS 机房用热风机作假负载的情况，类似的假负载实验在另一处 400kVA×6 的 UPS 机房也采用过，由于容量太大，只好逐台测试，费时费力，而且发现一般市场上的 2kW 热风机的功率都偏小，由于体积太小，可靠性难于保证。图 4 - 21（b）所示为某 160kVA UPS 商业机房用电炉子作假负载的例子，由于电炉子是见明火的装置，一来不安全，二来在实验做完后再无其他用处，处理掉吧卖不上价格，不处理吧闲置无用，因为好多地方都限制使用电炉。这也是一笔浪费。

图 4 - 22 所示为某 400kVA×7 的 UPS 金融机房用电暖器做实验的例子，电暖器塞满了机房。也是由于容量太大只好分台来做，实验用了 160 台 2～3kW 功率可调节的电暖器，可想而知其实验的工作量，不仅如此，由于电暖器有一个特性：当达到一定温度时就开始恒温了，换言之，电暖器到了一定温度就切断电源，其结果是造成负载难以稳定下来，这也给实验带来很多麻烦。如此多的电暖器实验后如何处理也是个问题，当然可以当作福利分发给每个职工几台，这在北方尚可，若在南方用处不一定太大。

上述的几个例子是说有条件的地方，买不起这样假负载的地方或不想买的地方就无法验机。另一方面比如单机为 1200kVA 时如何验机？总不能买 500 台 2kW 的家用电器吧！

上述的带假负载验机造成的烦恼还不仅如此，更可惜的是验机用的大量功率都被白白浪费了，这也是与节能减排的基本国策相违背的。图 4 - 23 给出了利用 Easy Load 负载验机方案进行 600kVA 验机的示意图。它的神奇之处在于不用外加任何假负载，仅仅使用一台手提电脑与 UPS 连接后即可作满载实验、过载实验和电池放电实验。

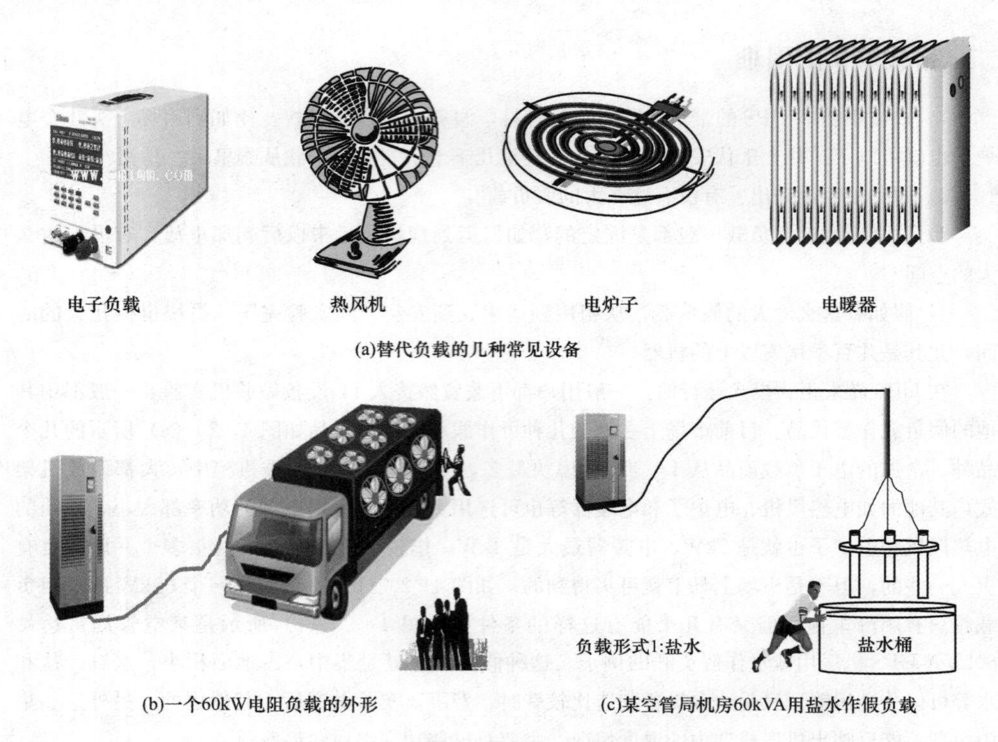

图 4-20　可作 UPS 假负载的几种设备

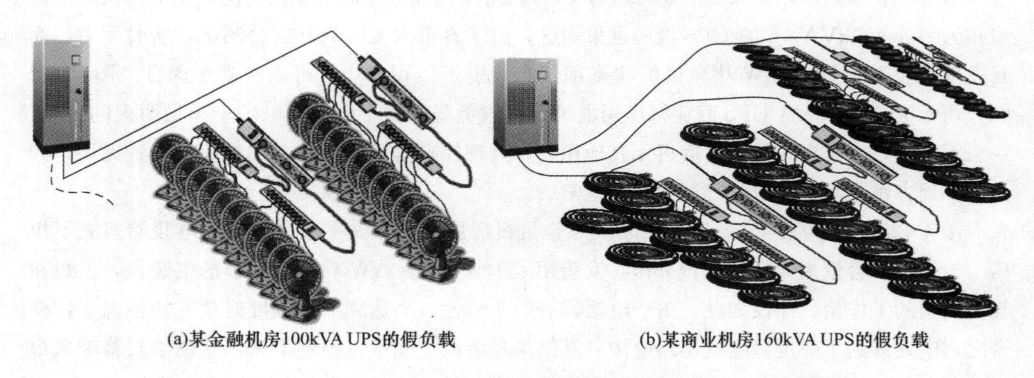

图 4-21　用上百千伏安假负载做实验的案例

三、Easy Load 无假负载验机技术

图 4-24 给出了 Easy Load 方案的工作原理。图 4-24（a）所示是 Easy Load 的理论根据，这个方案的特点就是利用市电电网作为验机假负载。众所周知，市电电网不但认为是无穷的能源，而且它的内阻也认为是零，换言之也是无穷大的负载。基于这一点就为 UPS 的带载验机奠定了基础。如何使 UPS 逆变器的输出电流流入市电电网呢？众所周知，电流是从电压高的

图 4-22　某 400kVA×7 的 UPS 金融机房用电暖器做实验的例子

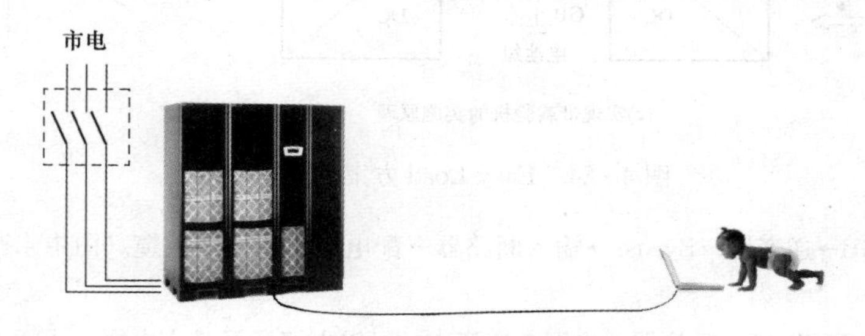

图 4-23　不用外加假负载的 Easy Load 验机示意图

地方流入电压低的地方，这就像水往低处流一样。只要 UPS 逆变器的输出电压高与市电电压就可实现上述愿望。图 4-24（b）就给出了这种设计思想，根据这种思想仍设置 UPS 逆变器输出相电压为 220V，但在相位上超前市电 10°，这样一来虽然在电压有效值上和市电一样，但在任一瞬间的瞬时值 UPS 逆变器输出相电压高于市电，比如在市电电压正弦波过零时，市电电压为零，而 UPS 逆变器输出相电压则为

$$U_{\text{inverter}} = 310\text{V}\sin 10° = 53.8\text{V}$$

当然会有这样一个问题：当市电正弦波为 90°时电压最高，310V，而 UPS 逆变器输出相电压此时是 100°，电压幅值才 305V，已经低于市电电压，这不就是反流了吗？是的，就是反流。因为这是交流电，有正有负，有流出也有流进。

这个方案的另一个可贵之处就是节能。接入其他假负载的方法都是把 100%的功率白白浪费了，而这里仅仅是微量的 UPS 本身的工作损耗。

图 4-24（c）示出了 Easy Load 方案实现带载验机的实施原理，现作一简单介绍。UPS 输入端合闸使 UPS 输入与市电接通，打开 UPS 旁路 Bypass（接通），接着启动逆变器，电流方向是：

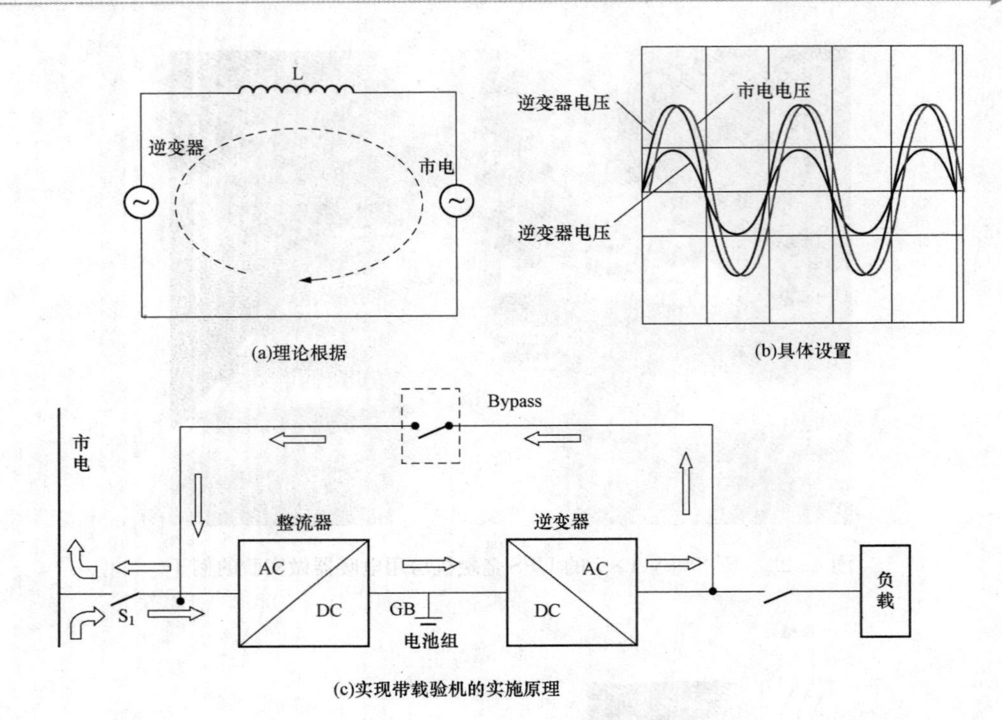

(a)理论根据

(b)具体设置

(c)实现带载验机的实施原理

图 4-24　Easy Load 方案的工作原理

电池组 GB→逆变器→Bypass→输入断路器→配电柜断路器及电缆（图中未画出）→市电电网。

接着启动 IGBT 输入整流器，电网电流流入，经以上路径又进入电网。由于在输入断路器上又从市电电网来的输入电流也有输出到市电电网的电流，所以在这些开关上测得的电流很小，大概只有额定值的 5%的样子，这是 UPS 电路工作时的本身损耗。最后形成的测量结果如图 4-25 所示，就好像电流在整流器→逆变器→Bypass→s整流器之间环流一样。

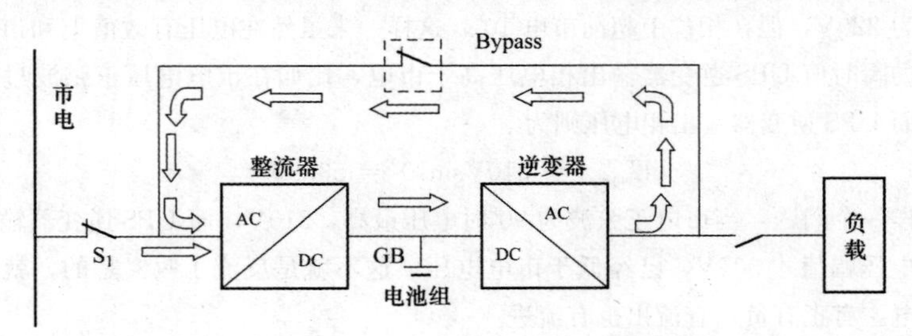

图 4-25　Easy Load 方案形成的测量效果图

图 4-26 所示为 Easy Load 实施的电池放电方案，电流的方向如图 4-26 所示。因为电池放电的都是有功功率，为了节约能源，不浪费，做这个实验时最好接入自己的有用用电设备。

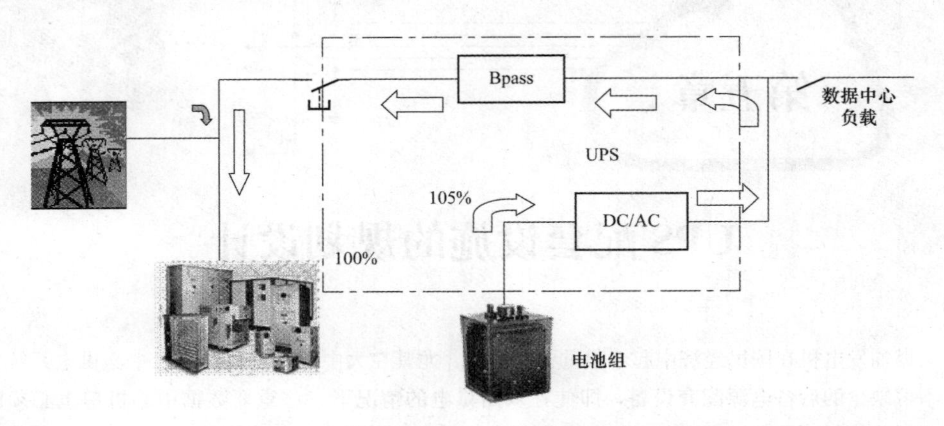

图 4-26 Easy Load 实施的电池放电方案

四、Easy Load 负载验机方案对电网有无影响

因为 Easy Load 负载验机方案有 10°的超前相位差，就有的人担心对市电电网是不是有不良的扰动。首先看一下国家标准，因为市电电网是由多个发电厂（场）站发出的电压并网形成的，各厂（场）站发出的电压频率不一定完全一样，但为了成功并网就必须有一个约定，这就使国家标准，在这个标准要求范围之内就可成功并入，超出这个标准范围就不准并网。这个标准是 50±0.2Hz，换言之，允许各发电厂（场）站发出的电压频率有±0.2Hz 的偏差，也就说允许偏差 72°。目前各发电厂（场）站发出的电压频率偏差已经缩小到±0.1Hz（36°）。那么 Easy Load 负载验机方案有 10°的超前相位差相当于多少赫兹呢？1Hz 等于 360°，那么反过来 10°就是

$$\Delta = 10°/360° = 0.028(\text{Hz})$$

几乎比国标精确 10 倍。所以 Easy Load 负载验机方案输出的电压和频率比发电厂并网电压的频率精度还高，所以对市电电网没有任何影响。

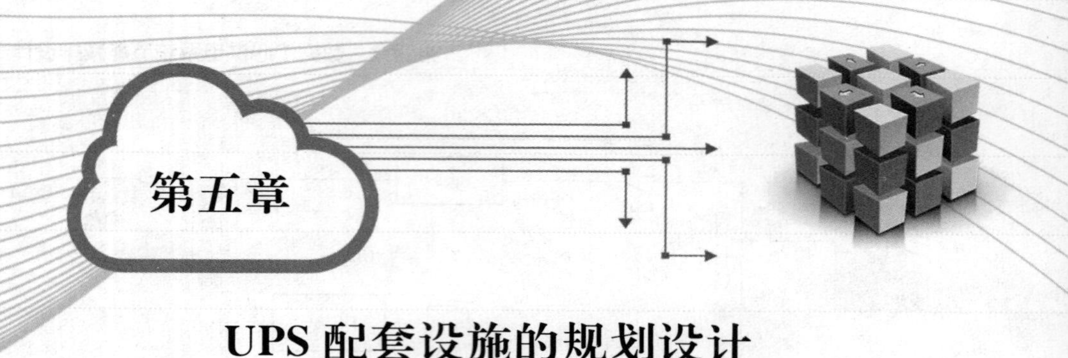

UPS配套设施的规划设计

燃油发电机在国民经济中起着很重要的作用，尤其在大中型和重要的信息中心供电系统中是不可缺少的后备电源配套设备，即使在双路供电的情况下一些重要数据中心机房也必须配备，因此必须对其有所了解才能合理地选择和使用。

第一节　现代发电机组的基本特点

一、系列化发电机的功率范围

为了适应各种不同用户的需要，在品种上按照功率的大小实现了系列化，比如进口产品STANFORD发电机的系列就有BC16、BC18、UC224、UC274、HC4、HC5、LV6和HC7等，其功率范围为6.5～2500kVA。其他品牌高达到3000kVA以上者也有，发电机有如下优点。

(1) 发电机与柴油发动机配套能力强。比如常见的柴油发动机康明斯、VOLVO、MTU、道依茨、斯泰尔、卡特彼勒和国产的95、130、135、150和190等系列都可与发电机配套使用。

(2) 售后服务能力。各厂家一般都建立了全球服务网络，并在英国、美国、中国等工业强国都有生产工厂和服务网络。

(3) 现代的发电机组都做到了体积小、自重轻、性能可靠、技术先进且规范化，一般都取得了ISO 9002证书，我国的产品也都达到了国家标准。

(4) 与现代电子设备负荷兼容，如数据通信、电子计算机和UPS等。

二、发电机工作原理

图5-1示出了一般发电机组的外形和工作原理框图，发电机组主要构成是发电机组及装置、主机定子、励磁机转子、励磁机定子、旋转二极管和自动电压调机器（AVR），励磁机转子和主机转子同轴相连。

其工作原理为：主机定子上的输出电压一部分送往自动电压调节器AVR，AVR的作用是将主机定子送来的电压进行调节，目的是通过调节励磁机电枢的整流输出功率来控制励磁机的磁场。使主机输出电压达到稳定的目的。AVR通过感应两相平均电压的反馈信号确保输出电压调整率。除此而外，它还监测发动机的转速（输出电压频率），如果系统低于设定的转速，AVR就相应地降低输出电压，以防止发动机低速时的过励磁，缓解加载时的电流冲击，以减轻发动机的负担。

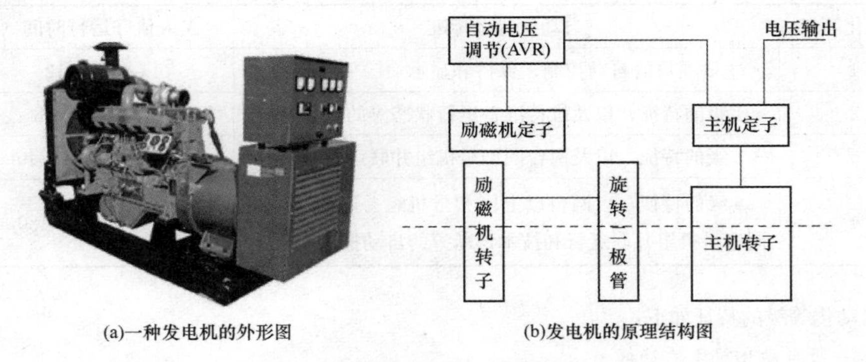

(a)一种发电机的外形图 (b)发电机的原理结构图

图 5-1 基本发电机组工作原理框图

当然，发电机组的励磁方式很多，也有很多新技术，但作为用户来说使用的是它的外特性，故不做过多介绍。

第二节 现代柴油发电机组的等级划分

和 UPS 不一样，我国对现代柴油发电机组的等级、功能要求及功率定额都有明确的规定，了解这些规定在选择发电机组就不会盲目。

一、发电机的性能等级

GB/T 2820.1—2009《往复式内燃机驱动的交流发电机组 第 1 部分：用途、定额和性能》第 7 条中做了规定。

性能 G1 级：要求适用于只需规定其电压和频率基本参数的连续负载。实例：一般用途（照明和其他简单的电气负载）。

性能 G2 级：要求适用于对电压特性与公用电力系统有相同要求的负载。当负载变化时，可有暂时的然而是允许的电压和频率偏差。实例：照明系统，泵、风机和卷扬机。

性能 G3 级：要求适用于对频率、电压和波形特性有严格要求的连接设备，如无线电通信和晶闸管控制的负载。

性能 G4 级：要求适用于对频率、电压和波形特性有特别严格要求的负载，实例：数据处理设备或计算机负载。

二、自动化发电机组等级

GB/T 4712—2008《自动化柴油发电机组分级要求》第 5 条中对自动化发电机组等级做了规定。机组的自动化等级应符合表 5-1 的规定。

表 5 - 1　　机组自动化等级标准

自动化等级	自动化等级标准	无人值守运行时间（h）
1	主要项目的自动控制、保持和显示	4、8、12
2	1 级的特征，以及维持准备运行状态等的自动控制	24、36、48
3	2 级的特征，以及两台同型号机组并联运行等	120、180、240
4	3 级的特征，以两台以上同型号机组并联运行、不同容量机组并联运行和技术诊断等的自动控制	240、360、480

自动化等级的特征如下：

1. 一级自动化机组的特征

（1）按自动控制指令或遥控指令实现自动起动。

（2）按带载指令自动接收负载。

（3）按自动控制指令或遥控指令实现自动停机。

（4）自动调整频率和电压，保证调频和调压的精度满足产品技术条件的要求。

（5）实现蓄电池的自动补充充电或压缩空气瓶的补充充气。

（6）有过载、短路、超速（火锅频率）、机油温度过高、起动空气压力过低、储油箱油面过低以及发电机绕组过高等方面的保护装置。

（7）具有表示正常运行或非正常运行的声光提示系统。

2. 二级自动化机组的特征

（1）一级规定的各项内容。

（2）自动维持应急机组的准备运行状态。即柴油发电机组应急起动和快速加载时的有机压力、机油温度和冷却水温度均达到产品技术条件的规定值。

（3）机组自动起动失败时，程序起动系统自动将指令传递给另一台后备发电机组。

3. 三级自动化机组的特征

（1）二级规定的各项内容。

（2）燃油、机油和冷却水的自动补充。

（3）按自动控制指令或遥控指令完成两台同型号机组的自动并联与解列，自动平稳转移负载的有功功率和无功功率。

4. 四级自动化机组的特征

（1）三级规定的各项内容。

（2）按自动控制指令或遥控指令完成不少于三台同型号机组的自动并联与解列，自动平稳转移负载的有功功率和无功功率。

（3）按自动控制指令或遥控指令完成两台不同容量机组（3∶1）之间，两台不同容量机组同电网之间的自动并联与解列。自动平稳转移负载的有功功率和无功功率。

（4）集中自动控制。即可由同一控制中心对多台自动化机组的工作状态实现自动控制。

（5）调速装置和调压装置的自动技术诊断。即可由一定的自动装置确定调速装置和调压装置的技术状态。

三、发电机的功率定额

GB/T 2820.1—2009《往复式内燃机驱动的交流发电机组　第 1 部分：用途、定额和性能》第 13 条中规定如下。

(1) 持续功率（COP)。是指发电机组在规定的维保周期内和规定的环境条件下，每年的持续供电小时数不受限制的功率。也就是说在此期间可以不停地连续运行，其维保应按制造厂的规定进行。

(2) 基本功率（PRP)。是指发电机组在规定的维保周期内和规定的环境条件下，每年可能运行小时数不受限制的某一可变功率序列内存在的最大功率。也就是说发电机在连续运中的功率是一直在变化的，但不论如何变化，其最大功率值不能超过规定的基本功率值。其维保应按制造厂的规定进行。

(3) 限时运行功率（LTP)。是指发电机组在规定的维保周期内和规定的环境条件下能够连续运行 300h 且每年可提供最大功率达 500h。其维保应按发动机制造厂的规定进行。

四、目前主要发电机组国标和部标

由于我国很多生产厂是和国外厂家联合生产发电机组，引进的是国外先进技术，比如无锡新时代交流发电机有限公司就是与英国斯坦福（STAMFORD）发电机公司联合，上海马拉松—革新电气有限公司（Shanghai Marathon—Genxin Electic Co.，LTD）就是上海革新电机厂与美国马拉松电气公司的联合企业等。因此，这些发电机组的性能和进口产品是一致的。根据这些产品定的国标和部标也是和国外一致的。了解这些标准有利于选型，表 5 - 2 给出了这些标准。

表 5 - 2　　现行主要发电机组的国标与部标

序号	国标编号	国标名称	备　注
01	GB/T 2820.1—2009	往复式内燃机驱动的交流发电机组　第 1 部分：用途、定额和性能	ISO 8528—1：1993
02	GB/T 2820.2—2009	往复式内燃机驱动的交流发电机组　第 2 部分：发动机	ISO 8528—2：1993
03	GB/T 2820.3—2009	往复式内燃机驱动的交流发电机组　第 3 部分：发电机组用交流发电机	ISO 8528—3：1993
04	GB/T 2820.4—2009	往复式内燃机驱动的交流发电机组　第 4 部分：控制装置与开关装置	ISO 8528—4：1993
05	GB/T 2820.5—2009	往复式内燃机驱动的交流发电机组　第 5 部分：发电机组	ISO 8528—5：1993

续表

序号	国标编号	国标名称	备　注
06	GB/T 2820.6—2009	往复式内燃机驱动的交流发电机组　第6部分：试验方法	ISO 8528—6：1993
07	GB/T 2820.7—2002	往复式内燃机驱动的交流发电机组　第7部分：用于技术条件和设计的技术说明	ISO 8528—7：1993
08	GB/T 2820.8—2002	往复式内燃机驱动的交流发电机组　第8部分：对小功率发电机组的试验和要求	ISO 8528—8：1993
09	GB/T 2820.9—2002	往复式内燃机驱动的交流发电机组　第9部分：机械振动的要求和试验	ISO 8528—9：1993
10	GB/T 2820.10—2002	往复式内燃机驱动的交流发电机组　第10部分：噪声的测量	ISO 8528—10：1993
11	GB/T 2820.11—2012	往复式内燃机驱动的交流发电机组　第11部分：旋转不间断电源性能要求和试验方法	ISO 8528—11：1993
12	GB/T 2820.12—2002	往复式内燃机驱动的交流发电机组　第12部分：对安全装置的应急供电	ISO 8528—12：1993
13	GB/T 2819—1995	移动电站通用技术条件	
14	GB/T 4712—2008	自动化柴油发电机组分级要求	
16	GB/T 12824—1993	发电机断路器通用技术条件	
17	YD/T 502—2000	通信专用柴油发电机组技术要求	

五、一般柴油发电机的主要技术指标

1. 主要电气性能指标（按额定值标注）

（1）空载电压整定范围（即空载电压精度）≤±5%。

（2）稳态电压调整率（加载稳定后的电压精度）≤±0.5%。

（3）瞬态电压调整率（空载到满载或相反时的瞬间电压变化）≤±15%。

（4）电压恢复到稳定值的时间（稳定在±1%范围时）≤0.2s。

（5）电压波动率为±0.3%～±1.0%。

（6）稳态频率稳定度（空载到满载或相反时的瞬间电压变化）≤±0.5%～5.0%。

（7）瞬态频率变化率≤1.0%。

（8）恢复到频率稳定值的时间≤1s。

（9）频率波动率≤±0.25%。

（10）冷热态电压变化≤1%。

（11）空载线电压正弦波形畸变≤5%。

（12）不对称负载时的线电压偏差≤5%。

（13）三相电压不平衡值≤3V。

（14）电压调制量≤3.5V。

（15）相电压总谐波失真为2%～5%。

（16）相电压谐波失真为2%～4%。

（17）并联运行功率分配不平衡度为10%～25%。

2. 主要机械性能指标

（1）常温下的起动性能。在5～35℃条件下三次起动应能成功。

（2）能承受正常运输条件下的震动和冲击。

3. 主要经济性能指标

（1）燃油消耗［g/(kW·h)］。最小值为189，最大值为272，一般为范围是204～244，主要检验及住宅2/3负载时的燃油消耗因接近其本身标注最低燃油消耗量水平。

（2）机油消耗量为2～4g/(kW·h)。

4. 主要可靠性和其他环境污染指标

（1）平均无故障时间。在机组额定转速为1500r/min时，其平均无故障时间大于500h，首次运行故障发生在800h以后。

（2）噪声声压通常在距机组7m处测量，普通机组不大于100dB（A），低噪声机组可抵达50dB（A）。

（3）机组振动的振幅≤5mm。

（4）排气烟度在气温大于40℃后，应无明显烟雾且无明显烟粒。

5. 自动化机组的主要自动化指标

（1）自动起动后带载至额定功率时间。以10s以内为最佳。

（2）具有自动维持准备运行状态：自动补充冷却液、润滑油、柴油，自动给起动电池充电，自动检测机温并预热和预润滑。

（3）自动切换和停机。

（4）自动并联与解列。

（5）自动保护。

六、UPS与柴油发电机组配套使用时的注意事项

由于很多UPS的输入电路是一个典型的非线性负载，尤其是晶闸管整流输入，比如所谓的6脉冲输入整流器应用比较广泛，而发电机只能提供有限的平均电流和正弦电流，而6脉冲输入整流器索取的是高于平均电流和正弦电流几倍的脉冲电流，因此两者的结合就会产生许多问题，这就是“木桶理论”中的木板结合部出现了缝隙。

1. 电压振荡

由遭整流负载破坏后失真度很大的负载端反馈回来的波动电压会造成发电机输出电压极不稳定，严重者就会形成振荡，振荡幅度一般是额定值的±(10%～20%)。当调整AVR达到最佳值时，振荡仍大于±2%。

2. 电流变化

在UPS负载稳定情况下，发电机输出电流在±(20%～50%）范围内变化，但电流的这种变化因是负载所致故无法调整。

3. 发电机的频率变化

正常情况下，发电机的频率变化不像电压和电流那样大，一般在±5%范围内，但其影响较大，如果超过这个范围就可能导致UPS处于频繁地切换状态。柴油发动机由于负载有规律地忽大忽小变化，其工作节奏也忽强忽弱，它的噪声也就有规律的忽大忽小。这就造成了柴油发电机组振动加剧，加速了机械磨损，甚至损坏机件。

七、正确选择发电机组

1. 不同的负载功率对发电机组的影响

根据是工频机还是高频机UPS，是单相二极管整流、三相6脉冲整流还是12脉冲整流，是晶闸管整流还是IGBT高频整流的UPS容量，用户应配置的发电机组容量配比也有很大区别。但有时UPS的实际负荷量很小，对发电机组来说，有时输出的功率仅为额定功率的30%左右，这样不但造成发电机的容量不能充分利用，增加了设备的投资，而且也容易使发电机组产生故障，增加了维修量，降低了机组的可靠性。

根据柴油发动机的特性，如果长期工作于小负荷下，汽缸内的温度就总升不上去，达不到要求的温度，这就使得正常进入汽缸内的润滑油不能完全燃烧，而燃油也同样不能充分燃烧，造成活塞环处和喷油嘴处严重积碳，汽缸磨损加剧，使柴油机工作性能下降，排气冒黑烟。

柴油机运行在30%额定负载以下时，经济性变差。综合各种因素，柴油发电机组要求负载必须在其60%额定功率以上。但是，由于UPS的非线性，往往还不能按照60%额定功率来选，否则也会造成发电机组工作不正常。因此，要综合考虑，表5-3给出了不同整流负载对发电机组工作的影响，这是用一台200kVA发电机组做实验时得出的结果。从表5-3可明显看出，在选择发电机组时不能按照常规受60%负载的约束。实际上在真正现场条件下所选择的发电机容量要比表中所列的大，有时甚至大很多，这要根据实际情况而定。一般说宁肯选得大一些，免得等机房建成后运行中发现问题再无回旋的余地。所以选择柴油发电机组也不是一件很简单的事情。

表5-3　　不同整流器对发电机工作的影响

发电机组允许负载端的电压畸变	柴油发电机组允许带载百分比（功率因数匹配情况下）		
	12脉冲整流滤波UPS	6脉冲整流滤波UPS	单相整流滤波UPS
5%	78%	42%	22%
10%	100%	69%	36%
15%	100%	96%	52%

在配套UPS的应用中人们往往会提出这样的问题：为什么对单相整流滤波的UPS要配5倍功率的发电机，而对三相晶闸管（6脉冲）整流滤波的UPS要配3倍功率的发电机呢？从表

5-3也可以看出相近的结果。

2. 发电机容量与UPS容量的配比

由于中大功率UPS的输入整流器元件由晶闸管充当，再加之整流后滤波因素的影响，于是就对市电电网造成了一定程度的破坏。使它的输入功率因数降到1以下，致使配套后备发电机的容量要数倍于UPS容量。为了说明这个问题，图5-2给出了UPS输入电路时输入波形的影响。

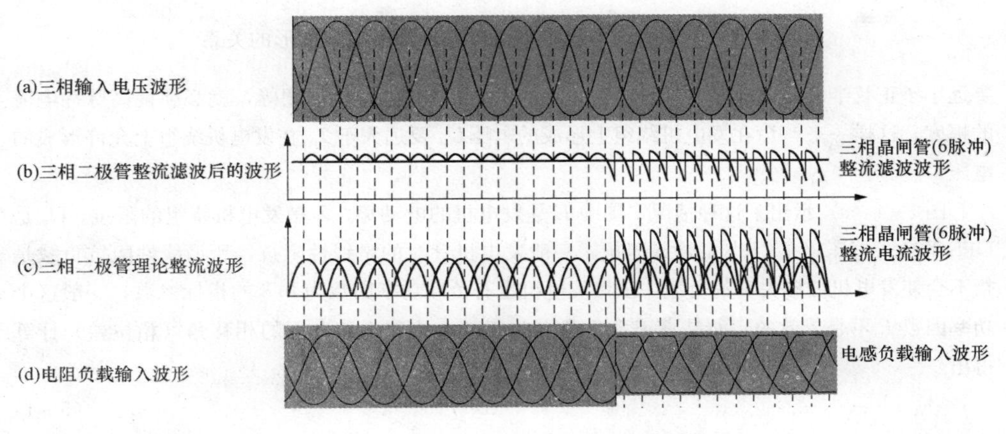

图5-2 UPS输入电路对输入波形的影响

在理想情况下，如图5-2（a）所示，UPS输入的应该是规则的正弦电压波。有一点需要说明的是：发电机的内阻抗是固定不变的，原因是发电机绕组上的分布阻抗在机器定型后就是一个定值。

1）发电机容量是按照电压、电流都是正弦波时设计的，所以分布电感可以忽略。

2）脉冲电流不但幅度大了很多，而且微秒级的晶闸管开通前沿在绕组上激起很大的电抗，更增大了瞬变电压降。

图5-2（b）左面小的脉动电压是三相全波无滤波电容时二极管整流的情况，以看出整流后的电压无过零点；右面表示的是将晶闸管代替二极管整流（俗称6脉冲整流）的情况，这时是否有过零点要由控制角的大小确定。脉动下侧的平直线是加入滤波电容后的直流电电压电平，这条线说明只有整流电压的幅值大于该电平时才会有电流输入。

图5-2（c）左面和右面的波形是对应图5-2（b）的整流理论波形。从这个波形就可以看出，电流早已不是正弦波，而变成了脉冲波。

图5-2（d）左面是对应上面整流波形的输入电压波形，而右面由于晶闸管整流滤波的影响，使得输入波形出现了失真。为了对这种失真的机理有一个清新的概念，就用图5-3的波形进行说明。

在图5-3中的下方矩形代表负载所用的平均电流，而这个平均电流是由于整流半波平均值得到的。在整流滤波中，由于是脉冲电流波，为了满足负载对直流电流的要求，该脉冲波的面积I_a就必须等于直流I_A的面积。从图5-3中可以看出，脉冲电流的宽度（电流导通时间）t_2

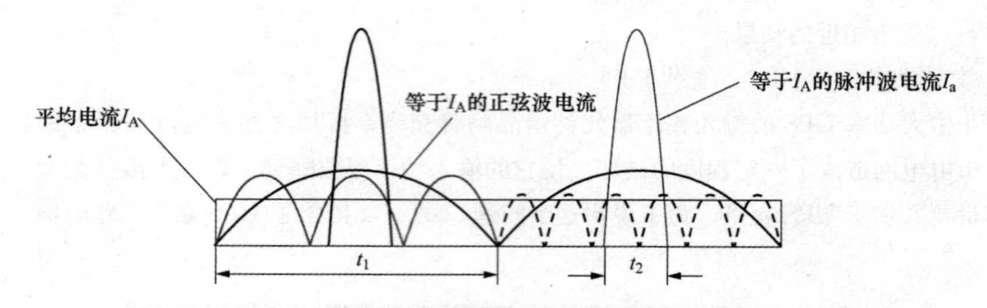

图 5-3　不同相数二极管整流器波形与平均值波形的关系

要远小于正弦半波的宽度（电流导通时间）t_1，为了使二者的面积相等，就必须提高脉冲电流的幅度。这样一来，I_a 在发电机绕组上形成的电压 U_a 要远大于 I_A 在发电机绕组上允许形成的电压 U_A。

图 5-4（a）示出了这种情况，图中 E 是发电机的电动势，Z 是发电机绕组的阻抗，U_{in} 是 UPS 的输入电压，是 UPS 的输入阻抗。一般发电机针对的是线性阻抗，所谓线性阻抗负载是指不会使发电机波形失真的负载，虽然发电机也有负载功率因数为 0.8 的指标参数，一般这个功率因数 F 不是等效的，而是真正由负载上的正弦电流和正弦电压的相移角（相位差）计算得出

$$F = \cos\theta \tag{5-1}$$

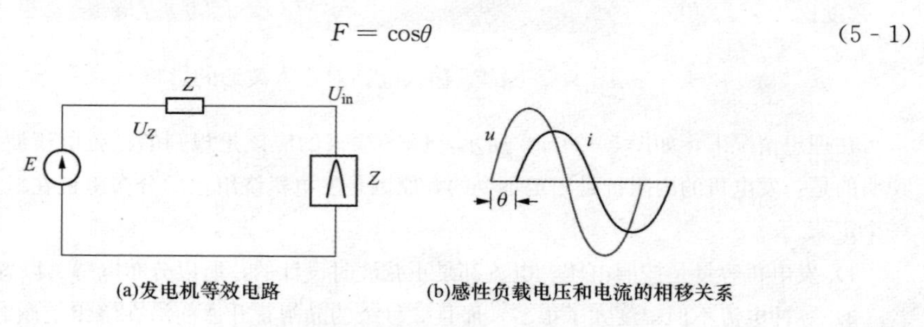

图 5-4　发电机输出电动势与负载端电压的关系

在这种情况下，发电机输出额定功率时，其电压和电流波形是不失真的

$$U_{in} = E - U_Z \tag{5-2}$$

因为在这里的 E 是正弦波，U_Z 也是正弦波，所以 U_{in} 也是正弦波，如图 5-5（a）所示。只是 U_{in} 的幅度比 E 小了。但是如果负载是 UPS 输入整流器的六脉冲整流（或十二脉冲整流），这时的电流由于是对应正弦电压顶部的脉冲波，则 U_Z 也是对应正弦电压顶部的脉冲波，如图 5-5（b）所示。这样一来就导致了输出正弦波电压顶部的失真，其形状或凹陷或平顶。在实际情况下的失真要比图 5-5 复杂得多。但是，这种使电网波形失真的危害在于对该电网上其他用电设备的干扰，也会导致线路上的断路器跳闸、继电器误动作、熔丝经常无缘无故熔断，还可导致电缆发热，以至于寿命缩短。为了解决这个问题，即减小脉冲电流的幅度，在 IGBT 出现之前只好采用将脉冲电流个数增加的措施。如图 5-6 所示，在单相整流滤波时为了维持平均电流值，使得脉冲幅度很高，就会导致输入电压正弦波有很大的失真，这种情况下的输入功率因数只有 0.6～0.7，波形失真度达到 50%左右。如果采用三相二极管全波整流，在半周中就会

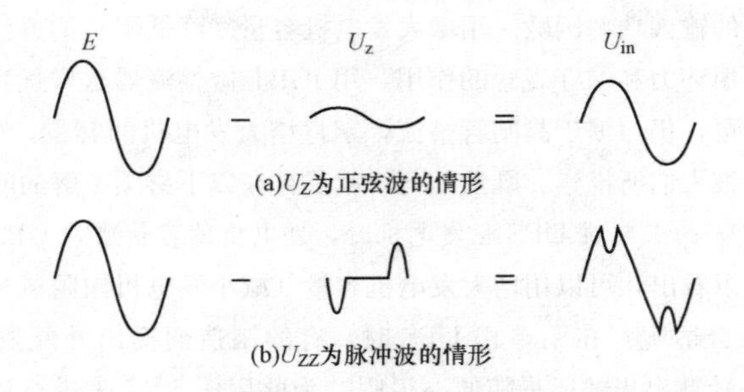

图 5-5　发电机内阻抗电压在不同电流波形情况下对输出电压波形的影响

有三个脉冲波，这就将一个脉冲电流的面积分配到三个脉冲上，使脉冲的幅度明显减小了很多，如图 5-6 左边所示。这时的输入功率因数就升到了 0.8 左右，波形失真度也降到 30%。如果进一步增加到 6 相二极管全波整流，在半波中就会有 6 个脉冲电流，这又将一个脉冲电流的面积分配到 6 个脉冲上，使脉冲的幅度又明显减小了很多（见图 5-6 右边）。这时的输入功率因数就升到了 0.9 左右，波形失真度也降到了 20%以下。而实际情况是在 UPS 中的整流器尤其是中大功率范围，使用的不是整流二极管，而是晶闸管，这就使得整流器的性能参数比二极管时有所降低，如图 5-6 所示，由于其相控的原因，导致脉冲电流的宽度比二极管整流时窄，幅度比二极管整流时要高，所以对波形的破坏程度也比二极管整流时大。

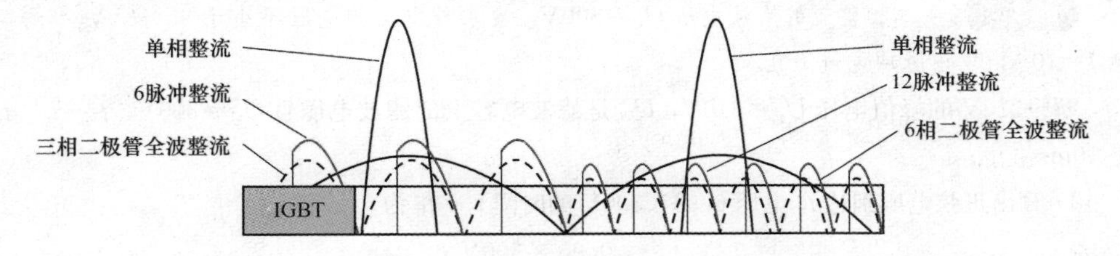

图 5-6　不同相数二极管整流器和晶闸管整流波形与平均值波形的关系

IGBT 器件的出现和使用使得上述问题得到了解决，因为 IGBT 可使整流的电流脉冲在半个周期中有成百上千个，而这些电流脉冲的幅度几乎和直流平均值一样高而且布满了整个半周，可使输入功率因数大于 0.99，如图 5-6 所示。

通过上面的讨论已经了解到导致发电机输出（这里只谈发电机事项）电压失真的两大因素：固定不变的发电机绕组阻抗、脉冲形的负载电流，所以解决上述的失真问题也必须从以下两方面着手。

（1）减小发电机的内阻抗。目前唯一的办法就是增大发电机的容量，因为发电机的容量越大，其绕组线径就越大，根据公式

$$R=\rho\frac{L}{S} \tag{5-3}$$

式中：R 为电阻，Ω；ρ 为电阻率，Ω·m，导电用铜 $\rho=0.0175\Omega\cdot mm^2/m$；$L$ 为长度，m；S 为导体截面积，mm^2。

这就是为什么发电机的容量越大其内阻抗越小的原因。

（2）提高负载端的输入功率因数。用增大发电机容量来降低阻抗的办法实在是不得已时才用。遗憾的是由于习惯势力和保守观念的作用，用 IGBT 做整流器这样优良的方案还一时得不到某些用户完全的认可，仍习惯于晶闸管整流，宁肯增大发电机的容量，如 12 脉冲整流加 11 次谐波滤波器曾一时被人们所推崇。既然如此，就仍存在以下必须了解的问题。

3. 为什么单相输入的工频机 UPS 配发电机时，发电机的容量要是 UPS 功率的 5 倍以上

从上面的讨论可以看出，可以用增大发电机容量（减小发电机内阻抗）的办法来减小波形失真，那么增加多少合适呢？在用单相 UPS 时，有的制造商提出外配发电机的容量要大于 UPS 容量的 5 倍，是计算出来的还是随便一说呢？为此用图 5-7 来进行讨论。图中下方的矩形面积是单相二极管整流负载所用的直流电流，电流 i 就是与其相等的电流脉冲，这个电流脉冲有多大？通过下面的这个实例来说明其计算方法。

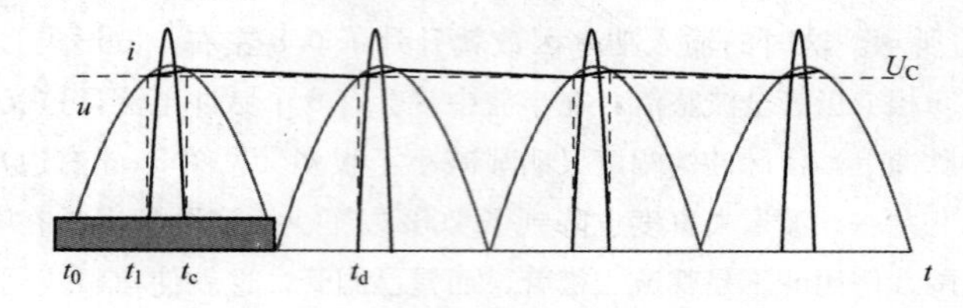

图 5-7 单相全波整流电流与电压波形计算用图

例 5-1 一单相整流的直流电压 $U_C=300V$，要求放电后的电压不小于 $95\%U_C$，平均电流 $I=10A$，求出脉冲电流 i 值。

解：220V 的峰值电压 $U_p=310V$，U_C 是滤波电容上的滤波电压且 $U_C=300V$，$t_1 \sim t_c \sim t_d$ 是 10ms

1. 算出正弦电压到达 t_1 电压 0.95×300V 的时间 $t_0 \sim t_1$ 为

$$\theta_{t1} = \sin^{-1}\frac{0.95\times300V}{310V} = 67^\circ \tag{5-4}$$

从零点到半波的中心（峰值）为 5ms，从中心 5ms 减去对应 u_{t1} 的时间就是电流脉冲前沿到电压峰值的距离，即

$$5ms - (67^\circ/180^\circ)\times10ms = 5ms - 3.72ms = 1.28ms \tag{5-5}$$

2. 算出到达 t_c 电压 300V 的时间（用角度表示）

$$\theta_{tc0} = \sin^{-1}\frac{300V}{310V} = 75.47^\circ \tag{5-6}$$

这个角度对应的时间是

$$t_c = (75.47^\circ/180^\circ)\times10ms = 4.2ms \tag{5-7}$$

但在这里计算的应该是对应 5ms 后面的 t_c，由于对称关系，应该是

$$5ms - 4.2ms = 0.8ms$$

对称过去，就是 t_c 距峰值电压（5ms）处 0.8ms，即 5.8ms，这就有以下两种脉冲电流宽度的算法。

（1）t_1 和 t_c 距中心位置时间之和，即 1.28ms+0.8ms=2.08ms。

(2) 两个时间 t_c 和 t_1 相减，即 $t_c-t_1=5.8\text{ms}-3.72\text{ms}=2.08\text{ms}$。

从另一个角度考虑，假如负载的直流电流幅度为10A，10ms内的时间需要能量面积为

$$10\text{A}\times10\text{ms}=100\text{A}\cdot\text{ms}$$

而电流脉冲在2.08ms内也得给出这个面积，则

$$100\text{A}\cdot\text{ms}/2.08\text{ms}\approx50\text{A}$$

也是5倍的电流。

从计算结果可以看出，电流脉冲的导通时间是半周期10ms的五分之一，换言之就是在这五分之一的时间内要给出全部的电流，即5倍的直流幅值。如果发电机这时需要给出正弦波电流时的额定功率，那么在此情况下就必须5倍于需要值。

4. 为什么三相输入（6脉冲整流的）工频机UPS配发电机时，发电机的容量要是UPS的3倍以上

在上面的讨论中电压的精度是10%，若电压精度高于95%，5倍的容量就不够了。比如一般都要求电压的精度是1%，即电压最低波动到99%U_c，按照前面的计算，发电机的容量就得6倍。即300V×0.99到300V大约为1.6ms，是10ms的16%，所以电流脉冲为100A·ms/1.6ms=63A。

例5-2　6脉冲整流直流相电压 $U_C=300\text{V}$，要求电压波动不小于95%，平均电流 $I=10\text{A}$，求脉冲电流 i 值。

(1) UPS的三相整流输出电压精度要求很高，一般都要求1%，如前所述是63A，但现在半周中有3个电流脉冲（60°一个脉冲），将63A分成3份，就是21A，即需3倍的发电机容量。

(2) 如前图所述UPS的6脉冲晶闸管整流对电网的破坏性更大（造成很大的无功功率），需要发电机容量更要加大，一般取3倍，如果真要带满负载，则需要3倍以上的容量。

(3) 若6相整流，半波中有6个电流脉冲，将63A分成6份，就是11A，已接近平均值10A，应该说发电机的容量差不多和UPS相当，但由于12脉冲晶闸管整流比6相二极管整流破坏性大，一般取1.5倍或以上。

不过因该注意的是：即使负载功率因数为1，即先行负载，也不可以将发电机的容量与UPS容量对等。这是因为在UPS的性能指标中有几项是需要考虑的。

(1) 充电功率。因为UPS的额定功率中不包括给电池的充电功率，这个功率是额外的，一般取额定功率的20%～25%，在此以10%计算。

(2) 过载能力。一般UPS都有过载到125% 10min的指标，如果前面有发电机，这个过载部分也是由发电机供给的，需要考虑进去。

(3) 输入电压范围。目前一般UPS大都有±15%额定输入电压的适应范围，如果在－15%的情况下供电，也需考虑在内。

一般规划时都要考虑在最不利的情况下仍能正常供电，即在发电机输出－15%额定电压的情况下正好过载25%和给电池充电，此时发电机必须给出的功率 S_g 为

$$S_g=[1+(10\%+25\%+15\%)]S_{ups}=1.5S_{ups} \tag{5-8}$$

可能会有这样的问题，这不和12脉冲整流一样吗？答案是不一样，因为12脉冲整流的

1.5 倍 UPS 额定功率中，并不包含充电功率、过载功率和输入电压的波动。如果考虑这些因素就得 2 倍以上了。实际上 6 脉冲整流的 3 倍功率也没考虑上述三个因素。当然还有一项 UPS 过载到 150%可坚持 30s 的指标，如果再把这个因素考虑进去就更大了。再说，UPS 过载到 125%的情况是有的，必须考虑，但过载到 150%的情况就不多，如果出现这种情况，一般说不是负载端故障就是负载的容量选得不合理。

八、一般柴油发电机的标准配置

上面已讲到在很多尤其是较大的数据中心为了供电的可靠性，除了双路市电外还配置了后备燃油发电机。当然有些小的数据中心根据其重要性也有的配置了发电机。一般小容量的燃油发电机（如 10kVA 以下）有汽油发电机和柴油发电机两种，而中大容量的发电机多为柴油发电机。一般说燃油发电机是重要计算机房不可缺少的后备电源。计算机房对发电机的要求是起动快、噪声小、带载动态性能好以及自动化程度高等。

目前发电机起动时间小于 10s 的已很平常，但反应快、起动快并不代表投入快。比如市电短暂（几秒钟）的波动，如果其测量和控制环节调整不好，发电机就会马上响应并起动，但发电机刚刚起动起来还没来得及投入，市电就恢复正常了。市电瞬时波动是经常的，如果发电机的反应过于灵敏，就会导致经常性的不必要起动。因此发电机都有设置功能，可以根据当地的电网情况，设置发电机对哪些市电的瞬时波动不响应，起动投入后，又对哪些市电的瞬时恢复（比如刚出现几秒钟就又消失了）不敏感。有的发电机即使起动后也不马上投入工作，为的是确认市电是否是真正停电。发电机在没有投入这段时间里的供电由工作在电池放电模式的 UPS 负责。目前一般带双路市电供电和配置后备发电机的用户多将电池的后备时间设置在 30min 左右，这对于发电机的起动和投入运行的时间已足够了。市电恢复后发电机也不马上退出供电，为的是确认市电是否已经稳定下来。

下面以劳斯莱斯为例，就它应提供的项目、标准配置和技术指标做简单介绍，见表 5-4。整机标准配置主要包括：①柴油发动机：帕金斯·劳斯莱斯，产地：英国；②交流发电机：新时代·斯坦福，产地：英国；③控制屏：电压表/电流表/频率转速表/累计小时表/电池状态表/水温表/机油压力表/起动模块；④高强度钢制底盘/内置油箱，发动机/发电机弹性底座安装；发动机散热器及水箱。

表 5-4　　劳斯莱斯柴油发电机技术数据表

机组型号	单　位	MDMA107
连续运行功率（1）	kW	86
备用运行功率（2）	kW	94
额定转速	r/min	1500
功率因数		0.8（滞后）
输出电压	V	交流 380/220V、3 相 4 线、50Hz
额定电流	A	178

续表

机组型号	单　　位	MDMA107
75%负载柴油耗量	L/h	21.6
机组外形尺寸（mm）	$L\times W\times H$	2300×1200×1600
机组毛重	kg	1150
参考工作状况		
入口风压（绝对值）	bar	1
相对空气湿度	%	30
空气入口温度	℃	25
柴油发动机		
制造商		德国道依茨柴油机厂
型号		BF6L913
吸气方式		涡轮增压
额定净输出功率	kW	103
汽缸数		6
冷却方式		风冷
起动电池电压	V	12
交流发电机		
制造商		
型号		ECO342S
定子/转子　绝缘等级		H/H
防护等级	IP	23
相位数/线数		3相/4线
励磁方式		同步无刷自励

注　1. 连续功率：无运行时间限制，可连续输出的功率，此容量适合在长期缺电的地方作为基本供电电源，每12h内有1h 10%的过载能力。

2. 备用功率：在备用应急场合使用时输出的功率，此容量适合在有正常基本电力供应的地方作为备用电源使用。

柴油发电机对安装、运行和维护的要求要比蓄电池高得多，所以在很多要求UPS长时间供电的地方都采取了备用电池组的办法。只有那些有条件的地方才有可能安装柴油机，以备在市电异常时能长时间继续供电。

在有条件的地方必须满足柴油发电机的一些基本要求。

（1）必须有不怕噪声的场所。因柴油发电机运行时尽管安装了消音器，但仍会发出很大的噪声，所以要有一个不怕噪声的环境。

（2）要有单独而坚固的机房。因柴油发电机运行时会有振动，所以要求将发电机固定在专门的底座上；采用要求水冷的发电机时，须安装一套供/排水系统；对要求风冷的发电机，需配置一个畅通的进风与排风风道；排烟管的安装也要综合考虑。

（3）需要专门的、符合消防要求的地下油库，以便满足规定运行时间的要求。

（4）需配备专门的管理人员，管理人员的任务如下。

1）保证发电机的正常起动和运行。一般情况下市电是不容易出问题的，这就会造成发电机长期搁置不用的情况。在搁置期间，发电机和控制屏上会落上灰尘、起动电池会慢慢硫化、机器的轴和轴承之间的润滑油会僵化等，为此需要定期起动、定期检修和维护。

2）柴油发电机的空气滤清器和柴油滤清器要按时更换，润滑油要经常检查和更换，水箱的水位也要经常检查（这是容易被忽略的一个环节）。

3）要具有应变的能力。比如在机器不能起动、发动机突然灭火以及出现飞车等情况时，要有预防措施不至于伤人和毁物。

九、并联柴油发电机组的节能运行

近年大型信息中心纷纷建立，不少数据中用电都在兆瓦级。为了节能，对数据机房的用电PUE（能效比）提出了要求。在市电供电时，市电可以随着机房用电量的变化而化。但在柴油发电机供电时尽管其供电量也可以随着机房用电量的变化而变化，但在多机并联运行时发电机的空载运行照样浪费能量。因此发电机并联运行系统也推出了节能方案，比如某保险公司采用了2000kVA×4（3＋1）卡特比勒发电机并联方案。在满负荷时，4台发电机全部投入运行，当负载每减小2000kVA，比如负载小于4000kVA时，其发电电机组就自动停止1台的运行，变成2＋1模式，仍是冗余供电；如果负载又减小了2000kVA，机组又可使一台停止运行，变成1＋1模式，仍是冗余供电；如果负载增加到5000kVA，停止的发电机又可及时起动，要知道发电机的起动只需几秒钟就可。这样的调节就在一定程度上实现了节能。

第三节　后备蓄电池

一、概述

蓄电池是构成UPS的关键部分，由于目前使用的铅酸蓄电池有很大的污染，人们一直在寻找更好的替代产品。碱性蓄电池有很多优点，比如寿命长、比容大、放电内阻小等，但由于价格的昂贵使多数用户望而却步。后来对燃料电池、锂电池、液流电池、石墨烯电池等的研制有了长足的进步，有一些国内品牌厂看准了方向开始做大胆地尝试，一改铅酸蓄电池的生产老路，也在改型磷酸铁锂电池、磷酸锂电池、锰酸锂电池（一般称锂电池，也有称为铁电池）生产，比如国产老牌子Champion就是瞄准了电池的发展方向毅然率先将原来铅酸电池生产线拿掉几条而改为磷酸铁锂电池，据说这一举动就损失了6亿元的销售额度，可算是大手笔了。如果再和自己的UPS产品配套，也算是棋高一招。当然这也是因为锂电池有着很多优点才是今后的发展方向，这可用表5-5和表5-6的技术指标进行具体说明。

表 5-5　　HKE-IFP-120-10 磷酸铁锂电池组（12V）产品规格

型　　号		HKE-IFP-120-10
1. 基本特性		
外壳材质		根据客户需求
质量		≤1kg（不含外壳）
外形尺寸（长×宽×高）		多种尺寸可供客户选择
工作温度	充电温度	0～45℃
	放电温度	−20～65℃
电池荷电保持能力（储存一个月）		≥95%
2. 技术特性		
额定电压		12V
常温容量 C_1		≥10Ah
电池内阻		≤70mΩ
充电	充电方法	CC/CV（恒流恒压）
	标准充电电流	2A
	最大充电电流	5A
	最大充电电压	14.6V
	单节过充保护电压	3.9V
放电	标准放电电流	5～10A
	最大放电电流	20A
	放电截至电压	9.2V
	单节电池过放保护电压	2.0V
倍率放电	$2C$	>96%C_1
	$3C$	>93%C_1
	$5C$	>90%C_1
循环寿命		2000次（常温1C充电1C放电循环至60%，100%DOD）
3. 安全测试		
短路安全测试、过充安全测试、撞击安全测试、针刺安全测试、挤压安全测试、130℃高温安全测试		不起火，不爆炸

表 5-6　　HKE-IMP-120-10 锰酸锂电池组（12V）产品规格

型　　号		HKE-IMP-120-10
1. 基本特性		
外壳材质		根据客户需求
质量		≤1.2kg（不含外壳）
外形尺寸（长×宽×高）		多种尺寸可供客户选择
工作温度	充电温度	0～45℃
	放电温度	−20～65℃
电池荷电保持能力（储存一个月）		≥95%
2. 技术特性		
额定电压		12V
常温容量 C_1		≥10Ah
电池内阻		≤70mΩ
充电	充电方法	CC/CV（恒流恒压）
	标准充电电流	2A
	最大充电电流	5A
	最大充电电压	16.8V
	单节过充保护电压	4.25V
放电	标准放电电流	5～10A
	最大放电电流	20A
	放电截至电压	12V
	单节电池过放保护电压	2.85V
倍率放电	2*C*	＞96%C_1
	3*C*	＞93%C_1
	5*C*	＞90%C_1
循环寿命		500 次（常温 1C 充电 1C 放电循环至 60%，100%DOD）
3. 安全测试		
短路安全测试		不起火、不爆炸
过充安全测试		
撞击安全测试		
针刺安全测试		
挤压安全测试		
130℃高温安全测试		

从以上的这些性能指标上可以看出，锂电池确实有很多突出的优点。只是由于价格上不能很快降下来，所以目前阶段仍以铅酸蓄电池的应用为主。

二、常用铅酸电池的性能与基本参数

1. UPS中常用几种容量的铅酸电池简介

在UPS中必须使用了蓄电池才成为不间断电源。其基本形状如图5-8所示。尤其是大容量UPS使用的电池数量很多。一个没有电池的电源设备就不能算UPS，因为有了电池才可使电源的输出不间断，否则只能算是稳压稳频源（CVCF：Constant Voltage Constant Frequency）。

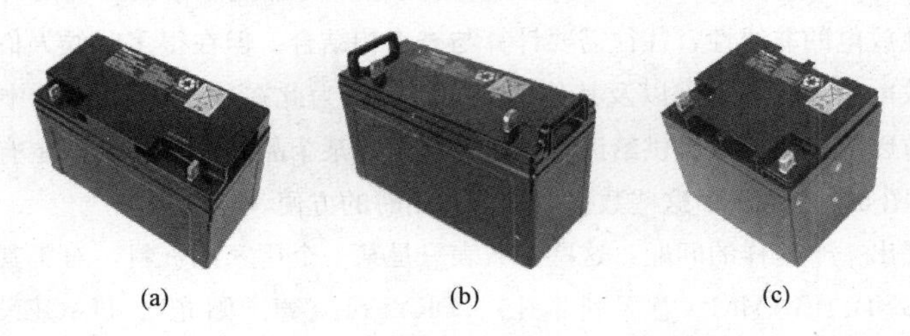

(a) (b) (c)

图5-8 阀控式电池的基本形状

因此电池在UPS中的重要性就可想而知了。铅酸电池的容量越大，体积和质量也就越大。俗称“密封电池”的叫法不规范，这一类是一种阀控电池，就好像高压锅上的保险阀一样，在电池充电和放电时，由于内部的化学反应而析出气体，同时内部发热和气压增大，这时保险阀若不及时打开，就会使电池外壳“鼓肚子”，严重时会破裂，所以这个保险阀很关键。

铅酸电池的基本单元（英文用cell表示）标称电压是2V，普通用的12V电池是由6个基本单元串联构成的。也有6V和4V的电池，200Ah以上一般就直接用2V单元了，容量可做到3000Ah以上。

电池的容量称为安时（安培小时的意思），一般用字母Ah（Ampere Hour）表示。比如用10安培的恒定电流放10h，就说该电池放出了100Ah的容量。这里面有一个术语叫“放电率”，就是放电速率的意思，比如标称容量为100Ah的电池，如果给出的是“20h放电率”就是100Ah/20H＝5A，用5A的恒定电流放电20h，此时的电池电压正好是10.5V，即1.75V×6，大部分电池都是以这个值为标准。当然还是以当时厂家所给的数据为准。一般放电率采用的符号是C_{20}、C_{10}等，其中C表示的是电池的容量，右下角的数字就是放电率，20就是20h放电率，10就是10h放电率，以此类推。

电池内的电荷放过后，容量就减小了，必须及时补上去，最好4h之内要补充，这叫做充电。充电到什么时候算合适，各厂家都会给出具体的数据。但实际的情况是用户往往都没有电池的具体资料，在选择和计算电池容量时无从下手。下面就以应用较普遍的某厂家电池为例，给出几种常用容量电池的数据和曲线以供参考。这样的曲线和数据例子很有参考价值，其原因是各电池厂家的技术和使用原材料大都相同，其等级的产品上也都相差无几，电池的初期放电规律也都非常相近。比如在计算UPS后备电池容量时，用该例子给的曲线得出的电池容量是多少，基本上各供应商也应给出这么大的容量，不会有多大差别的。

当然这只是对于正规的厂家和正规的产品而言，对于非正规的产品而言不在此范畴。比如决定电池容量的因素是单元铅板的并联数，一般正规产品单元铅板的并联数合适，质量也就够了，寿命也满足要求了。若单元铅板的并联数足够，就说明容量满足，可就是铅板的厚薄没按规定标准制作，比原来变薄了，虽然容量满足但质量不够了，为了补偿这个情况就用碎玻璃、地板砖和水泥块等拿来充数，这样一来容量满足，质量也满足对应该容量的情况。其优点是降低了价格，提高了市场竞争力。其隐患是电池的服务寿命缩短了，一般在前三个月的几次放电中发现不了，但一般用户都不注意这些。

为了在 UPS 后备时间的选择中不论是用户还是销售商都应该做出正确的计算。然而在很多时候由于电池放电的非线性，往往需要计算与查表相结合。但在很多时候人们的手中缺少电池厂家提供的放电曲线或放电表以及其他相关的资料。为此在这里对于 UPS 中常用几种电池规格的各种参数以表格的形式提供给读者，虽然这只是某个品牌的资料，但也有普遍的参考价值。图 5-10～图 5-13 给出了这些数据，以备使用时的方便。

人们不禁提出一个这样的问题：这些参数表只是某一个厂家的资料，对于其他品牌也适用吗？编者曾对 GNB、FIAMM（意大利非凡）、DRYFIT（德国阳光）、HAGEN（德国哈根）、DYNASTY（美国大力神）、YUASA（日本汤浅）、LEOCH（国产理士）等厂家的 5～10 年寿命，容量从 70～100Ah 的 12V 电池在 10h 放电率情况下放电曲线做了一个比较，其比较结果如图 5-9 所示。其放电条件是在 20℃温度下放电，当单体（Cell）电压达到 1.75V 时就是放电

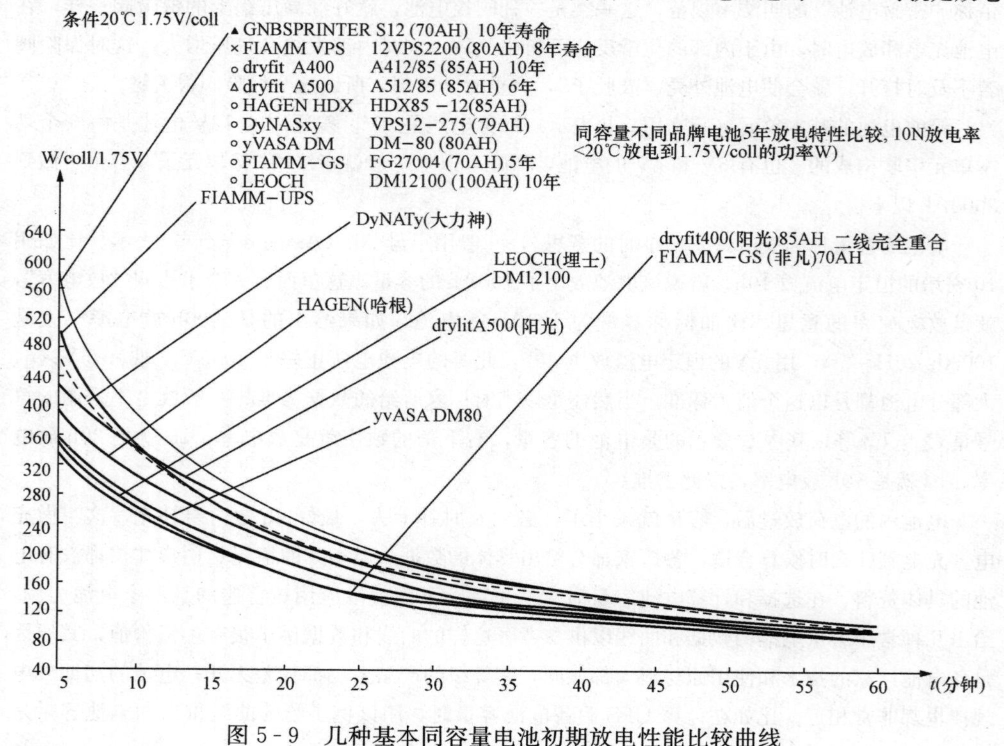

图 5-9　几种基本同容量电池初期放电性能比较曲线

终止值。通过放电曲线的比较可以这样说，在新出厂电池初期放电的情况都差不多，尤其是现在经过了这么多年的发展，同规格不同品牌的电池情况会更接近，所以这组放电参数也很有参考价值。

（1）24Ah 阀控式铅酸蓄电池的特性（见图 5-10）。

(a)外形

电池标准

标称电压/V		12
标称容量(20小时率)/Ah		24
外观尺寸/mm	长	165
	宽	125
	高	175
	总高	175/179.5
质量/kg		约8.4
端子		M5螺栓端子
		L形端子

电池特性

容量(25℃)	20小时率	24Ah
	10小时率	22Ah
	5小时率	19Ah
	1小时率	14Ah
内阻	完全充电(25℃)	11mΩ
不同温度下的放电容量(20小时率)	40℃	102%
	25℃	100%
	0℃	80%
	−15℃	60%
自放电后剩余容量(25℃)	3个月后	91%
	6个月后	82%
	12个月后	64%

(b)物理数据和电特性

(c)不同温度下放电电流和时间的关系

(W/电池)

终止电压(V)	3min	5min	10min	15min	20min	30min	45min	1h	1.5h	2h	3h	4h	5h	6h	10h	20h	24h
9.60	1282	1075	703	538	463	356	249	191	148	100.0	71.0	58.5	46.0	41.6	24.0	12.0	10.2
9.90	1220	1013	691	533	455	352	244	187	145	100.0	70.8	58.0	45.2	40.9	23.8	12.0	10.2
10.2	1158	951	678	525	447	347	238	182	141	98.5	70.5	57.5	44.5	40.3	23.5	11.9	10.2
10.5	1075	889	658	511	426	331	232	178	138.0	94.8	69.5	56.9	44.2	39.8	23.2	11.8	10.2
10.8	993	827	637	496	405	306	228	175	135.0	92.2	68.5	56.2	44.0	39.4	23.0	11.8	10.2

(A/电池)

终止电压(V)	3min	5min	10min	15min	20min	30min	45min	1h	1.5h	2h	3h	4h	5h	6h	10h	20h	24h
9.60	116.0	89.0	66.0	45.5	38.0	27.1	19.9	15.5	10.0	8.8	6.2	4.9	4.0	3.4	2.2	1.2	1.0
9.90	105.0	84.0	63.9	44.5	37.6	26.9	19.4	15.1	9.9	8.7	6.1	4.8	3.9	3.3	2.2	1.2	1.0
10.2	101.0	79.0	61.5	43.7	36.7	26.7	19.0	14.8	9.9	8.6	6.0	4.8	3.8	3.3	2.2	1.2	1.0
10.5	92.5	75.0	59.0	42.0	35.1	26.0	18.0	14.0	9.8	8.5	5.9	4.7	3.8	3.3	2.2	1.2	1.0
10.8	81.0	69.5	58.0	41.2	34.5	25.1	16.0	12.3	10.3	8.0	5.7	4.6	3.8	3.2	2.2	1.2	1.0

(d)恒功率和恒电流放电表

(25℃)

浮充用途	定电压13.6~13.8V;最大电流3.6A

(e)充电电压和充电电流推荐值

放电电流	1.2~4.8A	4.8~12A	12~24A	24~48A	48~72A
终止电压(V)	10.5	10.2	9.9	9.3	8.7

(f)放电电流与放电终止电压的关系

图 5-10　24Ah 阀控式铅酸蓄电池特性图表

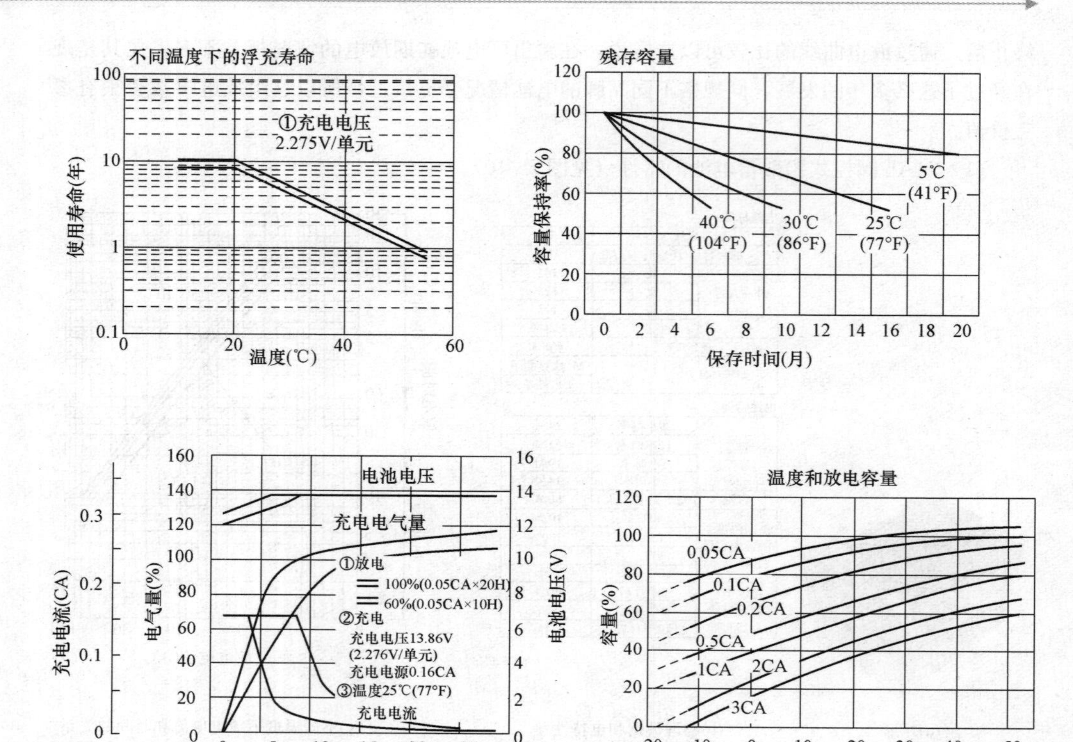

(g)充电特性与温度特性

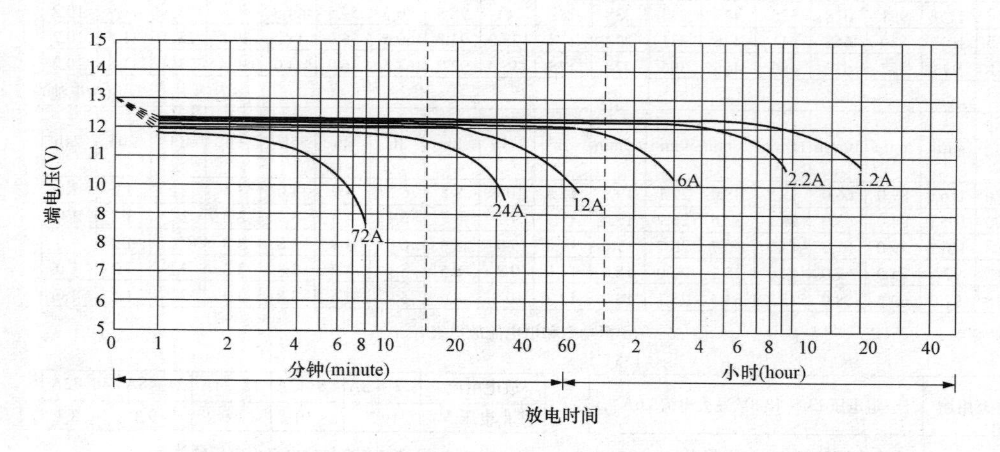

(h)温度为25℃时的放电特性

图 5-10　24Ah 阀控式铅酸蓄电池特性图表（续）

（2）38Ah 阀控式铅酸蓄电池的特性（见图 5-11）。

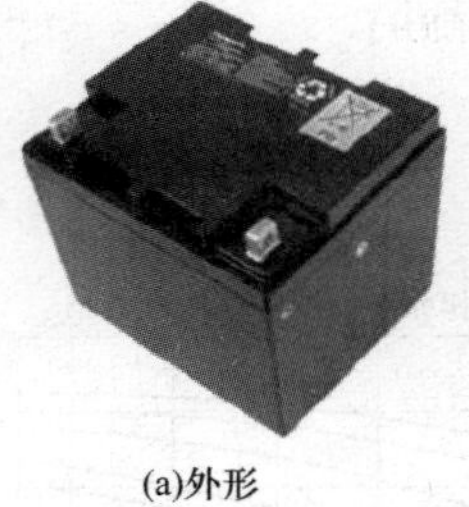

(a)外形

电池标准

标称电压(V)		12
标称容量(20小时率)/(Ah)		38
外观尺寸(mm)	长	197
	宽	165
	高	175
	总高	175/180
质量		约12.9kg
端子		M5螺栓端子
		L形端子

电池特性

容量(25℃)	20小时率	38Ah
	10小时率	35Ah
	5小时率	31.5Ah
	1小时率	22.5Ah
内阻	完全充电(25℃)	8mΩ
不同温度下的放电容量	40℃	102%
	25℃	100%
	0℃	80%
	−15℃	60%
自放电后剩余容量(25℃)	3个月后	91%
	6个月后	82%
	12个月后	64%

(b)物理数据和电特性

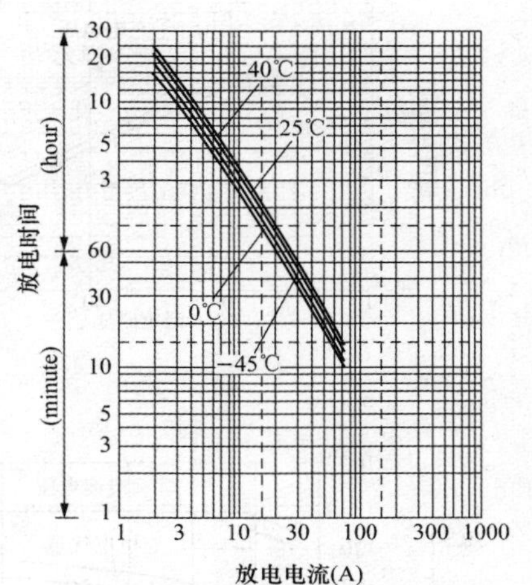

(c)不同温度下放电电流和时间的关系

(W/电池)

终止电压(V)	3min	5min	10min	15min	20min	30min	45min	1h	1.5h	2h	3h	4h	5h	6h	10h	20h	24h
9.60	1703	1441	1004	829	690	524	359	316	227	177	120.0	100.0	79.0	71.4	41.0	21.0	17.0
9.90	1641	1353	958	777	664	504	354	311	224	173	117.0	96.2	77.5	70.1	40.4	21.0	17.0
10.2	1580	1266	912	725	629	485	338	297	213	166	115.0	94.0	74.0	67.2	40.0	20.8	17.0
10.5	1484	1244	899	707	602	461	328	288	207	163	113.0	93.9	73.0	66.2	39.4	20.0	17.0
10.8	1388	1222	873	690	576	437	324	285	205.0	159	111.0	91.5	72.0	65.4	38.5	19.5	17.0

(A/电池)

终止电压(V)	3min	5min	10min	15min	20min	30min	45min	1h	1.5h	2h	3h	4h	5h	6h	10h	20h	24h
9.60	150.0	121.0	92.0	69.6	59.1	43.2	29.9	23.4	18.1	14.3	10,3	8.3	6.5	5.7	3.50	1.90	1.58
9.90	138.0	114.0	90.0	68.5	58.8	42.7	29.8	22.8	17.7	14.2	10.1	8.2	6.4	5.7	3.50	1.90	1.58
10.2	131.0	108.0	87.5	66.8	57.9	41.8	29.7	22.7	15.7	14.1	10.0	8.1	6.3	5.7	3.50	1.90	1.58
10.5	130.0	101.0	85.0	65.0	57.0	41.0	29.5	22.5	15.5	14.0	10.0	8.1	6.3	5.7	3.50	1.90	1.58
10.8	117.9	98.5	78.0	62.3	55.2	40.0	26.2	21.0	14.8	13.1	9.6	7.9	6.2	5.6	3.50	1.90	1.56

(d)恒功率和恒电流放电表

充电方法　　(25℃)

浮充用途	定电压13.6~13.8V;最大电流5.7A

(e)充电电压和充电电流推荐值

终止电压

放电电流	1.9~7.6A	7.6~19A	19~38A	38~76A	76~114A
终止电压(V)	10.5	10.2	9.9	9.3	8.7

(f)放电电流与放电终止电压的关系

图 5-11　38Ah 阀控式铅酸蓄电池特性图表

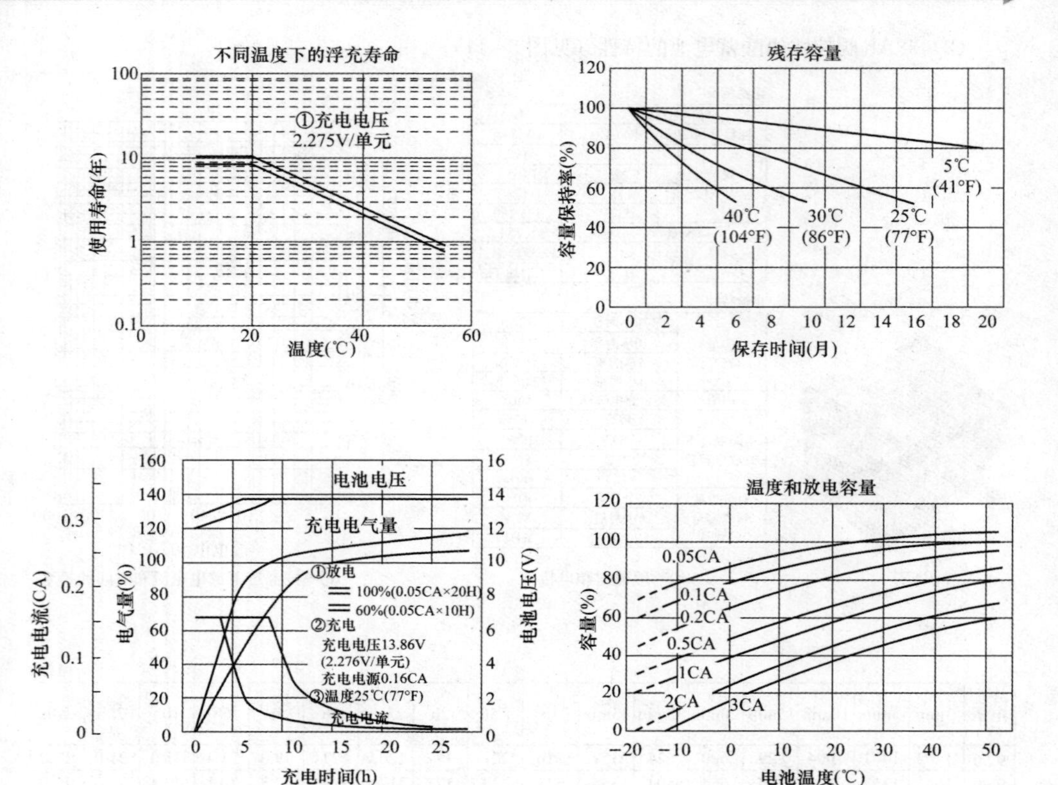

(g)充电特性与温度特性

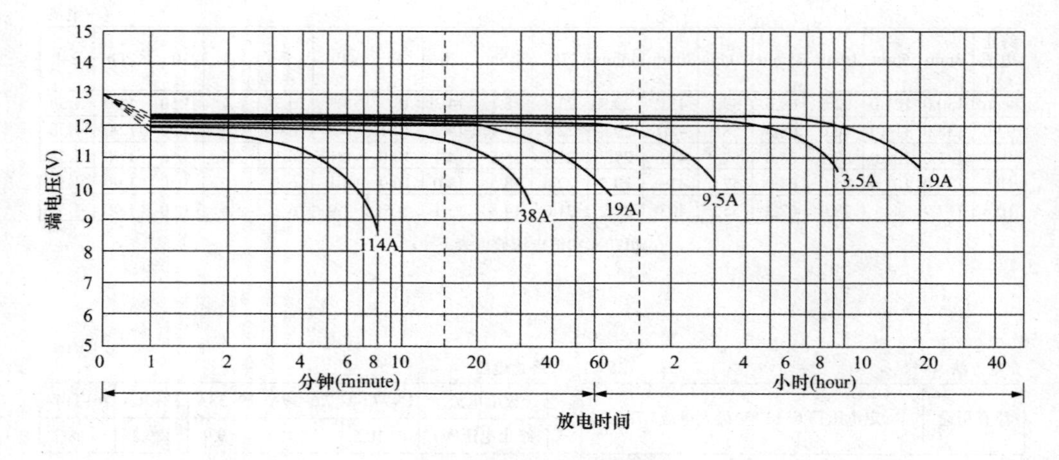

(h)温度为25℃时的放电特性

图 5-11　38Ah 阀控式铅酸蓄电池特性图表（续）

（3）65Ah阀控式铅酸蓄电池的特性（见图5-12）。

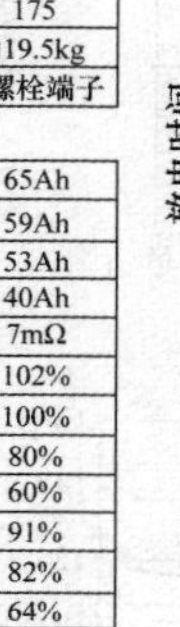

(a)外形

电池标准

标称电压(V)		12
标称容量(20小时率)/(Ah)		65
外观尺寸(mm)	长	350
	宽	166
	高	175
	总高	175
重量		约19.5kg
端子		M5螺栓端子

电池特性

容量(25℃)	20小时率	65Ah
	10小时率	59Ah
	5小时率	53Ah
	1小时率	40Ah
内阻	完全充电(25℃)	7mΩ
不同温度下的放电容量	40℃	102%
	25℃	100%
	0℃	80%
	−15℃	60%
自放电后剩余容量(25℃)	3个月后	91%
	6个月后	82%
	12个月后	64%

(b)物理数据和电特性

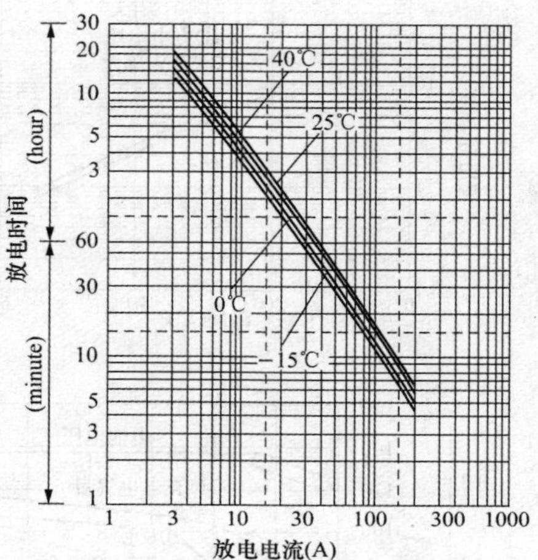

(c)不同温度下放电电流和时间的关系

(W/电池)

终止电压(V)	3min	5min	10min	15min	20min	30min	45min	1h	1.5h	2h	3h	4h	5h	6h	10h	20h	24h
9.60	2185	1900	1378	1045	912	708	601	492	349	280	183.0	149.0	115.0	105.0	62.1	33.0	27.2
9.90	2055	1826	1357	1036	907	703	570	467	331	271	179.0	146.0	114.0	103.0	60.2	32.1	27.2
10.2	1948	1767	1302	1017	885	695	627	466	330	261	172.0	139.0	108.0	98.3	61.1	32.5	26.8
10.5	1828	1655	1265	999	887	683	558	457	324	257	169.0	137.0	105.0	96.0	60.1	31.5	26.5
10.8	1606	1549	1188	943	853	669	547	448	318.0	252	167.0	136.0	105.0	95.8	60.1	32.0	26.3

(A/电池)

终止电压(V)	3min	5min	10min	15min	20min	30min	45min	1h	1.5h	2h	3h	4h	5h	6h	10h	20h	24h
9.60	201.0	169.0	128.5	98.0	82.4	63.4	45.4	42.5	27.2	24.5	16.9	13.2	10.9	9.6	5.90	3.25	2.70
9.90	196.0	166.0	127.0	97.0	82.0	62.7	44.3	41.9	26.5	24.4	16.6	13.1	10.6	9.6	5.90	3.25	2.70
10.2	183.0	166.0	126.0	97.5	81.0	61.8	44.0	41.5	26.3	24.3	16.4	13.1	10.6	9.5	5.90	3.25	2.70
10.5	164.0	153.0	120.0	91.5	77.0	61.0	43.0	40.0	26.0	24.2	16.4	13.0	10.6	9.5	5.90	3.25	2.70
10.8	149.6	197.0	114.0	89.0	75.0	60.0	37.0	36.0	23.0	22.5	15.5	12.7	10.5	9.3	5.90	3.20	2.70

(d)恒功率和恒电流放电表

(25℃)

浮充用途	定电压13.6~13.8V;最大电流9.75A

(e)充电电压和充电电流推荐值

放电电流	3.25~13A	13~32.5A	32.5~65A	65~130A	130~195A
终止电压(V)	10.5	10.2	9.9	9.3	8.7

(f)放电电流与放电终止电压的关系

图5-12　65Ah阀控式铅酸蓄电池特性图表

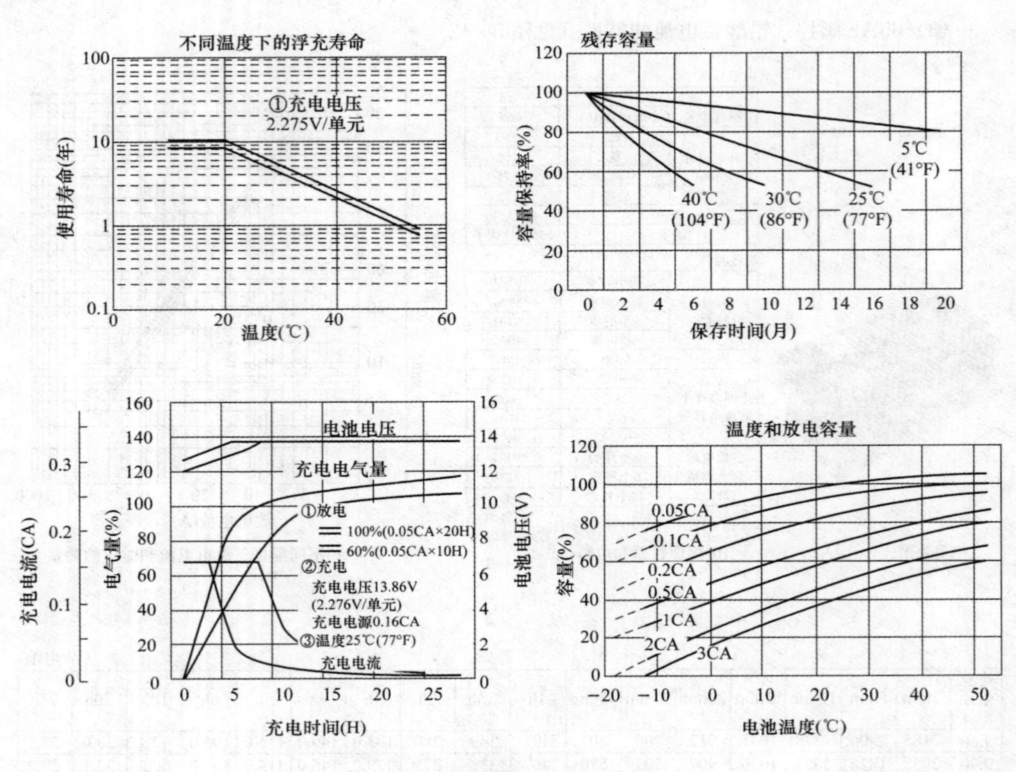

(g)充电特性与温度特性

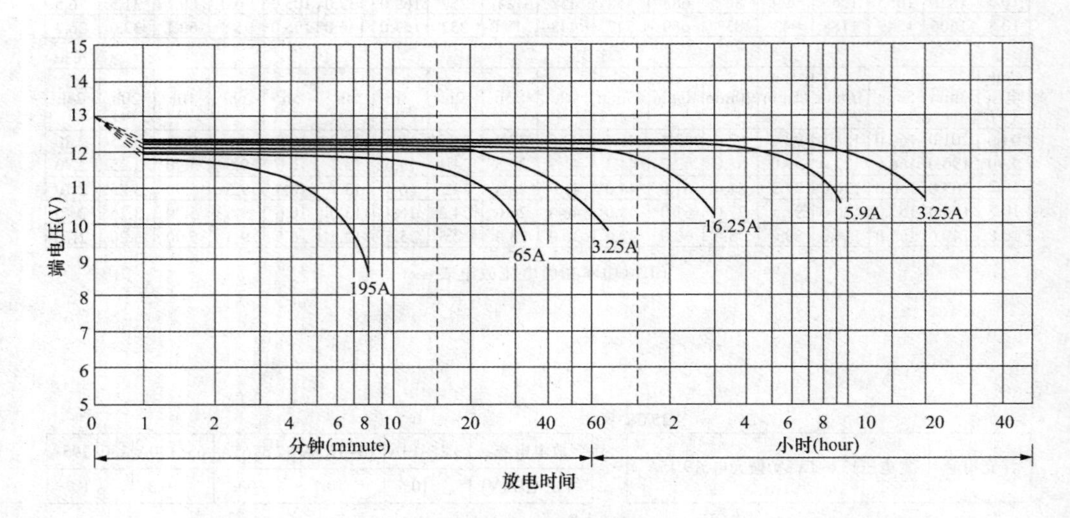

(h)温度为25℃时的放电特性

图 5-12　65Ah 阀控式铅酸蓄电池特性图表（续）

（4）100Ah 阀控式铅酸蓄电池的特性（见图 5-13）。

(a)外形

电池标准

标称电压(V)		12
标称容量(20小时率)(Ah)		100
外观尺寸(mm)	长	407
	宽	173
	高	210
	总高	236
质量(kg)		约31
端子		M8螺栓端子

电池特性

容量(25℃)	20小时率	100Ah
	10小时率	91Ah
	5小时率	82.5Ah
	1小时率	55Ah
内阻	完全充电(25℃)	4.5MΩ
不同温度下的放电容量	40℃	102%
	25℃	100%
	0℃	80%
	-15℃	60%
自放电后剩余容量(25℃)	3个月后	91%
	6个月后	82%
	12个月后	64%

(b)物理数据和电特性

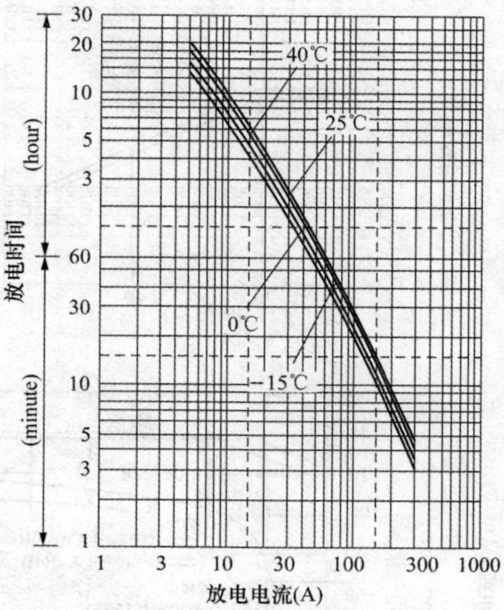

(c)不同温度下放电电流和时间的关系

(W/电池)

终止电压(V)	3min	5min	10min	15min	20min	30min	45min	1h	1.5h	2h	3h	4h	5h	6h	10h	20h	24h
9.60	2600	2500	2000	1560	1370	1062	825	660	535	415	275.0	220.0	168.0	152.0	87.0	46.0	38.0
9.90	2551	2453	1955	1523	1337	1036	803	643	521	404	270.0	215.0	163.0	148.0	84.0	46.0	38.0
10.2	2502	2405	1912	1468	1289	1003	811	625	507	399	265.0	210.0	158.0	143.0	83.0	46.0	38.0
10.5	2404	2310	1851	1450	1280	995	788	608	493	390	261.0	208.0	158.0	143.0	82.0	46.0	38.0
10.8	2236	2095	1689	1382	1273	963	777	599	486	381	256.0	203.0	153.0	149.0	81.0	45.0	37.0

(A/电池)

终止电压(V)	3min	5min	10min	15min	20min	30min	45min	1h	1.5h	2h	3h	4h	5h	6h	10h	20h	24h
9.60	310.0	275.0	230.0	171.0	150.0	114.0	85.0	68.7	47.8	39.9	27.1	20.9	18.4	15.4	9.80	4.90	4.10
9.90	304.0	272.0	227.0	170.0	149.0	114.0	83.0	68.4	46.9	39.6	26.6	20.7	18.1	15.4	9.80	4.90	4.10
10.2	283.0	270.0	226.0	169.0	147.0	112.0	82.0	68.0	46.5	39.1	26.4	20.5	17.8	15.3	9.70	4.90	4.10
10.5	253.0	250.0	206.0	160.0	140.0	110.0	81.0	67.5	46.0	38.6	26.4	20.5	17.8	15.3	9.70	4.90	4.10
10.8	231.0	223.0	196.0	155.0	137.0	108.0	70.0	58.5	41.4	36.7	25.2	20.0	17.6	14.9	9.60	4.80	4.10

(d)恒功率和恒电流放电表

(25℃)

浮充用途	定电压13.6~13.8V;最大电流15A

(e)充电电压和充电电流推荐值

放电电流	5~20A	20~50A	50~100A	100~200A	200~300A
终止电压(V)	10.5	10.2	9.9	9.3	8.7

(f)放电电流与放电终止电压的关系

图 5-13　100Ah 阀控式铅酸蓄电池特性图表

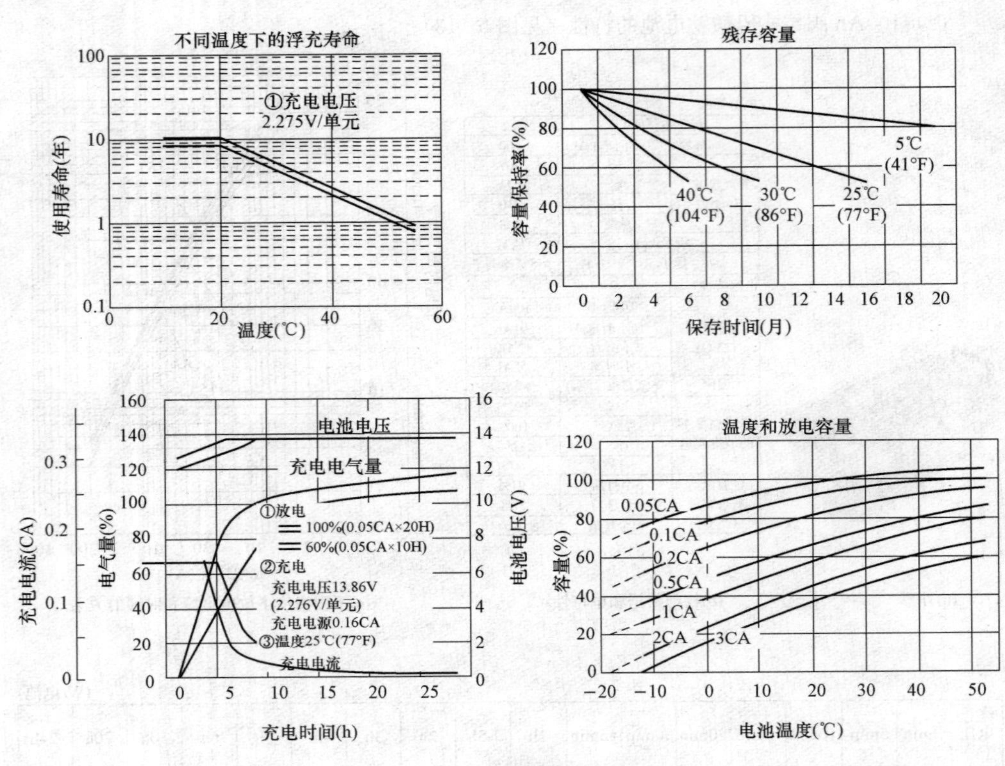

(g)充电特性与温度特性

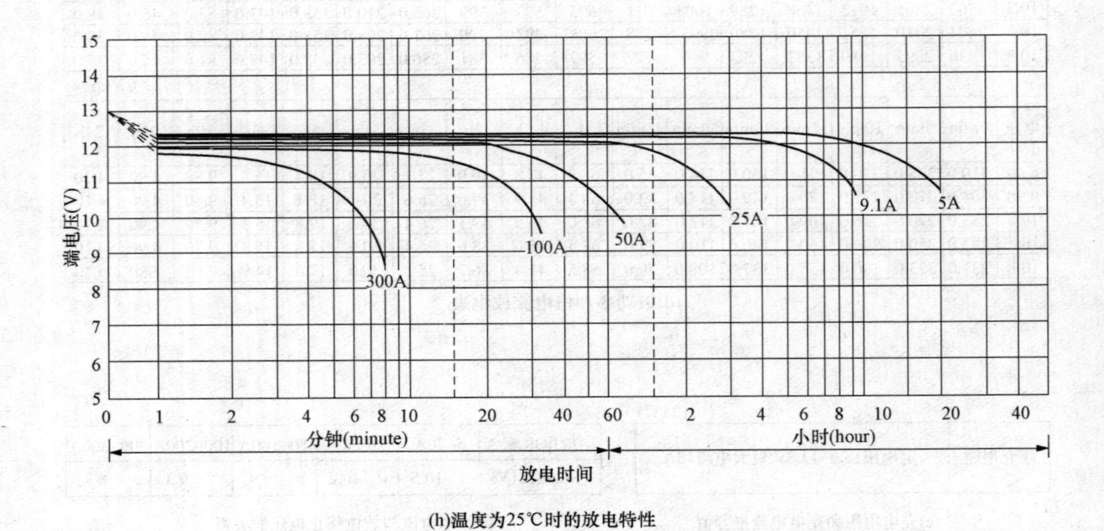

(h)温度为25℃时的放电特性

图 5-13　100Ah 阀控式铅酸蓄电池特性图表（续）

2. 铅酸电池的几个特征

(1) 随着电池容量增大，体积和质量也随之加大。了解它的意义在于选择电池容量时要充分了解用户机房允许的面积和承重。

(2) 随着电池容量增大，其内阻也随之减小。了解它的意义在于打消一些用户的顾虑：小容量电池与大容量电池并联时是否会把小容量电池冲坏？有关资料介绍，内阻100Ah/12V的电池，一年后浮充状态下测得的内阻差不多6mΩ左右而200Ah/12V的新电池内阻为0.6～0.7mΩ，3000Ah/2V的新电池50～70μΩ。

(3) 同一容量的电池在不同温度下在同一时间内放出的容量也不同，温度越低，放出的容量就越小。了解这一特点的意义在于：要求后备时间特别严格的情况下，为了满足要求，必须掌握当地的工作温度。

(4) 对于电池充电电流有一定限制。如充电电流太小会影响电池容量的及时恢复，这对电网状况不好的地方非常重要，在这种情况下的电池寿命衰减很快；如果充电电流过大，则电池内部温升过高，轻者使电池外壳膨胀，重者造成外壳破裂。对于电池充电器的电压也有一定限制，因为充电电压过高会导致电解水的反应加剧，缩短电池寿命；充电电压低了会使电池内的化学反应不充分，也会缩短电池的寿命。

(5) 电池的放电电流不同其要求的终止电压也不同。随着放电电流的加大，其终止电压也可适当降低。这是因为大电流放电时由于要求电池的化学反应剧烈进行，使带电离子的移动受阻，由此而导致端电压迅速下降，这是被迫放电停止。此后那些没来得及移动到电极的离子继续反应，使端电压回升；但若是小电流放电，由于带电离子的移动和反应都有充分的时间，如果仍和大电流放电时端电压一样时停止放电，就会使电池受到很大伤害，甚至再也不能恢复容量，使电池的寿命提前终结。所以目前有很多UPS的关机电压都在以放电电流为依据。

(6) 如果保持电池的浮充电压不变，那么电池的寿命会随着环境温度升高而降低，因此在很多UPS中都设置了温度补偿充电环节。温度越高，电池的容量损失越快，这是因为随着温度升高电池的漏电流加大。因此，按照要求及时给电池充电是必要的，一般说明书上都有推荐的时间，比如冬天4～6个月充一次电，夏天2～3个月充一次电等。不及时为电池充电，轻者减小了电池的容量，重者使电池的容量再也无法恢复。IEEE Std 1188—1996中推荐：固定备用电池容量降到80%以下时，被视为寿命终止，因为从此开始电池将会加速老化。

三、正常工作中电池自燃的问题

电池自燃的原因之一是过大的电流，过大的电流多来自短路和过流。短路的原因主要是由电池的漏液引起。图5-14 (a) 所示为电池漏液将金属电池架的表面漆皮腐蚀掉，于是整个金属架就成了电池电压的短路环，强大的电流不但会使连线（灰色虚线）点燃，还会波及电池外壳和接线端子。

有时电池的燃烧或爆裂是由于充电或放电电流过大，使电池内部的电化学反应过于激烈，内部气压和温度迅速升高，若此时的保险阀门不能及时打开，轻者“鼓肚”，重者爆裂。当电流过大时，若电池端子与外接线连接松动，也会造成局部温度超限。

UPS出现这种情况，首先检查机器与电池组连接的短路起火熔丝是否动作，若无动作，一

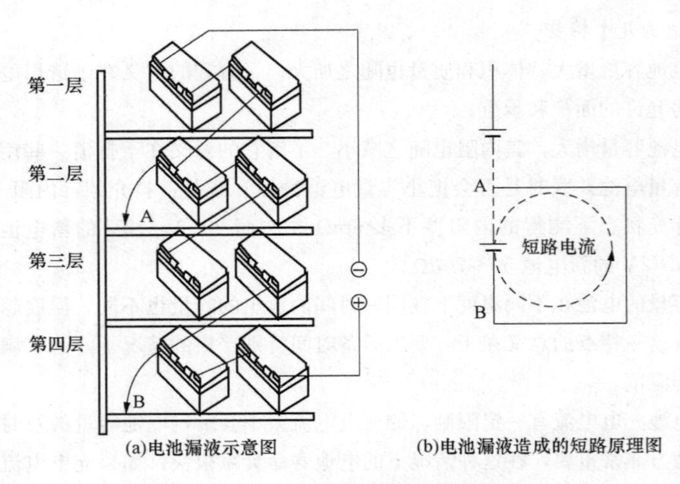

图 5-14　电池漏液造成起火的情况

般是电池自燃，但应当注意的是连接电池组的断路器或熔丝是否和电池最大放电电流匹配，有的断路器和熔丝是电池最大放电电流值的数倍，这就不好判断了。

四、电池容量的计算与选择

在小容量 UPS 中，除了本身标配 30min 左右的有限电池量外，用户往往还需要外配电池以延长后备时间，在大容量的 UPS 中一般都无标配电池，而是根据需要外配。这些情况都需要选择电池的容量，但正确的电池容量不是单靠计算就能得到的，原因是电池的放电电流如果超过了放电率所规定的界限值就会出现非线性，也就是说放电电流和电池电压就再也不能维持线性关系，因此需计算与查表或查曲线相结合。

1. 利用恒流电流放电曲线定电容量

在查曲线前，首先计算出放电电流值 I_d

$$I_d = \frac{SFk}{\eta U_{min}} \tag{5-9}$$

式中：I_d 为放电电流，A；S 为 UPS 额定功率，VA；F 为负载功率因数，$F \leqslant 1$；η 为逆变器效率，$\eta \leqslant 1$；k 为负载的利用系数；U_{min} 为 UPS 关机前一瞬间的电池电压，V。

例 5-3　一功率因数为 0.8 的 10kVA 负载，市电断电后要求延时 8h。用户要求采用 100Ah 电池，需多少节？

解： 根据要求选某标称值为 15kVA 的 UPS，已知逆变器效率 $\eta = 0.95$，直流电压采用 16 节 12V 蓄电池，负载利用系数取 1。

往往有这种情况，供应商为了降低价格，提高竞争力，擅自将负载利用系数选小，并说出一段“根据”，在初期用户不知就里的情况下，就抢占了先机。对以后的用户增容埋下了隐患。一般这个系数应当由用户自己来选。供应商以选 1 为宜。按一般情况计算，额定直流电压应为

$$U_n = 12V \times 16 = 192V \tag{5-10}$$

浮充电压为

$$U_f = (2.25 \times 6) \times 16 = 216(\text{V}) \tag{5-11}$$

逆变器的关机电压应是

$$U_{min} = (1.75\text{V} \times 6) \times 16 = 168\text{V} \tag{5-12}$$

首先根据式（5-9）求出满载时的放电电流为

$$I_d = \frac{10\text{kVA} \times 0.8 \times 1}{0.95 \times 168} = 50.13\text{A} \tag{5-13}$$

在式（5-13）中为什么采用了 U_{min}，而不是 U_n 或 U_f 呢？这是因为电池放电到最低电压 U_{min} 时才使逆变器关机的，也就是说逆变器的关机只和 U_{min} 有关，其含义是：在UPS关机的前一瞬间仍能提供100%的功率。为了说明这个问题，分别将 U_n 和 U_f 代入式（5-9）求出相应的放电电流为 $I_n = 44\text{A}$，$I_f = 39\text{A}$。

是否将得出的放电电流安培数乘以所要求的后备时间就是电池的总安时数呢？有不少使用者就是这样做的。用三个不同的电流值和后备时间相乘得的三个电池容量为

$$C_n = 44\text{A} \times 8\text{h} = 352\text{Ah}, \quad 总容量\ C_{nt} = 352\text{Ah} \times 16 = 5632\text{Ah}$$

$$C_f = 39\text{A} \times 8\text{h} = 312\text{Ah}, \quad 总容量\ C_{ft} = 312\text{Ah} \times 16 = 4992\text{Ah}$$

$$C_d = 50.13\text{A} \times 8\text{h} = 401\text{Ah}。 \quad 总容量\ C_{dt} = 401\text{Ah} \times 16 = 6416\text{Ah}$$

上面这三个电容值相互之间差之甚远，尤其是 C_{dt} 和 C_{ft} 之间差了1424Ah，放到UPS上就是相差15节啊！如果一节100Ah按800元人民币计，就是12 000元之差，而目前15kVA的UPS约40 000元，这就差了三分之一UPS的价格。尤其值得注意的是由于电池容量相差悬殊，就会把用户搞糊涂：到底哪一个对呢？哪一个才满足要求呢？电池容量小了尽管使价格下降，但却埋下了使用户蒙受损失的隐患。

上面只是容量之差引发的一些担心，因为总容量还没最后确定，孰对孰错有待进一步分析。由于电池的放电电流增大时呈非线性放电规律，单靠计算是不能得出正确结果的。因此将上述100Ah的放电曲线复制为图5-15，仅查对应25℃的一条曲线，两种查法如下。

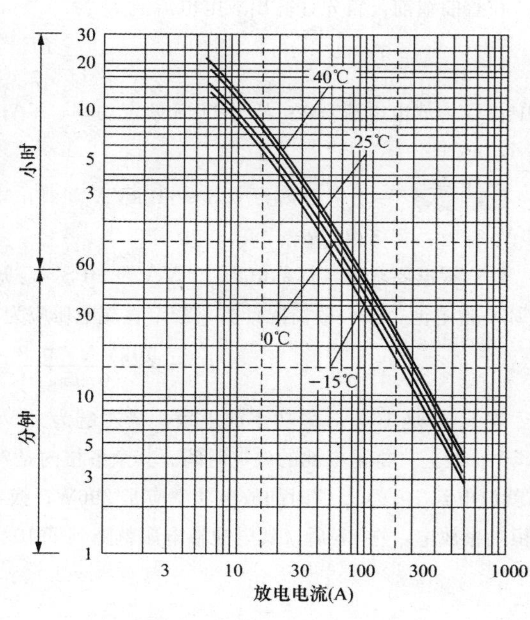

图5-15 100Ah恒流放电曲线

（1）由时间查电流法。从8h的一条横线向右找到对应25℃的一条曲线交点，此点有一条垂直虚线，向下与电流轴相交于约17A处，即一组100Ah的16节电池，在以17A电流放电时，才能给出8h。17A约为50A的1/4，所以需四组100Ah的16节电池（即64节）才能满足要求。

（2）由电流查时间法。从 50A 处向上找到与 25℃的一条曲线交点，约 2h，也得出四组电池（即 64 节）满足要求的结果。

由此可以看出，用 C_n 和 C_f 选择电池容量的方法是不对的。是否可以得出 $C_d = I_d h$ 是正确的结论呢？不一定，在这里是碰巧了，因为 4 组电池，每组电池的放电电流都接近 10h 放电率，所以结果相近，在另外的场合就不一定了。

例 5-4 一功率因数为 0.8 的 25kVA 负载，市电断电后要求延时 1h。用户要求采用 100Ah 电池，需多少节？

解： 根据要求选某标称值为 30kVA 的 UPS，已知逆变器效率 $\eta = 0.95$，直流电压也采用 16 节 12V 蓄电池，根据式（5-9）求出满载时的放电电流为

$$I_d = \frac{25\text{kVA} \times 0.8 \times 1}{0.95 \times 168\text{V}} = 125\text{A}$$

根据 $C_d = I_d h$ 得出电池容量为 125Ah，正好满足要求。若用上述两种方法查图 5-14 的曲线，则：

（1）由时间查电流法。从 1h 向右找到对应 25℃的一条曲线交点为 75A，电池的倍数应是 125/75=1.67，即 167Ah。

（2）由电流查时间法。从 125A 向上找到与对应 25℃的一条曲线交点，约 37min，电池容量的倍数 60/37=1.62，即 162Ah。几个安时之差是由于估计误差所致。

由这个例子可以看出，差了约 40Ah，接近电池总容量的三分之一。所以 $C_d = I_d h$ 只有在特殊情况下才可使用。

2. 利用恒功率放电表定电池容量

在查曲线前，首先计算出放电电流值 I_d 为

$$I_d = \frac{PF}{\eta} \tag{5-14}$$

式中：I_d 为放电电流，A；P 为 UPS 额定功率，VA；F 为负载功率因数，$F \leqslant 1$；η 为逆变器效率，$\eta < 1$。

例 5-5 一功率因数为 0.8 的 10kVA 负载，市电断电后要求延时 8h。用户要求采用 100Ah 电池，需多少节？

解： 根据要求选某标称值为 15kVA 的 UPS，已知逆变器效率 $\eta = 0.95$，直流电压采用 16 节 12V 蓄电池，按一般情况计算，额定直流电压应为

$$P_d = \frac{10\text{kVA} \times 0.8}{0.95} = 8421\text{W} \tag{5-15}$$

表 5-7 是 100Ah 恒功率放电表，最左端为 12V 电池的放电终止电压，在这个例子中取 10.5V。最上一排是电池的放电时间。其余各格内是对应终止电压和放电时间的功率数，比如 2h 就放电到 10.5V，这时的放电功率应是 396W；换言之，一节 100Ah 的电池，如果以 396W 的恒功率放电，在 2h 后，其电池端电压就降到了 10.5V。

表 5-7　　　　　　　　　　**沈松 100Ah 恒功率放电表**　　　　　　　　　　(W/电池)

终止电压(V)	3min	5min	10min	15min	20min	30min	45min	1h	1.5h	2h	3h	4h	5h	6h	10h	20h	24h
9.60	2000	2650	2000	1560	1370	1062	825	660	535	415	275.0	220.0	168.0	152.0	87.0	40.0	38.0
9.30	2551	2453	1955	1523	1337	1036	803	643	521	404	270.0	215.0	163.0	145.0	84.0	46.0	38.0
10.2	2502	2405	1912	1460	1289	1003	811	625	507	395	265.0	210.0	158.0	143.0	83.0	46.0	38.0
10.5	2404	2310	1851	1450	1280	995	788	608	433	330	261.0	205.0	155.0	143.0	82.0	46.0	38.0
10.8	2235	2035	1683	1382	1273	361	777	599	486	381	256.0	203.0	153.0	143.0	81.0	45.0	37.0

从表 5-7 中还可以看到，表中无 8h 对应的功率，只有 6h 和 10h，碰到这种情况是否可近似取相邻二值（这里是 6h 和 10h）的平均值，去除所得放电功率值 P_d，于是就可求出 100A 电池的数量 n_w 为

$$n_w = \frac{8421}{\frac{149+82}{2}} = 73(\text{节}) \tag{5-16}$$

和查曲线得出的 4 组电池（64 节）相差甚远，此法误差太大。

若用表 5-8 来求出 100Ah 电池组的数量 n_A 为

$$n_A = \frac{50}{\frac{15.3+9.7}{2}} = 4(\text{组}) \tag{5-17}$$

这时电池的总容量为 1600Ah×4=6400Ah

表 5-8　　　　　　　　　　**沈松 100Ah 恒电流放电表**　　　　　　　　　　(A/电池)

终止电压(V)	3min	5min	10min	15min	20min	30min	45min	1h	1.5h	2h	3h	4h	5h	6h	10h	20h	24h
9.60	310.0	275.0	230.0	171.0	150.0	114.0	85.0	68.7	47.8	39.9	27.1	20.3	18.4	15.4	9.80	4.30	4.10
9.30	304.0	272.0	227.0	170.0	145.0	114.0	83.0	68.4	47.6	39.6	26.6	20.7	18.4	15.4	9.80	4.30	4.10
10.2	283.0	270.0	226.0	165.0	147.0	112.0	82.0	68.0	46.5	39.1	26.4	20.5	17.8	15.3	9.70	4.30	4.10
10.5	255.0	250.0	206.0	160.0	140.0	110.0	81.0	67.5	46.0	38.6	26.4	20.5	17.8	15.3	9.70	4.30	4.10
10.5	231.0	223.0	136.0	155.0	137.0	108.0	70.0	58.5	41.4	36.7	25.2	20.0	17.6	14.3	9.60	4.30	4.10

和查曲线得出的 4 组电池（64 节）6400Ah 相吻合。不过由此可能要提出以下两个问题。

1）为什么用恒功率放电表得出的是电池节数，用恒电流放电表得出的是组数呢？

2）为什么用恒功率放电表得出的电池节数和用恒电流放电表或曲线得出的电池数量不一样呢？

下面对以上两个问题逐一进行讨论。

（1）从式（5-15）中可看出，该式中的量纲是功率单位瓦特，得出的结果是负载需要电池给出 8421W 的功率。而恒功率放电表中表示的是在满足后备时间的前提下一个电池所能给出

的功率，一个电池大约可以给出的功率为（149＋82）/2＝115.5（W），所以用这个值去除总功率数得出的当然是电池的数量。

50.13A是由式（5-16）得来，式中的168是一组电池的串联电压值，串联连接的所有电池都流过同一个电流。而在恒电流放电表中表示的是一个电池（也就是一组电池）流过的电流，用一组电池流过的电流去除总电流数，得出的就是并联的电池组数。

（2）实际上应该是一样的，比如式（5-13）求得的50.13A和此时电压168V的乘积为

$$50.13\text{A}\times168\text{V}=8421.84\text{W}$$

与式（5-15）相符。用恒功率放电表查得的误差较大，是因为没有8h对应的或非常相近的值，所以不好用平均二不很相近值的平均值。但这并不影响电池容量的选择，因为这种电池没有恰当的对应值，其他品牌的也许会有，如果非要认真地去做，不妨用另一个品牌去验证，因为一般同容量正规电池的性能是相近的。表5-9给出的是Senry FM65（65Ah）恒功率放电表，此中有对应8h的数据。从表中可以看出，在8h放电到终止电压1.75V时的恒功率数是14W，要注意：这里放电的终止电压是1.75V，而不是10.5V（＝1.75V×6），这说明表中的功率值不是12V组合电池的放电功率，而是一个单元电池的放电功率，因此得出的数量是单元电池数，把这个数再除以6才是12V的电池数，因此有

$$N=(8421\text{W}\div14\text{W})\div6\approx100(\text{只})$$

这里每只是65Ah，总容量为6500Ah。这和上面的结果就一致了，但每一组仅有16只，所以实际中只能配6组（96只）或7组（112只）。

表5-9　　Senry FM65（65Ah）恒功率放电表

FM65	5m	10m	15m	30	45	1h	2h	3h	5h	8h	10h	12h	24h
1.60	36	25	19	128	96	78	45.8	32	21	14	11	10	5.4
1.65	34	25	19	125	95	75	45.1	32	21	14	11	10	5.4
1.67	34	25	19	124	93	75	45.1	32	21	14	11	10	5.4
1.70	33	24	18	122	92	75	45.1	32	21	14	11	10	5.4
1.75	30	23	18	112	90	75	44.3	31	20	14	11	10	5.4
1.80	27	21	17	105	89	75	43.5	31	20	14	11	9.9	5.3
1.85	22	17	15	97	82	69	41.8	30	19	13	11	9.5	5.0

五、UPS逆变器的关机电压是怎样规定的

在上述放电表中最左边一列表示的是电池放电的终止电压。由此有可能提出两个问题：为什么两个表的值不一样呢，它们的含义是什么？为什么会有这么多的终止值，这些值有什么用处呢？

1. 关于放电终止值不一样的问题

表5-7和表5-9实际上是一致的，表5-10给出的是6个2V单元电池组成12V电池后的

放电终止值；表 5-9 给出的是 1 个 2V 单元电池的放电终止值，它和 12V 电池的对应关系见表 5-10。

表 5-10　　2V 单元电池与 12V 组合电池放电终止电压的关系

2V 单元电池放电终止电压（V）	12V 组合电池放电终止电压（V）	备　注
1.60	9.60	2V 单元电池×6=12V 组合电池
1.65	9.90	
1.67	10.02	
1.70	10.2	
1.75	10.5	
1.80	10.8	
1.85	11.1	

2. 关于有许多放电终止值的问题

厂家给出如此多的放电终止值，主要是为了用户的方便。因为一般用户大都没有这样的恒流或恒功率放电条件，而在实际应用中又确实需要这些数据，比如 UPS 逆变器的关机电压不能低于 315V，因为在输出交流 220V 的情况下，其峰值电压为 311V，如果再加上逆变器功率管得导通压降已接近 315V。如果再加上输出滤波器的压降，这个电压已非常紧张了。即使有变压器的情况，变压器的输入电压范围也不是无限的。因为一般三相输出的 UPS 逆变器输出电压为 220V，不论是输出端接变压器还是不接变压器，在输出 220V 的情况下，其输出电压峰值 311V 是不变的，为了保证这个电压，逆变器的输入直流电压必须高于它。如图 5-16（a）所示。在这个例子中可以看出，当加到逆变器上的直流电压足够大时，其脉宽输出所包含的正弦波波形是非常好的，对输入端加变压器的负载尤为不利。

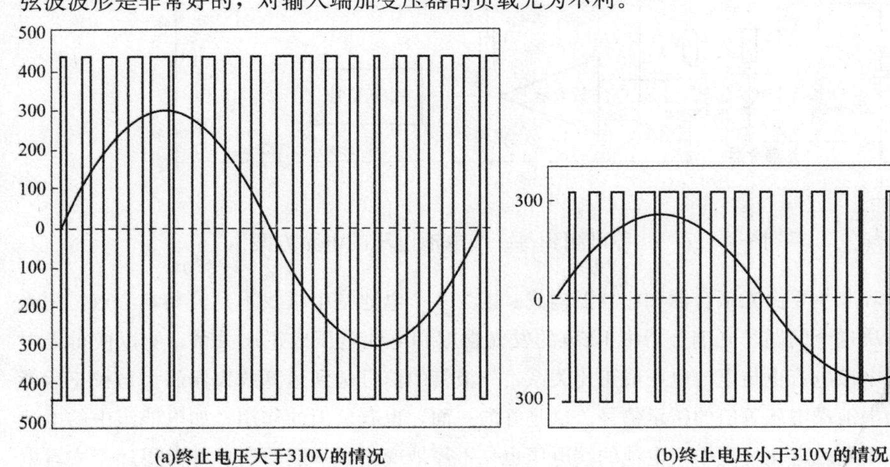

(a)终止电压大于310V的情况　　(b)终止电压小于310V的情况

图 5-16　逆变器对电池放电终止电压的限制

六、电池电压和容量的测量

1. 电池电压的测量

在UPS的构成单元中电池是不可缺少的，而电池又是导致UPS多故障的重要因素，它们偏偏多放在柜子中，既难维护又难直观看到。为了管理的方便，用户总希望能在监视器上看到每一节电池的状况，但往往在大部分UPS中都没有这个环节，是技术复杂还是什么原因？实际上，可以测到电池组中的每一节电压，这在技术上并不难实现，如图5-17所示就是其中的一种。

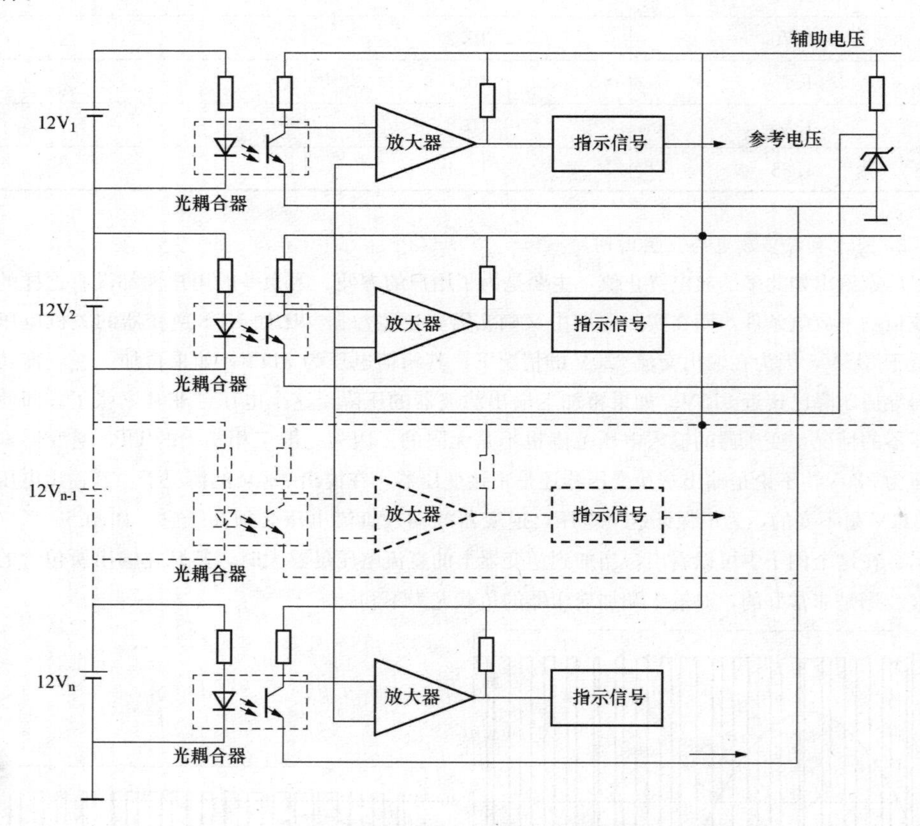

图5-17　一种可测到每一节电池电压的电路方案

该电路环节主要由光耦合器和比较器构成。因为多个电池是串联找不到公共参考点，用光耦合器来解决这个问题。光耦合器中LED的发光强度和电池电压成正比关系，所以使得光电三极管的集电极电流也与电池电压成正比关系，三极管的信号送到运算放大器放大与校正后就可以输出与电池端电压等值的指示信号。这是好的一面，也有负面的作用，如电池组中的电池时刻都处在不断地老化过程中，电池的端电压也在不停地变化，一般的用户都懒得逐个去看电池的每一个值，即使能看到每一个电池的电压值，什么值是正常，什么值是异常？一般连说明书都懒得看的用户，更觉麻烦。所以设计者把这个界限值用电路实现，超过了这个界限值就告警。这倒是简单了。但也会给维护者带来不安。因为电池的变化有时虽然不妨碍使用，也往往会频繁告警，制造紧张空气。也有的认为知道整组电池的状况就够了，少一个环节就少一个故障点。

上面讨论的是一些不同的看法，各有道理。但有的厂家声称可以使UPS电池组中每一节电池的电压可变，这是不可能的。因为这样做需要对应每一节电池要有一个充电器，可以想一想在大功率UPS中有的需要32节12V电池或192节2V电池，难道要配32个或192个充电器不成!

2. 电池容量的测量

如果要测量电池的容量就不那么容易了，现在直接测电池容量的方法还没有，一般都用测量内阻的方法来转换。图5-18就是用在某数据中心UPS电源简易监控系统。通过产品上的大型点阵式LCD显示屏，即可掌握均浮充转换点、均浮充电压、电池后备时间、电池寿命、放电80%、90%电池总容量时报警、电池故障报警、故障电池定位等实时运行状态信息。

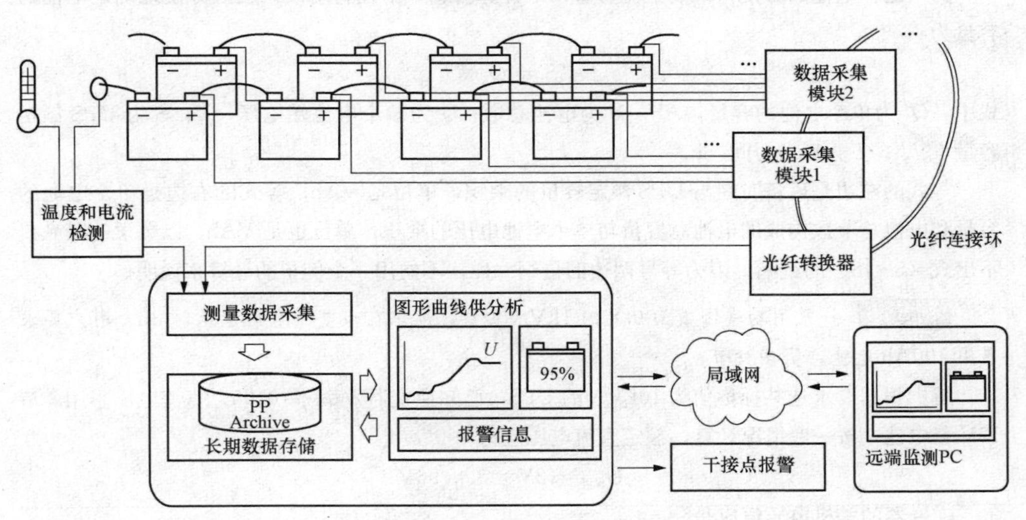

图5-18　蓄电池在线管理系统

功能和特点包括用于持续监测单节蓄电池状态、可长时间记录电池的测量数据和充放电曲线、自动发出各种电池警告信息、对落后电池进行补偿、适用于铅酸免维护电池、适用于单体DC2～12V的各种电池、可用于任何品牌UPS的电池、1台PC最多监控多达5120节各种规格型号的电池。

系统包括数据采集模块Data Collection Modules（DCM）、电池连接检测线、光纤连线、光纤转换器、管理软件、其他附件。

该方案有时会发现各电池电压间的误差很大，这由于两个原因所致：①确实这一节电池有问题，那就指示对了；②测量线连接得不好。所以对于测量线的连接一定要注意，避免误导。

3. 电池的温度补偿

由于电池对温度特别敏感，为了保持电池的容量和延长电池的使用寿命，在不同的温度下充电器对电池应有不同的浮充值，这就是温度补偿。一般以25℃为基准，高于这个温度时对电池进行负补偿，就是将浮充电压值调低；低于这个温度时对电池进行正补偿，就是将浮充电压值调高。调整的幅度大约是3mV/℃。

在设计充电器的温度补偿时，细心地选择优质温度传感器（即热敏电阻）是必要的，因为在一些补偿设备中，过补偿的现象时有发生，给用户和厂家增添了不少麻烦。

七、关于市场上电池容量计算公式的讨论

除了上述的计算与查表相结合的办法以外，还有一种纯粹用计算的方法来确定电池的容量。

1. 计算式一

为了选择电池的方便，市场上流行着以下计算公式，据说利用该式就可方便地确定电池的容量为

$$TS = Q_1 NU \tag{5-18}$$

式中：Q_1 为单个电池的容量，Ah；N 为电池总数；U 为单个电池端电压，V；S 为UPS额定容量，VA；T 为后备时间，h。

等式的左边是后备时间与UPS额定容量的乘积，单位是VAh；等式的右边是单个电池的容量和电池总节数构成的电池总容量与单个电池电压的乘积，单位也是VAh。以数学的眼光找不出式（5-18）的纰漏，因为等号两边的量纲一样。不妨用一个例子的计算来说明。

例5-6 一采用功率因数为0.8的1kVA负载，要求在市电断电后能延时8h。用户要求采用100Ah电池，需多少节？

解：根据要求选某标称值为10kVA的UPS，已知逆变器效率 $\eta=0.95$，直流电压采用8节12V蓄电池，按一般情况计算，额定直流电压应为

$$U_n = 12V \times 8 = 96V$$

逆变器的关机电压值应是

$$U_{min} = (1.75V \times 6) \times 8 = 84V$$

首先根据式（5-9）求出满载时的放电电流为

$$I_d = \frac{10kVA \times 0.8 \times 1}{0.95 \times 84V} \approx 100A$$

根据要求从100Ah对应8h做水平线，相交于25℃的曲线由交点向下引垂直线正好对应15A，用100A/15A=7，得出用8节100Ah电池7组，即56节电池（5600Ah）可延时8h（见图5-19）。

以上是采用式（5-14）的方法得出的结果。下面就用式（5-18）再算一遍。现将该式变换一下，先算出电池的总容量 $Q_1 N$ 为

$$Q_1 N = \frac{TS}{U} = \frac{10\,000 \times 8}{12} \approx 6667(\text{Ah})$$

从得出的结果可以看出相差了1000Ah。从编者的具体试验已证明按式（5-9）的方法得出的结果是正确的。那么式（5-18）问题出在何处呢？从式（5-9）的方法可以看出，它考虑了很多因素，如工作温度（温度不同放电曲线也不同）、负载功率因数、逆变器效率和逆变器关机电压。这些至关重要的指标在式（5-18）中一个也没考虑，这就导致了以下问题。

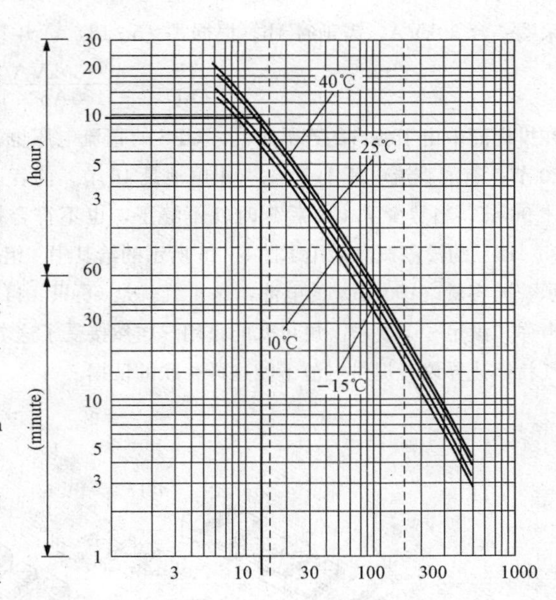

图5-19　根据25℃曲线查电池容量

1）可以在任何温度下都能延时8h吗？按式（5-14）的方法得出在−15℃环境下若延时8h则需7200Ah，如图5-20所示。

2）对任何负载功率因数都具有同样的功能吗？因为电池的容量是与有功功率密切相关的，负载功率因数越大，有功功率消耗也越大。所以电池的容量是随功率因数而变的，但在这里却是个固定值。

3）UPS逆变器关机电压是与电池放电电流相关的。放电电流大，则关机电压就低，反之，关机电压就高。但在市场公式中就没考虑这一点，不知道关机电压是多少，也就影响了后备时间的准确性。

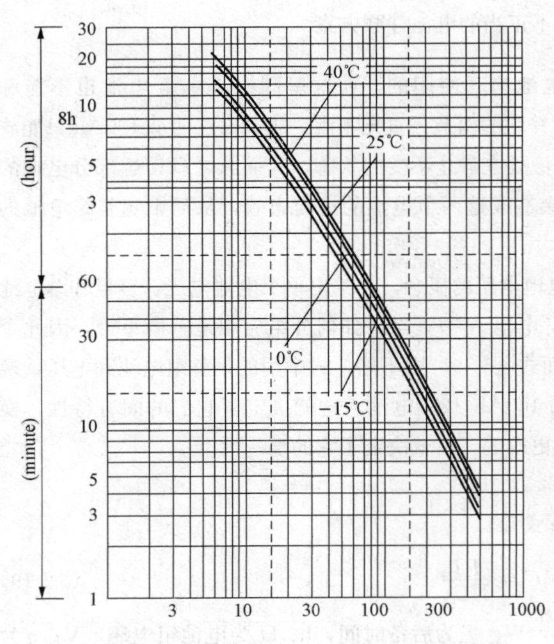

图5-20　根据−15℃曲线查电池容量

4）逆变器的效率和电池的容量关系也很密切。效率高就节省电池容量，否则就需增加容量。

式（5-14）的方法是计算与查表相结合，所以适合所有的情况；而式（5-18）由于没有考虑诸多重要因素，可能在某一点或某一段是正确的，在其范围之外就很难说了，甚至和正确值相差甚远。究其原因就是在这里将伏安值都当成了瓦特计算，这在功率因数很低的情况下就更不能用，这就形响了它的通用性，所以在用式（5-18）时需慎重。

在使用式（5-18）时还容易使用户陷入误区，比如有个用户招标书规定要

采购一台 30kVA，需延时 4h。根据式（5-18）算出 100Ah 电池数为

$$N=\frac{TS}{Q_1U}=\frac{4\times 30\text{kVA}\times 10^3}{100\text{Ah}\times 12\text{V}}=100$$

在投标商中由于各自的产品不同，UPS 的直流电压也不同，有的直流电压 240V，一组电池是 20 节；有的直流电压 192V，一组电池是 16 节。前者正好是 5 组电池 100 节，而后者 6 组电池才 96 节，当然少了 4 节后延时就不够了，也不符合标书要求了。于是这个厂家就利用了式（5-18）的模糊概念采用了图 5-15 所示的给其中 4 组电池中的一只再并上一只，如图 5-21 所示。同容量（100Ah）的电池，这 4 组就是 68 只，再加上另外两组的 32 只，正好是 100 只，声称“满足”了要求。更可悲的是用户居然接受了这个方案，当有人提出疑义时，用户还理直气壮地让异议者提供电池不能这样并联的证据。

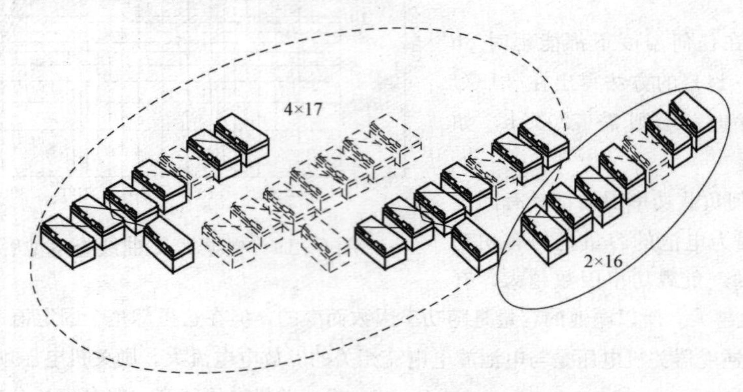

图 5-21 不正当的电池并联方案

众所周知，5 号电池是不能和 2 号电池串联使用的，在这里同样 100Ah 电池也不能和 200Ah 电池串联使用。其后果是当充电时并联的两节一直充不满，放电时这两节 100Ah 只能放出一半，在这些电池中长期有一部分电解液处在静止不变的状态，久而久之就使这部分电池的极板硫化而成为“死板”，积累的作用就会造成这两节电池的提前失效，从而影响整组电池的性能。

正因为式（5-18）没有反映出整组电池电压的概念，只给出单个电池电压、容量和总电池节数，就好像一个仓库堆积了 100Ah/12V 电池 N 节，至于如何分组应用是一概不管，因此令使用者陷入误区（也可能是故意为之）。而式（5-9）则不然，式中用的是整组电池和电压，换言之，上述仓库里放置了成组串联好了的 100Ah/12V 电池，这就决定了它们的固有特性，换言之，每组电池的数量和电压是不可任意更改的，这就决定了它的唯一性。

2. 市场计算式二

式（5-19）就是这个计算式的表达方式

$$C=\frac{PT}{KU\eta} \tag{5-19}$$

式中：C 为电池容量，Ah；P 为负载功率，W；T 为后备时间，h；U 为电池组电压，V；η 为逆变器效率；K 为修正系数，后备时间 15min 时，$K=0.5$，后备时间 30min 时，$K=0.55$。

式（5-19）比式（5-18）就进了一步，其中有了功率因数的概念，比如这里指出的 P 是负载的有功功率。给出了电池组的串联电压，而不是像式（5-18）那样给出的是电池数，给人容易造成误会，这里也给出了逆变器的效率。

不足之处为：①电池电压应指明是 UPS 逆变器关机电压，所以在使用时应取电池组的 U_{min} 值；②修正系数 K 并不是随处就可找到的，给使用者增加了困难；③由于是纯计算而不是查电池放电曲线，就没有温度的概念。这样一来就有了局限性，如图 5-22 所示，同是 90A 的放电电流，100Ah 电池在 25℃时可后备 53min，而在－15℃时只可后备 30min，差了几乎一半的时间。所以式（5-9）加查曲线法的应用范围是不受任何限制的。当然除此外还有恒放电功率查表法，也比较准确，因为恒放电功率查表是厂家给出的，所以使用什么方法视实际情况而定。

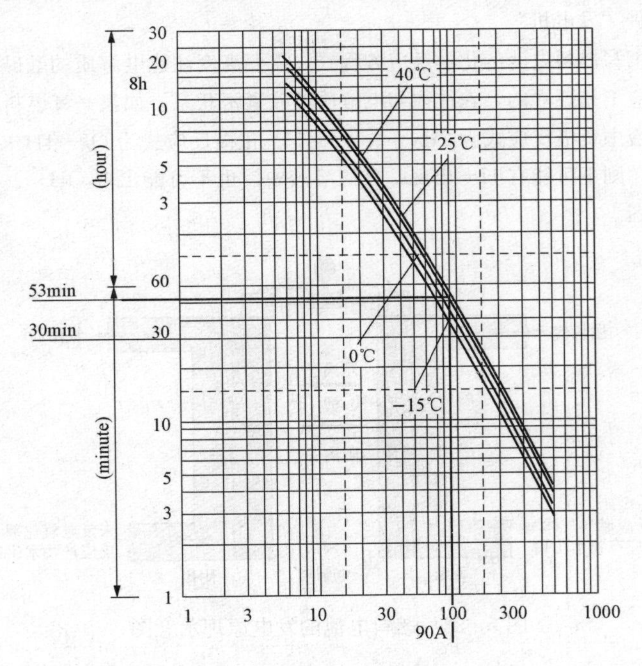

图 5-22　不同温度下的后备时间

第四节　电池家族的新成员

目前，有希望用在 UPS 上的另一个方向除锂电池外就是燃料电池，这也是一种没有污染的绿色电池，用到 UPS 上也是一种很好的配套伙伴。

一、燃料电池

燃料电池是一种化学电池，它利用物质发生化学反应时释出的能量，直接将其变换为电能。从这一点看，它和其他化学电池如锰干电池、铅蓄电池等是类似的。但是，它工作时需要连续地向其供给反应物质——燃料和氧化剂，这又和其他普通化学电池不大一样。由于它是把燃料通过化学反应释出的能量变为电能输出，所以被称为燃料电池。

具体地说，燃料电池是利用水电解的逆反应“发电机”。它由正、负极和夹在正负极中间的电解质板组成。最初，电解质板是利用电解质渗入多孔的板而形成，现在正发展为直接使用固体的电解质。

燃料电池工作时向负极供给燃料（氢），向正极供给氧化剂（空气）。氢在负极分解成正离子 H＋和电子 e－。氢离子进入电解液中，而电子则沿外部电路移向正极。用电的负载就接在外部电路中。在正极上，空气中的氧同电解液中的氢离子吸收抵达正极上的电子形成水。这正是水的电解反应的逆过程。利用这个原理，燃料电池便可在工作时源源不断地向外部输电，所以也可称它为一种“发电机”。

一般来讲，书写燃料电池的化学反应方程式，需要高度注意电解质的酸碱性。在正、负极上发生的电极反应不是孤立的，它往往与电解质溶液紧密联系。如氢—氧燃料电池有酸式和碱式两种，在酸溶液中负极反应式为 $2H_2-4e-=4H+$ 正极反应式为 $O_2+4H++4e-=2H_2O$；如是在碱溶液中，则不可能有 H＋出现，在酸溶液中，也不可能出现 OH－。图 5-23 就是它的发电原理示意图。

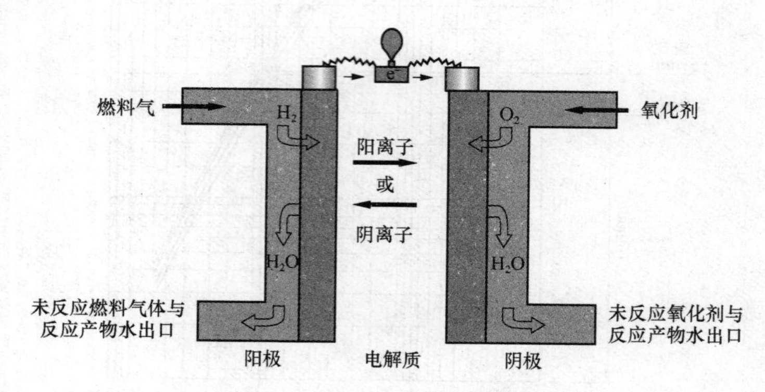

图 5-23　燃料电池的发电原理示意图

从工作方式来看，燃料电池比较接近于燃油发电机。担忧和传统热机有区别，传统热机发电必须先将燃料的化学能经燃烧后变成热能，再利用热能制造高温高压的水蒸气来驱动涡轮机，将热能变成机械能后再由机械能变成电能。在这一连串的能量形态变化中不仅产生噪声和污染，也损失了好多能量，使效率降低。而燃料电池发电是直接将燃料的化学能变成电能，步骤少、效率高。发电过程中没有燃烧，所以也就没有污染。由于没有转动的机械机构，所以噪声也很低。因此这也是一种环保电源，是今后发展的方向。

二、螺旋卷绕式铅酸蓄电池

铅酸电池对环境污染比较严重，但由于它的价格低廉和其他优点暂时还没有更好的低价替代品，所以一段时间内还是被普遍采用。然而液体铅酸电池的短寿命和制造手段简易又是伪劣产品制造者的温床，这就引起了数据中心低价购买者心里的向往，从而导致供电系统的不可靠局面。卷绕式铅酸蓄电池的出现给铅酸电池注入了强心剂，焕发了青春。它一改原来的注液式结构而采用了电容式卷绕工艺和固体硫酸的设计，为铅酸电池开辟了新的途径，如图 5-24 (a) 所示就是卷绕式铅酸蓄电池的结构原理。这种结构不但结束了对环境的污染，也使赝品制造者望尘莫及，再也不能用简单而廉价的手段仿造。

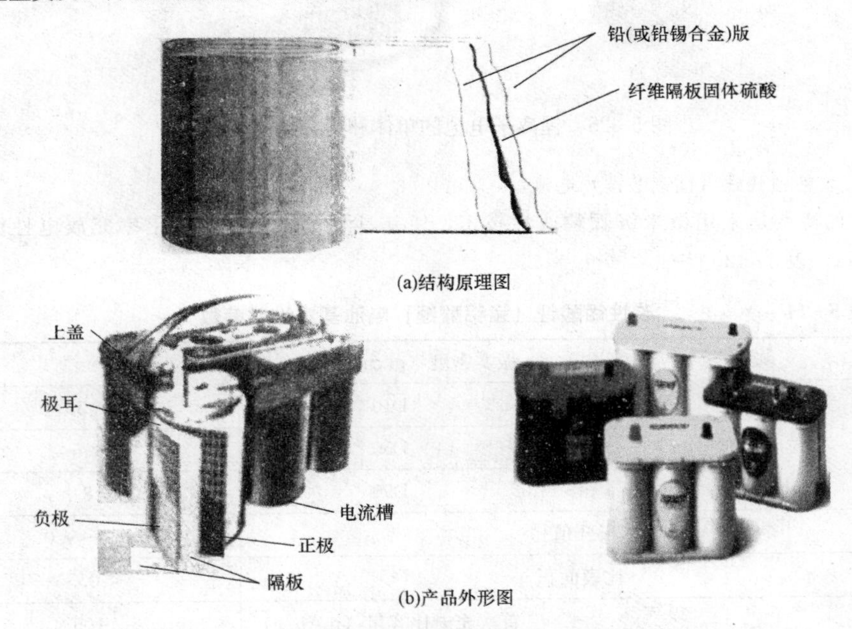

图 5-24 卷绕式铅酸蓄电池的结构原理及外形图

这种新结构电池 350 次的 100%深度放点能力和 4000 次的 30%浅度放电能力，比注液式结构的寿命增加了一倍多。-55～75℃的工作温度和任意位置放置扩大了它的适用范围。由于是固体结构所以漏电流小，但放电电流可以达到大 3～5℃，尤其是 40min 充到 95%的能力，也为各行各业带来了不小的好处。再加之制造电池的材料还是铅酸，所以价格更有竞争优势，这使得数据中心的储能电源有了新的选择。

三、锂离子电池

锂离子电池也是现代比较成熟的技术和产品，首先是对环境无污染，在性能上也比铅酸蓄电池好。锂离子电池的种类很多，下面只介绍几种常用的和前途很好的产品。

1. 磷酸铁锂电池（外形见图 5-25）

1）工作电压高（3.2V）、容量大（80～450Ah）。

2）放电倍率高：3～5C，瞬间：15～20C。

3）寿命长：>2000 次。

4）温度范围宽：-20～60℃。

5）自放电小。

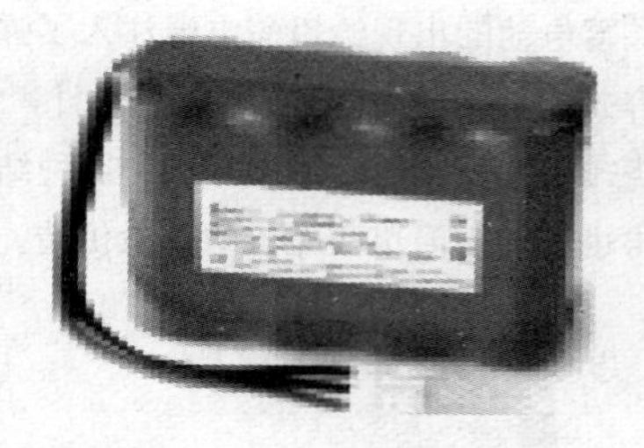

图 5-25　锂离子电池的单体和组合结构外形图

2. 改性锰酸锂（锰铝酸锂）电池

它的特点是采用微米级颗粒改性技术，使其具有更加优越的高倍率充放电性能，见表 5-11、表 5-12。

表 5-11　　改性锰酸锂（锰铝酸锂）电池基本性能参数

振实密度（g/cm^3）		
粒度分布（μm）	D10	2.35
	D50	3.5
	D90	8
pH 值		8.5～9.0
比表面积		＜0.35
电化学性能（充电电压范围：3.0～4.3V）	首次充电比容量（mAh/g）	105
	首次放电比容量（mAh/g）	100
	首次充放电效率	＞95%

表 5-12　　采用青岛新正立业公司的高功率型 18650 电池的性能

内阻	12mΩ
倍率性能	10C 容量保留率 100%，中值电压 3.5V
	20C 容量保留率 99.8%，中值电压 3.45V
循环性能	4C 充电，20C 放电，循环 600 周后，电池容量保持率＞85%
	在容量型锂离子电池 26650 中 1C 充放电 1000 次，容量保持率＞90%
高温存储性能	85℃下 2 天容量保持率 90%，容量恢复率 100%
	60℃下 7 天容量保持率 95%，容量恢复率 100%
安全性能	过充：以 5C 电流过充电到 10V，电池不发生任何起火与爆炸，电池表面温度 125℃
	针刺：没有发生起火与爆炸。只是冒烟，电池表面温度 250℃
低温性能	容量保持率：25℃，100%；0℃，95%；−10℃，90%；−25℃，85%

3. 锂-空气电池

这是一种既可用作充电电池也可用作燃料电池的产品。这种电池在技术上已获得突破性进展。作为充电电池使用时，其比能量高于现有的锂离子电池十几甚至几十倍；作为燃料电池应用时，采用更换正极的水性电解液和负极的金属锂，其能量密度和更换时间均有望优于传统的加油方式。预计其进入实际应用期尚需10年的工夫。

锂离子电池尤其是当前用得最多的磷酸铁锂电池在电动汽车上用得较多，在电动汽车上的工作电压从50～500V，无安全覆盖了UPS用电池电压的范围；而且汽车的应用环境和起动电流都比UPS恶劣得多，因此这种电池完全可以替代铅酸电池。

四、钠硫电池

钠硫电池具有容量大、能量密度高、能量储存和转换效率高、寿命长、原材料丰富等优点，具有和铅酸电池、锂离子电池和液流电池同样的用户群。

钠硫电池也具有以下明显优点：

(1) 高的能量密度。理论能量密度可达到760Wh/kg，节省空间，降低了自重，非常适合高端用户的需求。

(2) 高的能量转化效率。其效率在75%～90%。

(3) 无电化学副反应。电池性能在理论上无衰减因子，因此寿命很长，实测寿命在15年以上。

(4) 高功率特性。在大电流放电和深度放电时不损坏电池，适合大电流放电场合。

(5) 无自放电。因具有固态陶瓷电解质，可长期存储及免维护。该电池储能系统可全自动封闭运行，无污染，维护简单，运营成本低。运行无噪声，环保性好。

(6) 大容量。单体电池具有大容量且设计简单、灵活的优点。应用广泛，可做成数千瓦至数百兆瓦的系统。

五、液流电池

液流电池是利用正负极电解液分开各自循环的一种高性能蓄电池，具有容量高、使用领域（环境）广、循环使用寿命长的特点，是目前的一种新能源产品。氧化还原液流电池是一种正在积极研制开发的新型大容量电化学储能装置，它不同于通常使用固体材料电极或气体电极的电池，其活性物质是流动的电解质溶液。它最显著特点是规模化蓄电。目前，液流电池普遍应用的条件尚不具备，对许多问题尚需深入研究。全钒液流电池的工作原理图如图5-26所示。

六、石墨烯电池

2004年西班牙Graphenano公司研发出石墨烯聚合物电池。该电池很薄，是超导体，透明度高，非常坚硬，价格低廉，称为上帝的材料。

现在最先进的锂电池比能180Wh/kg，石墨烯电池大于600Wh/kg，寿命是锂电池的2倍，价格比锂电池低77%，给电动汽车的续航能力是1000km，而充电时间不到8min。

这种电池密度过大，目前只用于车船等大型设备，尚未用到电子产品，如手机。

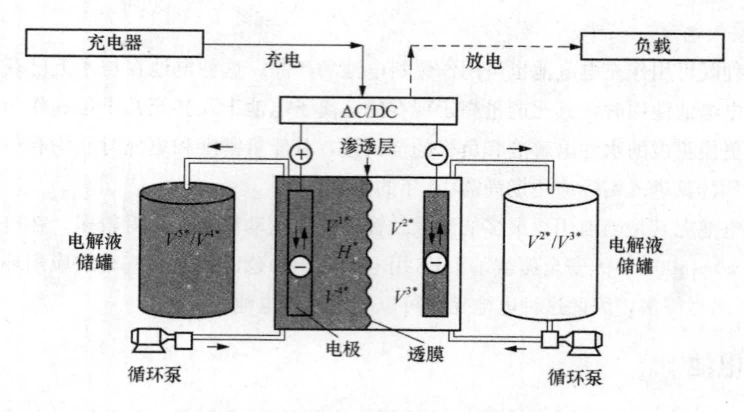

图 5 - 26　全钒液流电池的工作原理图

2015 年一季度在西班牙推广，德国四大汽车公德司中的两个已开始做实验。

2014 年 12 月 26 号，美国电动汽车制造商特斯拉发布了两年前停产的第一代车型 Roadster 的升级版，续航里程达到 644 公里，高出原版 60%。特斯拉 CEO 马斯克称，特斯拉的高性能石墨烯电池，相比目前的容量增长近 70%。

七、飞轮储能式电池

这是一种纯绿色的动态电池，也可和 UPS 配套使用。这种电池在市电模式时通过飞轮的旋转将动能变成势能（无功功率）储存在介质中，这时的工作状态就类似于化学电池的充电过程。一旦市电停电，“电池”中的能量就向逆变器放电，以维持不间断供电的功能。

后来又出了一种飞轮 UPS，好像把 UPS 与电池合二为一了，起到了更好的节能和环保作用。有资料介绍：最近，雅虎在美国纽约州新建的 11 兆瓦“鸡舍”数据中心，PUE 值达到了 1.08，是目前全球最节能的数据中心。据说电源采用了飞轮 UPS，当然还有自然风冷等也功不可没。

第五节　配电柜、断路器与防雷器

一、交流配电柜

在任何用电设备的地方，不仅需要供电系统，而且还需要配电系统。比如小到一家一户，大到一个中心，供电和配电是分不开的。当然有的 UPS 本身就具有配电功能，比如某 120kVA 的模块化结构 UPS 就自带配电系统，如图 5 - 27（a）所示，它是在同一个电源柜中安装了 PDU。

但有时由于条件的需要，比如 UPS 和 IT 设备不全部在同一个房间或同一个楼层等，这就需要另外配置配电柜。根据不同的需要，有的和机柜并排放在一起，有的需要靠墙放置，还有的需要挂在墙上等，图 5 - 27 中的（b）和（c）就是其中两种。配电柜根据各种不同的需要还可以做成各种各样的形式和外形尺寸。尽管如此，一些区别，但其内部的构成部分却大同小异。一般包括下述几个部分：开关系统、防雷器系统、指示和测量系统、输入输出连接系统和监控系统。图 5 - 28 示出了一般配电柜 PDU 的构成原理图。

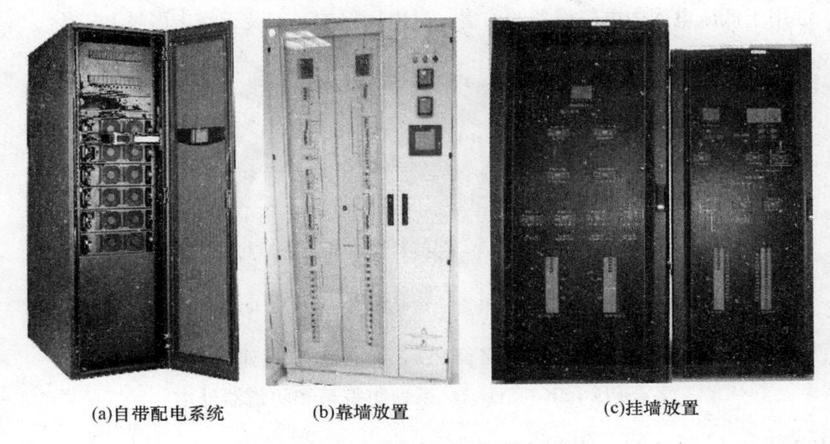

图 5 - 27　几种配电柜（PDU）外形

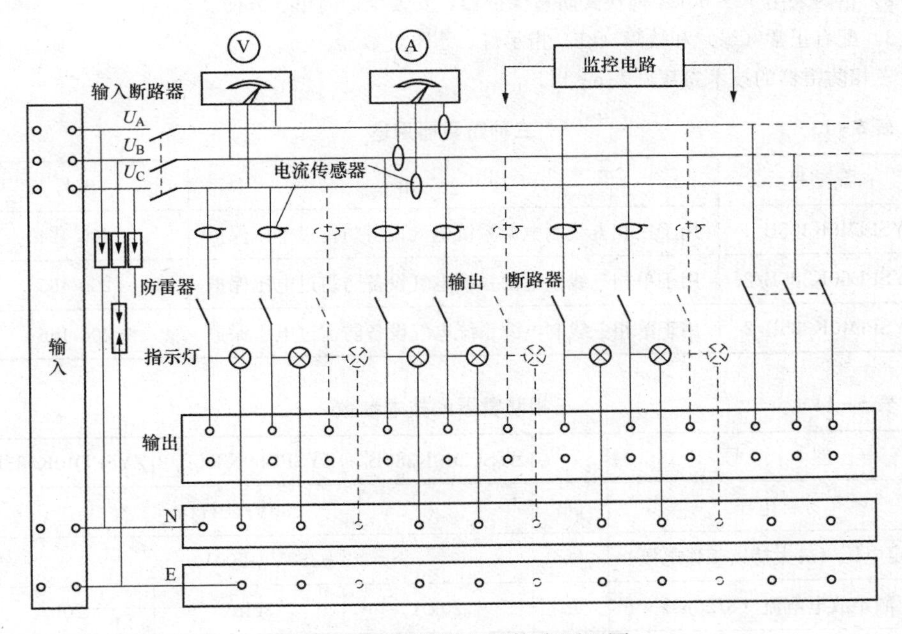

图 5 - 28　一般配电柜构成原理图

二、防雷器的特性及选择

图 5 - 28 中输入是一个 TT 系统的例子：N 线（中线）只在变电站变压器的中性点接地，它与设备的保护接地是严格分开的，因此在选用防雷器时需要在相线与 N 线、N 线与地线之间进行

保护。此时比如可选 ZYSPD40K385B/3＋NPE、ZYSPD20K385C/3＋NPE（其用途见表 5 - 13）。这是一种箱式防雷器，用户只需将引出的带有标志的端子和相应的相线、零线连接上即可，这在使用上是很方便的，图 5 - 29 就是这种防雷箱（也称浪涌吸收器 TVSS）的外形图。该电源防雷箱广泛用于低压电网中电气设备的防雷、过电压保护，安装于雷击区域 0_B-1 区。

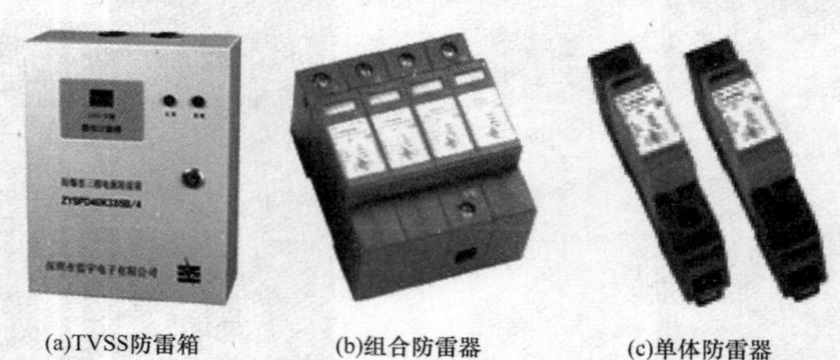

(a)TVSS防雷箱　(b)组合防雷器　(c)单体防雷器

图 5 - 29　ZYSPD...K385B/4 系列
ZYSPD...K385B/... 系列防雷箱和防雷器外形

1）放电电流大（60kA），响应时间快（≤25ns）。

2）箱内采用 40～60kA 模块式防雷保护器，安装维护简单、方便。

3）配有正常（绿）和故障（红）指示灯、雷电计数器。

三相防雷器的技术参数见表 5 - 14。

表 5 - 13　三种防雷器用途

产品型号	应　用	编号
ZYSPD40K385B/4	用于三相五线制电源系统电气设备防雷过电压保护	200 464
ZYSPD60K385B/2	用于单相三线制电源系统电气设备防雷过电压保护	200 465
ZYSPD40K385B/2	用于单相三线制电源系统电气设备防雷过电压保护	200 466

表 5 - 14　三相防雷器的技术参数

型　号		ZYSPD40K385B/4	ZYSPD60K385B/2	ZYSPD40K385B/2
标称电压	U_N	230V/50Hz		
额定电压（最大持续工作电压）	U_C	385V～500V—		
额定放电电流（8/20μs）	I_{sn}	20kA	30kA	20kA
最大放电电流（8/20μs）	I_{max}	40kA	60kA	40kA
电压保护级别在 5kA（8/20μs）时 在 I_{sn}时	U_p	≤1.3kV ≤1.9kV	≤1.5kV ≤2.1kV	≤1.3kV ≤1.9kV

续表

型　　号		ZYSPD40K385B/4	ZYSPD60K385B/2	ZYSPD40K385B/2
泄漏电流	I_L	≤15μA		
响应时间	t_A	≤25ns		
工作温度		−40/+85℃		
连接导线		6～25mm² 多股导线		
外壳材料		钢板		
防护等级		IP65		
规格尺寸		220mm×290mm×110mm		

1. 防雷器的技术参数

为了选择防雷器的方便，几个技术参数的解释如下。

(1) 标称电压 (U_N)。这是设备正常工作时的标准电压，这里的 230V/50Hz 说明该规格防雷器两端的电压在我国最好工作于 220V/50Hz 的相电压，不要错接到 380V/50Hz 的线电压上去。

(2) 额定电压（最大持续工作电压 U_C）。尽管标称电压是 230V/50Hz，也可以工作于 385V 正弦交流电压，就是说用在线电压也未尝不可，因为对于能抑制几千伏高压的防雷器来说，差上 100V 左右不算什么，所以甚至可以工作在 500V 的直流电压，因为 385V 正弦交流电压的峰值电压值已接近 550V，保险一点说可以工作在直流 500V。不过最好还是按标称电压工作保险一些。

(3) 额定放电电流 I_{sn} 和最大放电电流 I_{max} (8/20μs)。这两个参数的含义就是在雷电流脉冲宽度为 8/20μs 时，如果防雷器由于击穿而流过的电流在此二值之间（即 I_{sn}～I_{max}）时，防雷器不会损坏；如果电流大于 I_{max} 值，防雷器就会因损坏而断开，失去作用。这时如果雷电波的宽度不太宽，即接近 8/20μs 时，负载将会得到保护，否则负载会由于承受雷电剩余的高压而损坏，因此有时需加二级防雷或三级防雷。

(4) 电压保护级别 U_p (8～20μs)。加装防雷器的目的是将几千伏的雷电压幅度压低到用电设备可以接受的水平。由于防雷器是一个非线性器件，虽然击穿特性比较好，但由于通过的电流非常强大，在不同的电流下仍有不同的电压值，一般称此时的电压为残压。在 8/20μs 把通过 5kA 电流的防雷器两端电压作为额定值，这里的指标是 1.3～1.5kV，在通过额定电流 I_{sn} 时的防雷器压降为 1.9～2.1kV，因此有时还需加二级防雷或三级防雷。

(5) 泄漏电流 I_L。这个参数的含义就是防雷器接入电路后，其两端就有了电路电压，比如 220、380V 等。由于防雷器是一个电子器件，尽管其击穿电压很高，内阻很大，但绝不是一个纯粹的绝缘体，其两端加上电压后一定会有电流流过，这个电流就称为泄漏电流，只要这个电流小到一定的程度就可以认为是绝缘的。这里的泄漏电流 I_L 是指在防雷器两端加最大允许电压时流过它的电流值，此处为≤15μA，其工作在 500V 电压时的最小绝缘电阻 R_{min} 为

$$R_{\min} = \frac{500\text{V}}{15 \times 10^{-6}\text{A}} = 33.3\text{M}\Omega \tag{5-20}$$

（6）响应时间 t_A。响应时间的含义就是在雷电波的高电压到来时，防雷器能及时击穿从而将电压降低到后面负载可以接受的水平所用的时间。这个时间很重要，如果反应慢了就会使能量强大高幅度雷电压开始部分直接窜入后面的负载，一举将负载击毁；如果反应很快，漏过去的部分就少，而这很少的一部分就可以被负载本身的滤波器吸收，从而得到保护。但是反应很快是有限度的，它受器件材料和结构的限制，这里的指标是≤25ns。

（7）工作温度。任何电子器件都有一定的工作温度限制，防雷器也是一种半导体器件，温度太高也可使漏电流增加、绝缘降低和耐压降低，温度太低会使反应速度降低。如果工作温度超过了表中给出的－40～＋85℃，就需附加另外的防护措施。

2. 防雷器的连接与防护等级

（1）防雷器的连接导线要求 16～25mm² 多股导线。这个项目似乎有些多余，实际不然。这里给出的导线截面积是针对这个规格的防雷器给出的，而多股导线的要求却非常重要。因为雷电波脉冲模型的宽度是 8～20μs，其对应的频率是 12.5～50kHz，在高频下的肌肤效应减小了导线的通流能力。

为了有一个量的概念，取长度为 1m，截面积为 6mm² 的上述导线，那么导线截面积为 6mm² 时的导线直径 d 为

$$d = \sqrt{\frac{4s}{\pi}} = \sqrt{\frac{4 \times 6}{\pi}} = 0.28(\text{cm}) \tag{5-21}$$

将此直径值代入直圆导线的自感公式得出

$$\begin{aligned} L_0 &= 2l\left(\ln\frac{4l}{d} - 0.75\right) \times 10^{-9}\,(\text{H}) = 200\left(\ln\frac{4}{0.28} - 0.75\right) \times 10^{-9}\,(\text{H}) \\ &= 380 \times 10^{-9}\,(\text{H}) \end{aligned} \tag{5-22}$$

式中：L_0 为导线的自感量，为 0.38μH；l 为导线长度，cm，取 100cm；d 为导线直径，cm，为 0.28cm。

就是这样一段导线对应 50kHz 频率时的感抗为

$$X_L = 2\pi f L_0 = 2 \times 3.14 \times 50 \times 10^3 \times 380 \times 10^{-9} = 120\,(\text{m}\Omega) \tag{5-23}$$

在 5kA 时的压降为

$$U = 120\text{m}\Omega \times 5\text{kA} = 600\text{V} \tag{5-24}$$

这是一个很可怕的数字，这才仅仅是自感的部分，如果再加上电阻部分还要大。软铜的电阻率在 20℃时为 0.0172Ω·mm²/m，其电阻温度系数为 0.003 93/℃，根据此电阻率可计算出上述 1m 导线的电阻是 0.002 752Ω，即 2.572mΩ，此值看起来很小，与 120mΩ 的感抗相比似乎微不足道。但高频电流在导线中传输时还具有趋肤的特性（也称集肤效应），即高频电流在导线中流动时有向导线表面集中的特性，频率越高这个效应越明显。电流都集中在导线的表皮，其中心未被使用，这就极大地减小了导线的截面积。为解决此问题一般就将许多截面积很小的细导线并联使用，就是所谓的多股导线。这样一来每一股导线都得到了有效利用，所以整条导线也就物尽其用了。

所以根据上面的介绍，连接防雷器的导线越粗越好、越短越好。

（2）防护等级（IP65）。防护等级指的是设备外壳对内部电路的防护功能。这里IP65的含义是：第一个数字表示防尘功能的等级，见表5-15；第二个数字表示防水功能的程度，见表5-16。一般UPS设备的防护等级是IP20，其含义是防尘功能有一点，可以防止较大尺寸的尘粒钻入机柜内部，而防水功能则全然无有。

表5-15　　电子设备的方防尘等级

IPXY等级（X的含义）	
等级	含　　义
0	No protection（不保护）
1	Protection against large foreign bodies（防止大的外来颗粒）
2	Protection against medium-size foreign bodies（防止外来的中型颗粒）
3	Protection against small foreign bodies（防止外来的小颗粒）
4	Protection against very small foreign bodies（防止外来很小的颗粒）
5	Limitation of ingress of dust（限制灰尘进入）
6	Prevention of ingress of dust（防止灰尘进入）

表5-16　　电子设备的防水等级

IPXY等级（Y的含义）	
等级	含　　义
0	No protection（无保护）
1	Protection against water dripping vertically（防止垂直的滴水）
2	Protection against water dripping non—vertically（防止不垂直的滴水）
3	Protection against spray water（防止飞溅的水）
4	Protection against splash water（防止泼溅的水）
5	Protection against jet water（防止喷射的水）
6	Protection against powerful water jets（防止强力的射流）
7	Protection against temporary submersion（能耐临时性的被水淹没）
8	Protection against continuous submersion（能耐长时间的被水淹没）

理解了这些指标的含义，对选择设备（不一定限于防雷器）就有了主动权。如果是其他的交流电连接方法，其防雷器的连接和选型也有所不同，各种连接方法在前面已有标准范例，在此不再累述。

三、断路器的特性及选择

断路器是配电柜的主要构成部分，一般机柜内配置了各种规格的断路器，图5-30所示的是机房中常用的断路器外形。断路器担负着向负载供电的时机和保护作用，因此这类开关质量的好坏和配合是否得当是能否有效保护负载的关键指标。往往有这种情况，上下游的开关不是按设计的顺序跳闸而是越级跳闸。

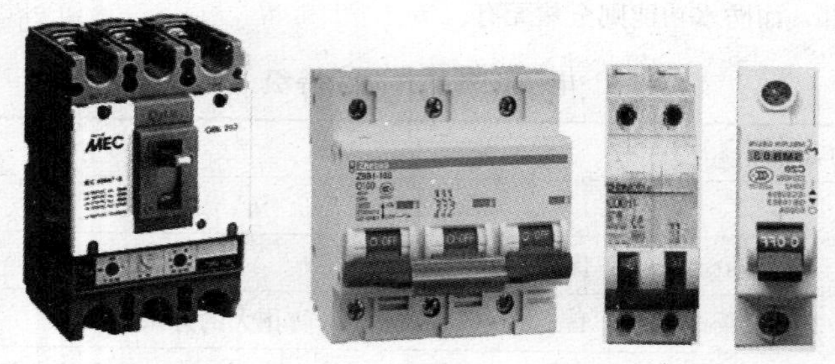

图 5-30　机房中常用的断路器外形

1）下游的所有断路器工作正常而上游的主断路器却跳闸。

2）下游断路器负载过载时，对应这一负载的断路器不跳闸，跳闸的而是上一级。

3）过载时上下游断路器一起跳。

这种情况就牵涉到配电柜内断路器如何选择的问题。在辐射式配电网络中，广泛遵循着选择性保护的原则，所谓选择性保护是指当整个配电系统中某一分支回路发生故障时，在不引起上一级保护装置动作的情况下，只断开发生故障的分支回路，在保护系统设备的同时，还能保证系统中其他负载不受影响地正常工作。现对上述三个问题分别进行讨论。

1. 下游所有断路器工作正常而上游的主断路器跳闸（大越级）

这种情况多出现在主断路器和分断路器的容量配合上。一般在设计一个配电柜时对主断路器和分断路器容量的配合要求不太严格。图 5-31 所示是一个中心机房由一台三相 20kVA UPS 供电时的配电箱电原理图。主电路断路器的电流容量应该是根据 20kVA/3 的功率来选

$$I_A = I_B = I_C = \left(\frac{20\text{kVA}}{3}\right) \div 220\text{V} = 30\text{A}$$

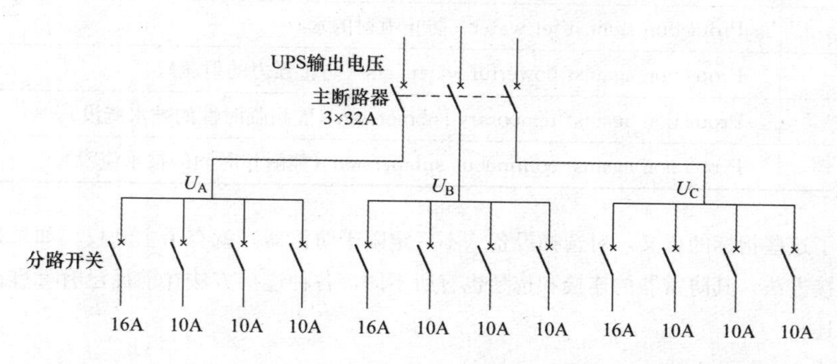

图 5-31　某中心机房由一台 20kVA UPS 供电时的配电箱电原理图

这里的断路器容量选择了 32A，乍看起来似乎很合适，比计算值还大一些，实际则不然。

一般 UPS 大都有过载到 120%时还可维持 10min 的能力，这过载 10min 的功率需要经过主断路器送出，甚至还有过载到 150%时还可维持 30s 的能力，这过载 30s 的功率也需要经过主断路器送出，就是说 UPS 允许的浪涌电流可达到 150%。所以主断路器的电流容量至少应该是 3×45A。上述的例子这样选 32A 主断路器显然是小了。

另外当 UPS 工作在旁路状态时，其过载能力更强，有的可达 10 倍额定电流 200ms。这倒可以不去考虑，因为在正常负载情况下绝不会相差如此悬殊。

注意，尽管分断路器的电流容量可以接近主断路器，但所有分断路器所对应的全部负载之和一定要小于主断路器的容量一定值，比如是主断路器容量的 70%，否则就容易使主断路器跳闸。原因是 UPS 大都是非线性负载，负载向 UPS 索取的是脉冲电流，在无功率因数补偿计算机负载的情况下，其谐波电流成分甚至可达 50%以上，高次谐波电流经过断路器会产生附加热损耗，有可能使断路器尚未达到额定电流时而提前跳闸。如果实际的负载电流已接近主断路器电流额定值，尽管下游各断路器工作正常，主断路器仍可跳闸。比如像图 5-31 的例子，每相断路器的电流之和是 46A，接近计算值 45A，对 UPS 而言在短时间内是可以承受的，但主断路器早已过载。即使每相负载是 46A 的 80%，也有 36.8A，主断路器照样跳闸，因此在设计配电柜时要注意这一点。

2. 越级跳闸

下游断路器负载过载时，对应这一负载的断路器不跳闸，跳闸的反而是上一级。为了说明问题仍以图 5-31 为例。配电柜的总断路器为西门子 5SX4 系列小型断路器三极断路器，额定电流 I_n=32A，短路瞬时脱扣特性 C 类（5～10 倍的额定电流 I_n），分断能力 I_{CS}是 10kA。总断路器之下分 12 条支路，U_A、U_B、U_C 三相，每相分四路，其中 16A 一路，10A 三路。支路断路器采用西门子 5SX2 系列 16、10A 单极小型断路器，短路瞬时脱扣特性也是 C 类，分断能力 I_{CS}是 6kA。支路断路器下口直接连接到负载机柜的配电柜。由于 C 相上 16A 支路负载发生短路，造成此 16A 断路器和 32A 的三极总断路器跳闸，全部负载掉电。事后 UPS 工程师查阅了西门子断路器产品手册，发现上级 5SX4 系列 32A 断路器同下级 5SX2 系列 16A 断路器之间是有选择性的，但是在此系统中却没有实现选择性保护。

3. 越级跳闸的原因及应对措施

在大越级跳闸的情况下，很多时候是因为整定电流不对。比如某游戏网数据中心，前面的总断路器为 1000A，但当负载只加到 400A 多点就跳闸，最后查到此 1000A 的 ATS，发现其整定电流标志是在 400A；某金融单位数据中心 UPS 输入配电柜用的是 300A 壳式断路器，也是 UPS 加不上负载，检查发现该断路器的整定电流才 40A，因此要考虑：

1）上下级断路器要存在选择性应满足哪些条件？

2）存在选择性的几种断路器应用在实际系统中就一定能实现选择性保护吗？

在一般应用中，通常的习惯认识是，只要满足以下条件就认为上下级断路器之间具有了选择性。

1）断路器的额定电流 I_n 要求上一级的要大于下一级。

2）断路器的短路瞬时脱扣电流 I_n（等于脱扣特性值乘以额定电流，如 B 类断路器的 I_n 为 $5I_n$，C 类断路器的 I_n 为 $10I_n$，D 类断路器的 I_n 为 $15I_n$）要求上一级的要大于下一级。

3）断路器的额定短路分断能力 I_{CS} 要求上一级的要大于下一级。

那么上下级断路器之间的电流容量满足了上述条件就一定能实现选择性保护吗？实际以上三条只是基本条件，但还不完全。首先来说明一下配电系统中的支路故障，主要有过电流和短路（接地故障本书暂不讨论）。

对于过载故障，可分以下两种情况讨论。

（1）上一级断路器额定电流 I_n 不小于所有下一级支路断路器额定电流 I_n 的总和。通过比较断路器的过载保护时间/电流特性曲线（长延时特性）发现，只要满足条件 A，当支路的过载电流超过支路断路器的约定脱扣电流 I_t 时，支路断路器就会在约定时间内脱扣，而上级断路器不会动作，从而实现了选择性保护。

（2）另一种是上一级断路器额定电流 I_n 小于所有下一级支路断路器额定电流 I_n 的总和。假设一种极限情况，所有下一级支路的电流都达到或接近其断路器的额定电流，则上级断路器就会工作在额定或过载状态，如上面“1”的例子。此时支路的任何故障都可能导致上级断路器动作，无法实现选择性保护。因此我们可以在实现选择性保护的条件中再加上一条“D”，即上一级断路器额定电流 I_n 要不小于下一级支路所有断路器额定电流 I_n 的总和一定值。本案例中支路额定电流总和 16A＋10A＋10A＋10A＝46A，大于上级额定电流 32A，肯定存在着隐患。

通过实验发现，对于短路故障而言，只有短路电流小于某一值之前，上一级断路器才不会同下一级支路断路器一起动作，可以实现选择性保护。这个短路电流值被称为“选择性极限电流”，而当短路电流超过“选择性极限电流”时，即使开关在设置上满足 A、B、C、D 四个条件，上下级断路器也不会实现选择性保护。通过对照表 5-16 发现，上级 5SX4 32A 断路器同下级 5SX2 16A 断路器之间是有选择性，但它们之间的“选择性极限电流”都是 300A（0.3kA），处在同一个数值。而当时的短路电流很可能超过了这个值，再加之互相之间存在一定的误差，所以系统没有实现选择性保护。因此可以在实现选择性保护的条件中再加上第二条“E”，即上下级断路器之间的“选择性极限电流”值要大于任一支路中的短路电流值。

在实际应用中，系统支路的短路电流有时难以确定（尽管肯定不会高于支路断路器的额定短路分断能力 I_{CS}），为了实现系统的选择性保护，就要求上下级断路器之间的“选择性极限电流”尽可能大，甚至是接近支路断路器的额定短路分断能力。“选择性极限电流”的大小取决于上下级断路器的额定电流、短路瞬时脱扣电流和额定短路分断能力（见表 5-17）。当上下级断路器的额定电流确定以后，要想提高“选择性极限电流”值，就要拉大上下级断路器短路瞬时脱扣电流 I_n 之间的差值距离。

以表 5-17 西门子小型断路器为例，上下级断路器的额定电流确定为 100A 和 32A 时：

1）上级短路瞬时脱扣电流 I_n。当选用 5SX7-7 C 类 I_n＝100A 时它就是 1000A，下级断路器短路瞬时脱扣特性（值）如果也选 C 类即 5SX2 C 类 I_n＝32A 时为 320A，两者相差了 680A，则“选择性极限电流”为 1kA。如果下一级选 B 类 5SX2 B 类 32A 时，I_n 就是 160A，两者相差了 840A，由表中查得“选择性极限电流”为 1.2kA。

表 5-17　　西门子小型断路器之间的选择性

下级 MCB				上级 MCBs										
				5SX4-7 特性 C					5SX7-7 特性 C			5SX7-8 特性 D		
	I_n (A)			20	25	32	40	50	63	80	100	63	80	100
		I_n (A)		200	250	320	400	500	630	800	1000	945	1200	1500
			I_{cn} (kA)	10	10	10	10	10	10	10	10	10	10	10
				选择性极限（kA）										
5SX1、5SX2、5SX4、特性 B	6	30	6/10	0.2	0.2	0.3	0.5	0.5	0.5	0.8	1.5	1.5	3	5
	10	50	6/10	0.2	0.2	0.3	0.5	0.5	0.5	0.8	1.2	1.5	3	4
	13	65	6/10	0.2	0.2	0.3	0.4	0.5	0.5	0.8	1.2	1.5	2	3
	16	80	6/10	0.2	0.2	0.3	0.4	0.5	0.5	0.8	1.2	1.5	2	3
	20	100	6/10		0.2	0.3	0.4	0.5	0.5	0.8	1.2	1.5	2	3
	25	125	6/10				0.4	0.4	0.4	0.6	1.2	1.2	1.5	3
	32	160	6/10				0.4	0.4	0.4	0.6	1.2	1.2	1.5	3
	40	200	6/10					0.4	0.4	0.6	1.2	1.2	1.5	2.5
	50	250	6/10						0.4	0.6	1	1.2	1.5	2.5
特性 C	0.5	5	6/10	0.2	0.3	0.5	0.8	0.8	0.8	1.2	4	5	6/10	6/10
	1	10	6/10	0.2	0.3	0.5	0.8	0.8	0.8	1.2	4	5	6/10	6/10
	1.5	15	6/10	0.2	0.3	0.5	0.8	0.8	0.8	1.2	4	5	6/10	6/10
	2	20	6/10	0.2	0.3	0.5	0.8	0.8	0.8	1.2	4	5	6/10	6/10
	3	30	6/10	0.2	0.2	0.3	0.5	0.5	0.5	0.8	1.5	1.5	3	4
	4	40	6/10	0.2	0.2	0.3	0.5	0.5	0.5	0.8	1.5	1.5	3	4
	6	60	6/10	0.2	0.2	0.3	0.5	0.5	0.5	0.8	1.5	1.5	3	4
	8	80	6/10	0.2	0.2	0.3	0.4	0.4	0.4	0.6	1.2	1.5	2.5	3
	10	100	6/10	0.2	0.2	0.3	0.4	0.4	0.4	0.6	1.2	1.5	2.5	3
	13	130	6/10	0.2	0.2	0.3	0.4	0.4	0.4	0.6	1.2	1.2	2	3
	16	160	6/10	0.2	0.2	0.3	0.4	0.4	0.4	0.6	1.2	1.2	2	3
	20	200	6/10		0.2	0.3	0.4	0.4	0.4	0.6	1.2	1.2	2	3
	25	250	6/10				0.3	0.4	0.4	0.6	1	1.2	1.5	2.5
	32	320	6/10				0.3	0.4	0.4	0.6	1	1.2	1.5	2.5
	40	400	6/10								0.8	1	1.5	2
	50	500	6/10								0.8	1	1.5	2
	63	630	6/10								0.8		1.2	1.5

2）下一级短路瞬时脱扣电流 I_n。在选用 5SX2 C 类额定电流为 32A 时，I_n 为 320A，上级断路器短路瞬时脱扣特性（值）如果也选 C 类 5SX7-7 C 类 100A 时，I_n 为 1000A，两者相差 680A，则“选择性极限电流”为 1kA，如上级选 D 类 5SX7-8 D 类 100A 时，I_n 为 1500A，两者相差 1180A，则“选择性极限电流”为 2.5kA。

3）如果上一级短路瞬时脱扣特性（值）D 类 5SX7-8 D 类 I_n 为 1500A，下级断路器短路瞬时脱扣特性 B 类的 5SX2 B 类 I_n 为 160A，两者相差就是 1340A，则“选择性极限电流”可达到 3kA。

以上是以小型断路器在“总开关和末端开关”这种二级的配电结构中应用为例，分析“选择性保护、选择性极限电流、短路瞬时脱扣电流”它们之间的关系。这种通过断路器的短路瞬时脱扣电流大小不同来实现选择性保护是属于电流型选择。其实不只是小型断路器之间，我们经常使用的塑壳断路器，在塑壳与塑壳之间的选择性也是属于电流型选择，这种电流型选择适用于中小容量配电系统（60kVA 以下）或局部保护。

对于更大容量（60kVA 以上）和有着更多级配电结构的系统，对电源侧（干路）要求具备更高的“选择性极限电流”，这样才有利于下级支路实现选择性保护。拉大上下级断路器短路瞬时脱扣电流 I_n 之间的差距（电流型选择）对提升“选择性极限电流”的作用是有限的，如果能够延迟上级断路器的短路脱扣时间，使下级断路器在允许的时间内充分发挥自身的分断能力来断开故障回路，这不是更能有效地提高“选择性极限电流”从而更可靠地实现选择性保护吗？

基于这一认识，大容量系统的干路断路器普遍采用带有短路短延时脱扣保护功能的选择型断路器。这里要分清两个概念，“断路器的选择性”和“选择型断路器”是有区别的。我们前面提到的普通塑壳断路器和小型断路器，它们上下级之间虽然存在着选择性，但这两种断路器还不能称为选择型断路器，选择型断路器是指除了具备普通断路器的过载长延时脱扣和短路瞬时脱扣保护外，还要具备短路短延时保护功能，即通常所说的三段保护功能，如图 5-32 所示。这种选择型断路器可以设定短路脱扣时间（从 50ms～1s 不等）。这种通过延长断路器的短路脱扣时间来实现选择性保护，是属于时间型选择，同电流型选择相比，其优势在于能够更有效地提升上下级断路器之间的“选择性极限电流”（甚至可以达到下级断路器的额定短路分断值），更可靠地实现选择性保护，适合用作电源侧（干路）保护。

另外要说明的一个问题是：非选择型塑壳断路器同小型断路器之间也存在着选择性，而且尽管它们之间瞬时脱扣电流 I_n 的差小于小型断路器之间瞬时脱扣电流 I_n 的差，但是塑壳断路器同小型断路器之间的“选择性极限电流”却大于小型断路器之间的“选择性极限电流”，还以西门子断路器为例，见表 5-18。上下级断路器的额定电流仍定为 100A 和 32A。上级短路瞬时脱扣电流 I_n 在选定 3VF3 时，其值为 800A，下级断路器短路瞬时脱扣电流在选定 5SX2 C 类时，其脱扣电流值为 320A，两者相差 480A，“选择性极限电流”为 3kA；如果上级选 5SX7-8 D类时，脱扣电流 I_n 值为 1500A，两者相差 1180A，“选择性极限电流”为 2.5kA。这是为什么呢？这是因为非选择型塑壳断路器虽然不具备短路延时脱扣功能，但它的短路瞬时脱扣时间（一般在 15ms 左右）都长于小型断路器的短路瞬时脱扣时间（一般 4ms 左右），这也从一个侧面说明了时间型选择比较起电流型选择来，对提升“选择性极限电流”更明显。因此，为了实

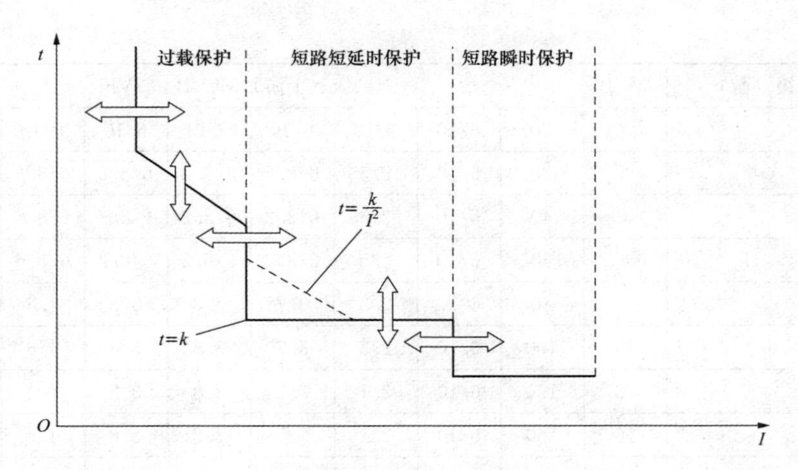

图 5 - 32　选择型断路器的三段保护功能图

现选择性保护，断路器之间存在选择性的条件是：

1）断路器的额定电流 I_n。上一级的要大于下一级。

2）断路器的短路瞬时脱扣电流 I_n。上一级的要大于下一级。

3）断路器的额定短路分断能力 I_{CS}。上一级的要大于下一级。

断路器之间实现选择性保护的条件是：

1）断路器之间要存在选择性。

2）上一级断路器额定电流 I_n 要不小于下一级支路所有断路器额定电流 I_n 的总和（按一相算）。

3）上下级断路器之间的“选择性极限电流”值要大于支路中的短路电流值。

提高“选择性极限电流”的方法为：

1）拉大上下级断路器短路瞬时脱扣电流 I_n 之间的距离，电流型选择，适用于局部（支路或末端）保护。

2）延迟上级断路器的短路脱扣时间，采用时间型选择，适用全局（电源侧、干路）保护。

表 5 - 18　西门子公司的塑壳断路器 3VF3 同小型断路器之间的选择性表

下一级（游）	MCB			上一级（上游）$MCCB_3$　$3VF_3$					
	I_A（A）			50	63	80	100	125	160
5SX1，5SX2，5S		I_n（A）		400	500	630	800	1000	1280
X4 特性 C				40/70	40/70	40/70	40/70	40/70	40/70
			I_n（kA）	100	100	100	100	100	100
	0.5	5	6/10	6/10	6/10	6/10	6/10	6/10	6/10
	1	10	6/10	6/10	6/10	6/10	6/10	6/10	6/10
	1.5	15	6/10	6/10	6/10	6/10	6/10	6/10	6/10

续表

下一级（游）	MCB	上一级（上游）MCCB$_3$　3VF$_3$							
	2	20	6/10	6/10	6/10	6/10	6/10	6/10	6/10
	3	30	6/10	2.5	6/8.2	6/8.2	6/8.2	6/8.6	6/10
	4	40	6/10	2.5	6/8.2	6/8.2	6/8.2	6/8.6	6/10
	6	60	6/10	2.5	6/8.2	6/8.2	6/8.2	6/8.6	6/10
	8	80	6/10	2.3	3.7	3.8	3.8	4.6	6/9.4
	10	100	6/10	2.3	3.7	3.8	3.8	4.6	6/9.4
	13	130	6/10	2.1	3.7	3.8	3.8	4.4	6/7.5
	16	160	6/10	2.1	3.7	3.8	3.8	4.4	6/7.5
	20	200	6/10	2.1	3.7	3.8	3.8	4.4	6/7.5
	25	250	6/10	1.9	3	2.3	3	3.6	4.9
	32	320	6/10	1.9	3	2.3	3	3.6	4.9
	40	400	6/10	1.4	2.1	2.2	2.2	2.3	2.9
	50	500	6/10			1.9	2.1	2.2	2.9

为了方便选型，表 5-19 给出了各种类型断路器的特点及应用范围，列出了选择性断路器和非选择性断路器的分断能力和脱扣类型。从前面的介绍已经知道：选择型断路器是指除了具备普通断路器的过载长延时脱扣保护、短路瞬时脱扣保护外，还要具备短路短延时保护功能；同时从表 5-19 中还可以看出，选择性断路器和非选择性断路器在分断能力上也是有区别的。同样是 100A 以上的额定电流，对应选择性断路器而言，其分断能力在 35kA 以上；但对于非选择性断路器而言，其分断能力在 35kA 以下。在非选择性断路器中塑壳断路器的分断能力比小型断路器大一些，前者在 25kA 以上，而后者的分断能力只在 10kA 以下，所以在用途上也各有自己的领域。选择型断路器主要用于 60kVA 以上容量多级配电系统的干路或主要支路。由于其跳闸脱扣时间可调，比如短路短延时就是跳闸时间可调的指标，所以它避免越级跳闸的功能就强一些，对保证干路和主要支路的可靠供电很有意义。而非选择型断路器在脱扣时间上一般就不可调，所以在上下级开关选择的配合上就要多费一些心思。

表 5-19　　　　各种类型断路器特点及应用范围

功能	选择型断路器	非选择型断路器		
额定电流	100A 以上	塑壳断路器 250A 以下	小型断路器 D 类 125A 以下	小型断路器 C、B 类 125A 以下
分断能力	35kA 以上 （IEC 60947）	25kA 以上 （IEC 60947）	10kA 以下 （IEC 60898）	10kA 以下 （IEC 60898）

续表

功能	选择型断路器	非选择型断路器		
脱扣种类	过载长延时（L） 短路瞬时（I） 短路短延时（S） 接地故障（G） 剩余电流及其他	过载长延时 短路瞬时 剩余电流及其他	过载长延时 短路瞬时 剩余电流及其他	过载长延时 短路瞬时 剩余电流及其他
适用范围	60kVA 以上容量多级配电系统的干路或主要支路	支路或三级以下配电系统的干路或主要支路	支路、末端或二级以下配电系统的干路或主要支路	支路、末端

4. UPS 输入、输出断路器上下游断路器同时或不规则跳闸

有相当数量的 UPS 供电系统由于断路器的容量配置不当而导致故障。其断路器安装位置原理图如图 5-33 所示。往往会有这样的发现，当 UPS 输入和输出采用同样规格的断路器时，在输出并未过载的情况下为什么输入断路器 S_i 就跳闸呢？在同样不过载的情况下有时输出断路器 S_o 也跳闸，是不是断路器 S_i 和 S_o 出了问题呢？如果不是 S 和 S_o 的问题那又是什么问题呢？

图 5-33　UPS 输入输出开关电原理图

实际上还真不是 S_i 和 S_o 的问题，问题的关键是出在设计者的误解上。首先在输入、输出断路器的选择上二者就不能完全一样，另一方面也忽略了影响断路器容量的因素。

5. 断路器的选择

(1) 输出断路器的选择。有些用户在选择 UPS 输出断路器时是根据其输出功率的计算结果进行的，举例如下。

例 5-7　一台容量为 30kVA 三进三出的 UPS 应配多大容量的断路器？

由于是三进三出，当然要配置三极断路器，经过每极的电流为

$$I = \left(\frac{30\text{kVA}}{3}\right) \div 220\text{V} = 46\text{A} \tag{5-25}$$

按照断路器的标准规格选 50A 一挡的产品似乎就已经给出了富裕，其实不然，还有几个因素没有考虑到。

1）高次谐波的影响。UPS 一般都是带的非线性负载，比如未经输入功率因数校正的 PC 机，由于其要求输入的是脉冲电流，所以它的输入功率因数才 0.6～0.7。这就造成了输入波形的失真，电流中出现了很大比例的高次谐波，这些高次谐波虽然是无功电流，但经过断路器触点时照样使触点发热。断路器的过载保护一般是靠热电偶的变形来触动执行机构使其跳闸，应把这个附加发热的因素考虑进去。

2）UPS输出过载能力的影响。一般UPS都有过载20%坚持10min的能力，这10min的过载电流也要经过输出断路器S_o，还有的UPS都有过载20%能长期运行，此时的断路器容量就应该是46A×120%=55A；大部分UPS还有过载50%坚持30s的能力，这30s的150%过载电流还要经过输出断路器S_o，此时的断路器容量就应该是46A×150%=69A。甚至有的UPS在200%额定电流的情况下还可以坚持60s。表5-20是一种断路器的保护特性，是选择断路器时须注意的事项。比如在UPS输出端选用了约定脱扣电流被整定在1.3倍额定电流的断路器，正巧所购UPS具有过载20%能长期运行的特性，当非线性负载真的运行在120%的电流时，在附加发热的情况下很可能使断路器跳闸，造成不应有的损失。

表5-20　　断路器的保护特性

试验电流名称	整定电流倍数	$I_n \leqslant 40A$	约定时间 $40A < I_n \leqslant 250A$	$I_n > 250A$	起始状态
约定不脱扣电流	1.05	≥1h	≥2h		冷态
约定脱扣电流	1.30	<1h可返回时间	<2h		热态
返回特性电流	3.0	5s	8s	12s	冷态

对表5-20中的名词浅释：

1）脱扣电流。是指能使断路器断开（跳闸）电路的最小电流，超过这个电流值以后的所有电流情况均跳闸。

2）整定电流。一般是在工厂里进行这项工作，就是将断路器通过的电流调整到额定电流的一定倍数，比如表5-20中的$1.30I_n$，当实际电流达到这个值时，在“约定时间”内脱扣（跳闸），比如表中给出的是在所选额定电流$I_n \leqslant 40A$的情况下，在1h内脱扣跳闸。

3）约定时间。实际上是规定时间，但规定时间是比较硬性的，其准确性不好掌握，只能是大约的规定一个时间范围而不是一个时间点。

4）冷态和热态。这里所指的冷态和热态是有条件的，必须从起始状态算起，可以近似理解成冷态就是不加负载或加很小负载时的断路器闭合状态情况，此时由于电流很小，断路器的发热可忽略不计。从这时开始加比额定定电流大的负载，比如表5-19中的$1.05I_n$，断路器对于$I_n \leqslant 40A$的器件，不脱扣跳闸的正常工作时间可在1h以上；对于$40A < I_n \leqslant 250A$和$I_n > 250A$的器件，不脱扣跳闸的正常工作时间可在2h以上。如果一开始就加有负载，这就是热态，当电流达到$1.30I_n$时，断路器对于$I_n \leqslant 40A$的器件来说，在1h以内就脱扣跳闸，对于$40A < I_n \leqslant 250A$和$I_n > 250A$的器件，在2h以内就脱扣跳闸。

（2）输入断路器的选择。在选择输入断路器时比输出断路器的考虑因素还要多：输入功率因数、充电电流、UPS效率、过载能力和市电电压波动范围等。其中功率因数和过载能力的影响和输出断路器相差无几，这里仅对与输出断路器几个不同的指标进行讨论。

1）充电电流。一般UPS的充电功率设为额定功率的10%，这10%的充电功率是另外的，不计入输出功率。如果需要再加大充电功率，有的UPS可以从其输出功率中去“借”，因此计入输出功率。

2）系统效率。这里指的是UPS的系统效率，其表达式为

$$\eta=\frac{P_o}{P_i} \tag{5-26}$$

式中：η为UPS的系统效率，这个值越高就表明UPS本身的损耗越小；P_i为UPS的输入有功功率，W；P_o为UPS的输出有功功率，W。

在选择输入断路器时不能将效率值卡得太严，一般取90%也就可以了。

3）输入电压波动范围。一般用户都希望UPS允许的输入电压范围越大越好，但这也和输入断路器开关有关。假如在市电最低电压时仍要求全功率，这时的输入电流必须增加。

例5-8　一台容量为10kVA单进单出的UPS允许输入电压波动范围是220V（1±20%），当输入电压为220V（1－20%）＝196V时，要求全功率供电和全功率充电，在输入功率因数$F=0.8$的情况下，其输入断路器电流容量需多大？

1）输出功率＋充电功率＝11（kW）。

2）在效率$\eta=90\%$的情况下输入的有功功率为

$$P_i=\frac{P_o}{\eta}=12.2\text{kW} \tag{5-27}$$

3）在输入功率因数$F=0.8$的情况下，其输入的最大视在功率为

$$S_m=\frac{P_i}{F}=15.3\text{kVA} \tag{5-28}$$

4）当输入电压下降20%时，为了保持输入的视在功率不变，此时的最大电流为

$$I_{im}=\frac{15.3\text{kW}}{196\text{V}}=78\text{A} \tag{5-29}$$

原来在额定电压220V和不计充电功率时的输入电流为

$$I_i=\frac{P_o}{\eta FU}=\frac{10\text{kW}}{0.9\times0.8\times220\text{V}}=63\text{A} \tag{5-30}$$

5）若按原来什么都不考虑时的输出电流46A，应选择50A标准值断路器。甚至有的用户就把这个规格的断路器用在了UPS输入和输出主路上，因此才造成了输入和输出不规则的单独跳闸与同时跳闸的怪现象。

为了少走弯路和能够比较理性地选择合适的断路器，表5-20给出了各种类型断路器的特性及其应用范围。现将几个术语的含义做一简单说明。

1）分断能力。从表5-21中可以看出，选择型断路器和非选择型断路器有着明显的区别。额定电流在100A以上选择型断路器的分断能力在35kA以上，这是什么意思呢？因为在大电流时，断路器触点由于存在着接触电阻，当电流通过时会产生功率损耗而使触点发热，当断路器断开时，动作总是从接触状态开始离开，在刚刚离开一个小缝隙瞬间产生拉弧而使温度剧烈上升，如果断路器断开的力量不足够大和足够快就会使触点熔在一起出现粘连现象，使脱扣失败。电流越大这种粘连的危险性也就越大，选择型断路器能在35kA以上的电流时将开关脱扣，可见能力之强，而小型断路器的分断能力只能是在10kA以下。

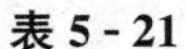

表 5-21　　各类型断路器特性及应用范围

种类	选择型断路器	非选择型断路器		
特性		塑壳断路器	小型断路器 D 类	小型断路器 B、C 类
额定电流	100A 以上	250A 以下	125A 以下	125A 以下
分断能力	35kA 以上 (IEC60947)	25kA 以上 (IEC60947)	10kA 以下 (IEC60898)	10kA 以下 (IEC60898)
脱扣种类	过载长延时（L） 短路瞬时（S） 短路短延时（I） 接地故障（G） 剩余电流及其他	过载长延时 短路瞬时 剩余电流及其他	过载长延时 短路瞬时 剩余电流及其他	过载长延时 短路瞬时 剩余电流及其他
适用范围	60kVA 以上容量多级配电系统的干路或主要支路	支路或三级以下配电系统的干路或主要支路	支路、末端或二级以下配电系统的干路或主要支路	支路、末端

2）脱扣种类。两种类型的断路器在脱扣种类上也有所不同，这也是选型必须考虑的。

①过载长延时脱扣（开关上的标志为 L）：这一项是所有断路器都具有的功能，过载电流超过了额定电流值一定限度时，断路器内的热电偶由于弯曲变形到一定程度就触发了脱扣机构使断路器跳闸，由于热电偶是机械变形，要有一个过程，所以需要较长的时间。

②短路瞬时脱扣（开关上的标志为 S）：这一项也是所有断路器都具有的功能，因为断路时的电流特别大，如不及时断开就会导致更严重的故障。在这种情况下控制脱扣的机构就不能用热电偶这种惯性很大的机构了，所以断路器内也装置了磁脱扣机构，它是利用短路电流在线圈中形成的强大磁场来触动脱扣执行机构，使之与地断开，从而保护电路。

③短路短延时脱扣（开关上的标志为 I）：这是选择型断路器独有的功能。在断路故障时，为了避免造成前后级同时跳闸的现象，选择性断路器的脱扣时间是可以微调的。这样在设计配电柜和选择断路器时一定要注意着关键的一环。

④接地故障（开关上的标志为 G）脱扣跳闸：这也是选择型断路器独有的功能。这其中也包括相线与地短接故障，这应当也属于短路故障，有时还有别的情况，也需要根据情况设置。

⑤剩余电流及其他脱扣跳闸：剩余电流脱扣跳闸应当是漏电流保护，除此而外还有过电压保护、欠电压保护和外电路输入信号执行的控制跳闸等。

⑥C 型和 D 型断路器的区别：从表 5-20 中还可以看出，在小型断路器一栏中有两个型号——C 型和 D 型，但从表 5-20 的功能来看，除用途一栏中有些区别以外，其他都一样，这就造成了在选型时的误区，认为都一样。有不少 UPS 配电柜中的这种断路器因选择不善而导致前后级同时跳闸的现象屡见不鲜。图 5-34 所示为小型断路器的脱扣特性。从特性曲线中可

以看出，当过载 1.13 倍额定电流 I_n（即 $1.13I_n$）时（对应图中的 I_1），其脱扣时间延迟到 1h 或 1h 以上；当过载 1.45 倍额定电流 I_n（即 $1.45I_n$）时（对应图中的 I_2），由于电流大了，发热量比 1.13 倍时大了，所以其脱扣时间比前者缩短到 1h 以内。这属于过载长延时热脱扣（thermal tripping）类型。在这种热脱扣类型时，A～D 四种小型断路器性能一样。

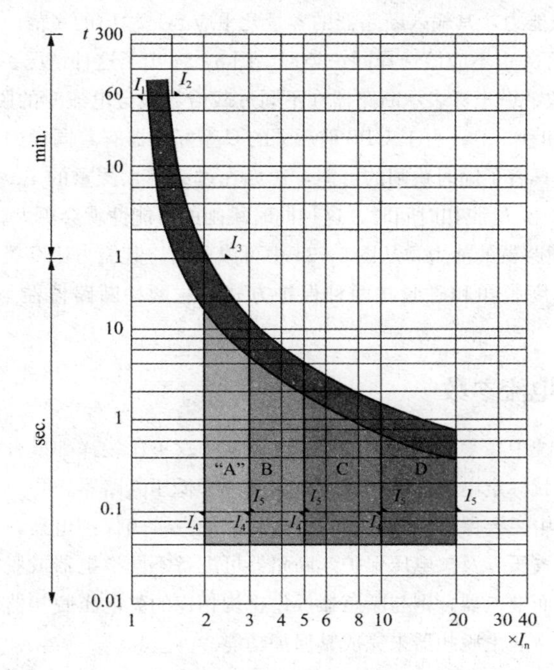

		A	B	C	D
t	$I_1(t\geqslant 1\text{h})$	$1,13I_n$	$1,13I_n$	$1,13I_n$	$1,13I_n$
	$I_2(t<1\text{h})$	$1,45I_n$	$1,45I_n$	$1,45I_n$	$1,45I_n$
m	$I_4(t\geqslant 0.1\text{s})$	$2I_n$	$3I_n$	$5I_n$	$10I_n$
	$I_5(t<0.1\text{s})$	$3I_n$	$5I_n$	$10I_n$	$20I_n$

t—热脱扣(thermal tripping)
m—磁脱扣(magnetic tripping)

图 5-34　小型断路器脱扣特性

当经过开关的电流超过额定值 I_n 的 2 倍以上时，就进入磁脱扣（magnetic tripping）保护范畴，这时就显出了 C 型和 D 形断路器的区别。首先，C 型断路器对应的过载能力最大只能到 $10I_n$，这时它的脱扣时间 $t<0.1$s；而 D 形断路器在 $10I_n$ 的脱扣时间 $t\geqslant 0.1$s，这就分出了脱扣的前后次序，防止了越级或同时跳闸的几率。D 形断路器过载能力达 $20I_n$ 时的脱扣时间 $t<0.1$s（对应图中的 I_5），而 C 型断路器的过载能力就达不到这个值，所以二者的性能是不一样的，在选用时应当注意。

某用户由于在选 UPS 的配电柜时，没有请有资质的厂家去做，而是自己凭印象和并不丰富的经验在“满足”UPS 输出功率的前提下，就在 UPS 的输入和输出端选用了统一规格的 C

型断路器，结果设备安装完毕投入运行后屡屡发生前后级同时跳闸的现象，搞得该用户惶惶不可终日。实际上是用户犯了以下概念不清的错误。

1）首先不该将UPS的输入和输出端选择同一规格的断路器。因为UPS本身是有功耗的，在UPS的额定输出功率下，输入功率要比输出大，即输入电流要大于输出电流。如果再算上UPS的充电功率和过载能力，其输入断路器的容量几乎应当是输出的2倍。

2）其输入和输出开关也不应该选择同一类型。图5-34出了这种情况。图中横坐标表示断路器额定电流 I_n 的倍数，纵坐标表示断路器在不同过载倍数额定电流时的脱扣时间 t，其数字表示的是分钟（min）和秒（s）。由于UPS前后端的C型断路器有着同样的过载能力和脱扣特性，就使得前后端开关具有了同时跳闸的可能，比如在过载不太严重的 I_1 和 I_2 情况下。在瞬时浪涌电流宽度大于 I_4 和 I_5 脱扣时间时，这种同时跳闸的可能性就会更大。

至于A型和B型断路器的能力，从图5-34中可以看出，其能力比C类还要差一些。尽管如此，它们也仍具有温度脱扣和磁脱扣两种保护方式。这两种断路器在与UPS配套的柜式PDU中并不多见。

四、低压断路器的电流参数

如前所述，配电系统中在很大程度上就是选断路器。这里比较详细地分析低压断路器各个电流参数的概念，提出就标定电流参数和标定方法来选择低压断路器。

断路器是配电系统中主要保护电器之一，也是功能最完善的保护电器，其主要作用是作为短路、过载、接故障、失压以及欠电压保护。断路器可配备不同继电器或脱扣器。脱扣器是断路器的一个组成部分，而继电器，则与断路器操作机构相连的欠电压脱扣器和分励脱扣器来控制断路器。低压断路器一般由脱扣器来完成其保护功能。

标明低压断路器电流特性的参数很多，容易混淆不清。设计文件中，常标明断路器电流值时，不说明电流值的意义，给定货造成混乱。要完整准确选择断路器，就必须清楚地标定断路器各个电流参数。

1. 断路器额定电流参数

国标《低压开关设备和控制设备　低压断路器》GB 14048.2—1994（等效采用IEC 947-2）对断路器额定电流使用了以下两个概念。

1）断路器额定电流 I_n。是指脱扣器能长期工作的电流，这就是脱扣器的额定电流。对带可调式脱扣器断路器而言，就是脱扣器可长期工作的最大电流。

2）断路器壳架等级额定电流 I_{nm}。是指基本几何尺寸相同和结构相似的框架或塑料外壳中所装器件能承受的最大脱扣器额定电流。

当我们提及“断路器额定电流”这一概念时，通常是指“断路器壳架等级额定电流”而不是“脱扣器额定电流”。例如当我们选择一只DZ20Y—100/3300—80A型断路器时，通常我们简单说其额定电流为100A，脱扣器额定电流为80A。多数低压断路器供应商所提供产品资料中，也一般不提“断路器壳架等级额定电流”这一复杂说法，而只给出“断路器额定电流”这一参数，其实就是“断路器额定电流”作为“断路器壳架等级额定电流”一种简称，似乎较为合适。也许标准中对额定电流定义与平时使用不一致是导致混乱原因之一。

“断路器壳架等级额定电流”是标明断路器框架通流能力参数，主要由主触头通流能力决定，它也决定了所能安装脱扣器最大额定电流值。选择断路器时，此参数是不可缺少的。

2. 过电流脱扣器电流参数

断路器脱扣器有过电流脱扣器、欠电压脱扣器、分励脱扣器等。过电流脱扣器还可分为过载脱扣器和短路（电磁）脱扣器，并有长延时、短延时、瞬时之分。过电流脱扣器最为常用。

过电流脱扣器的动作电流整定值可以是固定或是可调，调节时通常利用旋钮或是调节杠杆。电磁式过电流脱扣器既可以是固定，也可以是可调，而电子式过流脱扣器通常总是可调的。

过电流脱扣器按安装方式又可分为固定安装式或模块化安装式。固定安装式脱扣器和断路器壳体加工为一体，一旦出厂，其脱扣器额定电流就不可调节，如DZ20型；而模块化安装式脱扣器作为断路器的一个安装模块，可随时调换，灵活性很强，如MerlinGerin公司NS型。

标明过电流脱扣器电流有以下几个参数：

（1）脱扣器额定电流 I_n，指脱扣器能长期最大电流。

（2）长延时过载脱扣器动作电流整定值 I_r。固定式脱扣器的 $I_r=I_n$，可调式脱扣器的 I_r 为脱扣器额定电流 I_n 的倍数，如 $I_r=(0.4\sim1)I_n$。

（3）短延时电磁脱扣器动作电流整定值 I_m，为过载脱扣器动作电流整定值的 I_r 倍数，倍数固定或可调，如 $I_m=(2\sim10)I_r$。对不可调式可其中选择一适当整定值。

（4）瞬时电磁脱扣器动作电流额定值 I'_m。为脱扣器额定电流 I_n 倍数，倍数固定或可调，如 $I'_m=(1.5\sim11)I_n$。对不可调式可其中选择一适当整定值。

3. 断路器短路特性电流参数

（1）额定短路分断能力 I_{cn}。断路器额定短路分断能力 I_{cn}应采用额定极限短路分断能力 I_{cu}或额定运行短路分断能力 I_{cs}表示，这在具体产品标准中确定。

（2）额定极限短路分断能力 I_{cu}。额定极限短路分断能力 I_{cu}是断路器在规定试验电压及其他规定条件下极限短路分断电流之值，它可以用预期短路电流表示。要按规定试验程序 o—t—co 动作之后，不考虑断路器继续承载它额定电流。

o 表示分断操作，co 表示接通操作后紧接着分断操作，t 表示两个相继操作之间时间间隔，一般不小于3min。

（3）额定运行短路分断能力 I_{cs}。是指断路器在规定试验电压及其他规定条件下的一种比额定极限短路分断电流小的分断电流值，I_{cs}是 I_{cu}一个百分数。按规定试验程序 o—t—co—t—co 动作之后，断路器应有继续承载它额定电流能力。

额定短路分断能力大于1500A的小型断路器，国标《家用及类似场所用断路器》GB 10963（等效采用IECB98）规定应进行额定极限短路分断能力 I_{cu}和额定运行短路分断能力 I_{cs}试验。当 $I_{cu}\leqslant6000$A时，$I_{cu}=I_{cs}$，故只需做 I_{cs}试验。标明短路分断能力为4500、6000A小型断路器，其 $I_{cu}=I_{cs}=I_{cn}$，故一般只提及其额定短路分断能力 I_{cn}值。

（4）额定短时耐受电流 I_{cw}。额定短时耐受电流 I_{cw}是指断路器在规定试验条件下短时间承受电流值的能力。交流值是预期短路电流周期分量有效值，额定短时耐受电流的时间至少为0.05s。

4. 标定断路器电流参数

断路器短路电流参数 I_{cu}、I_{cs}、I_{cw} 选定断路器时需考虑，断路器型号和壳架等级额定电流 I_{nm} 选定后就已确定，故不需另外标明，而断路器额定电流参数和所选脱扣器电流参数需根据实际情况标识清楚。

(1) 小型断路器 MCB（Miniature Circuit Breaker）。对塑壳和过电流脱扣器加工为一体的小型断路器 MCB 而言，如 MerlinGerin 公司 C45N 系列、ABB 公司 S230 系列、奇胜公司 E4CB 系列、国产 DZXl9 系列等，一般产品资料中只提供“断路器额定电流”一个值，此参数具有断路器壳架等级额定电流 I_{nm}、脱扣器额定电流 I_n、长延时过载脱器动作电流整定值 I_r 三重含义，即 $I_{nm}=I_n=I_r$，而瞬时电磁脱扣器动作电流额定值 I'_m 一般为固定值。选择小型断路器时，只需给出一个电流值即可，不会产生歧义。

(2) 塑壳式断路器 MCCB（Moulded Case Circult-Breaker）。塑壳式断路器产品种类繁多，标定其电流比较复杂。如国产 DZ20 系列、ABB 公司 SACEModul 系列、MerlinGerin 公司 CompactNS 系列均为常用塑壳式断路器。

当断路器配装固定式过电流脱扣器时，脱扣器额定电流 I_n 和长延时过载脱扣器动作电流整定值 I_r 相同，即 $I_n=I_r$，如 DZ20 系列、TC 系列、H 系列断路器属此种情况。此时需要标定两个电流值，断路器壳架等级额定电流 I_{nm}、脱扣器额定电流 I_n（或长延时过载脱扣器动作电流整定值 I_r）。瞬时脱扣器动作电流整定值 I'_m 为固定值，一般不需标明。

当断路器配装可调模块式过电流脱扣器时，脱扣器各个电流均需明确标定，首先标明断路器壳架等级额定电流 I_{nm}，然后标明所选择脱扣器型号和脱扣器各个电流整定值。如当选择 MerlinGerin 公司 CompactNS 系列断路器时，需给出如下完整参数。

NS100H 型，$I_{mm}=100A$，配 STR22SE—40A 型电子脱扣器，$I_n=40A$，$I_r=0.8I_n$（32A），$I_m=5I_r$（160a），$I'_m \leqslant 11I_n$（固定值）。

(3) 框架式断路器 ACB（AirCircuit Breaker）。框架式断路器功能完善，多配装可调模块式过流脱扣器，如 ME、DW15、DWX15 型、MerlinGerin 公司 Masterpact 系列、ABB 公司 ASCE-Megamax-F 系列等。标注电流参数时，首先标明断路器壳架等级额定电流 I_{nm}，然后标明选择脱扣器和脱扣器各个电流整定值。

五、总线断路器的选择

1. 概况

在信息机房配电系统中，输入开关设备是采用标准的现场总线或其他数字通信方式将具有通信能力的元器件相互连接起来，通过控制器或上位机（主站）实现对现场设备、电网或其他控制器（从站）等的遥测、遥调、遥控、遥信（以下简称“四遥”）中的部分或全部功能构成的低压成套开关设备。随着电力工业的不断发展，对配电系统的数据量传输、远程控制、故障检修等提出了更高的要求。国产智能化元器件品种日益增多、功能日益完善、价格日趋合理，广大用户已开始逐渐接受，故研发和推广总线型低压成套开关设备的条件日趋成熟。

总线型低压成套开关设备适用于配电系统中作为电能分配、转换和电动机控制之用。设备的各个部分均可配备具有通信功能的智能化元器件，元器件自身的性能直接影响设备的性能，优选智能化低压元器件，达到技术上先进和经济上合理是总线型低压成套开关设备设计的基本要求。不同场合应选配不同性能的智能化元器件，以下就低压配电系统各功能回路智能化元器件选择加以阐述。

2. 受电回路和母联回路

作为低压配电系统的基础，应采用带通信功能的智能型框架式断路器（不考虑个别系统容量很小时应用塑壳断路器的情况），能轻松实现“四遥”。目前框架式断路器智能化已成主流，其内置的智能控制器集保护、报警、测量、维护、运行管理等功能一体，各类参数在线可调。缺点是市场上多数智能型框架式断路器采用保护和测量共用的内置式电流互感器，其精度有限，一般只能达到1.0级甚至更低，那么在测量精度达0.5级及以上的场合则应另外配置测量用电流互感器和智能电力仪表而放弃断路器的测量功能，增加了一定的费用。智能型断路器和仪表的各项参数均能被上位机读取，可实现以下目标：运行操作全面可控，电能质量和设备数据透明化，停电、事故跳闸、故障原因可分析。作为配电系统的重要部分，受电回路和母联回路可额外配置短消息通知模块，用于监视智能型框架式断路器运行状态。当断路器发生预先设置的事件时发送短消息到一部或多部手机提示用户及时处置，预设的事件可以是各种故障脱扣和电力参数异常报警。

3. 馈电回路

馈电回路应根据不同的控制和监测要求合理配置元件，满足配电系统总体要求（二遥、三遥、四遥）。容量较大时，则回路相对重要，一般应实现“四遥”，与受电回路相似。

更多场合是回路容量较小，按不同的监测要求，配置不同智能化程度的元件可实现“四遥”全部或部分功能：

1）选用智能型塑壳断路器并配电动操作机构、控制器，可遥控分合闸、遥调回路参数、上传开关状态及三相电流等信息，可实现“四遥”，即遥测、遥调、遥控、遥信。

2）智能电力仪表通过通信接口接入现场总线不仅可以测量现场电力参数，还可以配置网络I/O模块用以控制断路器分合闸，采集开关状态等开关量，从而实现“三遥”，即遥测、遥控、遥信。

3）如果选用普通塑壳断路器并配电动操作机构，再配置网络I/O模块用以控制断路器分合闸，采集开关状态等开关量，则实现“二遥”，即遥控、遥信。

4）最简单的情况是只需知道现场回路通断状况，即只实现遥信，那么只需配置普通塑壳断路器，手动操作，另额外增加网络DI模块对断路器状态进行采集即可，这种情况下一只网络DI模块可采集多路断路器状态。

第六节 IT机房设备的配电方式

一、具有漏电保护功能断路器的迷惑

有的机房设计师为了人身安全要求在UPS前面加装带漏电保护的低压断路器。但安装了这种断路器后导致UPS无法开机，于是有的就把这个原因归咎于UPS有漏电流，认为这台

UPS 有问题。是不是这样呢？这需要仔细分析。

二、UPS 前面加带漏电保护断路器的弊病

由于 UPS 都有前置低通滤波器，配置滤波器的目的是为了抑制从电网进入的两种干扰——常模干扰（也称差模或串模干扰）和共模干扰。常模干扰是随输入电流一同进入的干扰，而共模干扰是相线和地线同向串入的干扰电流，必须将它们泄漏到地，这就需要接入抑制共模干扰的电容器。如图 5 - 35 中的 C_{LE}和 C_{NE}这两个电容尤其是 C_{LE}，在加电瞬间的起始充电电流会很大，可以到安培级，而剩余电流动作保护器（以下简称漏电保护器）的动作电流小于 0.1A。一般这个电容器 C_{LE}的容量都在 1μF 以上。保护器不跳闸的理想条件是 $I_L = I_N$。这时由于变压器内磁通等于零，即 $\Delta\phi = 0$，所以感应电动势 $e = 0$。但在加电瞬间由于这个电容 C_{LE}的瞬时短路，就有一个很大的电流 I_{LE}直接入地，使得 $I_L \neq I_N$，$\Delta\phi \neq 0$，$e \neq 0$，使低压断路器的执行机构跳闸断电。在前面的讨论中已知，由于 E 和 N 是接在一起的，所以 C_{NE}两端的电压可忽略不计。但在频率很高的共模干扰时期两端的电压会很高，可以通过它泄漏到地。所以 UPS 不能起动的原因不是漏电流大，而是滤波器的正常反应，因此在 UPS 前面加带漏电保护器的断路器是不恰当的。

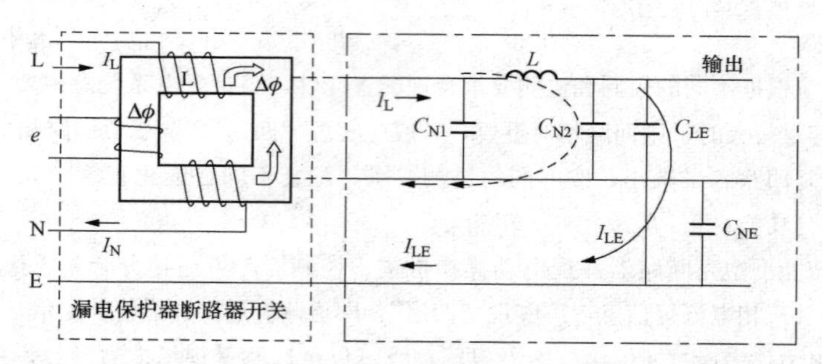

图 5 - 35　剩余电流动作保护器对 UPS 开机的影响原理图

如果用户坚持要装，为了可以起动 UPS，有两种方法：在前面加隔离变压器或将所有的抑制共模干扰的电容器全部取消，但这样做都会带来不良结果。

三、外接隔离变压器的后果

某大厦数据中心机房，该机房 UPS 前端加装了隔离变压器。原因该大厦是某国投资设计的，在大厦安装带漏电保护断路器是按某国的设计要求，突出以人为本，有利于防止火灾。但安装后 UPS 无法开机，因为一开机就导致断路器 S 跳闸。在无奈的情况下，经专家认可后就在 UPS 前面加装了隔离变压器 T，如图 5 - 36 所示，这样一来 UPS 加电跳闸的问题就解决了。

为什么在 UPS 前面加装了隔离变压器 T 后就不跳闸了呢？UPS 加电跳闸的问题解决了会不会仍满足漏电保护的功能呢？

由前面的分析可知，UPS 起动会使带漏电保护器的断路器跳闸是由于抑制共模干扰的电容所致。加入如图 5 - 36 所示的隔离变压器后，倒是满足了断路器不跳闸的条件 $I_L = I_N$，而且如

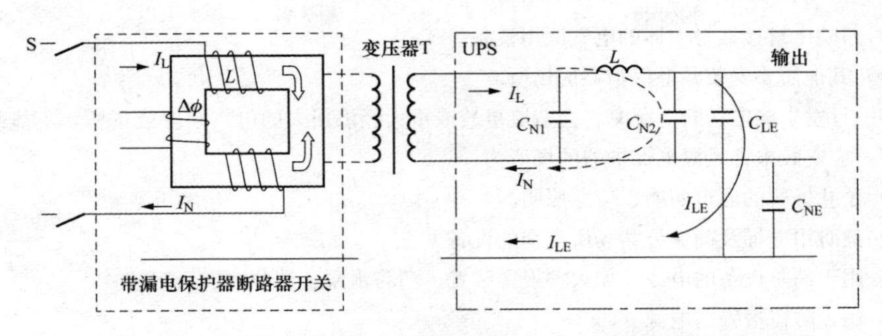

图 5-36　加隔离变压器后漏电保护器对UPS开机的影响原理图

果变压器T的二次绕组不接地，输出电压就是悬空的，因此抑制共模干扰电容 C_{LE} 的两端就没有电压，因此也就没有电流 I_{LE} 产生；如果变压器T的二次绕组接地，就相当于 C_{LE} 和 C_{N2} 并联，形成了抑制常模干扰的较大容量的电容，接地点只是一个参考点，不会有电流流过，原因是形不成回路。即对于变压器T的一次绕组而言，因为只有一个回路，所以 $I_L = I_N$ 是必然的，因此UPS开机跳闸的问题解决了。

但变压器B的加入隔断了输出与开关S的联系，在二次绕组零线接地的情况下，即使发生人员触电事件也就不能保护了。至于将抑制共模干扰的电容去掉的危害是明显的，因为取消了这个功能。

四、安装带漏电保护断路器的相关国家规定

国家为了规范带漏电保护断路器的正确使用，相继颁布了《漏电保护器安全监察规定》[劳安字（1999）16号] 和《剩余电流动作保护装置安装与运行》（GB 13955—2005）等一系列标准和规定，对漏电保护器安全监察工作，保证产品的安全性能及使用安全做出了规定；漏电保护器安装与运行规定了正确选择、安装、使用电流动作型漏电保护器及其运行管理工作的标准。

与之相关的标准《建筑电气工程施工质量验收规范》（GB 50303—2015）。《剩余电流动作保护器》（GB 6829）。对漏电保护器的验收和质量要求，也做出了相关规定。

必须安装带漏电保护器开关的设备和场所为：

1）属于Ⅰ类的移动式电气设备及手持式电动工具（Ⅰ类电气产品，即产品的防电击保护不仅依靠设备的基本绝缘，而且还包含一个附加的安全预防措施，如产品外壳接地）。

2）安装在潮湿、强腐蚀性等恶劣场所的电气设备。

3）建筑施工工地的电气施工机械设备。

4）暂设临时用电的电器设备。

5）宾馆、饭店及招待所的客房内插座回路。

6）机关、学校、企业、住宅等建筑物内的插座回路。

7）游泳池、喷水池、浴池的水中照明设备。

8）安装在水中的供电线路和设备。

9）医院中直接接触人体的电气医用设备。

10）其他需要安装漏电保护器的场所。

对一旦发生漏电切断电源时，会造成事故或重大经济损失的电气装置或场所，不能装漏电保护器，应安装报警式漏电保护器的场所为：

1）公共场所的通道照明、应急照明。

2）消防用电梯及确保公共场所安全的设备。

3）用于消防设备的电源，如火灾报警装置、消防水泵、消防通道照明等。

4）用于防盗报警的电源。

5）其他不允许停电的特殊设备和场所。

可不装设漏电保护器的设备为：

1）使用安全电压供电的电气设备。

2）一般环境条件下使用的具有双重绝缘或加强绝缘的电气设备。

3）使用隔离变压器供电的电气设备。

4）在采用了不接地的局部等电位连接安全措施的场所中使用的电气设备。

5）在没有间接接触电击危险场所的电气设备。

第七节　静态开关（STS）的原理及应用

一、基本介绍

1. 概述

（1）静态开关作为 UPS 的旁路开关而问世。静止变换式 UPS 的问世对数据保护起到了关键作用，使供电更加可靠，即使在 UPS 故障或负载过载时也能使计算机有电可用，就在 UPS 输入和输出之间并联上一个开关，更为了使开关切换时不会由于断电时间过长就采用了晶闸管电子开关，这就是静态旁路开关（STS，Static Transfer Switch），如图 5 - 37 所示。以后就发展到可以替代 ATS（自动转换开关）的单独产品。这样一来，UPS 的供电就有了冗余，提高了供电系统的可靠性。

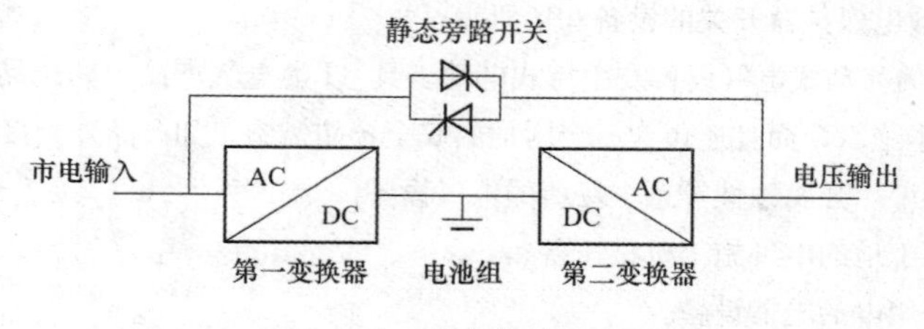

图 5 - 37　静止变换式 UPS

为了进一步提高供电可靠性，好多信息中心机房根据双电源输入服务器的需要就采用了双电网供电或双电网加后备发电机。图 5 - 38 所示为双市电、双 UPS 互相切换冗余供电系统。在这里输入的双市电切换开关采用的是 ATS，而 UPS 后面的输出互相切换却用的是 STS。为什么市电的切换可以用ATS而UPS后面的输出互相切换却用的是STS呢？这是因为虽然ATS切换过程的断电时间较长，但所有UPS都配有后备电池，即使ATS切换过程中有短暂的断电时间，后备电池和它后面的并联电容器可以用及时放电来填补这个空白。而UPS后面如果也用这种开关切换，几百毫秒的断电时间就会使后面的机器重启而造成损失。

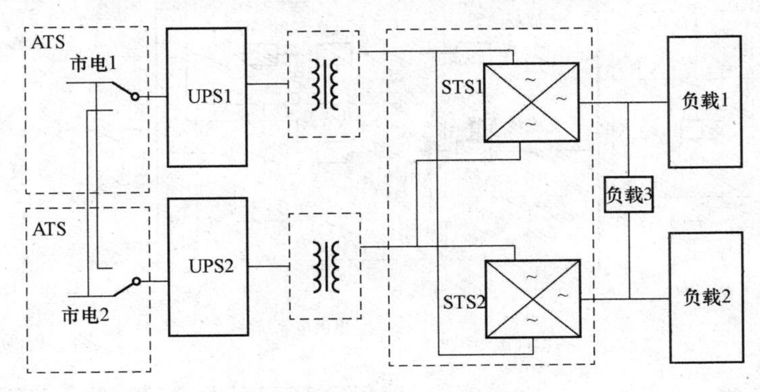

图5-38　双市电、双UPS互相切换冗余供电系统

供电系统冗余之间的切换有市电和市电（发电机）之间的切换、市电和UPS输出之间的切换，还有UPS和UPS之间的切换。后面将进一步讨论数据中心之间更大范围的冗余或备份切换采用的STS的情况。如图5-38所示，市电之间的切换采用的是ATS，而UPS后面的UPS输出互相切换却用的是STS。为什么市电的切换可以用ATS而UPS后面的输出互相切换却用的是STS呢？这是因为虽然ATS切换工程的断电时间较长，但所有UPS都配有后备电池，即使ATS切换过程中有短暂的断电时间，后备电池和它后面的并联电容器可以用及时放电来填补这个空白。而UPS后面如果也用这种开关切换，几百毫秒的断电时间就会使后面的服务器重启而造成损失。

上面讨论的是供电系统冗余之间的切换，市电（发电机）之间的切换和UPS输出之间的切换，下面就来看一看数据中心之间更大范围STS切换。

（2）静态开关在ATS的基础上发展而来。当两路交流电切换时，以往都是采用ATS，这在无人值守的情况下将好多事故转危为安。但这种装置有结构复杂、换接时间长、动作声音大和打火等缺点。STS的问世克服了这些缺点，使电源的转换时间小到可以忽略不计的程度，使开关技术更上一层楼。

2. 系统增容的需要

随着IT技术的发展和数据信息量的加大，云计算和大数据等接连出现，使得数据中心的规模逐步扩大，对供电可靠性的要求也越来越高。许多数据中心的增容不可能将原来的一套全部废弃（因为还要保证原来的工作不间断地继续运行），而是另外再建立一套备用中心。新建的系统有的和原来一样，也有的不同，图5-39所示即是某银行系统数据中心的增容方案。

可以看出，这两套供电系统的容量是一样的，原来的一套供电系统维持着原来数据系统的正常运行，后来的增容供电系统带增容后的设备，并且要求两套供电系统具有互相“无缝”备份的功能。也就是说，当其中一套供电系统发生故障时，另一套要能及时切换上去，其切换时

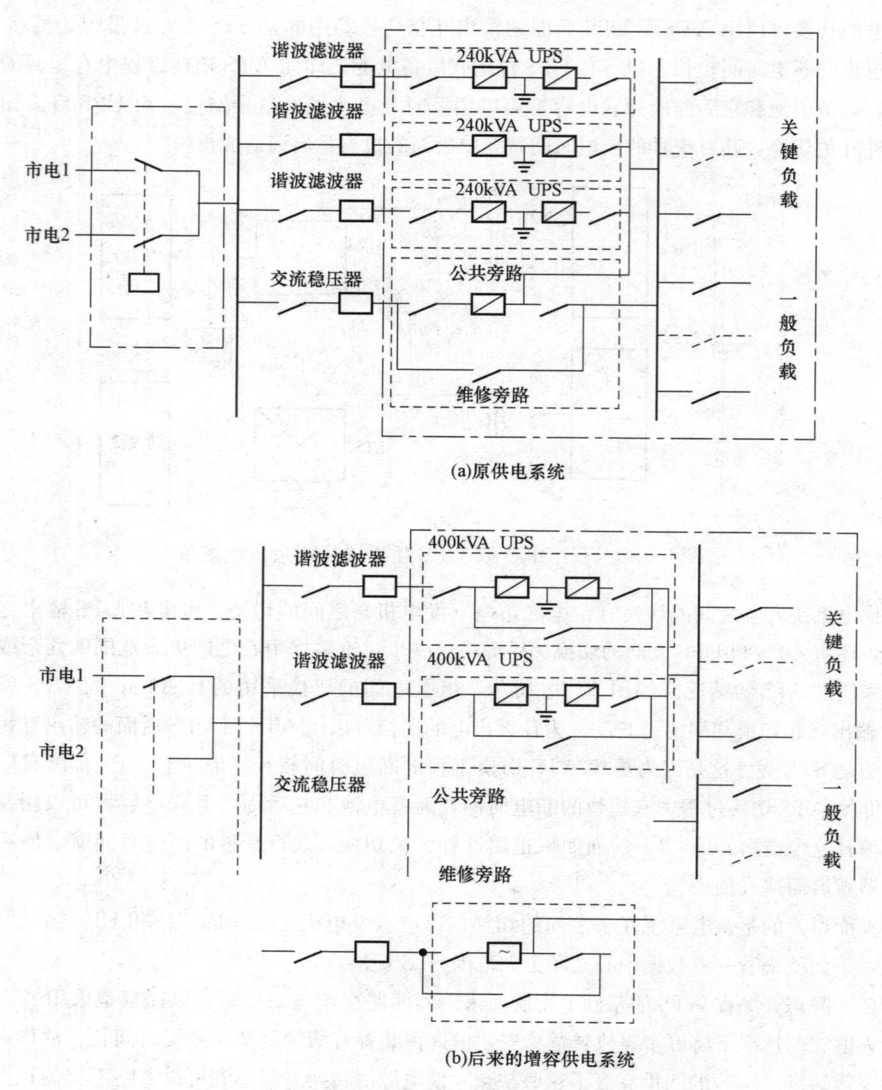

图 5-39　某信息系统数据中心的增容方案

间要在设备正常运行的要求范围之内。但是要达到这样的要求，用一般的机械型开关是无法实现的，因为大功率机械型接触器开关由于惰性的缘故，其动作时间一般都是几百毫秒，远不能满足设备正常运行范围的要求，为此应采用大功率电子开关。

3. 高可靠性供电系统的需要

在一个系统中只有一部分设备是起着关键的作用，如打印机、扫描仪等并不是在所有的时间里都是关键、不可间断的，而某台服务器却是不能有丝毫的间断。因此像这样的服务器不但具有同样的不可间断冗余备份，而且这两套互为备份的服务器也不允许有丝毫的供电间断。所以有的服务器本身就设置了双电源接口，不过以前大部分还是单电源供电，而且要求有高可靠性和可用性电源供电，如图 5-40 所示。像这样的设备要求功率都不太大，一般在 5kVA 以下。而且由于采用了脉宽调制电源，对切换的时间要求也不太高，甚至 20～50ms 的断电时间对一般的计算机正常运行而言也不会产生影响。因此利用快速继电器作为转换开关在一般情况下就足够了，但必须要有这么一个设施。

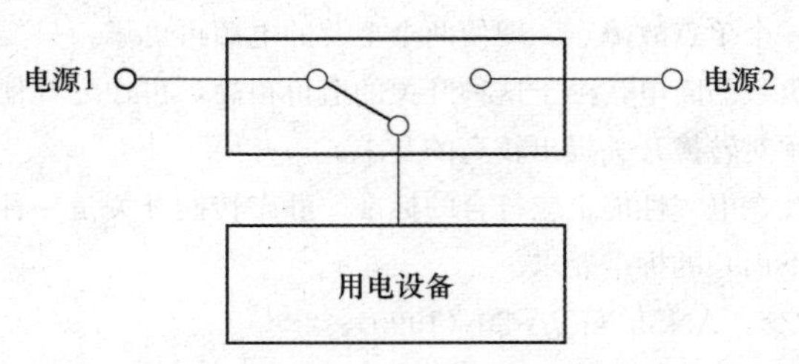

图 5-40　要求高可靠电源供电的设备方框图

4. 无并联功能 UPS 双向冗余的需要

为了提高供电系统的可靠性，无并联功能的 UPS 只好采用串联热备份的方案，如图 5-41(a) 所示。UPS2 作为主供电电源，其旁路开关的另一端不是与输入市电电源连接，而是与 UPS1 的输出相连，于是就形成了这样的串联供电关系：正常情况下，由 UPS2 向负载供电，当负载过电流、短路或机器本身出现故障时，负载就会被旁路静态开关切换到原来设计的市电，而这时的供电电源却正好是 UPS1，UPS1 故障时也会被旁路静态开关切换到旁路，而这时的供电电源就仍然是市电。就这样像接力赛一样，一个接一个地向负载供电，形成了串联供电关系。当负载过电流、短路或机器本身故障消除后，就又会恢复到由 UPS2 向负载供电的情况。可以看出这是一种主从热备份关系：系统连接好之后主机永远是主机，从机永远是从机。这就形成了一个长期无载、一个长期有载的局面，使系统机器的能力得不到充分的发挥。

如果这两台 UPS 能够互为备份，就可以充分利用这个系统，如图 5-41 (b) 所示。此时系统中的两台 UPS 用一个类似于旁路静态开关的双向转换开关连接了起来。正常情况下两台 UPS 都可以带负载，但负载的总量不得超过一台的容量，这样一来，两台 UPS 的负载量就可以均衡，发热情况也可以平均一些。在这个系统中，不论哪一台 UPS 供电出了问题，另一个都可以及时切换上去，所以这样的切换开关在许多场合下是人们所渴望的。

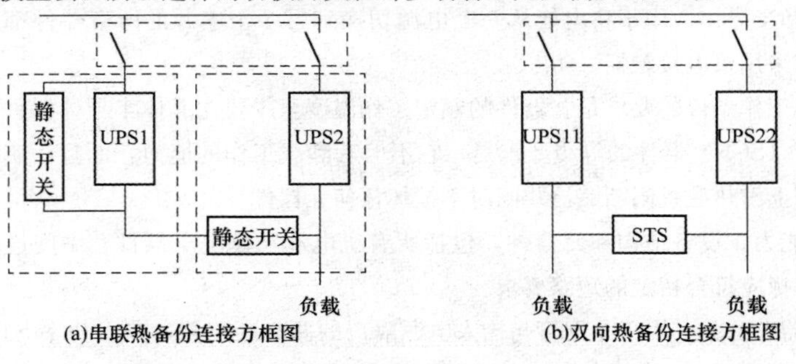

图 5-41　双 UPS 冗余连接方框图

二、数字型静态开关（DSTS）的功能

目前的静态转换开关大都是数字控制的（人们仍习惯称为 STS）。但有一点是需要注意的，由上面各图的连接可以看出，不论是在两个系统之间、两台 UPS 之间，还是两个任何电源之间的转换开关，都是一个单点故障点。即使两个上游的电源再可靠，只要是这个转换开关出现故障，都可能会导致负载的断电，由于这种开关的造价很高，再加之其他的技术原因，往往不能冗余并联，因此必须对转换开关提出较高的要求。

（1）静态转换开关在电气性能上应符合的标准。静态转换开关是一种高可靠性设备，它要符合下面（或类似于下面）的标准要求。

1）导线和电缆护套：ANSI/NFPA 70（1990）。

2）国际电气代码。

3）干式变压器：NEMA ST-20。

4）设备应该严格符合此种设备的 UL 标准部分（UL 1008）。

5）机壳：UL50。

6）模块化结构：EN-60947-1。

7）铸模断路器和外壳：UL489。

8）安全规格：UL1950。

9）浪涌和噪声抑制：IEEE587（ANSI C62. 41）。

10）质量标准：ISO9001。

（2）DSTS 在机械方面应满足的要求。

1）机械结构。为了出现故障时能够迅速排除，应该采用模块结构。在有些情况下是安装在 19in 宽度的标准机架上，因此小功率的 STS 需要这样的结构。

2）电路板。为了可靠起见，所有内部逻辑电路板的对外连接插头插座都要用镀金的插针和插孔。所有电路板都应有功能指示灯 LED，以便于及时发现和排除故障。

3）导电材料。所有内部汇流条和连接电缆都由纯度很高的铜材制成，汇流条应有 1000A/inch^2 的电流密度，并且在额定负载时的温升不超过 50℃。铝材料是不可采用的。构成这种设备的所有材料和组成部分都应该是新的和高级的。

4）器件和半导体。用于将电能从一个电源切换到另一个电源的所有器件都应该是半导体材料的，不宜采用机电接触器。

对器件的工作条件的要求是：器件的额定工作温度至少要比晶体半导体器件允许的结温低 25℃。晶闸管（SCR）器件的等级要求是，它不但有满载工作的能力，而且还应有一定的过载的能力，即当上游热磁跳闸断路器跳闸时不损坏任何元器件。

5）短路能力。设备结构和元器件，包括所有机电和功率电子器件、中间连接器、电缆和汇流条等的选择应符合指定的短路要求。

6）断路器和开关。用于晶闸管与输入电源隔离的两个断路器，在大功率 STS 中是必不可少的。所有的断路器和非自动开关应都能够在指定的环境温度下承受 100％的额定静态开关电流。如果所采用的器件电流只有上述额定值的 80％，那么千万不能凑合，而必须要选更高一档

的器件。

7）消除单点故障。对该设备的设计应采取保守措施，要考虑到应该避免单点故障的所有方面。实际上为了尽可能地避免单点故障，在设备中为系统和驱动板设置了冗余的逻辑电源。DSTS应该采用稳定和具有保护功能的冗余逻辑电路以及晶闸管驱动电源，这些电路中的任何一个故障都不会影响DSTS的正常工作。

8）通风和冷却。结构的设计应该可以提供足够的通风量，因此风扇应是冗余的，目的是保证所有元器件在额定温度范围内能正常工作。在额定环境条件下，任何一个风扇出现故障都不会影响向负载供电的连续性。

DSTS在下列环境条件下不会损坏机械或电子器件，或降额运行。

①环境工作温度：0～40℃。

②存储温度：0～70℃。

③相对湿度：0～95%不结露。

④大气压力：海拔6000in。

⑤该设备应该设计成室内使用。

⑥在负载功率因数为0.8的情况下，AC到AC的效率定义为全负载时的AC输出有功功率（kW）与AC输入有功功率（kW）之比，该效率应不低于99%。

9）电磁接口与敏感性。在设备内产生的辐射和传导干扰应该被抑制掉，为的是防止过量的干扰与附近的电子设备交链而影响其他设备的工作。该设备也应该具有这样的抗干扰能力，即它可以将手提移动式无线电发射机由设备前面24in处发出的EMI和RFI抑制掉，从而不会扰乱机器的正常工作。为了将对干扰的敏感性减小到最低限度，DSTS应该采用数字光缆。

10）余量。所有功率晶闸管在满载的情况下要有一个相对于结温的温度余量。为了确保可靠性高，在机房环境温度为40℃时晶闸管的温度至少要比最大结温低25℃。

（3）静态转换开关测量与切换方面的要求。

1）测量时间。应用于双电源中的数字电压测量技术应符合最多2ms测量一次的要求。峰值测量法和平均值测量法都倾向于减缓测量时间，而且在过零点附近（远离峰值）时，不能更早地发现故障，因为在零点以上或以下的这个区域内是不考虑的。

2）切换。当主电源因出现故障而不能供电时，该设备就会自动地将负载切换到备用电源上，即顺次关掉主电源晶闸管和打开备用电源晶闸管，并且测量时间与切换时间的总和小于4.17ms。

将两个电源彼此连接而忽略切换时间的DSTS不应该是先合后断型的静态开关。如果其中一个电源（比如正在供电的电源）由于输入端短路而导致了该电源处于欠电压状态时，该静态开关电路就会测量到这种欠电压而将负载切换到备用电源。先合后断型的静态开关也会将这个故障由坏电源扩展到好电源，并且跳过两端的断路器加到负载上（也可能损坏静态开关本身）。其次，如果两台UPS的输出端是一个连接点，也可能导致两个系统负载的严重分流。由于上述这些原因，一个闭环的切换程序就不能完全地被执行。

备用电源应该连续地被监视，目的是在对应该电源的晶闸管导通前禁止切换。如果后备电源本身的电压和相位角在预设值之外，那么切换可能被禁止。

3）保护。静态开关的切换逻辑将绝对确信：两个电源（不论是两个市电电源、两台发电机电源、两台UPS电源或任何两种电源的组合）绝不能做这样的连接，即电源电流在经过负载以前而首先从一个电源流到另一个电源。控制晶闸管动作的逻辑电路应该有禁止这种导通保护性的测量电路。

如果两个电源是通过一个高阻抗零线电阻或电抗器连接的“Y”形电路，那么切换时就不会导致产生大幅度的零地尖峰电压，即使是电源间中点到中点的电缆连接被偶然开路也不会出现尖峰电压。

4）工作的对称性。在不降额和损失保护功能的情况下，后备电源的工作也和首选主电源一模一样。

5）手动切换操作。静态转换开关可以作为手动开关使用。当按下手动转换按钮时，可以使静态开关将负载切换到所希望的电源上。如果被接入的电源与原来的电源在电压幅度和相位上同步，就可以实现两个非同步电源之间的切换。

6）负载不间断切换。如果通过先合后断开关从一个电源到另一个电源的切换时间可以忽略，那么这种切换就是不间断的。但是，这种切换必须在设定的标准范围之内，在预先设定的范围之内，不论何时都不会有直接从一个电源流到另一个电源的电流。

三、静态转换开关的参数设置

1. 参数的调整

所有参数在工厂里都是可以调整的，现以Cyberex的产品为例，在工厂里可通过软件Modbus protocol将这几个参数设置为：

过电压值OV　(Over Voltage)　+35%

欠电压值UV　(Under Voltage)　−35%

频率上限OF　(Over Freguency)　62Hz

频率下限UF　(Under Freguency)　58Hz

如果上述的限值被超过，设备就会立即自动地将负载切换到正常的电源上去，而且负载就停留在这个电源的位置上，一直等到主电源返回到额定值。

2. 测量的方法

不论是主电源还是备用电源，都要通过快速数字变换技术实时对超出限值以外的数值进行瞬时测量，而不是必须等待峰值时再测量。这里设有采用整流平均法和整流/峰值联合模拟测量法。

3. 自动返回时间延迟

当负载切换后，主电源由非正常值马上返回到正常范围时，为了工作安全，最好不要马上切换回来，应有一个时间延迟。这个时间在工厂里已调整为3s，当然也可以通过软件Modbus protocol改变这个设置。

4. 相位角的调整

1）即使两个电源之间的相位角相差$X°$，也允许电源之间进行相互切换，这里的$X°$为任何所希望的值，甚至是180°，它可以是后备电源和主电源之间的超前和滞后值。角度的设置同样可通过 Modbus protocol 进行。

2）过载工作。在负载端过载或短路的情况下，切换功能将被禁止，一直到上述故障被清除后，才能恢复正常的切换功能。

3）后备电源对再生负载的检测。设备对马达负载和其他储能负载应该进行检测，目的是使该静态开关的测量可以辨别电源的故障状态，这些状态可能使负载重新返回到故障电源。在这些再生负载出现时，要立刻将它在 1/4 周期内切换到另一个电源。

4）晶闸管的短路/开路检测与保护。DSTS 应包括报告晶闸管短路与开路的检测环节。

如果给负载供电的正在导通的晶闸管开路，该设备就会立刻切换到晶闸管不导通的一边。当遇有这种情况时，这种切换应该被禁止，一直到故障排除和系统恢复正常时为止。

当电源正在给负载供电的时候，如果正在导通的晶闸管短路，这种状态将被测量到。按说该设备就应马上切换到晶闸管不导通的一边，但由于测量和保护电路的存在，因此这种切换应该被禁止，一直到故障排除和系统恢复正常时为止。

如果一个电源正在给负载供电时，未供电一边的晶闸管短路，那么这种状态将被测量到，并且应该将负载马上切换到未供电的一边。但由于测量和保护电路的存在，因此这种切换应该被禁止，一直到故障排除和系统恢复正常为止。

四、STS 的分类

不论是 UPS 还是 STS 都没有一个非常严格的分类界限。STS 的分类也和 UPS 的分类差不多，其区别仅是 UPS 按功率分，由于 STS 属于开关类，具有开关的特征，所以一般就按电流分。但也不仅如此，由于 STS 具有自己的特点，其分类方法大致如下。

（1）按电流分类。对应小功率的电流一般在 50A 以下，功率大致在 10kVA 以下；对应中功率的不外乎将三相中每一相的电流控制在 100A 以下，功率大致在 60kVA 以下；对应大功率的电流在 100A 以上，比如 Cyberex 的大功率产品电流的划分就有 100～600A，200～630A，800～1200A 和 1600～4000A 等几种。

（2）按相数分类。在 IT 中使用的电子设备，如服务器、路由器、终端设备、通信设备、交换机设备、打印机、复印机和扫描仪等绝大部分采用的单相电源供电。因此用于此目的的静态转换开关也应该是单向结构的、小功率的，而且这些开关也多用在靠近用户的位置上。

三相市电、三相发电机或三相 UPS 在通过 STS 形成冗余的状况下，是远离负载的中大功率干路供电。不论是三相三线制（只有相线而无零线）、三相四线制（三条相线和一条零线）还是三相五线制（三条相线、一条零线和一条地线），所需要的 STS 都应该是三相结构，至于是几个“触点”（电极），这要由用户的要求和实际情况而定。

（3）按结构分类。STS 的使用场合很多。因为这是一个配套设备，所以一切都要按照用户的要求去做。有的要单独放置，有的要挂在墙壁上，也有的要放在 19in 标准机架内，要完全满足这些非标准的要求是困难的。但是，可以通过几个标准的结构来满足大部分场合的要求。

1）模块化结构。主要用于中大功率的场合，可根据实际情况来配机壳，模块还可以形成不同的组合，这样使用起来就比较方便了。Cyberex 200～630A 的模块化结构 DSTS 的规格见表 5-22。可以看出，这款开关的工作电压是符合我国供电模式的。

表 5-22　　　　DSTS 200～630A 模块化结构规格一览表

型　　号	电流（A）	电压（V）	极数	尺寸 $W\times D\times H$（mm）	功耗（kW）	质量（kg）
DSMOD-FO-30200-325-380-5	200	380	3	逻辑模块-356×559×1321 功率模块-356×381×635	0.83	逻辑模块 91 功率模块 50
DSMOD-FO-30200-325-400-5	200	400	3			
DSMOD-FO-30200-325-415-5	200	415	3			
DSMOD-FO-30400-325-380-5	400	380	3	逻辑模块-356×559×1321 功率模块-356×381×635	1.10	逻辑模块 91 功率模块 50
DSMOD-FO-30400-325-400-5	400	400	3			
DSMOD-FO-30400-325-415-5	400	415	3			
DSMOD-FO-30630-325-380-5	630	380	3	逻辑模块-356×559×1321 功率模块-508×585×2058	1.42	逻辑模块 91 功率模块 36×3
DSMOD-FO-30630-325-400-5	630	400	3			
DSMOD-FO-30630-325-415-5	630	415	3			
DSMOD-FO-30200-425-380-5	200	380	4	逻辑模块-356×559×1321 功率模块-356×381×635 第四极-331×381×625	0.91	逻辑模块 91 功率模块 50 第四极 36
DSMOD-FO-30200-425-400-5	200	400	4			
DSMOD-FO-30200-425-415-5	200	415	4			
DSMOD-FO-30400-425-380-5	400	380	4	逻辑模块-356×559×1321 功率模块-356×381×635 第四极-331×381×635	1.28	逻辑模块 91 功率模块 50 第四极 36
DSMOD-FO-30400-425-400-5	400	400	4			
DSMOD-FO-30400-425-415-5	400	415	4			
DSMOD-FO-30630-425-380-5	630	380	4	逻辑模块-356×559×1321 功率模块-508×585×2058 第四极-432×432×635	1.70	逻辑模块 91 功率模块 36×3 第四极 59
DSMOD-FO-30630-425-400-5	630	400	4			
DSMOD-FO-30630-425-415-5	630	415	4			

①静态转换开关在同样的电流下，对应不同的工作电压（380V、400V 和 415V）就有不同的品种，哪怕这个电压值相差很小。

②在 3 极结构和 4 极结构时，功率模块的差别很大。由于在第四极（中线）采用了比相线极更大的规格，所以就自成模块，当然在价格上也应当计入。

③在一般的 UPS 中，其逻辑控制电路所占机器结构的比重不太大，而在这里却是一个相当大的独立机柜（模块），并且对 200～630A 开关的控制逻辑是一样的。

④开关的效率很高，这就避免了强迫风冷的麻烦。

⑤整个静态开关是一个庞大的设备，而功率模块、第四极和控制逻辑电路不是在同一个机柜内。

2）19in 标准机架安装式结构。这种结构主要应用于小功率场合。因为现在的服务器已有装入 19in 标准机架的结构，通信电源及设备也已装入 19in 标准机架，服务器更有向“刀片状”发展的趋势，该“刀片状”服务器是按照 19in 标准机架机制作的，机架式供电已提到日程上来。因此适应这种结构的产品是不可缺少的。

（4）按功能分类。由于用户的要求不同，使用的场合不同，因此在市场规律和价格规律的驱动下，STS 制造商也推出了按功能分类的产品。现仍以当今国际上著名 STS 制造商的产品 Cyberex DSTS 100～600A 为例进行说明。该产品采用了一种智能型的专利超级开关技术，它是利用一种专利运算法则所达成的所谓“超级开关数字电源控制策略”来保证电源间无任何交叉地切换。这就意味着上游的供电设备没有交叉电流损坏的危险。并且这种“超级开关数字电源质量监督策略”发现问题的速度要比采用常规的方法快得多，这就在很大程度上保证了切换的及时性和供电的可靠性。该公司根据实际需要推出了 3 种型号：Ⅰ、Ⅱ型和Ⅲ型，下面分别进行介绍。

1）DSTS 100～600A Ⅰ型。该产品采用了模块化结构和性能价格比好的晶闸管，而且结构紧凑、占地面积小、质量轻，适用于那些对体积大小很在意的用户。在电气性能上采用了“熔丝”保护措施。当此开关的下游出现故障时，装入机内的半导体熔丝就会开路，可以避免将晶闸管烧毁。表 5 - 23 给出了可以选择的各种规格。

表 5 - 23　　DSTS 100～600A Ⅰ型规格表

型　　号	电流（A）	电压（V）	入口	尺寸 $W\times D\times H$（mm）	功耗（BTU/hr）	质量（磅）
DSSR-30100-326-208	100	208	前/后	24×30×62	494	910
DSSR-30100-326-480	100	480	前/后	24×30×62	1140	910
DSSR-30200-326-208	200	208	前/后	24×30×62	988	910
DSSR-30200-326-480	200	480	前/后	24×30×62	2279	910
DSSR-30250-326-208	250	208	前/后	24×30×62	1235	910
DSSR-30250-326-480	250	480	前/后	24×30×62	2849	910
DSSR-30100-326-208	100	208	前/侧	24×30×62	494	910
DSSR-30100-326-480	100	480	前/侧	24×30×62	1140	910
DSSR-30200-326-208	200	208	前/侧	24×30×62	988	910
DSSR-30200-326-480	200	480	前/侧	24×30×62	2279	910
DSSR-30250-326-208	250	208	前/侧	24×30×62	1235	910
DSSR-30250-326-480	250	480	前/侧	24×30×62	2849	910
DSSR-30400-326-208	400	208	前/后	24×30×62	1975	1000
DSSR-30400-326-480	400	480	前/后	24×30×62	4559	1000
DSSR-30600-326-208	600	208	前/后	24×30×62	2963	1000
DSSR-30600-326-480	600	480	前/后	24×30×62	6838	1000

注　BTU/hr（Board of Trade Unit）是英国商用电能单位（1kW/h）。

2）DSTS 100～600A Ⅱ型。这种型号的静态开关可以对电源进行“无缝”切换，即切换时间为零。而且它可以使通过适当调整配电系统的重要负载免除掉电的机会。在故障期间，Ⅱ型

DSTS 仍会继续传导电流，以便使下游的各个断路器保持正常的工作状态。表 5-24 就是这类开关的产品规格表，从表中不难看出，同规格的产品，不论是尺寸还是质量都比Ⅰ型增加了。

表 5-24　　DSTS 100～600A Ⅱ型规格表

型　号	电流 (A)	电压 (V)	入口	尺寸 $W\times D\times H$ (mm)	功耗 (BTU/hr)	质量 (磅)
DSFR-30100-326-208	100	208	前/后	38×36×68	494	1100
DSFR-30100-326-480	100	480	前/后	38×36×68	1140	1100
DSFR-30200-326-208	200	208	前/后	38×36×68	988	1100
DSFR-30200-326-480	200	480	前/后	38×36×68	2279	1100
DSFR-30250-326-208	250	208	前/后	38×36×68	1235	1100
DSFR-30250-326-480	250	480	前/后	38×36×68	2849	1100
DSFR-30400-326-208	400	208	前/后	38×36×68	1975	1200
DSFR-30400-326-480	400	480	前/后	38×36×68	4559	1200
DSFR-30600-326-208	600	208	前/后	38×36×68	2963	1200
DSFR-30600-326-480	600	480	前/后	38×36×68	6838	1200
DSFS-30100-326-208	100	208	前/侧	48×36×74	494	1200
DSFS-30100-326-480	100	480	前/侧	48×36×74	1140	1200
DSFS-30200-326-208	200	208	前/侧	48×36×74	988	1200
DSFS-30200-326-480	200	480	前/侧	48×36×74	2279	1200
DSFS-30250-326-208	250	208	前/侧	48×36×74	1235	1200
DSFS-30250-326-480	250	480	前/侧	48×36×74	2849	1200
DSFS-30400-326-208	400	208	前/侧	48×36×74	1975	1500
DSFS-30400-326-480	400	480	前/侧	48×36×74	4559	1500
DSFS-30600-326-208	600	208	前/侧	48×36×74	2963	1500
DSFS-30600-326-480	600	480	前/侧	48×36×74	6838	1500

3）DSTS 100～600A Ⅲ型。有时候即使是 1s 的宕机，也意味着利润和成果的损失。如果有些业务要求在电源故障的情况下也要进行“无缝”的瞬时切换，那么 DSTS 100～600A Ⅲ型开关就有完全防止电流中断的性能。

这类开关采用了增强型、特大规模的晶闸管，它可以继续传导按计划准确操作下游保护设备的故障电流。出现故障之后，由于晶闸管不会中断这个电流，因此该设备仍会维持与原来故障等同的局面。在每一个实例中都可以保证是免维护的事件，有可能做出完整的故障原因分析报告。

表 5-25 列出了 DSTS 100～600AⅢ型规格表。

表 5-25　　DSTS 100～600A Ⅲ型规格表

型　　号	电流（A）	电压（V）	入口	尺寸 $W \times D \times H$（mm）	功耗（BTU/hr）	质量（磅）
DSFR-30100-326-208	100	208	前/后	36×36×68	494	1100
DSFR-30200-326-480	200	208	前/后	36×36×68	988	1100
DSFS-30100-326-208	100	208	前/侧	48×36×74	494	1200
DSFS-30100-326-480	100	480	前/侧	48×36×74	1140	1200
DSFS-30200-326-208	200	208	前/侧	48×36×74	988	1200
DSFS-30200-326-480	200	480	前/侧	48×36×74	2279	1200
DSFS-30250-326-208	250	208	前/侧	48×36×74	1235	1200
DSFS-30250-326-480	250	480	前/侧	48×36×74	2849	1200
DSFS-30400-326-208	400	208	前/侧	48×36×74	1975	1500
DSFS-30400-326-480	400	480	前/侧	48×36×74	4559	1500
DSFS-30600-326-208	600	208	前/侧	48×36×74	2963	1500

五、STS的电路结构

1. 功率转换开关

（1）继电器控制式转换开关。小功率转换开关主要用在单相电源的切换上，其电路框图如图 5-42 所示。从图中可以看出，两个电源 UPSA 和 UPSB 是分别接在中间继电器的两个触点上。NC（Normally Closed）是动断触点，NO（Normally Open）是动合触电。图中 UPSA 接在动断触点上，就是说这时 UPSA 处于给负载供电的状态。假如由于某种原因 UPSA 出现了故障，转换开关的测量电路测出后就立即通知控制电路进行切换，将负载切换到 UPSB 上去。这种切换是有间隔时间的，因为继电器的动臂需要首先离开 NC，再经过一定的行程后才能到达 NO，这样一个过程需要一定的时间，一般在 10ms 左右。这个时间是计算机类负载可以接受的，而且应用范围较广。

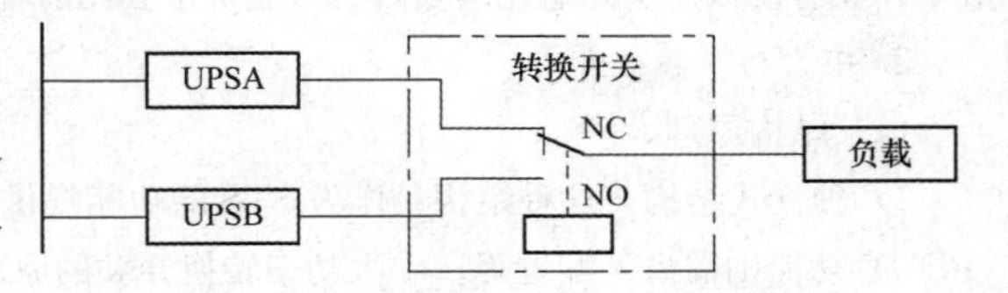

图 5-42　继电器控制式转换开关电路框图

继电器控制式转换开关具有电路简单、价格便宜和可以用于不同相电源切换的优点。但由于是弹簧式的机械开关，弹簧存在着疲劳问题，因此在转换频繁的场合，时间久了切换时间就会变长或发生抖动，甚至在大电流的情况下就有可能出现无法切换的危险。所以在遇有这类转换开关的时候，应根据实际情况降额使用，有条件时可定期测量它的切换时间，以便早些发现问题，将故障预先排除，并及时更换同样规格的继电器。

（2）晶闸管控制式转换开关。

晶闸管控制式转换开关是真正意义上的静态开关，图 5 - 43 是它的原理框图。从图中可以看出，两个电源 UPSA 和 UPSB 是分别通过一对背对背连接的晶闸管（静态开关）接到负载上。从图中可以看出，两条主电路很简单，但控制电路就复杂了。因为静态开关的切换是被动的，所谓被动是指它不能像 UPS 那样可以自由地由逆变器切向旁路，或由旁路切回逆变器而无间断，这些是由逆变器的跟踪效应促成的。而这里的两个电源一般情况下是无法互相跟踪的。如果两个电源的上游是同一相市电，那么这种切换的效果就理想得多；如果不是同一相，那么两电源之间就相差 120°。一旦两个静态开关臂在切换时有共同导通点，就会将两个相差 120°的电源短路（见图 5 - 44），两个开关瞬间的导通重合，将承受 380V 形成的短路电流，从而一举把两组静态开关烧毁。如果回路电阻是 0.1Ω，那么短路电流就是 3800A。为了防止这种情况的出现，就必须将这种为了零切换而在共同导通下工作的模式改为先断后合模式，这就对控制电路提出了很高的要求：根据测量的实际情况来决定切换的模式，是先合后断还是先断后合。因此这种电路结构就给出了更大的灵活性，而且，一般不存在有机械机构的老化问题，当然造价也会比前者高一些。

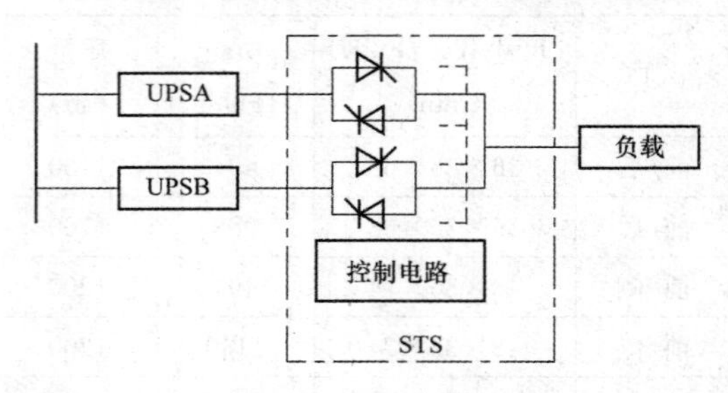

图 5 - 43　SCR 控制式转换开关原理框

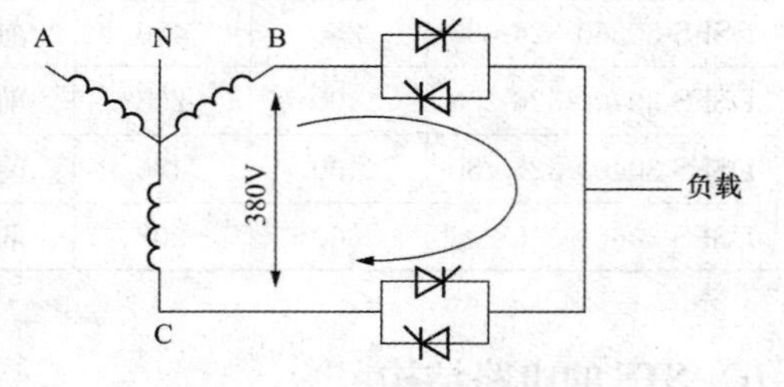

图 5 - 44　两相电压短路情况

2. 中大功率转换开关

(1) 结构原理。

1) 独立式结构。这种结构只作为 STS 的功能提供给用户，并不具备其他功能，比如配电（PDU）功能则需另外配置等。中大功率转换开关的原理框图如图 5 - 45（a）所示。该设备有 3 个端口：电源 1 输入、电源 2 输入和输出。按常规，在两个电源输入端和切换后的电源输出端都配置了隔离开关 CB4、CB5 和 CB3，平时这些开关是断开的，只有需要该设备工作的时候才将其闭合。和 UPS 一样，对两个电源也配置了维修旁路开关 CB1 和 CB2。

在正常情况下，旁路开关 CB1 和 CB2 是断开的，电源 1 功率开关和电源 2 功率开关一个导通一个截止。在这个结构中，由于自重较大，因此在底部安装了 4 个轮子。如果需要带零线的静态转换开关，那么一个零线静态转换开关就有 30 多千克重，其体积可以与功率模块差不多的带脚轮的模块。从图 5 - 45（a）中可以看出，设备的控制逻辑电路是双电源冗余供电的，这样就保证了其控制的可靠性。

2）组合式结构。所谓组合式结构就是把静态转换开关 STS 与配电设备结合在一起的结构，从而构成 STS/PDU 设备，如图 5 - 46 所示。这样组合后的结果，可使 STS 的占地面积节省了约 40%，非常适合于数据中心、ISP 和通信工业系统，这种组合式系统对于那些由于负载的本身特点而要求无缝切换的场合无疑是很理想的。

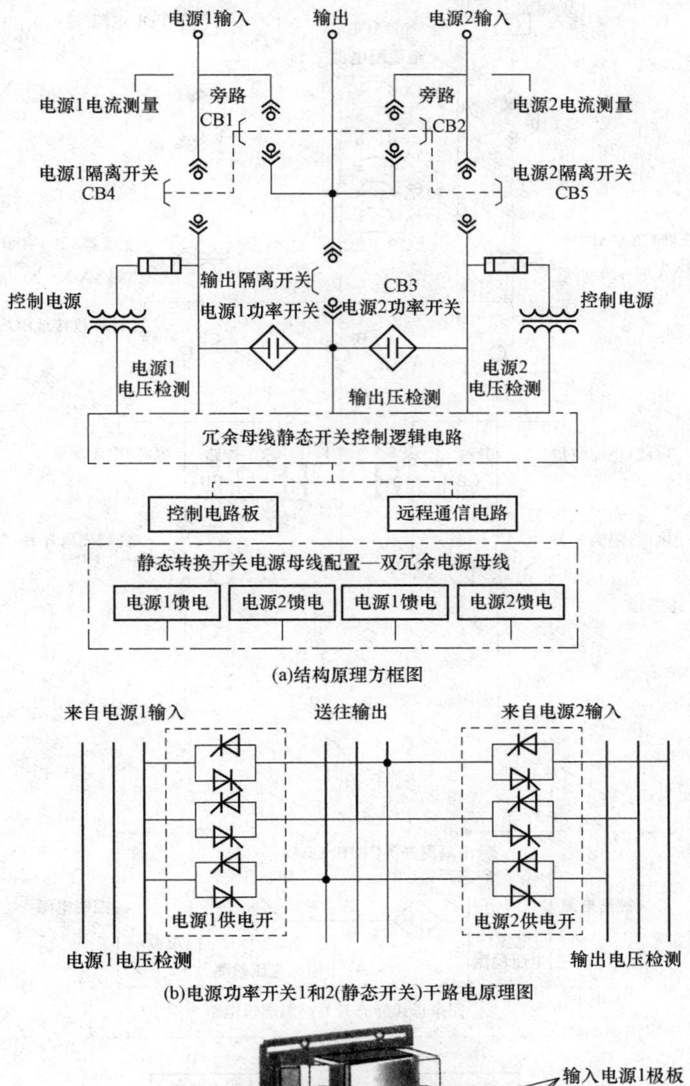

(a)结构原理方框图

(b)电源功率开关1和2(静态开关)干路电原理图

(c)电源功率开关1和2(静态开关)模块结构示意图

图 5-45　中大功率静态转换开关独立结构原理框图

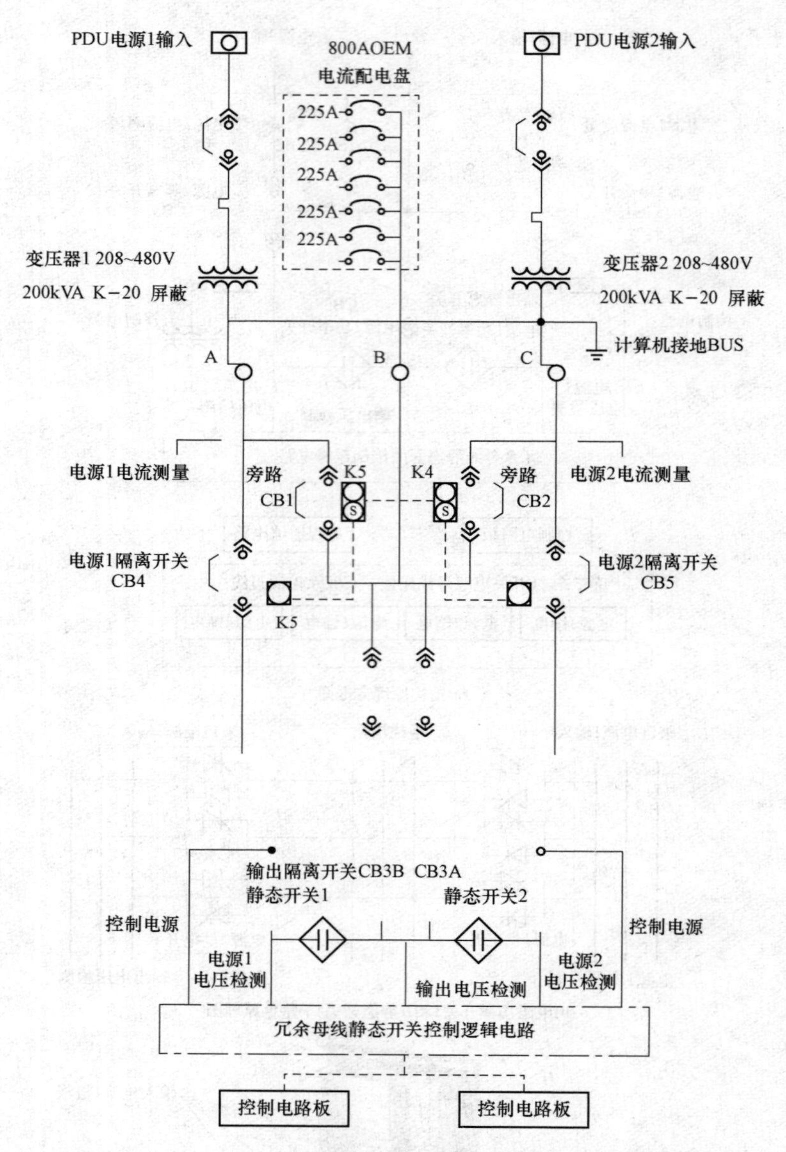

图 5-46　中大功率静态转换开关组合式结构原理方框图

这种静态转换开关与配电设施的结合更加保证了关键负载的供电可靠性。在出现故障的情况下，和其他 STS 一样，该静态转换开关也仍然允许电流通过，为的是允许此开关下游的配电断路器可以有选择地工作。

从图 5-45 中还可以看出以下几点与一般结构的不同之处。

1）静态转换开关的端口 A、B、C 以上的两个隔离变压器、输入开关和输出开关，实际上是配电柜的设备内容。

2）两个电源的输入开关和它们的旁路开关之间是互锁结构，这就防止了由于误操作而致的故障。

3）采用了两套冗余式的输出开关，如果其中一个开关出现了故障，另一个可以补上去，这样就能防止在此处出现单点故障。

①由于输入端采用了变压器隔离，所以就省去了为控制电路馈电的隔离变压器。

②两个输入电压不一定来自同一个电网或变电站。

（2）静态转换开关的性能特点。

1）允许故障的逻辑电路，保证在双电源情况下无单点故障。

2）可以在 100%负载情况下连续运行，无需留余量。

3）带有 Modbus protocol 协议的 RS-4854 线接口。

4）在紧急情况下，可以在两电源相差为 180°时切换。

5）在组合式结构中，可接入 6 个插入式断路器。

6）告警记录、历史和事件记录（具有 10ms 一次的事件记录）。

7）带有风扇故障检测的冗余冷却方式。

8）由于是模块结构，因此具有最小的 MTTR。

9）多层次的保护功能。

10）基于全数字控制的数字信号处理器，大大提高了可靠性和现场适应性。

11）可以设定的数字控制系统。

12）多参数测量：kVA、kW、电流峰值 I_{peak}、电流瞬时值、电压、频率、相位。

13）不要求上游电源的相位非同步不可。

六、STS 的工作原理

1. 概述

对应三相电源每一相的静态开关，采用了一对反向并联的晶闸管作为一个触点。一组（3 对或带中线时的 4 对）这样的触点把一定的交流电负载连接到首选（Preferred）电源上，第二组晶闸管开关处于准备状态，一旦需要就立即将交流电负载转切到备用（Alternate）电源上。这种切换动作实际上是瞬时的，这个时间主要取决于决定切换所需的测量时间，通常小于 1/4 周期。实际上，测量时间加上切换时间的总和也不会超过 5ms。

静态开关由许多运行变量来控制，这些变量决定着系统的运行性能，并且很多变量是可以根据需要现场调整的。是否需要从一个电源切换到另一个电源，是由电源的质量和系统的运行参数决定的。

电源质量所关心的是：在支持负载的实时运行中，电源所提供的电压、相位、电流和频率的测量值。

系统的运行参数控制着两个电源之间的切换，运行参数取决于设定的电源和负载的状态，以及指定的现场运行条件。

所谓的首选电源和备用电源是由用户在控制面板上设置的。首选电源带载运行，而备用电源准备在前者出现故障时接替负载。在切换（或回切）时，对应带载电源的晶闸管开关先被关断，原来对应空载电源的晶闸管开关后被打开，这样可以防止电源之间产生交叉电流，即使两电源之间有很大的相位差也不会出现交叉点。

维修旁路系统可以手动地将交流负载直接切换到两个电源中的任一个上去，以便于维护和修理。

2. STS 的几个特性

（1）电源质量检测。由前面的叙述可知，对电源质量评价的基础是实时运行中的电压、电流、频率和相位，这些参数要连续地被检测，从而给出一个整体的电源质量状况。虽然所有的参数对系统而言都是重要的，但电压的质量是最重要的。可以用两个偏差值来评价电源电压——快速电压瞬变和慢速电压漂移。图 5 - 47 所示是电压有效值在一个时间段里变化的假想情况，即在这个时间段内电源电压已经偏离了正常值（见图 5 - 47 中横实线）。实际情况中可以做这样的规定：在慢变化电压窗口内（慢速过电压限度 OV～、慢速欠电压限度 UV～）的值，从电压的观点上说就认为是“好”的。如果电源电压的漂移超过了上述慢变化电压窗口值的限度，就可以认为该电源正在降级或正在经历着一个负载的瞬变。这种瞬变要取决于异常状态能维持多长时间，以便由慢延迟（SLOW DELAY）定时器根据现场典型的负载瞬变时间做出切换的决定。快速过电压限度 OV 的设定值远离正常值的范围要远超过慢变化窗口，因此要通过快速延迟（FAST DELY）定时器，以最短的时间（不包括快速切换瞬变时间）起动切换开关。典型的时间延迟参数是：在慢速过电压限度 OV～慢速欠电压限度 UV 窗口的慢延迟是 4ms，快速过电压限度 OV～快速欠电压限度 UV 的快延迟是 1ms。

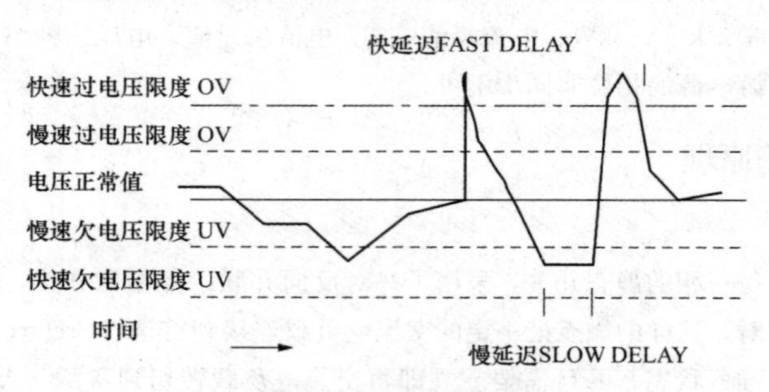

图 5 - 47　电源电压变化原理图

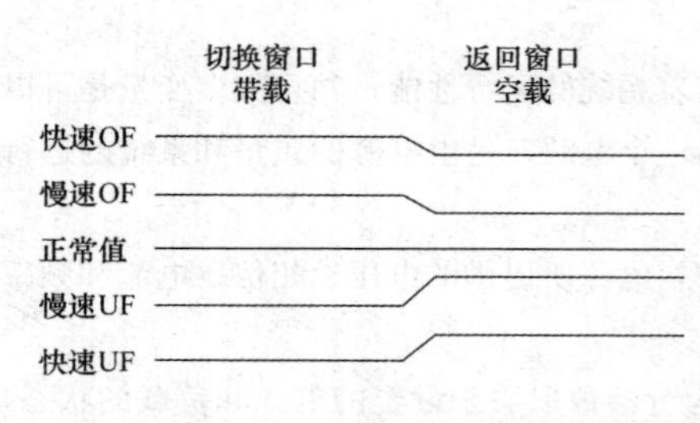

图 5 - 48　电源频率变化窗口原理图

电源频率是另一个定义质量的参数。Cyberex STS 评价频率有两个标准：过频（OF）和欠频（UF）。其参数的设定可以由用户根据现场情况来调整。过频（OF）和欠频（UF）窗口设定一般要能覆盖应用频率的漂移误差和负载对频率敏感度的要求。当频率偏移超过 OF/UF 窗口时，就会马上起动转换开关，如图 5 - 48 所示。

一旦更新的设备连接到负载或电源，它们的内部能量就会企图维持电源开路故障时的电压，因此它们的电压相位就被置于监视之下。并且当相移超过了低相位（LOW PHASE）和高相位（HIGH PHASE）设定值，持续时间也大于设定值时，定时器就会马上起动转换开关。

电压和频率有两个设定范畴——正向切换和返回切换。切换窗口定义的界限是：正向切换窗口被用来评价带载时的电源质量，返回切换窗口则是用来评价空载时的电源质量。典型的电压或频率返回窗口被设置的比正向切换时更靠近正常值，目的是要求电源的质量更好一些时再返回。

（2）定时器。STS中用了好多定时器，有些作为评价质量的定时器是不能由用户调整的，但对于特定的场地情况则可以由服务人员进行调整。

1）快延迟。当电源电压超过了快速（FAST）过/欠电压设定值时，定时器就发出约1ms的延迟切换命令。

2）慢延迟。当电源电压超过了慢速（SLOW）过/欠电压设定值时，定时器就发出约4ms的延迟切换命令。

3）相位延迟。当电源相位超过了低/高（LO/HI）相位设定值时，定时器就发出约2ms的延迟切换命令。

4）复位延迟。该定时器用来控制反映电源质量的综合时间常数，一般为2ms。

下面的定时器可以由用户自己调整。

5）测量时间定时器。当电源质量降级到不可接受的状态时，这些定时器复位。无论何时，只要电源的质量返回到可接受的状态，测量定时器就被起动。在定时器中止期间（一般为3ms），电源就认为是可以接受的。

上述延迟时间的设定取决于电源特性，并且应当是这些时间尽可能地短，因为电源的可用性时间是重要的。如果一个电源不可用，STS就不会向这里切换，从而降低了负载的可靠性。

6）返回延迟。测量时间定时器中止工作后，返回延迟定时器被启动，由测量时间定时器重新设置重新启动的时间。在返回延迟定时器中止期间，返回（重新切换）首选电源的定时器被启动，延迟时间一般为5ms。

（3）切换的抑制。

1）可以切换的相位窗口。两个电源之间的相位差被连续监视，并与允许切换窗口的设定值进行比较，这些设定值就是切换的界限。两个电源的相位差在这个设定窗口范围以内时，切换是被允许的。在STS能够切换时，在任何相位差时都是安全的。当然，如果在大的相位差下切换，就会使负载内的变压器和马达饱和且产生很大的冲击电流，这是不希望看到的。在两个电源不同步的情况下，切换和返回只允许在这种情况下进行，即两个电源在允许切换设定值范围内是暂时同相的。图5-49示出了两个非同步电源出现暂时同相的情况，在非同步的情况下，两个电源将周期性地按照电源频差的节拍（拍频）进入和离开允许切换的设定之窗口（圆圈线内）。

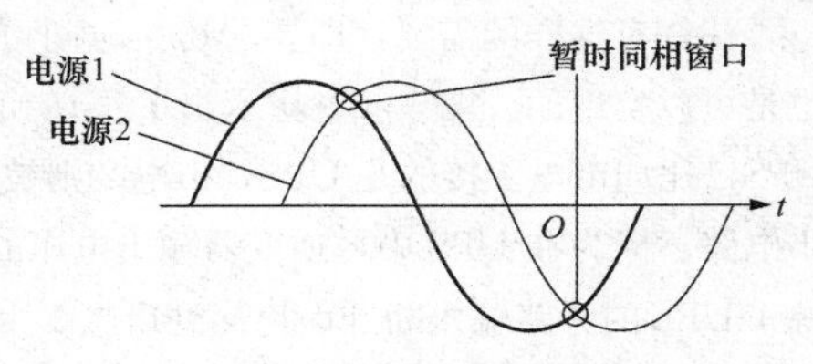

图5-49 两个非同步电源的暂时同相原理图

由此也可以看出，不论电源的频差多大，每一个周期总会有两个交点（每半周一个），那么每一个交点的附近就存在着一个允许切换的窗口，这就是为什么两电源即使相位差为180°情况也能切换的道理。但并不是说在相位差为180°时的这一点进行切换，而是说即使在这种情况下也有允许切换的同相范围。当然在设定范围以外的切换是被抑制的。

2）过载切换的抑制。为了在过载（或负载其他故障）状态下禁止切换，负载电流也被置于监视之下。当过载状态出现时，所有其他系统命令就都不起作用了。为了防止其他电源不受该过载故障的伤害，这种过载切换是被禁止的。在过载状态期间，STS继续将该电源与负载连接，一直到过载现象消除。就是说，这种切换抑制被锁在了已过载的电源上，当过载现象消除或正常电压出现时就会自动解锁。还有一些选择的设置，比如当过载现象消除或正常电压出现时，则需要手动复位。

(4) 测量与指示。为了观察和操作的方便，在设备的面板上应设置一些必要的指示，比如电源电压、负载电流、电源频率以及输出电压等，目前大都采用了液晶显示。比如Cyberex就采用了在METERS菜单下的LCD面板，它的METERS包括两个轮流显示的屏幕。

(5) STS的通信功能。当前用户出于管理的需要，几乎都要求电子设备具有通信接口，而且RS232是通用的。STS也不例外，也有一个通信接口，生产厂家不同，就会有不同的考虑。现仍以Cyberex为例，它有一个标准连线的RS232与外部数据终端设备DTE（Data Terminal Equipment）连接（还有一个RS485选件接口），作为远程系统告警记录和测量点的接口。图5-50所示的就是典型的RS232电缆连接图。当把RS232电缆接到用户的终端和STS逻辑电路后，STS就会送出一个提示信号，比如是STS-001>，就表示通信接口的地址是001。当然在做这些动作时，须注意不要带电操作。

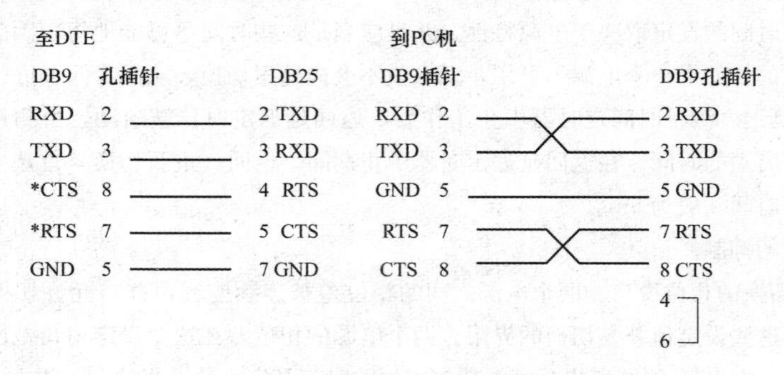

图5-50 典型的RS232电缆连接图

3. 具有不间断切换功能的同步电路LBS

往往有这样的需要，即要求切换时间可以忽略，就像在线式UPS切换时那样。这种要求也是可以实现的。图5-51就示出了零切换STS原理方框图。在这个图中有一个电源必须是UPS，比如市电1接的是UPS，市电2则被直接接入，在两个电源之间接入一个称为LBS的同步电路。因为在UPS中，逆变器输出电压的频率和相位始终跟踪旁路（Bypass），因此就把电源1-UPS的旁路输入断开而连接到市电1上即可。

比如设定UPS为首选电源，即首先由UPS向负载供电，对应的STS静态开关模块SM1处于开通状态，如图5-52所示，UPS逆变器输出电压的频率和相位始终跟踪旁路（Bypass），

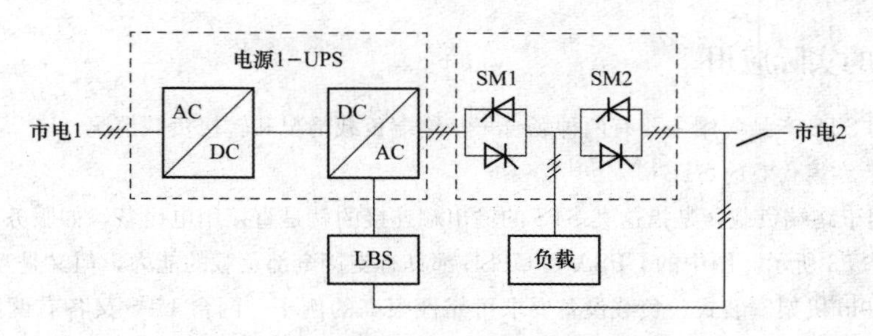

图 5-51 零切换 STS 原理方框图

那么 UPS 的输出电压频率和相位就会严格按照市电 2 的规律变化。一旦市电 1 出现故障，对应市电 2 的 STS 静态开关模块 SM2 就被打开，由于两个电源是同步同相的，所以就不必先关掉 SM1 再打开 SM2，而允许二开关根据晶闸管的特性共同导通一段时间，以达到真正的无缝切换效果。这样做的好处在于整个的跟踪连接丝毫不牵涉到 STS 设备。

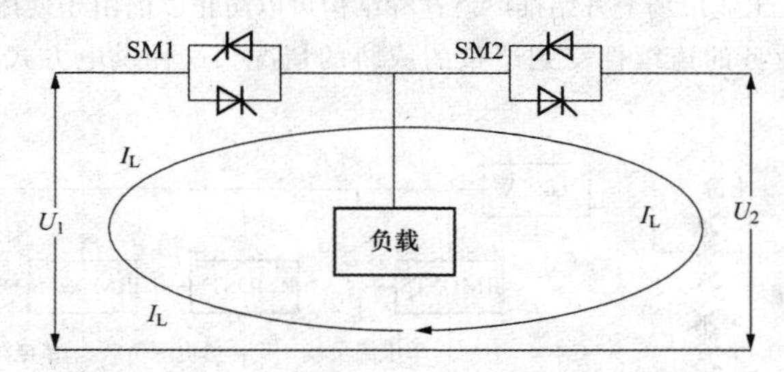

图 5-52 两个 STS 静态开关同时导通的情况

如果开始的首选电源是市电 2，则 UPS 就空载跟踪市电 2，即其空载电压的频率和相位保持与市电 2 同步。一旦市电 2 故障，对应市电 1 的 STS 静态开关模块 SM1 就会被打开。由于两个电源是同步同相的，所以也不必先关掉 SM2 后再打开 SM1，而允许二开关根据晶闸管的特性共同导通一段时间，以达到真正的无缝切换效果。

以上两种静态开关在共同导通的情况下，如果时间允许，在切换前逆变器还有一个电压幅度跟踪调整过程，可使切换达到平滑过渡的效果。如果是紧急切换，来不及实施电压幅度跟踪调整的全过程，万一两个电源的电压瞬时值相差较大，由于环路的内阻非常小，就会形成很大的环流 I_L，如图 5-52 所示，强大的环流会对静态开关形成很大的冲击。

另一方面，这种方案也有一定的局限性，比如，两个电源的输出电压相位差不能太大。原因是一般 UPS 的频率跟踪范围多是 5%～6%，即 2.5～3Hz，换句话说每半波的相位差不能超过 9°～11°，一旦超出这个范围就输出 UPS 的本振频率 50Hz，而这个频率是不可变的。尽管有的 UPS 声称可以适应输入频率 50Hz±10Hz，每半波的相位差也不过是 36°。如果对单相电压来说，一个电源为 A 相，而另一个电源来自 B 相，电源就相差了 120°，这显然就无法跟踪了，更不用说相差 180°了。在实际应用中这种情况是存在的，比如两路电源一个是市电，而另一个电源来自发电机，虽然都是 50Hz，但由于发电机的起动时间（相位）无法控制同步，因而造成很大的相位差也是司空见惯的，所以这种方案的实施是有条件的。

七、STS的实际应用

单独的STS产品应用主要有两种场合——终端负载情况和转接负载情况。

1. 用于终端负载的STS

所谓用于终端负载，是指这类STS的输出端连接的就是直接用电设备，如服务器和路由器等，如图5-53所示。图中的UPSA和UPSB都具有支持全部负载的能力，但又是互相独立的。这是一个19in机架安装式、负载设备要求可靠性很高的例子。两台UPS又各有两路输入——主电源和备用电源。STS是一种数字式的装置，如果是机架安装式的就写成RMDSTS（Rack Mound Digital Stitac Transfer Switch），一般都用这样的缩写来简化设备的名称。RMDSTS的输入就是UPSA和UPSB，它的输出接用电设备。图5-53（a）所示为单插头负载应用情况，同时还是负载为单相单输入的情况。而图5-53（b）所示为单相单插头负载和双插头负载合用情况，在这种情况下就需要将双输入合并成一个单输入。以上两种方式在国外都已经用在数据中心很多年了，并在工业市场上开始推广。这种结构可以防止以前由于使用插头而导致的断电现象，以及由此使业务的连续性受到严重的威胁的情况。这种供电方式与以前相比其优点如下。

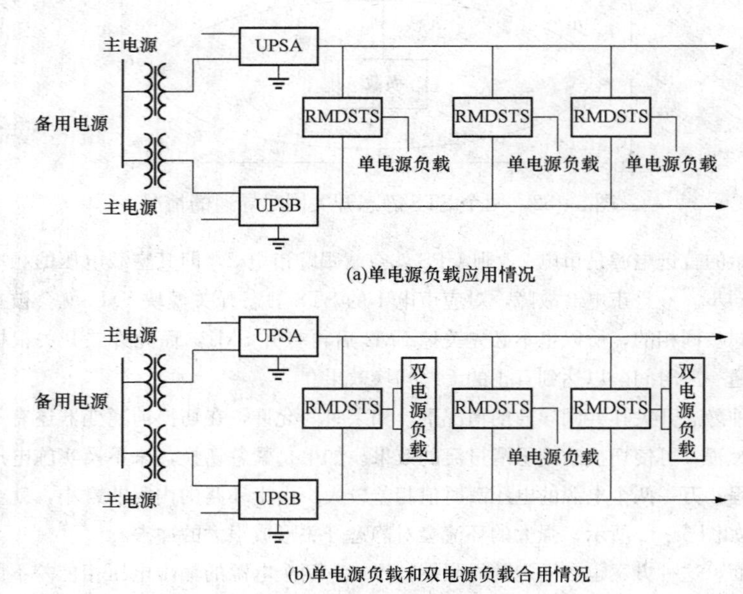

图5-53　STS在小功率场合的应用

（1）隔离故障。如果正在由UPSA供电的一个负载出现了故障，如图5-54箭头所示，那么RMDSTS就会立即将所有其他负载切换到UPSB上，使它们与故障隔离，同时，由为UPSA供电的备用电源清除该故障。

（2）便于维修。对处于维修状态的UPSA来说，由于负载可被切换到UPSB上，所以UPSA丝毫不会危及负载的正常运行。但在其他冗余结构的方案中，虽然负载可以被切换到

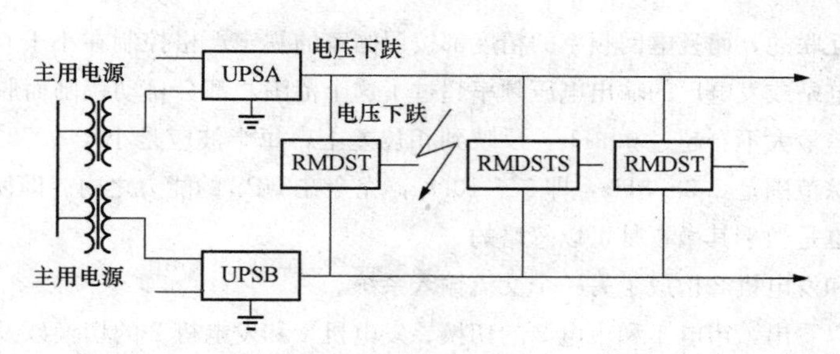

图 5-54 故障隔离示意图

UPSB 上，但 UPSA 仍然有流过备用电源的电流。另外，RMDSTS 还可以与外部维修旁路模块一起来实现服务时的隔离供电。

(3) 提高可靠性。可靠性高是它最大的优点。因为 RMDSTS 就在用户机器的面前，使负载直接与其相连，因而避免了包括断路器和 PDU 在内的所有上游电子设备故障的影响。另外，有的 STS，比如 Cyberex 的 RMDSTS，还具有冗余的风扇、冗余的逻辑电路电源和门极驱动电源等，这些又极大限度地提高了产品的可靠性。

2. 用于转接负载的场合

这种开关使用的场合一般不和负载直接连接，和负载直接相连的开关都位于该开关的下游。一般这种开关的容量都比较大。图 5-55 示出了中等容量 STS 一般应用转接负载的情况。

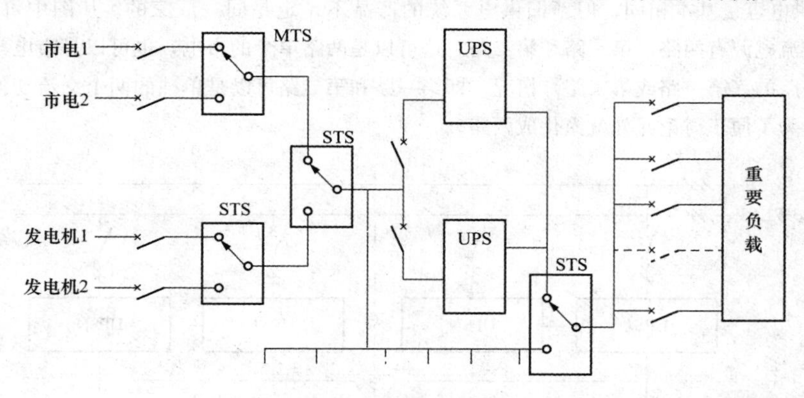

图 5-55 一般转接负载的应用情况

从图中可看出，这个系统是一个双市电、双发电机的冗余输入系统，市电 1 和市电 2 的切换、发电机 1 和发电机 2 的切换以及市电与发电机的切换都采用了 STS。在这里采用 STS 的必要性如下。

(1) 多输入电源时采用 STS 的必要性。一般在多输入市电时多采用 ATS 互投，但由于 ATS 动作声音大和时间长所以有些场合就用 STS 来代替，当然效果要好得多，带来的负面因素就是价格贵了些。在这里暂且抛开价格问题来讨论它的应用。

如图 5-55 输入分两路——市电 1 和市电 2，这两路市电可以来自同一个变电站，也可以不来自同一个变电站，这样会不会造成不同频和不同相呢？从理论上说是不会不同频的，因为我国的电网是互联的，而且电网频率的精度都按照国家的规定严格控制在小于0.2Hz，并网中的任何一个发电站或发电厂的输出电压频率超过了这个范围，都会自动跳闸而脱离电网。因此各电网的频率差最大不会超过0.2Hz，反映到相位差上，每半波应是小于0.72°，而一般UPS允许的频率跟踪范围是2.5～3Hz，即9°～10.8°，完全在UPS的能力之内。即使通过变压器有一些相移，那也是微乎其微，是可以忽略的。

发电机1和发电机2构成了另一个交流输入系统。

从图中可以看出，市电1和市电2的切换、发电机1和发电机2的切换以及市电与发电机的切换都采用了静态转换开关STS。其原因是：市电和发电机直接为一部分负载供电，因此不允许有较长时间的人工切换或机械切换；UPS为一些高要求的设备供电，万一UPS出现故障又不能切换到旁路时，可由另一个STS将电网电压很快切换过来，使供电万无一失。

(2) 两个供电系统之间的切换。在一般供电系统尤其是大系统中，经常会出现这样的情况：

1) 随着业务量的不断增加和系统的不断增容，就要求设备也要随之不断增加。

2) 要求可靠性不断增加，尤其是像金融这样的要害部门，几乎是不允许供电中断。

因此，增容和增加可靠性就同时提到议事日程上来了。但往往由于原来的系统就比较庞大，而为了分散负载，就要另外再建立一个同样的系统。为了提高供电的可靠性，就要求两套供电系统互为备用。如图5-56所示，就是构成双供电冗余系统的原理方框图，图中虚线两侧的UPS供电容量基本相同，但新旧供电系统的产品不一定是同一厂家的。从图中可以看出，输入的交流电源有两路：第一路和第二路。这可以是两路单个的市电，也可以是市电与发电机切换成一路的（第一路或第二路）情况，即第一路和第二路可以是单独的两个交流切换成一路的系统，为了便于讨论此处就简化成两路。

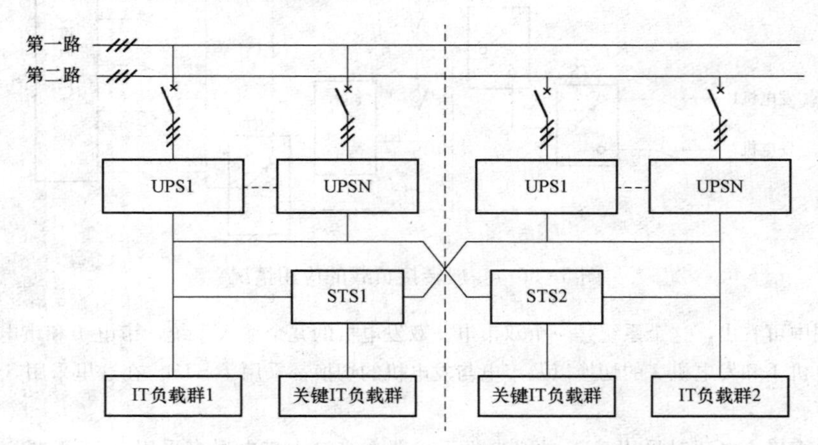

图5-56　构成双供电冗余系统的原理方框图

两个系统的任意一路供电系统都由多台UPS并联构成，UPS带有两种负载：一般IT负载和关键IT负载。一般IT负载由该系统的UPS直接供电，关键IT负载通过STS供电。STS有两个输入电源，一个输入端接本系统UPS的输出电压，另一个输入端连接另一个供电系统

UPS的输出电压。这样一来，关键负载就有了第二级冗余的供电电源，当然第一级冗余是UPS并联冗余系统。其中任何一套供电系统出现了故障，都不会影响IT设备的正常运行，这样就达到了两个供电系统互为备份的目的。

也有的由于IT设备太多，于是就用几个静态开关将负载分组供电，这种情况在实际中也有应用。

(3) 小功率冗余转换开关（Redundant Switch）。除了利用晶闸管构成的静态转换开关以外，还有一种是用快速继电器构成的冗余转换开关。它的容量可做到3～5kVA，即电流为15～22A，切换时间小于10ms，一般在6～7ms。是不是这个时间对IT设备的工作有影响呢？一般是不会的。因为一般的IT设备内部都有二次电源，该电源几乎都是PWM工作方式，它的输入直流电压是由220V直接整流滤波而得，约310V，如图5-57中的U_C。整流电流只有在整流电压的瞬时值大于U_c的瞬时值时才允许通过二极管整流器，其余的时间是无电流输入的，无电流输入就相当于该PWM电源与市电隔离。一般电流脉冲的宽度约为3～4ms，两个电流脉冲之间的间隔时间为6～7ms，如图5-57（a）所示，就是说这个切换时间和正常工作时的间隔时间相当。用户也许会有这样的担心，即正好是在工作电流的间隔时间后进行切换，岂不是二者相加，变成12～14ms了？这样是否会影响IT设备的工作呢！实际上此时另一个条件起到了保障的作用，这就是PWM滤波电容在市电断电后要进行放电，它的容量可以保证机器满负荷工作50ms，这个放电曲线如图5-57（b）所示。实验证明，满负荷工作远不止50ms。

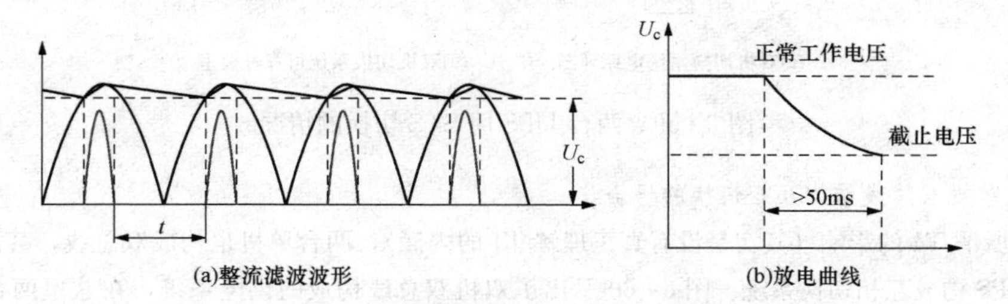

图5-57 PWM电源的充放电特性

由此又会产生另一个问题，即PC机的PWM电源可以有这个能力，大型机的PWM电源所带的负载要大很多，它的电容还能就维持不了这么长时间吗？实际效果是一样的，因为随着容量的增大，电容器的容量是按比例增大的，只有这样才能保证直流电压的纹波值被控制在一定的范围之内。

为此，冗余转换开关得到了广泛的应用。如果将图5-52的STS方案改为图5-58的样子，就可将系统的故障率减小到最低程度。

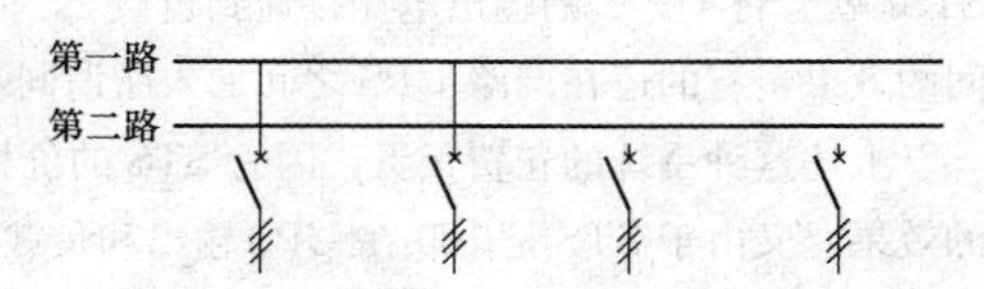

图5-58 将静态转换开关置于负载近前的情况

八、STS的节能应用

STS解决了用机械开关而无法实现的功能，但价格昂贵、功耗比机械开关大、电路复杂等。因此很多用户望而却步。

另一方面，由于STS价格昂贵，所以利润可观，有的供应商尽量劝说用户使用STS，实际上在很多场合根本用不着它，也有的地方可以节约，下面举例说明。

1. 没有必要采用STS的场合

为了提高UPS供电的可靠性，早期采用了串联热备份的办法，后来又发展到冗余并联，这已是很好的方案。但有的UPS供应商就对用户说冗余并联可靠性不高，必须用STS切换才可提高供电的可靠性，如图5-59（a）所示。实际上这样一来，既增加了设备量，加大了投资，又降低了系统的可靠性。图5-59（b）示出了双机切换系统可靠性模型。假如单台UPS和STS的可靠性值r相等，即$r=0.99$，那么系统的可靠性R就是

$$R=1-(1-r^2)^2=1-(1-0.99^2)^2=0.9996 \tag{5-31}$$

故障率α就是

$$\alpha=\ln R=\ln 0.9996\approx 0.0004 \tag{5-32}$$

与双机冗余并联比较其故障率是双机冗余并联的4倍。

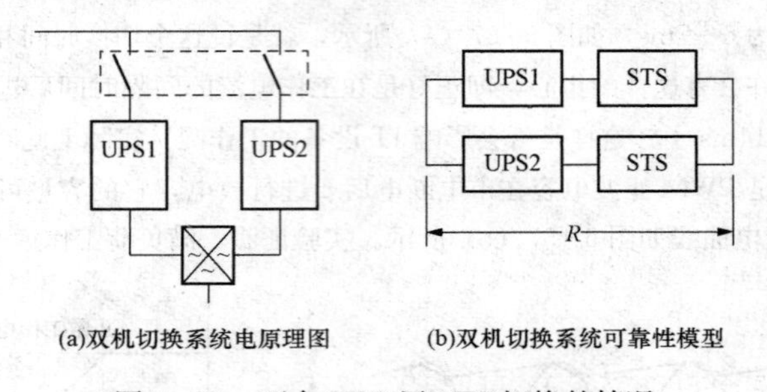

(a)双机切换系统电原理图　　(b)双机切换系统可靠性模型

图5-59　两台UPS用STS切换的情况

2. 单机双总线结构互相切换的场合

受所谓T4的影响（其实是没有真正理解T4的内涵），两台单机也构成双总线，甚至还将两台UPS构成互相切换系统。图5-60示出了双机双总线构成的供电系统，在这里两台UPS各自为自己的负载“负载1”和“负载2”供电，而后又共同为双电源负载“负载3”供电，这样就提高了供电系统的可靠性。为了使“负载1”和“负载2”具有同样的供电可靠性和可用性，于是就引进了两套静态开关STS1和STS2，如图5-60所示。一旦有一路电源因故障而断电时，则另一路电源就可通过STS为故障电源一路的负载供电。比如UPS1因故障而使输出断电，这时STS1就会将UPS2的输出电压接通到负载1。UPS2故障时也会产生同样的效果，即STS2就会将UPS2的输出电压接通到负载2，使负载2不间断地运行下去。为了产生零切换时间的效果，有的还在两路UPS之间加入所谓同步器“LBS”。

上述这种系统的花费很贵，因为STS的价格要比同容量的UPS高得多，造成了喧宾夺主的效果，又由于STS是串联在UPS输出和负载之间，有瓶颈之嫌，降低了供电系统的可靠性。有一种简化方案也可达到上述互相切换的目的，如图5-61所示电路环节。在这里两路UPS和上面一样，不同之处是取消了上述的两套串联STS，而代之以并联在两路输出之间的母联开关。在正常供电时，母联开关处于断开状态，两路UPS的供电作用和图5-60完全一样。一旦其中一台UPS因故障而使输出断电，母联开关就会及时地开通，造成两台UPS输出并联的效

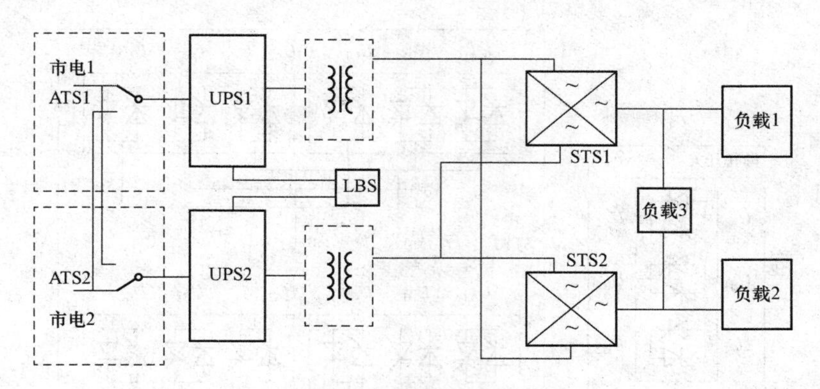

图 5-60　根据 T4 标准构成的供电系统

果。这样一来就省去了很多环节，节约了功耗、降低了造价及占地面积。为了说明这个问题在图 5-62 中就给出了 STS 与母联开关的主电路。图 5-62（a）所示为母联开关主电路图，可看出它只有三对背对背连接的晶闸管；而图 5-62（b）所示为 STS1 和 STS2 主电路图，每一套 STS 都有六对背对背连接的晶闸管构成。在这个系统中一个只用了三对背对背连接的晶闸管器件，而另一个用了十二对背对背连接的晶闸管，这就相差了九对背对背连接的晶闸管器件。尤其是在大功率的情况下，比如大于 100kVA 的情况下，一套 STS 就是一个机柜。可以看出母联开关的体积要比 STS 小得多。

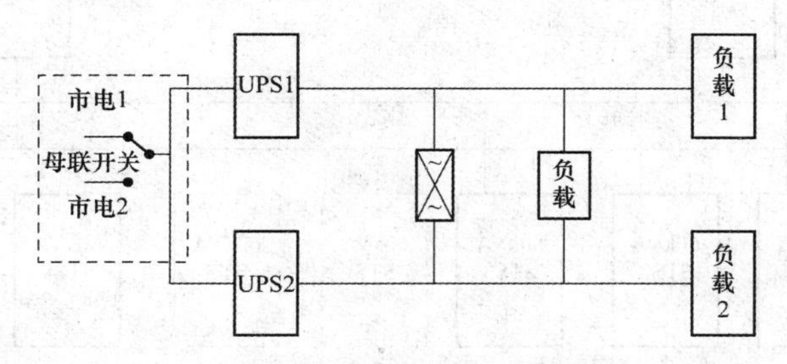

图 5-61　能实现图 5-60 同样功能的简化电路

3. 由关键负载确定 STS 的场合

STS 的出现解决了 ATS 无法解决的问题，但并不是说用在任何地方都合适，在制定方案时必须有所选择，否则就会陷入花钱买不可靠性的境地。图 5-63 就是某空管局开始时的配电方案。该方案选用了两台 600kVA 容量的 UPS 来构成冗余供电方案，实际上可以直接将两台 UPS 并联即可。然而方案制定者没有这样做，而是用了 10 台 60kVA 容量的 STS 构成具有切换功能的后备式冗余方案。

这个方案看起来"威武雄壮"很有气势，殊不知存在以下弊病。

（1）价格昂贵。当时的报价是每台 50 万元人民币，10 台就是 500 万元，令人咂舌。

（2）增加了故障点。STS 是串联在 UPS 与负载之间的一个串联环节，从前面的分析可知，它具有瓶颈效应，降低了可靠性。

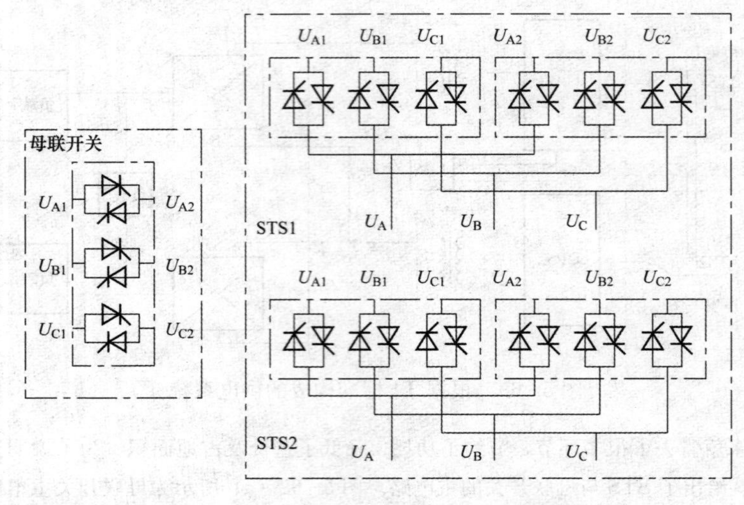

(a)母联开关主电路图　　(b)STS1和STS2主电路图

图 5-62　在上述电路中采用母联开关与 STS 的设备量比较

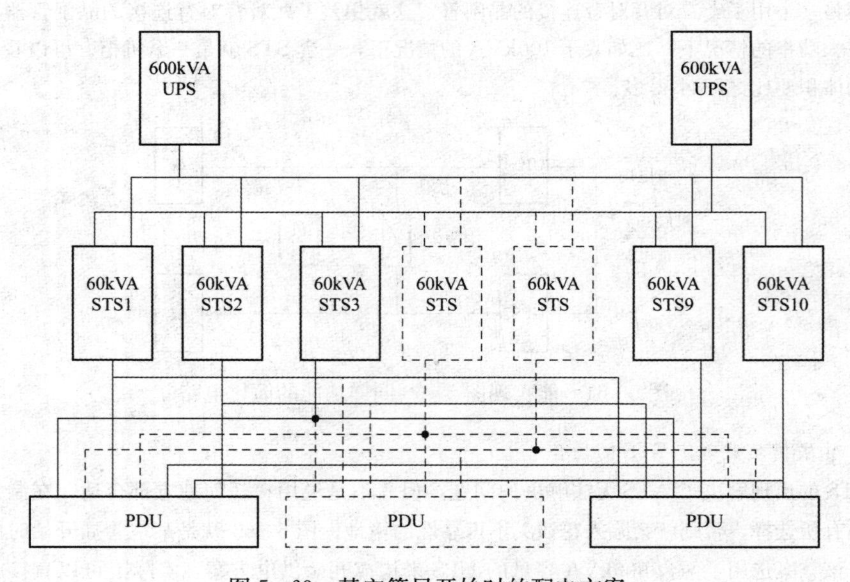

图 5-63　某空管局开始时的配电方案

(3) 增加了占地面积。很明显，10 台设备的占地面积非常可观，在现代信息机房不断升级的情况下，无疑影响了其升级的灵活性。

(4) 增加了无谓的功耗，降低了可靠性和缩短了寿命。60kVA 容量的 STS 按三相每相电流 100A 计算，晶闸管的导通压降按 1V 计算，再加上控制电路的消耗，每台满负荷时的功率约 300W，每天损耗 7.2kW·h，每年就是 7.2°×365=2628°，10 台就是 26 280°。功率的消耗一方面增加了运行费用，另一方面也降低了设备的可靠性。按照阿雷纽斯定律，温度每升高10℃，设备的寿命就会缩短一半。而温升恰恰就是由这些功耗造成的。

通过上面的讨论可以看出，10 台 STS 的加入非但没有提高可靠性，反而将原来的可靠性降低了，又带来些累赘，这就是多花钱反而买了不可靠。

实际上该供电系统还简化的余地。首先机房中的所有设备并不都是关键性的，只有一部分是绝对不允许停电的。而且了解到这些关键设备的功率均在 5kVA 以下，这就给简化方案提供了方便。当时市场上有 5kVA 的 STS 销售，切换执行机构不是晶闸管而是继电器，其切换时间小于 10ms。10ms 的切换时间会不会影响设备的运行呢？根据 IBM 和 HP 的实验，在市电停电后，设备本身的电源尚可维持该计算机设备满负荷工作 50ms。有资料显示，在国内有机房计算机输入断电 20ms 设备正常工作的报道。就是说 10ms 的切换时间不会影响设备正常运行(以后的几年运行也证明了这点，但当时只是从这些报道中得到些信心)。而 5kVA 的 STS 在当时才是 3000 元人民币的销售价格。就这样花了不到 30 万元就用小 msts 构成了新的供电系统，如图 5 - 64 所示。

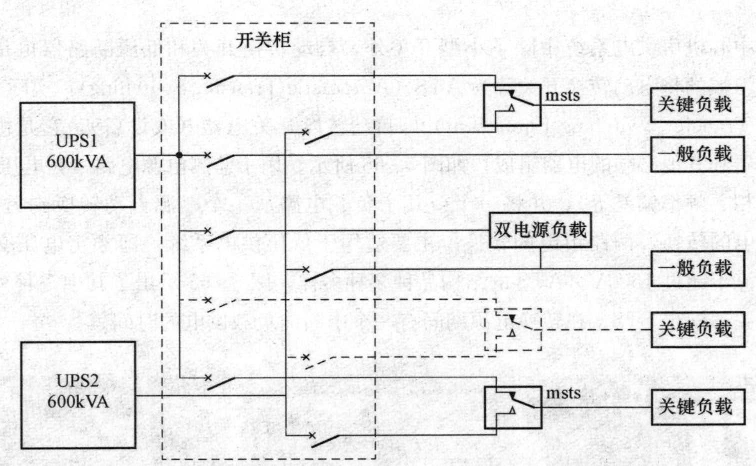

图 5 - 64 某空管局开始时的配电方案

从图 5 - 64 中可以看出，msts 起到了和 STS 相同的作用。这里的双电源负载直接由两台 600kVA 的 UPS 直接供电，一般负载分别由两台 600kVA 的 UPS 分别供电，而只有关键负载才采用了 msts 切换电源供电。不禁要问：继电器的可靠性如何？一般继电器时间长了和动作次数多了其弹簧就会疲劳，切换时间就会加长，会导致用电设备因不能及时得到另一路电源的电力而关机。在当时这种继电器已有动作寿命上百万次的上品，再说采用的都是密封继电器，为了可靠还采用了多点并联措施。由于 UPS 也是采用的上品，几乎不出故障，就是说继电器很少动作，这就从几个方面保证了它的可靠性。

我们不妨计算一下，本来继电器一年也不一定动作一次。退一万步说，假设每天动作一次，一年也就是 365 次，10 年也就是 3650 次，100 年也才 36 500 次，离着百万次仍然非常遥远，后来的运行也完全证明了这一点。一个空管局采用了这个方案，也带动了另一个空管局照此办理，七八年的时光过去了，运行非常可靠，有业内人士透露，在首都机场 T3 的 3 座大楼仍然采用了图 5-64 的方案。

采用这种方案的好处不但是节约了投资和占地面积，也消除了采用 STS 时的额外功耗。因为继电器的触点电压为零，当通过电流时就不会产生功耗，节约了能量，从而提高了可靠性。

一个提醒：在有的信息机房中采用了 STS 和同步器，安装完毕后没有认真验收，尤其是没有第三方验收，埋下了隐患。编者在参与验收配置了同步器的静态开关 STS 时，检测了该机房所有四套的切换时间均是 200ms，而说明书上标的是 4～6ms。如果不事先检测这个指标就稀里糊涂地接受，万一碰到需要切换的情况，用电设备无疑要断电关机或重启。实际上是设备出厂时没有调试好，经过一了个时期的调试终于满足了要求。

第八节　ATS 的应用

一、ATS 的一般介绍

在信息中心机房供电系统中除了小型开关外，自动转换开关和低压断路器也是不可缺少的。人们都习惯的将自动转换开关称为 ATS（Automatic Transfer Switching），实际上是 ATSE（Automatic Transfer Switching Equipment）即自动转换开关电器（或设备），它是由一个（或几个）断路器和其他必须的电器组成，如图 5-65 所示。用于监测电源电路（失电压、过电压、欠电压、断相、频率偏差等），并将一个或几个负载电路从一个电源自动转换到另一个电源。如市电与发电的转换，两路市电的转换，主要适用于低压供电系统，即额定电压交流不超过 1000V 或直流不超过 1500V。ATS 的结构品种多种多样，图 5-65 示出了其中三种外观作为例子。这种开关不同于 STS，在转换电源期间有一个中断向负载供电的时间。

图 5-65　ATS 中的几种外形举例

二、ATS 转换开关的工作原理

ATS 主要用在紧急供电系统，将负载电路从一个电源自动换接至另一个（备用）电源的开关电器，以确保重要负荷连续、可靠运行。如图 5-66 所示就是 ATS 典型应用原理图。因此，ATS 常应用在重要用电场所，其产品可靠性尤为重要。转换一旦失败将会造成电源间的短路或重要负荷断电（甚至短暂停电），其后果都是严重的，这不仅会带来经济损失（使生产停顿、金融瘫痪），也可能造成社会问题（使生命及安全处于危险之中）。因此，工业发达国家都把自动转换开关电器的生产、使用列为重点产品加以限制与规范。ATS 一般由两部分组成：开关本体＋控制器。而开关本体又有 PC 级（整体式）与 CB 级（断路器）之分。

（1）PC 级。是一体式结构（三点式）装置。它是双电源切换的专用开关，具有结构简单、体积小、自身连锁、转换速度快（0.2s 内）、安全、可靠等优点，但需要配备短路保护电器。

（2）CB 级。是一种配备过电流脱扣器的 ATSE，它的主触头能够接通并用于分断短路电流。它是由两台断路器加机械连锁组成，具有短路保护功能；控制器主要用来检测被监测电源（两路）的工作状况，当被监测的电源发生故障（如任意一相断相、欠电压、失电压或频率出现偏差）时控制器发出动作指令，开关本体则带着负载从一个电源自动转换至另一个电源。图 5-66 是 ATS 典型应用电路。其中 U_n 是首选的常用电源，U_g 是备用电源，Qg 是短路保护电器（熔断器隔离器），DN 是控制器。控制器与开关本体进线端相连。

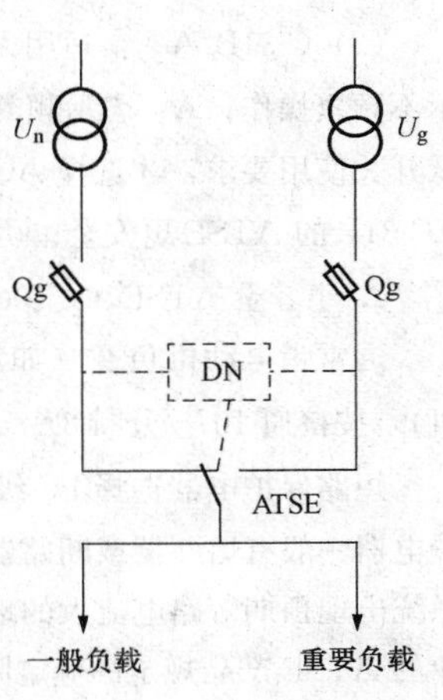

图 5-66　ATSE 典型应用原理图

ATS 的控制器一般应有非重要负荷选择功能。控制器也有两种形式：①由传统的电磁式继电器构成；②数字电子型智能化产品。它具有性能好、参数可调及精度高、可靠性高和使用方便等优点。

三、CB 级和 PC 级 ATSE 性能比较

（1）CB 级和 PC 级 ATSE 的设计理念。两者机械设计理念不同，CB 级是由断路器组成，而断路器是以分断电弧为己任，要求它的机械应快速脱扣。因而断路器的机构存在滑扣和再扣问题；而 PC 级产品不存在该方面问题。PC 级产品的可靠性远高于 CB 级产品。

（2）断路器不承载短路耐受电流，因触头压力小。供电电路发生短路时，当触头被拆开时产生限流作用，从而分断短路电流；而 PC 级 ATSE 应承受 $20I_e$（I_e 是额定工作电流）及以上的过载电流。触头压力大，不易被拆开，因而触头不易被熔焊。这一特性对消防供电系统尤为重要。

（3）两路电源在转换过程中存在电源叠加问题。PC 级 ATSE 充分考虑了这一因素。PC 级 ATSE 的电气间隙为爬电距离的 180%、150%（标准要求），因而 PC 级 ATSE 安全性更好。

（4）触头材料的选择角度不同。断路器常选择银钨、银碳化钨材料配对，这有利于分断电弧。但该类触头材料易氧化，备用触头长期暴露在外，在其表面易形成阻碍导电和难以驱除的氧化物，当备用触头一旦投入使用，触头温升增高，易造成开关烧毁甚至爆炸，而 PC 级 ATSE 充分考虑了触头材料氧化带来的后果。

四、PC 级 ATS 的相关参数选择

1. 使用类别选择

目前，我国市场上 PC 级 ATSE 有两种使用类别：①适用于 AC-33B；②适用于 AC-31B。

开关的使用类别表示其控制负载的能力。

(1) C-33B/A*：适用电动机混合负载。既包含电动机、电阻负载和30%以下白炽灯负载，接通与分断电流为$6I_e$，$\cos\theta=0.5$（功率因数）；

(2) C-31B/A*：适用无感或微感负载，接通与分断电流为$1.5I_e$，$\cos\theta=0.8$；（*B：表示不频繁操作；A：表示频繁操作）。由于ATSE较难通过AC-33B试验，因此，一些制造厂降低开关使用要求，才选择AC-31B使用类别。显而易见选择使用AC-33B的ATSE比选择使用AC-31B的ATSE更安全、可靠。

2. 小容量ATSE（≤100A）的带载能力

通常带电动机负载（如消防泵）直接转换，最好具有AC-3指标（直接通断鼠笼型电动机），按接通$10I_e$/分断$8I_e$/$\cos\theta=0.45$要求进行考核，使用该产品更安全。

短路保护电器选择PC级ATSE不具有短路保护功能，因此，需配短路保护电器。短路保护电器一般有熔断器或断路器。由于熔断器限流性能好，限制短路电流能力强，它常被使用在系统出现预期短路电流大的地点处；而断路器限流性能差，额定限制短路电流能力低。不同企业的ATSE产品规定的额定限制短路电流不同，表5-26为RTQ1（TP1）自动转开关电器额定限制短路电流值。

表5-26　RTQ1（TP1）自动转换开关电器额定限制短路电流

额定电流（A）		RTQ1-100	RTQ1-200	RTQ1-400	RTQ1-800	RTQ1-1600
额定限制短路电流（kA）	与熔断器配合（1∶1）	100	100	100	120	120
	与熔断器配合（1∶1）	10	20	35	42	50

在选择短路保护电器额定电流值时，一般的原则是短路保护电器（熔断器或断路器）与被保护电器（ATSE）额定框架电流值一致（即1∶1）。

3. 段式与三段式选择

(1) 二段式ATSE开关主触头仅有两个工作位，即“常用电源位”与“备用电源位”，负载不会出现长期断电情况，供电可靠性高，转换动作时间快。

(2) 三段式ATSE开关主触头有三个工作位置，多了一个“零位（是指电动状态下）”，即主触头处于空挡，负载断电时间相对较长，是二段式断电时间的2～3倍。三段式的“零位”主要是用于ATSE在带高感抗或大电机负载转换时，为避免冲击电流做“暂态停留”之用，而非用于负载维修时隔离之用。维修时的隔离一定要选择隔离开关，它更安全。因为，隔离开关必须具有以下功能：

1) 动触头在断开位置时可锁定或可视。

2) 具有较高的额定冲击耐受电压（1.25倍）。

3) 在任何情况下，极限泄漏电流不应超过6mA。

五、ATS动作时间选择

衡量一台ATSE转换速度有5种动作时间（见GB/T 14048.11），ATSE应向用户至少提供一种动作时间，便于用户依据使用要求进行选择。

（1）触头转换时间测定。是指从第一组主触头断开常用电源起至第二组主触头闭合备用电源为止的时间。

（2）换动作时间测定。是指从主电源被监测到偏差的瞬间起至主触头闭合备用电源为止的时间（含机构动作时间），不包括特意引入（控制器）的延时。

（3）总动作时间。是指转换动作时间与特意引入（控制器）的延时之和。

（4）返回转换时间从常用电源完全恢复正常的瞬间起至一组主触头闭合常用电源的瞬间为止的时间加上特意引入的延时。

（5）断电时间。测定是从各相电弧最终熄灭的瞬间起至主触头闭合另一个电源为止的转换过程时间，包括特意引入的延时。一般用户应注重“总动作时间”或“转换动作时间”，以满足不同配电系统使用要求二段式PC级ATSE总动作时间一般在50～250ms，三段式PC级ATSE总动作时间一般在350～600ms，CB级ATSE总动作时间一般在2000～3000ms，图5-67为GB/T 14048.11—2002标准中所规定的动作时间概念形象图。图中表示的是当供电电路发生短路时，触头被拆开而产生限流作用，从而分断短路电流。

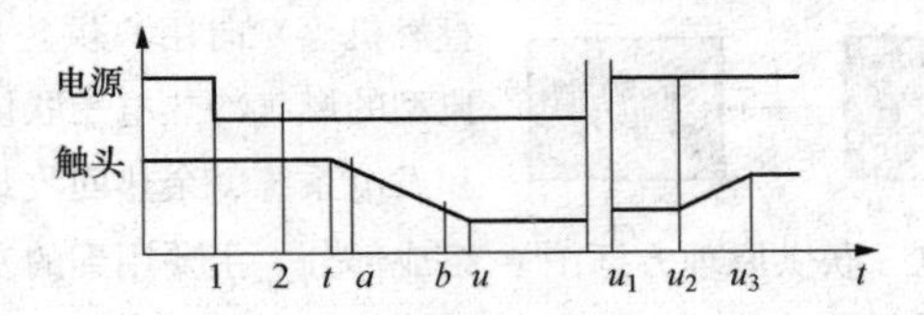

图5-67 ATSE动作时间示意图

计时时刻：	动作时间：
T_1：常用电源出现偏差	1）触头转换时间 $t_c=T_a-T_1$
T_2：机构动作	2）转换动作时间 $t_2=T_{II}-T_1-t_1$
T_3：常用电源位	3）总动作时间 $t_a=T_{II}-T_1$
T_4：常用电源恢复	4）返回动作时间 $t_1=t_{I2}-T_3$
T_5：备用电源位	5）断电时间 $t_d=T_b-T_a$
a：触头断开时燃弧	
b：触头闭合时燃弧	$t_1=T_2-T_1$ 延时（特意引入的延时）

第九节 数据中心天然气三联供

良好的基础设施环境包括供电环境、自然环境、人的心理状态及认识环境和制冷环境等。有时尽管有良好的数据中心选址，清新的空气、芬芳的花草和适宜的温度等。如果规划者的理念是陈旧的、错误的，又不愿去学习别人的先进思想，这个中心也将是落后的。

一、燃气三联供的原理及分类

节能减排是实现低碳生活的关键。由于数据中心已成为人们生活中不可缺少的部分，因此数据中心的建设如雨后春笋，所以数据中心的耗能又在逐渐增长，已成为用电大户，如何在这个领域中节能已成为迫在眉睫的任务。于是在国际上提出了能效比（PUE：Power Useage Effective）的指标，其含义是指 IT 设备消耗 1W 的功率时要从市电电网索取多少功率。我国要求这个值要降到 1.5 以下。为了这个指标，各个数据中心都在寻找节能的途径，于是冷热电三联供系统开始走进了数据中心。

冷热电三联供又称为分布式能源系统（Distributed Energy System），是指将冷热电系统以小规模、小容量（几十千瓦到几百兆瓦）、模块化、分散式的方式布置在用户附近，独立地将冷热电分别送到用户。分布式能源的先进技术包括了太阳能、风能、燃料电池和燃气三联供等多种方式。

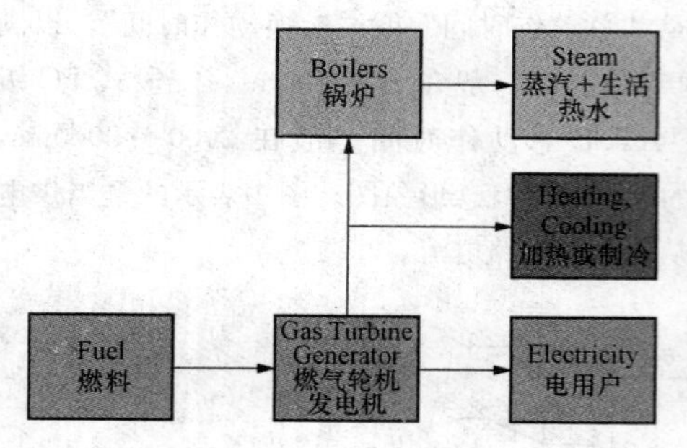

图 5-68　燃气冷热电三联供原理方框图

燃气冷热电三联供，即 CCHP（Conbained Cooling Heating and Power），是指以天然气为主要燃料来带动燃气轮机或内燃机发电机等燃气设备运行，产生的电力提供给用户使用。系统排出的废热通过余热回收利用设备（余热锅炉或余热直燃机等）向用户供热供冷，如图 5-68 所示。典型的燃气冷热电三联供系统主要包括动力系统和发电系统、余热回收装置、制冷或供热系统等组成部分，主要用到的发电设备有微型或小型燃气轮机、燃气内燃机和燃料电池等；空气设备由余热锅炉、余热吸收式制冷机和以蒸汽为动力的压缩型制冷机等。系统通过对能源的梯级利用使能源的利用效率从常规发电系统的约 40%提高到 80%左右，大量节约了一次能源，在我国信息中心的使用中已得到了很好的效果。

二、燃气冷热电三联供的优势

1. 提高了能源综合利用率

燃气冷热电三联供的能源综合利用率为 60%～80%。燃气锅炉直接供热的效率更高，虽然达到了 90%，不过在这里最终产出的能量形式是低品位的热能，而燃气冷热电三联供却由 45%高品位的电能产出，所以其能源利用率比传统大电网供电或燃气锅炉直接供热的方式大幅提高了。

2. 电力燃气有削峰填谷的双重消耗

在传统的能源结构中，夏季空调机的用电量和冬季大量燃气锅炉采暖的应用造成了夏季用电远大于冬季用电的局面。这种不合理的能源结构导致了相关市政设施的低投资效率，造成了能源的浪费。但对燃气冷热电三联供来说却不然，一方面它的分布式发电系统和吸收式空调技术的应用可降低夏季大电网的最大用电负荷，减轻了大电网的负担，起到了填谷的作用；另一方面，全年的连续运行使得冬夏燃气用量比较均衡。因此大力发展燃气冷热电三联供能源系统是改善区域能源结构的最佳途径之一。图 5-69 所示就是一种热电联产原理示意图。

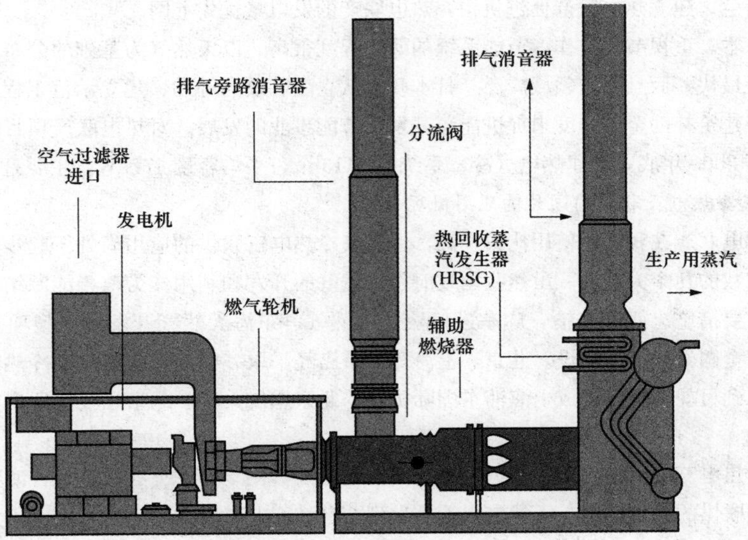

图 5-69　一种热电联产原理示意图

3. 燃气冷热电三联供在国外的应用概况

（1）美国。电力公司必须收购热电联产的电力产品，其电价和收购电量以长期合同形式固定。为热电联产系统提供税收减免和简化审批等优惠政策。截至 2002 年末，美国分布式能源站已近 6000 座。美国政府把进一步推进“分布式热电联产系统”的发展列为长远发展规划，并制定了明确的战略目标：力争在 2010 年，20%的新建商用或办公建筑使用“分布式热电联产”供能模式，5%现有的商用写字楼改建成“冷热电联产”的“分布式热电联产”模式。2020 年在 50%的新建办公楼或商用楼群中，采用“分布式热电联产”模式，将 15%现有建筑的“供能系统”改建成“分布式热电联产”模式。有报道称，美国能源部计划在 2010 年削减 460 亿美元国家电力投资，采取的办法是加快分布式能源发展。美国能源部计划，2010 年 20%的新建商用建筑使用冷热电三联供发展计划，2020 年 50%的新建商用建筑使用冷热电三联供发展计划。

（2）欧盟。据 1997 年资料统计，欧盟拥有 9000 多台分布式热电联产机组，占欧洲总装机容量的 13%，其中工业系统中的分布式热电联产装机总容量超过了 33GW，约占热电联产总装机容量的 45%，欧盟决定到 2010 年将其热电联产的比例增加 1 倍，提高到总发电比例的 18%。

（3）丹麦。热电上网，1MW 以上燃煤燃油锅炉的天然气热电联产改造项目享受政府 30%的补贴。对热电工程给予低利率优惠贷款，将环保所得税作为投资款返还工商业，对工商业的天然气热电联产项目发电价格补贴。

（4）法国。对热电联产项目的初始投资给予 15%的政府补贴。

（5）英国。免除气候变化税、商务税，高质量的热电联产项目可申请政府关于采用节约能源技术项目的补贴金。

（6）荷兰。建立热电联产促进机构，热电联产的发电量优先上网。

（7）日本。重视节能工作，节能系统的研究程度很高，以天然气为基础的分布式冷热电联供项目发展最快，而且应用领域广泛。日本政府从立法、政府补助、建立示范工程、低利率融资以及给予建筑补助金等角度来促进能源开发及节能事业的发展。对热电联产项目给予诸多减免税。截至 2000 年底，已建热电（冷）系统共 1413 个，平均容量 477kW，主要是小型系统。

4. 燃气冷热电三联供的国外的应用概况

虽然热电联产在我国已使用比较广泛，但燃气冷热电三联供的应用尚处于起步阶段，而且多集中在有数的几个大城市。虽然我国政府将天然气的开发和利用作为改善能源结构、提高环境质量的重要措施。西气东输、广东进口液化天然气、东海天然气开发等大型项目的全面实施，推动了全国天然气的建设。北京、上海等城市已经采取一些优惠政策鼓励冷热电三联供项目的发展。到目前为止已建成上海浦东国际机场、北京燃气大楼、北京燃气集团广渠门站大楼等的项目。

燃气冷热电三联供专门用于数据中心的例子就更少，图 5-70 所示就是某石油数据中心燃气冷热电三联供的原理框图。天然气由管道送到 6 台 3300kW 燃气发电机，发电机发出的电能送往数据中心，燃烧后的废气送到蒸汽发生器产生蒸汽，再将蒸汽发生器的蒸汽送入 6 台 2500kW 溴化锂制冷机，将制冷水送入数据中心，这样的阶梯能量使用大大提高了能源的利用率。

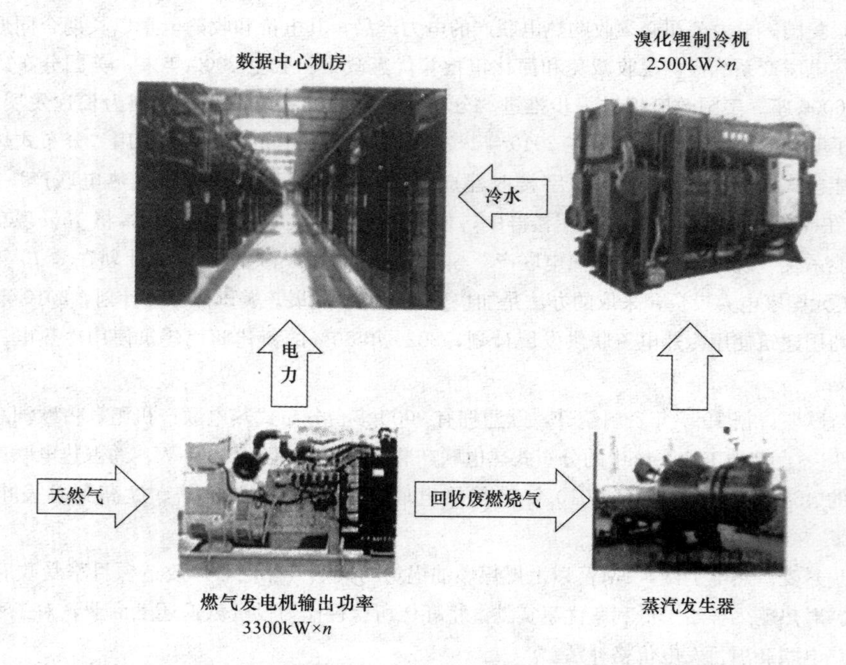

图 5-70　某石油数据中心燃气冷热电三联供原理框图

第十节　吸收式溴化锂制冷机

一、机械制冷机

以往数据中心机房中的精密空调机属于机械制冷模式。这种机械制冷机每瓦电在理论上可以制造出 5W 的制冷量。实际上由于一些条件的限制，一般 3W 左右。机械制冷机制冷的核心是压缩机。如图 5-71 所示就是一般制冷机的原理流程图。比如当需要制冷时，就起动压缩机将由蒸发器来的气态压缩成高压的制冷剂气体进入到冷凝器盘管；冷凝器就是一般空调机的室外机，在那里有转动的风机及循环冷却水和从压缩机来的高压制冷剂气体进行热交换，将其温度降下来，变成高压液态制冷剂继续前行至储液罐，这时的冷剂仍是高压液态；由储液罐出来经过滤和电磁阀的控制送入膨胀阀，从膨胀阀出去就是分叉的很多盘管，使得高压状态冷剂压力突然减小就变成了低压液态物进入蒸发器；蒸发器就是室内机，在这里和室内热空气进行热交换，吸收了外界的热量将液态冷剂气化，又经压缩机进入冷凝器……就这样循环下去实现了室内降温效果。

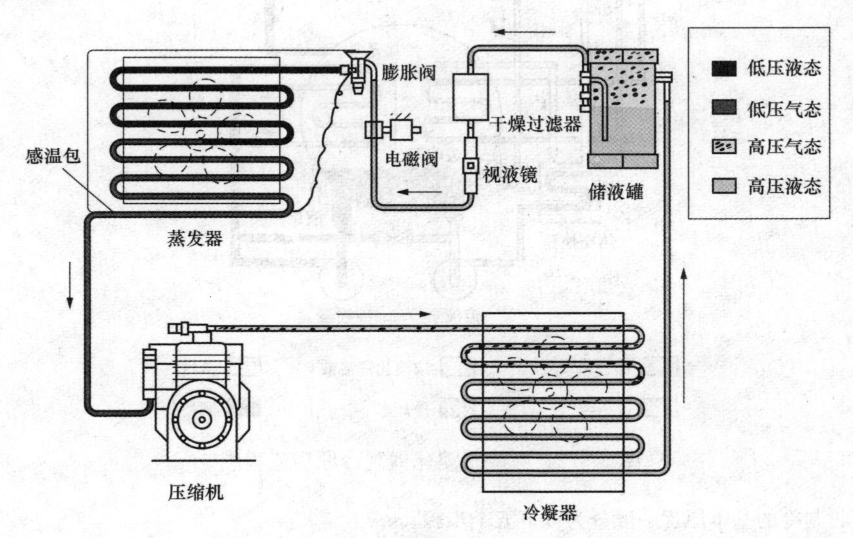

图 5-71　机械制冷基本原理图

二、吸收式溴化锂制冷机

吸收式制冷以自然存在的水或氨等为制冷剂，对环境和大气臭氧层无害；以热能为驱动能源，除了利用锅炉蒸气、燃料产生的热能外，还可以利用余热、废热、太阳能等低品位热能，在同一机组中还可以实现制冷和制热（采暖）的双重目的。整套装置除了泵和阀件外，绝大部分是换热器，运转安静、振动小；同时，制冷机在真空状态下运行，结构简单、安全可靠、安装方便。在当前能源紧缺，电力供应紧张，环境问题日益严峻的形势下，吸收式制冷技术以其特有的优势已经受到广泛的关注。

（1）无原动力。直接使用热原理，因此机器坚固且无振动，噪声小，能安装于任何地点，从地下室一直到屋顶均可。

（2）以水为制冷剂。容易获得，安全性高。

（3）可直接利用热源。它可利用低压蒸气、热水，甚至废汽、废热，耗电极少，只相当于同容量离心式机的2%～9%。

（4）变负荷容易，调节范围广（能在10%～100%范围内调节制冷量）。

（5）结构简单、运行方便。

其不足之处是：溴化锂水溶液在大气下对金属有很强的腐蚀性，因而对设备管道的要求较高，另外冷却负荷较大。图5-72所示就是一种吸收式溴化锂制冷原理流程图。

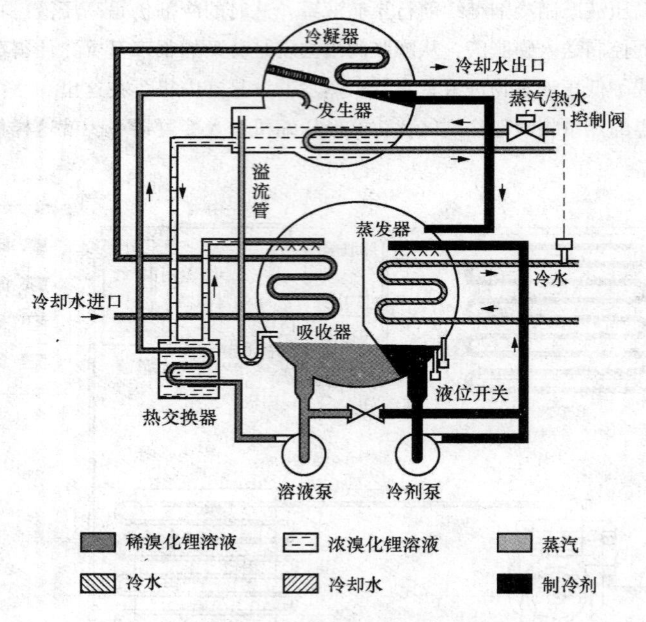

图5-72　吸收式溴化锂制冷原理流程图

吸收制冷的基本原理一般分为以下五个步骤。

（1）利用工作热源（如水蒸气、热水及燃气等）在发生器中加热由溶液泵从吸收器输送来的具有一定浓度的溶液，并使溶液中的大部分低沸点制冷剂蒸发出来。

（2）制冷剂蒸气进入冷凝器中，又被冷却介质（冷却水）冷凝成制冷剂液体，再经节流器降压到蒸发压力。

（3）制冷剂经节流进入蒸发器中，吸收被冷却系统中的热量而激化成蒸发压力下的制冷剂蒸气。

（4）在发生器A中经发生过程剩余的溶液（高沸点的吸收剂以及少量未蒸发的制冷剂），经吸收剂节流器降到蒸发压力进入吸收器中，与从蒸发器出来的低压制冷剂蒸气相混合，吸收低压制冷剂蒸气并恢复到原来的浓度。

（5）吸收过程往往是一个放热过程，故需在吸收器中用冷却水来冷却混合溶液。在吸收器中恢复了浓度的溶液又经溶液泵升压后送入发生器中继续循环。

吸收式制冷机利用溶液在一定条件下能析出低沸点组分的蒸气，在另一条件下又能强烈地吸收低沸点组分蒸气这一特性完成制冷循环。目前吸收式制冷机中多采用二元溶液作为工质，习惯上称低沸点组分为制冷剂，高沸点组分为吸收剂，二者组成工质对。

人们经过长期的研究，获得广泛应用的工质对只有氨—水和溴化锂—水溶液，前者用于低温系统，后者用于空调系统。

（1）以水作为制冷剂的“工质对”。水—溴化锂、水—氯化锂、水—碘化锂、水—氯化钙。

（2）以氨作为制冷剂的工质对。氨—水、乙胺—水、甲胺—水以及硫氰酸钠—氨等。

（3）以醇作为制冷剂的工质对。制冷剂通常选用甲醇，主要有甲醇—溴化锂、甲醇—溴化锌及甲醇—溴化锂—溴化锌三元溶液工质对等。

（4）以氟利昂作为制冷剂工质对。其中主要是 R21、R22 与四乙醇二甲基乙醚等有机物组成的工质对。

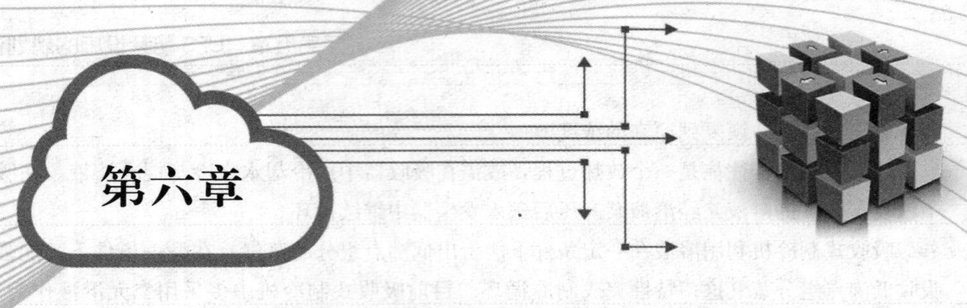

UPS 的可靠性设计

第一节 概 述

在规划设计一个系统时首先考虑的是系统如何才能可靠运行。为了心中有底，都要做可靠性计算，有一个量的概念后才可在规划的基础上选择什么样的设备，构建什么样的系统。比如要求系统的可用性是 0.9999，这就需要进行可靠性计算。或者系统建设完成后，在评测时也要对可靠性进行评估，因此对可靠性的概念进行了解是必要的。

一、可靠性的概念与定义

可靠性的概念具有相对性，即在不同的领域有着不同的含义，不能一概而论。因此首先将本文中涉及的几个概念和定义做一介绍。

1. 可靠性

一般将一定数量的元器件或设备在 t 时间内无损坏的概率就称为元器件或设备的可靠性，用 $p(t)$ 表示。所谓无损坏就是指元器件或设备在指定的时间内满意地完成了自己的工作任务。

设元器件的寿命为 T_t，而对元器件规定工作时间为 t，一般取 $t<T_t$，即规定的工作时间小于它的寿命。但如果规定的工作时间大于它的寿命，即 $t>T_t$，大都是可靠性降低或损坏率增大，则称损坏的概率为元器件的不可靠性，用 $q(t)$ 表示，于是在 $t \leqslant T_t$ 时就有

$$q(t) = 1 - p(t) = P \tag{6-1}$$

所以即使在 $t<T_t$ 的情况下损坏的可能性还是存在的，即 $q(t)$ 就是元器件工作时间的概率分布率，而元器件的工作时间又是一个随机变量。

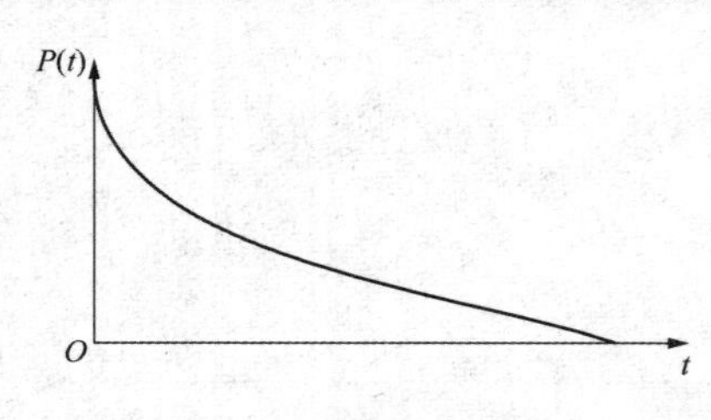

图 6-1 可靠性随时间变化的曲线

如果可靠性函数 $p(t)$ 是已知的，则它的函数值完全取决于元器件的可靠性，并且有下列显而易见的性质

$$\left.\begin{aligned} t=0 \quad & p(0)=1 \\ t=\infty \quad & p(\infty)=0 \end{aligned}\right\} \tag{6-2}$$

根据元器件的实验结果一般都可以得出图 6-1 的 $p(t)$ 随时间变化的指数函数曲线。

2. 故障频率

加入用大量相同的元器件做试验，并记下它们的损坏时间，那么在单位时间内元器件出现故障的数量与接受试验最初元器件总数之比就称做故障频率。

可以利用可靠性函数 $p(t)$ 来表示故障频率。假设最初的元器件数量为 n，那么在（t，$t+$ dt）时间内元器件损坏的平均数量就是

$$n[q(t+\mathrm{d}t)-q(t)]=nq'(t)\mathrm{d}t \tag{6-3}$$

就是说在单位时间内的 t 瞬间平均损坏 $nq'(t)$ 个元器件，所以故障频率就等于

$$\frac{nq'(t)}{n}=q'(t) \tag{6-4}$$

由式（6-3）可以看出

$$q'(t)=[q(t+\mathrm{d}t)-q(t)]$$

将此式代入式（6-2）就得

$$\begin{aligned} q'(t) &= [1-p(t+\mathrm{d}t)]-[1-p(t)]=[-p(t+\mathrm{d}t)+p(t)] \\ &= -[p(t+\mathrm{d}t)-p(t)]=-p'(t) \end{aligned} \tag{6-5}$$

3. 平均无故障时间 *MTBF*（Men Time Bteen Failures）

人们将元器件正常工作时间的数学期望值称为元器件的平均无故障时间，用 T 来表示。

如上所述，不可靠性 $q(t)$ 是元器件工作的分布律，所以平均无故障时间 T 就可以表示为

$$T=\int_0^{\infty}tq'(t)\mathrm{d}t=-\int_0^{\infty}tp'(t)\mathrm{d}t=-tp(t)\Big|_0^{\infty}+\int_0^{\infty}p(t)\mathrm{d}t$$

根据式（6-2）就可得

$$T=\int_0^{\infty}p(t)\mathrm{d}t \tag{6-6}$$

由此可见，平均无故障时间在数量上等于可靠性曲线与坐标轴所包围的面积。

4. 故障强度

众所周知，运行中的元器件可靠性是随着时间的延长而越来越低的，因此必须研究表示元器件在每一瞬间可靠性程度的数值。

比如用 1000 个相同的元器件在工作的第一个小时内损坏了 50 个，20h 后只剩下了 100 个，而在随后的一个小时内又坏了 10 个。试问在工作的第一个小时内或从开始只工作 20h 后何时元器件在叫可靠地工作？故障频率在开始瞬间为 50/1000=1/20，而 20h 后故障频率则为 10/100=1/10。因此还是在开始瞬间的元器件可靠一些，原因是在第一个小时内每 20 个工作的元器件中止损坏了一个；而在 20h 以后的一个小时内每十个就怀一个，当然后者的故障率就高了。

从上面的例子可以看出，将单位时间内损坏的元器件数量与在该瞬间内工作着的元器件总数之比作为表示在瞬间内元器件可靠程度数值，就称该值为故障强度，用 $\alpha(t)$ 表示。

如果我们试验 n 个相同的元器件，则在单位时间内在 t 瞬间平均损坏 $nq'(t)=-np'(t)$ 个元器件，而在该瞬间内继续正常工作的元器件总数为 $np(t)$，所以故障强度为

$$\alpha(t)=-\frac{np'(t)}{np(t)}=\frac{p'(t)}{p(t)}$$

将该式积分，得

$$p(t) = e^{-\int_0^t \alpha(t)\mathrm{d}t} \tag{6-7}$$

根据规定的这个概念，故障强度就有如图 6-2 所示的曲线。

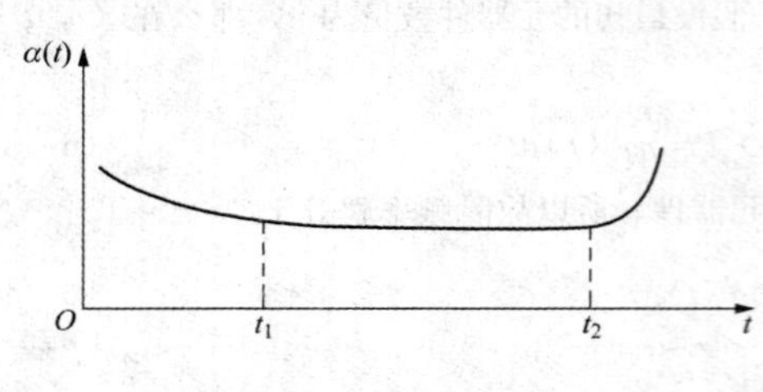

图 6-2　故障强度曲线

从曲线 6-2 中可以看出，这个曲线可分为三个部分：在时间的最初阶段元器件的故障率较高，这可以解释为在受试元器件当中通常会有一些有缺陷的个体，在开始工作不久就损坏了，这称为早期失效，由于这些元器件的故障也就提高了平均故障强度；$t_1 \sim t_2$ 这段时间表示元器件的故障强度稳定，元器件的可靠性程度不变；从时间 t_2 开始故障强度提高很快，这表示元器件进入老化期。

实际上，人们对时间 t_1 开始后元器件可靠性更感兴趣，即对图 6-3 曲线段比较钟情，一些设备的选材也都从这里着手。

元器件在系统中工作的时间大多数情况下都小于 t_2，因此将 t_2 以前这段时间的故障强度看成是一个常数，就用 α 表示。这样一来，元器件的可靠性公式就可写成下面的形式

$$p(t) = e^{-\int_0^t \alpha(t)\mathrm{d}t} = e^{-\alpha t} \tag{6-8}$$

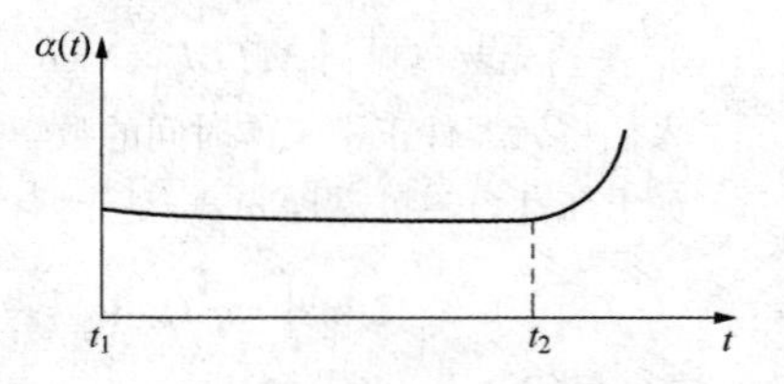

图 6-3　将 t_1 以前的元器件剔除后的故障强度曲线

用式（6-8）就可以求出故障强度稳定时的元器件平均无故障工作时间 T 为

$$T = \int_0^{\infty} e^{-\alpha t}\mathrm{d}t = \frac{1}{\alpha} \tag{6-9}$$

所以元器件的可靠性还可以写成

$$p(t) = e^{-\frac{t}{T}} \tag{6-10}$$

如果我们关心的无故障工作时间 $t \ll T$，就可以给出近似可靠性公式为

$$p(t) \approx 1 - \frac{t}{T} = 1 - \alpha t \tag{6-11}$$

5. 串联与并联及其可靠性

在设计或评估数据中心可靠性时，串联与并联可靠性的计算都可以用得着，比如市电、输入配电柜、UPS、输出配电柜和列头柜等都是串联关系，而 UPS 的多机并联又是并联关系，所以少不了这方面的计算，下面就进行讨论。

图 6-4 示出了多单元串并联链接的模型。图 6-4（a）为串联连接的模型，E 为信息，它要经过单元 1、2、…、n 才能从 A 传到 B，但若系统中任一个单元出现故障，都会破坏信息 E 的传输路径，就称这个系统是串联系统。若该系统中对应各单元的可靠性为 p_1、p_2、…、p_n，那么串联系统的可靠性 P 就是

$$P = p_1 p_2 \cdots p_n \tag{6-12}$$

代入式（6-8），又可写成下面的形式

$$P = p_1 p_2 \cdots p_n = e^{-\alpha_1 t} e^{-\alpha_2 t} \cdots e^{-\alpha_n t} = e^{-\sum_{i=1}^{n} \alpha_i} \tag{6-13}$$

图 6-4（b）为并联连接的模型，信息 E 从 A 传到 B 有 n 条路径，其中任何一条路径故障都不会影响信息的传输。同样设 p_1、p_2、…、p_n 为各对应单元的可靠性。当第一个单元的损坏率为 $1-p_1$ 时，则全部单元的损坏率为

$$(1-p_1)(1-p_2)\cdots(1-p_n)$$

的乘积。

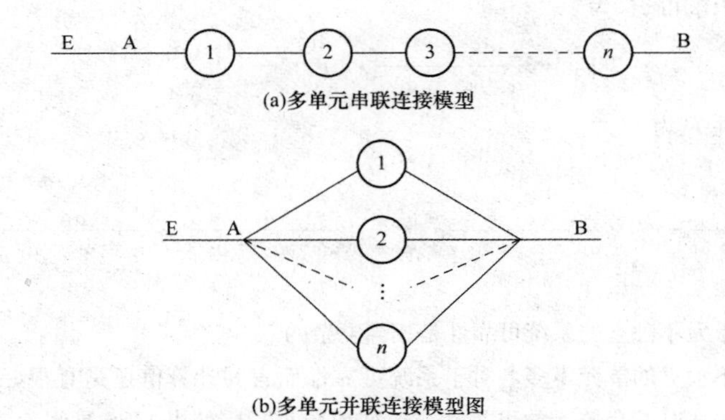

图 6-4　多单元串并联连接模型图

所以非全部单元损坏的系统可靠性 P 就可以这样表示

$$P = 1-(1-p_1)(1-p_2)\cdots(1-p_n) \tag{6-14}$$

若仍认为 $p_1=e^{-\alpha_1 t}$，$p_2=e^{-\alpha_2 t}$，$\cdots p_n=e^{-\alpha_n t}$，那么系统的可靠性就是

$$P = 1-(1-e^{-\alpha_1 t})(1-e^{-\alpha_2 t})\cdots(1-e^{-\alpha_n t}) \tag{6-15}$$

如果 $\alpha_k t \ll 1$，就有 $p_k=1-e^{-\alpha_k t} \approx \alpha_k t$，这样就得出了下面的近似公式

$$P \approx 1-\alpha_1 \alpha_2 \cdots \alpha_n t^n \approx e^{-\alpha_1 \alpha_2 \cdots t^n} \tag{6-16}$$

上面讨论的可靠性都是假设各单元相互独立的情况，即一个单元故障并不影响其他单元的可靠性。但如果各单元不是各自独立的系统，即一个单元故障会改变其他单元的可靠性时，比如机柜中的排风扇故障时就会影响其他电路单元的可靠性，这时系统可靠性计算就变得非常复杂了。在此情况下，系统可靠性可用单元可靠性函数的积分来表示。此外，为了计算系统的可靠性需要知道单元的条件可靠性，比如温度、湿度、气压以及震动等条件变化时其可靠性有何变化，这就需要作大量的工作。

现在我们以两个并联单元（该单元的可靠性服从指数定律）组成的一个简单系统的可靠性为例，设 α_1 是第一个单元的故障强度，α_2 是第二个单元的故障强度，α_{1-2} 是第一个单元在第二个单元损坏时故障强度，α_{2-1} 是第二个单元在第一个单元损坏时故障强度。那么系统在 t 时间内不损坏的概率是三个概率之和：任一单元都未损坏的概率为 P_1，第一个单元在 t 时间内损坏而第二个单元在时间 t 内未损坏的概率为 P_2，第二个单元在 t 时间内损坏而第一个单元在时间 t 内未损坏的概率为 P_3，则这三个概率就是

$$P_1 = e^{-\alpha_1 t-\alpha_2 t} \tag{6-17}$$

第一个单元在（τ，$\tau+\mathrm{d}\tau$）时间间隔内损坏，而第二个单元是时间 t 内未损坏的概率 $\mathrm{d}P_2$ 就等于

$$\mathrm{d}P_2 = e^{-\alpha_1\tau-\alpha_2\tau}\alpha_1\mathrm{d}e^{-\alpha_{1-2}(t-\tau)}$$

就有

$$P_2=\int_0^t e^{-(\alpha_1+\alpha_2-\alpha_{1-2})\tau-\alpha_{2-1}\tau}\alpha_1\mathrm{d}\tau=\frac{\alpha_1}{\alpha_1+\alpha_2-\alpha_{2-1}}\left[e^{-\alpha_{2-1}t}-e^{-(\alpha_1+\alpha_2)t}\right] \tag{6 - 18}$$

用同样的方法可以求得 P_3 为

$$P_3=\frac{\alpha_2}{\alpha_1+\alpha_2-\alpha_{1-2}}\cdot\left[e^{-\alpha_{1-2}t}-e^{-(\alpha_1+\alpha_2)t}\right] \tag{6 - 19}$$

于是系统的可靠性 P 为

$$\begin{aligned}P&=P_1+P_2+P_3\\&=\frac{\alpha_1}{\alpha_1+\alpha_2-\alpha_{2-1}}e^{-\alpha_{2-1}t}+\frac{\alpha_2}{\alpha_1+\alpha_2-\alpha_{1-2}}e^{-\alpha_{1-2}t}-\left(\frac{\alpha_1}{\alpha_1+\alpha_2-\alpha_{2-1}}+\frac{\alpha_2}{\alpha_1+\alpha_2-\alpha_{1-2}}-1\right)e^{-(\alpha_1+\alpha_2)t}\end{aligned} \tag{6 - 20}$$

由此可见，计算单元不独立的系统可靠性是相当复杂的。

如果系统中不独立的单元不多，对于系统可靠性而言其计算值还是有很好的参考价值的。假如当部分单元损坏时其余单元的可靠性或改变或减小，比如当 UPS 晶闸管三相整流桥的一只晶闸管穿通时，与其相邻桥臂的晶闸管形成对输入电压的短路，这只本来正常的晶闸管就会因此受到不良影响而很快损坏，而且前面的断路器也会跳闸，这是一种情况。如果我们做到部分单元故障时不会改变其余单元的可靠性，那么系统的可靠性就会很高，这就是容错的设计，这是第二种情况。在这两种极限明了的情况下，系统的可靠性就容易估算了。

假如在第一种情况下的可靠性为 P_1，第二种情况下的可靠性为 P_2，那么一般的可靠性 P 就会在二者之间，即

$$P_1<P<P_2$$

二、系统可靠性设计举例

例 6-1 假如以计算机系统要求平均无故障时间是 $t=500\text{h}$，那么为其供电的电源可靠性应是多少才能满足要求？

解： 假如要求电源的可靠性是 $p_o(t)=0.99$，首先算出供电系统的故障强度 α_o，由前面可知

$$p_o(t)=e^{-\alpha_o t}$$

那么故障强度

$$\alpha_o=-\frac{\ln p_o(t)}{t}=\frac{\ln 0.99}{500}=\frac{0.01}{500}=2\times10^{-5} \tag{6 - 21}$$

平均无故障时间 $MTBF$ 是故障强度的倒数，即

$$MTBF=\frac{1}{\alpha_O}=\frac{1}{2\times10^{-5}}=5000(\text{h}) \tag{6 - 22}$$

这里的 $MTBF=t$。上面的计算说明，为了保证系统在 500h 内不出问题，如果电源的可靠性是

0.99，那么必须具有平均无故障时间为 5000h 的能力。

例 6-2 有 30 台塔式 UPS 分别为系统的不同部位供电，当任一部位电源故障时都可使系统停止工作，显然这 30 台 UPS 在可靠性上是一个串联系统，假如各 UPS 的可靠性是：$p_1(t)$，$p_2(t)$，…，$p_{30}(t)$，如图 6-5 所示。

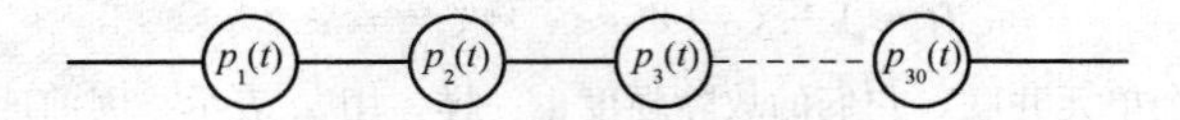

图 6-5 电源系用的串联可靠性模型

在这里由于各电源单元是各自独立的，并且任何一台电源故障都可导致系统故障，因此该电源系统的可靠性 $P_O(t)$ 就是

$$P_O(t) = p_1(t)p_2(t)\cdots p_{30}(t) = e^{-\alpha_1 t}e^{-\alpha_2 t}\cdots e^{-\alpha_{30} t} = e^{-\sum_{n=1}^{30}\alpha_n t} \tag{6-23}$$

通常元器件厂一般都不提供可靠性数据，因此设备制造厂都对元器件做进厂筛选，通过自身的检测将劣质元器件剔除，这样就可以简化计算，即认为所有元器件都有相同的可靠性指标，就是认为 $\alpha_1=\alpha_2=\cdots=\alpha_{30}=\alpha$，这样一来式（6-23）又可写成

$$P_O(t) = e^{-30\alpha t}$$

或

$$p_1(t) = [P_o(t)]^{\frac{1}{30}} = 0.99^{\frac{1}{30}} = 0.9996$$

由于

$$e^{-\alpha_0 t} = e^{-30\alpha t}$$

所以

$$\alpha = \frac{\alpha_o}{30} = \frac{2\times10^{-5}}{30} = 0.667\times10^{-6}$$

则平均无故障时间

$$MTBF = t = \frac{1}{\alpha} = \frac{1}{0.667\times10^{-6}} = 1.5\times10^{6}(\mathrm{h})$$

根据这个单元电源的数据来看一下对每一个构成电源的元器件的要求。假如每个单元电源由 100 个元器件构成，为了计算方便，在这里假设这 100 个元器件的故障强度 α_e 都相等，那么

$$\alpha_e = \frac{\alpha}{100} = 0.667\times10^{-8}$$

所以每个元器件的平均无故障时间 $MTBF_e$ 就应该是

$$MTBF_e = \frac{1}{\alpha_e} = \frac{1}{0.667\times10^{-8}} = 1.5\times10^{8}(\mathrm{h})$$

比如根据一般元器件的生产情况，其寿命大都在 10^6h 以下，因此就连可靠性 0.99 不算高的要求都无法满足，这就要对原来的设计方案进行优化。

从前面的讨论已知并联冗余结构可提高可靠性。现在就看一下用几个并联才能满足上面的系统可靠性要求。这里假设用 n 个并联可满足要求。根据前面的讨论在这里也假设所有单体的故障强度相等，即 $\alpha_1=\alpha_2=\cdots=\alpha_n$，就有

$$P = 1-(1-e^{-\alpha_1 t})^n \tag{6-24}$$

当任何一个单体的故障强度 α_k 与时间 t 的乘积 $\alpha_k t \ll 1$ 时，就有 $1-e^{-\alpha_k t} \approx \alpha_k t$，式（6-24）又可简化成

$$P \approx 1-(1-\alpha_1 t)^n \tag{6-25}$$

又近似为

$$P \approx 1-(\alpha_1 t)^n \approx e^{-\alpha_1 \alpha_2 \cdots \alpha_n t^n} = e^{-(\alpha_1 t)^n} \tag{6-26}$$

设每一级由 n 个单元并联，它们的故障强度也一样，用 α_p 表示。因前面已知每一级的可靠性为 $p_1(t)=e^{-\alpha t}$，将其代入式（6-26），就有

$$p_1(t) = e^{-\alpha t} \approx e^{-(\alpha_p t)^n} \tag{6-27}$$

即

$$\alpha t = (\alpha_p t)^n$$

则

$$\alpha_p t = (\alpha t)^{\frac{1}{n}} \tag{6-28}$$

将上面的数字代入

$$\alpha_p t = (0.667 \times 10^{-6} \times 500)^{\frac{1}{n}} \approx (3.333 \times 10^{-4})^{\frac{1}{n}} \tag{6-29}$$

用此式做出表 6-1。从表 6-1 可以看出，在满足系统要求的前提下可以有多种选择，并联个数越多对元器件可靠性的要求也越低。在这里好像选 $n=3$ 比较合适。如果选 $n=2$，对元器件的要求还是高了些，27 500h 是三年多的时间。而且从 $n=3$ 开始，以后的时间变化就不太大了，都处在同一数量级上，所以综合考虑后取 $n=3$ 比较合适。图 6-6 给出了该系统的可靠性模型图。于是这种结构的可靠性表达式就是

$$p_0(t) = p_1(t)p_2(t)\cdots p_{30}(t) = [1-(1-e^{-\alpha_p t})]^{30} \tag{6-30}$$

表 6-1　　元器件的故障强度与平均无故障时间

并联个数 n	$\alpha_p t$	α_p	$MTBF_p$ (h)
	$(\alpha t)^{\frac{1}{n}}$	$(\alpha t)^{\frac{1}{n}}/t$	$1/\alpha_p$
1	3.33×10^{-4}	0.667×10^{-6}	1.5×10^6
2	1.825×10^{-2}	3.65×10^{-5}	27 500
3	6.931×10^{-2}	1.39×10^{-4}	7200
4	0.1350	2.7×10^{-4}	3700
5	0.2301	4.6×10^{-4}	2200

假如每个电源平均由 90 个元器件单元构成，其中任何一个元器件故障都可导致电源故障所以构成电源的这 90 个元器件在可靠性上是一个串联系统，假设 α_{e1}、α_{e2}、…、α_{e90} 分别为各元器件的故障强度，则电源的可靠性就可写成

$$p_0(t) = [1-(1-e^{-\sum_{i=1}^{90}\alpha_{ei} t})^3]^{30} \tag{6-31}$$

由式（6-30）和式（6-31）可以看出

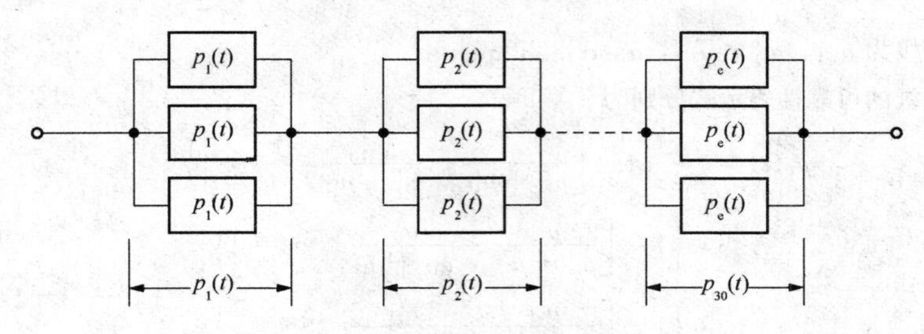

图 6-6 系统的可靠性模型图

$$\alpha_p = \sum_{i=1}^{90} \alpha_{ei}$$

如果也是 $\alpha_{e1} = \alpha_{e2} = \cdots = \alpha_{e90} = \alpha_e$，那么

$$\alpha_e = \frac{\alpha_p}{90} = \frac{1.39 \times 10^{-4}}{90} = 1.52 \times 10^{-6}$$

这样一来，电源中各元器件的平均寿命 T_e 就是

$$T_e = \frac{1}{\alpha_e} = 6.5 \times 10^5 (\text{h})$$

在实际情况下个元器件的寿命是不相同的，一般也难以达到 T_e 的要求，所以在设计中还要进一步采取措施。不过，从这里也可以看出，为了保证系统在 500h 内电源不出故障，电源 0.99 的可靠性是远远不行的，更何况这里需要大于 0.999 的可靠性呢。在 $p(t)=0.99$ 时，对平均每个元器件的可靠性要求是

$$p_e(t) = e^{-\alpha_e t} = e^{-1.52 \times 10^{-6} \times 500} = e^{-7.6 \times 10^{-4}} \approx 1 - \alpha_e t$$
$$= 1 - 0.000\,76 = 0.999\,24$$

到此为止，由电源的可靠性一直推算到对每一个元器件平均可靠性的要求。看来按照这个要求选择元器件就可以了。但实际情况又有很多变数，仍不一定在 500h 内保证 100%的可靠。众所周知，一般元器件的故障大都是不可修复的，但作为元器件的集合体电源是可修复的。因此就引入了平均修复时间 *MTTR*（Mean Time To Repair）的概念及维修率 μ 的概念，二者的关系为

$$\mu = \frac{1}{MTTR}$$

和

$$\alpha = \frac{1}{MTBF}$$

这时的可靠性 $p(t)$ 又可以表示为

$$p(t) = \frac{\mu}{\mu + \alpha} + \frac{\alpha}{\mu + \alpha} e^{-(\alpha+\mu)t} \tag{6-32}$$

在上述并联系统中，设第一级 3 并联电源单元的维修率和故障强度分别为 μ_{11}，α_{11}；μ_{12}，α_{12}；μ_{13}，α_{13}；

第二级为 μ_{21}，α_{21}；μ_{22}，α_{22}；μ_{23}，α_{23}；

……

第三十级为 μ_{301}，α_{301}；μ_{302}，α_{302}；μ_{303}，α_{303}；

那么各级的可靠性表示式分别为

$$p_1(t)=1-\left\{1-\left[\frac{\mu_{11}}{\alpha_{11}+\mu_{11}}+\frac{\alpha_{11}}{\alpha_{11}+\mu_{11}}e^{-(\alpha_{11}+\mu_{11})t}\right]\right\}$$

$$\cdot\left\{1-\left[\frac{\mu_{12}}{\alpha_{12}+\mu_{12}}+\frac{\alpha_{12}}{\alpha_{12}+\mu_{12}}e^{-(\alpha_{12}+\mu_{12})t}\right]\right\}$$

$$\cdot\left\{1-\left[\frac{\mu_{13}}{\alpha_{13}+\mu_{13}}+\frac{\alpha_{13}}{\alpha_{13}+\mu_{13}}e^{-(\alpha_{13}+\mu_{13})t}\right]\right\}$$

$$=1-\prod_{i=1}^{3}\left\{1-\left[\frac{\mu_{1i}}{\alpha_{1i}+\mu_{1i}}+\frac{\alpha_{1i}}{\alpha_{1i}+\mu_{1i}}e^{-(\alpha_{1i}+\mu_{1i})t}\right]\right\}$$

$$p_2(t)=1-\prod_{i=1}^{3}\left\{1-\left[\frac{\mu_{2i}}{\alpha_{2i}+\mu_{2i}}+\frac{\alpha_{2i}}{\alpha_{2i}+\mu_{2i}}e^{-(\alpha_{2i}+\mu_{2i})t}\right]\right\}$$

……

$$p_{30}(t)=1-\prod_{i=1}^{3}\left\{1-\left[\frac{\mu_{30i}}{\alpha_{30i}+\mu_{30i}}+\frac{\alpha_{30i}}{\alpha_{30i}+\mu_{30i}}e^{-(\alpha_{02i}+\mu_{30i})t}\right]\right\}$$

那么电源系统的总可靠性 $p_o(t)$ 为

$$p_o(t)=p_1(t)p_2(t)\cdots p_{30}(t)=\prod_{p=1}^{30}p_p(t)$$

$$=\prod_{p=1}^{30}\left\{1-\prod_{i=1}^{3}\left[1-\left(\frac{\mu_{pi}}{\alpha_{pi}+\mu_{pi}}+\frac{\alpha_{pi}}{\alpha_{pi}+\mu_{pi}}e^{-(\alpha_{pi}+\mu_{pi})t}\right)\right]\right\}$$

为了方便计算，仍采用前面的假设，即

$$p_1(t)=p_2(t)=\cdots=p_{30}(t)=p(t)$$

$$\alpha_{11}=\alpha_{21}=\cdots=\alpha_{301}=\alpha;\quad \mu_{11}=\mu_{21}=\cdots\cdots=\mu_{301}=\mu$$

那么

$$p_0(t)=\left\{1-\left[1-\left(\frac{\mu}{\alpha+\mu}+\frac{\alpha}{\alpha+\mu}e^{-(\alpha+\mu)t}\right)\right]^3\right\}^{30} \tag{6-33}$$

可看出在式（6-33）中计入了人的因素（修理）以后可靠性提高了。那么可靠性的最大值出现在什么条件下呢？令 $p_o(t)$ 的导数为零，即

$$p_o'(t)=0$$

经计算就可得出

$$e^{-(\alpha+\mu)t}=0$$

或

$$(\alpha+\mu)t=\infty \tag{6-34}$$

式（6-34）中 t 是有限值，α 又是一个永远小于 1 的数值，所以只有 μ 值可以无穷大，即 $\mu=\infty$，它所对应的修理时间 $MTTR$ 为

$$MTTR=\frac{1}{\mu}=\frac{1}{\infty}=0 \tag{6-35}$$

此式表明当修复时间为零时，即不出故障时可靠性最高。当今的供电系统在好多地方都采用了并联冗余方案，尤其是冗余并联的模块化结构的出现，都可使得修理时间为零。

那么上面的3并联结构中的三个单体如果同时故障的几率有多大？假设3并联环节的供电容量没有富裕，即其中之一故障时就可导致整个系统崩溃，这时就需要在增加一个冗余单体，构成3+1环节，如图6-7所示。当一个单体故障时，其余3个单体照常供电，此时就不允许再有单体出故障了。假如图6-7是模块化结构，更换故障模块的时间设为0.5h，那么在这期间该环节的可靠性如何呢？从表6-1可知，单体的故障强度$\alpha_p=1.39\times10^{-4}$，那么在0.5h内该环节的不可靠性$q_1(t)$就是

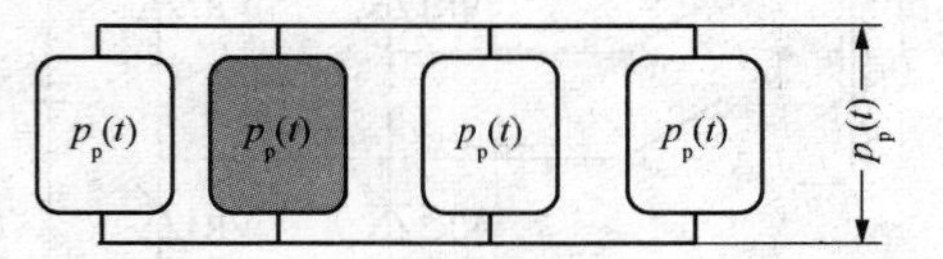

图6-7 3+1冗余并联环节

$$q(t)=1-p(t)=[1-p_p(t)]^3=1-e^{-\alpha_p t}$$
$$=[1-e^{-1.39\times10^{-4}\times0.5}]^3\approx(\alpha_p t)^3$$
$$=(1.39\times0.5\times10^{-4})^3=0.34\times10^{-12}$$

所以可靠性

$$p(t)=1-q(t)=0.999\,999\,999\,966$$

将$\mu=\infty$代入式（6-14）就得出供电系统的总可靠性$p_o(t)\approx1$，当$MTBF\gg MTTR$时，公式（6-32）还可以近似地表达为

$$p(t)=\frac{MTBF}{MTBF+MTTR} \tag{6-36}$$

同样，将$\mu\gg\alpha$代入式（6-32）也可得出$p_o(t)\approx1$的结果。

通过上面对供电可行的设计例子，对于能否在500h的供电期间具有理想的可靠性做到了心中有数，而且也降低了对元器件的要求。

第二节 影响UPS可靠性与寿命的因素与解决方法

一、外部环境因素对机器的影响

1. 温度对电子设备的影响

一个设备退出后除了本身以外，环境因素也是影响设备可靠性与寿命的条件，温度的影响首当其冲。根据阿勒纽斯定律，温度每上升10℃电子设备（包活电池和其他导电材料）的寿命减半，比如原设计在25℃情况下10年寿命的电子设备，在35℃时其寿命就变成5年，在45℃时其寿命就变成2.5年，在55℃时其寿命就变成1.25年……。原因是温度的升高就给电子赋予了能量，使其活动能力加强而流失严重，比如半导体器件和电池由于绝缘电阻的降低而使漏电流增加；又比如晶闸管与IGBT等半导体器件在温度高到一定程度时会因漏电流的增大而导通。如图6-8所示就是晶闸管在高温下被漏电流打开时的电流路线原理图。

晶闸管正常导通时电流的方向路线应该是：变压器T→断路器S→晶闸管VR1→负载C/R→晶闸管VR4→断路器S→变压器T。

但在高温下由于漏电流的增加使得晶闸管打开，由于晶闸管开通时的反向耐压已丧失，这时的电流路线已不是正常情况：电流从变压器T出发→断路器S→晶闸管VR1→晶闸管VR2

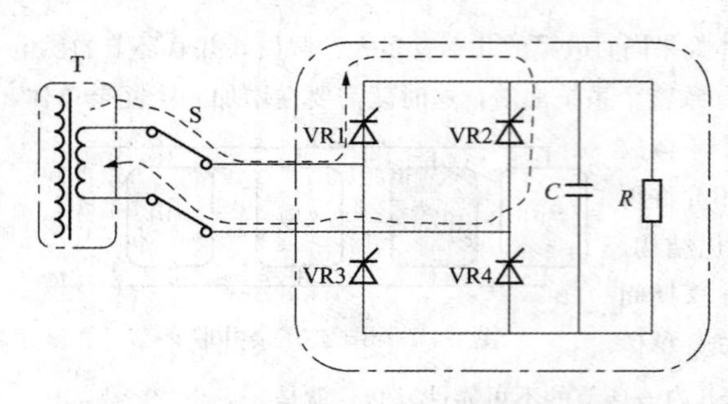

图 6-8　晶闸管在高温下被漏电流打开时的电流路线原理图

反向→断路器 S→变压器 T。

在这个路径上没有任何负载阻挡，电源短路，强大的电流不但将晶闸管烧毁，如果断路器不跳闸也将烧毁变压器。

以上是最严重的情况，在数据中心机房中的机柜内装入了很多电路，构成电路的元器件由于工作状态不同，其发热量也不同。小信号测量电路发热量小，控制电路尤其是功率器件发热量就大，这就使得不同部位的发热量不均衡，就会出现一些热点。换言之，由于这些热点的出现就导致了器件漏电流的增加，如果通风良好，这些热点的热量能得到及时的消散，工作就会不受影响；一旦这些热点的热量不能得到及时的消散，就会造成热量集聚，热量集聚点的器件漏电流增加，绝缘电压降低，而且是一个正反馈过程，最终导致器件因过热而故障。香港一银行市电故障时虽然有 UPS 继续向 IT 设备供电，但空调机由于停机而导致机房温度迅速上升，20min 后 IT 设备因过热而停机，造成机房停电 4h，损失严重。所以一般机房的温度大都限制在（25±3)℃。

2. 湿度对电子设备的影响

绝大部分电子产品都要求在干燥条件下作业和存放。据统计，全球每年有 1/4 以上的工业制造不良品与潮湿的危害有关。对于包括 IT 在内的电子设备而言，超市的危害已经成为影响产品质量的主要因素之一。数据中心机房中各种电子产品都有，这对它们的影响介绍如下。

（1）集成电路。由于潮湿能透过 IC 塑料封装从引脚等缝隙侵入 IC 内部产生吸湿现象。在表面安装（SMT）过程的加热环节中形成水蒸气产生的压力导致 IC 树脂封装开裂并使 IC 器件内部金属化，导致故障。此外当器件在 PCB 焊接过程中因蒸气压力的释放也会导致假连接（虚焊）。这种隐患有时在出场检验中很难发现，这就为以后的工作埋下了隐患。根据 IPC-M190 J-STD-033 标准，在高湿空气环境中暴露后的 SMD 元器件必须放置在 10%相对湿度以下的干燥箱中用 10 倍的时间才能恢复元器件的“车间寿命”，所以设备放置的库房如果有上述情况不能盲目更换上机。有的从海上运来的机器打开密封包装后发现里面结满好多水珠，这时不要给机器盲目加电。

（2）液晶器件。液晶显示屏等液晶器件的玻璃基板和偏光片、滤镜片在生产过程中虽然要进行清洗烘干，但其降温后仍然会受潮气的影响，因此还要在 40%相对湿度以下的环境中放置几个小时。

（3）设备中的其他电子器件。如电容器、陶瓷器件、接插件、开关件、焊锡、PCB、晶体管、CPU、石英振荡器等，都会受到潮湿的侵害。

军用设备的“三防”中就有防霉烂一项，因为坑道中的潮湿会导致电缆、机架和电路的霉烂。

在一般电子产品说明书中对环境湿度的最低要求是相对湿度 95%，但要求不结露。因为结露后的水珠会导致机器故障。

但机房中的湿度又不能太低，因为湿度太低会产生静电。机器内电子元器件的种类不同，受静电破坏的程度也不同，最低的100V静电电压也有一定的破坏力，近年来随着电子器件的发展趋于集成化，对静电电压的要求也在不断减弱。人体平常感应的静电电压在2～4kV，这时通常由于人体的轻微动作或与绝缘物体摩擦而引起的。换言之，倘若我们日常生活中所带的静电电位与IC接触，那么几乎所有的IC都将会破坏。这就是机房中的人员要穿防静电工作服，机房中要求铺设防静电地板也是其中原因之一。

所以数据中心机房的相对湿度一般要求40%～60%。

3. 高度对电子产品的影响

随着海拔高度的增加，空气的密度逐渐降低，而对流换热能力和设备的整体热容量也不断减少。因此，所有依赖于自然对流和强迫风冷散热的设备在高海拔的情况下需要用更多的空气流量来保持与海平面时同样的温升。因此，如果知道了空气密度的变化可以通过对流热方程式推导出温生的增加量。

一般电子产品要求的正常工作海拔是3000m以下，否则就要降额使用。

二、内部因素对电子设备的影响

包括UPS在内的IT设备都有一定的可靠性和寿命，这要取决于其内部因素。其内部因素大都是可以人为控制的，电子元器件的质量等级是决定设备可靠性和寿命的第一因素。现代一般商用UPS的寿命不超过十年。为什么呢?

1. 木桶定律

木桶定律是讲一只水桶能装多少水取决于它最短的那块木板，也可称为短板效应。任何一个设备，可能面临的一个共同问题，即构成设备的各个部分的元器件往往是优劣不齐的，而劣势部分往往决定了整个设备的可靠性和寿命。如图6-9（a）所示，如图6-9（b）的电路板，各元器件的故障强度是不一样的，电解电容器就好比木桶上的短板，而电路板的寿命就取决于电解电容器。因为电解电容器中的电解液时刻腐蚀着密集的薄膜铝箔，其寿命远低于其他半导体器件。半导体组件中也可能存在有一时没有发现的瑕疵，也是缩短电路板寿命和可靠性的内在因素。所以从理论上一般只能通过明显短寿命的电解电容器来估计电路板的寿命。

2. 解决短板问题的途径

根据上述发现的问题，就开始针对电解电容器的短寿命寻找解决途径。如果用稀土元素做大容量电容器价格昂贵，而来也只能做到几百微法拉，不能做大容量的UPS整流后的滤波电容。注液式电解电容器是一种物廉价美的产品，所以在国际上得到了广泛的应用直到今天。但这种电容器的缺点也不少，比如它的容量随着时间的延长而逐渐降低，温度较高时漏电流增大，即工作温度范围小等，因此影响了这个电路的可靠性和寿命。

现代技术的发展和新材料的推出已经解决了上述问题。如前所述薄膜电容器现在已经可以做到和电解电容器同样的容量，在相同电压和容量下的体积质量可以做得相差无几，甚至更小。至于工作温度、耐压程度、充放电电流等指标都远优于电解电容器很多，UPS的寿命可以成倍增加。

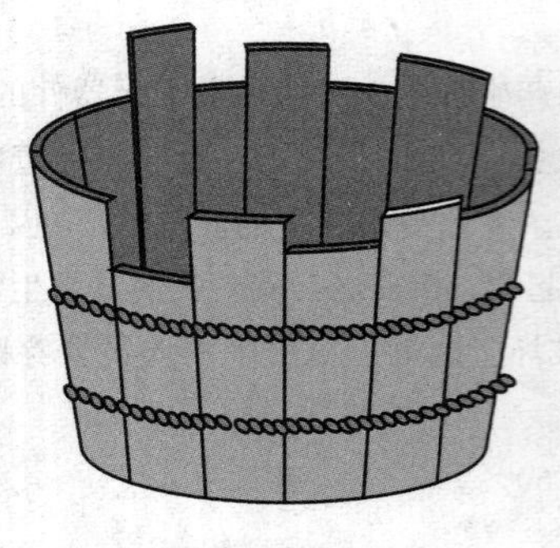

(a)木桶效应模型

(b)IT设备内的电路板

图 6-9　木桶效应和电路构成的对比

3. 可靠性和寿命的控制

是否可以做到像木桶理论中所说的“每块木板都应一样平齐”呢？回答是肯定的，但条件是花费大。编者就曾做过这样的设备。

（1）故障的迷惑。编者在研制一军品电源时碰到了一个难题：当时大功率高电压器件只有晶闸管。设备做好后在配套系统运行时总是稳定不下来。当时的要求是 3000h 无故障运行。但运行中每隔几十小时就有一只或几只晶闸管损坏，总也找不到原因。离执行任务的日期越来越近，正在焦急之时突然听到一个消息：大功率器件由于封装材料和工艺不好会出现漏气现象。如果封装时出现沙眼，工作时内部温度高热气排出形成低压，停机时在冷却过程中外部带有灰尘的进入沙眼在器硅片件表面，灰尘就沉淀在硅片上，从而导致故障。

在这种思路的指导下开始检测晶闸管的漏气情况。其做法是在烧杯内灌入钟表油放在点炉子上加热，因为钟表油即使加热到 200℃也不沸腾。将晶闸管一只一只地检测，放进一只时如果有气泡冒出就说明漏气。测得结果是这些晶闸管有 70％漏气。

（2）器件的选择。上述器件已不可用，找到北京的一家，测令结果漏气率只有 10％。于是向该厂家提出检漏产品的要求。该厂的做法是将晶闸管成批放入高压箱中，加到 3 个大气压 48h，取出后放入等离子水中，取出不漏气的产品。不漏气的产品送来后再用钟表油做第二次检测，又刷掉一批，合格者放入温箱中，加高温 100℃存储 72h，取出后马上测指标，其指标达到或优于产品说明书上 25℃时的数值者即为合格产品。这个过程又刷下一批晶闸管退回器件厂。

（3）进一步的检测和效果。为了做出的设备万无一失，就将所有机器上的大小半导体器件都进行检漏，并放入 100℃的温箱中存储 72h，取出后马上测指标，其指标也要达到或优于产品说明书上 25℃时的数值，合格产品留下，其余丢弃。电阻都选用当时最好的金属膜产品，电容器都要测耐压，变压器和电抗器都是自己绕制并进行严格的检验，印制电路板的焊接点逐个检查。

经过上述过程后的设备上机后一次成功，并在海上执行任务的几年中所有电源“零”故障，一直到系统更新换代都没用上备品备件。

第三节 电能消耗对系统可靠性的影响

一、效率与可靠性的关系

1. 可靠性与节能的关系

往往不止一个供电系统的规划者或“顾问专家”在规划前征求用户的意见时问用户：“你是要节能还是要可靠性?”，如果用户说要节能，“专家”就建议购置高效率的高频机UPS；如果用户说要可靠性，“专家”就建议购买效率较低的工频机UPS。就好像节能就不可靠，可靠就不节能。甚至有的财大气粗用户还煞有介事地说：“我们的系统很重要，要求可靠性第一，不在乎消耗功率的那点钱!”在这里就把节能和可靠性对立起来了。这又是一个认识误区。在前面的叙述中已经引用了阿累纽斯定律：环境温度每升高10℃，电子设备（包括电池）的寿命就缩短一半，也就是说温度按照10℃的阶梯级数增加时电子设备的寿命就按照$\frac{1}{2^n}$规律缩短。

夏季电子设备的故障率比其他季节高，这就是温度的原因。在数据中心好在有制冷机来抵消机房的温升，所以故障率低一些。机房中除去IT设备必要的功耗外，供电系统和空调制冷机就算是耗电大户了。如何降低二者的功耗是今后努力的方向。

2. 供配电系统的功耗及解决方法

如前所述，数据机房中的供配电系统的功耗主要来自UPS，其中工频机UPS比高频机UPS更耗电，原因是多了一个输出变压器，这个变压器不但耗电，其体积和质量也占了整个设备的2/3左右，如图6-10（a）所示，变压器的一般效率很少高于98%。

假如变压器的效率是98%，那么单变压器满载时就会消耗6kW的额外功率。就像机柜内放入了3台2000W的电炉子［见图6-10（b)］，在这样的情况下能说是可靠吗？而高频机UPS甩掉了变压器，没有了这三台电炉子，温度降下来了，难道这时的机器反而不可靠了？怎么能把节能与可靠性对立起来呢？更何况高频机UPS又推出了逆变器不关掉的旁路工作方式，又比效率低于90%的工频机UPS至少高出了8个百分点，使得机器内部的功耗进一步降低，可靠性进一步提高了。这些节能措施在上面有关章节已经有过介绍，不再累述。

3. 先进与可靠性的关系

“顾问专家”在规划前还会问用户：“你是要先进性还是要可靠性?”，这又是一个奇怪的问题，不可靠的产品能算先进吗？这又把先进性与可靠性对立起来了。原因是这些“顾问”又把先进性给想歪了，歪就歪在把新产品看成先进了。新产品和先进性不一定能画等号，比如有个别的UPS制造商看到不少用户还是钟情于工频机UPS，对模块式高频机UPS望而却步，于是就抓紧时机生产了工频机UPS模块，这当然是新产品，但它不是先进产品；实际上他的真意不是说工频机UPS，而仍然是说高频机UPS，他也觉得高频机UPS是先进，但认为它不可靠。还是那句话：不可靠的产品就算不上先进。在这里“先进”这个词应该是广义的。产品不可靠并不是先进技术所致，而是制造商的制造水平、元器件的质量等级、主要环节的冗余度、制造工艺和检测手段等，其中有一项达不到一定的可靠性要求，当然就不可靠。当前有一些高频机

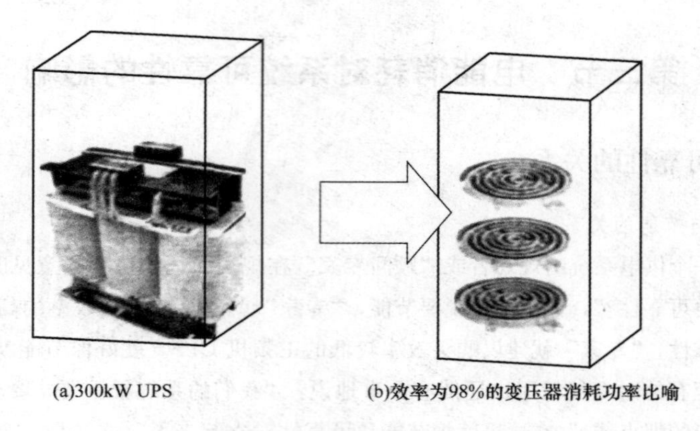

(a)300kW UPS　　(b)效率为98%的变压器消耗功率比喻

图 6-10　UPS 内部变压器的功耗示意图

UPS 产品达不到可靠性要求在一定程度上是由价格因素造成，通常说的“便宜没好货”不无道理。

二、降低制冷系统功耗的途径

1. 制冷系统在数据中心的地位及耗电价值

数据中心的结构复杂，除计算机系统之外还有通信系统、存储系统、配电系统、制冷系统、监控系统、消防系统和其他多种基础设施系统。但其中制冷系统是数据中心的耗电大户，约占整个数据中心能耗的 30%～45%。尽管如此，由于它的特殊地位并不亚于供电系统，数据中心不但没有电不能运行，而且制冷系统也关系着数据中心的“生死存亡”。香港一银行就因停电时虽然 IT 设备有 UPS 仍不间断运行，但由于空调机断电，使该数据机房 20min 后由于温度过高而全部停机，损失严重。因此机房中的制冷系统一刻也不能停。为此有不少数据中心的空调机前面也加装了 UPS，这使得供电系统又多了一个耗电环节。为了减小耗电量降低制冷系统的能耗是减轻 UPS 负担的必要途径。

若要降低制冷系统的能耗，就得寻找节能的途径，提高制冷效率也是一个有效的手段。但这和制冷的模式紧密相关。

2. 风冷制冷方式

在数据中心机房风冷是使用最普遍的一种制冷方式。它有着投资少、结构简单和施工方便的优点。直膨式结构的机器应用较多，当然现代的磁悬浮式空调也开始应用，但由于这种空调机的制冷量容量还没有做得太大，所以还是以前者为最普遍。

风冷直膨式精密空调主要包括压缩机、蒸发器、膨胀阀、冷凝器和送风风机、加湿器、加热器和控制系统等。制冷剂一般为氟利昂，单机制冷量一般为 10～120kW。其原理如图 6-11 所示。每台空调相对独立控制和运行的属分散型系统模式。这种模式易于管理和冗余，可靠性较高，并且易于安装和维护。缺点是系统能效比 COP（Coefficient Of Performance）较低，一般都小于 3。室内机和室外机连接的管道长度由于受到压力和效率的限制一般不能太长，大都是 60～80m。

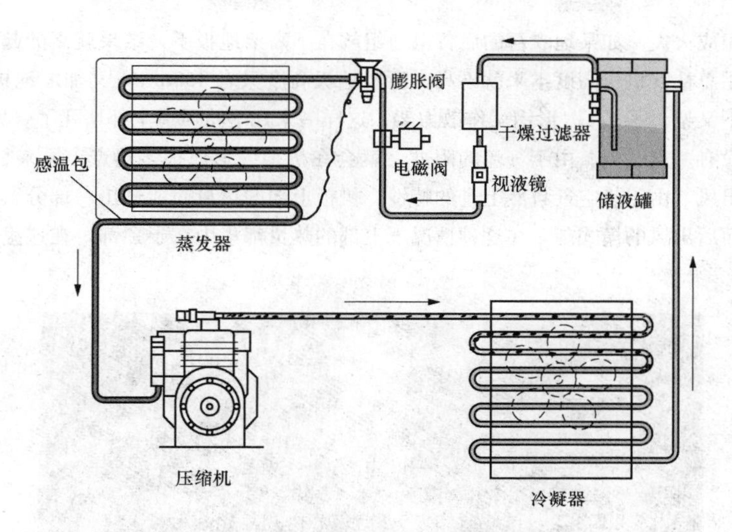

图 6-11 直膨式精密空调结构原理图

风冷直膨式精密空调一般部署在机房两侧或一侧。送风方式有上送风和下送风两种。上送风施工方便和成本低，高价地板的高度就可以低一些，好多电缆也就可以从地板下走。如果无高价地板，那只好所有电缆都走架空线了，如图 6-12 所示。上送风也受机房高度的限制，再者如果管道自上而下向机柜内送风正好和自然上升的热气流方向相反，不利于散热，所以只能用于小功率的情况，一般在 2kW 以下，不然，效率就太低了。

图 6-12 上送风冷却方式

人们习惯用的还是利用高架地板的下送风方式，其好处是冷气流的路线方向和热气流方向一致。地板下走线使机房省出很多空间，机房显得美观大方。如图 6-13 所示，气流从冷通道的地板百叶窗送出。缺点是高架地板下不宜放过多的线缆和其他东西，否则堵塞风道影响制冷效果，甚至酿成火灾。如某地农行的后备电池组放在了高架地板下，结果就真的起火了；又如某省农村信用总社，机房高度本来就不高，所以地板高度只有400mm，又加之地板承重不够，在高架地板下又架设了“T”形钢梁作散力架，这样一来几乎将风道全部堵死了（见图6-14），机柜内几乎没有一点气流。由于气流的阻塞，就会在机柜内形成很多热点。原来是IT机柜下方进风顶部出风，由于热空气自然上升的特性，机柜上部的热量尚能送出一部分，现在都朝着机柜前进风而后出风的模式走，在这种情况下上部的热量都集中在了顶部，在这里的电路就会容易出故障。

图6-13　地板下送风（冷通道）现场图

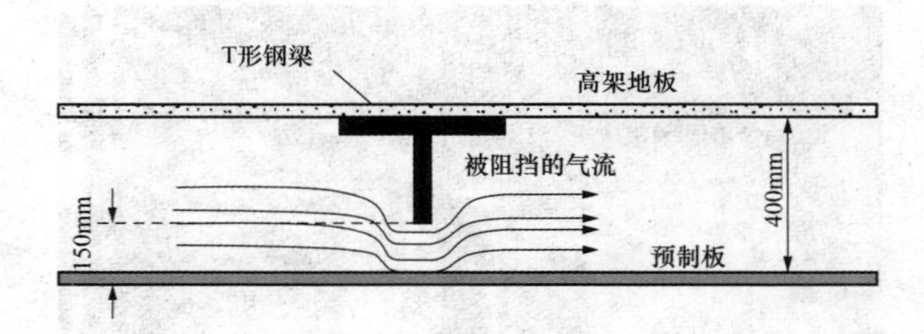

图6-14　某机房带有散力架（T形钢梁）的高架地板

3. 水冷制冷方式

由于传统的风冷直膨系统能效比COP（Coefficient Of Performance）较低，在北京地区一般是2.5～3.0，而且耗电惊人，在数据中心整体耗电中占的比例较大。而且随着数据中心装机量不断增加，原来设计好的为风冷预留的室外机（风冷冷凝器）位置已远不够用了，这严重限制了数据中心的扩容，如果再用风冷，其耗能也必然大幅度增加，这又和节能的原则背道而驰了。由于冷水机组的效率高，大型离心机组的效率更高，所以采用冷冻水系统来制冷可以使系统的能耗大幅度降低。

冷冻水系统由冷水机组、冷却塔、冷却水循环泵以及专用空调机末端构成，一般都采用集中式冷源。由于冷水机组制冷效率高，冷却塔位置灵活，不像风冷式机组的室外机那样为了散热而对放置的位置要求那么严格，并可有效控制噪声，而且其外型造型美观。达到一定规模后比起直接蒸发式系统更有建筑成本和维护成本方面的经济优势。

图6-15示出了冷水机组系统制冷的结构原理图。它和风冷系统的不同之处在于冷水机组系统制冷是一个双循环系统，而风冷系统是一个单循环系统。冷水机组是系统的核心，从精密空调机末端来的经过吸收负载热量后温度升高的冷冻水和从冷却塔放出热量后而降温的冷却水在这里进行热交换。

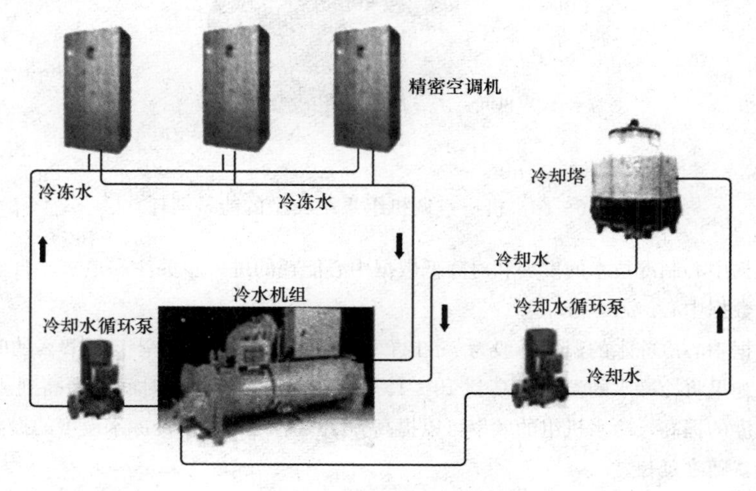

图6-15　水冷系统

冷冻水系统应用最多的空调末端是通冷冻水型的精密空调，其送风方式和风冷直膨式空调差不多，也有上送风和下送风两种模式。另一个不同的是制冷末端精密空调机的冷媒发生了变化。

在这里风冷系统和水冷系统同样是都远离IT热源，都是通过风扇或风机将冷风送往需要的地方并维持持续不断。

水冷系统优点很多，但也有它的不足之处。

（1）为了可靠，水系统需要冗余设计。使用双管路或环形管路，这样必然是造价昂贵。

（2）事故应急泄水。一旦管道崩裂或其他事故导致水管破裂，这时的应急泄水应如何考虑？从屋面到管井、管廊因如何设计？

（3）供水保障。一个水源供水是危险的，为了可靠必须考虑多水源供应，目前多用储水罐或蓄水池。

（4）维护保养复杂。由于水冷系统复杂，维护起来也相对困难。

三、数据中心依靠冷媒的自然冷却系统

1. 自然冷却的节能优势

由于信息中心的规模越来越大，随之而来的是IT机柜也越来越多，功率密度更是越来越大。为了机房降温，空调机的数量也在增加，损耗也越来越大。从图6-16中可以看到压缩机

的耗能占到一半以上，空调风机的耗电也占了整个耗电量的 1/4。所以一直以来这个用电大户早就为人们所熟知。水冷系统取消了压缩机这个用电大户中的大户，如图 6-16 所示。使用电效率得到了大幅度提高。但人们也一直没有忘记寻求更高效的节能途径。

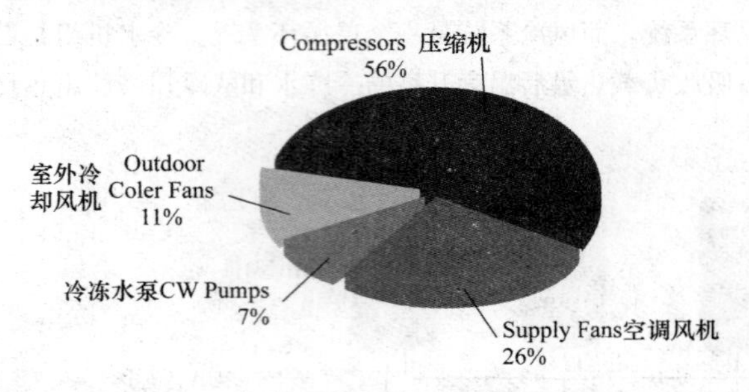

图 6-16　机房空调机组系统典型的能量消耗

随着数据中心制冷技术的发展和对降低数据中心能耗的进一步关注和追求，自然冷却的理念开始引入数据中心。

传统数据中心冷冻水的温度一般为 7～12℃。以北京地区为例，全年有 39%的时间可以用自然冷却；如果将冷冻水的温度提高到 10～15℃，则全年自然冷却时间就提高到 46%，同时由于蒸发温度的提高，冷水机组的效率可以提高 10%。总之，随着冷冻水温度的提高，全年自然冷却时间就随之延长。

自然冷却系统的结构比较复杂，但应用在大型数据中心项目中的节能效果却是显著的。自然冷却技术已日渐成熟，在我国当前的数据中心设计项目中的制冷系统中已经成为最受认可的方案。

2. 适合自然冷却的条件和地域

符合什么样的条件采用自然风冷才有意义呢，这是一个综合考虑的问题。因为自然冷却的结构比较复杂，投资相对要多一些，二者相比取其优。一般说自然冷却解决方案要能达到压缩机 30%的年制冷量才有意义。也就是说一年中有 70%的时间不使用压缩机式空调机制冷。这就意味，一年环境温度低于 21℃的总小时数（回风温度 24℃）不低于 6100h。

图 6-17 给出了我国几个城市全年温度的分部曲线。

我国目前 PUE 能效管理最佳的数据中心也正是自然冷却的系统，全年的 PUE 值已到了 1.32。

3. 自然冷却的空调末端

传统机房精密空调的结构形式相对固定，一般 100kW 左右制冷量的尺寸为

$$厚度\ D \times 宽度\ W = 600\text{mm} \times 2500\text{mm}$$

其风量约 27 000m^3/h，机内风速 7m/s，空气阻力很大，风机大部分压力损失在了机柜内部，造成了能量的浪费。一般配的风机压力是 450Pa，而机余外压只有 200Pa 左右。

(1) AHU 风机矩阵型空调末端。这里所说的自然冷却就是直接利用室外的空气来冷却室内的设备。直接冷却的末端设备主要是风机，一是将室外的冷空气通过一定的程序后送入室内

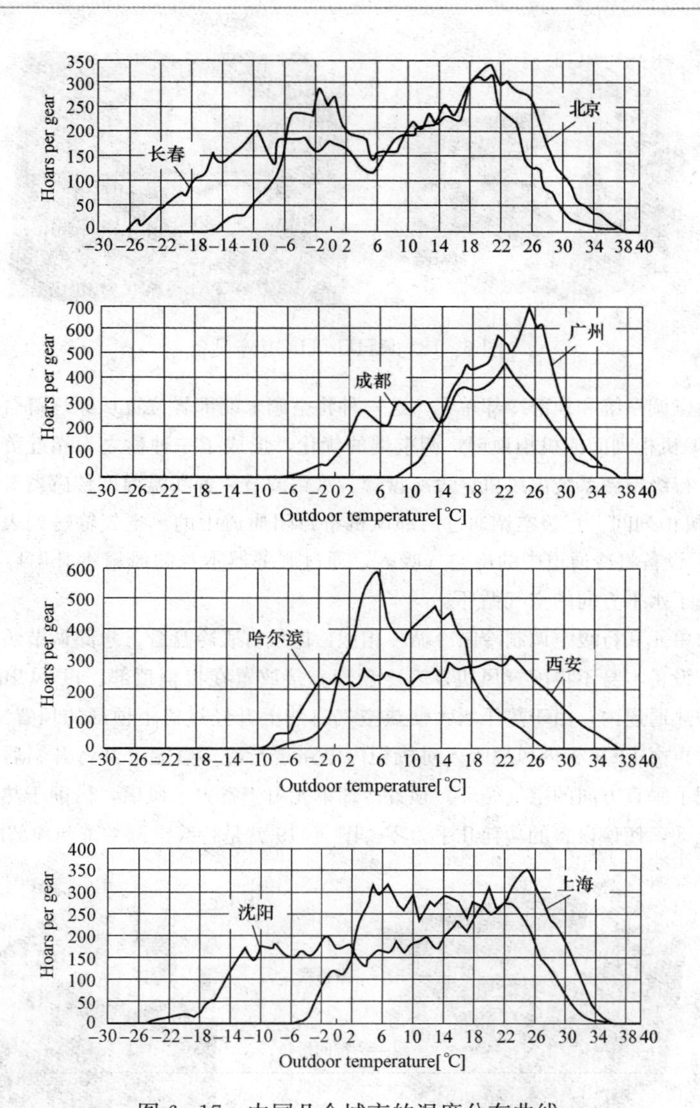

图 6 - 17 中国几个城市的温度分布曲线

需要冷却的设备，二是将与设备热交换后升温了的热空气排出去。图 6 - 18 就是一种新型的 AHU 风机矩阵构成的空调末端。运行时 AHU 设备的回风口吸入机房热回风经过机组内部的过滤器、表冷器等功能段；降温后的空气由设置在 AHU 前部的风机矩阵水平送入机房内 IT 机柜的正前方（冷通道），被机柜内设备吸入进行热交换后再将热空气由机柜后部排出到热通道内，又进入以前的回风口，就是这样周而复始循环下去。

这种新型的空调末端改变了机房的布置和传统精密空调的内部结构，增大了通风面积，截面风速可控制在 3m/s 以下，减少了空气在机柜内部多次改变方向并大幅减小了由于部件布置紧凑导致的阻力，能将末端能耗降低 30%左右。

图 6-18　AHU 风扇矩阵设备

（2）行级空调系统和顶部冷却单元。这一种将空调末端部署位置从原理符合中心的机房两侧移到靠近 IT 机柜列间或机柜顶部空调末端的优化，形成了一种称之为靠近负荷中心的集中式制冷方式。行级空调系统由风机、表冷盘管、水路调节装置和温湿度传感器等组成，该设备就布置在 IT 机柜列间。行级空调通过内部风机将封闭通道中的热空气输送到表冷盘管，实现冷却降温。IT 设备将冷通道中的冷空气吸入，通过服务器本身的风扇将升温后的热空气排到热通道，实现了水平方向的空气循环。

顶置冷却单元和行级空调制冷制冷循环相似，但仅有表冷盘管、水路调节装置和温湿度传感器等环节，设备本身不再配置风机，表冷盘管直接放置在机柜顶部。IT 风扇排出的热空气聚集到封闭的热通道内，由于热压增大使热空气自然上升经过机柜顶部的顶置冷却单元降温，使热压降低后再由 IT 机柜内风扇吸入对机柜内电路进行冷却降温，又将升温后的热空气排到热通道，实现了垂直方向的空气循环。顶置冷却单元由于省去了风扇，借助于热压作用来维持空气的自然流动，使该设备的功耗几乎为零。图 6-19 就是行级空调系统和顶部冷却单元。

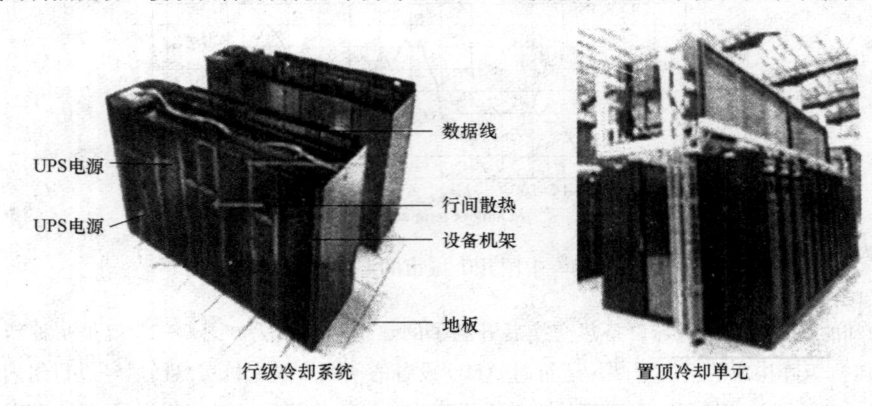

图 6-19　行级空调系统和顶置冷却单元

这些新型末端冷却设备的问世使得冷却设备越来越靠近热源，目的就是减少冷媒传输中的损耗。目前服务器级的浸泡冷却方案也已开始测试，这种方案是利用介质的相变来实现冷却，由于减少了介质的转换温差，使冷源减小机械制冷或不用机械制冷，有效地减少了制冷系统的能耗。

四、无冷媒的自然风冷却系统

与水为介质的自然冷却系统相比，自然风冷系统（Free Cooling 或 Air-side economization）减少了能量转换和传递环节，使得节能效果更加直接和显著。自然风冷系统是指室外空气通过滤网或是间接通过换热器将室外空气的冷量送入数据机房内，对 IT 设备进行降温的冷却技术，如图 6-20 所示。

图 6-20　直接风冷气流路线示意图

室外空气是否进入机房内部又分为直接风冷和间接风冷。该技术实现冷源与发热体直接接触，不再通过传统空调系统中的制冷机组生产出低温冷媒来给数据中心降温，这就极大地减少了数据中心空调系统的能耗。比如 Google 和 Facebook 等互联网数据中心在美国和欧洲气候条件良好的地区建设这样的数据中心，其 PUE 达到了 1.07。

在我国大部分地区的全年平均温度都在 20℃以下，从温度分布的角度来看对使用自然风冷方案非常适合。

不过自然风冷不仅与环境温度和湿度有关，室外空气的质量也决定了风冷方案应用的可行性。大气环境中的水分、污染物（主要有 SO_4^{2-}，NO_3^-，Cl^-）和氧气会使 IT 设备上的金属元器件加速腐蚀和非金属元器件加速老化，对 IT 设备造成永久性的损坏。对我国多个地区空气质量的持续监测也证实了这一点，见表 6-2。在标准 ISA-71.04-1985 中规定有害气体对 IT 设备的影响等级，见表 6-3。

表 6-2　　我国 PM2.5 检测结果

检测地点	A（室内）	B（室内）	C（室外）	D（室外）	E（室外）	F（室外）
2012.5	●	●	●	—	●	●
2012.6	●	●	●	—	●	●
2012.7	●	●	●	●	●	●
2012.8	●	●	●	●	●	●

续表

检测地点	A（室内）	B（室内）	C（室外）	D（室外）	E（室外）	F（室外）
2012.9	●	●	●	●	●	●
2012.10	●	●	●	●	●	●
2012.11	●	●	●	●	●	●
2012.12	●	●	●	●	●	●
2013.1	●	●	●	●	●	●
2013.3	●	●	●	●	●	●
备注	●G1（良好），●G2（轻度），●G3（中度），●GX（严重），●完全腐蚀					

表6-3　　标准ISA-71.04-1985中规定有害气体对IT设备的影响等级

严重等级	铜的反应等级	描　　述
G1温和	300C/月	环境得到了良好的控制，腐蚀性不是影响设备可靠性的因素
G2中等	300～1000C/月	环境中的腐蚀影响可以测量，其可能是影响设备可靠性的一个因素
G3较严重	1000～2000C/月	环境中极有可能出现腐蚀现象
GX严重	＞2000C/月	只能在该环境中使用经过特殊设计和封装的设备

（1）G1（温和）。环境得到了良好的控制，腐蚀性不是影响设备可靠性的因素。比如环境温湿度合适，即保持干燥，使不同金属搭接处的电化学反应无法进行。

（2）G2（中等）。环境中的腐蚀影响可以测量，其可能是影像设备可靠性的一个因素。不过这种情况得要求运维人员勤观察和勤测量。

（3）G3（较严重）。环境中极有可能出现腐蚀现象。比如军用设备的“三防”其中一条就是防腐蚀。设备放在山洞里，洞内的湿热就会导致腐蚀。

（4）GX（严重）。只能在该环境中使用经过特殊设计和封装的设备。比如用在沿海、海岛和船舶上的设备就是这样，由于空气中含有盐分，这是一种导电的媒质，腐蚀性很强，尤其是不能凝成水珠。用在这样环境中的电路板和机架必须加绝缘涂层，通常的做法是喷一层绝缘漆。实际上在G3的情况下就应该这样做了。

当然也有的用化学处理法，即针对不同种类和浓度的有害气体配置对应原料的滤料进行化学反应，是进入到数据中心的空气不能威胁IT设备的正常运行。不过做到这一点很难，因为数据中心机房不是密封的，空气的流失会导致机房负压，为此要不断补充新风，在这个过程中“滤料”会不断流失，需要不断补充，这很难达到动态平衡。

所以又有了另一种思路，这就是利用间接自然风冷空调系统。其原理是利用热管散热器、交叉流换热器或转轮换热器等实现室外新风与室内高温回风的隔离和间接换热。图6-21就是一种间接自然风冷的空调系统。这种方案就避免了室外新风侵入机房的危险。这与水自然冷却相比又可以最大限度地利用室外冷源实现更好地能效。但由于此种设备体积庞大，要求与建筑耦合度高，应用场景受到限制。

图 6-21　间接自然风冷空调系统

五、IT设备节能运行的前景

随着电子产业的发展，IT设备对运行环境的适应性也越来越强，这就给数据中心的制冷技术创造了新的节能条件。高温服务器的应用将使数据中心的制冷系统更加节能。目前已经定制的高温服务器可以在35℃的环境下正常运行，这就意味着北京地区全年可以有80%的时间无需机械制冷，节约了能量，优化了PUE。随着高温服务器的进一步发展，进风温度为40℃条件下能正常运行的服务器也许不久就会成为现实。到那时全年不用机械制冷，一律采用自然风冷。当高温服务器的进风口温度为40℃时，那么出风口的温度将会超过50℃，这时热空气的回收将更加容易和有效。数据中心就可以实现能量的多级重复利用。与此同时，高温耐腐蚀服务器的研制也已取得突破性的紧展，一旦全面商用，将会对数据中心的制冷系统带来彻底的变革，直接风冷系统将会大规模使用，数据中心全年的PUE<1.1的状况就容易达到了，由此创造的经济效益和社会效益将是不可估量的。

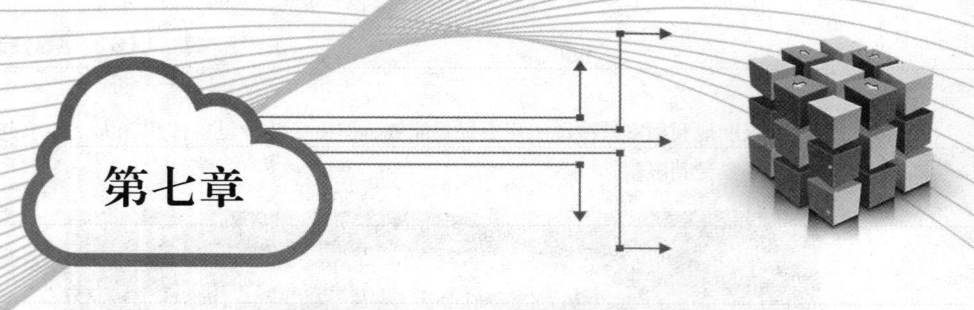

数据中心的照明

第一节　照明必须节能减排

一、数据中心与照明的关系

近些年的数据大集中和灾备中心的建立，不像以前的计算机机房，其照明因其面积有限，照明功率也不大；现在数据中心好多已成为用电大户，尤其是数据中心的规模越来越大，甚至几万平方米的工业园就是一个数据中心［见图 7-1（a）］，所以照明用电占了相当的比例。根据施耐德的统计，一般数据中心的照明系统约占总用电量的 3%～5%，图 7-2 示出了数据中心各部分用电量的大概比例。

有的计算机中心就是专门控制灯光的，比如现在各城市倡导的所谓灯光工程，就是利用计算机遥控台和市内电脑照明系统，根据自然照明程度、昼夜时间和用户要求，自动改变照明光源的状态，将整个照明系统的参数设置，通过屏幕实现的修改和监控，把城市装点得五颜六色。当然数据中心本身就是一个照明对象，而且几乎所有的数据中心都是一天 24h 照明，长此下去也是一笔不小的开支。这当中存在着两个问题，能源和灯光的污染。这两种因素都会形成对环境的污染，因此绿色照明将是一个举足轻重的措施。

所谓绿色照明就是在保证或提高照明质量的前提下节约用电，减少对不可再生资源的消耗和大气污染，以达到保护生态环境的目的。

由于照明用电现在已占到了全球总用电量的 10%～20%。据有关资料统计，我国的照明用电大约占总发电量的 10%～12%，低于发达国家的水平。尽管如此，该项照明耗电量已超过三峡水利工程全年发电量（847 亿度）的 3 倍，换言之，就是接近 3000 亿 kW·h。因此节约用电不仅可以减少对能源的消耗，还可以减少因发电而产生的大气污染，减缓地球温室效应的升温速度。而且还可以节约大量的电力建设资金，比如如果在照明上节约 40%，就等于又建了一个三峡水利工程。因此，各国政府都纷纷制定了本国的绿色照明计划。我国的绿色照明计划在 20 世纪就已制定，并要求到 2000 年形成终端节电 200 亿 kW·h 的能力，可削减电网高峰负荷 7.2×10^{6} kW。但随着城市形象观念的建立和灯光照明工程的实施，用电量急剧增长，已远超过以前国际上 10%～20%平均值，而且好多地方都没有认真考虑节能的绿色照明问题。但由于发电量的速度滞后，对照明的迅速发展已形成障碍。因此节能也将直接关系着照明工程的全面实施。尤其中央提出的十城万盏灯工程，将会起到积极的示范作用。

(a)数据中心工业园照明工程

(b)数据中心机房照明情况

图 7-1 一般数据中心照明情况

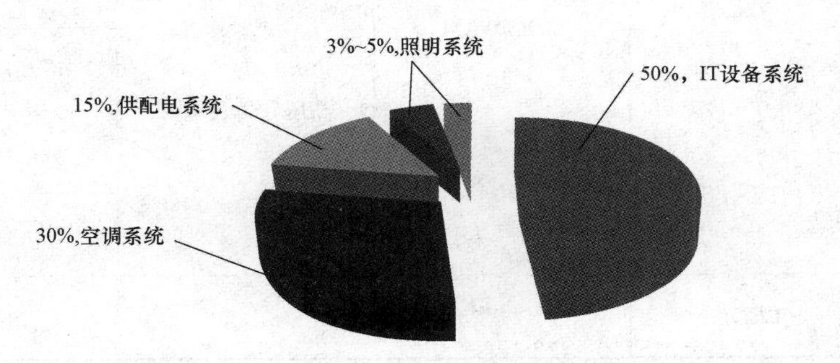

图 7-2 一般数据中心各部分用电量的大概比例

绿色照明工程的节能减排，首先是提高电光源的效率，比如近来已出现用 LED 照明灯具，这种灯具的寿命是普通光源的 3～5 倍，发光效率也非常高，但目前的 LED 电源主要还是直流，还得将交流电变为可用的直流电。直接用交流的 LED 灯具还处在初生期，因此短期内还不能马上进入应用阶段。不过中央提出的十城万盏灯工程，将会起到积极的示范作用。尽管如此，近期的照明主要还得依赖于传统的气体放电灯产品。那么节能也要从气体放电灯的发光特性上想办法。而白炽灯的光效低、耗能多，将随着各种新型节能光源的出现而被逐步代替。

二、气体放电灯的主要品种

表 7 - 1 示出了电光源的分类。

表 7 - 1　　电光源的分类

<table>
<tr><td rowspan="13">电光源</td><td rowspan="2">固体发光灯</td><td>场致发光灯</td></tr>
<tr><td>半导体发光器件</td></tr>
<tr><td rowspan="2">热辐射光源</td><td>白炽灯</td></tr>
<tr><td>卤钨灯</td></tr>
<tr><td rowspan="8">气体放电灯</td><td rowspan="2">辉光放电灯</td><td>氖灯</td></tr>
<tr><td>霓虹灯</td></tr>
<tr><td rowspan="6">弧光放电灯</td><td rowspan="2">低压气体放电灯</td><td>低压钠灯</td></tr>
<tr><td>荧光灯</td></tr>
<tr><td rowspan="4">高压气体放电灯</td><td>高压水银灯</td></tr>
<tr><td>高压钠灯</td></tr>
<tr><td>金属卤化物灯</td></tr>
<tr><td>氙灯</td></tr>
<tr><td>LED</td><td>PN 结发光</td><td></td><td></td></tr>
</table>

目前常用的电光源有：白炽灯、荧光灯、高压汞灯、金属卤化物灯、高低压钠灯和 LED。

以上这些灯除去白炽灯外，都是气体放电灯或固体发光灯。气体放电灯的特点就是一定要和镇流器一起工作。数据中心机房的气体放电灯多是荧光灯。表 7 - 2 给出了常用照明光源的特性比较，表 7 - 3 示出了各种气体放电灯镇流器的损耗占灯管功率的百分数。

表 7-2　常用照明光源的特性比较

参数＼光源	白炽灯	管形卤钨灯	冷光色卤钨灯	直管荧光灯	紧凑荧光灯	高压汞灯	自镇流高压汞灯	高压钠灯	中显色高压纳灯	金属卤化物灯	氙灯	单灯混光灯
功率范围（W）	15～1000	100～2000	10～75	4～125	5～28	50～1000	125～750	35～1000	100～400	125～3500	1500～5000	100～1000
灯电压（V）	220	220	220	50～113	50～113	95～130	95～130	95～130	95～130	95～130		95～160
平均寿命（kh）	1	1～1.5	2～3.5	3～7	3	5～10	3	12～24	12	0.5～10	1	10
显色指数	95～99	95～99	95～99	70～80	80	34	38～40	20～25	60	65～90	90～94	70～80
起动时间（min）	瞬时	瞬时	瞬时	1～3s	1～3s	4～8s	4～8s	4～8s		4～10s	瞬时	4～8s
再起动时间（min）	瞬时	瞬时	瞬时	＜1s	＜1s	5～10	3～6	10～20（1～2）*	10～20（1～2）*	10～15	瞬时	5～10
功率因数	1	1	1	0.33～0.52**	0.33～0.52**	0.44～0.67	0.9	0.44		0.41～0.61		0.41～0.61
频闪效应	不明显	不明显	不明显	明显①	明显①	明显	明显	明显	明显	明显		明显
电压变化影响	大	大	大	较大	较大	较大	较大	大	大	较大		较大
附件	无	无	无	有	有	有	有②	有	有	有	有	有

注　起辉后的镝灯电压尚为130～220V，所以必须工作在380V的市电线电压下。

* 有触发器时，再起动时间是1～2min。

** 荧光灯采取电子镇流器时的功率因数大于0.9。

①荧光灯采取电子镇流器时不明显。

②镇流器内藏时，无附件。

表 7-3　　　　各种气体放电灯镇流器的损耗占灯管功率的百分数

光源种类	额定功率（W）	功率因数	镇流器功率因数损耗系数 α
荧光灯	40	0.53	0.2
	30	0.42	0.26
高压水银灯	1000	0.65	0.10
	400	0.60	0.10
	250	0.56	0.15
	125 及以下	0.45	0.20
金属卤化物灯	1000	0.45	0.07
	400		0.11
	250		0.14
高压钠灯	250～400	0.40	0.15
低压钠灯	18～180	0.06	0.2～0.8

由表 7-3 可以看出，气体放电灯的功率因数很低，即无功功率相当大。上面的起动器损耗只计入了有功功率，实际上这个损耗要比表中严重一些。

第二节　数据中心照明带来的问题

一、照明灯具的选择

1. 光源的选择原则

1）有的计算机是做工业过程控制，在工业厂房中，当照明器悬挂的高度低于 4m 时，一般应选择荧光灯或适当的气体放电灯。

2）无特殊要求的场所，如一般街道和人行道等，应选择光效较高的灯具。

3）应急照明应选择快速起动的灯具。

4）当一种光源不能满足要求时，可根据实际情况采用混合光源。

2. 平均照度的计算和灯具的维护

（1）照度范围推荐值。数据中心的推荐照度范围是 300～750Lx。

（2）平均照度的计算和灯具的维护。当灯具数量较多且布置均匀时，可采用利用系数计算其工作面上的照度

$$\mu = \frac{\phi'}{\phi} \tag{7-1}$$

式中：ϕ'为直射和反射到工作面上的总光通量，lm；ϕ 为光源发出的总光通量，lm。

被照面上的平均照度为

$$E_{\mathrm{av}} = \frac{\mu K N \phi}{A} \tag{7-2}$$

式中：E_{aV}为工作面上的平均照度，lx；ϕ 为每个光源发出的总光通量，lm；N 为所计算空间内灯具的数量；K 为照明器维护稀疏，见表 7-4；A 为被罩工作面面积，m^2；μ 为利用系数，由产品手册上查取。

表 7-4　　灯具维护系数值

环境污染情况	工作场所	维护系数	
		白炽灯、荧光灯、高强气体放电灯	卤钨灯
清洁	卧室、办公室、餐厅、阅览室等	0.75	0.8
一般	营业厅、候车室、影剧院等	0.70	0.75
严重污染	厨房等	0.65	0.70

由表 7-4 可看出，环境的不同，灯具需要维护的情况也不同，这又带来很多麻烦。

二、照明灯具的能量损失

1. 主要能量损失的构成

白炽灯耗能大，但显色指数高。除了少数地方需要较高的显色指数而采用白炽灯以外，绝大部分都采用了功率较大的气体放电灯。而气体放电灯则必须加附件，比如起动器、镇流器等。如图 7-3 所示就是一个气体放电灯的原理图。由图中可以看出，气体放电灯并不像白炽灯那样直接并联在市电电压的两端，而是要串联一支电抗器。比如海港码头就大量采用了功率 2200～3500W 的镝灯，起动器电感就有 50kg。气体放电灯在一定的额定电压下起动后，低压下运行，其特性如图 7-4 所示。当电压升到一定值时，灯被起动，这时灯两端的电压突然下降，并稳定在一个基本不变的 U_L 值上，其余多出的那一部分电压

$$\Delta U = U_x = U_{in} - U_L$$

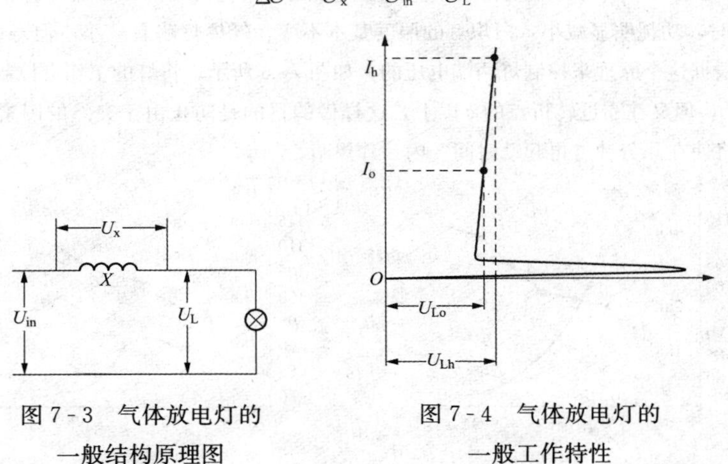

图 7-3　气体放电灯的一般结构原理图

图 7-4　气体放电灯的一般工作特性

就降在了起动器的电抗 X 上。当输入电压升高时，所导致的电流变化使起动器上的电压 $U_L = XI$ 相应升高，从而稳定了灯两端的工作电压。但当市电电压升高时，灯电流却仍然升高了，

比如由图 7-4 中的 I_c 增加到 I_h，尽管灯两端的电压变化非常小，但灯上的功耗 $P=I^2R$（式中 R 是此时的灯内阻）是和电流 I 的平方成正比的。起动器上不但电压升高了，而且电流也增大了，所以功耗更大。这样一来，起动器和灯的损耗就都加大了。当然，即使在正常电压下的功耗也是很大的。

2. 灯具的损坏问题

灯具是有一定寿命的，而且寿命都不长，即使进口高压钠灯的寿命也只有两万多小时。尤其在室外雨、雪等自然条件摧残，电网电压剧烈变化冲击等条件下，都会导致灯具寿命的缩短。

3. 人身安全问题

损坏的灯具需要人去更换，往往这些灯的更换是很费事、费时的，不少灯位于百尺高杆，有的几小时才能更换一只灯。而这些灯的位置不但高，而且危险。工人在更换灯具中遇险也时而有之。

如果能够延长灯的使用寿命，就可以将这种危险减小到最低程度。

第三节　照明节能原理及电路构成

一、节能原理

1. 节能电源设计的理论根据

由上面的讨论可以看出，节能应该是第一位的。只要实现了节能效果，其他问题就迎刃而解。图 7-5 示出了两种灯具照度、功耗、寿命与电压的关系曲线。纵轴是功耗和照度的百分数以及寿命时间，横轴是施加在灯两端的工作电压百分比。由图 7-5 所示，当施加在灯上的电压为额定值的 90%～100%时，照度变化并不明显，但随着功耗的增加，寿命却急剧下降。电压在 93%以下时，功耗明显减小，白炽灯的照度基本不变，气体灯略有减小，但寿命要长得多。节能电源就根据这个原理来控制灯两端电压的，如图 7-6 所示，将灯的工作点控制在正常工作点 a 的下方 b，但又在靠近转折点的 c 以上，这样做的目的是防止由于突然的因素而导致灯瞬间熄灭，这将使在几分钟“再起动时间”内一片黑暗。

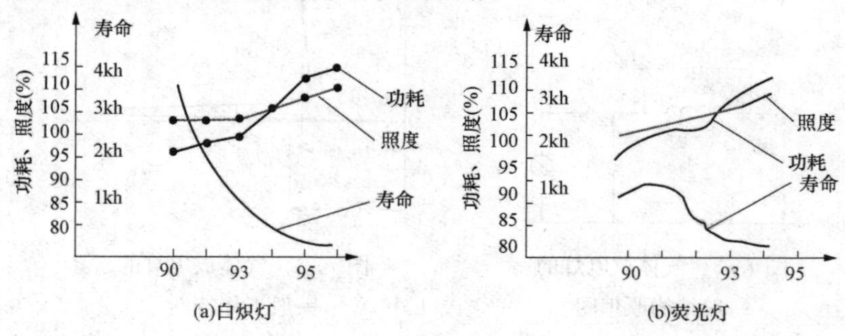

图 7-5　两种灯具照度、功耗、寿命与电压的关系曲线

2. 照明节能电源的构成

根据上面的讨论，节能电源必须具备三个主要功能：正常起动、工作时稳压和无间隙调压。图 7-6 就是节能调整理论示意曲线。

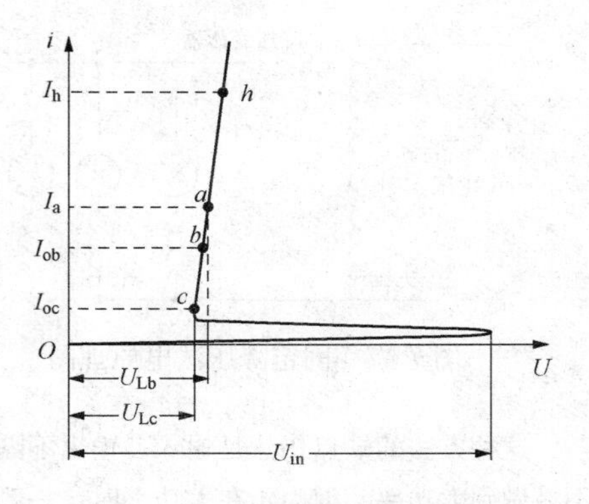

图 7-6　节能调整理论示意曲线

(1) 气体放电灯的起动。气体放电灯的正常起动是指灯在点亮之前，一直是市电直接供电。气体放电灯经预热后在额定电压 U_{in} 下起辉，起辉后节能电源才开始将电压调整到所要求的工作点，如图 7-6 中对应 b 点的电压 U_{Lb} 和电流 I_{ob}。这时就有一部分多余的电压 $\Delta U=-U_{in}-U_{Lb}$ 不被气体放电灯利用，换言之，气体放电灯起辉后的工作电压要比市电电源的额定电压低得多。而多余的那部分电压能量就消耗到无用的地方去了，如果能把这部分能量节约下来，就达到了节能的目的。因此，节能调整就是对这部分能量而言。

(2) 稳压。稳压的目的在于稳定灯的功耗，延长它的使用寿命。图 7-6 中 b 点是正常工作点，当输入电压变动时，调压机构应调整加到灯亮端的电压既不能低于对应 c 点的电压 U_{Lc} 和电流 I_{oc}，又不能高于对应 a 点的电压和电流。这个电压和电流的范围值是根据实际情况认为设定的，超出这个范围就有耗能大或熄灯的危险。调整电压稳压的执行机构有很多，性能最好的方法莫过于晶体管化的交流稳压器。但一般的交流稳压器无对应的调整功能，本来设备本身价格就高，再加上这些附加功能，造价就会更高；而且目前性能良好的上百千伏安交流稳压器本来就少见，再加上这些环节就更困难。因此，照明节能电源是另一种性质的电源，所以它的调压方式也有所不同，但无论如何也应该是基本无间隙调压。因为气体放电灯有一个特性，如图 7-6 所示，当输入电压低于 U_{Lc} 时，如果再低一点，灯就会熄灭。熄灭后的灯即使在额定电压下也需在 3min 才能重新起辉。

二、电路构成

1. 固定降压法

从上面的讨论可以看出，降低照明装置的输入电压就可以节能。如图 7-7 所示就是这种方法的电原理图。可以看出这种方法简单且投资少，只要有一个降压变压器就可以了。这种方法适合于市电电压一直很高而且比较稳定的场合，比如电厂和变电站或附近区域。只要保证灯具的起辉电压就可以了。它的缺点是仅适于电压高且稳定的环境，一旦遇到市电下降情况，就会导致部分或全部灯有熄灭的危险；而且输入、输出不隔离，不能解决起辉电压不一致的问题。这种方案已在部分高尔夫球场应用多时使用。

2. 一挡自动降压法

鉴于上述结构的不足之处，于是就增加了一个继电器，如图 7-8 所示。这种方法是在开始为灯具送电时，用的是市电电压；当气体放电灯在预热起动点亮后，转换开关就由市电电压将灯切换到低值的绕组抽头上，使点亮的灯工作在低压区。如果测量电路得当，还可以在市电电压降低时使灯又被切换到市电电压上，比前者的照明可靠性程度提高了。

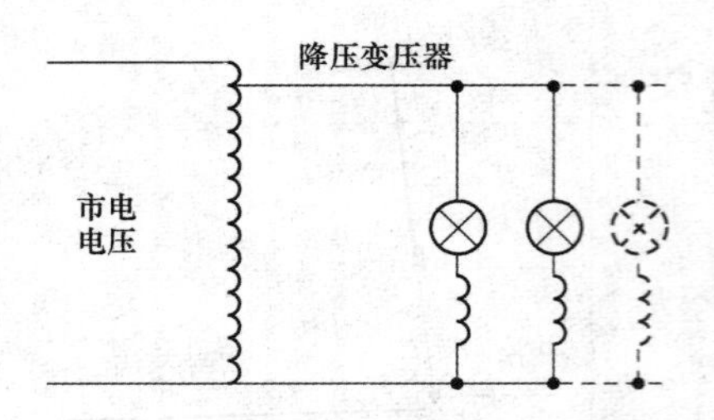

图 7-7　固定降压法电原理图

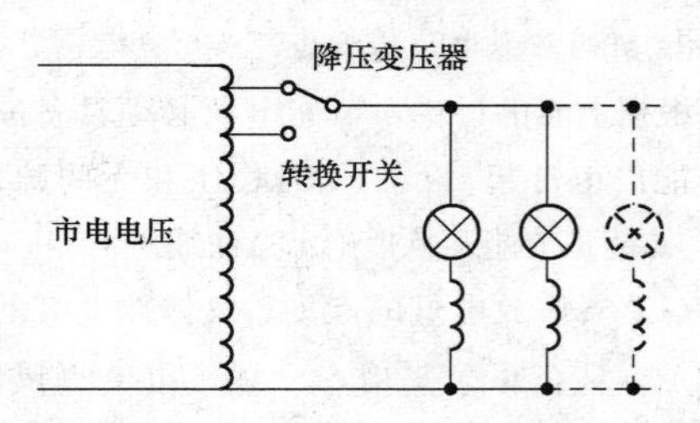

图 7-8　一挡自动降压法电原理图

这种方法的缺点仍然是输入、输出不隔离，不能解决起辉电压不一致的问题，另外，一般不易做到大功率。因为，在大功率时，一般的继电器由于其容量小就不能满足要求，必须改用接触器，而接触器的转换时间较长，有可能导致灯光熄灭。

3. “无间隙调压”多挡电子调压法

这里将“无间隙调压”这个词加上了一个引号，意思是说不一定非无间隙调压不可，因为在调压时放电灯的起动器电感还储存着一部分能量，在它的作用下可维持灯电压暂时不变，如果这部分能量能坚持到下一个调整电平出现时，就达到了不熄灯的目的。

（1）静态开关抽头调节式电源电路。只有用晶闸管之类的半导体器件构成的静态开关才有可能实现无间隙调压，如图 7-9 所示就是一种静态开关抽头调节式电源电路。在这个电路中，每一个变压器输出抽头对应一个静态开关。从理论上说，如果原来的工作电压为 U_2，静态开关 S_2 开通，当输入电压降低到一定值时，就需将电压由 U_2 上升到 U_1。如何切换呢？为了防止两只静态开关的共同导通和切换的无间隙，一般都采取电流过 0 触发。但由于大电感量镇流器的存在，使电压和电流波形不能同时过 0，它们之间有一个很大的相位差 θ，如图 7-10 所示。根据上面的例子，如果电流过 0 时切换，即触发静态开关 S_1，同时撤销 S_2 的触发信号，但由于晶闸管的关断时间有一个拖尾（约 30μs），因此，在 S_2 还没来得及关断时，就在压差 $\Delta U = U_1 - U_2$ 的作用下与 S_1 形成回路，由于回路电阻接近于 0，所以电流非常大，以致将静态开关烧毁。如果等到 S_2 完全截止后再触发 S_1，这个时间又不易控制，所以至今这种方案尚未成功地推出。

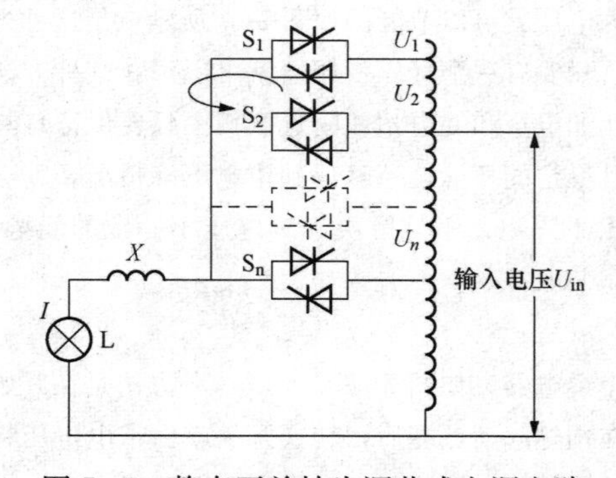

图 7-9　静态开关抽头调节式电源电路

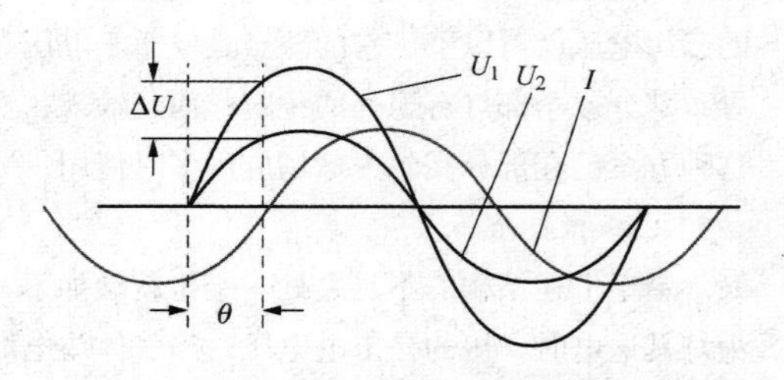

图 7-10　电感性负载端的电压电流关系图

这种方法的优点是自动化程度高、调节精度高、速度快；缺点是电路复杂、静态开关容易烧毁、输入输出不隔离、不能解决起辉电压不一致的问题。

(2) 用接触器作为执行开关的电路。在图 7-8 的静态开关位置上用接触器代替，倒是消除了共同导通的危险，但由于接触器的动作时间太长，加长了切换的间隔时间，如不采取特殊措施，甚至有可能导致灯灭。气体灯也并不是一定需要无间隙切换，因为气体灯也有一定的惯性时间，只要切换时间小于它的惯性，就不会使灯熄灭。小功率接触器的动作时间虽然短一些，但由于小功率气体灯的惯性也小，所以也无法适应，但可以用一种称为填充式切换的方法来弥补，图 7-11 示出了使用这种方法的时间关系图。

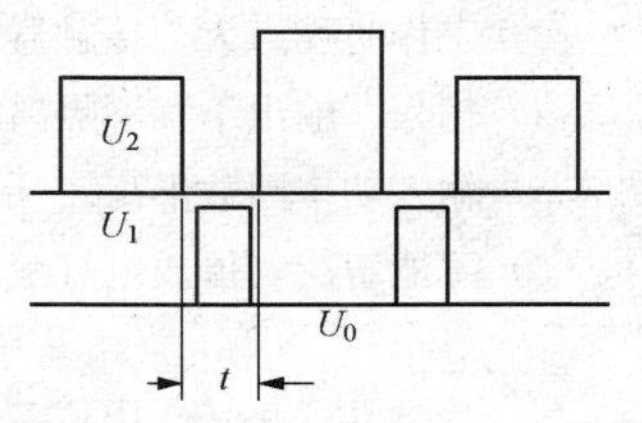

图 7-11　填充式切换时间关系图

由图中可以看出，假如用接触器由 U_2 切换到 U_1 的时间为 t，而这个时间有可能导致气体灯熄灭。为了解决这个问题，在对应 U_2 的接触器断开后而对应 U_1 的接触器尚未闭合前，有一个填补接触器将一个固定电压 U_0 适时地填入这个时间空间。这个电压的持续时间一定要小于由 U_2 切换到 U_1 的时间 t。这样一来就实现了对气体灯而言的无间隙切换。这个技术难点的解决就赋予了照明节能电源一定的生命力。

1）输出电压的精度。根据现场工作电压的状况不同，就需要选择不同的精度。由图 7-6 可看出，如果不需要将节能效果限制得太精确，就将工作电选在 a 点，在这里允许电压变动的范围要大一些；如果需要将节能效果限制在一定的精确度之内，就将工作电选在 c 点，由于靠近了灯的起辉/熄灭转折点，电压的精度就必须非常高，否则，电压稍有变动，就会导致灯熄灭。

因此，作为智能化程度比较高的电源来说，精度应当是可调的。为此目的，电源变压器的抽头就不应该是平均分配的。各接触器的动作也不是简单的顺序串联工作，换言之，是在软件的控制下组合工作的，其最高精度范围可做到 1V。

2）工作模式。比如 LUX-Ⅲ就有三个工作模式：恒压式、分段式和外控调光式。

①恒压式：这是用得最多的一种方式。根据灯具和电网电压的情况，将当前灯的工作电压式定在某一值，比如将 40W 荧光灯的工作电压设置在 180V，并由机器记忆下来。就意味着所有被该电源供电的荧光灯起动后，其输入电压就被稳定在 180V 左右。这个设置在被人为更改前，就一直稳定在这个状态。

③分段式：这种方式的特点是，它将一天 24h 划分为 6 个时段，根据用户对一天中对灯光的要求情况来设置工作电压，以控制每个时段的不同亮度。比如一个采用荧光灯一天 24h 照明的大商场，在业务繁忙的时段，可将工作电压调整到 190V～200V，业务轻闲时（比如 22 点以后），就可将电压调整到 180V 以下。6 个时段的时间长度不一定一样，电压和时间可视实际情况而定。

③外控调光式：可通过电源上的预留接口，将一只光传感器（光敏电阻）引导所需的地方，这是灯光的亮度就可以按照光敏电阻的反馈信号进行调整。

(3) 接触器作为执行开关电路时的不足之处。

接触器调压法虽然解决了前几种的一些不足之处，但也带来了一些不足：

1）控制电路复杂。为了解决大功率接触器转换时间长的问题，引入了填充电压进行补偿，为了使调压精度高，就将抽头按1、2、4、8、16V和32V等2^n排列，这就导致了控制电路的复杂化。

2）设备笨重。为了使调压精度高，按照抽头的排列电压和填充电压一共采用了7只接触器。笨重的变压器加上笨重的接触器，设备的体积、自重都很大，从而也提高了造价。

3）工作时噪声大。接触器做变压器抽头转换时响声很大，干扰环境。

4）输入、输出干扰不隔离。

5）输入功率因数不高。

6）不能解决气体放电灯起辉电压不一致的问题。

第四节　无级调压智能电路的构成

一、无间断转换电路

1. 以往节能电路的缺欠

上述的几种节能电源电路虽然在一定的场合都有应用，但也都存在一些以下不足。

（1）输入、输出不隔离。

（2）进行电压调整时有间断。

（3）调整噪声大。主要是接触器的动作声音。

（4）不能解决气体放电灯起辉电压不一致的问题。

2. 智能节能电源电路的构成

为了解决上述这些问题，出现了一种称为NPLS的智能灯光节能电源解决方案。如图7-12所示就是这种解决方案的电路原理图。这个电路具有Delta变换的色彩，主要由调整（双向补偿）变压器、PWM功率变换电路、辅助电源、测量电路和控制电路构成。交流市电输入后经双向补偿变压器T调整成所需的负载电压输出，测量环节对输出电压电平进行测量，将输出电压偏离指定值的微小变化反馈到控制电路，在控制电路对该变化量进行处理后形成一个信号，去控制PWM功率变换电路，通过双向补偿变压器将输出的偏移量调整回来，达到了输出电压稳定的目的。

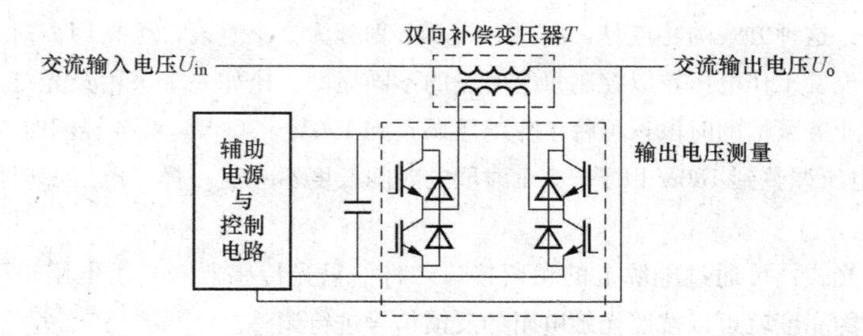

图7-12　不间断切换电路原理图

二、不间断电压调整原理

1. 特殊的半桥 Delta 变换器电路

这种电路的调整原理如图 7-13 所示。输入电压 U_{in} 的波形是正弦波，补偿变压器产生的波形 U_{PWM} 是脉宽调制波，二者是一代数相加的关系。

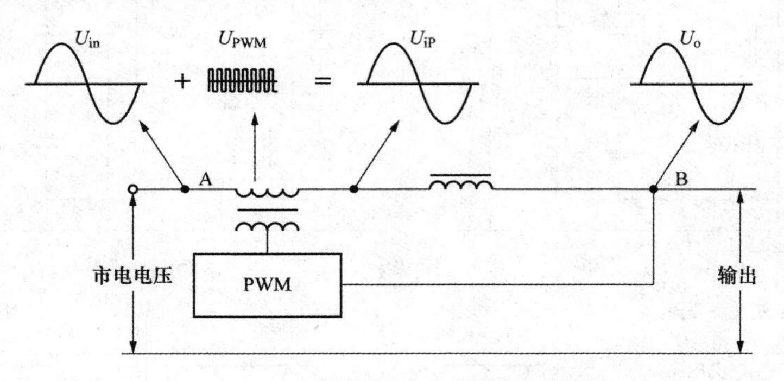

图 7-13　无间断电压调整原理图

高频双向逆变技术及其串联方式构成的电路形式和装置，具有有功补偿（电压补偿）、无功和谐波补偿、储能等功能，下面讨论其工作原理和它对电压补偿实现的过程。

如图 7-13 所示，整个电路的串联补偿环节由一个高频双向补偿变换器完成，变换器以 PWM 方式工作，其输出变压器的二次侧直接串联在设备的主电路中，变压器二次侧的高频脉冲波 U_{PWM} 与输入电压 U_{in} 进行叠加，形成以输入电压为包络线的载波波形，然后经高频滤波后形成纯净的 50Hz 正弦波输出电压 U_o。变换器在高频状态下工作，而电源的主回路是 50Hz，50Hz 的负载电流 I_o 在每半周中对高频变换器的变压器以同方向磁化，因此在高频变换器两个开关管（VT_1 和 VT_2）交替通导的过程中，就形成正向励磁和反向续流两种状态，图 7-14 用四种状态来说明它的整个工作过程。

2. 电路调节的几种状态

（1）第一状态。如图 7-14（a）所示，U_{in} 处于正半周时，I_o 方向是由 U_{in} 流向负载，此时 VT_1 导通，逆变器 T 电流 I_1 由直流电源 E_1 经 VT_1 流向变压器一次侧，变压器处在正向励磁状态，二次电压 nE_1 与输入电压 U_{in} 同极性（n 为变压器匝比），也与 I_0 方向相同，此时变换器输出功率，I_1 与 I_o 以及 E_1 与 nE_1 都符合变压器匝比关系。

（2）第二状态。如图 7-14（b）所示，U_{in} 仍处在正半周时，I_o 方向是由 U_{in} 流向负载，此时令 VT1 和 VT2 都处在关闭状态，变压器 T 二次由负载电流 I_0 励磁，在一次感应的电压是强迫 VD_2 导通，变压器一次电压钳位在 E_2+U_D（U_D 为二极管正向压降），一次电流 I_1 通过 VD_2 向直流电源 E_2 反充电，二次电压 nE_2 与输入电压 U_i 极性相反，同时也与电流 I_0 方向相反，二次降压，逆变器从主电路吸收功率，电流 I_1、I_0 以及电压 E_2+U_D、nE_2 都符合匝比关系。

（3）第三、四状态。此时输入电压处于负半周，负载电流是由负载流向输入端，逆变器是 VT_2 和 VD_1 交替，过程与第一、二状态相同，如图 7-14（c）、（d）所示。

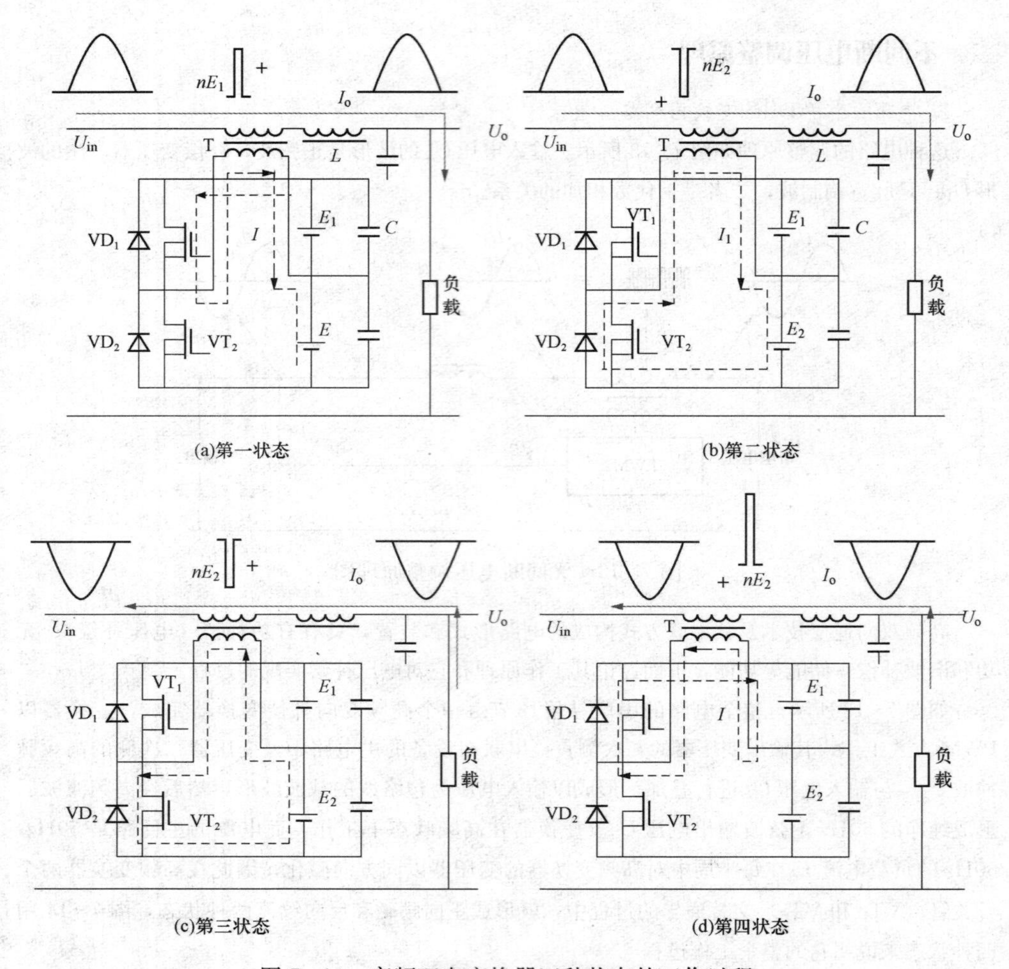

图 7-14　高频双向变换器四种状态的工作过程

双向逆变器工作在高频状态（例如 20kHz），在交流电（50Hz）的每半个周期（10ms）中，都经历多次输出功率和吸收功率的过程，经电感电容取平均值后，形成如图 7-14 所示正弦波 ΔU，随着逆变器通导比的变化，ΔU 可大可小、可正可负，从而可实现对输入电压 U_{in} 可正可负地连续补偿，保证输出电压的稳定。图 7-15（a）是 $U_{in}=U_o$ 的情况，U_{inv} 产生的波形是上下宽度一样的 PWM 波形，由于横线以上是正压，横线以下是负压，故其平均代数和为 0，即此时补偿电压 $\Delta U=0$；图 7-15（b）是 $U_{in}<U_o$ 的情况，U_{inv} 产生的 PWM 波形是在正半波时的平均值是一个正值的正弦半波，在负半波时的平均值是一个负值的正弦半波；图 7-15（c）$U_{in}>U_o$ 时的情况和图 7-15（b）时正好相反。

例 7-1　这种电路的补偿范围一般在额定电压的±20%。假如在额定电压下电压下调 10%，看节能效果。

假如气体放电灯在额定电压为 220V 时起动，起动后将电压降到额定值的 90%，即 198V。

设气体灯的功率为 1000W，一般按欧姆定律计算此时的内阻应为

$$R_1=\frac{U^2}{P}=\frac{220^2}{1000}=48.4(\Omega) \quad (7-3)$$

实际上在此区段的伏—安特性几乎垂直，即内阻几乎为零。当市电电压降到 198V 时，由图 7-16 的伏—安特性曲线可以看出，气体灯具在这个工作区的内部电导值为

$$G=\frac{1}{R}=\frac{\Delta I}{\Delta U}=\frac{I_h-I_o}{U_{Lh}-U_{Lo}} \quad (7-4)$$

非常大，电流的下降值 $\Delta I=G(U_{Lh}-U_{Lo})$ 很大。根据对一种高压钠灯组合的实测，当电压由 220V 下降到 200V 时，节约能量已达到 30%。就以此为例看一看电流变化与电压变化的关系。在额定电压 $U_n=220$V 时，$P_n=1000$W 额定功率下的电流为

$$I_n=\frac{P_n}{U_n}=\frac{1000}{220}=4.5(\text{A}) \quad (7-5)$$

当电压下降到 200V 时，功耗也下降到 $P_L=700$W，此时的电流为

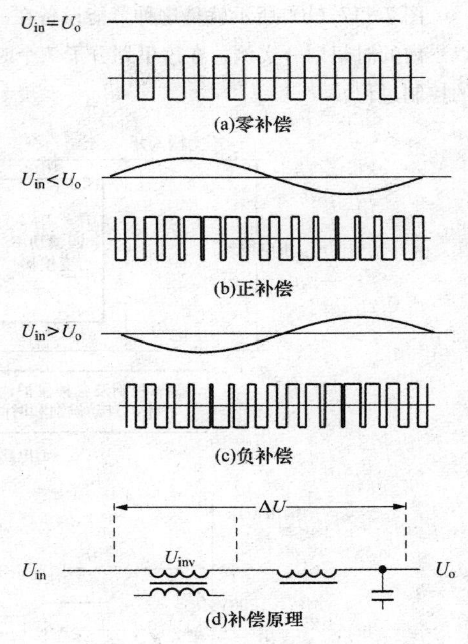

图 7-15 电压补偿波形图

$$I_L=\frac{P_L}{U_L}=\frac{700}{200}=3.5(\text{A}) \quad (7-6)$$

由上式可以看出，在节约 30%功率的情况下，做一个粗略的计算，电压的变化率 $\Delta U\%$和电流的变化率 $\Delta I\%$分别为

$$\Delta U\%=\frac{220-200}{220}\%=9.1\%$$

$$\Delta I\%=\frac{4.5-3.5}{4.5}\%=22\% \quad (7-7)$$

由此可以看出，在这种情况下电流的变化量比电压大得多，而功率又是和电流的平方成正比，因此才有电流的大幅下降导致了功率的更大幅度下降。

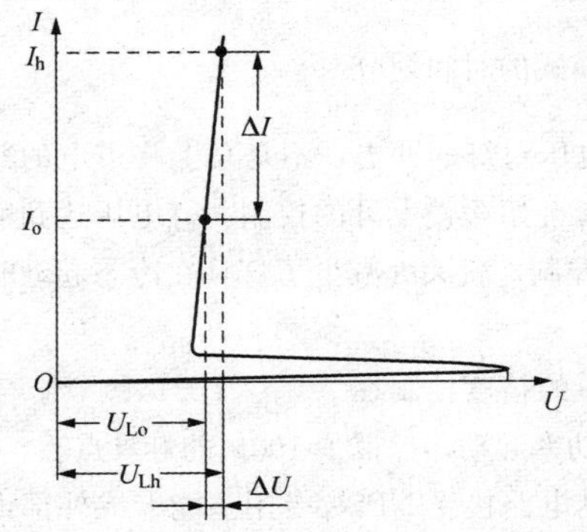

图 7-16 灯电压变化导致的电流变化的伏—安特性

三、NPLS 照明电源的实施电路

1. 电路及其节能工作模式

如图 7-17（a）所示就是该电路的原理框图。这个电路比原来的 Delta 变换电路更适合于这种场合下的调压。它集中解决了当前市面上各类用于该目的的产品所存在的缺点，是一种不可多得的解决方案。为了使用的方便和节能的步骤有一个较清晰的概念，以此电路为例做一个较详细地介绍。

图 7-17（b）所示就是这种节能设备在一个周期（比如一个昼夜、一星期、一个月等都可以）内的时间划分实例，在这里划分了 7 个时间段，比如按一个夜晚来算，看一下它对各时段的控制过程。

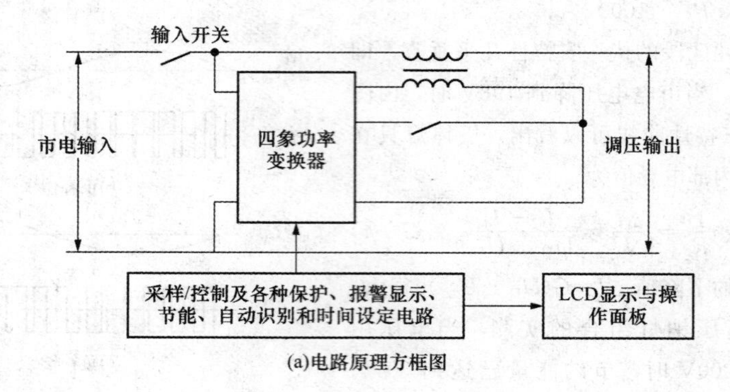

(a)电路原理方框图

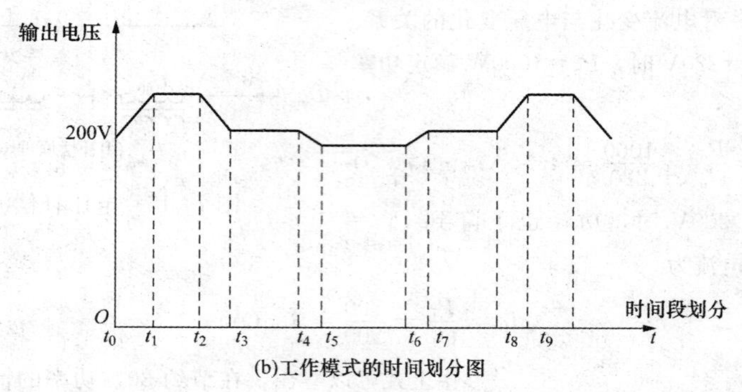

(b)工作模式的时间划分图

图 7-17　NPLS 电源节能工作模式的时间划分

$t_0 \sim t_1$：灯具软起动阶段。灯具开始加电，为避免电压对灯的冲击，不是马上将市电的额定电压一下子加到灯具上，而是采用了电压由 200V 低压开始缓慢上升的控制。待电压达到额定值后，就等待气体灯的预热和起辉。经过这样的起动控制，就大大减少了灯具在冷态起动时应力，从而增加了灯具的使用寿命。

$t_1 \sim t_2$：灯具预热和起辉阶段。在此阶段将灯上电压的精度控制在 220×(1±1%）V。于是灯具就在这种“安静而平稳”的状态下开始余热和全功率起动，保证了 100%的灯具点燃。

$t_2 \sim t_3$：灯具工作电压缓慢下调阶段。在此阶段控制电路接受 NPSL 专用节能卡或外部设备发出的节能指令，使输出电压开始缓慢下调，下调后的输出电压可以从 220～180V 任意设定。此例中是设定在 200（1±1%）V。

$t_3 \sim t_4$：第一节能段。灯具进入到第一节能段后，就稳定在这种±1%电压精度的环境中工作。

$t_4 \sim t_5$：第二节能段。比如到深夜时，由于人群和车辆的减少，这时对灯光的要求不再需要那样明亮，但又不能熄灭，于是可设定深度节能段即第二节能段，节能设备在 t_4 时间点上接到预先设定的深度节能指令后，将输出电压进一步下调，调至对应 t_5 时的电压（如 180V)。灯具在这个电压上的亮度稍有降低，由于电压的高精度又不会使灯熄灭，达到了进一步节能的效果。此时间段就是 $t_5 \sim t_6$。

$t_6 \sim t_7$：退出深度节能段。当黎明到来时，人流和车流开始增多，这时也开始需要明亮的灯光，于是设备接到预设的指令开始返回第一节能段，这就是 $t_7 \sim t_8$ 段。

$t_8 \sim t_9$：返回额定电压段。这时已不需要灯光照明。设备接到退出节能段的指令后，开始使输出电压返回到额定市电电压，然后拉开断路器，断掉灯具的输入电压。

2. 照明节能电源所实现的功能

（1）无触点和无机械执行部件。由于调整不需要继电器或接触器，所以反应速度快、无噪声、对环境无影响。

（2）无级调节。消除了调整电压时的间断隐患。

（3）输入端和输出端干扰隔离。由于补偿变压器上高频补偿电压频率的存在，其他在输入和输出之间形成了一道可靠的干扰隔离屏障。由于有 Delta 变换器的特点，形成了一个电流源，使输入功率因数很高，保证了电网电压的纯洁性。

（4）可深度节能。由于输出电压的精度很高，所以可使灯的工作点靠近截止拐点，已达到深度节能的目的。

（5）体积小，质量轻。由于是无级调节，丢弃了抽头变压器和接触器，使设备变得轻巧，也降低了造价，有利于普及使用。

（6）自动识别用户的开灯动作。以往的此类电源只能一次整批灯具集体起动，该电源即使在节能阶段，甚至是深度节能阶段，也可另外投入后续的灯具，原因是它有自动识别用户开灯动作的功能。在节能模式下运行时，如果用户又投入后续的灯具，这个动作很快被测量电路感知，反馈到控制电路，就可以使输出电压暂时返回额定值，待所有后来的灯点亮后再返回节能模式。这就拓宽了此类电源的使用范围。

（7）三相独立调节，可带100%不平衡负载。另外还有过载保护、过载记忆和处理功能、智能风机控制功能、双重节能控制和安全旁路控制系统等。

四、照明节能电源的辅助功能

1. 对外界条件的补偿

（1）流明衰减补偿。气体放电灯在使用过程中都会随着时间而逐渐老化，即亮度慢慢降低。为满足使用寿命的要求，在照明设计中一般都采用 0.6～0.8 的维护系数，即开始时灯的亮度比设计值高出 40%～20%，当灯的寿命终结时，其亮度正好达到目标设计值。根据这一特点，节能电源就采用了一套智能控制技术来补偿灯的这一老化过程，使灯的亮度一直维持在目标设计值上，从而节能 40%～20%。

（2）充分利用自然光。自然光是任何其他光源都无法代替的健康光源。在很多工厂、写字楼、商场等大型的公共场所，由于建筑物的采光受到一定限制，不得不全年 365 天 24 小时开灯“补光”，这就造成了长期的、大量的能量损耗。为了节能，就采用了光敏器件在保证室内标准照度的情况下，通过电源对灯光的亮度进行控制，从而达到了节能的目的。

（3）视觉钝区的利用。人的眼睛对照度的敏感度不是线性关系，当光照度到达一个称为

“视觉钝区”的临界值后，在较多地降低亮度，对人的视觉不会产生很大的不适，从而达到节能的效果。

2. 照明节能电源的应用效果

瑞士 LUX-Ⅲ之类的节能电源智能化程度较高，利用微电脑和管理软件，实现智能化无人值守运行。

(1) 节能的实验曲线。在对节能电源进行的测试中，得出了一组曲线，如图 7 - 18 所示就是气体放电灯的综合试验曲线。从这一组曲线可以看出，在未使用节能电源时，不但光通量远不如采用节能电源时的情况好，而且寿命也非常短，不及后者的 1/3。

图 7 - 19 所示为灯具寿命综合试验曲线，由该曲线也可以明显地看出采用节能电源后的优点。

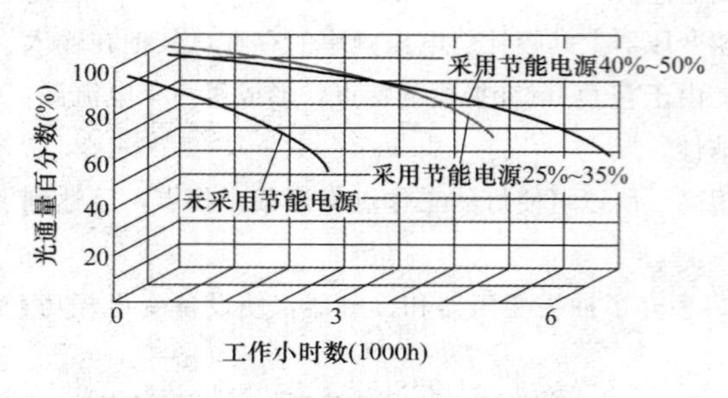

图 7 - 18　气体放电灯综合试验曲线

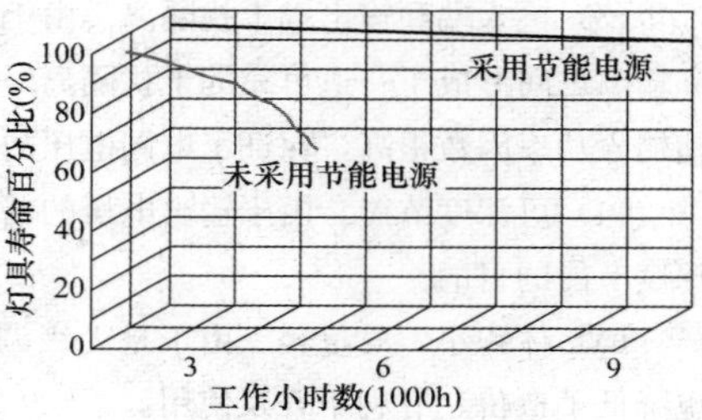

图 7 - 19　灯具寿命综合试验曲线

在这里应该指出的是：上述曲线只有用智能化程度比较高的节能电源才可以实现。原因是：如果调压智能化程度不高，当市电电压变化时，尤其是电网电压大幅度升高时，灯两端的电压得不到及时地调节，从而达不到理想的节能效果。

(2) 根据对几种灯试验统计的结果，照明节能电源用于照明网络的节能效果见表 7 - 5。

表 7 - 5　　节能电源用于照明网络的节能效果

光源类型	节能效果	光源类型	节能效果
金属碘化物灯	20%～38%	低压钠灯	30%～35%
高压水银灯	25%～35%	常规荧光灯	25%～42%
金属卤化物灯	35%～40%	节能荧光灯	25%～35%
高压钠灯	40%～55%	白炽灯	10%～20%

第五节　照明节能的经济效益和社会效益

一、经济效益和社会效益

1. 投资回报率高

以一台 30kVA 的设备为例，以最高价 30 000 元人民币计，可带 500W 高压钠灯 60 只。

（1）节约能量。以节能30%、一天点亮8h、每度电0.5元计算，一年可节约能量为

60只×0.5kW×8h×365天×30%＝26 280kWh

每年可节约人民币26 280×0.5元＝13 140元。

（2）节约照明器。国产高压钠灯和进口高压钠灯一起平均价格200元（进口产品实际价格约500元），平均延长灯泡寿命3倍，平均寿命8760h（一年，进口产品6000～12 000h，国产品远低于该值），平均一年节约2/3灯泡量，即40个。约人民币40×200元＝8000元。

将以上两项相加得每年节约13 140元＋8000元＝21 140元，就是说一年多一点就可收回投资。

2. 节约对照明线路的贡献

节电30%～50%，意味着原有照明线路和变压器容量有了30%～50%的盈余，使得整个照明线路处于轻负荷工作，有利于延长原有照明网络的使用寿命，也为照明的增容腾出了空间，无须改建线路，节省了扩容费。

二、照明节能电源与应急电源UPS的配合

一般UPS的输出是标准电压220V/380V，如果直接供给照明应用，由于电压的稳定度好就会延长灯具的寿命，如果在后面接入上述的照明节能电源，又可以节能，代替了孤立而分散的应急照明灯。以往的应急照明灯在很多方面受到了限制：首先是在功率上不能太大，而且又多安放在紧急出口和通道处，照度有限，仅能看清道路而已。照明节能电源也可与EPS结合使用，由于EPS输出电压不稳定，可通过照明节能电源来调整，在市电断电时EPS就会像UPS那样接替市电的工作。

第六节 数据中心的LED照明

一、LED照明的优点

（1）高节能。节能能源无污染。直流驱动、超低功耗（单管0.03～0.06W）、电光功率转换接近100%，相同照明效果比传统光源节能80%以上。

（2）寿命长。固体冷光源、环氧树脂封装，灯体内也没有松动的部分，不存在灯丝发光易烧、热沉积、光衰等缺点，使用寿命可达6万～10万h。

（3）多变幻。LED光源可利用红、绿、蓝三基色原理，在计算机技术控制下使三种颜色具有256级灰度并任意混合，即可产生256×256×256＝16 777 216种颜色，形成不同光色的组合变化多端，实现丰富多彩的动态变化效果及各种图像。

（4）利环保。环保效益更佳，光谱中没有紫外线和红外线，既没有热量，也没有辐射，眩光小，而且废弃物可回收，没有污染不含汞元素，冷光源，可以安全触摸，属于典型的绿色照明光源。

（5）高新尖。与传统光源单调的发光效果相比，LED光源是低压微电子产品，成功融合了计算机技术、网络通信技术、图像处理技术、嵌入式控制技术等，所以亦是数字信息化产品，

是半导体光电器件“高新尖”技术，具有在线编程、无限升级、灵活多变的特点。

二、照明的术语

无论进入哪个领域一定要正确掌握基本概念和术语。正如前述，基本概念不清楚就会误入歧途，带来不必要的损失。

(1) 波长。光的色彩强弱变化，是可以通过数据来描述，这种数据叫波长。我们能见到的光的波长，范围在 380～780nm（纳米）。

(2) 亮度。亮度是指物体明暗的程度，定义是单位面积的发光强度，单位是尼特（nit）。

(3) 光强。指光源的明亮程度。即表示光源在一定方向和范围内发出的可见光辐射强弱的物理量，单位：cd。

(4) 光通量。光源每秒钟所发出的可见光量之总和，单位是流明（lm）。

(5) 光效。光源发出的光通量除以光源的功率。它是衡量光源节能的重要指标。单位是每瓦流明（lm/w）。

(6) 显色性。光源对物体呈现的程度，也就是颜色的逼真程度，通常叫做“显色指数”，单位是 Ra。

(7) 色温。光源发射光的颜色与黑体在某一温度下辐射光色相同时，黑体的温度称为该光源的色温，单位是开尔文（K）。

(8) 眩光。视野内有亮度极高的物体或强烈的亮度对比，所造成的视觉不舒适称为眩光，眩光是影响照明质量的重要因素。

(9) 同步性。两个或两个以上 LED 在不规定时间内能正常按程序设定的方式运行，一般指内控方式的 LED，同步性是 LED 实现协调变化的基本要求。

(10) 防护等级。IP 防护等级是将灯具依其防尘、防湿气之特性加以分级，由两个数字所组成，第一个数字代表灯具防尘、防止外物侵入的等级（分 0～6 级），第二个数字代表灯具防湿气、防水侵入的密封程度（分 0～8 级），数字越大表示其防护等级越高。图 7 - 20 示出了几种 LED 照明灯的外形。

图 7 - 20　几种 Led 照明灯的外形

因为 LED 照明发光体是 PN 结，所以应用中都是采用灯组，即用很多这样的 LED 串联使用。

(11) 光周期。自然界或人造的能够影响生物有机体的亮暗循环。

三、LED结构以及发光原理

1. 结构

LED是一种固态的半导体器件，它可以直接把电转化为光。LED的心脏是一个半导体的晶片，晶片的一端附在一个支架上，一端是负极，另一端连接电源的正极，使整个晶片被环氧树脂封装起来，如图7-21所示。半导体晶片由两部分组成，一部分是P型半导体，在它里面空穴占主导地位，另一端是N型半导体，在这边主要是电子。但这两种半导体连接起来时，它们之间就形成一个PN结。当电流通过导线作用于这个晶片时，电子就会被推向P区，在P区里电子跟空穴复合，然后就会以光子的形式发出能量，这就是LED发光的原理。而光的波长也就是光的颜色，是由形成PN结的材料决定的。

图7-21　发光二极管

2. LED的应用及其发展

最初LED用做仪器仪表的指示光源，后来各种光色的LED在交通信号灯和大面积显示屏中得到了广泛应用，产生了很好的经济效益和社会效益。以12in的红色交通信号灯为例，在美国本来是采用长寿命、低光效的140W白炽灯作为光源，它产生2000lm的白光。经红色滤光片后，光损失90%，只剩下200lm的红光。而在新设计的灯中，Lumileds公司采用了18个红色LED光源，包括电路损失在内，共耗电14W，即可产生同样的光效，节约了90%的功率。汽车信号灯甚至照明灯也是LED光源应用的重要领域。

对于一般照明而言，人们更需要白色的光源。1998年白光LED开发成功。这种LED是将GaN芯片和钇铝石榴石（YAG）封装在一起做成。GaN芯片发蓝光（λp＝465nm，Wd＝30nm），高温烧结制成的含Ce_3^+的YAG荧光粉受此蓝光激发后发出黄色光射，峰值550nm。蓝光LED基片安装在碗形反射腔中，覆盖以混有YAG的树脂薄层，约200～500nm。LED基片发出的蓝光部分被荧光粉吸收，另一部分蓝光与荧光粉发出的黄光混合，可以得到白光。现在，对于InGaN/YAG白色LED，通过改变YAG荧光粉的化学组成和调节荧光粉层的厚度，可以获得色温3500～10 000K的各色白光。这种通过蓝光LED得到白光的方法，构造简单、成本低廉、技术成熟度高，因此运用最多。

3. LED的性能指标

（1）LED因是PN结发光，故需多个单体串联使用。

（2）效能。消耗能量较同光效的白炽灯减少80%。

（3）适用性。体积很小，每个单元LED小片是3～5mm的正方形，所以可以制备成各种形状的器件，并且适合于易变的环境。

（4）稳定性。使用寿命长，用到10万h后，其光衰才为初始值的50%。

（5）响应时间。白炽灯的响应时间为毫秒级，而LED灯的响应时间为纳秒级。

（6）对环境污染。无有害金属汞。

（7）颜色。改变电流可以变色，LED方便地通过化学修饰方法，调整材料的能带结构和带隙，实现红黄绿蓝橙多色发光。如小电流时为红色LED，随着电流的增加，可以依次变为橙色、黄色，最后为绿色。

（8）价格。LED的价格较贵，较之于白炽灯，几只白炽灯的价格才可以与一只LED灯的价格相当，而通常每组信号灯需由300～500只LED构成。

（9）驱动。LED使用低压直流电即可驱动，具有负载小、干扰弱的优点，对使用环境要求较低。

（10）显色性高。LED的显色性高，不会对人的眼睛造成伤害。

四、数据中心的LED应用

有的数据中心原来采用了霓虹灯，不但耗电而且寿命也短。如果把霓虹灯换成LED会有什么优点呢？

（1）LED光源的寿命较短。按光衰7%，实际有约50 000h；按光衰3%，实际运用可以达到80 000h。

（2）LED不会发热吗？也会发热，所以也需散热。

（3）LED可取代白炽灯吗？按光通量来说，光效和显色性都可以，但目前太贵且近几年不会有所下降。但可以通过提高产品的光通量从而降低替换白炽灯的成本。

（4）LED可作为普通光源简单地使用吗？可以，目前已有各种LED制成白炽灯的螺口形式，直接使用。

（5）性能和优点比较。霓虹灯的优势已被LED覆盖，但LED灯目前价格稍高。

（6）电源比较。LED低压好，但防水性差和载电流过大。大颗粒1W的LED单灯输入电流在350mA。

（7）控制技术比较。LED容易实现，而霓虹灯已是成熟的技术。

（8）稳定性比较。LED不一致性大，霓虹灯相当稳定。少数厂家可以做到相对稳定，比如用CREE跟AOD芯片相结合，取各自芯片的优点。

（9）价格比较。LED稍贵，但黄色和红色的价格已相当，主要是白光LED贵。

（10）户外使用比较。LED防水性能差是户外使用的致命弱点。

通过以上的介绍可以看出，在现代数据中心的照明领域又注入了新的血液，对于提高整个数据中心的能效比将是一支不可多得的低碳节能生力军。

五、现有的灯具替换成LED灯的缺点和优势

1. 替换灯具这种设计方式的缺点

（1）散热。LED的耐热很差是人所共知的，必然会带来灯芯寿命的问题。现有LED的设计往往散热难以达到要求，在一个散热要求非常苛刻的领域，却使用十分低劣的被动散热方式，而且多是风冷，甚至是封闭式的风冷。像一些灯具在驱动板和铝散热片之间要加塑料套管以增加绝缘的可靠性，还需要灌散热硅胶以提高散热能力。而T8的灯管还是封闭的，灯芯只能依靠空气对流传热到灯管背面的铝管上进行散热。一般这类灯的内部温度都会有70～80℃。散热和自重在现有设计中是两难的选择，尚没有可行的标准。

（2）寿命。LED灯芯寿命随温度的升高而呈指数降低，电解电容温度每升高10℃寿命降

低一半，MOS温度升高、内阻增加、损耗增加，温度又会升高（恒流模式），最终烧毁。当然，国内的厂商没有给出具体LED的寿命，宣传的时候只是提到LED灯芯寿命十万小时，但是LED的寿命瓶颈在系统驱动板，往往LED灯芯没有损坏，驱动电源已经坏掉了。

另外LED的光衰是非常严重的，所以灯具的寿命应该也要考虑视觉感受，就是经过多长时间灯具的亮度降低到视觉上觉得暗的程度，可以认为寿命到了，客户就会考虑更换灯具，这个寿命是厂商都没有给出来（或没有办法给出），但这非常重要。

再而言之，现有的LED家用照明多数受体积限制，防护方面很难做得很好，在电压波动大、干扰严重的区域，现有的低功率设计是一个考验。

而最重要的是：LED的寿命和公司给出的寿命是否成正比是个问题，假若宣传10年的LED灯具两年就坏了，而半年前这家公司已经关门大吉，用户是否会去冒这个风险呢?

(3) 自重。螺旋类接口的灯具中，荧光灯的自重只有LED灯具的几分之一，由于没有了散热片的问题，荧光灯的自重对灯座来说可以忽略不计，但是LED的自重对灯座是一个很严重地考验，尤其是7.8W的螺旋接口LED灯，其自重是很危险的。

(4) 价格。一般的LED驱动电源在70℃的温度下可能寿命仅5年，远没有达到LED灯芯10年的概念。所以相对比同等亮度的荧光灯来说，即便荧光灯只有1年的寿命，1W1元的荧光灯要远比1W10元的LED划算得多。算一算因为十分之一的驱动板却要丢弃剩下十分之九的灯（灯芯和散热片占了整个灯具绝大部分的成本），如果每一个厂商都没有做好回收再利用，客户是不会喜欢这样的产品的。

(5) 效率。也许有人会很奇怪，LED是节能产品，为什么要考虑效率的问题? 编者在这里提到两点，一个是PF（功率因数）值，一个是系统效率。由于现有的LED设计多数都是低功率的，受成本的压力均采用被动PFC（功率因数校正），PF可能最高0.9，远小于有源PFC为0.9999时的效率，对国家而言用LED取代发光效率非常接近的荧光灯是个压力。

由于LED多数都是小功率的，像是4.8、7.2W等，器件的损耗占了很大的比例，隔离方式的必然很低，为了提高效率而采用非隔离方式不但要在安全上做很好的设计，而且效率也仅在80%左右，很不理想。并且，现有的LED生产厂商到底LED的光照度做到了多少，都没有提供准确的数值，往往发光亮度远小于标称值。

(6) 光感。就是人眼对LED发光的视感——视觉感受。因为LED灯作为一个照明的产品，其视感是非常重要的。LED一个优势是光谱纯净，但是这在视觉上面却是一个非常严重的劣势。人的眼睛是不能长时间观测一个单色光谱的光源，尤其是发育期的婴幼儿、儿童等，市场上推出的纯冷白光儿童护眼灯是不合适的，即便是不闪的，在这方面暖色调的全光谱白炽灯才是相对最合适的（以太阳光为参考，不可否认，太阳光才是生命最需要的）。当然，LED可以调制，但是比较麻烦、比较专业，需要理论和大量的调研数据支持，是很多均光材料厂商或LED光源厂商抑或是方案供应商难以实现的。

LED是点光源，所以一般LED的灯具颗粒感都比较明显，并且其发光位置比较集中，目视灯具的时候会有刺痛感，这种感觉在其他光源中一般只有大功率时才会出现。所以LED需要在均光上面做更好的设计，以实现在保证亮度的情况下，将点光源尽量扩展成面光源，提高眼睛的舒适度。

再有就是很多产品都会做LED调光设计，以节约能源。且不说低功率时效率的问题，由于线圈中的电流存在，会导致调光设计中灰阶变化不连续，也就是说按比例调节的过程中，LED的亮度会慢慢变亮再突然变亮，视感很不舒服，调光技术还是需要开发。

从这几方面说，LED灯具的设计还需要进一步的开发。

2. 设计LED灯具照明时的考虑

上面介绍了LED照明中的一些不足之处，但任何事物都有两方面。难道LED就没有什么优势吗？实际上LED除了光效率高、节能和无污染之外还有一个非常特别但常被忽略的优势，那就是低电压驱动。之所以提到这一点，是LED可以作为低电压的安全照明来使用，电源和灯芯都是低压，高压部分就不会和用户直接接触，从而避免一些安全问题的出现。例如现有的灯具在破损时候的更换而出现的安全问题。但是现有的很多LED设计采用非隔离模式以提高效率，使得灯头依旧是高压，也比较不安全。

相比较现有的LED家用照明电源和灯芯放在一起的设计，应更倾向于路灯上开关电源＋恒流模块＋灯芯的分离式设计。使用开关电源可以保证功率因数和效率，而且在防护方面可以轻易做得非常好。这在做数据中心照明时是需要借鉴的。

若是所有的4.8W光源全部采用一个开关电源供电，首先正常运作时功率因数和效率都可以保证，即便是加上线上的损耗（使用23号线过1A电流，大约损耗0.7W/10m）这远低于4.8W的现有设计损耗（0.3A、14V，效率约80%，损耗近1.5W）。简单地说，数据中心能用到的所有LED小功率灯具全部使用一个开关电源，用铜线将低压直流电送到灯芯上面，即便考虑走线的长度带来的损耗，也远比现有的方案经济。

散热方面，如果可以采用CPU上使用的主动散热设计，效果绝对是满足要求的，要知道CPU对温度比LED灯芯更敏感。单独为LED开发散热片模具的费用就是问题，还不保证公司是否具备散热设计的专业资格，而使用CPU的散热器则相对好得多，当然样式上不是那么的正式。

第七节　数据中心照明解决方案

一、数据中心照明设计方案

1. 照明灯具的位置

在数据中心设计中，照明往往是最不被关注的，然而，照明不足会导致人为误操作的发生。因此，能否辨认接线板上的标签和线缆颜色显得格外重要，特别是在有压力的情况下工作时。事实上，现在大多数的机柜和设备都是纯黑色，由于很少有光会被反射到过道里，这首先就使得照明变得很难。但是照明装置经常会被放置在机柜和电缆托盘之上，甚至使得光线不能照进过道里。以下这些技巧阐述了在数据中心设计中，IT专业人士可以使用一些方法改善机柜和过道照明。

与大多数办公室里所使用的类似，数据中心天花板常是用悬挂金属网格建成的嵌入面板。由于可产生热回风吊顶，在数据中心里越来越普遍地使用悬挂的天花板，这也是进行高密度冷却的最佳实践之一。然而，数据中心使用的吊顶面板材料是不能有剥落掉漆的，以便防止灰尘进入气流组织中。

设计师们有意在嵌入金属网格中指定使用标准照明装置，因为它们容易安装，也和建筑的其他部分匹配。同时，大批量购买可以有价格优惠以及方便替换成普通的照明灯管等优点，不论是对承包商还是基础设施供应商都有利。然而，除非天花网格被设计成与机柜列和其他头顶设备系统相协调，否则照明有可能在设计中全部或部分被机柜和线槽阻挡掉，或完全偏离于本应该由它们照亮的过道中心。

天花板系统几乎常是以 2in 的网格为单元，要使照明装置和过道刚好对齐非常难，除非机柜摆放也是按同样的宽度间隔来布置。采用架空地板不难实现，尽管有时地面和天花板网格不是都能对齐的，或存在仅一列机柜的非正常间隔就导致整个机房不协调的情况发生。

此外，嵌入式照明装置普遍较大（2ft×4ft 或者 2ft×2ft），通常跨于过道上空的很大部分距离。这样就很难避免与其他的头顶设备至少发生部分冲突，会阻挡部分过道光线或是产生阴影。坦白地说，设计师在数据中心设计时，往往看不到机柜布局图纸，所以照明装置被摆放成像办公室环境一样的标准模式。如果在数据中心设计的早期给 IT 专业人士提供足够的准确信息，或有经验丰富的顾问参与其中，这种问题是可以避免的。如果天花板网格和机柜排列能够很好地相互匹配，嵌入式照明装置当然可以工作得很好，但仍有更好的选择。

最好的数据中心照明系统应该能给机柜列很好的照明，就像图书馆中的书架一样，设计师们似乎喜欢这么比喻。在图书馆，目标是读清楚书脊上的名称和目录号，书表面大约 50ft 的烛光（大概 500Lx）照明已经足够。数据中心也是一样，除非机柜门打开，我们还想让光照进机柜越远越好。这就要求照明装置有一个很宽的散射光谱，并安装在机柜顶部不远的地方（常常不超过 24in)。同样也要求照明装置的尺寸和位置不能被电缆槽以及其他的头顶装置所阻挡。迄今为止最好的选择是：窄长的、一或两个管状悬垂灯管，并悬挂成连续不断的一排。难题通常是如何让这些灯管和其他所有希望放到头顶上的设备并排悬挂。并排安装的设备和悬挂安装的灯管与天花网格之间很难协调，导致天花板经常出现完工时像瑞士乳酪。

2. 照明配置要注意细节

一个好的解决办法就是采用 1/4in 螺纹杆 T 形灯管集成的天花网格。无论是灯具还是其他头顶设备，如线槽和功率母排都可以悬挂在网格之下，位于它们想要被布置的地方，并相互协调一致。使用天花网格桥架不需要在天花板上打洞或钻孔进上面的水泥楼板里。很大一部分自重可能会积聚，但桥架式的网格比标准的 ASTM 国际载荷有更高的结构强度。然而，这样的结构可能需要额外的悬挂线缆去支撑较重的设备。

照明也是我们可以实现节能的一个地方。两种该方法值得考虑。一种方式使用 LED 照明。明亮、高效和低发热量使得 LED 装置成为绿色数据中心设计中照明的选择。遗憾的是，这类产品可选择的范围仍相对较小，使得 LED 照明很难在较高天花板的数据中心中使用，但这种情况以后会有所改变。只需一些小的创新，可得到的照明设备在大多数情况下都能被采用。甚至已经出现了用 LED 灯管代替荧光灯管，以及部分头顶的冷却系统采用集成 LED 照明。

任何照明设备也可以装有接近探测器，这样有人进入设备区域时灯就点亮，当没有任何响动时，在预定的间隔之后，灯光熄灭，这样也节约能源。

总之，照明是数据中心设计中的一个重要部分，和其他基础设施的任何部分一样重要。没有理由让其在设计中不被充分考虑或者事后来补救，应该使其与机柜和其他头顶部分设备相互协调，以使工作区域能被很好地照亮。当然，在设计的时候也应考虑到节能设计。

二、某银联商务数据中心照明解决方案

该中心 24h 运行，要求采用高效、可靠、节能、环保、美观的照明产品，并且便于维护，与机房整体设计风格相匹配。机房总面积 800m^2，涵盖四个功能区（机房、配电房、介质室与气瓶间）。数据中心希望根据现场布局以及各个功能区的实际要求，提供合理的照明解决方案。

某银联商务数据中心是具有一定安全保密性的机房区域，因此对照明提出两点需求：①冷照明方案保持机房恰当温度，维持机器正常运转，②考虑到进入该区域需要通过安全流程，因此照明方案需要提高可靠性，尽量避免进入机房做更新维护。

针对这些需求，飞利浦提出全 LED 方案（明尚 LED 灯盘）实现冷照明效果，同时根据不同区域的照度需求设计灯具的安装排布。考虑到机房天花板均为无吊顶的金属桥架，本照明方案创造性地将明尚 LED 灯盘进行无缝连接的吊杆安装，实现明亮流畅的均匀照明效果，整体效果高效美观且满足各区域照度需求。同时，明尚 LED 灯盘系统效率高达 80lm/W，比传统 T5 系统节能 40%，运营成本大大降低。

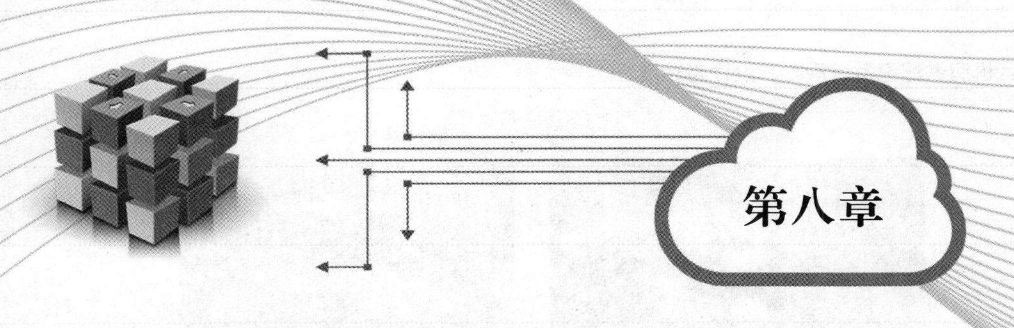

数据中心机房的运维管理

第一节　运维在数据中心的地位

现代的信息中心已成为人们日常生活中不可缺少的部分，因此信息中心机房设备的运行正常与否就非常关键。而基础设施的可靠运行就是关键的关键，当然基础设施中供电系统是第一位的，有不少信息中心机房由于供电系统的故障而导致整个中心瘫痪。这就给运维是否到位提出了严格要求。

一、运维工程师与幼儿园教师

数据中心的核心就在机房，而运维管理又是重中之重。就像幼儿园一样，家长把孩子交给了幼儿园，保育员和老师就担负起了孩子是否正常成长的全部责任；数据中心机房建好、系统调试完毕交付使用后，运维人员也就担负起了保证系统正常运转的全部责任，如图 8 - 1 所示。幼儿园教师工作内容就是对本班幼儿全面负责，并定出了制度；数据中心的运维是否与此相似，是否有参考价值，对运维人员工作的重要性是否有所认知？请看幼儿园对教师工作的要求。

1）教师对本班幼儿的安全负责，严格执行安全制度，防止事故的发生。

2）依据幼儿园教育工作计划要求，结合本班幼儿的年龄特点和个体差异，制定教育工作目标、计划，并组织实施，做好教育笔记。

3）观察分析幼儿发展情况，认真填写观察记录。

4）指导和配合保育员管理好幼儿的生活和做好幼儿卫生保健工作。

5）为幼儿创设良好的物质和精神环境，发挥环境教育作用。

6）积极参加业务学习和教研活动，积极进行教改实验的立项与研究。

7）做好家长联系工作，了解幼儿家庭教育环境，商讨符合幼儿特点的教育措施，与家长共同配合，完成教育任务。

8）定期向主管园长汇报工作，并接受其检查与指导。

这和数据中心的运维管理何其相似。在数据中心生命周期中，数据中心运维管理是数据中心生命周期中最后一个，也是历时最长的一个阶段。数据中心运维管理就是：为提供符合要求的信息系统服务，而对与该信息系统服务有关的数据中心各项管理对象进行系统地计划、组

(a)幼儿园保育员与教师的工作

(b)数据中心运维人员的工作

图 8-1　幼儿园保育员与数据中心运维人员

织、协调与控制，是信息系统服务有关各项管理工作的总称。数据中心运维管理主要肩负起以下重要目标：合规性、可用性、经济性、服务性等四大目标。

二、数据中心运维人员的工作原则

“三分技术，七分管理”。大量的事实表明，数据中心好与差的评判标准都是由管理水平的高低所决定的。一个数据中心即便采用了最新的技术，或拥有上万台服务器，数百名技术专家，也不一定是一个好的数据中心。一个好的数据中心会利用本身现有的技术和设备，向用户提供服务，将运维成本降到最低，而使利润最大化。而现有的数据中心往往都采用粗犷式管理方式，业务分散，有些资源不够用，而有些资源又处于闲置，资源之间无法均衡，数据中心的运维成本一般会占到总运营成本的12%以上，这样的数据中心将成为企业的沉重负担。现有的数据中心在负载均衡、灾难恢复、数据流分析、资源占用分析等方面的问题都渐渐凸显出了数据中心管理上的不足。想要管好数据中心，让数据中心高效地运行，需要遵循数据中心管理的几个原则。

1. 机房是立业营运的根本

机房是数据中心运营的依托主体，因此数据中心的绝大部分工作都是围绕数据机房展开的。作为数据中心机房，它要具有基本的运营能力和抵抗灾害的能力。对机房进行管理和优化，是数据中心开展一切工作的基本。具体来讲，机房一般包括：配电系统、防雷接地系统、综合布线系统、消防系统、门禁系统、空调系统和人员考勤系统等。在日常管理中，要对这些系统的运营状况进行监控，有隐患及时排除，有缺陷及时优化，确保不影响数据中心的正常运营。

2. 以“数据服务”为核心

数据中心运营的关键是要向外提供各种各样的数据服务，这些服务才是数据中心利润的来源，数据中心的所有工作都是为了保障向外提供更多的服务。数据中心内的各种设备，如存储、网络、服务器、应用软件和防火墙等，都要加强对这些设备和软件的管理，确保向外提供稳定的数据服务。随着信息技术的不断发展，数据中心也应不断引入新技术和新的服务形式，跟随信息技术变革的潮流，源源不断地提供越来越丰富的数据服务。让数据中心持续保持旺盛的生命力。

3. 运维人员时刻保持危机感

人要居安思危，方能立于不败之地。对数据中心管理也要时刻保持有一种危机感。华为在十年前就高喊冬天来了、狼来了，结果换来了十年的高速发展，虽然已经成为世界上最大的通信设备商，但仍在喊严冬依然没有过去，要员工做好长期艰苦奋斗的准备。数据中心的运维管理人员要有这种危机感、使命感，在数据中心稳定运行的时候，也要时刻保持警惕，防止意外发生。在日常管理中，要做足预防工作，避免危险出现，经常进行模拟故障演习，如业务切换、设备倒换、部分设备断电等操作，确保业务不中断。对数据中心的日常运营、未来发展做好规划，让数据中心稳定、快速地向前发展。

4. 居安思危，事先做好应急预案

数据中心危机四伏，任何一个没有注意到的隐患都可能引发故障。试想如果一个数据中心有数十万台服务器设备，那么几乎每天都会有设备故障，要保证这些故障不影响到数据中心的业务，就需要做好预案，一旦发生这些故障，数据中心该如何切换业务，确保业务稳定。在数据中心日常管理中，要及时发现故障隐患，将危险扼杀在摇篮之中。所以能在危险暴露之前就消除，付出的代价最小。

5. 建设数据中心首先把好质量关

和生产一款产品一样，数据中心的建设和运维质量同样重要。数据中心建设质量的好坏，关系到数据中心运行生命周期的长短。从数据中心建筑建设、设备采购和改造等都要主抓质量，并不是所有的地方都要用贵的设备和材料，前期一定要做好审核，尤其是关键部件，质量一定要过硬。建筑避免豆腐渣工程，采购的设备性价比要高。《圣经》中曾记载一个这样的故事：巴比伦国王尼布加尼撒梦见一个巨大雕像，头是金的，胸和肾是银的，腹和腰是铜的，腿是铁的，但脚是半铁半泥的。这样的雕像看似巨人，足却是泥捏的，一推即倒。数据中心的质量也一样，不能放过任何一个环节，否则数据中心就可能成为泥足巨人。主抓质量往往意味着成本的增加，但带来的将是长久的稳定。

6. 运维中不要忽视细节，确保节能

随着数据中心容量的增加、规模的扩大以及新型设备与技术的引入，数据中心运行与维护的难度也在加大，一旦出现问题，带来的损失不可想象。运维工作作为数据中心生命周期中最长、最重要的阶段，应该作为长期的管理工作来抓。在确保数据中心稳定运维的同时，要关注数据中心的节能。现在的数据中心能耗过大，已经引起了数据中心管理者的关注。在中国，政府的能源开销，每年大约 110 亿美元，其中来自 IT 设备的就占到了 50%，并且每年还在以 8%～10%的速度在增长，这样的数据不得不让政府推出一系列节能减排的政策。我国信息化基础设施非常先进，已经基本与发达国家同步，特别是上网用户已经跃居全球第一。庞大的信息需求引发了海量的数据中心建设，某著名的互联网企业规划建设一个巨型数据中心，可容纳 15 万台服务器，设计用电量约 60MW，已经相当于一个中型发电厂的总发电量。数据中心已经成为用电量增长最快的行业，庞大的数据中心数量和规模，已经让电力工业不堪重负，数据中心理应走在节能的前列，提升数据中心运营能效。无论如何，提高数据中心性能、降低数据中心能耗、降低数据中心运维成本始终是数据中心管理人员的终极目标。通过深入理解数据中心管理的这些原则，将使得数据中心管理工作变得简单、有效。

然而，在不少信息中心机房虽然都配备有运维人员，但大都是“统管”的，即什么都管，尤其是对供电系统大都是由主机运维人员代管。当电源系统出故障时此代管人员一问三不知，甚至连配电柜门都没开过。这实际上就是把机房的运维放在了一个次要的地位。

当然也有的地方有所分工，看似重视，实际上也没得到真正地重视。如机房设备长时间一直运行正常，这时如果运维人员提出要增添运维方面用的测量设备和有关器材，有的领导就认为多余，很难得到批准。但他不知道机房设备所以长时间一直运行正常正是由于这些运维人员的细心维护和努力保养获得，并不是这些人员每天闲着无事可干，他们的这些工作一般是领导看不见的。比如多款的 UPS 在同样的环境条件下，在某卫星地面站就极少出故障，而在同系统别的地方机房就故障连连，原来是前者的运维人员每天都在细心观察和分析机器面板 LCD 上显示的数据，一旦发现异常苗头就及时采取措施；而后者只限于每天抄写这些数据就算完成任务，使隐患苗头不断积累，以至于导至故障。

又比如断路器在额定闭合状态发现触点处温度高了，就要检查是不是电流过大到超过额定值，如果不是就要检查触点接触是否牢靠，是否需要再紧固一下。这样一来，故障隐患就排除了。如果一直不管不问，久而久之就会导致跳闸而使系统崩溃。这都是一些小的动作，都是在巡查中顺便做的事情。所以看到运维人员都在巡查，但前者在做事，而后者只是走马观花，这就是数据中心可靠与不可靠的区别。

三、运维管理的一般内容

1. 理清云计算数据中心的运维对象

数据中心的运维管理指的是与数据中心信息服务相关的管理工作的总称。云计算数据中心运维对象一般可分成以下 5 类。

（1）机房环境基础设施部分。主要指为保障数据中心所管理的设备正常运行所必须的网络通信、供配电系统、环境系统、消防系统和安保系统等。这部分设备对于用户来说几乎是透明的，比如大多数用户都不会关心忽略数据中心的供电和制冷。因为这类设备如果发生意外，对依托于该基础设施的应用来说是致命的。

（2）数据中心应用的各种设备。包括存储器、服务器、网络设备和安全设备等硬件资源。这类设备在向用户提供 IT 服务过程中提供了计算、存取、传输和通信等功能，是 IT 服务最核心的部分。

（3）系统与数据。包括操作系统、数据库、中间环节和应用程序等软件资源，还有业务数据、配置文件、日志等各类数据。这类管理对象虽然不像前两类管理对象那样“看得见，摸得着”，但却是IT服务的逻辑载体。

（4）管理工具包括了基础设施监控软件、IT监控软件、工作流管理平台、报表平台和短信平台等。

这类管理对象是帮助管理主体更高效地管理数据中心内各种管理对象的工作情况，并在管理活动中承担起部分管理功能的软硬件设施。通过这些工具，可以直观感受并考证数据中心如何管理好与其直接相关的资源，从而间接地提升的可用性与可靠性。

（5）包括数据中心在内的技术人员、运维人员、管理人员以及提供服务的厂商人员。

人员一方面作为管理的主体负责管理数据中心的运维对象，另一方面也作为管理的对象，支持IT的运行。这类对象与其他运维对象不同，具有很强的主观能动性，其管理的好坏将直接影响整个运维管理体系，而不仅是运维对象本身。

2. 各运维对象的运维内容

云计算数据中心资源管理所涵盖的范围很广，包括环境管理、网络管理、设备管理、软件管理、存储介质管理、防病毒管理、应用管理、日常操作管理、用户密码管理和员工管理等。这就需要对每一个管理对象的日常维护工作内容有一个明确的定义，定义操作内容、维护频度、对应的责任人，要做到有章可循，责任人可追踪。实现对整个系统全生命周期地追踪管理。

3. 定制化管理

灵活性、个性化是云服务的显著特征，用户对应用系统有着千差万别的个性化需求，云服务提供商在保证共性需求的基础上，还要满足用户个性化的定制需求，向用户提供灵活和个性化配置的云服务系统。云服务提供商要提供按需变化的服务，就要有反应敏捷的人员、流程和工具来适应业务变化的需要。云服务下的运维需要更多的灵活性和可伸缩性，可以根据客户与合作伙伴的需要，快速调整资源、服务和基础设施。

4. 自动化管理

IT服务根据负载变化的情况可以自动调整所需的资源，以求在及时响应和节约成本上取得平衡。同时，还考虑到计算能力和规模会越来越大，人工管理资源也会越来越复杂。这些新特性对IT管理自动化能力提出了更高要求。企业往往希望在不失灵活性的前提下可以得到更高程度的自动化。为此，云计算数据中心需要部署自动化管理平台，集中管理虚拟化和云计算平台，以及提供自定义规则以定制功能的自动化解决方案，用户通过使用事件触发、数据监控触发等方式来自动化管理，不但节约了人力，同时也提高了响应速度。

5. 用户关系管理

云计算数据中心是为多租户提供IT服务的平台，为了保留和吸引用户，在运维过程中对用户关系管理非常重要。

（1）服务评审。与客户进行定期或不定期的针对服务提供情况进行沟通。每次的沟通均应形成沟通记录，以备数据中心对服务进行评价和改进。

（2）用户满意度调查。用户满意度调查主要包括用户满意度调查的设计、执行和用户满意度调查结果的分析和改进等4个阶段。数据中心可根据用户的特点制定不同的用户满意度调查方案。

（3）用户抱怨管理。用户抱怨管理规定了数据中心接收用户提出抱怨的途径以及抱怨的相应方式，并留下与事件管理等流程联系的接口。应针对用户抱怨完成分析报告，总结用户抱怨的原因，制定相关的改进措施。为及时应对用户的抱怨，需要对该规定用户抱怨的升级机制，对于严重的用户抱怨，按升级的用户投诉流程进行相应处理。

6. 安全性管理

由于提供服务的系统和数据被转移到用户可掌控的范围之外，云服务的数据安全、隐私保护就已成为用户对云服务最为担忧的方面。云服务引发的安全问题除了包括传统网络与信息安全问题（如系统防护、数据加密、用户访问控制、Dos攻击等问题）外，还包括由集中服务模式所引发的安全问题以及云计算技术引入的安全问题。例如防虚机隔离、多租户数据隔离、残余数据擦除以及多SaaS（Software as a Service）应用统一身份认证等问题。要解决云服务引发的安全问题，云服务提供商需要提升用户安全认知、强化服务运营管理和加强安全技术保障等。需要加强用户对不同重要性数据迁移的认知，并在服务合同中强化用户自身的服务账号保密意识，这可以提升用户对安全的认知。在服务管理方面，要严格设定关键系统的分级管理权限并辅之以相应规章制度，同时加强对合作供应商的资格审查与保密教育。加强安全技术保障，以充分利用网络安全、数据加密、身份认证等技术，消除用户对云服务使用的安全担忧，增强用户使用云服务的信心。

7. 流程管理

流程是数据中心运维管理质量的保证。作为客户服务的物理载体，数据中心存在的目的就是要保证服务可以按质、按量地提供符合用户要求的服务。为确保最终提供给用户的服务是符合服务合同的要求，数据中心需要把现在的管理工作抽象成不同的管理流程，并把流程之间的关系、流程的角色、流程的触发点和流程的输入与输出等进行详细定义。通过这种流程的建立，一方面可以使数据中心的人员能够对工作有一个统一的认识，更重要的是通过这些服务工作的流程化使得整个服务提供过程可被监控和管理。服务数据中心建立的管理流程除应满足数据中心自身特点外，还应能兼顾用户、管理者和服务商与审计机构的需求。由于每个数据中心的实际运维情况与管理目标存在差异，数据中心需要建立的流程也会有所不同。

8. 应急预案管理

应急预案是为确保发生故障事件后，尽快消除紧急事件的不良影响，恢复业务的持续运营而制定的应急处理措施。应急预案的注意事项包括：

（1）根据业务影响分析的结果及故障场景的特点编写应急预案，以确保当紧急事件发生后可维持业务继续运作，在重要业务流程中断或发生故障后在规定时间内要及时恢复业务运作。

（2）应急预案除包括特定场景出现后各部门和第三方的责任与职责外，还应评估复原可接受的总时间。

（3）应急预案必须经过演练，使相关责任人熟悉应急预案的内容。应急预案应是一个闭环管理系统。从预案的创建、演练、评估到修订应是一个全过程的管理，绝不能是为了应付某个演练工作，制定后就束之高阁了。而是应该在实际演练和问题发生时不断地总结和完善。

所以，就全局而言，运维人员的地位不可忽视。只有运维管理好一个数据中心，才能充分发挥数据中心的作用，使之能更好地为云计算提供强大的支持能力。通过有效实施云计算数据中心运维管理，减少人员工作量的同时还要提高运维人员的工作素质和效率，保障业务人员的工作效率，提高业务系统运行状况，进而提高企业整体的管理效益，同时也提高了用户的满意度，才能实现云计算数据中心的价值最大化。

第二节　运维人员应具备的素质

运维管理是需要人去做的，运维人员应具备以下四个方面的条件（见图 8-2）：深厚的理论基础、丰富的实践经验、很强的责任心和前瞻的思想意识。这四者相辅相成构成了一个完整的运维服务体系。

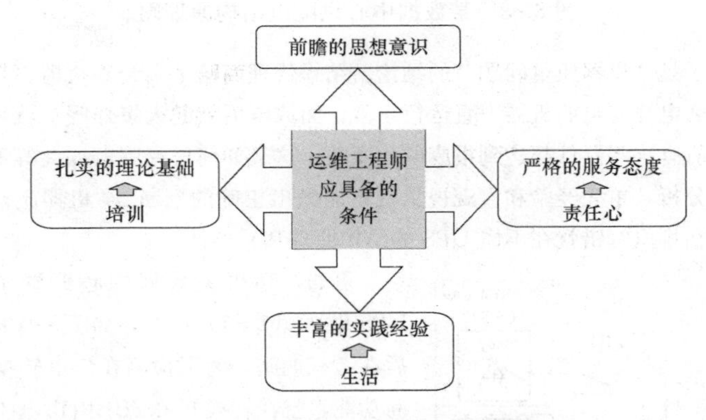

图 8-2　运维工程师应具备的条件

一、深厚的理论基础

这部分知识来源于学习和不断地研究，比如看书和培训。有了这样的理论基础也就减少了对问题分析的盲目性。否则碰到问题就不知所措、无从下手。如图 8-3 所示是某数据中心供配电结构原理图。两台 120kVA UPS 并联后送到两个配电柜，每个配电柜各有 35 个 16A 的微型断路器。一天夜里 1 号配电柜突然有 8 个输出断路器跳闸。后来检查结果是一个 IT 电源输入短路，两个 IT 电源输入熔丝烧断，这就提出了如下的问题。

1）为什么三个电源故障导致 8 个断路器跳闸？

2）因为是一个电源短路为什么 8 个断路器跳闸？

3）为什么跳闸都发生在 1 号配电柜，而 2 号配电柜没有任何反应？

以上的几个问题如何解释，这里面包含了理论、经验和对电路与器件的了解。

又如，某化工单位在定期为 240kVA UPS 电池放电时，由于负载太小，只好将电池组取下来用假负载放电。放电后又将电池组接回原处，合闸后机器突然爆炸和起火。专家检查后发现电池的极性连接正确，但所有逆变器功率器件和整流器后面的所有电解电容器统统烧毁。于是

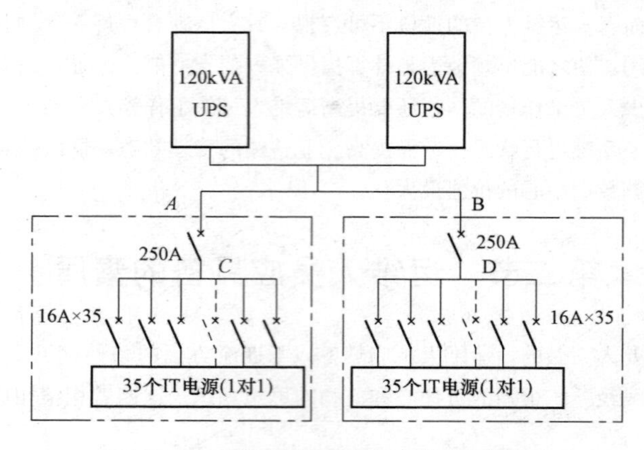

图 8-3 某数据中心供配电结构原理图

专家还是就做出了是“机器质量问题”的结论。结果代理商赔了一台新机器。是机器本身的质量问题吗？为什么电池放电前机器一直运行正常，而放电后就起火爆炸呢？就算是质量问题也不会在同一时间所有这些器件都达到报废的程度吧，这又如何解释呢？如此等等，如果不站在理论的高度上去分析，单凭经验和直观视觉就不能做出正确的判断。“机器质量问题”的结论肯定是错的，错在哪里？错就在不懂 UPS 的结构原理和元器件。

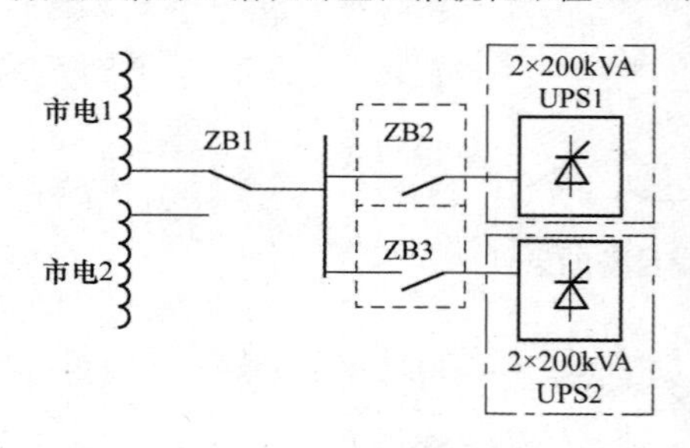

图 8-4 2×(1+1) 连接供电系统

再如，某机关数据中心购置了 4 台 200kVA UPS 做 2×(1+1) 连接，如图 8-4 所示。机器安装后在考机期间，为了检测在市电转换时的输出不间断功能，就在转换开关 ZB1 由市电 1 向市电 2 切换瞬间分路断路器 ZB2 和 ZB2 跳闸，两路并联 UPS1 和 UPS2 各坏了 1 台，检查发现都是晶闸管整流器烧毁和控制电路板受损。按道理说由市电 1 切到市电 2 是 UPS 最普通的功能之一，为什么会出现如此情况呢？而且修好后不到一年又一次市电停电时，UPS 转为电池供电模式，待市电恢复后 UPS 的输入电压就不能投入了，一直是逆变器供电。为了工作不再受影响，用户只好将其淘汰，为什么会这样？调查得知该机器是打着进口品牌的国产品，而且该生产者是一个国内不知名的小厂。在用户购置该 UPS 的时候，国内知名的几家 UPS 制造商也刚刚达到生产该容量的水平且大都是仿制。不用说这一家也是仿制。问题是为什么的仿制就会出现如此多的问题呢？技术分析留待后面，这里只分析产品和知名厂家的不同，其不同就是仿制技术水平的差别（这可从 UPS 故障两个月后才修复看出技术水平不佳）、生产平台的差别（机内布线和控制电路板外观粗糙）、元器件等级的差别（更换故障部件不是一次成功）、检测手段的差别（出厂产品做市电切换是常规手段，这次故障说明产品出厂时连最常规的试验都没做）等。由于用户缺乏这方面的知识，没有向厂家提出采取相应的应对措施，才会很快又出现第二次故障。

二、丰富的实践经验

理论来自学习，但必须和实践经验相结合。一般说经验多数来自教训，所谓失败是成功之母就是这个道理。这里所说的经验是经过反复实践证明的，是经得住考验的。往往好多所谓经验并不是真正的经验而是经历。比如不少人认为零地电压干扰负载，并能举出一些实际例子加以证明。比如举例者说：一次，机器系统工作异常，经查找发现零地电压大于 1V，于是就将电源的零线和地线短接，结果异常消除了。当问及是否又将零地短接线断开时，其回答是："既然工作正常了还断开做什么?"首先这个经验是不完全的，只做了一半。一个完整的经验应该是：零线和地线短接后异常消除，接着再将零地短接线断开，如果此时系统工作又出现异常，就说明是零地电压干扰系统；如果将零地短接线断开后系统仍正常工作，就不能说明零地电压干扰系统。这里的误区是当事者听信了传说"零地电压干扰负载"的影响，在它们的心目中已有这个印象，这次的经历正好迎合了这种心理，所以就错误地认为这就是经验。

大都有这样的经历：比如原来的显像管老式电视机，看的时间长了就会出现这样的毛病：电视机正在收看节目时突然影像没有了，一般的做法是拍打几下电视机外壳，大都是影像出现了。有了这一次的经验，以后只要影像没有了就去拍打外壳。可说是有了多次"经验"。难道就可以说这个电视机所以经常出现黑屏就是因为"欠打"吗？很明显这是误解。总有一天将电视机拍打的彻底黑屏为止，或烧掉。

三、极强的责任心

这一点尤为重要，技术好并不代表责任心强。比如某金融数据中心一位技术很好的运维工程师，开始的确是严格按照机房守则每两小时抄一次 UPS 显示屏上的数据，几个月下来显示屏上的数据总也不变，他都背熟了。从此开始机房就再也不去了，按照记忆每两小时填一次表。突然一天半夜机房内市电故障停电，UPS 转为电池模式继续为机房 IT 系统供电，这位工程师早晨上班后仍按习惯没有去机房巡视，就直接将记忆中的数据填入表中，几小时后由于电池的储能枯竭致使 UPS 输出停电，机房设备全部停止运行。可惜的是后备发电机控制屏的开机旋钮指在"手动"位置上，本来可以避免的故障就这样出现了，给单位造成了严重损失。

再者，责任心强如果制度定得不合适也会导致故障。如在前面"深厚的理论基础"中提到的例子，这位工程师责任心是很强，做到了定时为电池放电保养，但由于制度定的不细使得只有一个人的情况下单独操作，结果由于误操作而导致故障。在对待高压（不论是直流还是交流）情况下应该是两人在场，一个人操作一个人监督。

四、敏锐的前瞻意识

由于运维工程师的工作就在机房，而机房又是数据中心的核心，最先进的硬件设备在这里使用，最先进的软件技术在这里体现，如图 8-5 所示就是运维众多管理平台中的两种。这里又是信息中心来往信息的入口和出口，联系着四面八方，了解着各行各业的动态。所以这里的运维工程师能够了解最前沿的东西，因而也最有发言权，可以向决策者提出前瞻性的意见。

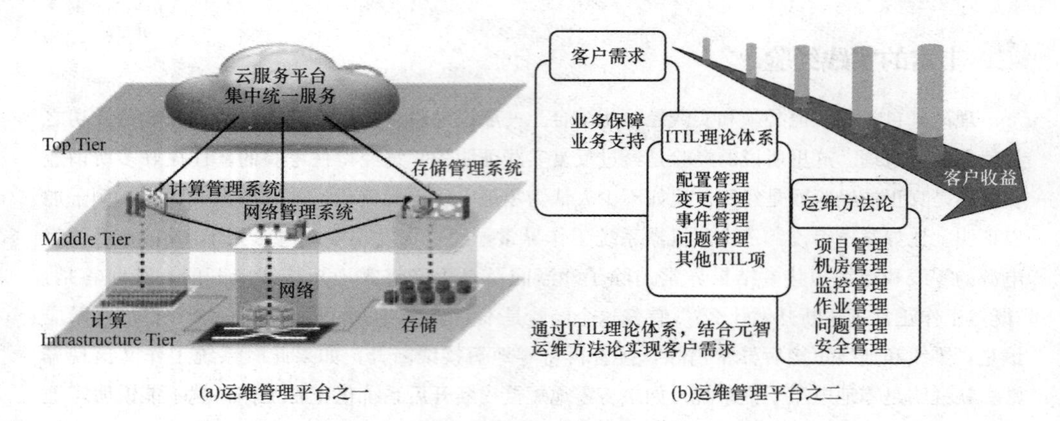

(a)运维管理平台之一　　(b)运维管理平台之二

图 8-5　运维管理平台

第三节　供电系统的运维

一、数据中心机房供电系统的构成

数据中心机房供电系统是物理基础设施的重要组成部分，如图 8-6 所示是数据中心供电系统的基本构成原理框图。由于数据中心的重要性越来越大，要求供电的可靠性问题越来越严。因此为了保证供电的可用性，比较重要的数据中心都采用了双路市电，尤其是国家标准 GB 50174—2008 出台后，对重要的数据中心供电系统都要求达到 A 级标准。故除了双路市电外还要有后备发电机系统，而且多用冗余配置。开始有的用一路市电带双路 UPS，也有的用两路市电分别带两路 UPS。总之是当一路市电故障时，另一路市电承担全部负载。当两路市电同时都故障时，后备发电机起动，将负载切换到发电机供电。

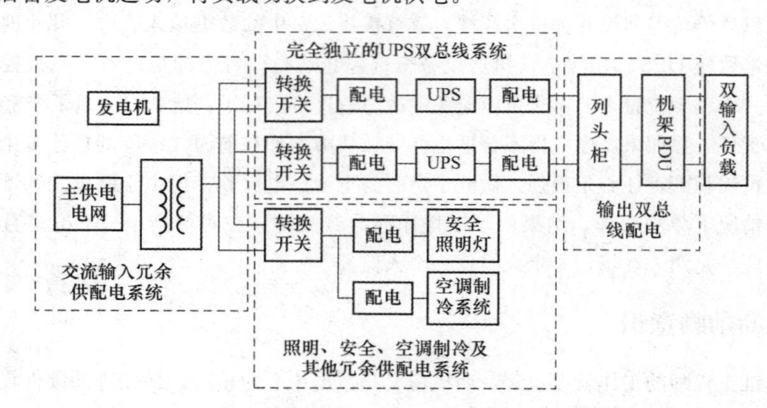

图 8-6　现代数据中心供电系统的基本构成原理框图

照明和制冷是必不可少的，由于市电故障时虽然 UPS 可以保证系统正常运转，但在没有制冷情况下的系统仍然会出故障，所以在很多地方也采用了 UPS 带空调机的方案。至于供电系统的监控是否纳入中心监控系统或楼宇管理系统，各有各的考虑。

二、变配电室的运维要求

大型数据中心运行中主机停运故障与电源系统有很大关系，为了保证电源系统的安全、稳定、可靠，需要按照《供配电系统设计规范》、《电子信息系统机房设计规范》、《数据中心用远程通信基础设施标准》对其供配电系统做认真规划和设计，其中的市电电源、高压配电装置、后备柴油发电机、3×380V/220V 配电装置选择是设计的重点。图 8-7 所示就是其中一例。

图 8-7　一般变配电室的布置

1. 变配电室日常运行环境要求

1）变配电室内环境要整洁，场地平整，设备间不应存放与运行无关的闲散器材和私人物品，禁止无关人员进入场地。

2）保持设备整洁，构架、基础应无严重腐蚀，房屋不漏雨，高压室、主控制室无孔洞，安全网门完整、处于关闭状态并加锁。

3）电缆沟盖板要齐全，沟内干净，巡视道路通畅，室外直埋电缆上方应无堆砌物或临时建筑。

4）主控制室、高压配电室不应带入食物及储放粮食，值班室不应设置、使用寝具、灶具，并应有防止小动物进入的安全措施。

5）各种图表悬挂整齐，如图 8-8 所示。应做到标志齐全、清楚、正确，设备上不准粘贴与运行无关的标志。

6）变配电室内外照明充足，维护设施完好；变配电室的正常照明和事故照明应完整齐全。应急照明应定期进行充放电试验。

7）变配电室内严禁烟火，对明火作业应严加管理。

8）有人值班的变配电室应保证电话畅通，时钟准确。

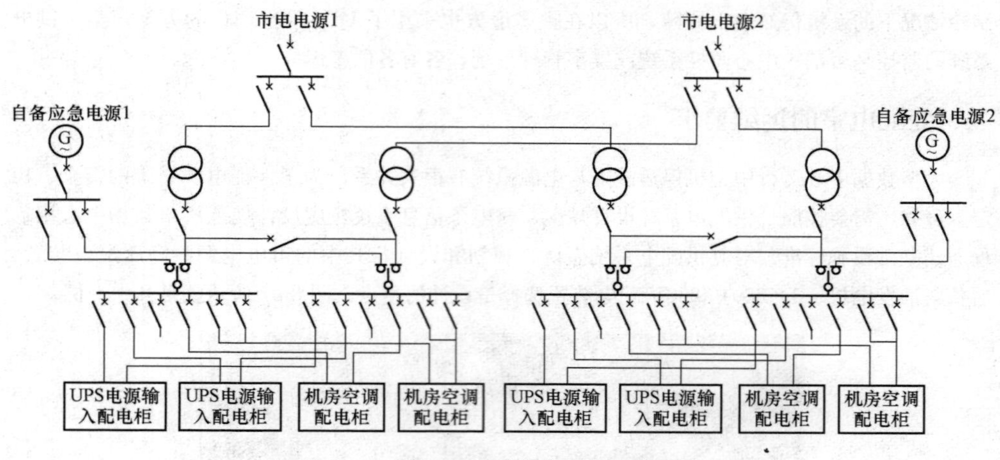

图 8-8　数据中心配电室供电系统图表

2. 对变配电室的人员要求

(1) 变配电室从业人员应按照国家有关规定，取得合格、有效的电工作业操作资格，方可上岗作业。

(2) 用电单位应根据本单位变配电室的设备规模、自动化程度、操作的繁简程度和用电负荷的类别，配备值班人员并对其进行严格的岗位培训，使之能应对意外事件。

(3) 用电单位 10kV 及以上电压等级的变配电室应安排专人全天值班。值班方式可根据变配电室的规模、负荷性质及重要程度确定。

1) 带有一、二类负荷的变配电室、双路及以上电源供电的变配电室，应有专人全天值班。每班值班人员不少于两人，且应明确其中 1 人为当班负责人。

2) 负荷为三类的变配电室，可根据具体情况安排值班，值班人员不少于 2 人，但在没有倒闸操作等任务时，可以兼做用电设备维修工作。

3) 用电单位设备容量在 630kVA 及以下、单路电源供电且无一、二类负荷的变配电室、设备简单、设备容量小和不重要的变配电室可单人值班。条件允许时，可进行简单的高压设备操作。

4) 实现自动监控的变配电室，运行值班可在主控制室进行。

(4) 低压供电的用户，配电设备可不设专人值班，但应随时保持由电气专业人员负责运行工作。

(5) 非变配电室从业人员因工作需要进入变配电室时，应经值班人员许可，并办理登记手续。当需要进入设备区时，应有值班人员监护。

(6) 变配电室从业人员应正确穿戴、检查、使用劳动防护用品。变配电室从业人员应能正确使用安全用具。

(7) 值班人员应统一着装，坚守工作岗位，不应进行与工作无关的活动。在高、低压配电装置的室内进行作业，女工应戴工、变配电室作帽，当班前及当班期间不允许饮酒。

（8）变配电室运行值班人员均应掌握人工呼吸和胸外心脏按压的技能。

（9）变配电室从业人员应熟悉常用灭火器材及各种灭火设施的性能、布置和适用范围，并掌握其使用方法。

3. 一般配电室安全运维与管理规程

（1）配电室内专用工具（绝缘棒、绝缘鞋、绝缘手套、高压试电笔）应放在易使用的地方，放置整齐，绝不准作为它用。

（2）配电室不准堆放杂物，室内不准吸烟，任何食物不准带入配电室，做到防火、防汛、防漏、防雷电、防小动物侵入，以免发生短路事故。

（3）每天应加强变压器、配电设备的巡视，注意变压器的油位，温度巡视时站在低压侧，配电设备的巡视必须注意：

1）绝缘子绝缘设备有无破损、闪络放电现象。

2）压接螺钉有无松动，各部位有无发热。

3）电气设备有无异响和放电声。

4）仪表、信号、指示灯、电压是否正常。

5）补偿电容有无异常。

（4）配电室停送电操作。停电时，先停低压，后停高压。低压要按支线逐渐停，然后停低压总开关；送电时，先送高压，后送低压开关，然后送分路。停送高压时，必穿戴高压防护用品。

（5）配电室停送电必须严格遵守停送电联系制度，做好停送电记录，停电线路做好标示牌，以防误合闸，发生事故。

（6）在高压设备上工作，必须严格执行高压设备安全操作规定。执行工作许可制度、工作监护制度、停送电倒闸制度、工作检查制度。

4. 变配电室配电装置停电维护检查的内容

（1）清扫瓷绝缘表面污垢，并检查有无裂纹、破损及爬电痕迹。

（2）检查导电部分各连接点的连接是否紧密，铜、铝接点有无腐蚀现象，若已腐蚀，应清除腐蚀层后涂导电膏。

（3）检查设备外壳（系指不带电的外壳）和支架的接地线是否牢固可靠，有无断裂（断股）及腐蚀现象。

（4）油设备应检查出气瓣是否畅通，并检查是否缺油。对油量不对充足的设备补充油时，10kV及以下充油设备应补充经耐压试验合格的同一牌号的油，35kV及以上者应补充同牌号油或经混油试验合格的油。

（5）检查传动机构和操作机构各部位的销子、螺钉是否脱落或缺少，操作机构的拉、合闸是否灵活，运动部件和轴是否补充润滑油脂。

（6）对配电装置的架构应进行以下检查：

1）各部位螺栓有无松动及脱母现象。

2）混凝土有无严重裂纹、脱落现象。

3）钢架构有无锈蚀现象，锈蚀处应涂刷防腐漆。

4）检查接地线是否良好，锈蚀、断裂（断股）等现象。

5）查变配电室房屋基础、墙壁有无下沉、裂缝现象，地面有无渗水、积水现象。

6）电缆沟有无杂物或积水。

7）对手车柜、抽屉柜的开关应做手动、电动合、分闸操作试验，手车或抽屉的工作位置、试验位置、断开位置应准确无误。

8）在变配电室内，检查、清除存放的与变配电设施无关的设备和堆放物。

三、发电机的维护

1. 发电机位置的选择

为了安全、节约和便于维护，发电机位置的选择应符合如下要求。

1）发电机位置宜接近用电负荷中心。

2）发电机就位后应方便进出线。

3）由于发电机体积大、自重大，人力不能搬运，应方便机械设备吊装运输。

4）为了安全，发电机不应设在厕所、浴室或其他经常积水场所的正下方且不宜与上述场所相贴邻；装有可燃油电气设备的变配电室，不应设在人员密集场所的正上方、正下方、贴邻和疏散出口的两旁。

5）当配变电站的正上方、正下方为住宅、客房、办公室等场所时，配变电站应作屏蔽处理。

2. 发电机配套装置

（1）有的发电机需配套变压器时，安装可燃油油浸或干式电力变压器，如果总容量不超过1260kVA，单台容量不要超过630kVA的变配电时，可布置在建筑主体内首层或地下一层靠外墙部位，并应设直接对外的安全出口，变压器室的门应为甲级防火门；外墙开口部位上方，应设置宽度不小于1m不燃烧体的防火挑檐。

（2）可燃油油浸电力变压器室的耐火等级应为一级，高压配电室的耐火等级不应低于二级，低压配电室的耐火等级不应低于三级，屋顶承重构件的耐火等级不应低于二级。

（3）不带可燃油的高、低压配电装置和非油浸的电力变压器，可设置在同一房间内。

（4）高压配电室宜设不能开启的距室外地坪不低于1.80m的自然采光窗，低压配电室可设能开启的不临街自然采光窗。

3. 为什么对发电机组进行保养？

柴油发电机组为市电故障停电后的应急备用电源的提供者，绝大多数时间机组处于待机备用状态，一旦停电，就要求机组“及时起动、及时供电”，否则备用机组将失去意义。实践证明：加强日常维护保养是最经济、有效的方法，因为机组长期处于静态，机组本身各种材料会与机油、冷却水、柴油、空气等发生复杂的化学和物理变化，从而将机组“停坏”。

（1）机组起动电瓶故障。电瓶长时间无人维护，电解液水分挥发后得不到及时补充，阀控电池长时间不用也会使极板硫化。如果没有配置起动电瓶充电器，电瓶长时间自然放电后电量降低，或所使用的充电器需要人工定期进行均充、浮充倒换，由于疏忽未进行倒换操作致使电瓶电量达不到要求，解决此问题除了配置高品质充电器外，必要的检测维护是必须的。

(2) 水进入柴油机。由于空气中水蒸气在温度的变化时会结成水珠挂附在油箱内壁，流入柴油，致使柴油含水量超标，这样的柴油进入发动机高压油泵，会锈蚀精密耦合件——柱塞，严重的会损坏机组，定期维护即可有效避免。

(3) 机油的保持期（二年）。发动机机油起机械润滑的作用，而机油也有一定的保质期，长时间存放，机油的物理化学性能会发生变化，造成机组工作时润滑状况恶化，容易引发机组零件损坏，所以润滑油要定期更换。

(4) 三滤的更换周期（柴滤、机滤、空滤、水滤）。过滤器是起到对柴油、机油或水过滤作用的，以防杂质进入机体内，而在柴油中油污、杂质也不可避免，所以在机组运行过程中，过滤器就起到了重要作用，但同时这些油污或杂质也就被沉积在滤网壁上而使滤器过滤能力下降，沉积过多，油路将无法畅通，发电机带载运行时将会因油无法供给而“休克”（如同人缺氧），所以正常发电机组在使用过程中，我们建议：①常用机组每 500h 更换三滤；②备用机组每两年更换三滤。

(5) 冷却系统。水泵、水箱及输水管道长时间未作清洗，使水循环不畅，冷却效果下降，水管接头是否良好，水箱、水道是否有漏水等。如果冷却系统有故障，导致的后果有：①冷却效果不好而使机组内水温过高而停机；②水箱漏水而使水箱内水位下降，机组也会无法正常工作（为防止在冬季使用发电机时水管冻结，建议最好在冷却系统中安装水加热器）。

(6) 润滑系统、密封件。由于润滑油或油脂的化学特性及机械磨损后产生的铁屑，这些不仅降低了它的润滑效果，还加速了零件的损伤，同时由于润滑油对橡胶密封圈有一定的腐蚀作用，另外油封本身也可能老化使其密封效果下降。

(7) 燃油、配气系统。发动机的功率输出主要是燃油在缸内燃烧做功的结果，而燃油是通过喷油嘴喷出，这就使燃烧后的积炭沉积于喷油嘴内，随着沉积量增加，喷油嘴喷油量将受到一定影响，工作状态也就不平稳，所以定期对燃油系统的清洗，更换过滤部件，以避免导致喷油嘴点火提前角时间不准和发动机各缸喷油量不均匀。为了保障供油畅通，还应对配气系统进行调整，以使其点火均匀。

(8) 机组的控制部分。油机的控制部分也是机组维护保养的重要部分，机组使用时间过长，线路接头松动，AVR（自通调压器）模块工作是否正常等都要定期检查。

4. 后备发电机组的运行保养

1) 对发电机组水、电、油、气等进行全面检查，是确保机组正常运行的条件；

2) 开机试机，空载试机 5～10min，使机组得到充分的润滑，通过听、看、闻等方法判断机组使用状况。

3) 更换空气滤、柴油滤、机油、机油滤、水滤、油水分离器滤芯等耗材。

4) 更换散热水箱冷却液、水箱宝。

5) 对开放富液式电池要及时添加蓄电池电池液或蒸馏水，对阀控式电池要时刻保持状况良好。

6) 保养完成后，对机组进行再一次检查，并进行清洁打扫。

7) 空载试机 5～10min，对机组各项性能参数进行记录。如果变压器负荷不够、项目测试、无法用市电的地方等，需要经建议客户验收。

适用于长期运行发电机组的保养方案：（如经常停电、经常或持续运行的发电机组）要分级保养：

（1）一级技术保养。（50～80h）在日常维护的内容上增加：

1）清洁空气滤清器，必要时更换。

2）更换柴油滤清器、空气滤清器、水滤器。

3）检查传动皮带的紧张程度。

4）对所有注油嘴、润滑部位加润滑油。

5）更换冷却水。

（2）二级技术保养。（250～300h）在日常维护和一级保养的内容上增加：

1）清洗活塞、活塞销、汽缸套、活塞环、连杆轴承并检查其磨损情况。

2）检查滚动主轴承内外圈有无松动现象。

3）清除冷却水系统水道内的水垢、泥沙。

4）清除汽缸燃烧室和进排气道内的积炭。

5）检查气门、气门座、推杆和摇臂等配合磨损情况，并进行研磨调整。

6）清洗涡轮增压器转子积炭，检查轴承、叶轮磨损情况，必要时应予以修换。

7）检查发电机与柴油机连接器螺栓是否松动、滑牙，发现问题应予修换。

（3）三级技术保养。（500～1000h）在日常维护、一级保养、二级保养的内容上增加：

1）检查调整喷油提角。

2）清洗燃油箱。

3）清洗油底壳。

4）检查喷油嘴雾化情况。

第四节　中心机房 UPS 供电系统的日常维护

一、UPS 供电系统的日常巡检和保养

1. 按照机房的管理规章制度定时巡检

（1）巡检内容。设备的温度、机器的噪声和振动情况有无变化；机房内有否异味；电池外壳有否变形、爬酸和漏液，电池连接有否松动。

（2）定期保养内容。检查线路连接是否牢固，设备温升是否变高，熔丝是否变形，断路器是否有热点。

（3）长期运行的负荷每相负载一般应控制在额定容量的 70%以内，尽量将三相负荷调均衡。

（4）当增加新设备时要特别关注 UPS 的带载量，目前的 UPS 有高频机和工频机之分，负载功率因数也有不同，所以要仔细计算其带载量。

（5）检查配电柜开关容量的利用情况，根据实际负载及时整定开关保护值。

（6）在雨季到来之前要检查避雷针、避雷带与建筑物主钢筋和接地极连接情况是否良好。

检查各级防雷器及浪涌吸收器器件是否良好。

(7) 供配电室的环境比主机房要差，应及时清洁电路板和可见连接处的灰尘并及时紧固松动的部分。

(8) 如果在装机时使用了一组电池，在更换时最好改为两组并联，单组电池最多不要超过5组。一般电池的真正寿命为额定寿命的60%以下，要及时更换电池，尤其是在使用锂电池的情况下更不要放电太多，以避免爆炸。

2. 配电、防雷、接地巡检和保养流程

(1) 制定维护保养计划，关键点是检查线路连接的螺钉是否有松动，开关接插点是否牢固，特别是封闭母线每一个固定螺钉处经过长时间运行是否有松动，变压器的温度变化等。上述检查采用测温计，记录检测时间、温度，注意温度变化，发现有较大温升应及时处理。

(2) 在配电系统长期运行中，主开关本身的故障概率相对较少，大部分是二次控制部分的器件故障较多，如电源保险、各种继电器及接线松动等。

(3) 在配电系统运行中，配电箱、配电柜中零线连接是否牢固对运行中的设备安全非常重要，年检时必须检查固定螺钉是否松动，只有在配电箱、配电柜完全断电时方可移动零线。如需带电移动零线，必须把同一部位的所有零线都用导线与零母排先连接好，方可移动，所有UPS输出配电柜不可以采用该方式。零线必须单点连接。

(4) 配电机房的环境低于机房环境，定期清扫灰尘是必要的，但必须是在停电情况下进行。根据配电系统配置的条件，在不影响系统运行的情况下，分步停电清扫和检修，没有温升的螺钉最好不要动，以防螺纹滑扣，造成大故障。

(5) 关注负荷的变化，长期运行的负荷应控制在开关设定容量的70%以内（即按三相负荷电流中最大的一相计算），因此，应尽可能调整三相负荷电流平衡，提高断路器开关的实际带载能力。

(6) 在配电系统中要特别关注、检查开关额定容量整定值的设定。

1) 从后端到前端，开关的设定从小到大，运行前期负载较小，后期逐渐增加，要根据实际负荷及时调整。

2) UPS输出配电断路器开关建议都设定为1，因为要确保IT设备的安全运行，该部分开关只作短路保护而不做过载保护。

(7) 在雷雨季节到来之前，检查避雷针、避雷带与建筑物主钢筋及接地极的连接是否良好；检查配电系统中防雷及防浪涌器件是否有损坏，应及时更换。

(8) 根据不同地域不同的土壤条件，定期、定时段检测接地电阻是否符合要求，必要时需采取一定的措施降低接地电阻。

3. UPS巡检和保养流程

(1) UPS在数据机房中是非常关键的设备，保证其安全和可靠运行是确保计算机等设备正常工作最重要的环节。A级机房一般按市电双总线加两组$2N$的方式配置UPS，强调的是高可靠性，总负荷小于UPS总容量的一半，初期一般达不到，后期不断增加负荷时要考虑不要超过UPS总容量的一半；也有按市电双总线加两组$N+1$的方式配置UPS，这样配置UPS的方式是强调高可用性兼顾可靠性，UPS的带载率和运行效率高于$2N$的方式，总负荷应小于N台

UPS的容量。一般情况下，市电采用双总线，UPS采用一组 $N+1$ 的配置也能获得较高的可靠性。UPS一般都是以7×24h的方式运行，维护管理就是保障其安全可靠运行的一个非常重要的环节。

（2）UPS需要重点关注的主要有以下四个部分。

1）控制电路板长期积累的灰尘以及可能的松动。

2）风扇轴承的磨损。

3）滤波电容器容量的变化。

4）蓄电池维护与管理。

（3）UPS巡检和保养流程。

1）一般UPS机房的环境要求比IT机房低，周边环境也比较差，很多小机房没有新风，机房为负压，洁净度相对较差，夏季与冬季湿度相差较大。控制电路板长期积尘可能影响UPS的安全运行，一般应1～2年停机清扫一次，同时检查各个开关输入和输出节点是否有松动。在UPS运行中严禁用任何物体接触输入和输出强电以外的任何部位。

2）UPS风扇轴承属于易损件，一般寿命3～5年，现在UPS的风扇都是冗余配置，少数风扇故障可以不停机更换（建议停机更换），一般不应该等到风扇报警时才去处理，应该在安全使用期内定期更换。巡检时发现异常声音就应及时处理，避免超出冗余数量的风机故障引起UPS停机。有的UPS是需整个风扇更换，有的是可以仅更换风扇轴承，这样可以大大减少维修成本。

3）交、直流滤波电容在UPS中起着非常重要的作用，关系到直流和交流输出电压的稳定。滤波电容器的寿命理论值为5年左右，与环境温度、工作电流谐波、浪涌等因素相关。实际使用寿命有的超过10年，建议5年以后，每年检测一次，根据容量和漏电流的变化确定是否需要更新。故障的形式有：①漏电流增加造成温度过高使电容器爆掉，有可能造成短路起火，该故障影响是致命的；②电解质干了，电容器已经没有容量了，形同开路，造成输入或输出电压不稳；③相对于IT机房，UPS发生火灾的案例时有发生，建议UPS的输入、输出电缆采用下进出线。

4. 蓄电池

（1）蓄电池在UPS中起着极其重要的作用，是保证不中断供电的关键设备。目前UPS都采用阀控铅酸蓄电池，俗称免维护蓄电池，其实不然，它仅减少了补液（蒸馏水、稀硫酸）的过程，降低了蓄电池室对防酸的要求。但每年必须进行两次充放电，尽可能满负荷放电。如果放电负荷小于额定负荷的50%，单节电池的最终放电电压不要小于10.8V。该项工作应在全年外电网供电最稳定的时间段进行，检验蓄电池的容量是否还能达到最初的设计要求。UPS放电以后，必须有24～48h稳定充电时间使其恢复容量，因此，同组的UPS再进行放电测试必须在24h以后的第二天进行。

（2）UPS最少应配置两组蓄电池，如果只配置一组蓄电池，一旦有一只蓄电池故障，就可能造成整组蓄电池失效。蓄电池的理论寿命有5、10、15年，实际使用寿命仅为其标称参数的50%～60%，而且其失效时具有突然性，因此，对蓄电池的实时监测是必须的。监测数据中的蓄电池放电时间是根据放电时整套蓄电池的电压测定的，如果其中有一、两只蓄电池突然失效，将导致放电时间减少或整套蓄电池失效。

（3）在蓄电池放电过程中，应实时监视每只蓄电池的电压是否有异常变化，并设置超限电压值，一旦电压变化异常，应立刻停止放电，撤换故障蓄电池，有条件的情况下，可以对该蓄电池反复充放，使其激活后可以再使用。

（4）建议

1）数据中心UPS的运行状况很难实现按额定负载放电，需要放电时可酌情用假负载。

2）目前国内蓄电池的生产工艺决定了大电流深放电将影响蓄电池的使用寿命。

3）建议在蓄电池安全使用寿命后期每年要做一次大于额定容量50%、放电时间接近额定负荷放电时间的检测。

（5）UPS单机运行故障检修。在静态旁路工作状态下合上手动维修旁路开关，断开逆变器输出开关，断开蓄电池输入、整流器和静态旁路输入开关；检修完成后，合上整流器和静态旁路输入开关，合上蓄电池输入开关，确认静态旁路已输出，合上UPS输出开关，断开手动维修旁路开关，起动UPS，检查旁路电压，由旁路转入逆变器运行。

二、制冷系统的日常维护

1. 制冷系统的一般概念

在对制冷系统进行维护前，为了能使运维顺利进行，有必要对制冷系统的一般概念和特点做一些回顾。

（1）术语和基本概念。

1）显热和潜热。显热是指水在吸热或放热后，只改变物体的温度，而不改变时的物理形态。比如用标准大气压炉子烧一壶凉水，如果插入一个温度计就可以看到温度在上升，这个温度变化就显示出来了。

潜热是指水在吸热或放热时，只改变物体的物理状态，而温度不变，这种热量称潜热。当炉子上的水被烧开时，温度计上指示100℃，如果炉火继续燃烧，温度表上的数字再也不会变了。那么水吸收的热哪去了呢？因为这时水吸收热量后开始变成了蒸汽，物理形态发生了变化热量已经潜藏在蒸汽里了。

它们的反义词就是显冷和潜冷，显冷量和潜冷量就是选择空调机的指标，单位是瓦特（W）。

1kg水从30℃加热到80℃，水吸热为209.38kJ；1kg100℃水改变成100℃的水蒸气需吸热2257.2kJ。

2）气压。为了机房的洁净度达标，就要求机房为正压，GB 50174—2008要求的正压为5～10Pa，那么Pa是多大呢？1标准大气压＝760mmHg＝101 325Pa＝10.336米水柱。

通俗点说，就是一般抽水机能依靠大气压，能将水上抽到10m左右的高度。

3）制冷能力。用制冷量（kW），在空调机选择中有的就说这台空调机是多少匹（P），

1P＝2400W（制冷量）

制冷量分为显冷量（kW）和潜冷量（kW）。

总冷量＝显冷量＋潜冷量

$$显热比=显冷量/总冷量\times 100\%$$

$$净冷量=显冷量-风机的发热量$$

$$冷风比=总冷量/风量\ (W/m^3)$$

动压：在气流流动方向上产生的压力，与速度 V 的平方成正比。

静压：空气对一个空间周边的围挡物产生的压力。

在标准状态下，当 $P_{静压}=5Pa$ 时，风速 $V\approx 2.9m/s$；$P_{静压}=10Pa$ 时，风速 $V\approx 4.m/s$。

4）机外余压。机外余压是指风机出口处的动压和静压之和。在其他条件不变的情况下，余压越大送风能力越强。一般说美国产品的机外余压是 25～75Pa。欧洲产品的机外余压是 20～430Pa。

美式空调机与欧式空调机的区别为：美式空调适用于将空调机放在机房内，不需要太大的机外余压；而欧洲人偏向于将空调机放在机房外，如果用管道送风，机外余压要求大，所以送风方向有前送风和后送风的区别。

（2）总冷量、显冷量与回风口温、湿度的关系。

1）相对湿度高，总冷量升高，显热比 η 下降，显冷量下降。

2）相对湿度低，总冷量降低，显热比 η 上升，显冷量升高。

3）回风温度低，总冷量降低。

表 8-1 示出了在风量为 13 320m³/h 的情况下，总冷量、显冷量与回风口温、湿度的关系。

表 8-1　总冷量、显冷量与回风口温、湿度的关系

回风口温湿度	总冷量	显冷量	显热比 η	风量
26℃　50%	39.6	35.3	0.89	13 320
24℃　50%	37.9	34.3	0.95	—
24℃　45%	36.5	36.2	0.99	—
22℃　50%	35.7	33.4	0.935	—

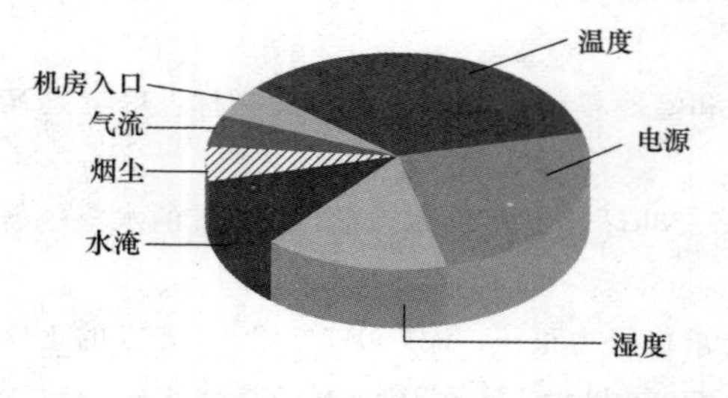

图 8-9　导致系统宕机的原因比例示意图

2. 造成系统宕机的主要威胁

（1）温度。温度升高可导致元器件漏电流增大和耐压降低，最后造成元器件损坏，如图 8-9 所示。所以机房中对温度一般要求（25±3)℃。

（2）电源。电源故障毫无疑问会使设备和系统停止运行，所以现在数据中心根据重要性的大小定出了四个级别，当然 UPS 供电的可靠性是备受重视的。

（3）湿度。机房中的湿度太大会导致绝缘降低、机架、连接和接插点锈蚀，轻则因接触不良而部分断电，重则起火，湿度太低又容易起静电而损坏元器件，所以一般都将机房中的湿度控制在 50%左右。

(4) 水淹。空调机冷却水管漏水，或其他原因导致的漏水由于排水不畅浸泡地板下的电缆和电源连接器导致电源短路，或楼上漏水进入机器都可导致系统宕机。所以机房中制冷系统的排水要流畅，拦水坝要可靠。机房顶层不允许有水管经过，制冷系统的水管要包保温层等。

(5) 烟尘。任何原因的烟尘进入机器都是一种威胁，散落在电路板上的烟尘会使电路工作异常甚至停机。所以机房中对环境的清洁度有所要求，一般要求每升的 0.5μm 的颗粒不要超过 18 000 粒。

(6) 气流。机房中的 IT 系统机柜需要一定温度的气流将机中热量带走，气流不畅就会形成热点，继续下去就会使机器宕机。

(7) 机房入口。一般机房入口都有“气体保护室”标志，首先是不准随便出入，以免无关人员进入时影响系统正常运行；另一方面也是保证机房正压，保持机房清洁。现在一般机房都设有门禁。

3. 机房空调系统维护和管理

1) 机房空调设备的供电线路应安全可靠。供电电压波动范围不应超过设备标称值的±10%，三相电压不平衡度应不大于 4%。

2) 机房空调设备必须安装良好的保护接地，接地电阻值不大于 10Ω。

3) 机房运行维护部门应建立、健全各项必要而简明的规章制度，并认真组织落实，如机房空调操作规范、流程及岗位责任制，这些制度是保证机房空调设备正常运行的必要手段。

4) 运行维护部门应建立机房空调设备预修计划制度，编制机房空调检修计划和设备检修的内容，填写检修表格；为了提高维修效率，应采购并存放一定比例的机房空调易损备件等。

5) 在空调设备投入运行后，定期检测空调的技术性能及各项技术指标；机房空调维护技术人员必须能熟练掌握必要仪器和检测手段，对空调装置进行测试的；通过分析机房空调测试的各种数据，讨论确定维修时间及维修内容。

6) 机房运行维护部门应定期开展机房空调技术培训及考核，制订切实可行的运行维护规范流程，这是管理工作不可缺少的重要内容。空调设备的操作维护水平与维修人员的技术水平是密切相关的。因而培训技术人员，提高他们的技术理论水平，这对设备的管理，维护保养都很有利的。

7) 机房运行维护部门应保证机房空调操作维修人员的相对稳定，这有助于培养机房空调操作维护人员的事业和责任心，克服临时观念，提高空调维护业务技术水平。

4. 机房空调电器控制部分的维护

1) 检查电脑控制部分各接插件，进入自检程序。

2) 校正温度传感器。

3) 检测高、低压力保护器动作的准确性。

4) 检查电加热器的可靠性和运行电流。

5) 检测所有电动机的静态阻值和负载电流。

6) 检测所有继电器，低压断路器和电气元件的接点并紧固。

7) 检查设备保护接地点。

8) 检查设备绝缘情况。

9）检查风机转动情况，皮带、轴承的运行情况。

10）清洁或更换空气过滤器。

11）检查处理修补跑、冒、漏。

12）检查进水、排水阀门及下水管道是否畅通。

13）检查、清洁蒸发器翅片。

14）检查风机转动情况，皮带、轴承的运行情况。

15）清洁或更换空气过滤器。

16）检查处理修补跑、冒、漏。

17）检查进水、排水阀门及下水管道是否畅通。

5. 机房空调压缩机、室外机和加湿器等的维护

（1）机房空调压缩机维护。

1）检查压缩机吸、排气压力。

2）检查压缩机吸、排气管有无过冷、过热现象。

3）检查制冷管线视液镜液体流动情况。

4）检查空调系统制冷管线的固定情况。

5）检查压缩机吸排气阀口有否渗漏。

（2）机房空调室外机维护。

1）清洁设备表面灰尘、污垢。

2）检查清洁冷凝器翅片。

3）检查风扇电动机支座及叶片。

4）检查风扇电动机轴承并定期加油。

5）检查风扇调速器情况。

（3）机房空调加湿器维护。

1）清除水垢。

2）检查进水、排水电磁阀工作情况。

3）检查给、排水路。

4）检查加湿负荷电流和加湿控制运行情况。

6. 按时分段维护内容

（1）半年维护计划及内容。

1）机房空调控制及电器部分。

2）检查电脑控制部分各接插件，进入自检测程序。

3）校正温度、湿度传感器。

4）检测高、低压力保护器动作的准确性。

5）检查电加热器可靠性及运行电流。

6）检测所有电动机的静态电阻和负载电流。

7）检测所有继电器、低压断路器和电气元件的接点并紧固。

8）检查设备保护接地点。

9）检查设备绝缘情况。

10）校对仪器、仪表、时钟。

（2）每季度维护计划及内容。

1）空气处理部分。

2）检查风机转动情况，皮带、轴承的运行状态。

3）清洁或更换空气过滤器。

4）检查处理修补跑、冒、漏。

5）检查进水、排水阀门及下水管道是否畅通。

6）检查、清洁蒸发器翅片。

7）检查吸、排气压力及有无过冷、过热现象。

8）检查视液镜液体流动情况。

9）检查冷媒管固定情况。

10）检查压缩机吸排气阀口有否渗漏。

（3）每月维护计划及内容。

1）室外冷凝器及加湿器。

2）清洁设备表面灰尘、污垢。

3）检查清洁冷凝器翅片。

4）检查风扇电动机支座及叶片。

5）检查风扇电动机轴承并定期加油。

6）检查风扇调速情况。

7）设定清除水垢。

8）检查加湿器电极，远红外线石英灯管。

9）检查进水、排水电磁阀及给、排水路工作情况。

10）检查加湿负荷电流和加湿控制运行情况。

三、机房空调常见故障及排除方法

1. 高压警报的原因分析及故障排除

（1）高压报警时，压缩机停止工作，必须手动复位才能工作。

1）高压控制器故障或报警设定值不正确。

2）室外温度超过室外机极限工作温度或散热效果不佳。

3）由于氟里昂制冷剂过多，引起高压超限。

4）冷凝器内 24V 交流接触器因故障无法工作。

5）空调系统制冷管线中可能有残留空气或其他不凝性气体。

6）轴流风扇马达或风机轴承故障，无法正常工作。

（2）高压警报故障排除。

1）检修、更换高压控制器或重新调定设定值。

2）增大原冷凝面积或更换高温型冷凝器。

3）清洗冷凝器的表面灰尘及脏物，应注意保护铜管及翅片。

4）排出多余氟里昂，控制高压压力在一定范围内。

5）更换冷凝器内 24V 交流接触器。

6）排放部分气体，必要时重新抽真空，充氟工作。

7）检修或更换轴流风扇电动机或风机轴承。

2. 低压警报原因分析及排除

在机房空调制冷系统中，低压保护控制值调定在 35psig❶，25psig 是低压停机值；重新起动值在 43psig。低压控制是自动复位。当出现故障不及时处理时，压缩机将会频繁起停，这对压缩机的寿命是极为不利的。

（1）原因。

1）低压设定值不正确。

2）氟里昂制冷剂灌注量太少或有泄漏。

3）系统内处理不净，有脏或水分在某处引起堵塞或节流。

4）热力膨胀阀失灵或开启度小，引起供液不足。

5）风量不足导致冷量太多，蒸发器冷量不能充分蒸发。

6）低压保护器失灵造成控制精度不够。

7）低压延时继电器调定不正确，或低压起动延时太短。

（2）低压警报故障排除。

1）重新设定低压保护值在 35psig，并检查实际开停值。

2）检漏后补充氟里昂制冷剂。

3）对阻塞处进行清理，如干燥过滤器堵塞，应更换。

4）加大热力膨胀阀的开启度或更换膨涨阀。

5）将风量调节到正常范围。

6）修理、更换低压压力控制器。

7）重新调定低压延时时间。

3. 压缩机超载报警及故障排除

（1）原因。

1）热负荷过大，排气压力超高，引起压缩机电流值上升。

2）系统内氟里昂制冷剂过量，使压缩机超负荷运行。

3）压缩机内部故障。如抱轴、轴承过松而引起转子与定子内径擦碰或压缩机电动机线圈绝缘有问题。

4）电源电压超值，导致电机过热。

5）压缩机接线松动，引起局部电流过大。

（2）压缩机超载故障排除。

---

❶ psig：pounds per square inch，gauge 磅/平方英寸（表压），1psi=0.006 89MPa，1MPa=145psi。

1）检查空调房间的保温及密封情况，必要时添置设备。

2）放出系统内多余氟里昂制冷剂。

3）更换同类型制冷压缩机。

4）排除电源电压不稳因素。

5）重新压紧接线头，使接触良好、牢固。

4. 加湿系统故障及排除

机房空调的加湿系统包括进水系统、红外线石英灯管、不锈钢反光板、不锈钢水盘及热保护装置。当水位过高或过低以及红外线灯管过热时，加湿保护装置即起作用，同时出现声光报警。

（1）原因。

1）外接供水管水压不足，进水量不够，加湿水盘中水位过低。

2）加湿供水电磁阀动作不灵，电磁阀堵塞或进水不畅。

3）排水管阻塞引起水位过高。

4）水位控制器失灵，引起水位不正常。

5）排水电磁阀故障，水不能顺利排出。

6）加湿控制线路接头有松动，接触不良。

7）加湿热保护装置失灵，不能在规定范围内工作。

8）外接水源总阀未开，无水供给加湿水盘或加湿罐。

9）在电极式加湿器初使用时，可能由于水中离子浓度不够引发误报警。

10）加湿罐中污垢较多，电流值超标。

（2）加湿故障报警排除方法。

1）增加进水管水压。

2）更换或清洗电磁阀。

3）清洗排水管，使之畅通。

4）检查或更换水位控制器。

5）清除加湿水盘中污物，检查排水电磁阀，排除积水。

6）检查水位控制器各接插部分是否松动，紧固各脚接头。

7）观察热保护工作情况，必要时更换。

8）将外接水源阀门打开。

9）在加湿罐中少许放些盐，以增加离子浓度。

10）经常清洗加湿罐，以免污垢沉积，直至更换。

5. 膨胀阀堵塞及对策

（1）冰塞。一旦制冷剂中含有水分，当制冷剂流经膨胀阀时，因节流温度突然下降，水被析出并结成冰粒，部分或全部堵塞阀孔。出现冰塞后，制冷剂流量减少，吸气压力下降，排气压力也下降，制冷量就下降。

排除冰塞的方法是更换干燥剂，把制冷剂中的水分吸除；有时也可以拆下膨胀阀，用酒精清洗，排除留在阀内的水分；用高压氮气吹洗管路，将系统抽真空，从而达到排除水分的目的。

（2）脏堵。系统中脏物在膨胀阀进口滤网上造成堵塞。该处被堵后，会使阀吸入口马上结霜。排除方法是拆下膨胀阀清洗。

6. 水冷式机房空调的冷却水系统问题

该系统由冷凝器、冷却塔、水泵、管道、阀门、过滤器等组成冷却水系统，它的作用是将制冷系统中的热量排放到大气中。

空调系统中的冷凝器在水侧会逐渐形成一层水垢。冷凝器使用时间越长，水质越硬，其水垢厚度就越厚。因水垢导热系数小，影响冷凝器传热效果，导致机房空调制冷效果差。因此，必须采取相应的措施去除冷凝器在水侧的水垢。去除冷凝器水侧的水垢传统方法有人工洗刷，机械的和化学清洗。

7. 制冷剂问题

（1）在机房空调设备运行的故障中，以“漏氟”引起的故障为最普遍。制冷剂泄漏，造成制冷剂的不足，使空调制冷量下降；为此不仅在机房空调安装中要严格检查，而且平时在运行管理中，要勤检查，一旦发现有泄漏及时堵漏、补充制冷剂。

（2）非共沸制冷剂的维修问题。由于非共沸制冷剂的分馏特性，机组发生泄漏时就会有一个问题，到底是那个组分漏出去了，许多组分按设计质量比例泄漏显然是凭想象。机组发生泄漏时，维修时的一个办法是把制冷剂全部放掉再重新充注已知正确质量比例的新制冷剂，此方法因费用问题并不总是可行。

如果泄漏量小，实验表明直接添加新制冷剂对系统性能影响不大。根据一个实验研究，一个 R407C 制冷剂系统泄漏掉其充注量是 12.5%（即 1/8），然后直接添加质量比例正确的制冷剂，同样的过程重复四次，最后，原始充注量的一半进行了更换。表 8-2 是测得的制冷剂原始浓度和经反复排放添加后的最终浓度。

表 8-2　　同位置的原始和最终比例

位置	HPC-32/HFC-125/HFC-134A 质量百分比（%）	
	原始比例	4 次反复添加后的最终比例
储液器入口	23.2/25.5/51.3	20.1/22.6/57.3
储液器出口	22.9/25.3/51.8	20.0/22.6/57.4
蒸发器入口	29.7/30.8/39.5	26.8/28.4/44.8
蒸发器出口	22.1/24.9/53	19.9/22.5/57.6
冷凝器入口	25.0/26.6/48.1	21.6/23.6/54.9
冷凝器出口	24.2/26.1/49.7	21.4/23.5/55.0

（3）制冷剂试验前后的比较。将原始充注量进行四次反复排放添加后，有一半原始充注量进行了更换，其性能损失结果见表 8-3。杜邦公司用理论推算已得到了相似结果（性能下降 9%）。

表 8-3 制冷剂试验前后的比较

参 数	原 始 值	变 化 值
制冷量	11.0	2.7
能效比	3.9	1.0
容积制冷量	8.0	3.0

充注非共沸制冷剂应更注意保证加入的是液体，要求使用只能加入液体的特制罐子。罐中剩余的制冷剂不能再用。

8. 机房空调故障诊断小结

机房空调设备出现了故障，不应把注意力仅集中在某一个局部上，而是要对整个系统进行全面检查和综合分析。这就需要实践经验的积累和理论的指导。维修技术人员通过长期实践的总结，摸索出不少检查故障的经验，归纳成一套"一听，二摸，三看"诊断故障的基本方法。

（1）一听。听压缩机、风机等设备的运行声音是否平稳正常。

（2）二摸。摸系统中有关部件及管道连接处的冷热变化情况，摸空调压缩机的冷热情况和振动情况。

（3）三看。看机房内运行中空调压缩机吸、排气高低压力值的大小是否在正常范围；看室外冷凝器风机是否正常运行，冷凝压力是否在正常范围。看液视镜、蒸发器、回气管和输液管上的情况。

在此基础上，运用空调的有关理论，对空调故障现象进行分析、判断，找到产生故障的原因，并有的放矢地去排除。

第五节 机房运维用仪器仪表

一、有效值数字万用表

有不少的运维人员经常提出这样一个问题：UPS 零线上的电流多么多么的大，零地电压多么多么的高，意思是说感觉不对，但又不知道问题出在什么地方。实际上是使用的仪表不对，上述测量结果所以出现不可思议的结果，原因是用了廉价的国产仪表。万用表是一种最普通的应用最广的电气测量工具，这种表是平均值测量有效值刻度的国产表不能客观地反映正弦波失真度很大的数值情况。只有真有效值表也称均方根值表 rms（root mean square）测量的结果才是正确的。表 8-4 示出了这二者测量结果的区别。

表 8-4 有效值表和平均值表测量结果的比较

万用表型式				
波形				

续表

平均值测量，按有效值刻度	正确	高 10%	低 40%	低 5%～30%
真有效值	正确	正确	正确	正确

有一个实际例子，当使用 500VA UPS 时，在市电供电的情况下，图 8-10（a）是正弦波，右面图 8-10（c）、（d）两只表测得的结果一样都是 220V；一旦市电断电改用电池放电，用国产廉价表测得的竟是 160V，而用有效值表测得的仍然是 220V。这就差了

$$\Delta U=\frac{220\text{V}-160\text{V}}{220\text{V}}100\%=27\%$$

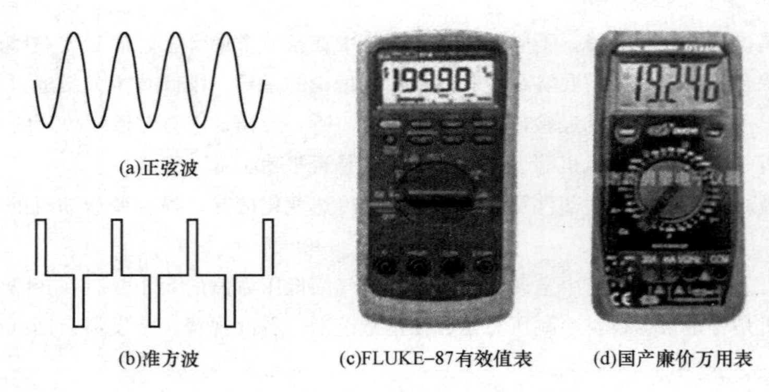

(a)正弦波　(b)准方波　(c)FLUKE-87有效值表　(d)国产廉价万用表

图 8-10　不同仪表与不同波形

从表面上看，这两只万用表都差不多。但本质就有很大差别，一个是完全按照正弦波有效值设计的，一个就是按平均值设计，二者由于设计不同，功能也不同，在价格上也相差悬殊，有效值万用表的价格是平均值表的 30 倍以上（如有效值表 fluke-87 购价 3000 元以上，而国产这种平均值万用表不足 100 元）。平均值万用表只有在正弦波失真度小于 5%的情况下测量才是正确的。

有效值万用表的测量结果是真实的，可以指导人们做出正确的决定，从而采取正确的行动；而平均值万用表测出的结果是不真实的，如果以这种结果为依据而采取行动一定会走弯路，轻则不起作用，重则会导致设备故障。因此，任何数据中心机房中均应至少配备一只有效值万用表。

二、电能质量分析仪

1. H 进口产品

在有条件的地方需要配置一台这种仪器。它能满足高级电能质量合规性监测和分析要求，比如目前用得最多的 FLUKE-435，就有如下功能。

1）功率和电能量损失分析。这在及时掌握能量损失情况和效率很有用处，为了达到行业提出的 PUE1.5 的指标，可以做到心中有数。

2）基本 PQ 功能。电压、电流、频率、功率、暂降、暂升、谐波和不平衡度等。及时掌

握这些参数和变化情况，就可以更好地了解市电和负载的变化，一旦故障也可以根据这些参数的变化情况进行分析。

3）高级PQ功能。闪变、瞬变、控制信号电压和事件波形捕获（比如电压暂降和瞬变等）。

4）逆变器的效率。

5）电参数波形（PowerWave）。

6）记录各种功能。

7）PowerLog3.0软件。

这种仪器测出的结果由于是行业内最高安全等级（600V CAT/1000V Ⅲ），所以可作为标准来用。其外形如图8-11所示。

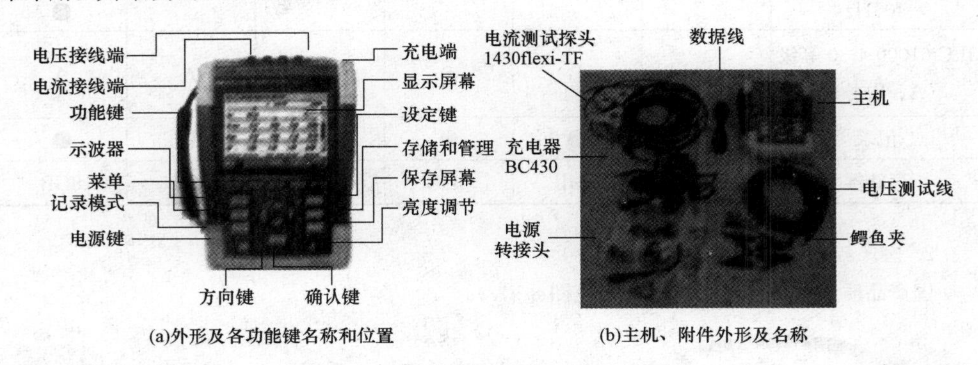

图8-11　FLUKE-435外形及附件图

不但在一些大的数据中心有的用此表及时掌握供电质量情况，而且目前的数据中心验收队伍中也几乎都用这种表作为测量的标准依据。FLUKE-400系列电能质量分析仪是一个系列，从FLUKE-434～FLUKE-437的功能是不一样的，见表8-5，用户可根据自己的需要选用。当然还有其他类似进口品牌，不一一介绍。

表8-5　FLUKE-434～FLUKE-437功能一览表

型　　号	FLUKE-434	FLUKE-434/PWR	FLUKE-434-Ⅱ	FLUKE-435	FLUKE-435-Ⅱ	FLUKE-437-Ⅱ
特性						
VA Hz	●	●	●	●	●	●
波型捕获（示波）	●	●	●	●	●	●
暂降和暂升	●	●	●	●	●	●
谐波	●	●	●	●	●	●
功率和电能量	●	●	●	●	●	●
不平衡	●	●	●	●	●	●
浪涌电流	●	●	●	●	●	●

续表

型　号	FLUKE-434	FLUKE-434/PWR	FLUKE-434-Ⅱ	FLUKE-435	FLUKE-435-Ⅱ	FLUKE-437-Ⅱ
监测仪	●	●	●	●	●	●
电能损耗计算器			●	●	●	●
闪变				●	●	●
瞬变				●	●	●
信号电压				●	●	●
PowerWave				●	●	●
功率逆变器效率				●	●	●
400Hz						●
IEC 61000-4-30 等级（A、S或B）	B	B	S	A	A	A
记录	选件	●	●	●	●	●
存储器	8MB	8MB	4GB	16MB	8GB	8GB

2. 国产品牌电能质量分析仪

国产品质量也不错，比如PS-8（见图8-12）。

图8-12　国产电能质量分析仪FS-8外形图

（1）优点。

1）高稳定度。采用嵌入式工业控制板和嵌入式操作系统，具备设备自恢复功能，实现设备长期稳定可行运行。其他厂家一般都具有风扇等转动部件。

2）高精度。谐波、间谐波测量精度在系统频率偏离50Hz时，也符合国标A级精度要求。

3）多网点。最多可同时监测3×3相电压和3×3相电流，程控挡位和接线方法；其他厂家只能监测1×3相电压和1×3相电流。工作效率大大提高。

4）大容量。标配64G固态硬盘，可以根据用户要求定制，能够存储十年以上数据。

5）小体积。整体体积小，类似公文包，重量轻，携带方便。

（2）功能与特点。

1）主要功能。

①稳态无缝电能质量监测分析：谐波和间谐波（0.1～50次）、频率、三相不平衡度（负序、正序、零序）、电压偏差、电压闪变和变动。

②暂态电能质量监测分析：电压骤升、电压骤降、电压短时中断、电流突变等。

③功率和阻抗分析：有功功率、无功功率、功率因数、阻抗。

④事件录波和回放：电能质量超标录波、手动录波、可以设置事件前后录波。

⑤实时显示功能：电能质量报表、间谐波测试报表、波形图、频谱图、矢量图。

⑥统计功能：可以实现任意时间段的统计报表和常规统计报表（日报、周报、月报、季报、年报）。

⑦趋势图：可以显示各电能质量参数任意时间段的趋势图。

⑧对时功能：具备网络对时功能。

2）主要特点。

①采用高速DSP加嵌入式工业控制板作为电能质量分析的核心，对所有电能质量参数无缝监测分析的同时，实现电能质量超标录波、手动录波。在电能质量监测的同时，可以对任意时段的测量数据进行分析处理。

②谐波和间谐波测量精度均符合国标A级仪器要求。对谐波、间谐波、三相不平衡度、闪变和变动均采用基准算法，无近似计算。

③A/D采样精度为16位，所有网点同时采样，采样速率12.8KHz（即每周波256点）。

④采购12.1寸彩色液晶显示，界面清晰，视觉舒服，具有自动关屏功能。

⑤接线方式为程控方式，测试挡位为四档程挡方式。

⑥现场测试可以有3种不同的摆放方式，即直立、倾斜、平放。

⑦通信接口为网口、USB。

⑧专门针对中国电网自主研发，拥有完事的知识产权。符合用户的使用习惯，对用户的需求能做出及时的响应。

（3）技术指标。

1）测量范围。

①交流电压为0～420V（可根据用户要求定制）。

②交流电流为0～15A（可根据用户要求定制）。

③频率为42.5～57.5Hz。

2）测量精度。

①频率误差不大于0.002Hz。

②谐波误差符合国际A级仪器精度要求。

③间谐波误差符合国际A级仪器精度要求。

④电压偏差误差不大于0.2%。

⑤电压三相不平衡度误差不大于0.2%。

⑥电流三相不平衡度误差不大于0.5%。

⑦电压变动误差不大于0.5%。

⑧闪变误差不大于5%。

3）设备参数。

①电源电压为AC（88～264）V。

②电源频率为47.5Hz～52.5Hz。

③整机功耗不大于30W。

④工作温度为－15～50℃。

⑤设备尺寸为 330mm×224mm×90mm。

⑥净重（标配）约 3kg。

三、电池内阻测试仪

1. 电池内阻对容量的影响

蓄电池在数据中心起着举足轻重的作用，根据国际上的统计，5 年设计寿命的电池实际使用寿命 2.5～3.0 年，10 年设计寿命的电池实际使用寿命 5～6 年。根据 IEC 的规定，当电池的容量降低到小于其额定值的 80%以下时，服务寿命就宣告终结。其主要表现就是电池的内阻增大，根据标准《YD/T 799—2010 通信用阀控式密封铅酸蓄电池》规定，阀控蓄电池的内阻范围见表 8-6，内阻范围超过规定值的 15%就视为失效。了解电池的内阻当然可以用测量内阻的方法，蓄电池内阻测试仪如图 8-13 所示。那么为什么要测量内阻呢？因为迄今为止还没有直接测量电池容量的有效方法，只好用测量内阻的方法来间接了解电池的容量。当然也可以用计算的方法求出电池的内阻。

表 8-6　　阀控蓄电池的内阻范围

额定容量（Ah）	内阻（mΩ）			额定容量（Ah）	内阻（mΩ）
	12V	6V	2V		2V
25	≤14	—	—	400	≤0.6
38	≤13	—	—	500	≤0.6
50	≤12	—	—	600	≤0.4
65	≤10	—	—	800	≤0.4
80	≤9	—	—	1000	≤0.3
100	≤8	≤3	—	1500	≤0.3
200	≤6	≤2	≤1.0	2000	≤0.2
300	—	—	≤0.8	3000	≤0.2

(a)FLUKE BT500系列蓄电池内阻测试仪　　(b)HTBNZ-V蓄电池内阻测试仪

图 8-13　蓄电池内阻测试仪

1）测定电池的开路（空载）电压U_O。

2）加负载，测定电池的负载电压U_L和电池的负载电流I_L，则电池的内阻R_{in}为

$$R_{in}=\frac{U_O-U_L}{I_L} \tag{8-1}$$

DL/T 724—2000《电力系统用蓄电池直流电源装置运行与维护技术规程》6.3.4中规定：标称电压为2V的阀控蓄电池运行中的电压偏差值为±0.05V，那什么是偏差值呢？是整组蓄电池单体电压最高电压和最低电压之间的差值不大于0.05V，还是按照浮充电压计算单体电压的标准值如浮充电压为232V的情况呢？比如电池组有104节电池，单体标准值为2.23V，那么单体蓄电池运行中的电压应该为2.18～2.28V，超出了这个电压范围就认为该节电池有问题？

2. 对铅酸电池容量的测量

大容量的蓄电池内阻较小，小容量蓄电池的内阻较大，这是人所共知的事实。然而就某一确定型号的铅酸蓄电池，其内阻与容量（应当是荷电态）之间到底有什么关系呢？

有人误认为既然铅酸蓄电池放电结果会生成不导电的硫酸铅，那么荷电态高的电池其内阻就小（或电导就大），荷电态低的电池其电导就小。据此，无条件地说密封铅酸蓄电池的电导与容量之间存在线性相关关系。这种说法对不对呢？

（1）开口式铅酸蓄电池交流阻抗测试结果。早在20多年前就有文章报到了对开口式自由电解液的铅酸蓄电池交流阻抗跟电池荷电态之间关系的研究结果，如图8-14所示。图中所用电池是75Ah的铅酸蓄电池，选取的交流信号频率是$f=10\sim100$Hz。这是由于$f>200$Hz电池的感抗太大，$f<10$Hz时，要求测量用的电容大。

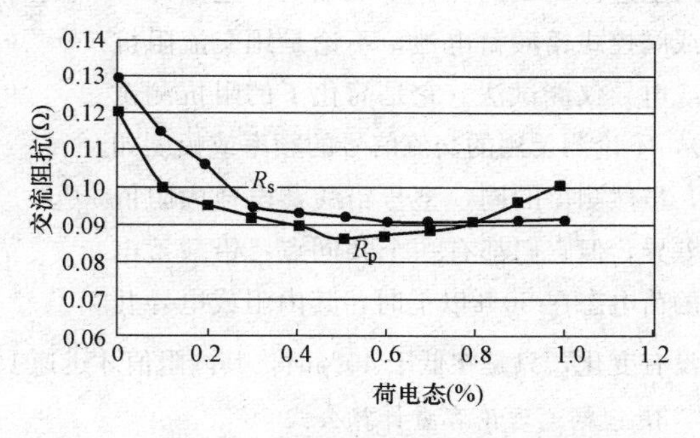

图8-14　75Ah的铅酸蓄电池交流阻抗与荷电态之间的关系

可以看出，不论是电池的等效并联电阻R_p还是电池的等效串联电阻R_s。当电池荷电态在50%以上时，它们几乎是不变的，只是荷电态在50%以下时才开始迅速增加。

（2）阀控式密封铅酸蓄电池交流阻抗测试结果。有文章报道了对6V/4Ah小型VRLA电池交流阻抗特性的测试结果。所用的交流信号幅度为10mV，频率范围为0.05Hz～10kHz。由于铅酸蓄电池交流阻抗中有感抗存在，不能采用在复数平面图中相应虚部为零时阻抗实部作为电池内阻值，而采用电池交流阻抗数变化最小的高频区（0.1kHz～10kHz）阻抗实部的平均值作为电池内阻，此时浓差极化的干扰就小一些。

图8-15给出了该电池的内阻与荷电态的关系。曲线1是用0.20放电时的电池交流阻抗测试结果，曲线2是用0.40A放电时的电池交流阻抗测试结果。可以看出，在电池剩余容量高于40%的区间内，电池内阻几乎没有变化，并且几乎不受放电电流的影响；当剩余容量小于40%

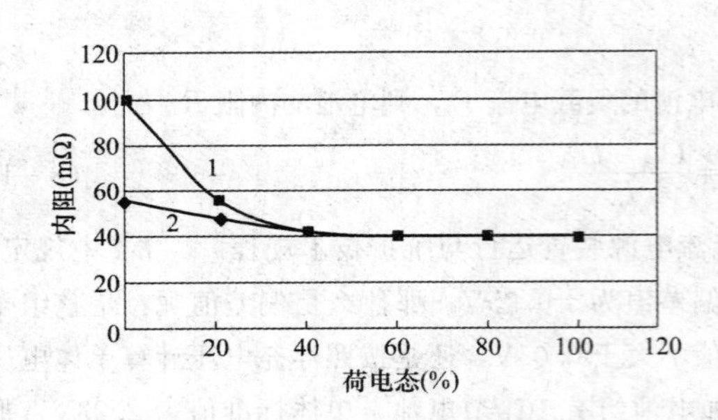

图 8-15　6V/4Ah 小型 VRLA 电池交流阻抗特性

时，电池内阻却明显增大，并且放电电流越小，电池内阻增加越快。

最近也有论文也报道了类似的结果。作者测得 6V/4Ah 铅酸蓄电池在荷电态为 30%～100%时，电池的总内阻没有明显变化。

（3）阀控式密封铅酸蓄电池电导测试结果。有报道介绍了用电导测试仪对 GFM-840L 型阀控式密封铅酸蓄电池的内阻测试结果。电池全充电后进行 10h 率放电，其内阻的变化如图 8-16 所示。可以看出，在放电过程前期（0～4h），电池的内阻可以认为没有变化；待放电后期（电池荷电态已小于 50%），电池内阻就明显增大。

（4）铅酸蓄电池内阻的变化规律。由以上测试和研究结果可见，不同时期、不同作者采用不同的方法，对不同形式的铅酸蓄电池内阻进行测试的工作都表明，不论是开口式或阀控式铅酸蓄电池，不论是用交流阻抗法或电导仪测试法（它是简化了的阻抗测试仪），不论测量用的交流信号的频率或幅度如何，虽然测得的同一型号铅酸蓄电池内阻值有差异，但它们都有一个共同点：铅酸蓄电池的荷电态在 50%以上时，其内阻或电导几乎没有变化，只是在低于 40%时，其内阻值才迅速上升。

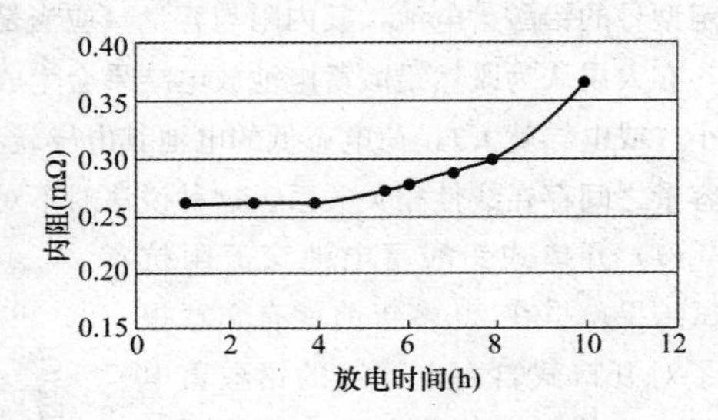

图 8-16　电池全充电后进行 10h 率放电曲线

3. 锂电池理论容量计算公式

（1）法拉第常数 F 代表每摩尔电子所携带的电荷，单位 C/mol，C 是电量（库仑）

$$1C = 1A \times 1s \quad s\text{是秒} \tag{8-2}$$

$$F = N_A e = 96\,500C/mol \tag{8-3}$$

$N_A = 6.02 \times 10^{23}$，阿伏伽德罗数

元电荷 $e = 1.602\,176 \times 10^{-19}$C

在锂电池中 1molLi+完全脱箝时将转移的 1mol 电子的电量。

$$\text{单位转换 } 1mAh = 1 \times 10 - 3A \times 3600s = 3600C \tag{8-4}$$

所以 96 500C = 96 500/3600Ah ≈ 26.8Ah

（2）锂电池的理论公式

$$C_0 = 26.8nm/M$$

式中：C_0 为理论容量，mAh/g；n 为成流反应的得失电子数；m 是活性物质完全反应的质量；M 是活性物质的摩尔质量。

（3）例子

例 8-1 钴酸锂 $LiCoO_2$，其摩尔质量为 97.8，反应式为

$$LiCoO_2 = Li^+ + CoO_2 + e^- \quad (8-5)$$

其得失电子数为 1，即 1mol $LiCoO_2$ 完全反应将转移 1mol 电子的电量，所以 1$LiCoO_2$ 完全反应时将转移 1/97.8mol 电子的电量。其理论容量为

$$C_0 = 26.8nm/M = 26.8 \times 1/1/97.8 = 0.2738mAh/g \quad (8-6)$$

例 8-2 碳，摩尔质量为 12，反应式如下：

$$6C + Li^+ + e^- = LiC_6, \quad (8-7)$$

其得失电子数为 1/6，即 1mol $LiCoO_2$ 完全反应将转移 1/6mol 电子的电量，所以，1gC 完全反应时将转移 1/12mol 电子的电量。故其理论容量 C_0 为

$$C_0 = 26.8nm/M = 26.8 \times 1/6 \times 1/12 = 0.372(Ah/g) = 372(mAh/g) \quad (8-8)$$

四、粒子计数器

1. 一般粒子计数器的工作原理

粒子计数器是一种利用光的散射原理进行尘粒计数的仪器。光散射和微粒大小、光波波长、微粒折射率及微粒对光的吸收特性等因素有关。但是就散射光强度和微粒大小而言，有一个基本规律，就是微粒散射光的强度随微粒的表面积增加而增大。这样一定流量的含尘气体通过一束强光，使粒子发射出散射光，经过聚光透镜投射到光电倍增管上，将光脉冲变为电脉冲，由脉冲数求得颗粒数。根据粒子散射光的强度与粒径的函数关系得出粒子直径。这样只要测定散射光的强度就可推知微粒的大小，这是光散射式粒子计数器的基本原理。

为了机房有一个清洁的环境，以便保证系统正常运行，所以机房标准中提出了对室内洁净度的要求，这就需要随时掌握洁净度的情况，而粒子计数器就是最好的帮手，如图 8-17 所示就是 Fluke 985 粒子计数器。该仪器共有 0.3、0.5、1.0、2.0、5.0、10μm 等 6 个通道，10 000条数据存储功能，并可以支持 USB 和以太网与电脑通信。

表 8-7 机房空气中的颗粒浓度

空气洁净度等级	≥0.5μm 粒子（粒子个数/m^3）
8	3 520 000
8.5	17 600 000
9	35 200 000

2. 粒子计数器的校准

1）粒子计数器是国家规定的计量器具，在使用一段时间后，其光学系统及检测系统都会发生变化，如光源老化、发光效率降低或聚焦错位、透镜被污染，从而使整机的转换灵敏度变化。因此需按 JJF 1190—2008《尘埃粒子计数器校准规范》的要求每年定期到国家空调设备质量监督检验中心或中国建筑科学研究院建筑能源与环境检测中心进行定期校准，并根据其出具法定校准证书对仪器各方面进行调整以获得最佳工作状态。

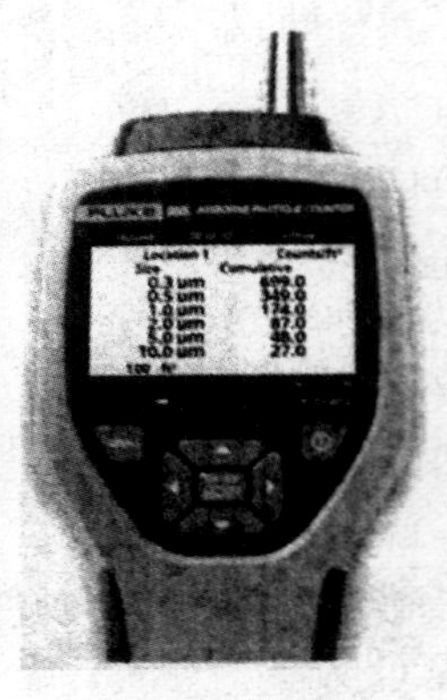

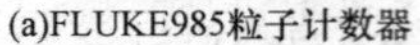

(a)FLUKE985粒子计数器　　(b)国产尘埃粒子计数器3910

图 8-17　粒子计数器

2）仪器的工作位置和采样管的进气口应处于同一气压和同一温度下，以免影响气路系统工作和产生凝露而损坏光学系统。若必须在有压差的情况下工作，则最大压差不超过 200Pa；在有压差和温度的条件下工作，会增大测量误差，甚至损坏仪器。

3）搬运仪器时，应轻搬轻放，少受震动，最好放在专用包箱内。

3. 使用时的注意事项

1）当入口管被盖住或被堵塞，不要起动计数仪。

2）应在洁净环境下使用，以防止对激光传感器的损伤。

3）禁止抽取含有油污、腐蚀性物质的气体，也不要测有可能产生反应的混合气体（如氢气和氧气），这些气体可能在计数器内产生爆炸，测这些气体需与厂家联系。

4）没有高压减压设备（如高压扩散器）不要取样压缩空气，所有的计数器被设计用于在一个大气压下操作。仪器的工作位置和采样口应处于同一气压和同一温湿度环境下，保证仪器正常工作。

5）水，溶液或其他液体都不能从入口管进入传感器。

6）粒子计数器主要用来测试净化机房和车间干净的环境，当测的地方有松散颗粒的材质、灰尘源、喷雾处时，须最少保持距进口管至少 12in，以免以上的颗粒及液体污染传感器及管路。

7）取样时，避免取样从计数器本身排出气体所污染的气体。

8）在连接外置打印机或连接外接温湿度传感器时，需先关掉计数器；当执行打印操作时，打印机上须有打印纸，否则会损伤打印头。

4. 国产粒子计数器 3910

性能特点包括：①该粒子计数器可同时进行 6 通道测试；②1.0CFM（28.3L/min）流量保证测试工作的高效性；③可存储 5000 个测试数据；④可连接 4 种环境传感器（风速、温度、湿度、压力）；⑤内置打印机，直接输出测试报告。其系列技术指标见表 8-8。

表 8-8　　国产粒子计数器 3900 系列技术指标

名称	尘埃粒子计数器 Model 3900
测试粒子径	0.3、0.5、1.0、3.0、5.0、10.0μm
流量	1.0cfm（28.3L/min）
光源	激光二极管
计数效率	50×（1±20%），满足 ISO/FDIS 21501-4
零计数	<0.5 个/cfm，满足 ISO/FDIS 21501-4
最大粒子浓度	>500 000 个/cfm（17 667.8 个/L）
采样时间	1s～23 小时 59 分 59 秒
间隔时间	11s～23 小时 59 分 59 秒
采样次数	在重复模式中 1～9999 次
延迟时间	10s～1 小时（3600 秒）
位置标号	0～999（出现在显示屏及打印输出上）
计数报警	1～9 999 999 计数范围内
测试方式	单次/重复/连续/计算模式
计数报告	符合各级标准（ISO 14644-1 FS 209E FB 5295 EC GMP GB/T 16292—1996）
显示	6.4in 真彩色触摸显示屏
数据存储	标准 CF 卡（512Mb），最大 5000 组
打印机	内置打印机
通信接口	Ethernet、USB
电池	Li-ion 电池，可连续测试时间约 4h
电源	AC100～240V、50～60Hz
外形尺寸	210mm（W）×220mm（D）×320mm（H）
重量	约 8kg（不含电池）
质保期	1 年（仪器）、2 年（激光光源）
标准附件	电源线、通信软件、通信电缆（USB）、连接软管（2m）、零计数过滤器、等动力采样头、打印纸（2 卷）、校准证书、操作手册
工作环境	温度 10～40℃
选择件	风速传感器、温湿度传感器、差压传感器、电池及充电器、手提箱

五、红外热成像仪

1. 机房蓄电池的需要

在数据机房中使用了大量的蓄电池，往往过一段时间后电池的连接点由于放电时的磁致伸缩或电池爬酸时对连接点的腐蚀导致连接松动，这就是大电流充放电时的隐患，因此起火的例子每年都有。几百只或上千只电池不能依靠人的巡检来发现，一者不安全，二来不但劳累而且也会有遗漏。利用图 8-18 的热成像仪就可以方便地执行操作，及时发现连接松动的部位，及时采取措施，避免事故的发生。

(a)Ti50FT红外热成像仪　　(b)Ti300红外热成像仪

图 8-18　红外热成像仪

2. 机房环境的需要

温度是电子设备正常运行的大敌。目前有不少数据中心机房的机柜排列虽然也注意了冷热通道，但由于冷热通道多数没有封闭，不免有个别热点出现，也有的热点出现在机柜内部。这些热点如不及时发现和处理就可能导致机器或系统故障。所以也需要及时掌握整体和独立点的温度情况。

以上这些地方都很难用人工的方法去准确发现，所以红外成像仪就是最好的助手。当需要最好的图像时，就可选择 Fluke Ti50FT 热成像仪。Fluke Ti50FT 热成像仪配备的 320×240 探测器拥有行业领先的热敏度（≤0.05℃，50mK NETD），能够生成品质卓越的高分辨率图像。此外，借助 60Hz 的探测器采集率，温度可实时显示在 5in 的彩色显示屏上。

在一些中小型机房也可采用价格便宜一些的 Ti300，这种设备独有 LaserSharp™激光自动对焦技术，240×180 像素图像，高温量程高达 650℃，优化工业设计，应对恶劣工况，高灵敏电容触摸屏，SmartView® APP 应用，2m 防摔跌落，2 块只能电池，两年可延长质保。

这些仪表的好处不但能把热点一览无遗地显示在屏幕上，而且还准确地将各点的温度也同时标注在屏幕上，使运维人员心中有数，就可以分轻重缓急地去解决这些问题，将事故消灭在萌芽状态时期。

六、制冷剂泄漏检测仪

在数据中心机房中没有不配置空调机的，空调机的制冷核心是制冷剂，所以如何保证制冷剂的正常工作就是关键。制冷剂泄漏是空调制冷系统的常见故障现象，有制冷剂向外渗漏、系统外空气或水向系统内渗漏和制冷剂高低压内部串气等多种形式。制冷剂泄漏将给制冷设备的正常运行带来一系列的不良影响，给操作维修带来诸多不便。如空气向机组渗漏会导致机组性能恶化、制冷量减小；制冷剂向外泄漏会污染空气环境，危及人身安全，也会影响机组性能，尤其是CFC类制冷剂的泄漏更需受到严格控制；在混合制冷剂系统中，泄漏会引起混合工质各组分配比变化，影响机组的正常工作；制冷压缩机高低压内部串气泄漏也是一种泄漏故障。制冷系统对气密性的要求是非常严格的，它是关系到制冷系统能否正常运行的大事，对于大型空调制冷设备，一旦发生泄漏故障，损失是巨大的。然而，严格来说，机组泄漏是绝对的，不漏是相对的。人们最为关心的是那种引起设备不正常运行的泄漏，即泄漏从量到质的变化结果。我国对制冷系统的泄漏检测基本上靠人工巡检，工作量大且效果不佳。因此，准确和快速发现泄漏故障，并及时采取相应措施，能够显著降低由于泄漏造成的损失是关键。

空调制冷系统泄漏的未知因素很多，泄漏部位和泄漏程度的诊断比较困难，仅用监测制冷系统的制冷剂流量变化情况来判断是否发生了泄漏是不可取的。高精度的流量传感器价格昂贵，在系统中大量安装是不现实的，并且流量传感器会给系统带来压力损失或阻塞。

因此使用如图8-19之类的手持制冷剂泄漏检测仪可以作为一种辅助手段随时掌握空调机的运行情况是一种比较好的选择。

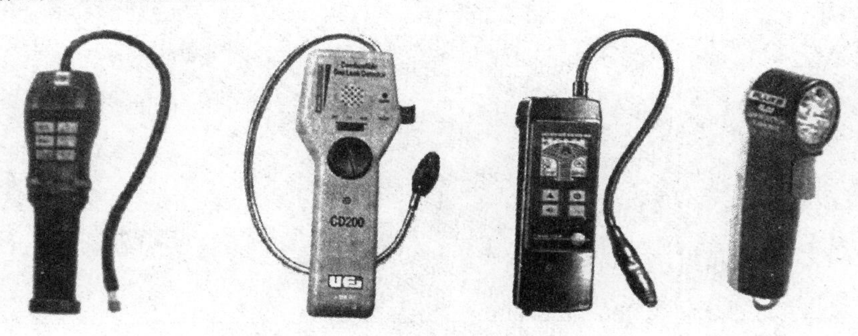

图8-19　手持制冷剂泄漏检测仪的几种外形

几种泄漏检测仪的工作原理简介如下。

(1) 收集式泄漏检测仪。是利用一个无泄漏的基准容积罩住被测工件，或将被测工件的泄漏孔与基准容积相连。向被测容器充入压缩空气，并一直保持充气状态。如果被测容器有泄漏，则泄漏空气流入基准容器，使其压力升高，检测该压力升高随时间的变化率可以计算出被测容器的泄漏流量。

(2) 压降式泄漏检测仪。这种仪器是向被测容器充入压缩空气，然后切断充气回路。如果被测容器有泄漏，则容器内压力会降低，检测该压力降低随时间的变化率可以计算出被测容器的泄漏流量。

(3) 差压比较式泄漏检测仪。密闭的容器由于泄漏导致容器内气体质量的流失，使得容器内原有的气压降低。将被测容器和一个确认无泄漏的基准容器同时充入相同压力的空气并同时将其封闭，被测容器由于泄漏压力降低，与标准容器的压力形成压力差，通过检测该压力差的变化速率，即可以推导出实际容器的泄漏流量。

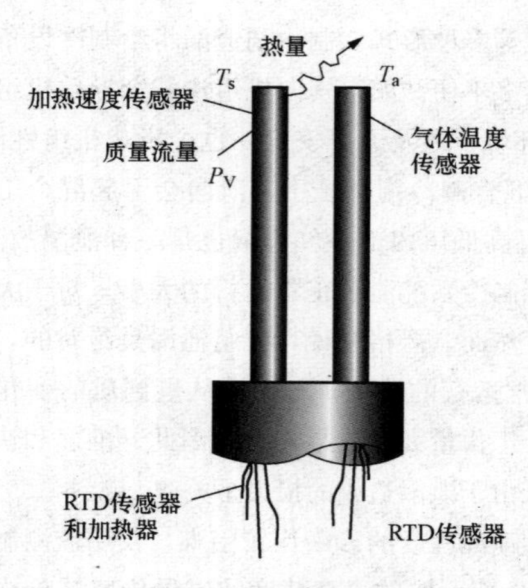

图 8-20　传感器原理示意图

(4) 流量式泄漏检测仪。采样独特的智能型插入式传感器探针，它具有卓越的精确度、坚固性和可靠性。插入式传感器由两部分组成：①速度传感器；②自动反映气体温度变化进行补偿的传感器。检测仪通电后，检测仪的电子单元给速度传感器里的加热丝加热，如图 8-20 所示，使它的温度高于气体的温度并且保持在一个恒定温度，测量气体流动的冷却效果，维持固定的温度差消耗的电功率直接与气体的质量流量成比例。两个传感器都是基本等级的铂电阻测温传感器(RTDs)，为了保证强度和牢固，把铂电阻丝绕在陶瓷棒上，传感器外面套上封闭的 316 不锈钢套管并封装上。

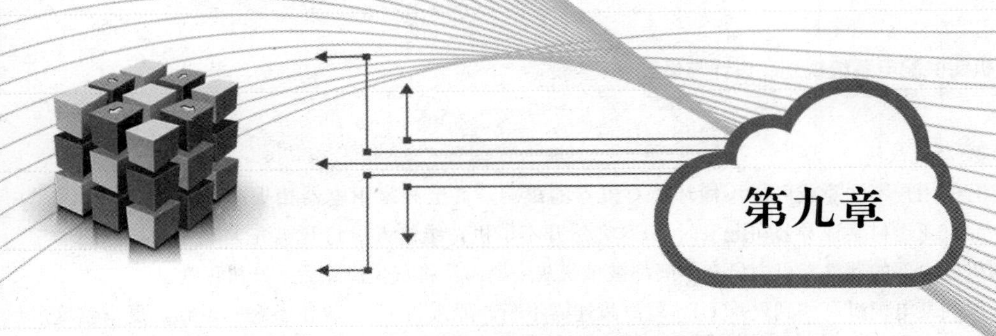

机房故障类型与处理措施

第一节 故障的类型及原因

一、人为故障的几种表现

根据有关方面统计，当机器安装完毕后有70%以上的故障是人为的，那么有好多故障也是可以避免的，下面就人为故障的几种表现进行介绍。

1. 经验故障

有的人是有一些经验，但大多数有局限性，并不能“放之四海皆准”。比如广东某单位买了一台UPS，主管过去用过几年UPS，认为自己有这方面的经验，就毅然拒绝了供应商上门开机的要求。该主管以前的UPS开机是先合直流（电池）开关，后合交流输入开关。岂不知这台UPS是一个开关开机，他找不到直流开关，就打开机壳用改锥将直流继电器触点闭合，结果将逆变器功率管烧毁。

又如湖南某电信单位主管工程师，以前用的UPS是5kVA，UPS输出线为2.5mm^{2}的线缆5m长，当时是“大马拉小车”，负载不足3kVA，平均5A/mm^2。后来又买了一台6kVA的UPS，负载功率因数是0.7且与负载的距离近40m，负载量和原来差不多，不过又带了一台2匹的空调机。他凭经验仍然采用了2.5mm^{2}的线缆，结果夏季有一天线缆外皮被烧毁而起火。

2. 制度故障

合理的制度是保障机器安全正常运行的基础，不合理的制度甚至没有制度就是机器故障的隐患。比如福建某单位在UPS输出端连接热水器，结果导致UPS跳闸。深圳某单位UPS起火，打开机壳发现一只大老鼠被烧死在里面，原来值班人员将食品带入机房而引来老鼠。某政府机关在UPS上接电炉子烧饭，导致机器跳闸关机。

有些用户的制度就没有安排电源服务人员，有不少是计算机人员代管或没有操作证的电工，对UPS等电源设备一无所知，也就无从下手管理电源，他们的职责就是开机或关机，再就是等到出故障后给厂家工程师打电话。因此好多应该保养和检查的部位不知如何动，职责所限，也不敢动，这就是隐患。

广州一信息中心运维人员值夜班，在只懂英语“Yes”和“No”的情况下就在UPS面板上乱按按钮导致UPS关机。

3. 环境故障

有的用户不注意或可能不懂环境对机器的影响，甚至和家用电器相提并论，结果导致故障。北京亚运村某证券公司上班时 UPS 突然开不了机，维修人员打开机壳大吃一惊：一眼看不到机器内部的器件，机内所有空间都被羢状灰尘填满！将灰尘清除后，开机正常。

深圳某电视机厂一到夏季 UPS 就故障连需不断。原来将 UPS 放在了仓库走廊，夏季温度有时近 40℃。无独有偶，山东某化工厂不但将 UPS 放到夏暖冬凉的厂房，而且三年未给电池放过电，结果一次市电停电时电池一时没及时供上电，据说表上显示断电 1s，直接损失 5000 万人民币。

长沙某证券公司 1+1 UPS 冗余并机系统安置在平房内，一直运行正常。突然一天夜里下雨，两台 UPS 均关机停止了工作。值班人员打开机器前门检查，发现由于屋顶漏雨，泥水流入两台机器内导致机器关机，原来这两台 UPS 的防护等级是 IP20，由于是顶部排风，不防水所致。

4. 延误故障

发现有故障隐患要及时处理，否则就有导致二次故障的可能。比如云南某单位使用的是 1+1冗余并联 UPS 系统，由于某种原因其中一台 UPS 退出并联系统而关机，并发出声光告警信号。由于值班工程师没有勤观察，也就没有及时发现，一天后突然市电断电，事有凑巧：UPS 输出端因过载二转旁路，结果机房全部断电。

而同样的情况出现在浙江某单位，工程师发现后马上电告供应商工程师。在对方工程师的指导下重新将自动退出的 UPS 按步骤执行开机程序，仅用了不到 5min 就将系统恢复正常了，排除了隐患。

5. 交接故障

严格的交接班制度应该是必不可少的，但也有的用户忽略了这一点，导致了故障。某铁路售票系统用的 UPS 在市电停电时因其后备 8h 电池未被接入，售票系统因电源停电而停止工作，导致售票大厅一片混乱。等厂家工程师被招来后，发现 UPS 的外配电池柜不见了。几经寻找，在候车厅的一个角落里被发现。原来 UPS 搬了一次家放到这里，机器负责人搬完家后就离开了，既没将系统连接完毕，也没交待电池柜连接的事，接收的工程师也没问，就这样阴错阳差地出了故障。

有不少用户在购买机器后的赴厂培训人员，回来后并没有进入机房负责机器，而是换了别人，结果前后不能衔接。

6. 操作故障

一般情况下是不能随意动机器的，必须经过培训的人员才可以。即使这样，也要按程序办事，来不得半点马虎。一次某 UPS 厂家服务工程师接到用户电话说 UPS 工作的声音不正常，匆忙赶到现场，应首先请机房人员关掉负载机器。但该工程师匆忙间不管三七二十一就将正在正常运行的 UPS 维修旁路断路器手动闭合。只听砰的一声响，逆变器功率管 IGBT 爆炸了。UPS 的设计程序规定：UPS 运行中如若闭合手动维修旁路断路器，必须首先闭合自动旁路断路器 Bypass。

某化纤工厂的 UPS 运行几个月后按照规定需给电池放电，但由于负载太轻，不容易在短时间内放电到一定深度。于是运维工程师就将两根电池电缆从UPS上拆下，在假负载上放电后又接回到UPS。但由于将电池线接回时将正负极错接，合闸时一股黑烟、一声暴响、一股火苗将UPS的逆变器、电容器和电池尽数烧毁。

7. 侥幸故障

本来是可以避免的故障，如果不予注意就有可能导致故障。比如香港某银行使用的UPS几年中一直运行很好。八年后UPS厂家三次传真提醒该UPS寿命已到，建议更新。但用户都没给予理睬，认为该电源设备一直运行正常，并没有什么故障先兆，也不至于就出故障。结果几个月后UPS因故障断电2h，对于一个全球业务的银行，其损失可想而知。

某石油单位信息中心在购买UPS时，为了节省开支，就购买了廉价的设备。在用户看来，UPS都一样，便宜的不一定就出问题。结果由于便宜机器的器件不是一流产品，在运行不久后由于其中一个逆变器功率管耐压不够造成击穿，导致一个兆瓦级机房瞬时停止了运行。

某IDC单位在购买新供电系统时，为了省一点开支，就取消了电池组到UPS的直流隔离开关。用户认为，这个开关非常昂贵，就是去掉也不至于就出什么问题，甚至连熔丝都省掉了。事有凑巧，就在机器开机空载运行时，突然一只逆变器功率管穿通形成对电池组电压的短路。该短路导致UPS连接市电的输入和输出断路器跳闸，如果此时有直流隔离开关或熔丝，也会断开与电池组的联系，可惜由于没有安装此类保险装置，结果电池组强大而持续的电流不但将UPS烧毁，也将电池组烧的一塌糊涂。

8. 基本概念不清楚导致的故障

由于对UPS各项指标的含义和作用没搞清楚就动手做事情，结果造成故障。某地机场购买了20台UPS，由于用户没搞清楚有功功率、无功功率和视在功率的关系，误把视在功率当成了有功功率，结果机器安装后没有一台不过载，无奈只好重新购买。

有不少信息中心机房由于IT设备的更新，自认为功率没有增加，所以供电容量也没有增加。但开机运行后不久就把UPS逆变器烧掉了，仔细检查发现UPS输出功率远没有达到100%，不得其解。实际上新设备的输入功率因数变了，比原来旧设备高了很多。当UPS的负载功率因数与负载的输入功率因数不匹配时，UPS必须降额使用。上述的故障就因为违背了这一点所致。

不少用户（包括认证检测单位）在验收UPS时都要带满负荷测试，而这里的满负荷不是视在功率，而是用UPS的额定功率乘上负载功率因数得出的有功率数后，再来选用电阻负载，结果发现UPS过载跳闸或烧毁逆变器功率管，于是就认为UPS的输出功率不够，实际上是这些试验者对功率因数的概念认识有偏差，就是误解。如果此概念不纠正，以后烧机器仍会发生。

某机场候机厅UPS因市电停电而改为电池供电模式，三年前装机时设计的后备时间是4h，而此次只提供了2.5h就停机了，于是用户就向厂家索赔，当然这是无理要求。按照国际上的统计，5年寿命的电池装机后平均寿命是2～2.5年。这里就有两个误区：①电池的容量是随时间而减少的，比如手机上的电池、商店里卖的各种电池都有保质期，就是这个道理；②一般人不清楚电池失效的界限，按照IEC的规定，当电池容量降到额定值的80%以下时就定义为失效。

9. 方案设计故障

关于这一条在前面已讨论了不少，为了系统的可靠就不分青红皂白地增加设备，结果反而使可靠性降低了，这就是设计上的问题。这里举一个另外的例子，此事发生在某行政单位信息中心。设计者为双电源设备设计了双路供电，如图 9-1 所示，这没有问题。问题就出在消防设备与消防照明没有提供可靠的供电保证，只采取了单电源供电方案，设计者认为这样的设计就有保证了。也是事有凑巧，就在专家验收小组检查机房时 UPS1 故障停机，消防照明一片漆黑，使验收工作不得不暂时停止，等待 UPS 的检修。这样的设计在某种程度上也有侥幸的成分。像类似的设计并不少见，上面的电池组不加隔离开关也属此类。

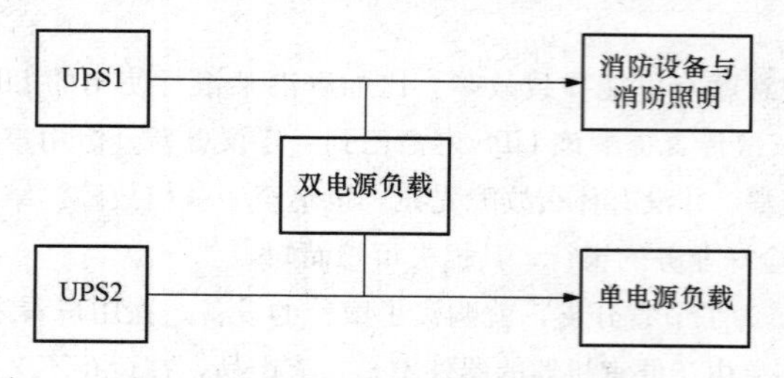

图 9-1　某系统双电源供电原理图

某电视台将两路市电接到同一台 UPS 上，如图 9-2（a）所示。这种接法的误区在于不了解 UPS 的原始设计思路。UPS 的原始设计是将旁路（Bypass）和整流器输入连接在一起的。所以 UPS 输出电压的频率和相位不是直接跟踪整流器的输入，而是跟踪旁路的输入。当旁路电压故障时就表示整流器输入电源故障了，所以电池开始放电，实现了不间断功能。现在像图 9-2（a）的连接在市电 1 故障时，市电 2 还在正常供电，这时电池就不应该放电，于是装机工程师当场修改控制电路板，由于考虑不周导致以后的故障连连。

图 9-2（b）的连接也是一种危险的连接。因为并联连接的 UPS 再转旁路供电时不允许单机单独切换，必须所有并联的机器同时打旁路，及 Bypass1 和 Bypass2 同时开启，这样一来就使市电 1 和市电 2 变压器形成并联。但由于没有两个一样的变压器，二者一定有电位差；又因为变压器内阻非常小，即使不大的电位差也会形成强大的环流，甚至烧毁旁路断路器或线路和变压器起火。

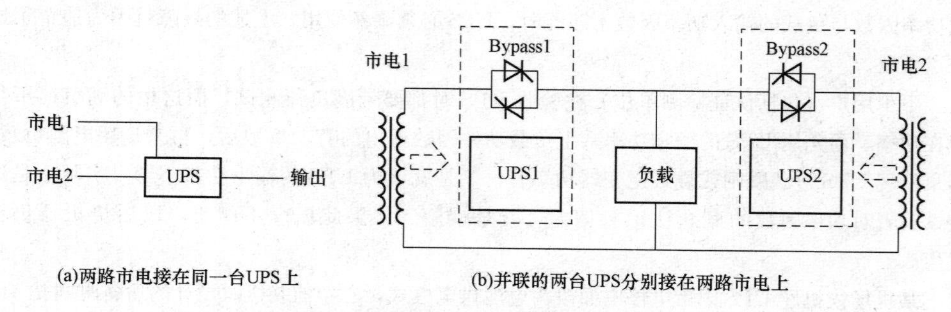

图 9-2　双路市电的隐患连接原理方框图

又如某省高速公路指挥部在不懂技术的前提下，擅自修改供电方案；在所有 UPS 前面都接入了极不匹配的交流稳压器，导致处处起火、站站冒烟。

10. 判断故障

顾名思义，本来不是故障，由于值机者不看说明书或缺乏 UPS 的基本知识，把本来不是故障的现象误认为故障。这就会提出这样一个问题，既然不是故障，即使认为是故障也不是事实，也不会造成什么后果啊！问题就应该是这么简单，然而值机者偏偏把问题复杂化了。他不但认为是故障，而且将此“故障”上报领导，并由此招来厂家并大加训斥。这样完全按故障程序走下并就会出现不良后果，紧张了用户与厂家的关系，用户领导失去了脸面。

香港机场搬家的前一天夜里做飞机试飞联调，深圳某空管航标站就在飞机试飞时，值机人员惊奇地发现：UPS 没有把后面的机器带起来，这必然影响试飞。他感到责任重大，于是半夜就把处长等领导由百里之外请到现场。供应商到达后，领导们气急败坏地把厂家总经理一行人叫来，并指责厂家的机器为什么在关键时刻出问题，简直不可救药！厂家经理表示道歉，唯唯诺诺，诚惶诚恐地保证马上解决。但工程师到机房后发现一切正常：UPS 工作正常，负载机器工作正常。问报警者问题在何处，对方一时无言以对。原来 UPS 面板上的带载量用四个指示灯标注，负载超过 25%才亮第一盏灯，由于负载太小，不足 25%，所以负载灯一盏都不亮。一场人为的虚惊！所好的是运维工程师没有动手关机，否则那真是闯了大祸。

一单位采用 1+1 冗余并联模式 UPS 供电系统。值机者巡查时发现两台 UPS 控制电路板上的指示灯点亮的数目不同，其中一台多亮了一支。于是赶快报告领导并从异地招来了厂家工程师，令其马上解决问题。工程师马上检查机器，并未发现异常，问及原因，值机者指着一台电路板上的指示灯说：为什么这盏灯亮而另一台上的就不亮。工程师告诉他这一台先开机就是主机，只有主机的这盏灯才亮，厂家工程师白跑一趟。

北京某银行信息中心机房在短期连续几次烧坏了几台 48V 直流电源，于是就认为 UPS 输出电压有问题，不但招来了厂家，而且还请了第三方的专家来测试。

当专家问及系统现在运行是否正常时，回答：正常。

问：既然烧了直流电源为什么还正常？回答：这一台还没烧。问：这一台工作了多长时间？回答：近 10 天了。

问：那几台是如何烧的？

答：第一台坏了后，后面几台装上去就烧，就是这一台没烧。

问题很清楚了，这不是 UPS 的问题，而是 48V 直流电源质量有问题。

同样的问题出现在广州某铁路系统。UPS 采用的是同样方案，不过那是新装系统，也是开始连续烧毁几台直流电源，用户工程师坚持说是 UPS 输出电压三相不平衡才烧毁直流电源。待又换上新电源后，为了怕再烧电源，此后又风风火火地从北京把厂家工程师招去，这时系统已正常运行三天，而三相电压均为 220V，没有中心偏移现象，也是直流电源本身质量不好所致。

二、机器质量故障

机器因质量问题而导致的故障主要有几种原因：器件早期失效、器件质量等级不高、电路设计缺欠和生产过程中的缺欠以及新品试制中的缺欠。

1. 功率管早期失效

器件早期失效的现象并不罕见。这种情况的发生有几种原因：器件入库抽检时未被抽检，产品出厂时又没检测出来；器件缺欠由于在制造厂老化时间不足够但已到边沿状态，在用户装机后二次老化时表现出来了等。如图 9-3 所示就是逆变器功率管故障的一个例子。一般功率管故障多表现为短路，如图中 VT5 旁虚线所示。某银行和某 IDC 就是这种情况，这两处都是在新 UPS 装机后考机过程中出现故障的，当 VT5 导通时整个电池电压都加载了 VT6 上，由于考机中温度升高导致 VT6 缺欠耐压不够而被击穿，于是 VT5 和 VT6 桥臂将电池电压短路，造成故障。

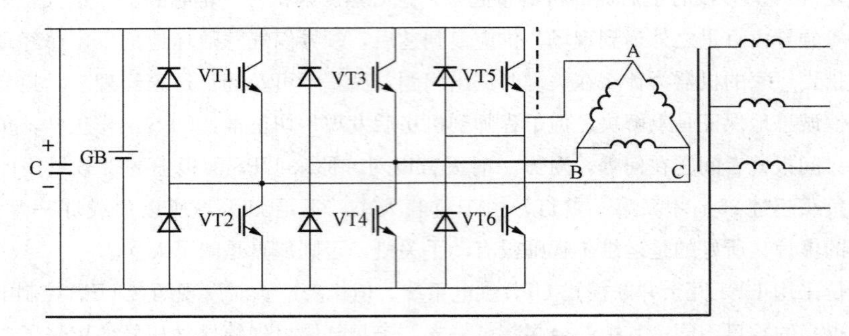

图 9-3 功率管故障情况

此种故障情况在一流工频机 UPS 和高频机 UPS 都有出现。当然，在器件质量等级不高的机器中就更严重了。

尤其是新产品试制中在没有成熟的情况下仓促销售，导致故障连连。比如高频机 UPS 的制造条件要求比较高，但由于它的诸多优点这是今后的发展方向，所以几乎所有制造厂都有此产品销售。但由于器件质量、设计水平和制造平台的差异，使产品故障频出，从而也败坏了真正成熟产品的名誉。

2. 变压器燃烧

这种情况在前些年高频机 UPS 没有问世以前几乎没有先例。由于高频机 UPS 取消了工频机 UPS 的输出变压器，体积和自重几乎缩小了三分之二，价格也有显著降低，这对工频机 UPS 市场是一个不小的冲击。为了与高频机 UPS 抗衡，就有的制造厂在变压器铁心和漆包线绕组的质量上做了些改动。比如某省高速公路指挥部 UPS 起火，某省公安厅和某保险公司信息中心机房处处起火和冒烟。

3. 机其参数的改变或生产条件和地点的变化

这种情况多来自对别家机器仿制过程中在没有搞懂原理的情况下擅自修高参数，导致故障。如某国家机关购买了 4 台这种 UPS，在考机中就烧坏了两台，修好后工作几个月后又出现了厂家都无法修复的故障，只好淘汰。

另外就是制造地点和条件的改变，比如某进口 UPS 原来在欧洲生产，产品质量一直很稳定；但以后改到亚洲生产后，就在同一张图纸制造的情况下，其产品故障率至少在 90%以上。

第二节　故障分析与处理实例

一、常见故障分析与处理

机器故障有两种：①机器质量导致的故障：这在出厂后就埋下了后患，这类故障可以通过高水平的调机、验收和运维发现一些早期失效的部位，加以避免，但有些软故障和临界故障就不容易查找了，比如机器调试和验收都没问题，但正式运行一段时间后就出故障了，停机等待厂家来修，但厂家工程师到场后起动机器，一切又正常，即使运行几个小时后也无异常，但几十小时甚至几百小时后机器又不行了，这种故障称为软故障；②人为故障：当然人们总是希望使用可靠性高的设备，但设备总是要出故障的，关键是能找出故障原因，其差别也在于故障率的大小。

这里的UPS故障案例分析包括故障现象和导致故障的原因，甚至有些不是UPS故障，而是当事人由于概念的模糊而“张冠李戴”，硬栽在UPS头上的。但由于一时找不出原因而权当UPS故障处理，等到事实被澄清后，损失已无可挽回。因此，本章意在举一些使用中的案例，通过对这些案例的分析帮助读者开拓思路，以期能收到抛砖引玉的效果。

1. 因基本概念不清导致的“故障”

例9-1　UPS合闸时输入断路器跳闸。

(1) 基本情况。用户为很多单位，地点为北京、广东佛山等多处可见。

(2) 故障现象。UPS安装完毕后开始空载试机，但当闭合UPS输入断路器时，即使UPS逆变器尚未起动，也会使外面配电室内带漏电保护的断路器跳闸。如广东某地，当闭合7.5kVA的UPS输入开关时，尽管是空载（即使是满载电流也不过12A）却使500A带漏电保护的总断路器跳闸，导致用电设备根本无法加电开机。

(3) 故障分析。带漏电保护的断路器本来是保护人身安全的，它的原理是将输入市电的相线L和零线N同时通过一个测量变压器，如图9-4所示，从图中可看到两根线的绕法是使磁通抵消的方向。在正常情况下，相线电流 I_L 和地线电流 I_N 相等，变压器中的磁通互相抵消，即

$$I_L = I_N \quad \Delta\phi = 0 \tag{9-1}$$

这时无漏电情况发生，此时的漏电信号电压

$$e = 0 \tag{9-2}$$

当人体触电时，触电电流通过人体流入大地E，就使得输入相线电流 I_L 和零线电流 I_N 不相等，在 I_N 中比原来少了一部分电流 I_E，也就形成了两部分磁通不能低消的局面，即 $\Delta\phi \neq 0$，这时测量变压器铁心中就出现了交变磁通 $\Delta\phi$，并由此感应出信号电动势 e，即

$$I_L \neq I_N \quad \Delta\phi \neq 0 \quad e \neq 0$$

当这个电动势达到一定值时，就触动了断路器K的跳闸线圈，使断路器切断输入市电电源。一般这个电流很小，根据不同的要求其跳闸电流也不同，对人身的安全而言一般小于30mA。当带有漏电保护装置的断路器后面有UPS时，虽然无人体触电，但由于其输入滤波器中抑制共

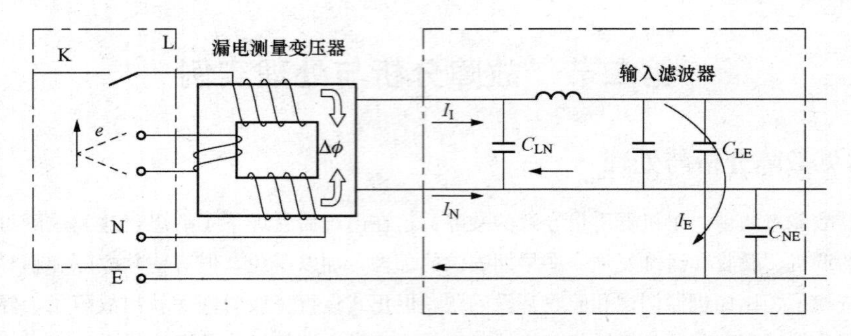

图 9-4　UPS 前加带漏电保护的断路器原理图

模干扰电容器 C_{LE} 和 C_{NE} 的作用，开机时由于电容 C_{LE} 瞬时短路，这时电流非常大。即使电容充满电，其工作电流 I_E 因 220V 而较大，比如取 $C_{LE}=C_{LN}=C_{NE}=1\mu F$，则在额定 220V 电压下的工作电流 I_E 为

$$I_E = 2\pi fCU \tag{9-3}$$

式中：f 为市电频率，50Hz；C 为 $C_{LE}=1\mu F$；U 为市电电压，220V。

将这些值代入式（9-3）得

$$I_E = 2\times 3.14\times 50\times 1\times 10^{-6}\times 220 = 69(\text{mA})$$

大于跳闸电流的 2 倍。另外还有常模抑制电容 C_{LN} 和共模电容 C_{NE} 构成的泄漏支路向地的漏电流约为 $I_E/2$，两部分漏电流就有一百多毫安，已远超漏电电流允许的临界值，而且是直通到地的，使得测量变压器中的返回电流 I_N 因缺少了这一部分而使磁通极大地失去平衡，出现了类似触电的效果，使具有相当幅度的漏电信号 e 出现，再经处理后去驱动断路器的跳闸执行机构，将输入市电断开，使 UPS 无法起动。如果市电中还夹带着共模干扰时，这种现象就更明显。所以 UPS 前面不应设置带有漏电保护装置的断路器。

有的 UPS，当闭合输入开关时，即使输入配电柜中的断路器不带漏电保护也会跳闸。这种情况多发生在具有输入变压器 T_r 的 UPS 上，如图 9-5 所示。由于该变压器在设计中为了节约成本而将磁通密度取得过大，以至于绕组匝数较少，这就导致了起动时建立励磁电流的过程中电流过大，使配电柜中的开关 S 跳闸。当然一般不能从 UPS 设备上想办法，但可采取补救措施，如图 9-5 中虚线所示。这里加进了一个电阻和接触器构成的 RK 缓冲环节，其做法是：将电阻 R 串接在输入线上，接触器的动合触点与其并联；接触器的线包（绕组）接在 UPS 一端的输入变压器两端，如图 9-5 所示。

RK 缓冲环节的工作原理为：首先将配电柜中的开关闭合，市电 U_{in} 就加到了 UPS 的输入端，当闭合 UPS 输入开关 S 时，由于 J 是动合触点，输入电流只好经由电阻 R 流入变压器一次侧，由于 R 将输入电流限制在一个不会使配电柜开关跳闸的定值 I_n，即

$$I_n = U_{in}/R \tag{9-4}$$

随着变压器一次励磁电流的建立，变压器一次电压 U_t 逐步升高，输入电流逐步减小，即

$$I_n = (U_{in} - U_t)/R \tag{9-5}$$

当 U_t 上升到某一值时，接触器 J 动作，触点闭合，市电进入正常送电状态，过程结束。由于

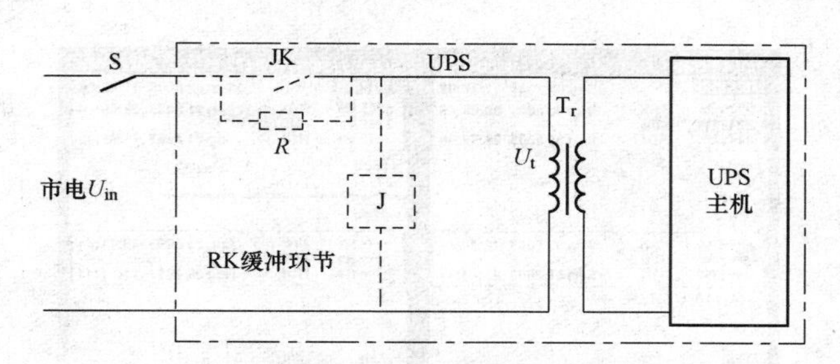

图 9-5 具有输入变压器的 UPS 电原理方框图

整个过程均在 ms 级，故电阻的功率也不必太大，只要能承受电流的冲击就够了。

例 9-2 在设备装好后一段时间内 UPS 所带的 IT 设备在运行中有 50%出了故障。

（1）基本情况。用户为某研究所，地点在南方。

（2）故障现象。该单位购置某品牌 UPS 所带的卫星设备在运行中有 50%出了故障，而 UPS 工作虽然正常，但却频繁切换到电池供电模式，用户怀疑是由于 UPS 的供电问题所致。

（3）故障分析处理。事情出现后，用户和供货商联合进行测试，得出一些图形，用户要求在对这些测量图形中的问题做出合理的分析与解释，并采取有效措施，在这之前，本系统停止了执行对此品牌 UPS 的购买协议。

1）事情出现后，首先对供电线路进行检查后发现：①输入电路的断路器将相线与零线同时接到输入断路器的触点上；②UPS 输入频率范围根据用户要求调整到±0.1Hz；③对该系统的另一个使用该 UPS 的信息中心也做了调查，回答是未出现任何异常。

2）对测试结果的分析。

①空载时的测试波形。为了搞清楚 IT 设备故障的起因，用示波器对 UPS 进行了 24h 的监控，其测量图如图 10.6 所示。从图 9-6（a）和（b）可以看出，空载时，无论输入电压（L-N 电压）做如何变化，输出电压相线和零线之间的 L-N 电压都基本稳定在一个确定的数值上，但此时的零地电压（N-E 电压）却出现了明显的 1.2V 电压值。由于 UPS 输出端无负载，即电流等于零，不会在零线上产生任何压降，那么这个电压是从何而来的呢？会不会影响用电设备呢？

由于 UPS 的零线和地线都是和外供电系统分别连接在一起的，所以这个电压是由同一条零线上其他设备的用电和电流的瞬变反映过来的，对设备无任何影响。原因是构成干扰的三要素是：干扰源、传导干扰的途径和受干扰的设备。设备的用电只有两根电源线（相线和零线）连到机内整流器的输入端，地线并未引入，所以零地电压到用电机器上的通路已断，所以不能构成干扰。

②空载时模拟断市电，测试 UPS 输入及输出端 N-E 电压和输入电流变化（相线和零线同时切断）。

从图中可以看出，当市电被切断以后，零地之间仍出现了明显的 15V 上冲电压，如图 9-7 所示。那么这个电压来自何处？对用电设备有何影响？

在正常工作时，电流 I 从市电的相线端 L 流出，经 UPS 后由零线 BA 流回，如图 9-8 所

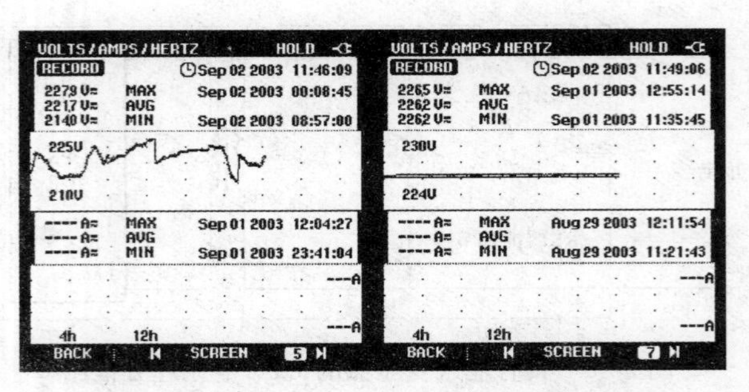

(a)输入端24小时L–N电压　　(b)输出端24小时L–N电压

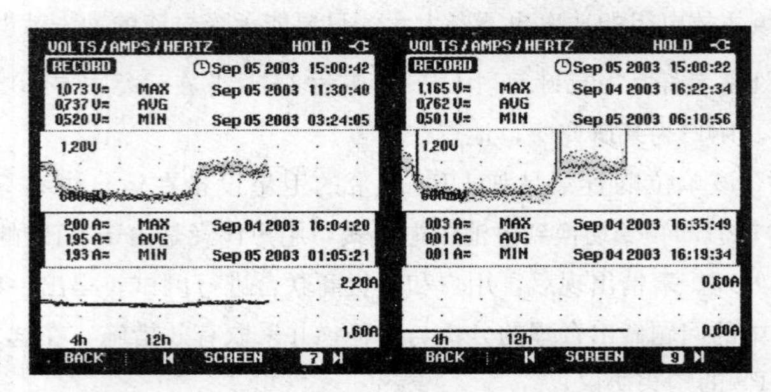

(c)输入端24小时N–E电压和电流　(d)输出端24小时N–E电压和电流

图 9－6　空载测试波形

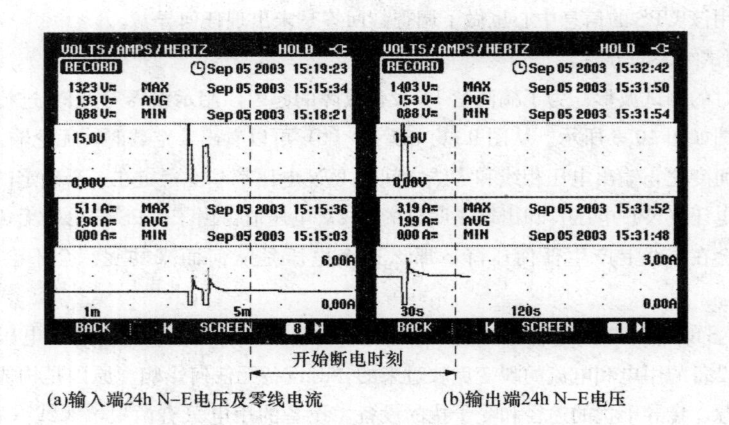

(a)输入端24h N–E电压及零线电流　　(b)输出端24h N–E电压

图 9－7　市电断电时的测试波形

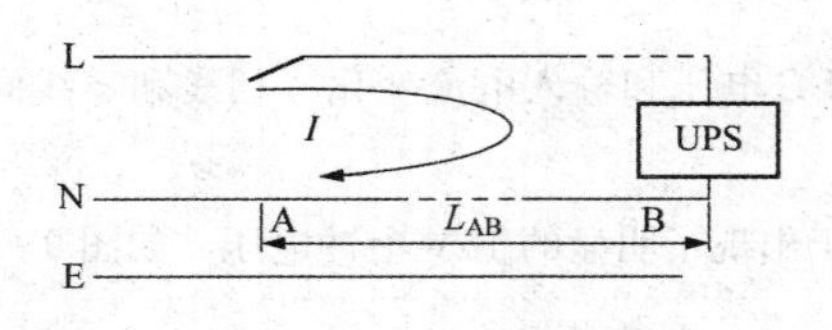

图 9－8　UPS 与电网连接原理图

示，但断路器突然断开时，零线上的寄生电感 L_{AB} 在瞬变电流 $\mathrm{d}i/\mathrm{d}t$ 的作用下就产生一个反电动势

$$e = - L_{AB}\mathrm{d}i/\mathrm{d}t \tag{9-6}$$

这个反电动势的大小取决于零线寄生电感的大小和断路器断开的速度，在这里是 15V。由于反电动势和电

流差一个负号，即方向相反，所以从示波器上也反映出如图 9-7 所示相反的图形。因这时已经关机，即使不关机，由于上述分析的原因，对负载也无影响。

③加普通设备负载。当给 UPS 加轻负载时，在对 UPS 进行 24h 监视中，从图 9-9 的测试图中可以看出两点：

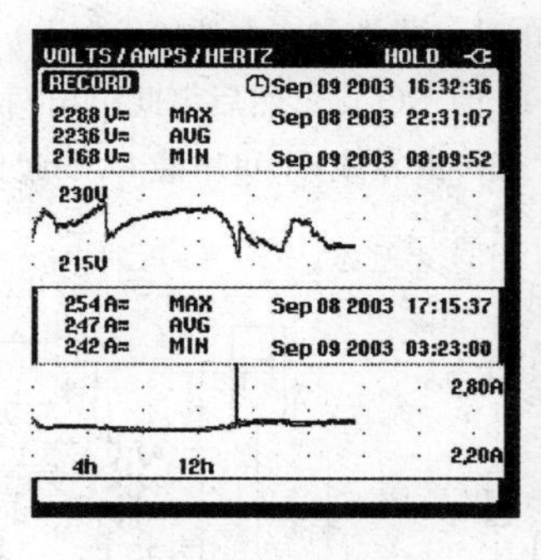

(a)输入端24h L–N电压电流

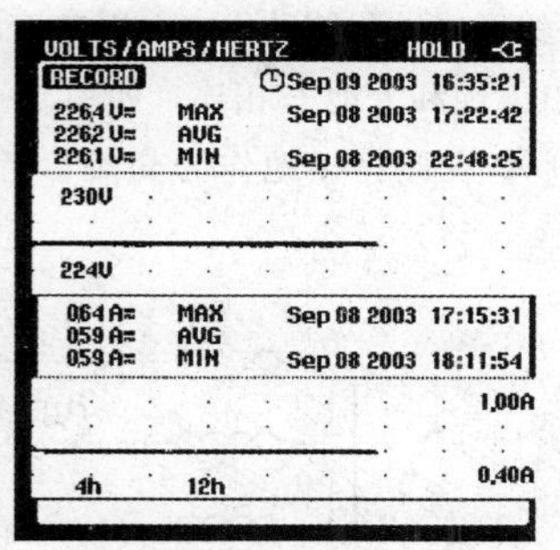

(b)输出端24h L–N电压电流

图 9-9　给 UPS 加轻负载的测试图（一）

其一，无论输入电压如何变化，输出电压一直非常稳定；其二，在 UPS 输入端出现了一个幅度很大的上冲，而到了输出端却又不见了，是不是被负载吸收后形成了对负载的干扰呢？

这是另一个 24h 小时的检测结果。输入电流出现一个上冲脉冲，而且还没反映到输出，这是因为已被输入滤波器所抑制之故，不是干扰设备的结果。如果对设备有干扰，最低限度也应该在负载设备输入端有脉冲出现。所以，在输入端出现的干扰脉冲由于被输入滤波器吸收而不能反映到输出端，也就谈不上干扰。

图 9-10 是另一幅在 24h 监视中被认为异常的图形。用户的问题是：为什么输入端有多个电压上冲，而输出却有一个？这会不会就是影响负载稳定性的因素呢？

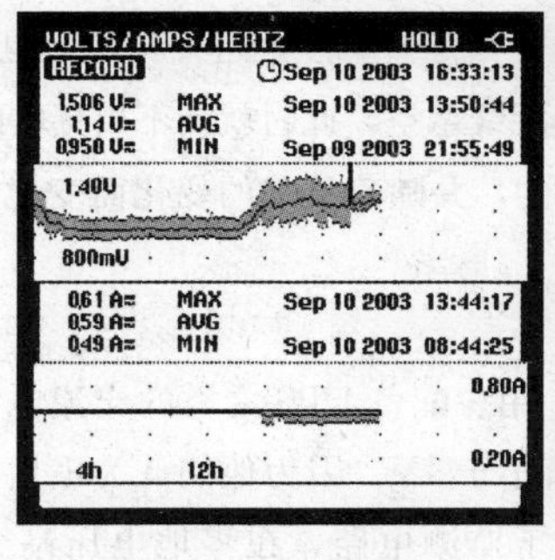

(a)输入端24h N–E电压电流

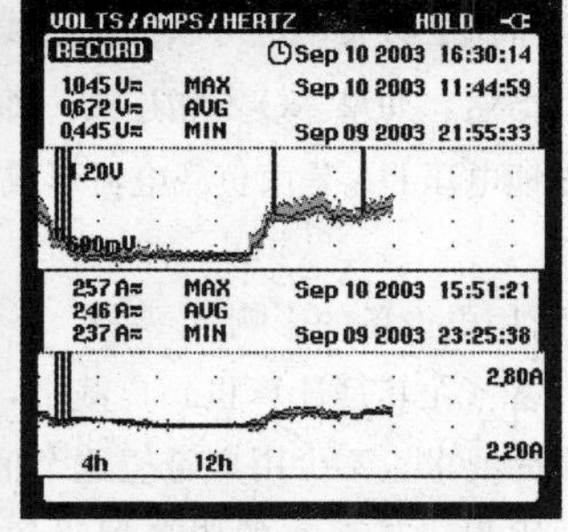

(b)输出端24h N–E电压电流

图 9-10　给 UPS 加轻负载的测试图（二）

对这个问题的解释是：在这个测试图中，因为是带载情况，由于输入滤波器的抑制作用，输入端的多个上冲都吸收掉了而没有反映到输出端。在输出端出现的一个上冲，是由于负载正常运行中的电流瞬变引起，这和下面的电流图是对应的，所以不会影响负载。下面的电流阴影部分是高频电流波形，由于示波器在较低的频段不能展开，所以只能显示一片阴影，不过其中就包括了电流瞬变的成分，其中频率较低者形成的电压较低，被包括在电压阴影中。

（4）几个问题的说明。

1）零地电压的形成。我国的供电一般在变电站（或类似变电站的供电点）的 D-Y 变压后，其二次绕组的中点就地和大地 E 相连，如图 9-11 的 NO 点；然后由此引出两条线，一条零线 NC 和一条地线 OO，在此将接地作为交流参考点，由零线 N 和相线 U 一起作为设备的供电电源。

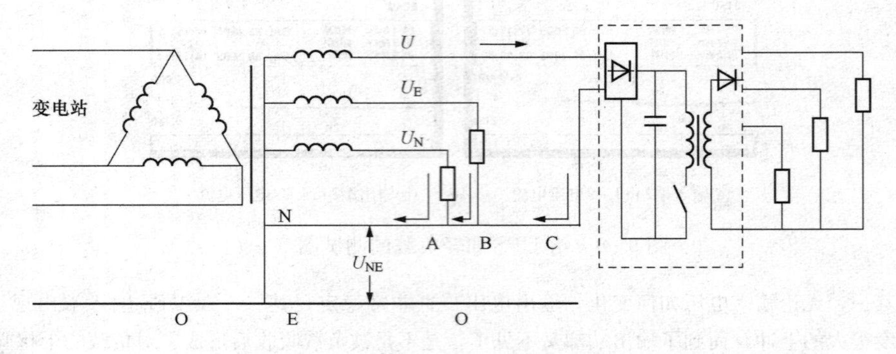

图 9-11　零地电压及其传输路径

作为一个例子，在该图中的三相电压分别带了单相负载，如果定义由变压器流出的电流方向为正，那么由零线流回中点 N 的电流方向就为负，如图 9-11 中箭头方向所示。很明显，负载电流的数值由左至右是逐渐加大的，所以电压也是由左至右逐渐加大的。如果以 O 点为参考（因要求接地线又粗又短，故可把 NO 看作一点），于是就有零地电压 U_{NE} 逐渐增大的关系，即

$$U_{AO} < U_{BO} < U_{CO}$$

如果地线 OO 的截面积足够大，就可以将这条线看作是一个点，这样，零地电压 U_{NE} 就是由左至右逐渐加大的。当然，如果 NO 不相连接，即零线悬空，此时就测不出真实的零地电压 U_{NE}。

由此可见，零地电压 U_{NE} 是由负载电流形成的，并随着负载的变化而变化，这就是所谓的零点漂移。

2）零地电压对用电设备的影响。

在很多电子设备（尤其是计算机）负载中，用户配备 UPS 之类的交流电源时，大都对零地电压提出了很高的要求，不少用户希望这个值小于 1V。因为他们认为零地电压是影响机器运行可靠性的主要因素，甚至有的服务器设置了监测电路，在零地电压高于某一值（比如 1.2V）时就无法起动。有时机器出了故障也归罪于零地电压太大。究竟零地电压对作为负载的电子设备有多大的影响，是如何影响的？只有明白了这一点才可有的放矢地去寻找解决方法。若达此目的就要首先搞清楚零地电压的传输路径。

目前电子设备和供电电源的连接方式有两种：负载为输入端有隔离变压器的情况和负载电源中间有隔离变压器的情况，如图 9-12 所示，先分别进行讨论。

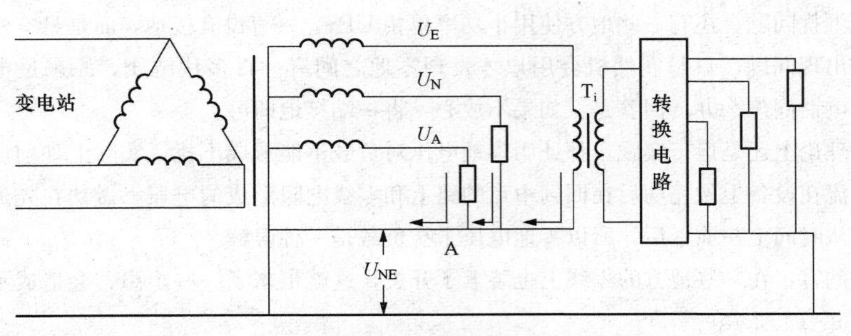

(a)负载输入端有隔离变压器的情况

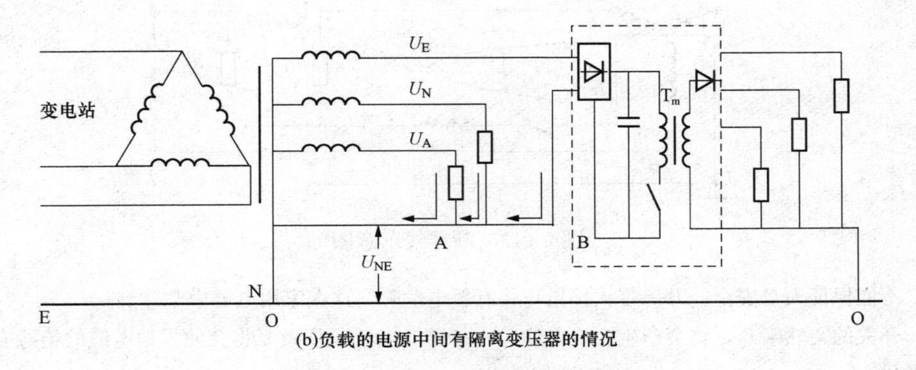

(b)负载的电源中间有隔离变压器的情况

图 9 - 12　UPS 的不同负载结构情况

负载为输入端有隔离变压器的情况：图 9 - 12（a）示出了负载为输入端有隔离变压器的情况，为了方便起见，只取出一相进行讨论。这种负载形式在要求较高的负载上目前还有应用，比如线性电源等。可以看出，单相电压的两条线：相线和零线只能到达输入变压器 T_i 的一次绕组输入端，其电压也只能直接加到输入变压器 T_i 的一次绕组上，就是说，相电压不论是相线还是零线都到此为止，再往后的通路已被隔断，至于地线就根本进不了输入端，零地电压也就无从说起。

负载的电源中间有隔离变压器的情况：图 9 - 12（b）示出了负载电源中间有隔离变压器的情况，这种负载电源形式目前使用最多，就是应用于最广的 PWM 电源中上。由图中可以看出，单相电压的两条线：相线和零线加到输入整流器的输入端，经整流后的电压被滤波成直流，而后加到高频变压器 T_m 的一次绕组，如果说单相电压的两条线在整流器上不算终点的话，那么在该高频变压器的一次绕组上已是终点，再往后的通路已被隔断。

从以上的两种负载结构形式可以看出，单相电压的两条线——相线和零线都只能加到用电设备电源变压器的一次绕组，再往后的电通路均被隔断。即传递零地电压的途径已被隔断，所以无法形成干扰。

在某处的一个数据中心，用了 160～320kVA 的 UPS 数台，未装 UPS 前的零地电压就有 4.5V，装上 UPS 后也未加任何措施，近三年的运行时间任何一台从未发生过任何问题。

某证券公司计算机房，用了三台 10kVA UPS，零地电压达 10V 以上，在三年的运行当中也未出现任何干扰问题；还有一些地方使用小功率单相 UPS，一直没有接地，而是悬空运行好长时间，并未出现问题，只是偶然机会用户才发现零地之间有一百多伏电压，原来是电压悬空。用户打来电话问怎么办，回答是：如果不放心，将一端接地即可。

不论是从理论上还是运行实践，都证明零地电压对负载不能形成干扰。实际上如前所述零地电压就使电流在设备上做完功后在回到中点的路上和零线电阻形成的电压，做功在先形成零地电压在后，从时间上一前一后，所以零地电压干扰负载是一种误解。

断零线的危害：在一些地方的零线上也装上了开关，这就带来了一些隐患，会造成不必要的损失，如图 9 - 13 所示。

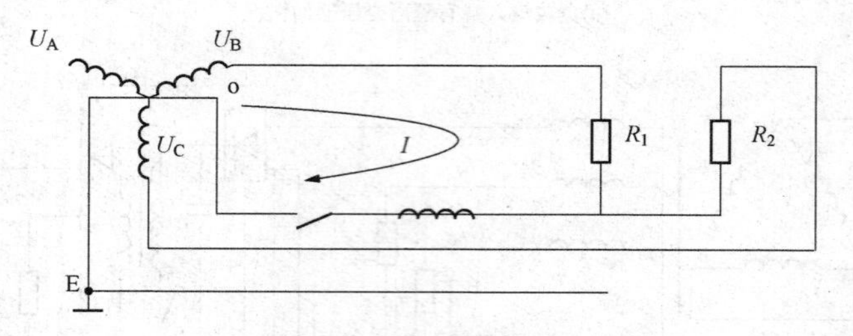

图 9 - 13　断零线示意图

不能保证人身安全。万一零火接错，将有触电危险，这在家用电器中常碰到；

开关的突然断开，将会产生尖峰电势，$e=-L\mathrm{d}i/\mathrm{d}t$，长期重复将会使零地电缆的绝缘套加速老化；

由于 $e=-L\mathrm{d}i/\mathrm{d}t$ 在零地间是一个衰减震荡，幅度很大时将会向外辐射干扰电波，形成空间干扰。

零线断开以后，如图所示的负载 R_1 和 R_2 的 220V 电源 U_A 和 U_B 就没有了回到中点的通路，但构成 U_A 和 U_B 的 380V 线电压 U_{AB} 就是 R_1 和 R_2 的电源电压，的功率相差太远比如 $R_1=100\Omega$，功率 $P_1=U^2/R_1=484\text{W}$；$R_2=1000\Omega$，功率 $P_2=U^2/R_2=48.4\text{W}$ 那么分得的电压 U_2

$$U_2=\frac{R_2}{R_1+R_2}\times 380\text{V}=\frac{1000\Omega}{100\Omega+1000\Omega}\times 380\text{V}\approx 345\text{V} \qquad (9-7)$$

220V 的负载因不能承受 345V 的高压而被烧毁，就是说当零线断开时很可能就烧毁一台或几台设备。

(5) UPS 带固定负载时的测试结果。为了进一步确定 UPS 的问题，又给 UPS 加上了一个固定负载。从 UPS 输入端测得电流波形的幅值为 62A，但在其输出端却发现峰值电流值为 65.4A，如图 9 - 14 所示。

用户的问题是：为什么会出现这种情况呢？会不会形成干扰？

对这个问题的解释是：UPS 输入电流内包括了两部分负载：UPS 本身的负载电流和其负载的工作电流。由于该 UPS 是一个在线式电路，输入、输出是隔离干扰的，即输入波形和输出波形没有任何关系。由于该 UPS 的输入端采用了功率因数校正，使输入电流波形近似为正弦波，所以输入电流的谐波分量非常小。很明显，输出端连接的是一个整流负载，所以输出电流呈脉冲状。至于脉冲幅度的高低和输入电流幅度是两回事，它只和负载端整流电路的滤波电

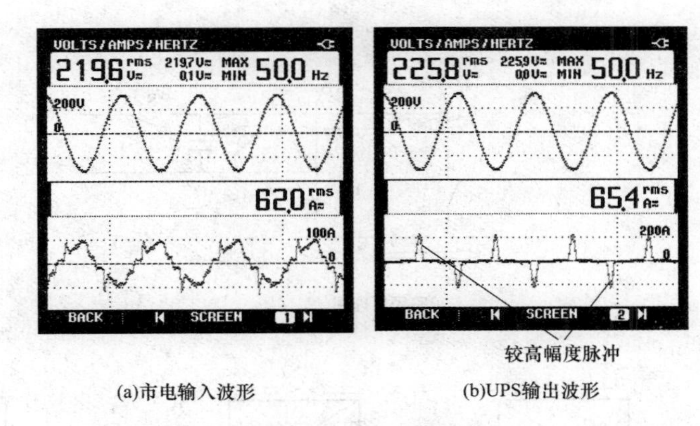

(a)市电输入波形　　　　(b)UPS输出波形

图 9-14　UPS带固定负载时输入和输出的电压/电流测试图

容量有关，电容容量较小时，脉冲电流的宽度大，幅度就低；电容容量较大时，脉冲电流的宽度就小，为了保证原来的电流面积（固定负载），幅度必然增高。所以这是必然的结果，属于正常工作，也根本不是什么干扰。

从上面的分析可见，UPS一切工作正常，负载设备故障和UPS无关，需另找原因。

(6) 对UPS频繁切换到旁路供电的分析。一般UPS对输入电压频率的要求范围是50Hz±(2.5～3Hz)，但用户所用该UPS具有将输入电压频率限制在（50±0.1）Hz的调整能力。有的用户总觉得（50±0.1）Hz更能保证用电的可靠性，于是就要求装机工程师将输入电压频率调整到这个值。换言之，当输入电压频率超出这个范围就转到电池供电模式。我国对市电频率的规定范围是（50±0.2）Hz，这已经很稳了，再调到上述位置已没有实际意义。当然对一般小容量发电机来说由于频率偏移较大，建议还是将输入电压频率的要求范围又调回到（50±2.5）Hz。

经过对以上问题的逐一分析后得出了不是UPS故障的结论，经调整后一切问题得到解决。

例 9-3　UPS逆变器因何烧毁?

(1) 故障现象。某品牌负载功率因数为0.8，额定容量$S=80$kVA的UPS。装机后加载验机，验机条件是只加电阻负载考验有功功率$P=SF=80\text{kVA}\times0.8=64\text{kW}$。开机后面板上的LCD也显示64kW，30min后输出断电，检查发现UPS逆变器烧毁。此种情况在多处出现，无一例外，好像是过载的现象。

(2) 出现问题。验机功率还没达到100%，为何导致逆变器烧毁，是UPS的实际功率不够吗？还是什么原因?

(3) 故障分析。

1) 一般UPS的输出功率构成。对一般几乎所有的UPS而言，它的逆变器是按有功功率设计的，无功功率由与其并联的电容器提供，如图9-15中的电容器C所示。那么电容器C中的无功功率是如何得来的呢？图9-15的（a）、（b）做出了回答。现在就不加负载的情况下分别予以说明。

2) 无功功率的建立过程。

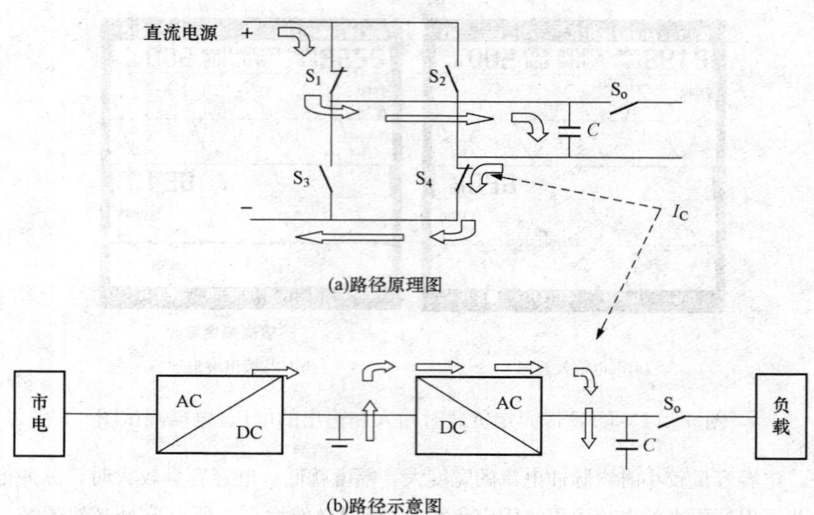

图 9-15　空载时正半波无功功率的产生与流向图

①空载正半波：当正半波电压输出时，在输出端首先遇到的是一个电容器 C 的电抗，为了能建立起有效值 220V 的稳定输出，必须在这个电抗上建立起这个电压，根据欧姆定律为

$$U = I_C X_C = 220\text{V} \tag{9-8}$$

必须有一个电流 $I_C = \dfrac{U}{X_C}$ 通过电容 C，或称为给电容充电，其电流的流动路径如图 9-15（a）所示。在正半波时，逆变器功率管 S_1 和 S_4 闭合，电流的路径是：直流电源“+”→S_1→C^+→C^-→S_4→“−”，此时电流是从 C^+ 流入的，所以这是电容器被充电的过程，一直到正半波结束，电容已被充满。为了更直观一些，图 9-15（b）给出了路径示意方框图。

②空载负半波：当负半周时，如图 9-16（a）空载负半波图所示。控制电路将逆变器功率管 S_1 和 S_4 关断，闭合逆变器功率管 S_2 和 S_3，现在电流的路径就变成了：直流电源“+”→S_2→C^-→C^+→S_3→“−”，此时电容处在放电或称作反向充电状态，电流是从 C^+ 流出的；为了更直观一些，图 9-16（b）给出了路径示意方框图。

图 9-17 给出了空载时正负半波无功功率的流向图。交流电流就是这样周而复始地作用于电容器 C。可以看出，电流流入电容和从电容内流出，就好比向一个杯子内注水接着又把水倒出来一样，装进去多少，倒出来还是多少，理想情况下一点也没损失，用在电上就是没有做功，所以没有功率损耗。这个电容上流入又流出的功率就是无功功率，电容上的无功功率就是这样建立起来的，接下来就是等待加负载了。

3）加载情况下的无功功率流动路线。无功功率在电容中形成后，又如何向负载输送呢？从前面的讨论中已知，这种感性负载是需要无功功率的，所以才有了电源输出阻抗为容性的结构。现就以图 9-18（a）为例，来讨论无功功率在电路中的行为。

一般的使用规则是：当 UPS 空载起动后，才闭合负载开关 S_o，从该图中可以看出，当输出电压为正半波时，控制电路使逆变器的功率管 S_1 和 S_4 处于通导状态，从前面的讨论可知，

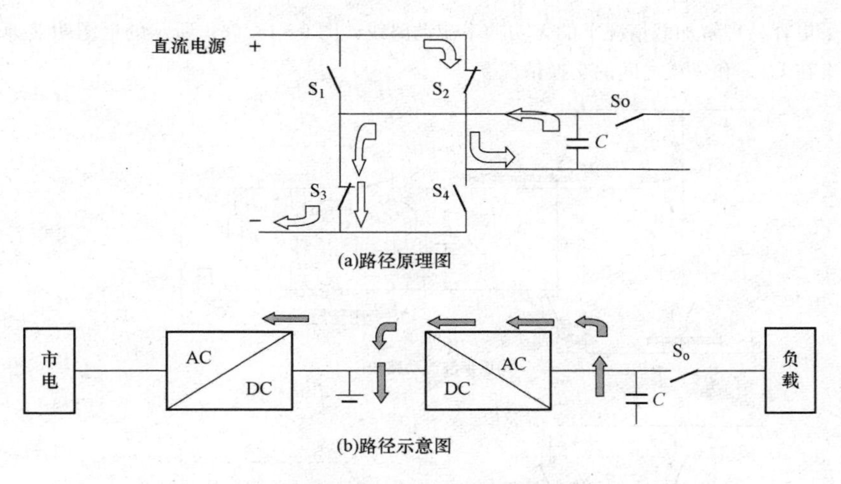

图 9-16　空载时负半波无功功率的产生与流向图

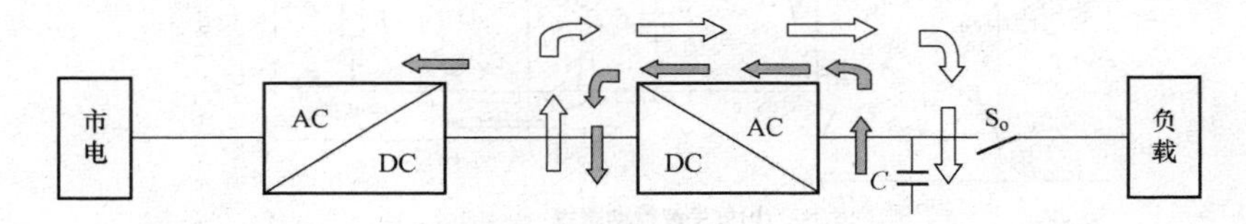

图 9-17　空载时正负半波无功功率流向路径原理图

这时输出电容 C 上的电压也是正的，在开关 S_o 闭合瞬间由于负载电压为零，根据水往低处流的道理，不论有功功率还是无功功率都必然流向负载，有功电流流向电阻负载 R，无功电流流向负载的电感分量 L，如图 9-18（a）的实心箭头（有功电流）和空心箭头（无功电流）所示，它们各成回路。为什么不是一个回路呢？实际上这是为了分析方便而人为地分开的。这个过程是电容电流给电感充电，这时电感上的电势方向和电流一致，是下正上负。根据基尔霍夫第二定律，电感和电容构成的电路就满足了这个条件。

当电压正弦波过零且向负半波转换时，根据电感的特性，这时由于电容上的电荷全部交给了电感而使电容两端的电压变为零，这时电感上的反电动势极性已变为上正下负，由于电感上的电压比电容器电压高，所以电感电流开始流向电容器，如图 9-18（b）的空心箭头所示。但此时逆变器的功率管已变为 S_2 和 S_3 导通，是否电感电流也向逆变器流呢？从该图中可以看出，如果电感电流随着有功电流（实心箭头）一起流过功率管 S_3，该电流只有去的路而无返回的路，即使有也是经过一些电路，沿路电阻增大了，电流是走捷径的，而和电容之间路径最短。

负半波过零后，在下一个正半波到来时电感上的反电动势极性又变为下正上负，和电容上的电压极性形成了同向串联的结构，重复上述的过程。就这样，无功功率在电容和电感中来回转换，在理想情况下能量是不消耗的，所以不需要专门的电路去产生无功功率，这是逆变器顺便做的事情。

为了更容易理解加载情况下的无功功率流动路线，图 9-18（c）所示的框图明显地示出了无功功率在 UPS 和负载之间的交换情况。

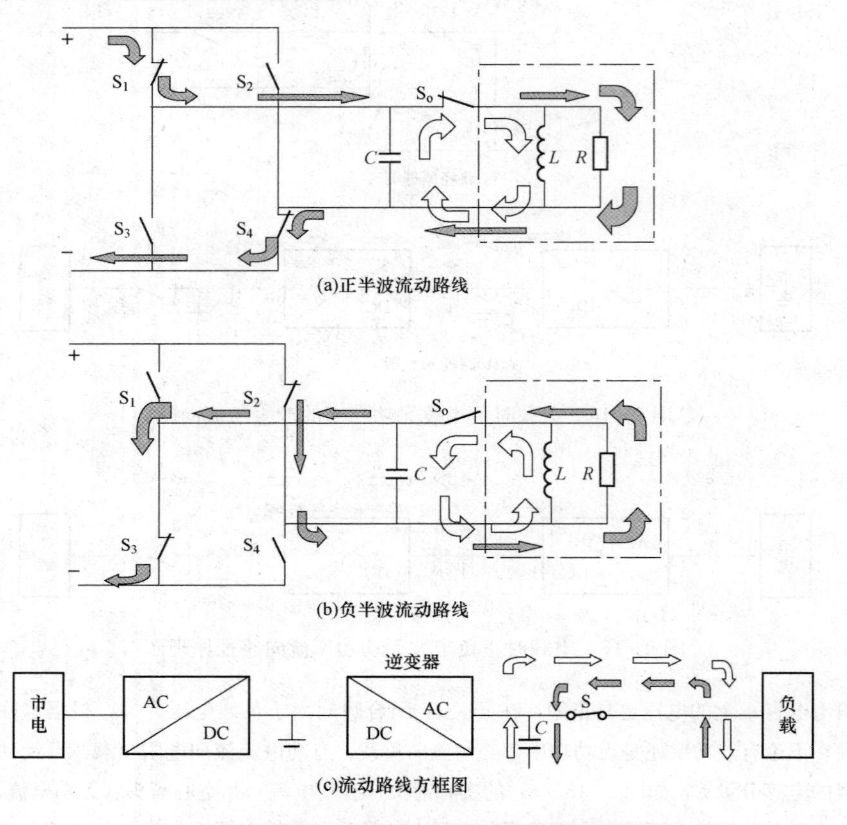

图 9-18　加载时正负半波无功功率流向路径原理图

当然这个建立无功功率的过程是通过逆变器实现的，逆变器就好像一个电流通道，无功功率的电流在空载时就是利用这个通道和直流电源交换能量的。

4）负载功率因数为 0.8，额定容量 $S=80\text{kVA}$ 的 UPS 带 $P=64\text{kW}$ 纯电阻负载时。从前面的分析可以看出，负载为匹配非线性时，电容器中超前的无功功率与负载中滞后的无功功率得到了完全互补，UPS 输出的容量最大。但当负载是不需无功功率补偿的电阻负载时，电容器的无功电流就会通过逆变器和输入端交换能量，于是就占用了逆变器的通道，这时候送往电容器的电流 I_C 为

$$I_C=\frac{48\text{kVA}}{220\text{V}}=218\text{A} \tag{9-9}$$

送往负载的有功电流 I_P 为

$$I_P=\frac{64\text{kW}}{220\text{V}}=291\text{A} \tag{9-10}$$

此时逆变器实际送出的电流 I_S 为

$$I_S = \sqrt{I_C^2 + I_P^2}\ \sqrt{218^2 + 291^2} = 364(\text{A}) \tag{9-11}$$

但按 64kW 的原设计，逆变器只能给出电流 291A，现在过电流的百分比为

$$\Delta I\% = \frac{364-291}{291}\% = 25\% \tag{9-12}$$

电流的过载必然导致很大的功率损耗，因为 IGBT 上的功耗和电流的平方成正比，即功耗 $P_d = I^2R$，如果设电流通过 IGBT 的电路电阻不变，那么它的功率将过载

$$\Delta P = (364-291)^2 R_{IGBT} = 5329R_{IGBT}(\text{W}) \tag{9-13}$$

这样大的过载量将使逆变器的结温升高，一般都是电流过载到 125%时，10min 后就转旁路，就是因为这个过载量测量不到，才使人误解。逆变器结温的附加升高量不能被原设计的散热器面积及时散发出去，于是就形成了积累效应，热积累的结果是进一步使结温升高，最终将管子烧毁。尽管逆变器已经过载，但由于电流传感器是被安装在 UPS 输出端的，如图 9-19 所示。可以看出，逆变器被电容器分去的那部分电流是没有经过电流传感器的，因此在 UPS 面板的 LCD 上根本显示不出全部电流情况，在面板的 LCD 上所显示的仅是流入负载的那部分有功电流，这就是为什么看起来不过载而实际过载故障的根源。

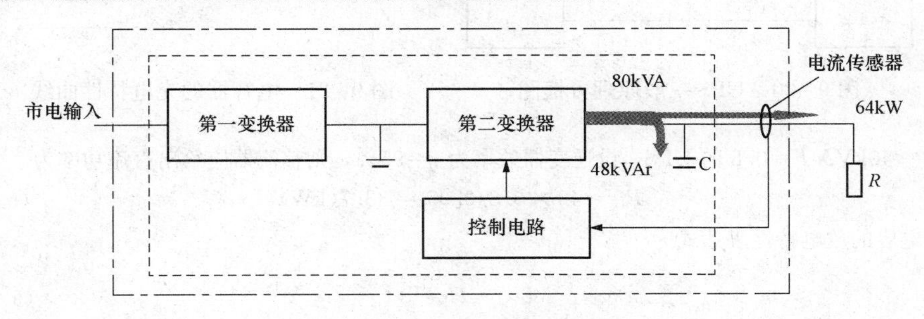

图 9-19　UPS结构方块原理图

不过，防止逆变器过载故障在一般 UPS 中还有一个措施，即在逆变功率管的散热器上安装温度传感器，当散热器上的温度达到一定数值时就自动将负载切换到旁路。近些年由于商业上的原因，几乎所有 UPS 都不安装温度传感器了。

至于人的原因就是在这个故障中也反映出验机者的基本概念不清楚。

1）不了解 UPS 产生有功功率和无功功率的电路结构。

2）认为无功功率无用，所以验机时可不考虑。

3）不了解负载功率因数的真正含义，因此就认为用有功功率部分验机是天经地义的道理。

二、“经验”导致的故障

例 9-4　UPS 的电池投入时烧熔丝。

各种品牌的中大容量 UPS 虽然电路结构差不多，但在操作过程上出于不同的考虑而各有差异。比如有的 UPS 在初次加电时，首先合输入断路器，接着合电池开关，再揿下逆变器起动按钮，UPS 就起动了；也有的 UPS 在合上输入断路器后，每一步都要按照面板屏幕上的提示步骤进行，否则就会出故障。

（1）基本情况。用户为某事业单位；地点为北京。

（2）故障现象。UPS开机，当闭合40kVA的UPS输入断路器后，操作员未等屏幕提示，凭经验接着就合上了电池开关，结果起动失败，再重新起动时已无法开机，检查结果发现电池熔丝烧断，更换熔丝后，按照正确步骤起动就一切正常了。

（3）故障分析。UPS一般电路结构如图9-20所示，为什么有的在合输入断路器后，接着就可以合电池开关，有的就不可以呢（因为该工程师当时这具有操作10kVA UPS的经验）？

这种情况多出现在中大容量UPS中。由于大容量电容的充电时间长所导致。一般几十安熔丝的正常熔断时间都在几十毫秒以上（短路故障除外，此种情况是爆炸而不是熔断）。图9-21示出了电容器的充电特性曲线。为了说明问题，就以40kVA的UPS为例。

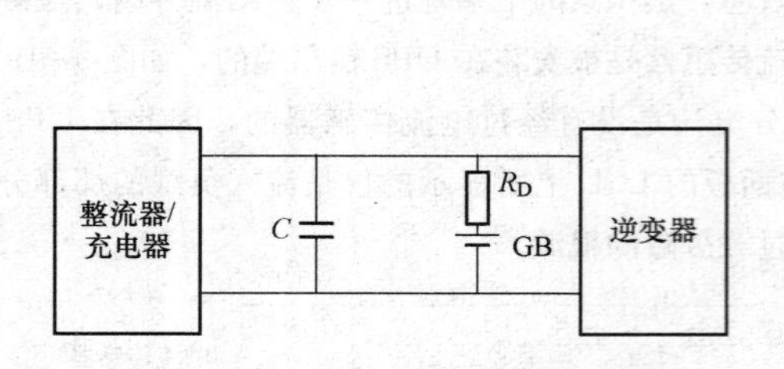

图9-20　UPS一般原理方框图

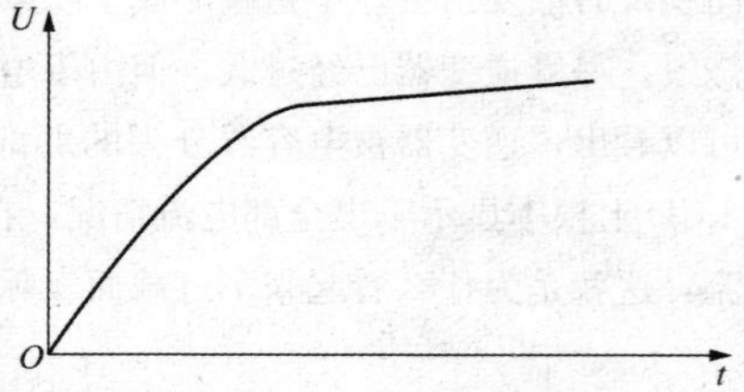

U
O
t

图9-21　电容器的充电特性曲线

一40kVA $F=0.8$ 的UPS，设逆变器效率为 $\eta=95\%$，则整流器应给出直流功率为

$$P_{\mathrm{I}}=40\times0.8/0.95=33.7(\mathrm{kW}) \tag{9-14}$$

电容的放电特性表达式为

$$U_{\mathrm{L}}=U_{\mathrm{N}}e^{-\frac{t}{\tau}} \tag{9-15}$$

式中：U_{N} 为电容 C 上的额定电压，此处取300V；U_{L} 为电容放电下限电压，此处取整流滤波电压的纹波系数为5%，故取 $U_{\mathrm{L}}=0.95U_{\mathrm{N}}=285\mathrm{V}$；$t_{\mathrm{d}}$ 为放电时间，此处取6ms；τ 为放电电路时间常数，$\tau=CR$，s；C 为滤波电容，F；R_{D} 为负载电阻，Ω。

其各点电压关系如图9-22所示。根据该图可以算出电容量和放电电阻。首先算出逆变器满载时的输入功率 P_{I} 为

$$P_{\mathrm{I}}=\frac{PF}{\eta}=\frac{40\times10^{3}\times0.8}{0.95}=33.7(\mathrm{kW})$$

于是

$$R_{\mathrm{D}}=\frac{U_{\mathrm{N}}^{2}}{P_{I}}=\frac{300^{2}}{33.7\times10^{3}}=2.67(\Omega) \tag{9-16}$$

将式（9-16）整理后得

$$\ln\frac{U_{\mathrm{L}}}{U_{\mathrm{N}}}=-\frac{t_{d}}{CR_{D}} \tag{9-17}$$

再将式（9-17）整理后，并代入数字得

$$C=-\frac{t_{d}}{R_{D}\ln\frac{U_{\mathrm{L}}}{U_{\mathrm{N}}}}=-\frac{6\times10^{-3}}{2.67\times\ln0.95}=45\times10^{-3}(\mathrm{F})=45\,000\mu\mathrm{F}$$

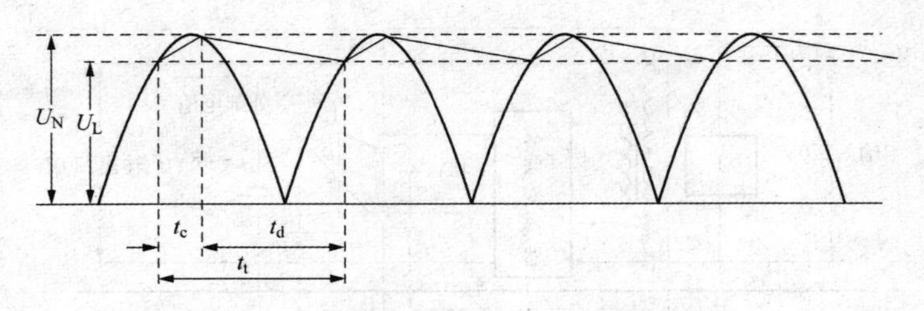

图 9-22 整流后电容上的充电波形

一般逆变器可过载到 150%（30s），需要最大输入电流为

$$I_{in}=\frac{40\times1.5\times10^3}{0.95\times300}=210(A)$$

假如取熔断电流为 300A 的熔丝。在电容未被充电时就接入电池，设充电电路电阻为 0.1Ω，那么电池接入瞬间的电流就是 3000A。在这样大的电流冲击下，熔丝必然会受到伤害，当电容的容量较小时，充电电压上升较快，熔丝虽受到了伤害，但在没来得及断开时，电流就减小下来了，这就使得熔丝埋下了隐患。如果电容的容量较大，充电电压上升很慢，大电流的冲击时间较长，熔丝就不能按常规方式慢慢熔断，而是几乎是以爆炸的方式断开。

电池接入后，电容充电电流的变化规律为

$$I_C=\frac{U_{GB}-U_{GB}(1-e^{-\frac{t}{CR_C}})}{R_C} \tag{9-18}$$

式中：I_C为电容充电电流，A；U_{GB}为电池电压，取 300V。

将式（9-15）整理并代入上述数字后，得出充电电流大于 300A 的时间为 104ms。如此长的时间足可使熔丝断裂。而实际中取得电容量比计算值还要大，因此是将会更长。所以合上输入开关后，必须等到充电器给电容充电到一定电压值时再投入电池。

为什么 10kVA UPS 就不会出现烧熔丝的情况呢？因为以往 10kVA 以下的 UPS 输入整流器大都采用了二极管而不是晶闸管，没有软起动功能，一合闸就给电容器充电，而充电又不是前沿很陡的阶跃电压，而是正弦波，又由于滤波电容容量很小，所以这几个因素使得电容充电不是从很大电流开始，不会损害二极管；另一方面，合交流输入闸刀后接着闭合电池开关，这中间间隔是秒的数量级，电容上电压早已充到额定值，故不会出现烧熔丝情况。

例 9-5 与 UPS 电池连接的继电器被烧毁。

（1）基本情况。用户为某电业局，地点在江西。

（2）故障现象。UPS 内外电池连接时继电器被烧毁。

（3）事故分析。UPS 运到现场后，用户电工在安装过程中发现其输出端零线未接地，根据电工以往的经验是必须接地的，于是就接了地。安装完毕后，开始加交流市电起动，一切正常；然后模拟市电掉电，当断开输入断路器时，发现 UPS 机内冒烟并伴有焦煳味道。检查发现连接 UPS 内外电池的继电器被烧毁。图 9-23 示出了 UPS 内外电池连接电路图。

该用户本身具有－48V 的后备电池组。因此就外购了几套直流电压为 48V 的 UPS，因该 UPS 的 48V 电池组在机内是负极接零线和地，如图 9-23（b）所示。为了在市电断电时能将外部的－48V 后备电池组和 UPS 机内电池并联，厂家就将机内＋48V 电池组负极悬空，并在

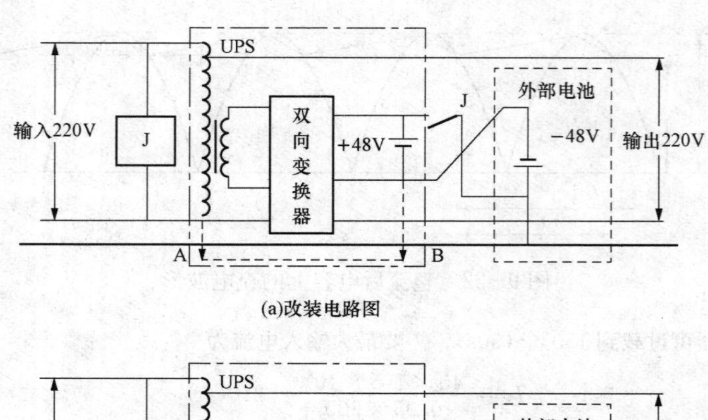

(a)改装电路图

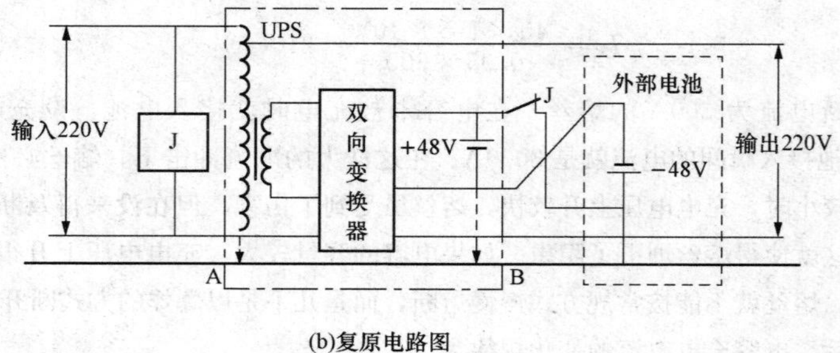

(b)复原电路图

图 9-23　内外电池连接电路图

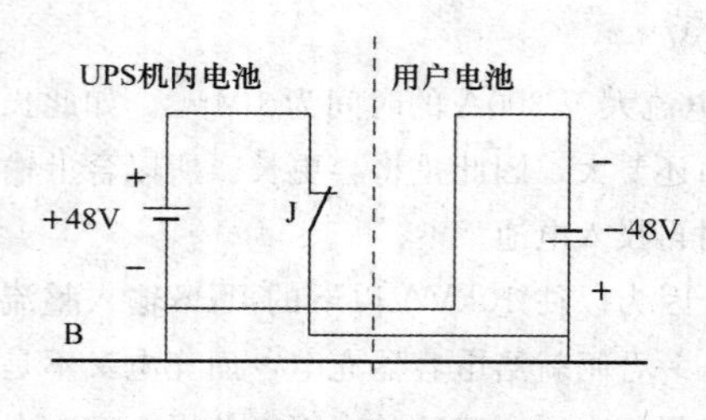

图 9-24　接地点连接后的情况

机内装入一继电器 J 与外部电池相连，如图 9-23（a）所示。继电器的控制绕组接在 UPS 输入端，市电正常供电时，继电器触点处于断开状态［见图 9-23（a）］，市电断电时，触点闭合，如图 9-23（b）所示。图 9-24 为将这一部分另外画出来的电路图。如果 AB 两点悬空，内外电池就达到了并联目的；然而如果 AB 两点与地接通，由图 9-24 很明显地看出，继电器 J 已将两组并联后的 48V 电池正负极短路，强大的短路电流将继电器一举摧毁是当然的了。

无疑，经验是宝贵的，但终究不是放之四海而皆准的普遍真理。

三、生产工艺监督不严导致的故障

例 9-6 变压器起火。

（1）基本情况。用户是某高速公路指挥中心，地点在河北省。

（2）故障现象。两台 2×60kVA UPS 在用户场地安装调试完毕后交付运行，总负载量小于 15kVA。机器运行一周后，技术人员正在调试计算机，突然发现一台 UPS 风道出口处冒烟并伴有火苗，于是立即切断配电柜上 UPS 的输入开关，UPS 输出电压都为零，检查发现是 UPS 变压器起火。

（3）故障分析。事故出现后，用户向厂家提出的问题及解答如下。

1）变压器为什么起火？变压器是一个非常可靠的部件，导致其起火的主要原因有：绕组匝间短路（包括电压击穿绝缘层）、负载短路、铁心由于涡流过大使温度升得很高等。负载短路和铁心由于涡流过大使温度升高时的绕组燃烧是整个变压器，而绕组匝间短路的燃烧是局部的。当然这里指的变压器燃烧不是说变压器铁心或绕组铜线，而是指绝缘物的燃烧。

现场检查发现，首先是变压器没有浸漆，这是导致这次故障的主要原因。变压器只在不到1/6的地方有起火痕迹，如图9-25虚线圈定的部分，由这里可看出是局部短路造成。

是什么原因造成的短路呢？从散落到底板上的碳渣中发现了一些比小米粒还小的焊锡颗粒。毫无疑问，这是由被烧熔的焊锡滴落在底板上时摔碎形成的。变压器全部是由铜（紫铜）和铁（矽钢片）构成。很明显，焊锡是外来物，带尖的焊锡颗粒落入绕组层间，经运输中的颠簸、工作时的震动和绕组遇热膨胀时的压挤而逐渐刺破绝缘层，形成短路。强大的电流使绕组铜带升温至发红，溶解了焊锡，点燃了绝缘层和其他绝缘物，温度的极度升高使铜带膨胀，绝缘层的被破坏使膨胀了的铜带压挤在一起形成更严重的短路，所以起火是必然的。

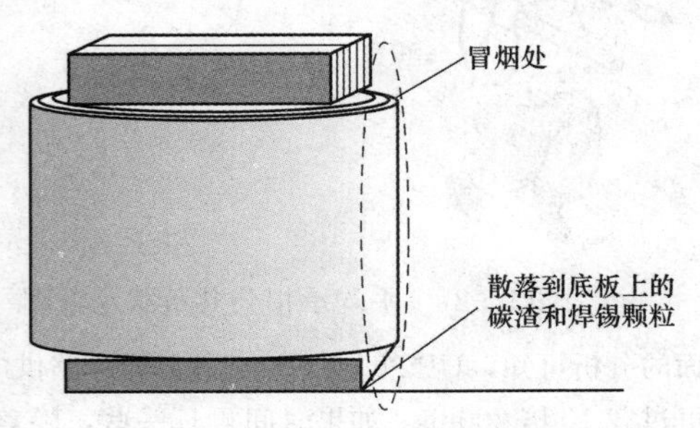

图9-25　变压器故障部位示意图

当然也不排除由于变压器的某个质量问题造成的故障。不论是什么原因，造成的后果是相同的。

2）为什么发生故障的那一台UPS不能单独退出系统？这和UPS的连接方式有关，在冗余并联的情况下，由于两台UPS的变压器输出端是并联连接，如图9-26所示，两台UPS共同承担负载。如果故障出现在变压器二次侧之前，在测量传感器和控制电路的作用下，属于哪一台UPS，这台UPS就会退出系统。而如果故障出现在并联的二次侧，这是一个公共部分，无法分辨出彼此，因此变压器二次电流增加，两台UPS供给的一次电流也同时增加，一直到两台UPS都感到过载，才同时退出系统。用户认为这种设计不合理，合理也好不合理也好，这是一个客观事实。目前所有品牌的UPS尚无一个有效地解决办法。换言之，没有一家厂商将并联在UPS负载端的并联变压器可以分出彼此的故障来，所以在这种情况下任何一台UPS都无法单独退出系统。

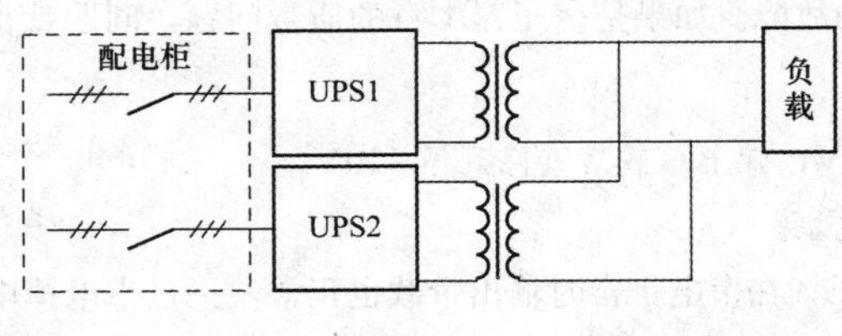

图9-26　UPS冗余并联图

比如力气一样大的A、B两个人同抬一个坐在抬杠中间50kg重的人，如图9-27所示。如果此时二人各有25kg的多余力量。第三者为了将B压倒，就向中间多加了50kg的重物，其结果是只给B只加重了25kg，另外25kg却加到了A的肩上，谁也不会被压倒。只有将50kg重物直接加到B的肩膀上，才能将B一个人压倒。

3）当切断输入的交流市电后为什么不能实现电池供电？这是否合理？回答是非常合理。实际上能使变压器铜带炙热到发红的电流已使两台UPS的逆变器因无法承受而转旁路，就是

图 9-27　平均承担公共负载示意图

说两台 UPS 的逆变器已同时退出工作，改由市电供电。此时有两个原因不能使电池供电：①负载正在旁路上，无法使电池供电；②虽然断掉了输入，即使因输入断电又能将负载切换回来，但由于短路的过载现象仍然存在，逆变器又如何能带短路负载起动呢？只有当把两个并联的变压器断开，没有故障变压器的那一台 UPS 才可起动，所以当切断输入交流后不能实现电池供电是合理的。

4）为什么这样大的电流不能使 UPS 机器内的输入断路器跳闸？从上面的分析可知，UPS 已感到过载并已转旁路供电。旁路的过载能力要比逆变器时大得多，比如可过载 10 倍 200ms，如果时间再长一些，随着火势的蔓延，绝缘层被破坏面积会急剧增大，短路匝也会越来越多，情况也会越来越严重，如果等到静态开关截止或断路器跳闸，那将是一个难于收拾的局面。所庆幸的是还没等到输入断路器动作就及时切断了电源，才避免了一次全机燃烧灾难的发生。按道理说，一般 UPS 都应有旁路过载到一定值后自动断电的功能，但这里却没有。

从上面的分析又可以看出，变压器最基本的浸漆灌封工艺还是应遵守的，如果变压器经过了浸漆灌封工艺处理，即使在这之前落入焊锡，由于浸漆后的绝缘漆已将异物包裹和固定，就不会在振动中惹此祸端，后来也不会落入异物。当然，变压器内落入异物是工艺流程中制度不严所致，才使故障率极低的变压器出现骇人的故障。如果是变压器本身的质量问题，问题就很严重了。

例 9-7　UPS 空载时电压为正常值 220V，带上负载后就降到了 110V。

（1）基本情况。用户为某机关，地点在北京。

（2）故障现象。输出为半桥逆变器的 UPS，在市电正常时输出带载也正常，一旦市电掉电改为电池供电模式工作时，空载电压正常，一加负载，电压就降到了额定值的一半（110V），这是怎么回事呢？开始维修人员的结论是地线未连接好，对吗？

（3）故障分析。可以看以下两种情况。

1）零线和机器没有连接好。由于两个变换器功率管输出和机器的零线一起构成输出电压的相线与零线，如图 9-28（a）所示。而机器的零地线 NE 接在两个电压（C_1、GB_1 和 C_2、GB2）之间，如果外地线和机器的零地线 NE 未连接好，则在市电供电时，就变成了输出只有相线而无零线，因此就变成无输出电压。但这里是市电正常时输出带载也正常，故不存在零线和机器没有连接好的问题。

2）一组电池接触不良。由故障现象可知，电池供电空载时输出电压正常，一旦加负载输出就正好变成了额定值的一半。出现这种情况的可能性有两个：①电池容量不足，使整个电压波形的幅度下降，一般不会这样巧到正好是额定值的一半；②只有正弦半波输出，如果是这样，就又有两种可能性，一种是半桥逆变器有半个桥臂上的功率管故障，但市电供电时一切正常，则说明所有功率管都是好的。排除了上述几种可能性后，就剩下最后一种可能，那就是半个桥臂上的电池失效。根据这种分析检查发现，如图 9-28（a）所时的电池组 GB_1 没接好，等于只有一组电池在工作，市电正常时，电容 C_1、C_2 可保证工作进行；一旦市电掉电改为电池工作时，GB_1 供不出电，只有负半波由电池提供能量，另外半波是空的。由于输出电压不足，经反馈后使脉冲展到最大宽度，一个脉冲结束后，L 的反电动势经 VD_1 向 C_1 充电，负半波多个脉冲的反电动势可为 C_1 补充一定的能量；转为正半波时，C_1 上的电荷可以为 VT_1 用一下，但能量很有限，不过因是空载，无能量消耗，加之负半波电压很高，测量结果显不出来，当带负载时就变成了半波，电压一下子就降下来了，而且正好是额定值的一半。将此点接好后，一切恢复正常。

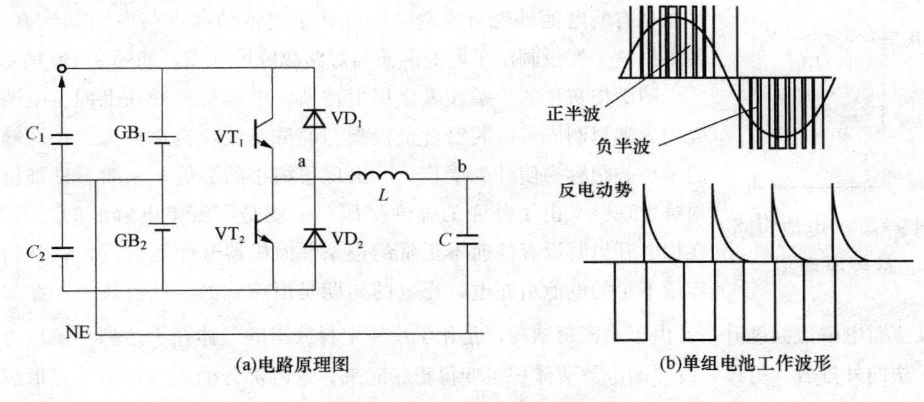

图 9-28　电池组连接不好时所造成的输出不正常情况

例 9-8　有的 UPS 开机后，测得的输出电压不是 220V，而是一个比该值低得多的值，这是怎么回事？

这种情况多出现在全桥逆变器加输出变压器时，有的人习惯于测量输出相线和地之间的电压，当输出变压器二次绕组的两端悬空时，就会出现测量电压值不正确的现象，如图 9-29 所示。变压器两输出端 AB 均未接地，当用电压表 V 测量时，由于 A 和 B 之间不能形成回路，实际上只是测量一个悬空点的电压，这时的测量值只能定性地表明 A 点有无电压。如果测量 BE 之间的电压值也差不多，而 AB 两端一定是 220V。这时只需将 AB 的任一端接地就可以了。

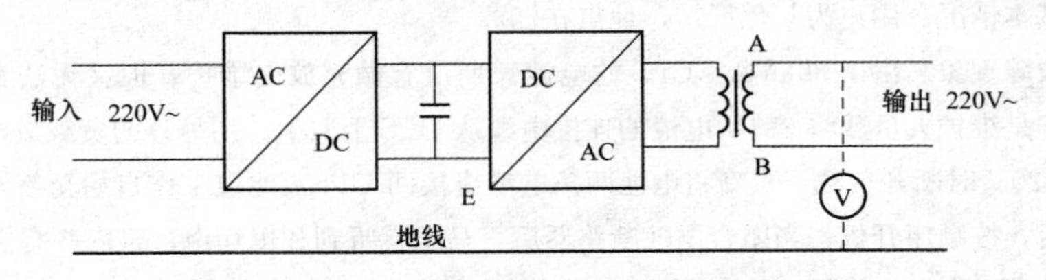

图 9-29　UPS 原理方框图

四、安装和维护上的缺欠导致的故障

例 9-9 由于装机时的检查不细致而导致的故障。

（1）基本情况。用户为某几处电信机房和工厂计算中心，地点为北京。

（2）故障现象。UPS 安装完毕并加电运行一段时间后突然起火，甚至将电池铅锡合金的接线柱融化。但起火后，主机与电池相连的断路器并不跳闸。

（3）故障分析。针对这个故障会产生几个疑问：①电池为什么运行一段时间后突然起火？②能导致电池起火的电流一定非常大，甚至远大于所规定的充电和放电电流值，为什么控制开关不跳闸呢？处理与分析如下。

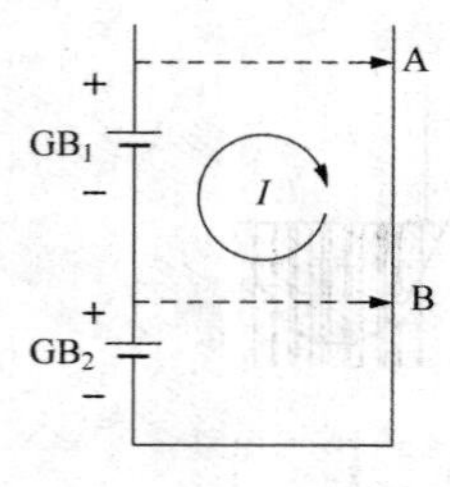

图 9-30　电池短路故障原理图

检查结果发现金属电池架多处被电解液腐蚀并露出了金属，另外又发现有的电池外壳有裂缝。因此认定电池的起火与电池漏液有关，并根据这个假设画出了电池漏液与短路故障原理图，如图 9-30 所示。

图中粗灰色的线条代表金属电池架，电池就放置在上面。电池外壳均为塑料制成，内装铅合金极板与硫酸溶液，自重很大。在运输中的不小心很容易使外壳受伤——出现很细小的裂缝，一般不仔细检查很难发现。又由于外壳的弹性挤压，一般是不流出电解液的。因此，在加电开机时没有任何不正常的迹象。但机器开始运行后，就开始为容量不足的电池组充电，充电的初期是恒流式的，电流较大，在起化学反应时电解液温度升高。由于是密封结构，是化学反应中释放出的气体在不达到一定压力前将无法向外排放。另外，发热的电解液体积也变得膨胀起来。这两部分的压力都对外壳形成较大的压强，使原来那些不易察觉的裂缝开始变宽，这些电池的电解液开始流出，经过一段时间后，流出的电解液将机架表面的涂层腐蚀掉而直达具有导电性能的金属部分，如图中虚线箭头所示。这时，电池架的金属部分 AB 就在一个或几个电池的正负极之间形成了电流通路，由于这个通路电阻几乎为零，所以电流很大，强大的电流在极板和接线柱连接处的电阻较大处产生很高的热量，一直高到使这些部位融化的程度，同时也点燃了塑料外壳。

由于强大的短路电流是在机架和滇池之间流动，不经过任何开关，所以电流再大也不会触动与其无关的开关，所以开关并不动作。

例 9-10 不恰当的电池操作程序而导致起火。

（1）基本情况。用户为某化纤厂，地点在江苏。

（2）故障现象。由于 80kVA　UPS 的电池长期没有做充放电维护，但又无法在轻载下快速放电，于是维护人员就将 384V 电池的连接电缆从 UPS 上取下，用另外的负载放电。按照要求放电到 320V 时断开负载，重新将电池两条电缆线接回 UPS，此项工作自始至终都由一人完成。接好后，按顺序开机，当闭合电池断路器后，马上就听到和爆炸声，机内并有黑烟冒出。

检查发现逆变器二极管、功率 IGBT 和与电池并联的电容全部损坏。

（3）故障分析。针对这个故障会产生两个疑问：①什么原因导致此次故障？②为什么会使电容器、整流器和 IGBT 全部损坏？问题分析如下。

导致这些器件损坏的原因一般有三个：①电流原因，比如短路；②电压原因，比如过电压；③电池反接。

很明显，不会是短路电流造成。即使是短路也只能是损坏电池，因为短路使得电容和其他各器件上的电压为零；也不会是过电压，因这些器件的耐压都是根据电压的要求选择的，即使有个别器件因老化使耐压降低，也不会是全部。余下的就是最后一个原因——电池反接。

图 9-31 示出了 UPS 逆变器电池连接情况。由图中可以看出，电池反接后，电源极性是下正上负，正好是二极管桥得到同方向。这相当于将电池短路，强大的电流流过二极管，这时只要有一个桥臂的二极管未被烧断，由于二极管的钳位作用使电容的反相电压低于 4V，电解电容就处于被保护之中。如果电池的容量足以将各串联二极管支路全部烧断的话，电池的高压就会全部反向加到反向电容的两端，如果电容不是马上被烧断，强大电流导致使导线起火，瞬间大功率损耗是温度升高，壳内气体膨胀剧烈就会使电容爆炸。

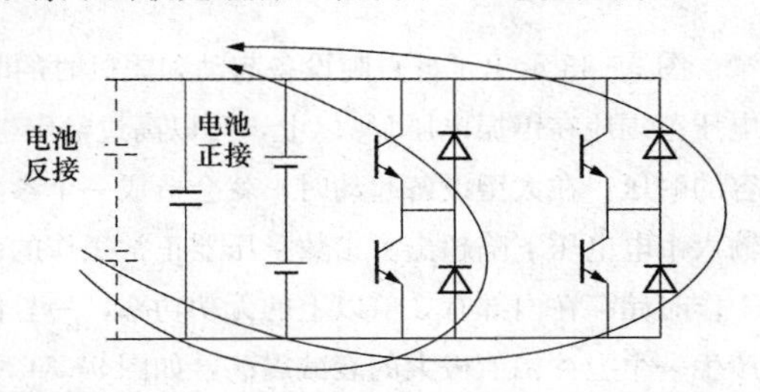

图 9-31　UPS 逆变器电池连接图

由于一般逆变器的二极管都和功率三极管密封在同一个模块内，表面看起来是功率模块坏了，实际坏的主要是二极管。如果电容被烧断后，电池电压仍未被断开，就有可能接着烧那些反向耐压不够高的 IGBT。

所以，千万不要接反电池的极性，换言之，也只有电池的极性接反才会造成如此大的损失。

导致上述故障的原因是：自始至终都是单独一人在场操作。尽管有经验，像这种带有危险性的作业，至少应有两个以上的人在场，一人操作，一人监督和检查。

五、配置和安装不合理导致的故障

例 9-11 UPS 前面配加参数稳压器导致的故障。

（1）基本情况。用户为某高速公路，地点为某省。

（2）故障现象。UPS 前面加参数稳压器的配置几乎都是 UPS 出现烧毁滤波器现象，甚至有几处起火，并且还会将并接在 UPS 输出端的浪涌吸收器烧坏，现只将一处的故障作为例子来分析。

（3）故障分析。该处是 30kVA 的参数稳压器带 40kVA 的 UPS。在正常运行时，UPS 前面突然冒烟，接在其输出端的浪涌吸收器被击毁，参数稳压器输出断电且 UPS 不能转电池供电，为什么？分析如下。

1）供电系统构成。为了分析问题，首先将构成系统的方框图画出，如图 9-32 所示。该系统由参数稳压器、UPS、负载端的浪涌吸收器和负载构成。

2）故障检查与分析。在系统正常运行时，突然发现 UPS 输出断电，UPS 显示过载、电池不放电、输出端负载上的浪涌吸收器被烧毁。跟踪检查结果发现参数稳压器输入电网上有一个五百吨的机械设备。

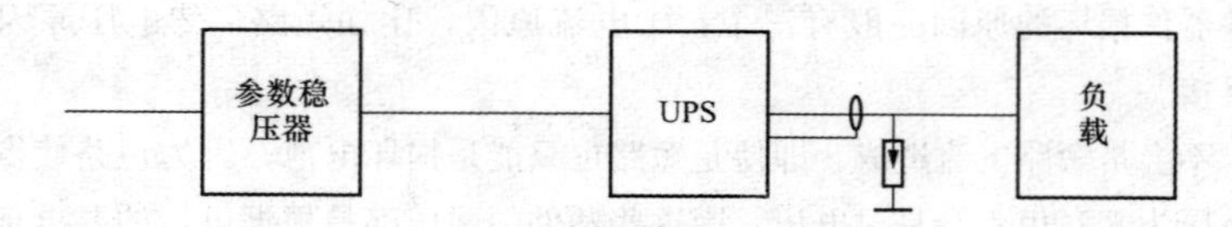

图 9 - 32　供电系统构成方框图

图 9 - 33 示出了五百吨设备起动和关机时的时间关系。在正常工作时，参数稳压器的输入电压范围应在停振电压 U_S 以上，可以高过额定电压 U_N 一个范围，允许高出的值取决于谐振电容的耐压。在大型设备起动时，就会造成一个参数稳压器无法接受的市电电压下陷。由于这个输入市电电压下陷超出了参数稳压器正常工作的范围，于是就停振。但由于参数稳压器在正常工作时储存在内部有 3 倍以上的无功功率，一旦停振，这些能量就会在瞬间释放出来，于是就产生一个上冲幅值极大的衰减震荡，如图 9 - 34 所示。这个冲击衰减震荡向前后两个方向传输，首先碰到就是 UPS 输入滤波器，滤波器上有浪涌吸收器，由于这个幅值和宽度都远超过了浪涌吸收器的动作电压电平，而标准规定浪涌吸收器允许的通导电流时间一般不超过 25μs，但由于这个振荡持续时间很长，故将浪涌吸收器烧毁。紧接着该强大的能量、陡峭的前沿振荡波继续向前传播，由于持续时间长，UPS 旁路静态开关 S 的吸收网络无法阻挡，在 dv/dt 大于 20V/μs 的情况下，位移电流将静态开关晶闸管 S 打开，使振荡波长驱直入，到达 UPS 输出端，如图 9 - 35 所示，接着又烧毁输出负载端的浪涌吸收器，并在 UPS 输出端的电流传感器上造成过载的假象，这种“过载”使正常工作的逆变器关闭，同时将 UPS 的旁路静态开关 S 打开。但此时旁路电压正在超出限额，即使浪涌过去后，由于参数稳压器输出电压已经断电，静态开关 S 就会马上关闭。这就造成了市电（参数稳压器输出）掉电时电池不放电的现象，使 UPS 输出电压为零。

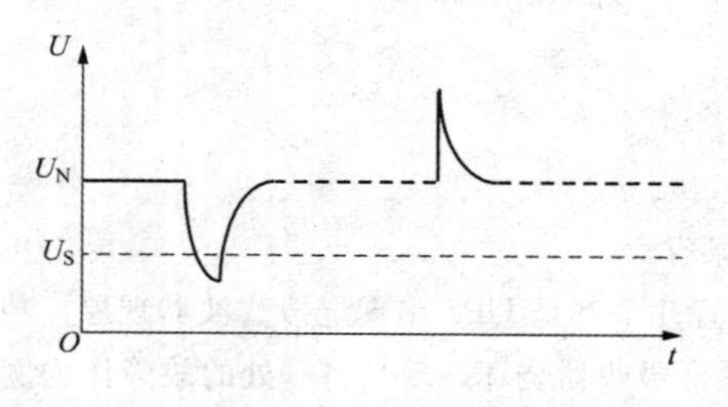

图 9 - 33　五百吨设备起动和关机情况

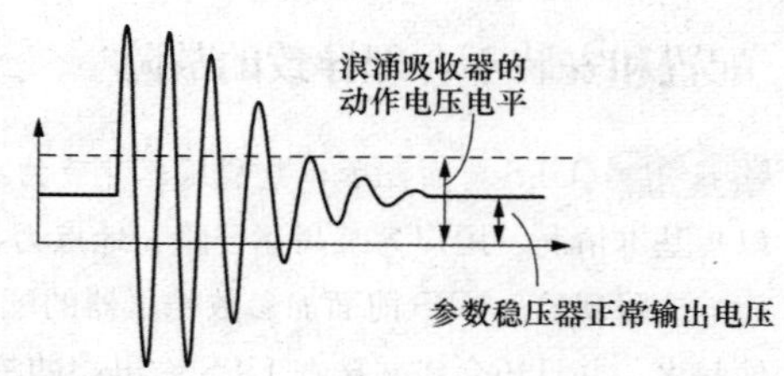

图 9 - 34　参数稳压器停振后强大无功功率激起的冲击震荡波形情况

（4）故障处理。由于上述故障现象不断出现，既分析是由参数稳压器引起，就建议将其断开，由市电直接给 UPS 供电。在取消参数稳压器期间一直到接受检查的半年中，该处的两台 UPS 无一故障。另外，有关科研机关的试验表明，当参数稳压器带非线性负载时，其容量要比负载大数倍，而这里则用 15kVA 的参数稳压器带 16kVA 的设备，另一个用 30kVA 的参数稳压器带 40kVA 的设备，这本身就不符合要求。尤其是整流负载所产生的高次谐波，如果引起参数稳压器的谐振，也会产生高幅度的电压去损坏设备。

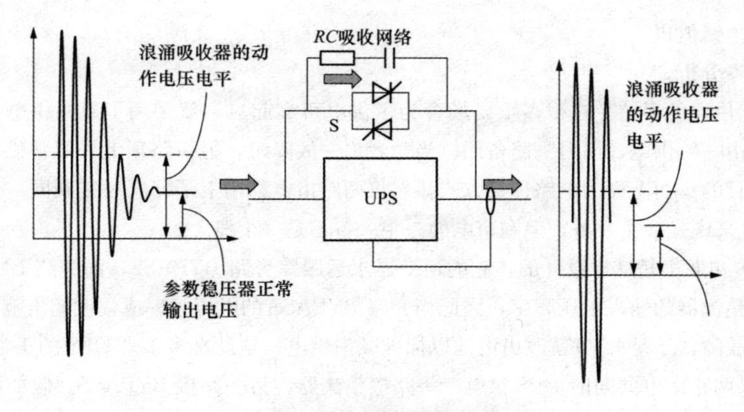

图 9-35　超额浪涌传输情况

例 9-12　双路输入电压接在同一台 UPS 设备上导致的故障。

(1) 基本情况。用户为某电视台，地点在北京。

(2) 故障现象。该电视台为了电源的可靠供电，就配置了双路市电供电；为了使用 UPS 的可靠，分别采购了两家国际名牌产品数台。在两路市电的使用上，该电视台采用了将两路输入市电电压接在同一设备上的方案，其设备接线图如图 9-36 所示。即市电 1 接在 UPS 的旁路断路器上，电 2 接到 UPS 的输入整流器上。在两路市电均正常供电时，主要由市电 2 供电，由于旁路断路器这时是断开的，市电 1 只是一个频率参考源，使输出电压与市电 1 同步，以便在市电 2 断电时能平滑地切换到市电 1 上去，这就保证了供电的连续性；在市电 1 断电时，由于市电 2 正常，UPS 只是失去了参考频率，这时逆变器就改用内部振荡器输出的标准频率输出 50Hz 电压。这样不论哪一路市电断电都可保证供电不间断。

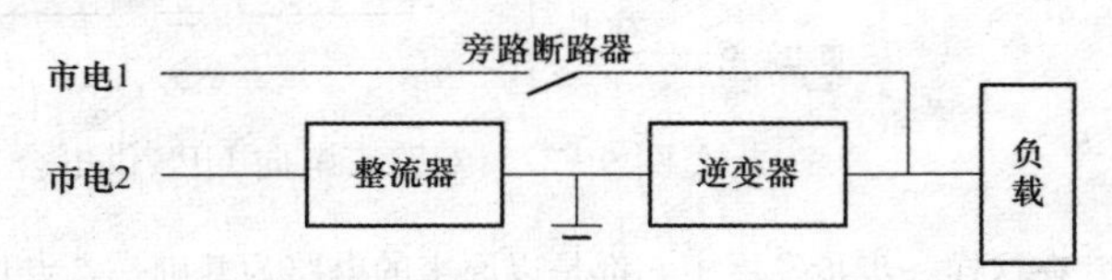

图 9-36　双路市电向 UPS 供电方案图 1

上述方法乍看起来似乎很好，若深入分析就可发现隐患。由图 9-36 可以看出，市电 2 断电时切换到市电 1 上去供电，这时的供电已不再用 UPS 的整流器和逆变器，而是市电直接向负载供电。通常，UPS 的旁路市电供电被视为应急的、临时性的措施，质量是没有保障的。而这里有可能是较长时间的供电，因为市电 1 和市电 2 都是干线电源，一般不容易出故障，一旦出了故障又不是在短时间内可以修复的。负载在这样长的时间里由市电直接供电将是隐患重重，市电中的各种干扰将会长驱直入去破坏负载。最感遗憾的是：UPS 的整流器和逆变器被无故闲置而无法利用，显然这种结构是不合理的。就是说，这种方案只允许市电 1 出故障而不允许市电 2 出故障，否则就会给负载带来不幸。这对用户而言是没有好处的。

事实是，当这样装机完毕后，故障也就接踵而来了。首先出现的故障是不明原因的所有机器“集体”转旁路，接着就经常出现监控部分通信信号失灵、单机无故转旁路、电池电压超限等莫名其妙的告警。两个厂家十几台机器轮番故障告警不断，使用户如坐针毡，只好节假日请厂家工程师坐镇值班。

（3）故障分析。

1）双路供电的目的。在很多重要场合为了供电可靠起见，就采用了双路供电。一般的做法是：平时由一路供电，而另一路备用。当二者之一故障时，另一路顶上去照常供电，这就是一主一备的目的。而上面的电路连接方式显然将两路市电都用上了（同时接到同一个设备上），虽然按 UPS 来说是一主一备，但和市电的一主一备不是一个概念。

2）UPS 初期都是这样设计的。它的逆变器永远跟踪旁路 BYPASS，而旁路 BYPASS 的电压频率就是整流器的输入电压频率，因此当旁路 BYPASS 的电压频率或幅度超出范围时，就表明输入市电故障，于是 UPS 就改由电池以标准频率供电。这就是多年来 UPS 的正常工作程序。

3）如果两路市电共同向 UPS 供电。一路接整流器，另一路接 BYPASS。假如接整流器的一路（市电 2）因故障断电，而 UPS 测得 BYPASS 的电压和频率却是正常的，若按 UPS 的正常设计不应该由电池供电。但由于输入已断电，必须由电池供电，为达此目的就必须临时修改原来的测量和控制电路；假如接 BYPASS 的一路因故障断电，按 UPS 的正常设计应该由电池供电，而这时整流器的输入电压确实正常，不应该由电池以标准频率供电。这样一来，不管哪一路市电因故障断电时，都不能像原设计那样自然、自动地转为电池供电，而是要人为地规定一种，不管规定哪一种，都没有发挥备用市电的作用。而且还必须“临时”修改原设计，这种临时修改已成熟的电路是否会影响 UPS 的其他性能，尤其是在原来电路设计的基础上，由散件控制发展到 IC 控制，继而又发展到 PC 控制。

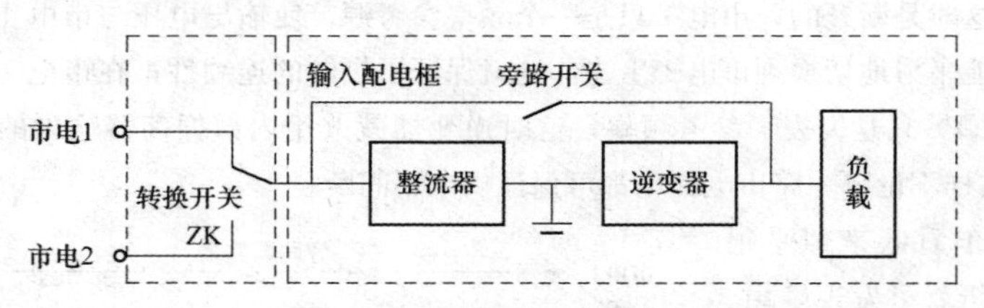

图 9 - 37　双路市电向 UPS 供电合理方案图

在这样一步步发展中，都是以原来的电路为基础一点点加上去的。这就带来一个问题：以前设计该点的信号也许只有一个用途，但到了 PC 控制时就可能用在了几个地方。临时修改很可能就考虑不周全，导致了某系统的十余台 60kVA UPS 就是因为采用了按图 9 - 38 的方法：两路市电共同向 UPS 供电的方案，几乎在近三年的时间里异常现象层出不穷，吃尽了苦头。

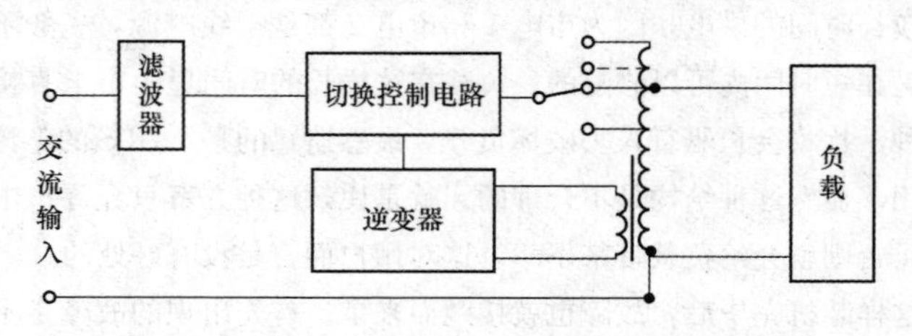

图 9 - 38　后备式 UPS 在市电工作时的稳压情况

图 9 - 37 给出了双路市电向 UPS 供电的合理方案图。这种方法是在输入配电柜内将两路市电经转换开关 ZK 转换成一路市电供给 UPS，这样一来就给用户带来了莫大的好处。任何一路市电断电，都可使负载全面处于 UPS 的保护之下，并且由于电池只有几秒钟的过渡放电时间，因此可使这种切换是在负载无感觉的零切换时间下进行的，使用户避免了上述方案的担心。而且对两路市电的可靠性要求也是一样的，真正实现了两路市电一主一备的要求。用这种方案的优点在于：

1）UPS 可以不做任何修改地照原设计与输入市电连接，方便了装机、调机和维护，保证了原性能的完整性和正确性。

2）达到了市电一主一备的原设计目的。市电 1 故障时市电 2 投入，反之亦然。

3）任何一路市电故障都不与 UPS 发生直接关系，因为在任何“一路”市电故障时，对 UPS 而言，它的输入电压永远是正常的，都不需要电池放电，避免了电池频繁放电。因为像图 9 - 37 那样，两种市电故障情况下必有一种情况放电，况且市电故障时间较长，故一般不是半个小时就可以解决的，起码需一个小时以上的延时，增加了投资。

4）减少了配电盘到 UPS 的接线电缆。节约了人力物力，减少了麻烦。

六、不切合实际地追求高指标而导致的故障

例 9 - 13 输入电压范围太宽导致的故障。

（1）基本情况。用户为某航空公司和某卫星地面站，地点在北京。

（2）故障现象。某品牌 UPS 在一年之中连续在三处有电容爆炸。

（3）故障分析。

一般的电子设备几乎都有其适应一定输入电压范围的性能。UPS 也有其一定规定值的输入电压范围。当然关于 UPS 输入电压范围的问题一直是用户很关心的事情，用户总是希望 UPS 允许的输入电压范围越大越好，这在小功率时已形成了习惯，尤其是后备式 UPS。在小功率情况下实现较大范围的输入电压是容易的，如图 9 - 38 所示。因为功率小，就可以用一个多抽头的变压器通过继电器触点进行调节，有不少后备式 UPS 可允许输入电压变化范围可达（30%，甚至更宽。

这种用抽头变压器与继电器调节输入电压的办法只适合于很小的功率，最大也会不超 5kVA 的功率；否则，在大功率设备中就必须采用接触器，在和大功率变压器结合起来就会使 UPS 变得非常庞大，价格也会明显增加，就会失去市场竞争力。因此，一般人们不会采用这种方案。

在大功率 UPS 中，普遍采用的是 3×380V 三相三线制晶闸管全桥整流器，利用相控的方法来稳定市电的输入电压，如图 9 - 39（a）所示。该图示出了整流输出电压的稳定过程，由图 9 - 41（b）中可以看出，当输入电压为额定值 380V 时，在控制角 α_1 的作用下，使整流器输出电压为

$$U_O \approx 424\text{V}$$

当输入电压升高 20% 到 380V×1.2＝456V 时，其输出电压按全波整流应 645V，但由于控制角由 α_1 已被调整到 α_2，减小了导通时间，其结果使整流器输出滤波后的电压面积 S_2 和 380V

时的 S_1 相等，即输出电压仍然是 $U_O=424V$。同理，当输入电压降低 20%到 380V×0.8＝304V 时，其输出电压按全波整流应是 430V，但由于控制角又被调整到 α_3，使整流器输出电压面积 $S_3=S_1$，电压仍然是 $U_O\approx424V$。

输入电压的最低值受电池充电电压限制，为了保证电池的浮充电压稳定在指定值上，输入电压就不能过低；否则，就会使电池长期处于“吃不饱”的状态，从而导致服务寿命降低。输入电压的上限取决于整流器滤波电容 C 的耐压程度，目前在这个位置上的大部分电容都是耐压 450V 的产品，一般 32 节 12V 电池的情况下，根据上述的调节原理，浮充电压都可以稳定在 438V 左右。所以 450V 再加上 20%的余量，450V×1.2＝540V 已足够了。但遇到异常情况时，就会造成严重的后果。所谓异常情况，多指晶闸管失控的情况，比如温度高到一定值时就可以因晶闸管的漏电流增加而将其打开。电压瞬变时的位移电流也可触发晶闸管，使晶闸管变成了二极管整流器。如果此时的市电电压峰值超过了电容 C 的耐压，就可将电容爆破。由图 9-39（b）中可以看出，当输入电压升高 20%到 380V×1.2＝456V 时，其输出电压按全波整流就是 645V，已远高于 540V，在这里就是因为供应商声称其产品可允许输入电压有±25%～±30%变化范围而迎合了用户的心理。当然，一般都是基于晶闸管的相控原理而不考虑异常情况提出的，这虽然适合了用户的愿望，但却埋下了隐患。一者因为电容在工作中由于温度的升高而使耐压降低，二者也由于这几个地方的市电电压波动太大，因此出现爆炸电容的事件是不足为奇的。

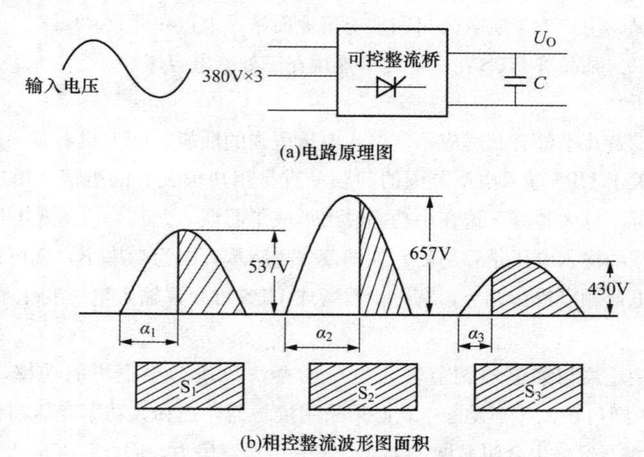

图 9-39　中大功率 UPS 调节输入电压的情况

因此，要求输入电压范围宽的用户不可盲目听人家如何说，一定要弄清输入稳压的电路和电容的耐压而后行，因为，随着电容耐压的提高也抬高了机器的造价。换言之，售价也相应抬高了。

例 9-14 三年担保的电池使用两年后故障屡屡出现。

（1）基本情况。用户为数据中心，地点在北京、浙江。

（2）故障现象。与 UPS 配套的国内某著名品牌电池使用两年后故障屡屡出现，有的漏液、有的端电压升高、有的容量降低。

（3）故障分析。

1）一般用户都希望自己买的机器既好用又便宜。对电池也是这样，甚至舍得花钱买UPS而舍不得买电池，不少用户把电池放在了一个“凑合着用”的位置。他们忘记了UPS所以被称为不间断电源，就是因为有电池的缘故。如果取消了电池，就不是不间断电源了。

2）电池是“养兵千日用在一时”，一年365天也可能用不着电池，也可能就在几分钟之内需要电池供电，如果电池在“千日”内无所作为，而这“一时”需要起作用时却起不了作用，从某总意义上讲，这台机器就白花钱了。往往在很多时候就是因为这“一时”的失误所造成的损失远大于购买UPS时的费用。

3）有的用户明知道低价的电池寿命是3～5年，但在标书中却硬性规定厂家必须承担三年的担保。这无异于终生担保。据国际上统计，设计寿命为5年的电池，一般的使用寿命也不过是2～2.5年。有些用户对电池失效的概念就是“放不出电来了”。这样一来，在运气好的时候，三年之内市电故障很少发生，即使出现停电现象，时间很短，使电池“安全”度过了担保期。岂不知这时电池的容量按正规要求已经失效，如果用户所在地停电事故频繁，电池由于频繁地放电而失效较快，在这里就是这种情况。电池使用两年后，失效电池一个接一个。由于更换电池，为了不带电操作而使UPS频繁要求停机。频繁停机带来的损失已远超购买电池费用的两倍，因此给用户带来的麻烦更多。因为换一块电池就要送一份要求停机报告，主管要根据情况比批示。一般都在晚上或深夜进行，用户必须派人陪伴。为了省几个钱，确失去得更多。

（4）故障处理。建议寿命是5年的电池，两年以后如果发现有一个电池开始失效，就应该全部更换；否则，接踵而来的麻烦会使人应接不暇，到头来还得更换。

七、规章制度不严导致的故障

例9-15 外来闯入者导致UPS起火。

（1）基本情况。用户为某邮电局，地点在深圳和东莞。

（2）故障现象。一天深夜，正在值班的工程师嗅到一股焦煳味和听到UPS告警声，赶到隔壁机房后发现UPS在冒烟，忙切断供电断路器。

（3）故障分析。拆下外壳检查，发现在UPS控制板上爬着一只约一尺长的大耗子，部分毛皮被烧焦。控制板位于机器的上层空间内，和下层空间约有4cm的缝隙，上面被外壳封顶。下层空间底板处有一个很大的电缆孔。耗子就从这里钻入，电缆孔旁边就是输入、输出接线排，耗子进入后被电压击惊，恐慌之间误挤入机器上层，到了上层又处处遭电击，击倒处将电压短路，烧焦皮毛而死。

对机房隔壁值班室检查，发现有饼干之类的食物碎渣，是值班人员的食物引来了耗子，加之没有防止措施，才导致此次事故。

例9-16 市电停电时UPS也断电。

（1）基本情况。用户为某火车站售票处，地点是南方。

（2）故障现象。某火车站候车室售票处突然打电话通知UPS供应商，告知UPS故障，现象是市电停电后 UPS 也无输出电压，售票无法进行，并声称要赔偿损失。

（3）故障分析。UPS 供应商的工程师火速赶到现场，看到购票者排了很长的队伍在等待。检查 UPS 发现电池柜不见了。没有电池又如何在市电断电时保证继续供电呢？经寻找才在一个角落里看到电池柜。当问到为什么不把电池柜和 UPS 相连接时，回答是“不知道”。因为原来 UPS 不在此处，是后来搬过来的，一直就这样使用，也无人交代说还有电池。

有的 UPS 在没有电池的情况下也可以工作，确实在面板的 LCD 中可以查到一些指标。当无电池时，仅有一个提示而既无动作也不告警。再加之后来的值班人员不懂，不知道有些什么检查项目，这才导致此次故障。

八、市电电压浪涌导致的故障

例 9-17 市电电压浪涌导致的故障。

（1）基本情况。用户为某些数据中心，地点为多处。

（2）故障现象。浪涌电压出现时经常导致 UPS 输出断电。市电出现浪涌是常见现象。比如雷电造成的电压浪涌，大型设备关机造成的浪涌以及群体负载集体关机造成的浪涌等，都会对设备造成冲击。有不少地方由于浪涌幅度大和持续时间长而导致 UPS 输入滤波器的浪涌吸收器造成不可逆的击穿，致使其输出电压也掉电。

（3）故障分析。UPS 输入端通常短路时均对机器无影响，但当输入端滤波器上的压敏电阻击穿短路时，同样是短路故障，为什么就会导致输出断电？

1）对 Delta 变换式 UPS 而言。

①通常输入人为短路、偶然零相线搭接短路及掉电时的情况。该 UPS 主静态开关的控制信号不是同时加到两只晶闸管上，而是分别触发的，这一点就和其他双变换 UPS 电路的做法不同，后者的触发信号和此处的旁路静态开关是一样的，只是两只晶闸管是同时触发的。正是由于这一点的不同，就给主静态开关赋予了特殊的功能。当 UPS 市电输入端掉电或短路时，就能及时切断输入端到主逆变器的通路，有效地保护静态开关，使其免遭烧毁的危险，下面就通过图 9-40 做具体分析。

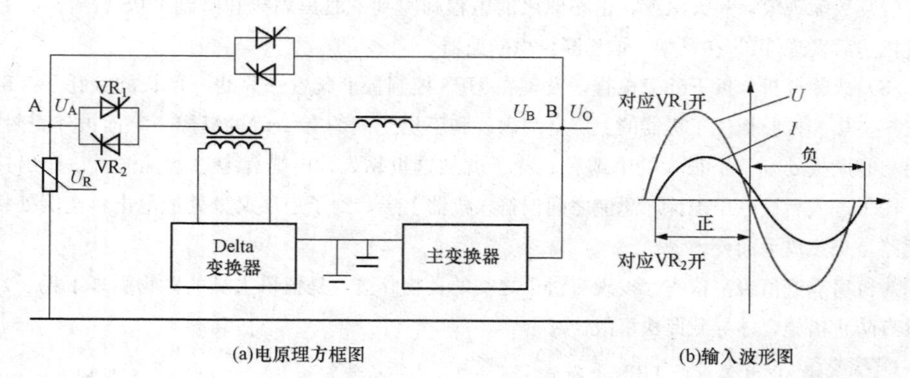

(a)电原理方框图 (b)输入波形图

图 9-40 UPS 输入短路或掉电时的静态开关工作情况

从图 9-40（b）中看出，由于 Delta UPS 输入功率因数近于 1，所以电流和电压是同相的，主静态开关也就是在这种条件下发挥特殊作用的。由于静态开关由晶闸管 VR_1 和 VR_2 构成，下面就对两只晶闸管的工作情况进行讨论。

正半波时，当输入电压为正半波时，VR_1 被打开，这时对应静态开关输出端 B 的主逆变器也输出正半波，如果此时 UPS 输入端 A 短路或掉电，不管哪一种情况，此时 A 点的电压 $U_A=0$。由于这时的主逆变器仍在输出正半波，故此 B 点的电压$U_B>0$，造成了 VR_1 因反向偏压而截止。又因为输入端不管是否真短路，由于并联在电网上众多设备输入阻抗的并联结果，也近似为短路。由于 Delta UPS 的 VR_1 和 VR_2 是分别触发的，在正半波时，VR_2 也正处于截止状态，所以 VR_1 截止时，整个静态开关是完全关断的，这就防止了反灌电流的发生。

负半波时，当输入电压为负半波时，VS_2 被打开，这时静态开关输出端 B 的主逆变器也输出负半波，如果此时 UPS 输入端 A 短路或掉电，不管哪一种情况，此时 A 点的电压 $U_A=0$。由于这时的主逆变器仍在输出负半波，故此 B 点的电压 $U_B<0$，造成了 VS_2 因反向偏置而截止。由于在负半波 VS_1 不被触发，此路也不通，整个静态开关形成完全关断状态，也防止了反灌电流的发生。

正弦波电压过 0 时，由于控制电路尚未得到是正半波还是负半波的指令，无法发出是触发 VR_1 还是打开 VR_2 的控制脉冲，故 VR_1 和 VR_2 均不导通，加之主逆变器也无电压输出，静态开关两端电压 $U_{AB}=0$。如果此时输入端 A 短路或掉电，UPS 的测量与控制电路因得到输入端无电的信息，马上就封锁了打开 VR_1 和 VR_2 的触发脉冲，于是就隔断了静态开关两端的联系。同时，电池通过主逆变器继续向负载不间断供电。

由对上面电路结构的讨论可以看出，不论在任何时间 UPS 输入端掉电或短路，Delta UPS 都会安全地和不间断地向负载提供可靠的能量。

②输入端压敏电阻 UR 击穿时的情况。通常输入短路时间均是 ms 级，而压敏电阻对雷电或电压浪涌的反应时间则小于 25ns。在晶闸管的指标中规定，该器件两端的电压上升率要求为

$$dv/dt<20V/\mu s \tag{9-19}$$

否则就会由于位移电流过大而打开晶闸管。压敏电阻击穿后，VR_1 因电压反向而截止，但 VR_2 此时却是正向电压，但因无触发信号，就不应该导通，可是位移电流却打开了它，假设在相位 30°时压敏电阻击穿，这时的电压值为

$$V=U_m\sin 30°=310V\times 0.5=155V \tag{9-20}$$

此时加在晶闸管上的电压上升率为

$$dV/dt=155V/25ns=155V/(25\times 10^{-3})\mu s=6.2kV/\mu s\gg 20V/\mu s \tag{9-21}$$

由计算结果可以看出，只要压敏电阻击穿的时机不在正弦电压过零时，静态开关就有被打开的可能；一般压敏电阻被击穿而导通的时间都被限制在 20～25μs 之间，雷电尖峰的宽度模型大都小于该值（以后有可能规定为 50μs），此后压敏电阻就又恢复到高阻状态。这对静态开关无损害，否则，由于电压尖峰的宽度大于 50μs 而使压敏电阻形成不可恢复的击穿状态，这将对 UPS 形成威胁。

如果主变换器输出端有电流传感器，将会因测出过电流而使变换器停止工作，按程序将负载切换到旁路，但此时旁路电压为零，造成输出停电。

如果主变换器输出端没有电流传感器或传感器的反应速度太慢，将会使 IGBT 的瞬时寄生晶闸管电流超过掣住电流值而造成失控，导致管子炸毁。静态开关的晶闸管也将会因此而受损。

2）对传统双变换 UPS 而言。传统双变换 UPS 的主静态开关接法尽管和前者不同，输入端正常短路或掉电时对 UPS 也无影响；但当输入端压敏电阻击穿时，由图 9-41 可以看出，它的旁路开关也有着相同的危险。即旁路静态开关也有可能被位移电流打开，由于此现象表现在输出端，对逆变器也表现为过电流，因此：

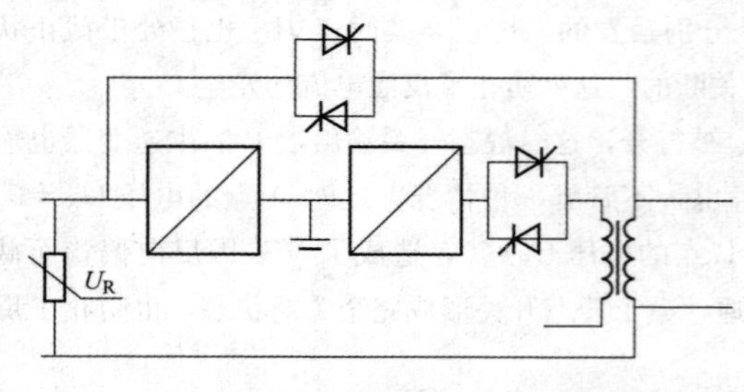

图 9-41　传统双变换 UPS 原理方框图

①逆变器将会因测出过电流而被迫停止工作，按程序将负载切换到旁路，但此时旁路电压为零，造成输出停电。

②如果主 UPS 输出端传感器的反应速度太慢，也将会使 IGBT 的瞬时寄生晶闸管电流超过掣住电流值而造成失控，导致管子炸毁。静态开关的晶闸管也将会因此而受损。

因此，不论对哪一种结构的 UPS 而言，在输入电压浪涌的持续时间由于大于 50μs 而导致压敏电阻不可逆导通后，都会使输出断电，除非压敏电阻瞬时断裂。

九、UPS 对 IT 设备的干扰

例 9-18　大屏幕为何遭受干扰。

（1）基本情况。时间是 2005 某月，地点是某市证券公司。

（2）故障现象。该证券公司采用了某品牌 UPS，在市电供电时一切工作正常；但市电停电时，大屏幕信号就乱码，发光二极管开始闪烁不定，无法正常显示。

（3）故障分析。根据“在市电供电时一切工作正常和市电停电时，大屏幕信号就乱码”的现象确定乱码和市电断电有关，而且一定和 UPS 有关。因为这时候只有 UPS 在供电。那么在市电断电后 UPS 会有这种现象发生呢？为什么会干扰到大屏幕呢？带着这个问题首先要查找 UPS 和大屏幕有何关系。发现 UPS 和电池柜分别位于大屏幕的两侧，如图 9-42 所示。

初步判断干扰有可能来自 UPS 和电池柜的连接线。这就产生一个疑问，电池柜和 UPS 之间是直流电流，直流电流是不会产生干扰的，怎么可能影响到大屏幕呢？

一般形成干扰必须具备三个因素：干扰源、传递干扰的途径和受干扰的设备。

1）干扰源。

①一般 UPS 逆变器取电流的途径和此处的特点。在市电断电时，在线式 UPS 除去输入整流器停止工作（停止工作的整流器是不会产生任何干扰的）以外，逆变器的工作状态并未改变。唯一改变的就是电池组由浮充状态转为放电状态。按一般的看法是：电池是直流放电给逆变器，在市电供电时也是直流供电给逆变器为什么就不产生干扰呢？如图 9-43（a）所示；在市电供电时，逆变器的工作电流来自整流器；在市电断电时，逆变器的工作电流也来自同一条路线上的电池。既然前者没有干扰，后者也不应该有。图 9-43（a）只是一般的理论图，实际

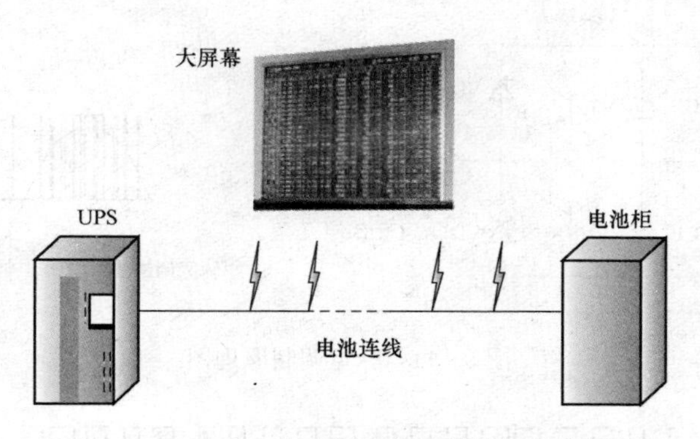

图 9-42 UPS、电池柜和大屏幕的相对位置图

中，电池的位置是可以变化的，本例中的电池位置就变成了图 9-43（b）的样子，UPS 与电池的连线跨到了大屏幕的另一侧。这时在市电停电期间的逆变器工作电流就和整流回路无关了。那么电池的直流电流又如何能干扰大屏幕呢？在市电停电期间，电池向逆变器提供直流工作电流这一事实是没有错的，但直流与直流不同，这里的直流应该是与逆变器输出 PWM 电压一致的脉动电流。

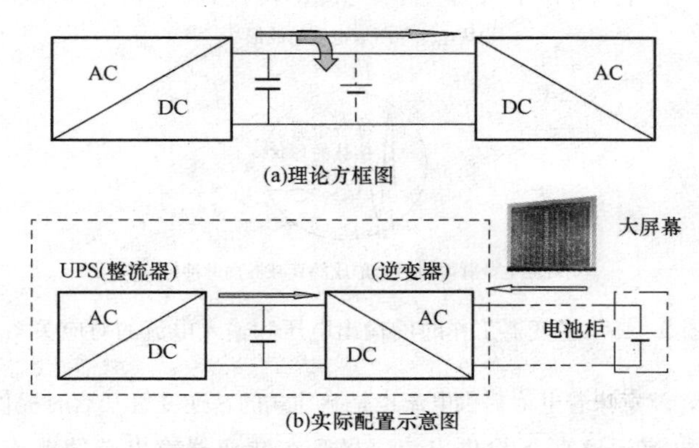

图 9-43 UPS 电池放电形成干扰的配置因素

②逆变器的调制工作原理与电池脉动电流的形成。现代 UPS 的输出正弦波电压是用脉冲宽度调制（PWM）的方法形成的，如图 9-44 的右图所示。逆变器真正的工作是按图中脉冲的形式开关的，不同的脉冲宽度组合包含了正弦波的成分，逆变器输出端的波形是一组脉冲链，该波形经 *LC* 滤波后才显现出正弦波形。左图所示的是半桥逆变器，C_1、GB_1、VT_1、VD_1 构成了正半波桥；C_2、GB_2、VT_2、VD_2 构成了负半波桥，两个电池组的公共点接中（零）线。一般高频机 UPS 中多用此电路。因为该电路结构可省掉隔离变压器，尽管多用了一组电池，实际上这两组电池只是原来电池组一组的容量，不过是多了一组电池壳而已。一组电池壳比一个变压器不但价格便宜，而且自重轻、不发热。

不论是半桥还是全桥电路，在目前都采用的是脉宽调制技术，所以逆变器工作的方式是一样的，都是开关模式。输出的波形都如图 9-45 所示，由此就可以看出一个问题，既然逆变器

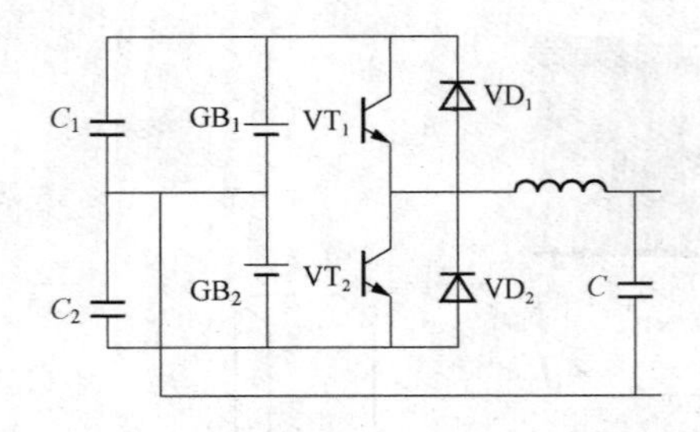

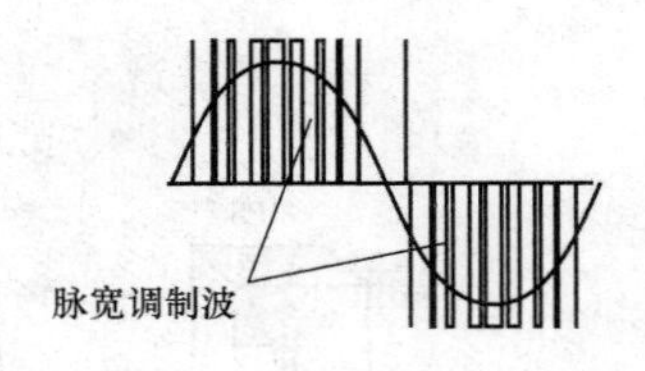

图 9-44　脉宽调制原理图

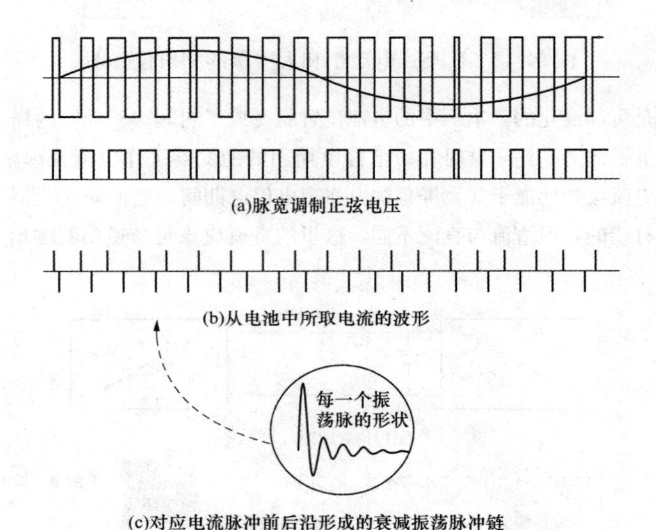

图 9-45　逆变器工作时的输出电压和输入电流的对应关系

的工作是开关式的，就意味着电池提供电流也是脉冲式的，逆变管开启时提供电流，逆变管关闭时，电池因失去电流通路而不提供电流。尽管在逆变器输出端的电流有正负之分，如图 9-45（a）所示，但对电池而言，所提供的电流脉冲却是一个方向的。就是说，电池和 UPS 逆变器之间电池连线上的电流不是稳定的直流，而是一个脉冲链，如图 9-45（b）所示。一般 PWM 的调制频率在目前大都是 8～50kHz，80kVA 以上的单机 UPS 为 8～10kHz，即最大脉冲宽度为 125μs～125μs；80kVA 以下的单机 UPS 为 10～50kHz，最大脉冲宽度为 100μs～20μs。

以 80kVA 以上的单机 UPS 而言，尤其是高频机，其脉冲宽度为 20～50μs，在这样的宽度下其前后沿的陡度会很高，一般都小于 0.1μs，而在这 0.1μs 之内十几个周期的衰减振荡，如图 9-45（c）所示，即对应的频率都在 10MHz 以上，其波长已到了以米计算的范围，所以在 UPS 距电池柜数米的距离上已是半个、一个或几个波长，所以电池连线此时就成了发射天线。于是发射的信号就形成了干扰，这就是干扰源。

2）传递干扰的途径和受干扰设备。在这里传递干扰的途径就是辐射，电池连线向外发射电磁波。而大屏幕的受干扰电路就在其屏幕的背后，由于其抗空间干扰能力差，于是就在空间干扰的干涉下而打乱了自己的阵脚，于是就出现了LED胡乱闪动的现象。

（4）故障处理。针对形成干扰的三大基本因素，其消除干扰的途径也有三个。

1）抑制或消除干扰源：这是最根本的措施。但在此时此地消除干扰产生的机制是不可能的，一是时间不允许，不能影响公司的营业时间；二是在技术上也有一定难度，因为电流脉冲是不能消除的，既然有电流脉冲就不能不发射干扰。

2）增强受干扰设备的抗干扰能力：在这里是不可能的，首先大屏幕是成形的设备，在市电供电时并无干扰现象发生。因此，大屏幕厂家也不会更改自己的电路，证券公司更不会同意任何更改。

3）抑制或切断传递干扰的通路：此时就只剩下了这一条路。有两种方法可以实现这个目的：①电池连线改用铠装电缆，电缆的编制外铠装接地；②将电池柜移到UPS一边，使连线尽量短，这样可将发射“天线”的发射范围缩小到一个可控的空间。因为移位是最方便、最快捷和最省钱的方法，因此先从此处入手，结果将电磁移位后就消除了干扰现象。

为什么将电池柜移位后干扰现象就消除了呢？实际上大屏幕是有很多个基本LED方块拼凑而成的，每一个方块有一套电路，尽管各套电路是一样的结构，但受干扰的程度取决于与干扰源的距离和自身的抗干扰能力。因此并不是所有LED方块都遭受了干扰，但由于原来是反干扰的电池连线作用范围大，如图9-45所示，所以接受干扰的方块电路也多。电池柜经过移位后和UPS并在了一起，大大缩短了发射干扰的范围，如图9-46所示，而且这些干扰又受到了电池柜和UPS主机柜金属外壳的屏蔽，已被严重衰减，即使有干扰发射，也已经是微乎其微了。

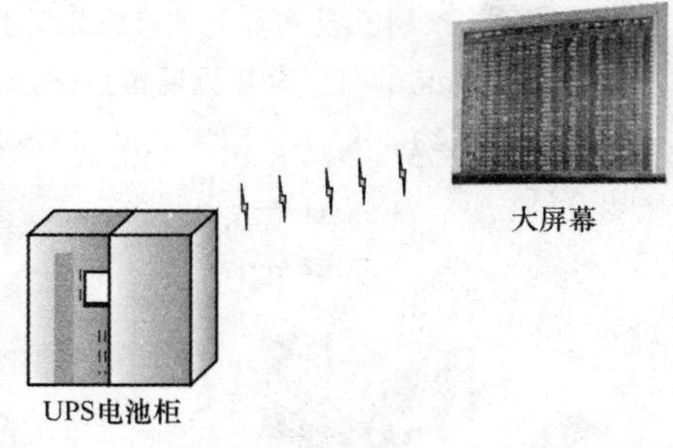

图9-46　重新配置后的原理图

例9-19 B超机的图像因何扭动。

（1）基本情况。用户是某市医院。故障现象是B超机由市电供电时一切正常，但用UPS供电时就出现了画面扭动的现象。

（2）故障分析。此种现象肯定和UPS有关，而且是由干扰造成。UPS对外干扰有两种——传导干扰和辐射干扰。传导干扰是由输出端经电源线送到负载端，一般说UPS的输出电压失真度很小，不会造成对负载的影响，除非UPS输出电压本身失真严重；而辐射干扰信号多来自晶闸管整流器和逆变器，因整流器脉冲和逆变器调制脉冲前后沿的上冲衰减振荡不易消除，就会对外形成干扰。

（3）故障处理。先将B超机远离UPS，以衰减辐射干扰信号，但移到6m的距离尚无效果；那就看另一种干扰——传导干扰，给B超机输入端加一个滤波器后就消除了干扰。由此看来是UPS本身逆变器脉宽调制脉冲所致。

例9-20 海上和口岸通信因何中断？

（1）基本情况。用户是某海上交通安全监督局。

（2）故障现象是该用户新购置一台10kVA国产工频机UPS放置在一楼，通信机房在五楼，六楼是发射天线。在未用UPS时一切正常，但UPS一开机，听筒里一片噪声，和海上无法通话。

（3）故障分析。和前面例子一样也不外乎辐射和传导两种干扰。首先按传导干扰采取措施，但如何加滤波器都无济于事。估计是辐射干扰，首先建议用户将通信设备从UPS上拆下，改为市电供电，一切正常。再让UPS空载起动，通信马上中断，由此判断是辐射干扰无疑。再建议用户将UPS移到50m距离处，通信恢复。但用户无条件将UPS放到如此距离的条件。查看UPS说明书，并无看到有符合某一干扰标准EMI的条款，厂家也没有做过此实验。

（4）故障处理。建议用户重新购买通过干扰标准FCC的UPS，用户这样做了后，即使UPS放到通信机房也不影响通信了。

十、输入功率因数过低导致故障

例9-21 空调机投入时导致发电机工作失常。

（1）基本情况。用户为某机场雷达站，机器规格为60kVA UPS前面配威尔信175kVA发电机，雷达负载约30kVA，后来又另加了45kVA的空调机负载，如图9-47所示。

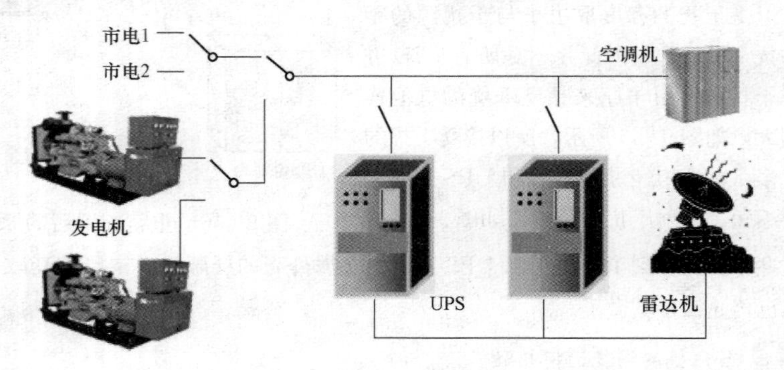

图9-47 某雷达站UPS供电系统配置

（2）故障现象。在不加空调负载时一切运行正常，包括市电停电时的发电机运行。验机工作是在12月份进行的，但到5月后由于天气变暖，空调机开始起动，在市电供电时尚且无事，但切换到发电机时，发电机运行失常，输出电压明显降低。这种失常只是降低电压而不是停机，说明过载不太严重。

（3）故障分析。该UPS为6脉冲整流输入，输入功率因数$F \leqslant 0.8$，按照正确的配置，前面的发电机应为UPS的3倍，这里采用了威尔信标准规格175kVA的发电机，由于负载不满70%，认为尚可。而且在验机时100%UPS负荷下运行正常，所以这样的配置认为合理。

但增加了45kVA空调负荷，而且空调机的输入功率因数更低时，发电机就无能为力了。由于当时条件的限制，不可能再增大发电机的容量，只是UPS还有潜力可挖。因为UPS的0.8功率因数已占用30%的无功功率，如果将UPS的输入功率因数提高将会过载不太严重，就可将功率给补上。

（4）故障处理。给 UPS 配备成 12 脉冲整流，将其输入功率因数提高到 0.95，使电动机的输出有功功率又提高了，于是系统工作恢复了正常。

例 9-22 UPS 满载时发电机工作为何失常。

（1）基本情况。用户为某机场航管楼，此航管楼购置了 80kVA 进口某品牌 UPS，按照 UPS 说明书上介绍该机器的输入功率因数为 0.8 的数值，配备了一台威尔信标准规格 275kVA 的发电机，发电机与 UPS 功率之比为 3.4∶1，已满足 3.4∶1 的要求。

（2）故障现象。当机器安装完毕后验机时发现，UPS 带满负荷时发电机因带不动而关机。但在另一处的航管楼在同样条件下采用另一品牌输入功率因数为 0.8 的 UPS 时就一切正常。

（3）故障分析。于是检查人员又仔细查看了该品牌 UPS 的说明书和电路图，发现该 UPS 的输入端附加了一个自耦调压器，如图 9-48 所示，这样一来输入功率因数就更低了。

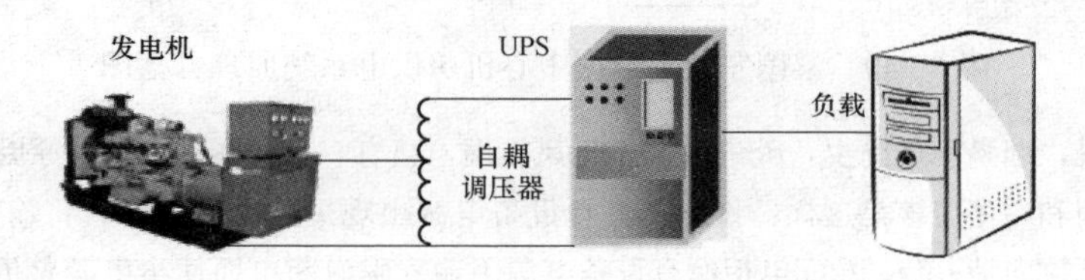

图 9-48　某航管楼 UPS 配置略图

（4）故障处理。这里采用的方法不是利用将 6 脉冲整流配备增加成 12 脉冲整流加 11 次谐波滤波器的方法来提高输入功率因数，原因是那样做对机器的改动太大。只好将发电机的功率提高了一个规格，即采用了 380kVA 的规格，问题也得到了解决。

第三节　配电系统故障及处理

一、UPS 输出端断路器群跳闸

例 9-23 输出 8 只断路器突然跳闸。

（1）基本情况。2014.9.30 北京某国家机关数据中心，两台 100kVA 容量的 UPS 并联连接，并联输出连接两台输出配电柜，每一台输出配电柜陪 35 只输出断路器，如图 9-49 所示。

（2）故障现象。系统一直供电正常，已工作了 3 年左右，突然在凌晨两点 1 号配电柜 8 只断路器同时跳闸，系统停止工作。

（3）故障分析。检查发现 IT 设备电源故障，一台电源输入短路，两台电源输入熔丝烧断。

1）为什么三台电源故障八只断路器跳闸？

2）既然是两台输出配电柜是并联关系，为什么跳闸的都是 1 号输出配电柜上的断路器而 2 号配电柜上的所有断路器都毫无反应？

断路器跳闸前系统一直工作正常，这是前提。既然断路器跳闸前系统一直工作正常，如果无外来因素不可能一群断路器同时跳闸。调查结果是附近都是政府机关，一无重型设备启停，

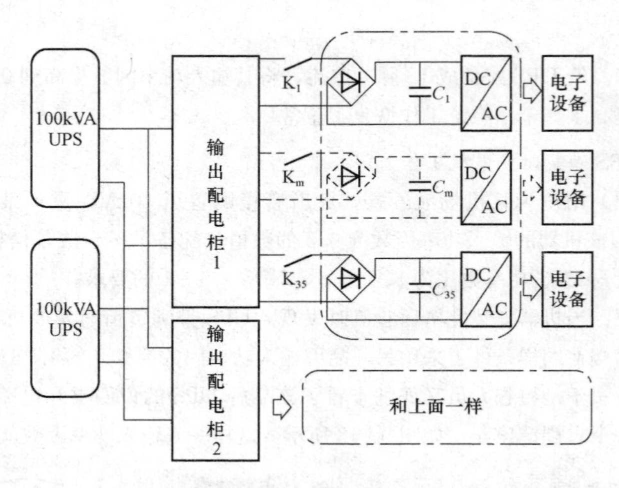

图 9-49　某国家机关数据中心机房供电系统原理方框图

二无天电干扰，因是国庆前夕，天气晴朗，无风无雨，只有一种可能——内部原因。

故障原因和顺序应该是这样：首先是一台设备电源出现短路故障→瞬时将输入电源 220V 短路（将电压拉向地）→1 号配电柜所有设备电源因输入瞬时断电而使本电源整流滤波后的电容器储能放电→接着短路电源的断路器跳闸，又将所有其他设备电源的输入电源接通→这时就出现了几种情况：在断电瞬间负载大的设备电源已将电容器储能放光，负载小的设备电源电容器储能未被放光，即电容器储能的放电程度不一样→因电容器的容量都在几千微法，因此放光容量的电容器因初加电时的短路电流大、时间长而将输入熔丝烧断；而因负载小、放电深度不大的电容器无短路现象，则输入断路器因不过载而无反应；还有一些中间状态的电容器放电深度较大，初始充电电流较大已达到输入断路器的过载程度，所以对应的这些断路器跳闸。当然也不排除这些断路器由于是机械开关反应时间上的差异有的本来要跳闸，但由于响应慢了一点就没来得及跳。这才出现了只有 8 个断路器跳闸的现象。

那为什么 2 号配电柜上的所有断路器都毫无反应呢？经检查发现由于短路故障出现在 1 号输出配电柜上的断路器，而 1 号输出配电柜到 UPS 输出端电缆长 35m 左右，2 号配电柜也是这样，这就有 70m 长的距离。当 1 号输出配电柜瞬时短路发生时 70m 长电缆的电感反电势起了作用，这 70m 长的电缆的自感量 L_O 有多大呢？根据自感量公式

$$L_O = 2l\left(\ln\frac{4l}{d} - 0.75\right)\text{cm}$$

式中：L_O 是单股导线的自感量，μH；l 导线的长度，cm，在这里是 7000cm；d 为导线的直径，cm，在这里用的是 35mm^2 的电缆，即 $d=0.67$cm。

已知 $l=1$cm，$d=1$cm 的自感量 $=1\times10^{-9}$H，于是上式得

$$L_O = 2\times7000\left(\ln\frac{4\times7000}{0.67} - 0.75\right)\approx 138.5(\mu\text{H})$$

这样大的电感量足可以阻挡负载电流的突变，结果是只造成 2 号配电柜电压的瞬时下降而不是短路，至于下降的幅度根据电缆上的电流情况而定，根据未受影响的程度来看电压下降量

是不大的。

正是因为这些过程的影响程度不大，所以只将有故障的三个电源更换掉后，系统就正常起动工作了，由此证明上面的分析是对的。

一个问题：在上面谈到市电恢复时有两个电源因为电容器的瞬时短路效应而使输入熔丝烧断，那么在电源每次加电时都有这个过程，为什么就不烧断呢？实际上这些电源在设计时已考虑了这个问题。所以对熔丝的选取由于其惯性在电容器充电全过程中是不会烧断的，但是我们往往有这样的经历：有时熔丝在无短路和过载的情况下也会自然烧断，更换以后就一切运行照常了。其原因是在正常工作一段时间后有少数或个别的熔丝夹由于弹力变弱而使接触电阻变大，从而使接触点温度变高传到熔丝上使其变软而弯曲，这时熔丝的端头已变细，如果遇上大电流就很容易被烧断。或是熔丝在长时间有较大电流流过时也会使其发热变软而弯曲，同样也经受不住较大电流的冲击，在这里上述熔丝的烧断就属于这些类种的情况。

二、断路器越级跳闸

例 9-24　配电柜输出断路器工作正常，输入断路器跳闸。

(1) 基本情况。地点和用户为北京某政府信息中心，配电柜输出断路器工作正常，输入断路器跳闸。

(2) 故障分析。用户怀疑是负载突变造成，因此请来的专家断言是负载突变把输入断路器给“顶”开了。

检查结果为：输入断路器为 100A，输出为 10 路 32A 断路器，如图 9-50 所示。

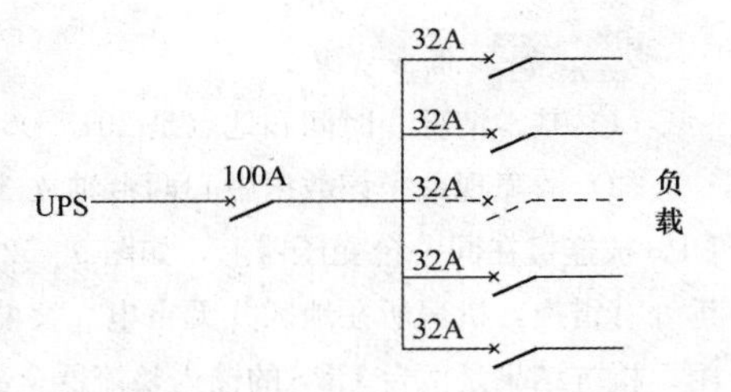

图 9-50　某市区政府数据中心机房供电系统原理方框图

1) 违背了“输入断路器电流容量不小于所有输出断路器电流容量之和一定值”的原则。

2) 输出 32A 断路器的工作电流只要不超过标称值就算正常。从前面章节的讨论可知，当这种微型断路器过载到 1.13 倍额定值时一个小时以后跳闸，即输出断路器的工作电流不能超过 11.3A。由此看来输出 10 个断路器的工作电流之和已接近输入断路器跳闸值，如果这时有任何一路负载加大都可以导致输入断路器跳闸。

(3) 故障处理。更换更大容量的输入断路器。

例 9-25　当负载短路时对应该负载的断路器不跳闸而是输入断路器跳闸。

(1) 基本情况。用户是北京某银行信息中心机房。

(2) 故障现象。2+1 结构的 300kVA UPS（见图 9-51），由于一逆变器功率管早期失效穿通导致 UPS 短路。

(3) 跳闸原因分析。

1) 这是一台 1400A 的框架式断路器，脱扣电流值和脱扣时间可以设置。用户将配电柜输出断路器工作电流整定到 600A，输入断路器工作电流整定到 1200A。

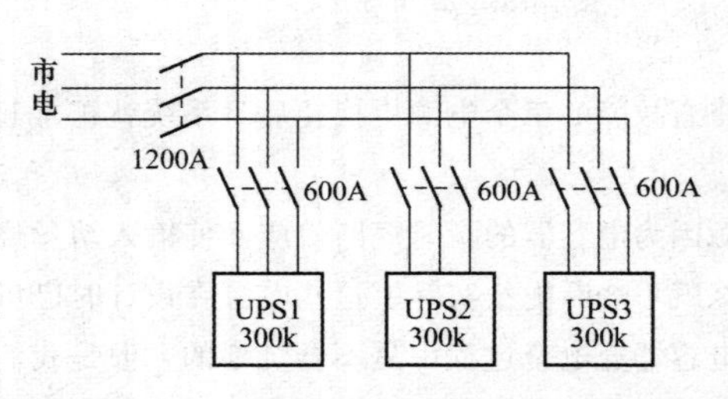

图 9-51　某银行数据中心机房供电系统原理方框图

2）2+1 结构的 300kVA UPS，每一路 UPS 的电流约 450A，所以 600A 的整定值合适；又因真正负载为 2×300kVA，输入断路器 1200A 的整定值也合适。

3）问题出现在它们对短路脱扣电流的整定值都是 10 倍，而又是一样的脱扣时间 $t \leqslant 0.1\text{s}$，问题就出在这里。因为并联连接的 UPS，当故障转旁路时必须同时切换，这样一来三台 UPS 同时呈现短路状态；但由于三台 UPS 同时出现的短路电流还没达到 10 倍额定值前就满足了输入断路器的脱扣条件，所以输入断路器就提前跳闸了。

现在看一下输入断路器 12 000A 跳闸时，输出断路器上 UPS 的电流为

$$\text{UPS电流} = \frac{12\ 000\text{A}}{3} = 4000\text{A}$$

就是说三台 UPS 刚刚到达脱扣值的三分之二，输入断路器就跳闸了。

(4) 处理措施。将输入断路器脱扣时间调整到 0.1s，或将三台 UPS 的脱扣电流调整到较小的倍数，比如 5 倍就可以了。

三、雷击故障

例 9-26 雷击故障。

(1) 基本情况。时间和地点是 2015.06，武汉某银行数据中心机房。

(2) 故障现象。该数据中心两台独立 300kVA 的 UPS 分别向各自的负载供电，但这两台 UPS 被连接在同一台变压器上，如图 9-52 (a) 所示。一天夜里，故障出现前外面正在下雨，远处有雷声，机房所在地区并无雷电。突然机房因 UPS 关机而停电，输入断路器 S2 和 S3 跳闸。检查结果是两台 UPS 的输入整流器全部烧毁。

(3) 故障分析。有两种原因：①一般干扰引起；②雷电引起。

1）首先看“一般干扰”的假设。两台均为工频机 UPS，输入整流器为晶闸管，如果是外来一般干扰则有两种类型——电网电压波动和干扰脉冲。对于电网波动自有晶闸管整流器的相控处理，属正常范围工作；如果是常模干扰脉冲，也不足为患，随电网进入的干扰脉冲被防雷器和 UPS 输入滤波器处理后，还有整流器后面强大的电容滤波器，也不会损坏整流器，原因是晶闸管的过载能力非常强；如果是共模干扰脉冲，也被 UPS 前面的滤波器处理了，由于其能量很小，更没有打开晶闸管的能力。如图 9-52 (b) 所示，在晶闸管控制极输入端都加装了抗干扰滤波环节，除正常控制信号外一般外来信号都不会起作用，就是说外开干扰的假设已被排除。

2）雷电。尽管机房所在地区无雷电，但武汉下雨有雷声是事实。如果雷电靠近电网，那么有可能在电网上感应出强大的浪涌电压。晶闸管除了正常控制脉冲可以将其开通外，还有两种原因可使其开通：①高温时的漏电流可以将其打开；②晶闸管阳极 A 和阴极 C 间的电压上升

率 du/dt≥20V 时，其位移电流可以将它打开，如图 9-52（b）所示。根据查看的情况发现机房温度不高，可以排除温度原因。而且 UPS 前面只有第二级防雷器，进入 UPS 的电压叠加着 2000V 以上的雷电电压脉冲。一般雷电电压脉冲的宽度为 25μs，此时的电压上升率 du/dt≥100V 导致的位移电流，已经足可以打开晶闸管，这里不是一只晶闸管而是两台 UPS 这一路线电压上的所有晶闸管，如图 9-52（c）所示。如果按照正常的工作方式当晶闸管 VR1 打开后，电流的路径应该是 VR1→C、R→VR4 流回电网，但此时由于 VR2 的导通，电流经 VR1 和 VR2 直接流回电网，这就将这一路电压短路了，强大的电流将晶闸管烧毁和使两路输入断路器跳闸。

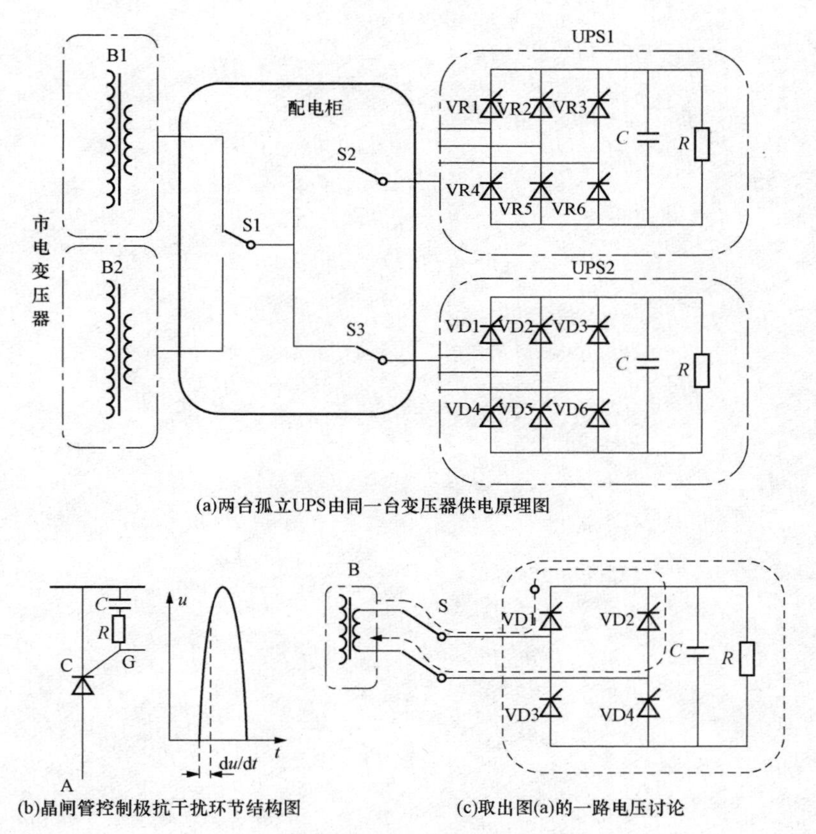

图 9-52　某银行数据中心机房供电系统原理方框图

为什么不是雷电将晶闸管击毁的呢？因为如果是雷电将晶闸管击毁，晶闸管应该是爆炸，并且一定伴随着后面电路的灾难性故障，这样能击毁晶闸管的强大电压也会击毁这一路电压上的其他用户。但其他用户安然无恙。这里的晶闸管被位移电流打开而不是灾难性的打开，如果不是将电源短路，就不会因过电流将晶闸管烧毁。